Bartneck / Belpaeme / Eyssel / Kanda / Keijsers / Šabanović
Mensch-Roboter-Interaktion

Christoph Bartneck
Tony Belpaeme
Friederike Eyssel
Takayuki Kanda
Merel Keijsers
Selma Šabanović

Mensch-Roboter-Interaktion

Eine Einführung

2., vollständig überarbeitete und erweiterte Auflage

Über die Autor:innen:
Christoph Bartneck, University of Canterbury (Neuseeland)
Tony Belpaeme, Universität Gent (Belgien), University of Plymouth (Großbritannien)
Friederike Eyssel, Universität Bielefeld (Deutschland)
Takayuki Kanda, Universität Kyoto (Japan)
Merel Keijsers, John Cabot University in Rom (Italien)
Selma Šabanović, Indiana University (Vereinigte Staaten)

Aus Gründen der besseren Lesbarkeit wird auf die gleichzeitige Verwendung der Sprachformen männlich, weiblich und divers (m/w/d) verzichtet. Sämtliche Personenbezeichnungen gelten gleichermaßen für alle Geschlechter.

Print-ISBN: 978-3-446-47768-1
E-Book-ISBN: 978-3-446-47859-6
Epub-ISBN: 978-3-446-48132-9

© 2024 Carl Hanser Verlag GmbH & Co. KG, München
www.hanser-fachbuch.de
Lektorat: Dipl.-Ing. Natalia Silakova-Herzberg
Herstellung: le-tex publishing services GmbH, Leipzig
Coverkonzept: Marc Müller-Bremer, www.rebranding.de, München
Titelmotiv: © shutterstock.com/Zenzen
Satz: Eberl & Koesel Studio, Kempten
Druck: CPI Books GmbH, Leck
Printed in Germany

Vorwort

Die Rolle von Robotern in der Gesellschaft erweitert und verändert sich ständig und bringt eine Reihe von Fragen zu der Beziehung zwischen Roboter und Mensch mit sich. Diese Einführung in die Mensch-Roboter-Interaktion (Human-Robot Interaction, HRI), die von führenden Forschern auf diesem sich entwickelnden Gebiet verfasst wurde, ist die erste, die einen breiten Überblick über die multidisziplinären Themen bietet, die für die moderne HRI-Forschung von zentraler Bedeutung sind. Studenten und Forscher aus den Bereichen Robotik, künstliche Intelligenz, Psychologie, Soziologie und Design finden darin einen prägnanten und zugänglichen Leitfaden zum aktuellen Stand des Fachgebiets.

Das vorliegende Buch wurde für Studierende mit unterschiedlichem Vorwissen geschrieben. Es stellt relevante Hintergrundkonzepte vor, beschreibt, wie Roboter funktionieren, wie sie entworfen werden und wie ihre Leistung bewertet werden kann. In eigenständigen Kapiteln wird ein breites Spektrum von Themen diskutiert, darunter die verschiedenen Kommunikationsmodalitäten wie Sprache und Sprechen, nonverbale Kommunikation und die Verarbeitung von Emotionen sowie ethische Fragen rund um den Einsatz von Robotern heute und im Kontext unserer zukünftigen Gesellschaft.

Anmerkungen zur zweiten Auflage

Wie viele andere Bereiche mit Bezug zu neuen Technologien, verändert und entwickelt sich HRI weiter, während neue technologische Möglichkeiten für das Design und die Implementierung von Robotern und die Untersuchung von Menschen, die mit ihnen interagieren, verfügbar werden. Damit dieses Buch auch weiterhin relevant bleibt, haben wir es 2023 überarbeitet, um neue technische Möglichkeiten sowie neue theoretische und methodische Entwicklungen auf diesem Gebiet zu berücksichtigen. Zudem wollten wir mehr Diskussionen über Inklusion, gesellschaftliche Relevanz und Auswirkungen und ethische Überlegungen zu HRI in den ursprünglichen Text aufnehmen. Unsere erste Ausgabe konzentrierte sich weitgehend auf die soziale Robotik als Hauptbereich der HRI. Dabei vernachlässigten wir die Interaktionen zwischen Menschen und Robotern in Kontexten wie Fabriken, in denen Menschen und Roboter bei der Erledigung verschiedener Aufgaben zusammenarbeiten, der Katastrophenhilfe, bei der Menschen mit mobilen und fliegenden Robotern interagieren, um Brände zu löschen oder Menschenleben zu retten, und sogar den Bereich autonomes Fahren. In dieser Version des Buches fassen wir unser Verständnis des sozialen Charakters der Mensch-Roboter-Interaktion neu, um die Mensch-Roboter-Interaktion und -Zusammenarbeit einzubeziehen, deren sozialer Charakter breiter gefasst ist: In gewissem Sinne können alle Roboter, die an der Seite von und mit Menschen arbeiten, als sozial verstanden werden, und alle Mensch-Roboter-Interaktionen können in den Anwendungsbereich der HRI-Forschung fallen. Ende 2022 bzw. Anfang 2023 arbeiteten wir sowohl bei persönlichen Treffen als auch aus der Ferne an der Aktualisierung des Textes und der im Buch bereitgestellten Lernübungen. Wir wünschen Ihnen viel Spaß mit den neuen Inhalten!

Christoph Bartneck
Tony Belpaeme
Friederike Eyssel
Takayuki Kanda
Merel Keijsers
Selma Šabanović

Inhalt

1 Einleitung

■ 1.1 Über dieses Buch

Seit den 1950er-Jahren lag die Vorstellung von einem alltäglichen Zusammenleben von Mensch und Roboter immer etwa 10–20 Jahre in der Zukunft. Wahrscheinlich besteht diese Prognose auch zu dem Zeitpunkt, an dem Sie dieses Buch lesen. In den frühen 2020er-Jahren, in denen wir uns während des Verfassens dieses Buches befinden, sind Roboter in den Nachrichten, auf der Kinoleinwand und natürlich in der Science-Fiction-Literatur ein sehr präsentes Thema. Inzwischen sind Roboter sogar in unserem täglichen Leben, auf den Straßen der Städte, in Klassenzimmern, Cafés und Restaurants oder in Hotels anzutreffen. Haben Sie schon einmal mit einem Roboter zu tun gehabt? Etwa mit einem Staubsaugerroboter? Einem Roboterspielzeug, -haustier oder -gefährten? Wenn nicht, werden Sie dies höchstwahrscheinlich bald tun. Technologieunternehmen haben das Potenzial von persönlichen Robotern bereits im Blick, und sowohl Start-ups als auch große multinationale Unternehmen bereiten sich auf die Entwicklung heiß begehrterer Roboter vor. Allerdings wird es wohl noch eine ganze Weile dauern, bis Ihr treuer Roboter-Butler Ihnen das Frühstück ans Bett bringen wird. Einer der Gründe dafür ist, dass sich die Entwicklung von Robotern, die über einen längeren Zeitraum hinweg dynamisch mit unterschiedlichen Nutzern interagieren können, als schwieriger als ursprünglich angenommen erwiesen hat. Robuste Mensch-Roboter-Interaktion (Human-Robot Interaction, HRI) ist schwierig zu entwerfen und umzusetzen.

Wie wird sich dieser Forschungsbereich weiterentwickeln? Wie wird – und wie sollte – unsere Zukunft mit Robotern aussehen? Wie werden sich Roboter künftig in unser Leben einfügen? All diese Fragen sind noch offen. Es gibt eine Reihe noch unbekannter, aber spannender Zukunftsszenarien, in denen Roboter uns unterstützen, mit uns zusammenarbeiten, uns transportieren oder uns unterhalten. Da Sie dieses Buch in die Hand genommen haben, sollten Sie neugierig darauf sein, was diese Zukunft mit sich bringen könnte. Vielleicht möchten Sie sogar selbst einen Beitrag an der Gestaltung von zukünftigen Interaktionen mit Robotern leisten.

Dafür kommt es zunächst einmal auf Sie selbst an: Was für einen Bildungshintergrund haben Sie? Rührt Ihre Neugierde für Roboter aus einem Interesse an Technik, Psychologie, Kunst oder Design? Oder haben Sie dieses Buch aufgeschlagen, weil es Ihre kindliche Faszination für Roboter neu entfacht hat? HRI ist das Bestreben, Ideen aus einer Vielzahl von Disziplinen zusammenzubringen. Einflüsse aus Technik, Informatik, Robotik, Psychologie, Linguistik, Soziologie und Design tragen ein Stück dazu bei, wie wir mit Robotern interagieren. Somit liegt HRI am Schnittpunkt dieser Disziplinen. So zahlt es sich als Informatiker aus, sich auch in Sozialpsychologie auszukennen; als Designer, profitiert man durch Kenntnisse in Soziologie.

Falls Sie einen technischen Hintergrund haben, glauben Sie, einen Roboter bauen zu können, der mit Menschen interagieren kann, indem Sie dafür nur mit anderen Ingenieuren zusammenarbeiten? Wir sind leider der Meinung, dass Sie dazu nicht in der Lage sein werden. Um Roboter zu entwerfen, mit denen Menschen interagieren wollen, benötigt man ein gutes Verständnis menschlicher sozialen Interaktionen. Um dieses Verständnis zu erlangen, braucht man Einblicke von Menschen, die in den Sozial- und Geisteswissenschaften ausgebildet wurden.

Sind Sie Designer? Denken Sie, dass Sie einen sozial interaktiven Roboter entwerfen können, ohne mit Ingenieuren und Psychologen zusammenzuarbeiten? Die Erwartungen der Menschen an Roboter und ihre Rolle im Alltag sind nicht nur hoch, sondern auch von Mensch zu Mensch sehr unterschiedlich. Manche Menschen wünschen sich einen Roboter, der für sie kocht, andere wünschen sich einen Roboter, der ihre Hausaufgaben macht und im Anschluss eine intellektuelle Unterhaltung über den neuesten Star Wars-Film führt. Die Fähigkeiten von Robotern als Assistenten sind jedoch immer noch recht begrenzt. Moravecs Paradoxon gilt auch Jahrzehnte nach seiner ersten Äußerung noch: Alles, was Menschen schwerfällt, ist für Maschinen relativ einfach, und alles, was ein kleines Kind kann, ist für eine Maschine fast unmöglich. Als Designer braucht man also ein gutes Verständnis der technischen Möglichkeiten, von der menschlichen Psychologie und von Soziologie, um einen Entwurf eines Roboters auszuarbeiten, der praktisch umsetzbar ist.

Und nicht zuletzt, diejenigen von Ihnen, die in Psychologie und Soziologie geschult sind, wollen Sie einfach nur darauf warten, dass eben beschriebene Arten von Robotern in unserer Gesellschaft auftauchen? Wäre es nicht bereits zu spät, sich erst dann mit Robotertechnologien zu befassen, wenn diese schon Teil unseres Alltags sind? Wollen Sie nicht Einfluss darauf nehmen, wie die Roboter aussehen und interagieren? Was Sie schon jetzt tun können, ist mit befreundeten Ingenieuren und Informatikern zu sprechen oder mit einem Designer Mittagessen zu gehen. Dadurch können Ihre sozialwissenschaftlichen Ideen auf dem, was technisch möglich ist, aufgebaut werden und Ihnen dabei helfen, die Bereiche zu finden, in denen Ihr Wissen den größten Einfluss haben kann.

Genau wie wir sechs Autoren dieses Buches, werden auch Sie alle zusammenarbeiten müssen. Um dabei effektiv zu sein, müssen Sie die Perspektiven von HRI-Fachleuten aus verschiedenen Disziplinen verstehen und sich des unterschiedlichen Fachwissens bewusst sein, das es für die Entwicklung erfolgreicher HRI-Projekte braucht. In diesem Buch möchten wir Ihnen einen breiten Überblick über zentrale HRI-Themen geben und Sie dazu anregen, darüber nachzudenken, wie Sie zu diesen Themen beitragen können. Wir möchten, dass Sie gemeinsam mit uns die Grenzen des Bekannten und Möglichen erweitern. Die Technologie ist inzwischen so weit fortgeschritten, dass es möglich ist, mit geringem Kostenaufwand seinen eigenen Roboter zu bauen und zu programmieren. Roboter werden Teil unserer Zukunft sein, also nutzen Sie Ihre Chance, sie zu gestalten.

Das Autorenteam besteht aus einer Gruppe von weltweit führenden Experten aus dem breiten Spektrum der Disziplinen, die zur HRI beitragen. Unser aller Herz schlägt für die Verbesserung der Interaktion zwischen Menschen und Robotern. Darüber hinaus wollen wir sicherstellen, dass Roboter auf eine der Gesellschaft und den Menschen, die sie nutzen und durch sie beeinflusst werden, dienliche Art eingesetzt werden.

Bild 1.1 Die Autoren dieses Buches trafen sich im Januar 2018 in Westport, Neuseeland, um das Manuskript während eines einwöchigen „Buchsprints" zu beginnen. Das Schreiben und Redigieren wurde in den folgenden anderthalb Jahren durch Zusammenarbeit aus der Ferne fortgesetzt mit vielen langen Videokonferenzen und zahlreichen E-Mails.

■ 1.2 Die Autor:innen

1.2.1 Christoph Bartneck

Christoph Bartneck ist Professor im Fachbereich Informatik und Softwaretechnik an der Universität Canterbury, Neuseeland. Er hat einen Werdegang in Industriedesign und Mensch-Computer-Interaktion. Seine Projekte und Studien werden in führenden Zeitschriften, Zeitungen und Konferenzen veröffentlicht. Seine Interessen liegen in den Bereichen Mensch-Computer Interaktion, Naturwissenschaft und Technologie, sowie visuelles Design. Insbesondere beschäftigt Christoph sich mit den Auswirkungen von Anthropomorphismus auf HRI. Als sekundäres Forschungsinteresse arbeitet er an Projekten im Bereich der Sporttechnologie und der kritischen Untersuchung von Prozessen und Richtlinien in der Wissenschaft. Im Bereich Design beschäftigt sich Christoph mit der Geschichte des Produktdesigns, Mosaiken und Fotografie.

1.2.2 Tony Belpaeme

Tony Belpaeme ist Professor an der Universität Gent, Belgien, und war zuvor Professor für Robotik und kognitive Systeme an der Universität Plymouth, Großbritannien. Er promovierte in künstlicher Intelligenz an der Vrije Universiteit Brussel (VUB). Ausgehend von der Prämisse, dass Intelligenz in sozialer Interaktion verwurzelt ist, versuchen Tony und sein Forschungsteam, die künstliche Intelligenz sozialer Roboter zu fördern. Dieser Ansatz führt zu einer Reihe an Ergebnissen, die von theoretischen Erkenntnissen bis zu praktischen Anwendungen reicht. Er ist an groß angelegten Projekten beteiligt, in denen untersucht wird, wie Roboter zur Unterstützung von Kindern in der Bildung eingesetzt werden können. Er untersucht, wie kurze Interaktionen mit Robotern zu langfristigen werden können und wie Roboter in der Therapie eingesetzt werden können.

1.2.3 Friederike Eyssel

Friederike Eyssel ist Professorin für Angewandte Sozialpsychologie und Geschlechterforschung am Zentrum für Kognitive Interaktionstechnologie der Universität Bielefeld. Friederike interessiert sich für verschiedene Forschungsthemen, die von sozialer Robotik, sozialen Agenten und Ambient Intelligenz bis hin zu Einstellungsänderungen, Vorurteilsabbau und der sexuellen Objektivierung von Frauen reichen. Friederike hat zahlreiche Publikationen in den Bereichen Sozialpsychologie, Human-Agent Interaction (HAI) und soziale Robotik veröffentlicht.

1.2.4 Takayuki Kanda

Takayuki Kanda ist Professor für Informatik an der Universität Kyoto, Japan. Außerdem ist er Gastgruppenleiter bei Advanced Telecommunications Research (ATR), Interaction Science Laboratories, Kyoto, Japan. Er erhielt seinen Bachelor in Ingenieurwesen, seinen Master in Ingenieurwesen und seinen Doktortitel in Informatik von der Universität Kyoto, in den Jahren 1998, 2000 bzw. 2003. Er ist eines der Gründungsmitglieder des Kommunikationsroboter-Projekts am Advanced Telecommunications Research (ATR) in Kyoto. Er hat den Kommunikationsroboter Robovie entwickelt und ihn in alltäglichen Situationen eingesetzt, z. B. als Nachhilfelehrer in einer Grundschule und Ausstellungsführer in einem Museum. Zu seinen Forschungsinteressen gehören Human Agent Interaction, interaktive humanoide Roboter und Feldversuche.

1.2.5 Merel Keijsers

Merel Keijsers ist Assistenzprofessorin für Psychologie an der John Cabot University in Rom. Sie hat einen Abschluss in Sozialpsychologie und Statistik und promovierte an der Universität Canterbury, über das Thema „Roboter-Mobbing". In ihrer Doktorarbeit untersuchte sie, welche bewussten und unbewussten psychologischen Prozesse Menschen dazu veranlassen, Roboter zu missbrauchen und zu schikanieren. In jüngster Zeit interessiert sie sich dafür, wie Roboter beeinflussen, auf welche Art Menschen sich selbst sehen. Da sie aus dem Bereich der Sozialpsychologie kommt, interessiert sie sich vor allem für die Gemeinsamkeiten und Unterschiede im Umgang von Menschen mit Robotern im Vergleich zu anderen Menschen.

1.2.6 Selma Šabanović

Selma Šabanović ist Professorin für Informatik und Kognitionswissenschaften an der Indiana University, Bloomington, USA, wo sie als Gründerin das R-House Human-Robot Interaction Lab leitet. Ihre Forschungsarbeit umfasst Studien zu Design, Nutzung und Folgen von sozial interaktiven und assistierenden Robotern in verschiedenen sozialen und kulturellen Kontexten, darunter Gesundheitseinrichtungen, Haushalten und verschiedene Länder. Sie befasst sich auch mit der kritischen Untersuchung der gesellschaftlichen Bedeutung und der potenziellen Auswirkungen der Entwicklung und des Einsatzes von Robotern in Kontext auf den Alltag. Sie promovierte 2007 in Wissenschafts- und Technologiestudien am Rensselaer Polytechnic Institute mit einer Dissertation über die kulturübergreifende Untersuchung der sozialen Robotik in Japan und den Vereinigten Staaten. Von 2017 bis 2023 war sie Chefredakteurin der Zeitschrift *ACM Transactions on Human-Robot Interaction.*

2 Was ist Mensch-Roboter-Interaktion?

 Was in diesem Kapitel behandelt wird

- Akademische Disziplinen, die auf dem Gebiet der Mensch-Roboter-Interaktion (HRI) zusammenkommen.
- Barrieren, die durch die unterschiedlichen Paradigmen der Disziplinen entstehen, und wie man sie umgehen kann.
- Geschichte und Entwicklung der HRI als Wissenschaft.
- Wegweisende Roboter in der Geschichte der HRI.

Die Interaktion zwischen Mensch und Roboter (Human-Robot Interaction, HRI) wird allgemein als ein neues und aufstrebendes Gebiet bezeichnet, die Idee der menschlichen Interaktion mit Robotern ist aber schon so alt wie die Idee der Roboter selbst. Isaac Asimov, der in den 1940er-Jahren den Begriff der „Robotik" prägte, schrieb seine Geschichten um Fragen, welche die Beziehung zwischen Menschen und Robotern als Hauptteil der Analyse betrachten: „Wie sehr werden die Menschen Robotern vertrauen?"; „Welche Art von Beziehung kann ein Mensch zu einem Roboter haben?"; „Wie verändern sich unsere Vorstellungen davon, was menschlich ist, wenn wir Maschinen haben, die menschenähnliche Dinge in unserer Mitte tun?" (siehe S. 315 für mehr über Asimov). Vor Jahrzehnten waren diese Ideen noch Science-Fiction, aber heute sind viele dieser Fragen real, in der heutigen Gesellschaft präsent und zu zentralen Forschungsfragen im Bereich der HRI geworden.

Dieses Kapitel soll den Rahmen für das vorliegende Buch abstecken. Da die HRI ein überaus vielfältiges Gebiet ist, werden in Abschnitt 2.1 die Hauptthemen dieses Buches hervorgehoben und erläutert. Abschnitt 2.2 befasst sich mit dem interdisziplinären Charakter dieses Fachgebiets und dessen Konsequenzen für die Forschung und das Roboterdesign. Schließlich bietet Abschnitt 2.3 einen zeitlichen Ablauf der Entwicklung von (sozialen) Robotern und liefert einen Überblick über die in der HRI am häufigsten eingesetzten Roboter.

Unterscheidung zwischen physischer und sozialer Interaktion

Die Robotik im Allgemeinen befasst sich traditionell mit der Entwicklung von physischen Robotern und der Art und Weise, wie diese Roboter die physische Welt beeinflussen. HRI ergänzt die Robotik und befasst sich mit der Vorgehensweise, wie Roboter mit Menschen als Teil ihrer sozialen Welt interagieren, und wie Menschen auf die Anwesenheit von Robotern reagieren. Wenn ein Roboter zum Beispiel eine Kiste in einem leeren Lagerhaus aufhebt oder ein Bürogebäude nach Feierabend reinigt, nimmt er die physische Welt wahr und handelt allein aufgrund der physikalischen Gegebenheiten seines eigenen Körpers und seiner Umgebung. Wenn der Roboter jedoch die Kiste zu einem Lagerarbeiter bringt, der sie mit den entsprechenden Materialien befüllen muss, oder einem Kunden in einem Café einen Kaffee serviert, oder mit Kindern in einem Innenhof Fangen spielt, muss er sich nicht nur mit den für diese Aktionen erforderlichen physischen Bewegungen auseinandersetzen, sondern auch mit den sozialen Aspekten seiner Umgebung. So muss er beispielsweise berücksichtigen, wo sich die Kinder, Kunden oder Büroangestellten aufhalten, wie er sich ihnen in einer Weise nähern kann, die sicher ist und die sie für angemessen halten, und wie er die entsprechenden sozialen Regeln der Interaktion befolgen kann. Solche sozialen Regeln, wie z. B. die Anwesenheit anderer anzuerkennen, oder zu wissen, wer bei einem Fangenspiel „dran" ist, und mit „Gern geschehen" zu antworten, wenn jemand „Danke" sagt, mögen für Menschen selbstverständlich sein. Für einen Roboter sind all diese sozialen Regeln und Normen jedoch unbekannt und erfordern die Aufmerksamkeit des Roboterentwicklers. Dadurch werden in der HRI andere Fragen gestellt als in der Robotik.

Als Disziplin ist die HRI mit der Mensch-Computer-Interaktion (HCI), der Robotik, der künstlichen Intelligenz, der Technikphilosophie, der Psychologie und dem Design verbunden. Die in diesen Disziplinen sachkundigen Wissenschaftler haben gemeinsam an der Entwicklung von HRI gearbeitet und dabei Methoden und Strukturen aus ihren Heimatdisziplinen mitgebracht. Zudem haben sie neue Konzepte, Forschungsfragen und HRI-spezifische Wege zur Untersuchung und Entwicklung von Robotern, die mit Menschen interagieren, entwickelt.

Was macht HRI einzigartig? Im Mittelpunkt dieses Forschungsgebiets steht eindeutig die Interaktion von Menschen mit Robotern. Diese Interaktionen beinhalten in der Regel physisch verkörperte Roboter, und ihre Verkörperung unterscheidet sie von anderen Computertechnologien. Darüber hinaus werden soziale Roboter oft als soziale Akteure wahrgenommen, die eine kulturelle Bedeutung haben und einen starken Einfluss auf die heutige und zukünftige Gesellschaft ausüben. Wenn wir sagen, ein Roboter ist verkörpert, ist er kein Computer, der einfach auf Beinen oder Rädern steht. Stattdessen müssen wir verstehen, wie diese Verkörperung zu gestalten ist, sowohl in Bezug auf Software und Hardware, wie es in der Robotik üblich ist, als auch in Bezug auf ihre Auswirkung auf die Menschen und die Art von Interaktion, die sie mit einem solchen Roboter haben können.

Die Verkörperung eines Roboters setzt zwar physische Beschränkungen für die Art und Weise, wie er die Welt wahrnehmen und in ihr agieren kann, aber sie schafft auch Möglichkeiten für die Interaktion mit Menschen. Die physische Beschaffenheit des Roboters veranlasst Menschen dazu, auf ähnliche Weise auf den Roboter zu reagieren, wie sie mit Menschen interagieren. Wenn ein Roboter Augen hat, gehen die Menschen davon aus, dass der Roboter sie sehen kann. Wenn der Roboter einen Mund hat, wird davon ausgegangen, dass er sprechen kann. Menschen können durch Ähnlichkeit des Roboters zu ihnen, ihre Erfahrungen von zwischenmenschlicher Interaktion nutzen, um die Interaktion zwischen Mensch und Roboter zu verstehen und daran teilzunehmen. Diese Erfahrungen können sehr nützlich sein, um eine Interaktion zu gestalten, aber sie können auch zu Frustration führen, wenn der Roboter den Erwartungen der Nutzer nicht gerecht werden kann (dies wird in Kapitel 8 näher erläutert).

HRI konzentriert sich auf die Entwicklung von Robotern, die mit Menschen in verschiedenen Alltagsumgebungen interagieren können. Dies führt zu technischen Herausforderungen, die sich aus der Dynamik und Komplexität des Menschen und des sozialen Umfelds ergeben. Dadurch entstehen auch neue Herausforderungen für die Gestaltung des Aussehens, Verhaltens und der Wahrnehmungsfähigkeiten von Robotern, um die Interaktion anzuregen und zu steuern. Aus psychologischer Sicht bietet HRI die einzigartige Möglichkeit, menschliches Wirken, Wahrnehmungen und Verhalten zu untersuchen, wenn sie mit anderen sozialen Agenten als Menschen in Kontakt kommen. Soziale Roboter können in diesem Zusammenhang als Forschungsinstrumente für die Untersuchung psychologischer Mechanismen und Theorien dienen.

Schon bei der ersten Erwähnung des Begriffs „Roboter" in Karel Čapeks Stück *Rossums Universal Robots* konzentrierte sich unsere Vision des idealen Roboters auf die Nachahmung menschenähnlicher Fähigkeiten, die oft durch eine humanoide Form repräsentiert werden, entweder als ganzer Körper wie bei Hondas Asimo (siehe Bild 2.1) oder in Teilen, wie bei den Roboterarmen oder ihrer eher anthropomorphen Darstellung bei den Sawyer-Robotern. Wenn wir uns den aktuellen Stand der Technik im Bereich der Mensch-Roboter-Interaktion ansehen, erkennen wir jedoch, dass die Verkörperungen von Robotern deutlich vielfältiger sind: Kugelförmige Roboter können herumrollen und mit Kindern interagieren (z.B. Sphero, Roball), Roboter können in der Luft fliegen (z.B. Drohnen), oder unter Wasser gehen (z.B. OceanOneK), Roboter, die Tiere imitieren und so tierähnliche Interaktionen mit Menschen fördern (z.B. Paro), oder sogar mit ihren biologischen Gegenstücken in der Natur interagieren können (z.B. Eichhörnchen-Roboter) und Roboter, die wie Gegenstände (z.B. Koffer, Mülleimer, Kisten) oder alltägliche Geräte wie Busse und Autos sowie viele andere Formen aussehen. Das Spannende an der HRI ist, dass sie unsere Vorstellungen davon, wie Roboter und unsere Interaktionen mit ihnen aussehen könnten, über die bekannten anthropomorphen Vorstellungen hinaus erweitern kann.

Bild 2.1
Honda hat den Roboter Asimo von 2000 bis
2018 entwickelt (Quelle: Honda)

Wenn Roboter nicht nur Werkzeuge, sondern auch Co-Worker, Begleiter, Tutoren und andere Arten von sozialen Interaktionspartnern sind, wirft ihre Untersuchung und Gestaltung als Teil der HRI viele verschiedene Fragen über zwischenmenschliche Beziehungen und gesellschaftliche Entwicklung sowohl in der Gegenwart als auch in der Zukunft auf. Die HRI-Forschung befasst sich mit Fragen der sozialen und physischen Gestaltung von Technologien sowie mit der gesellschaftlichen und organisatorischen Umsetzung und der kulturellen Sinngebung auf eine Art, die sich von verwandten Disziplinen unterscheidet.

■ 2.1 Der Schwerpunkt dieses Buches

HRI ist ein großes, multidisziplinäres Gebiet, und dieses Buch liefert einen ersten Einstieg in die damit verbundenen Probleme, Prozesse und Lösungen. Dieses Buch ermöglicht es dem Leser, sich einen Überblick über das Gebiet zu verschaffen, ohne von der Komplexität all der Herausforderungen, mit denen wir konfrontiert sind, überwältigt zu werden, auch wenn wir Hinweise auf einschlägige Literatur geben, die der interessierte Leser in Ruhe recherchieren kann. Dieses Buch bietet eine dringend benötigte Einführung in das Gebiet, mit dem Ziel, dass sich Studenten, Wissenschaftler, Praktiker und politische Entscheidungsträger mit der Zukunft der Interaktion zwischen Mensch und Technik vertraut machen können. Als

Einführung setzt dieses Buch keine weitreichenden Kenntnisse in einem der verwandten Bereiche voraus. Es erfordert lediglich die Neugier des Lesers, wie Menschen und Roboter miteinander interagieren können und sollten.

Nach einer Einführung in den Bereich der HRI und in die prinzipielle Funktionsweise eines Roboters konzentrieren wir uns auf das Design von Robotern. Als Nächstes befassen wir uns mit den verschiedenen Interaktionsmodalitäten, über die Menschen mit Robotern interagieren können, wie z. B. durch Sprache oder Gesten. Wir überlegen auch, wie wir verstehen und untersuchen können, wie Menschen Roboter wahrnehmen. Die Verarbeitung und Kommunikation von Emotionen ist die nächste Herausforderung, bevor wir uns mit der Rolle von Robotern in den Medien beschäftigen. Das Kapitel über Forschungsmethoden führt in die speziellen Probleme ein, mit denen Forscher bei der Durchführung empirischer Studien über die Interaktion von Menschen mit Robotern konfrontiert sind. Anschließend werden die Anwendungsbereiche sozialer Roboter und ihre spezifischen Herausforderungen behandelt, bevor weitergehende gesellschaftliche und ethische Fragen im Zusammenhang mit dem Einsatz sozialer Roboter erörtert werden. Das Buch schließt mit einem Blick in die Zukunft der HRI.

■ 2.2 HRI als interdisziplinäres Unterfangen

HRI ist von Natur aus und zwangsläufig ein multidisziplinäres und problembezogenes Gebiet. HRI bringt Wissenschaftler und Praktiker aus verschiedenen Bereichen zusammen: Ingenieure, Psychologen, Designer, Anthropologen, Soziologen und Philosophen, gemeinsam mit Wissenschaftlern aus weiteren Anwendungs- und Forschungsbereichen. Die Entwicklung einer erfolgreichen Mensch-Roboter-Interaktion erfordert die Zusammenarbeit verschiedener Fachrichtungen, etwa um die Robotik-Hardware und -Software zu entwickeln, das Verhalten von Menschen bei der Interaktion mit Robotern in verschiedenen sozialen Kontexten zu analysieren und um die Ästhetik der Verkörperung und Verhaltens des Roboters sowie das erforderliche Fachwissen für bestimmte Anwendungen zu schaffen. Diese Zusammenarbeit kann sich aufgrund der unterschiedlichen Fachjargons und der verschiedenen Forschungspraktiken und Arbeitsweisen schwierig gestalten. Was alle Akteure jedoch verbindet, ist die ausgeprägte Motivation, sich mit den verschiedenen Arten des Wissenserwerbs vertraut zu machen und diese zu respektieren. In diesem multidisziplinären Sinne ähnelt HRI dem Bereich der Mensch-Computer-Interaktion (HCI), wobei sich HRI durch Beschäftigung mit verkörperten Interaktionen mit intelligenten Agenten in verschiedenen sozialen Kontexten von HCI unterscheidet.

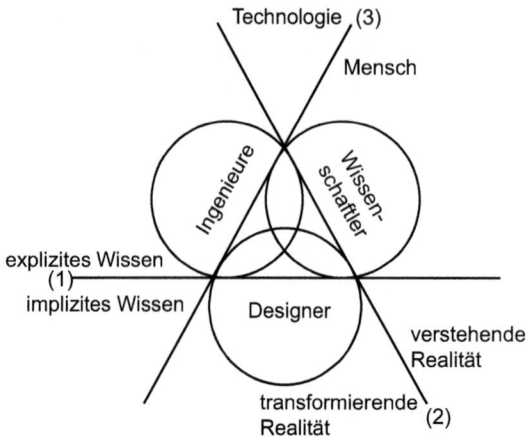

Bild 2.2
HRI bedient sich mehrerer Disziplinen, zwischen denen es oft Barrieren gibt

Die verschiedenen Disziplinen, die einen Beitrag zur HRI leisten, unterscheiden sich voneinander in Bezug auf ihre gemeinsamen Überzeugungen, Werte, Modelle und Vorbilder (Bartneck und Rauterberg, 2007). Diese Aspekte bilden ein „Paradigma", welches die Gemeinschaft der Theoretiker und Praktiker leitet (Kuhn, 1970). Forscher innerhalb eines Paradigmas haben gemeinsame Überzeugungen, Werte und Vorbilder. Eine Möglichkeit, die Schwierigkeiten bei der Zusammenarbeit an einem gemeinsamen Projekt zu verstehen, besteht in drei Barrieren (siehe Bild 2.2), die zwischen Designern [D], Ingenieuren [I] und Wissenschaftlern (insbesondere Sozialwissenschaftlern) [W] auftreten können:

1. Wissensdarstellung (explizit [W, I] versus implizit [D]),

2. Sicht auf die Realität (Verstehen [W] versus Umgestaltung der Realität [D, I]),

3. Schwerpunkt (Technologie [I] versus Mensch [D, W]).

Barriere 1: Ingenieure [I] und Wissenschaftler [W] machen ihre Ergebnisse explizit, indem sie den aktuellen Wissensstand in Fachzeitschriften, Büchern und Konferenzberichten veröffentlichen und beschreiben oder Patente anmelden. Durch Diskussionen und Austausch unter Fachleuten wird diese Forschung optimiert und weiter vorangetrieben. Die Ergebnisse der Designer [D] hingegen werden hauptsächlich durch ihre konkreten Entwürfe dargestellt. Das für die Erstellung dieser Entwürfe erforderliche Designwissen liegt beim einzelnen Designer vor allem als implizites Wissen vor, das oft als Intuition bezeichnet und der Gemeinschaft in Form allgemeiner Grundsätze beschrieben wird.

Barriere 2: Ingenieure [I] und Designer [D] formen die Welt in bevorzugte Zustände um (Simon, 1996; Vincenti, 1990). Sie überlegen zunächst, wie ein bestimmter Zustand der Welt erreicht werden kann, beispielsweise wie man zwei Ufer eines Flusses verbinden könnte. Anschließend setzen sie eine Veränderung um, etwa durch den Bau einer Brücke. Wissenschaftler [W] versuchen in erster Linie, die

Welt durch das Streben nach Wissen über allgemeine Wahrheiten oder die Funktionsweise allgemeiner Gesetze zu verstehen. Vorschläge für Eingriffe und Veränderungen können zwar aus der wissenschaftlichen Arbeit abgeleitet werden, liegen aber oft außerhalb der Zuständigkeit der wissenschaftlichen Arbeit selbst.

Barriere 3: Wissenschaftler [W] und Designer [D] interessieren sich in erster Linie für den Menschen in seiner Rolle als möglicher Nutzer. Designer interessieren sich für die Werte, die für potenzielle Endnutzer von Robotern bedeutsam sein könnten. Diese werden dann als Anforderungen an den Roboter definiert und in eine technische Lösung überführt. Wissenschaftler in der HCI-Community werden typischerweise mit den Sozial- oder Kognitionswissenschaften in Verbindung gebracht. Sie interessieren sich für die Fähigkeiten und Verhaltensweisen der Nutzer wie Wahrnehmung, Kognition und Handlung sowie für die Art und Weise, wie diese Faktoren durch die verschiedenen Kontexte, in denen sie auftreten, beeinflusst werden. Ingenieure [I] interessieren sich hauptsächlich für Technik, einschließlich Software für interaktive Systeme. Sie untersuchen die Struktur und die Funktionsprinzipien dieser technischen Systeme, um bestimmte Probleme zu lösen.

Ist man sich dieser disziplinären Unterschiede bewusst, bevor man ein HRI-Projekt in Angriff nimmt, kann dies zu einer fruchtbaren Zusammenarbeit beitragen, bei der die verschiedenen Arten von Wissen und Praktiken der verschiedenen Disziplinen berücksichtigt werden. Es ist klar, dass ein HRI-Projekt Fachwissen aus verschiedensten Disziplinen erfordern kann, aber nicht jedes HRI-Projekt kann es sich leisten, Spezialisten aus all diesen Disziplinen zu beschäftigen. Viele Projekte werden auch Personen aus anderen Disziplinen, wie z. B. Ethiker oder Bildungsforscher, und aus Anwendungsbereichen, wie z. B. Mediziner oder Pädagogen, einbeziehen müssen. HRI-Forscher müssen bereit sein, sich Fachwissen in einer Vielzahl von Bereichen anzueignen. So müssen zwar keine Brücken zu Kollegen anderer Disziplinen geschlagen und ein gemeinsamer Nenner gefunden werden, jedoch ist dieses Vorgehen auch recht einschränkend. Dies liegt daran, dass wir oft eben nicht wissen, was wir nicht wissen. Daher ist es wichtig, sich entweder mit allen oder vielen der beteiligten Disziplinen direkt zu befassen oder sich zumindest mit Fachleuten aus den jeweiligen Bereichen auszutauschen. In dem Maße, in dem das Feld der HRI wächst und reift, erweitert es sich auch um immer mehr unterschiedliche Disziplinen (z. B. Geschichte oder Kunst), Rahmen und Methoden, was einen noch umfangreicheren Wissensbedarf zur Folge haben kann. In diesem Fall sollten Sie sich angewöhnen, nicht nur in Ihrer eigenen Disziplin oder Ihrem Teilbereich der HRI, sondern auch in verwandten Bereichen Literatur zu lesen, um zu verstehen, wie Ihre eigene Arbeit in das Gesamtbild bestehender Forschung passt. Bei der Entwicklung spezifischer HRI-Anwendungen ist es außerdem von entscheidender Bedeutung, von Beginn des Projekts an mit Fachleuten aus dem Bereich, einschließlich potenziellen Nutzern und Interessenvertretern, zusammenzuarbeiten, um sicherzustellen, dass relevante Fragen gestellt werden, geeignete

Methoden verwendet werden und man sich der potenziellen weiterreichenden Folgen der Forschung für den Anwendungsbereich bewusst ist.

Bild 2.3
Der Roboter Mirokai von Enchanted Tools, Frankreich.
Er kombiniert omnidirektionale Navigation mit zwei
Roboterarmen und einem rückprojizierten Gesicht
(Quelle: Enchanted Robots)

■ 2.3 Die Entwicklung von sozialen Robotern und HRI

Das Konzept des „Roboters" hat eine lange und reiche Geschichte in der kulturellen Vorstellungskraft vieler verschiedener Gesellschaften, die Tausende von Jahren zurückreicht, bis hin zu Erzählungen über menschenähnliche Maschinen, der späteren Entwicklung von Automaten, die bestimmte menschliche Fähigkeiten nachahmen, und neueren Science-Fiction-Erzählungen über Roboter in der Gesellschaft. Auch wenn diese kulturellen Vorstellungen von Robotern nicht immer technisch realistisch sind, prägen sie jedoch die Vorstellungen der Menschen von und ihre Reaktionen auf Roboter.

Seit dem Auftauchen des Begriffs „Roboter", zunächst in der Literatur und später als reale Maschinen, haben wir über die Beziehung zwischen Robotern und Menschen nachgedacht und darüber, wie sie miteinander interagieren könnten. Jede neue technologische oder konzeptionelle Entwicklung in der Robotik hat uns gezwungen, unsere Beziehung zu Robotern und unsere Wahrnehmung von ihnen zu überdenken.

Der Begriff „Sozialroboter" wurde 1935 zum ersten Mal in der Literatur erwähnt und als abwertende Bezeichnung für eine Person verwendet, die eine kalte und distanzierte Persönlichkeit hat.

Durch Kriecherei und Schleimerei seinen autokratischen Vorgesetzten gegenüber wird er befördert. Er ist ein Erfolg fürs Unternehmen. Aber dafür hat er alles geopfert, was individuell war. Er ist ein sozialer Roboter geworden, ein Rädchen im Getriebe.

(Sargent, 2013)

Im Jahr 1978 wurde der Begriff „sozialer Roboter" zum ersten Mal im Zusammenhang mit der Robotik erwähnt. In einem Artikel der Zeitschrift *Interface Age* wurde beschrieben, wie ein Serviceroboter neben Fähigkeiten wie Hindernisvermeidung, Balancieren und Gehen auch soziale Fähigkeiten benötigt, um in einer häuslichen Umgebung zu funktionieren. Der Artikel nennt diesen Roboter einen „sozialen Roboter".

Als 1961 der erste Industrieroboter, der Unimate, im Inland Fisher Guide Plant von General Motors in Ewing Township, New Jersey, installiert wurde, überlegten die Menschen zwar, wie sie mit dem Roboter interagieren würden, aber sie waren eher besorgt darüber, welche Rolle der Roboter unter den menschlichen Arbeitern einnehmen würde. Menschen, die zum ersten Mal verhaltensbasierte Roboter sahen, konnten nicht anders, als über die Lebensnähe des Roboters zu staunen. Einfache reaktive Verhaltensweisen (Braitenberg, 1986), die auf kleinen mobilen Robotern implementiert wurden, brachten Maschinen hervor, die lebendige Wesen zu sein schienen. Die in den Forschungslabors der 1990er-Jahre umherwuselnden und zappelnden Roboter erweckten menschenähnliche Charaktereigenschaften und veränderten unsere Vorstellung davon, wie Intelligenz oder zumindest der Anschein von Intelligenz erzeugt werden kann, grundlegend (Brooks, 1991; Steels, 1993). Dies führte zur Entwicklung von Robotern, die durch schnelles, reaktives Verhalten ein Gefühl von sozialer Präsenz vermitteln.

Ein frühes Beispiel für einen sozialen Roboter ist Kismet (siehe Bild 2.4). Kismet wurde 1997 am Massachusetts Institute of Technology entwickelt und war eine Kombination aus Kopf und Hals eines Roboters, die auf einer Tischplatte montiert war. Kismet konnte seine Augen, Augenbrauen, Lippen und seinen Hals bewegen, sodass er seinen Kopf schwenken, neigen und kippen konnte. Auf der Grundlage visueller und akustischer Eingaben reagierte er auf Objekte und Personen, die in seinem Gesichtsfeld auftauchten. Er extrahierte Informationen über visuelle Bewegung, visuelles Erscheinen, Tonlautstärken und Emotionen aus der Prosodie der Sprache und reagierte, indem er seine Mimik, die Ohren und den Hals animierte und in einer nichtmenschlichen Sprache plapperte (Breazeal, 2003). Auch wenn Kismets Steuerungssoftware relativ rudimentär war, gelang es dennoch mit wenigen Mitteln die Idee der sozialen Präsenz zu vermitteln. Dies geschah nicht nur durch seine Hardware- und Software-Architekturen, sondern auch durch das Ausnutzen von psychologischen Mechanismen, einschließlich des sogenannten „Kindchenschema", einer Veranlagung, Dinge mit großen Augen und übertriebenen Merkmalen auf soziale Weise zu begegnen, obwohl sie keine voll funktionsfähigen sozialen Fähigkeiten haben (Jia et al., 2015).

Bild 2.4 Kismet (1997 – 2004), ein frühes Beispiel für soziale Mensch-Roboter-Interaktionsforschung des Massachusetts Institute of Technology (Quelle: Daderot)

Wie viele Roboter in den Anfängen der sozialen Robotik und der HRI war Kismet ein maßgeschneiderter Roboter, der den Forschern nur in einem Labor zur Verfügung stand und ständige Weiterentwicklung durch Studenten, Postdocs und andere Forscher erforderte, um die Fähigkeiten des Roboters aufrechtzuerhalten und auszubauen. Diese Einschränkungen begrenzten verständlicherweise die Anzahl der Personen und das Spektrum der Fachgebiete, die anfangs an der HRI-Forschung teilnehmen konnten. In jüngster Zeit wurde die HRI-Forschung durch die Verfügbarkeit preisgünstiger kommerzieller Plattformen unterstützt, die von Labors leicht erworben werden können. Diese erweiterten sowohl die Reproduzierbarkeit und Vergleichbarkeit der HRI-Forschung in verschiedenen Labors als auch den Kreis der Personen, die sich mit dieser Disziplin beschäftigen können.

Eine Reihe von kommerziell erhältlichen Robotern hat einen erheblichen Einfluss auf das Feld gehabt. Im Folgenden werden einige der am häufigsten verwendeten Roboter vorgestellt. Diese Liste erhebt jedoch keinen Anspruch auf Vollständigkeit, da immer wieder neue Roboter auf den Markt kommen, etablierte Roboter aus dem Programm genommen werden und bestehende Roboter, die bisher nicht in der HRI eingesetzt wurden, für die Forschung im Bereich der sozialen Robotik übernommen und angepasst werden. Die im Folgenden besprochenen Roboter haben jedoch alle ihren Stempel auf dem Gebiet hinterlassen und werden im Laufe dieses Buches wieder auftauchen.

Der vielleicht einflussreichste Roboter auf dem Gebiet der sozialen Robotik ist der Nao (siehe Bild 2.5). Nao wurde ursprünglich von dem französischen Unternehmen Aldebaran Robotics entwickelt, das 2015 von Softbank Robotics übernommen wurde und zu Softbank Robotics Europe wurde, bis es 2022 an die deutsche United Robotics Group verkauft wurde, die es wieder in Aldebaran Robotics umbenannte.

Bild 2.5 Nao (2006 – heute), ein 58 cm großer humanoider Roboter, eine der beliebtesten Forschungsplattformen im Bereich der sozialen Robotik

Nao wurde erstmals 2006 verkauft und da er erschwinglich (ein Nao kostet weniger als 10 000 US-Dollar), robust und einfach programmiert ist, wurde er zu einer weit verbreiteten Roboterplattform für die Untersuchung von HRI. Aufgrund seiner Größe ist er auch sehr mobil, sodass Studien auch außerhalb des Labors durchgeführt werden können. Ein weiterer kleiner humanoider Roboter, der später auf den Markt kam, ist QT von LuxAI, der für den Einsatz in Forschungs- und Bildungskontexten gedacht ist.

Aldebaran Robotics hat auch Pepper entwickelt, einen Humanoiden mit der Größe eines Kindes, der ein Tablet in die Brust eingebaut hat (siehe Bild 2.6). Einige Geschäfte nutzen Pepper, um Besucher anzulocken und Produkte oder Dienstleistungen zu vermarkten. Die Produktion von Pepper-Robotern wurde Berichten zufolge im Jahr 2020 eingestellt, obwohl der Roboter zum Zeitpunkt der Überarbeitung dieses Buches noch zum Verkauf angeboten wurde.

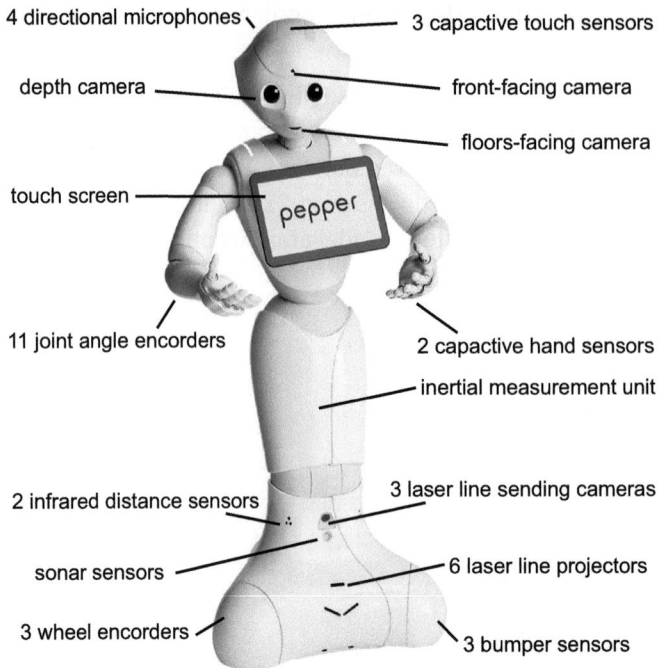

4 directional microphones

3 capactive touch sensors

depth camera

front-facing camera

floors-facing camera

touch screen

pepper

11 joint angle encorders

2 capactive hand sensors

inertial measurement unit

2 infrared distance sensors

3 laser line sending cameras

sonar sensors

6 laser line projectors

3 wheel encorders

3 bumper sensors

Bild 2.6 Roboter Pepper (2014 – heute) und seine Sensoren (Quelle: Softbank Robotics und Philippe Dureuiltoma)

Der von Hideki Kozima entwickelte Keepon-Roboter (siehe Bild 2.7) ist relativ klein und wenig komplex, er besteht nur aus zwei weichen gelben Kugeln, die mit einer Nase und zwei Augen versehen wurden. Der Roboter kann sich mithilfe von Motoren, in die Basis des Roboters eingearbeitet sind, drehen, biegen und wippen (Kozima et al., 2009). Keepon wurde später als erschwingliches Spielzeug zum Preis von etwa 40 USD vermarktet und kann mit einigen moderaten Eingriffen als Forschungsinstrument für HRI verwendet werden. Studien mit dem Keepon-Roboter haben überzeugend gezeigt, dass ein sozialer Roboter nicht menschenähnlich erscheinen muss. Die einfache Form des Roboters reicht aus, um Interaktionsergebnisse zu erzielen, für die man die Notwendigkeit von komplexeren und menschenähnlicheren Roboter vermutet hatte.

Ein weiterer Roboter mit einfachem Design, ist der Begleit- und Therapieroboter Paro (siehe Bild 2.8) mit der Gestalt eines Robbenbabys. Er ist besonders beliebt bei der Untersuchung sozialer Assistenzroboter in der Altenpflege und anderen Szenarien. Paro ist seit 2006 in Japan und seit 2009 in den Vereinigten Staaten und Europa kommerziell erhältlich (Preis: ca. 7500 USD) und ist eine robuste Plattform, die fast keine technischen Kenntnisse für den Betrieb erfordert. Paro wurde daher von verschiedenen Psychologen, Anthropologen und Gesundheitsforschern eingesetzt, um zum einen die potenziellen psychologischen und physiologischen Auswirkungen auf den Menschen zu untersuchen und zum anderen zu erforschen, wie Roboter in Gesundheitseinrichtungen eingesetzt werden könnten. Die Einfachheit der Bedienung und die Robustheit des Roboters ermöglichen seinen Einsatz in vielen verschiedenen Kontexten, auch in Langzeit- und wissenschaftlichen Studien. Gleichzeitig stellt die Tatsache, dass es sich um eine geschlossene Plattform handelt, die es nicht erlaubt, Roboterprotokolle oder Sensordaten vom Roboter zu extrahieren oder das Verhalten des Roboters zu ändern, einige Einschränkungen für die HRI-Forschung dar.

Bild 2.7
Keepon (2003–heute), ein minimaler sozialer Roboter, entwickelt von Hideki Kozima (Quelle: Hideki Kozima, Tohoku Universität)

Bild 2.8 Paro (2003–heute), ein sozialer Roboter, der einem Sattelrobbenbaby ähnelt. Paro ist als sozialer Begleitroboter vorgesehen (Quelle: National Institute of Advanced Industrial Science and Technology)

Der Baxter-Roboter, der bis 2018 von Rethink Robotics verkauft wurde, ist sowohl ein Industrieroboter als auch eine Plattform für HRI-Forschung (Bild 2.9). Die beiden Arme des Roboters sind aktiv nachgiebig: Im Gegensatz zu den starren Roboterarmen typischer Industrieroboter bewegen sich die Arme von Baxter als Reaktion auf eine von außen einwirkende Kraft. In Kombination mit anderen Sicherheitsmerkmalen ist der Baxter-Roboter sicher, wodurch er sich für die Zusammenarbeit mit anderen Menschen eignet.

Bild 2.9 Baxter (2011 – 2018) und Sawyer (2015 – 2018), Industrieroboter mit nachgiebigen Armen von Rethink Robotics. Baxter war der erste Industrieroboter, der Funktionen zur sozialen Interaktion in einen industriellen Manipulator integrierte (Quelle: Rethink Robotics, Inc.)

Darüber hinaus verfügt Baxter über einen in Kopfhöhe angebrachten Bildschirm, auf dem die Steuerungssoftware Gesichtsanimationen anzeigen kann. Baxters Gesicht kann genutzt werden, um seinen inneren Zustand mitzuteilen, und seine Augenfixierungen vermitteln dem menschlichen Mitarbeiter ein Gefühl der Aufmerksamkeit.

2017 brachte Anki den Cozmo-Roboter auf den Markt (Bild 9.4), dem 2018 der Vector-Roboter folgte. Im Jahr 2020 wurde Anki von Digital Dream Labs übernommen, das 2021 eine zweite Version des Roboters herausbrachte. Während beide Roboter vom Design her vergleichbar sind, wurde Cozmo in erster Linie als Lernoder Forschungswerkzeug konzipiert, wobei sein Verhalten über eine App oder direkt durch Programmierung mit Python angepasst werden kann. Vector hingegen ist autonomer und reagiert auf Sprachbefehle und enthält vordefinierte Verhaltensweisen. Cozmo und Vector kosten etwa 500 USD und werden beide in der HRI-Forschung eingesetzt.

Auch Roboter, die nicht explizit für die HRI konzipiert wurden, können für HRI-Studien verwendet oder sogar modifiziert werden. Der kommerziell erfolgreichste Heimroboter ist nach wie vor der Staubsaugerroboter iRobot Roomba (versionsabhängiger Preis zwischen 500 und 3000 USD), von dem weltweit mehrere Millionen verkauft wurden. Roombas sind nicht nur ein interessantes Mittel, um die Beziehung der Öffentlichkeit zu Robotern zu untersuchen (Forlizzi und DiSalvo, 2006), sondern wurden auch für die HRI-Forschung modifiziert und gehackt. iRobot stellt auch Lernroboter her, den Root (250 USD) und den Create (300 USD), denen die Staubsaugerkomponente fehlt und für Forschungs- und Bildungsprogramme über Robotern verwendet werden können.

Ein weiterer Verbraucherroboter, der in der HRI-Forschung verwendet wurde, ist der von Sony entwickelte Aibo, ein Beispiel für einen tierähnlichen Roboter (siehe Bild 2.10). Der mechanische Hund kann sehen, hören, Berührungen wahrnehmen, Laute von sich geben, mit den Ohren und dem Schwanz wedeln und sich auf seinen vier Beinen fortbewegen. Die ersten Aibo-Modelle wurden 1999 verkauft, und der Verkauf wurde 2006 eingestellt. Elf Jahre später begann der Verkauf neuer Modelle zu einem Preis von etwa 3000 USD erneut.

Bild 2.10 Aibo Roboter ERS-1000 (2018–heute) (Quelle: Sony)

Schließlich brachte Amazon im Jahr 2022 seinen Haushaltsroboter Astro auf den Markt (Bild 2.11). Dieser Hausüberwachungsroboter integriert die KI-Assistentin Alexa mit einem kniehohen Tablet, das auf einem dreirädrigen Fahrzeug montiert ist. Er kann für die Haussicherheit (als ferngesteuerte Kamera auf Rädern), die Zustellung von Nachrichten und kleinen Gegenständen im Haus sowie für alle Aufgaben eingesetzt werden, die üblicherweise mit Tablets verbunden sind: Videoanrufe, Streaming von Sendungen und Filmen, Nachschlagen von Informationen im Internet.

Bild 2.11
Das Astro (2022 – heute) integriert Amazons Alexa in eine
Roboterplattform und kann als Hausüberwachungssystem
verwendet werden (Quelle: Amazon)

Obwohl die Verfügbarkeit von erschwinglichen kommerziellen Robotern mit offenen Anwendungsschnittstellen zu einem Anstieg an HRI-Studien führte, hat eine
zweite Entwicklung den Bau von selbst gebauten sozialen Robotern ermöglicht.
Neue Entwicklungen im mechatronischen Prototyping bedeuten, dass Roboter modifiziert, gehackt oder von Grund auf neu gebaut werden können. Dreidimensiona-
ler Druck (3D), Laser und die Verfügbarkeit kostengünstiger Einplatinencomputer
haben es den Forschern ermöglicht, Roboter in kurzer Zeit und zu minimalen Kosten zu bauen und zu modifizieren. Das reicht von kleinen Robotern wie Blossom
(siehe Bild 2.12) (Suguitan und Hoffman, 2019) oder Ono (Vandevelde et al., 2016)
bis hin zu ausgewachsenen Humanoiden wie InMoov (Bild 2.13).

Bild 2.12 Blossom (2019 – heute) ist ein Open-Hardware- und Open-Source-Roboter,
den du selbst basteln und mit Accessoires ausstatten kannst. Hier trägt er eine gehäkelte
Hülle (Quelle: Michael Suguitan)

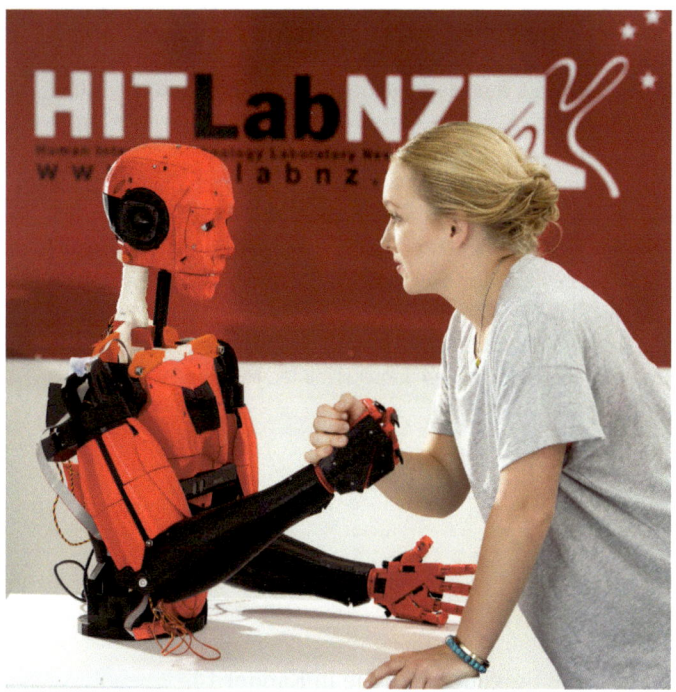

Bild 2.13 InMoov (2012 – heute) kann mithilfe von Rapid-Prototyping-Technologie und leicht erhältlicher Komponenten gebaut werden. Der InMoov-Roboter ist ein sozialer Open-Source-Roboter

Wie Sie sehen können, eröffnet die Vielfalt der Roboterhardware endlose Forschungsfragen, die aus einer multidisziplinären Perspektive heraus behandelt werden können. Abschnitt 3.2 geht näher auf die verschiedenen Arten von Robotern. Einen Überblick über die vielen verfügbaren Roboter finden Sie in den Datenbanken, zusammengestellt von ABOT[1] und IEEE[2].

Im Gegensatz zu anderen Disziplinen legt die HRI einen besonderen Schwerpunkt auf die Untersuchung der sozialen Interaktionen zwischen Menschen und Robotern, nicht nur in Zweiergruppen, sondern auch in Gruppen, Institutionen und früher oder später auch in unserer Gesellschaft. Wie in diesem Buch deutlich wird, sind technologische Fortschritte das Ergebnis gemeinsamer interdisziplinärer Anstrengungen, die wichtige gesellschaftliche und ethische Implikationen haben. Die Berücksichtigung dieser Aspekte im Rahmen einer auf den Menschen ausgerichteten Forschung wird hoffentlich zur Entwicklung von Robotern führen, die allgemein akzeptiert werden und den Menschen zum Wohl der Allgemeinheit dienen.

---

[1] *www.abotdatabase.info*

[2] *https://robots.ieee.org/robots/*

Diskussionsfragen

- Die HRI bezieht Erkenntnisse aus vielen anderen Forschungsbereichen und -disziplinen. Welche anderen Bereiche können von der HRI-Forschung profitieren?
- Sind Sie Designer, Ingenieur oder Sozialwissenschaftler? Versuchen Sie sich eine Situation vorzustellen, in der Sie mit anderen zusammenarbeiten, um einen Roboter zu konstruieren (wenn Sie z. B. Ingenieur sind, arbeiten Sie jetzt mit einem Designer und einem Sozialwissenschaftler an diesem Projekt). Inwiefern unterscheidet sich Ihre Arbeitsweise von den Ansätzen, die die anderen Teamkollegen verwenden könnten?
- Was ist der Hauptunterschied zwischen den Disziplinen HRI und HCI, und was macht HRI als neues Feld einzigartig?

■ 2.4 Übungen

Die richtigen Antworten auf diese Fragen finden Sie in Kapitel 14.

Übung 1   Disziplinen

Was ist der Hauptunterschied zwischen den Disziplinen der Mensch-Roboter-Interaktion (HRI) und der Mensch-Computer-Interaktion? Wählen Sie eine Option aus der folgenden Liste aus:

1. HRI verwendet nur einen Computer, HCI hingegen viele.

2. HRI konzentriert sich auf verkörperte soziale Agenten, während HCI sich auf Interaktionen mit Computern fokussiert.

3. HCI konzentriert sich auf Computer, während HRI sich auf den Menschen konzentriert.

4. Roboter benutzen keine Computer.

5. HRI befasst sich mit der Interaktion zwischen Maschinen, während sich HCI auf die Interaktion zwischen Menschen konzentriert.

Übung 2   Ihr Hintergrund

Was ist Ihr schulischer/beruflicher Hintergrund? (Diese Übung kann Ihnen helfen, sich bewusster zu machen, aus welchem Blickwinkel Sie sich der HRI am ehesten nähern werden). Auch wenn Sie vielleicht mehr als einen Hintergrund haben, wählen Sie unten Ihren Hauptwerdegang aus:

1. Sozialwissenschaften (Psychologie, Soziologie, Anthropologie, usw.)
2. Ingenieurwesen (Informatik, Maschinenbau, Elektrotechnik, Mechatronik, usw.)
3. Design (Interaktionsdesign, Produktdesign, User-Experience-Design (UX))

Übung 3   Was macht Roboter sozial und gut?

Schauen Sie sich diese beiden Videos an und beantworten Sie dann die beiden folgenden Fragen.

- Cynthia Breazeal, „Entwicklung einer sozialen und empathischen KI", siehe *https://youtu.be/T52g7dCxJ4A*
- Henry Evans und Chad Jenkins, „Robots for Humanity", siehe *https://youtu.be/aCIukWXmlV4*

1. Laut Cynthia Breazeal ist Kismet der „erste soziale Roboter". Was macht Kismet (und die anderen im vorangegangenen Kapitel besprochenen Roboter) sozial? Würden Sie sagen, dass Roboter auf eine andere Weise sozial sind als Menschen, und wenn ja, wie?
2. Breazeal legt dar, wie KI so gestaltet werden kann, dass sie dem Menschen mehr hilft, und Evans und Jenkins zeigen einige Möglichkeiten auf, wie die Verkörperung von Robotern die menschlichen Fähigkeiten erweitern kann. Was hat Sie an diesen Möglichkeiten für den Einsatz von Robotern „zum Wohle der Gesellschaft" gereizt? Fallen Ihnen soziale Probleme ein, mit denen wir in der Gesellschaft konfrontiert sind und bei denen die von Breazeal, Evans und Jenkins vorgestellten Arten von Roboterfähigkeiten hilfreich sein könnten?

3 Wie ein Roboter funktioniert

 Was in diesem Kapitel behandelt wird

- Die grundlegenden Hardware- und Softwarekomponenten, aus denen ein Roboter besteht.
- Die Techniken, die wir anwenden können, um einen Roboter für die Interaktion mit Menschen fit zu machen.

Um die Funktionsweise eines Roboters zu verstehen, spielen wir ein Rollenspiel: Dafür stellen wir uns vor, ein Roboter zu sein. Wir denken vielleicht, dass wir eine Menge Dinge tun können, finden aber bald heraus, dass unsere Fähigkeiten stark eingeschränkt sind. Wenn wir ein neu gebauter Roboter ohne entsprechende Software sind, sind unsere Gehirne völlig leer. Wir können nichts tun – weder uns bewegen, haben keine Orientierung, noch können wir verstehen, was um uns herum geschieht, oder um Hilfe bitten. Wir finden die Erfahrung, ein Roboter zu sein, ziemlich seltsam und schwer vorstellbar. Die Hauptursache für diese Befremdlichkeit ist, dass das Gehirn des neuen Roboters einem menschlichen Gehirn nicht ähnelt, nicht einmal dem eines Kleinkindes. Der Roboter hat keine grundlegenden Instinkte, keine Ziele, kein Gedächtnis, keine Bedürfnisse, keine Lernfähigkeit und keine Fähigkeit, zu fühlen oder zu handeln. Um ein Robotersystem zu bauen, müssen wir Hardware und Software integrieren und zumindest teilweise gemeinsam entwickeln, damit der Roboter die Welt wahrnehmen und in ihr handeln kann.

Dieses Kapitel richtet sich an Leser, die nur über ein begrenztes technisches Hintergrundwissen im Bereich der intelligenten interaktiven Robotik verfügen. Es beschreibt die üblichen Komponenten eines Roboters und wie sie miteinander verbunden sind, um die Teilnahme an der Interaktion zu ermöglichen. Abschnitt 3.1 erläutert die grundlegenden Ideen zu den Komponenten, die für den Bau eines Roboters benötigt werden. Abschnitt 3.2 erklärt die Arten von Hardware. Abschnitt 3.3 befasst sich mit der Integration von Hardware und Software und beschreibt die Wahrnehmung (z.B. Computer Vision), Planung und Handlungssteuerung des Roboters. In Abschnitt 3.4 werden Sensoren wie Kameras, Entfernungsmesser und Mikrofone und in Abschnitt 3.5 die Aktoren vorgestellt. Abschnitt 3.6 befasst sich mit Software, die speziell dafür entwickelt wurde, andere Software zu einem kohärenten Programm zu verbinden. Abschnitt 3.7 behandelt die Modellierung der Interaktion zwischen dem Roboterprogramm und der Umgebung, während Abschnitt 3.8 speziell auf künstliche Intelligenz (KI) und maschinelles Lernen. In Abschnitt 3.9 werden schließlich die größten Einschränkungen der Robotik erörtert.

■ 3.1 Die Entstehung eines Roboters

Beim Bau eines Roboters besteht einer der ersten Schritte darin, Verbindungen zwischen den Sensoren, dem Computer und den Motoren des Roboters herzustellen, damit der Roboter im übertragenen Sinne in der Lage ist, seine Sinne zu schärfen, Eindrücke zu interpretieren, Aktionen zu planen und diese dann auszuführen. Sobald der Roboter z. B. mit einer Kamera verbunden ist, kann sein Computer die von der Kamera gelieferten Daten lesen. Das Kamerabild ist jedoch nichts anderes als eine große Zahlentabelle, ähnlich der folgenden Tabelle:

9	15	10
89	76	81
25	34	29

Kannst du anhand dieser Zahlen erraten, was der Roboter sieht? Vielleicht einen Ball, einen Apfel oder eine Gabel? Wenn wir davon ausgehen, dass jeder Wert in der Tabelle den Helligkeitswert eines Sensorelementes in der Kamera darstellt, können wir diese Zahlen in eine Grafik übersetzen, die für den Menschen aussagekräftiger ist (siehe Bild 3.1), aber für den Roboter bleibt die Grafik bedeutungslos.

Bild 3.1
Die Kameradaten werden in ein Raster aus Graustufenpixel übersetzt

In Bild 3.1 ist vielleicht eine Linie zu sehen, aber ein Roboter hat keine Vorstellung davon, was eine Linie ist. Diese Linie könnte der Rand einer Klippe sein, von der der Roboter herunterfallen und beschädigt werden könnte. Jedoch hat der Roboter kein Konzept von Höhe oder Schwerkraft. Er würde nicht begreifen, dass er fallen könnte, wenn er diese Linie überschreitet. Er weiß nicht, dass er nach einem Sturz wahrscheinlich auf dem Kopf stehen würde. Ohne die entsprechenden Sensoren würde er weder registrieren, dass er fällt, noch, dass er beim Aufprallen auf den Boden abrupt zum Stehen kommt. Er würde nicht einmal erkennen, dass sein Arm gebrochen wäre. Mit anderen Worten: Selbst Konzepte, die für die Interaktion mit der Welt um uns herum und für unser Überleben entscheidend und dem Menschen angeboren sind, müssen explizit in einem Roboter programmiert werden.

Ein Roboter ist im Grunde genommen ein Computer mit einem Körper. Jede Funktionalität muss in den Roboter programmiert werden. Ein Problem, mit dem alle Roboter zu kämpfen haben, ist, dass ihre Sensoren und Motoren zwar für den Betrieb in dieser Welt ausreichen, nicht aber ihre Intelligenz. Jedes Konzept, das für Robotiker von Interesse ist, muss in den Roboter programmiert werden. Dies erfordert viel Zeit und Mühe und beinhaltet oft viele Zyklen aus Versuch und Irrtum. Die analoge Welt da draußen wird in eine digitale Welt umgewandelt, und die Übersetzung von Zahlentabellen in aussagekräftige Informationen und sinnvolle Antworten ist eines der Kernziele der künstlichen Intelligenz. In der Lage zu sein, ein Gesicht aus einer großen Wertetabelle zu identifizieren, zu erkennen, ob man einer Person zuvor begegnet ist, und den Namen dieser Person zu kennen, sind alles Fähigkeiten, die Programmierung oder Lernen erfordern. Der Fortschritt der Mensch-Roboter-Interaktion wird also durch die Fortschritte im Bereich der künstlichen Intelligenz eingeschränkt. Robotikingenieure integrieren Sensoren, Software und Aktoren, damit der Roboter seine physische und soziale Umgebung wahrnehmen und mit ihr interagieren kann. Ein Ingenieur könnte zum Beispiel Beschleunigungssensoren verwenden, die die Beschleunigung und die Erdanziehungskraft erfassen, um die Ausrichtung des Roboters zu messen und festzustellen, ob er gefallen ist. Ein Klippensensor, der aus einer kleinen, nach unten gerichteten Infrarot-Lichtquelle und einem Lichtsensor besteht, kann vom Roboter verwendet werden, um zu verhindern, dass er eine Treppe hinunterfällt.

Zu den typischen Problemen, die Roboteringenieure für den Roboter lösen müssen, gehören die folgenden:

- Welche Art von Körper hat der Roboter? Hat er Räder? Hat er Arme?
- Woher soll der Roboter wissen, wo er sich im Raum befindet?
- Wie steuert und positioniert der Roboter seine Körperteile - zum Beispiel Arme, Beine, Räder?
- Wie sieht der Raum um den Roboter herum aus? Gibt es Hindernisse, Klippen, Türen? Was muss der Roboter über diese Umgebung wahrnehmen können, um sich sicher zu bewegen?
- Was sind die Ziele des Roboters? Wie weiß er, wann er sie erreicht hat?
- Gibt es Menschen in der Nähe? Wenn ja, wo sind sie, und wer sind sie? Woher soll der Roboter das wissen?
- Sieht eine Person den Roboter an? Spricht jemand mit ihm? Wenn ja, was versteht der Roboter von diesen Hinweisen?

- Was versucht der Mensch zu tun? Was möchte der Mensch, dass der Roboter tut? Wie können wir sicherstellen, dass der Roboter dies versteht?
- Was sollte der Roboter tun, und wie sollte er reagieren?
- Hat der Roboter noch genug Batterie?

Um diese Fragen zu beantworten, müssen HRI-Forscher eine geeignete Hardware und Morphologie für den Roboter bauen oder auswählen und dann entsprechende Programme – die Software – entwickeln, die dem Roboter sagen können, was er mit seinem Körper tun soll.

■ 3.2 Robotertypen

Zum Zeitpunkt des Verfassens dieses Buch wurden bereits eine Reihe von Robotern für den Verbrauchermarkt produziert. In Abschnitt 2.3 wurden einige der bekanntesten Roboter vorgestellt, wobei diese Liste bei Weitem nicht vollständig ist. Für einen umfassenderen Überblick verweisen wir auf die Datenbanken von ABOT[1] und IEEE[2]. Auch wenn nicht alle Verbraucherroboter in die Haushalte einziehen, sind diese kommerziellen Roboter oft geeignete Plattformen für die HRI-Forschung. Kommerziell erhältliche Roboter können auf verschiedene Weise kategorisiert werden, darunter: soziale Roboter und Drohnen, Humanoide, Androiden, zoomorphe Roboter, virtuelle Agenten, Telepräsenz- und Teleoperationsroboter, Projektionsroboter und Industrieroboter. Wir werden diese Typen im Folgenden erörtern.

Wie in Kapitel 1 beschrieben, sind soziale Roboter für die Interaktion mit Menschen konzipiert (Hegel et al., 2009). Dies bedeutet nicht zwangsläufig, dass ein Roboter eine menschenähnliche Form hat; wie im Folgenden erläutert wird.

Wie in Abschnitt 4.2 und Kapitel 8 beschrieben wird, nehmen Menschen ohne Weiteres menschenähnliche Züge bei anderen Agenten wahr, wenn diese bestimmte soziale Signale aussenden oder sich auf bestimmte Weise verhalten. So kann selbst ein so einfacher Roboter wie der Keepon (Bild 2.7) als sozialer Roboter betrachtet werden, da sein Verhalten den Eindruck einer sozialen Präsenz vermittelt. Es liegt auf der Hand, dass verschiedene soziale Roboter in ihrer Interaktion unterschiedlich komplex sind. Paro, das Robbenbaby (siehe Bild 2.8), kann seinen Schwanz bewegen und seine Augen auf der Grundlage haptischer Rückmeldungen öffnen und schließen, kommuniziert aber nicht darüber hinaus. Im Gegensatz dazu ist der iCub wie ein Kind geformt (siehe Bild 3.8) und kann einige verschie-

---

[1] *www.abotdata base.info*

[2] *https://robots.ieee.org/robots/*

dene Gesichtsausdrücke zeigen, was eine Vielzahl von Möglichkeiten zur sozialen Interaktion bietet.

Drohnen, insbesondere soziale Drohnen, sind Flugroboter, die sich den Raum mit Menschen teilen (Obaid et al., 2020; Baytas et al., 2019; Johal et al., 2022) und unter anderem im Haushalt oder im Bildungsbereich eingesetzt werden können. Im Gegensatz zu den humanoiden Robotertypen, die anschließend behandelt werden, haben soziale Drohnen in der Regel kein menschenähnliches Aussehen.

Humanoide Roboter folgen in ihrer Hardware einem allgemein menschenähnlichen Aussehen. Das bedeutet, dass der Roboter generell zweibeinig ist (obwohl die Beine manchmal zu einem Schaft auf Rädern verschmolzen sind, wie es bei Wakamaru und Pepper der Fall ist; siehe Bild 2.7 und Bild 6.4), einen Torso mit zwei Armen und einen Kopf mit zumindest einigen Gesichtsmerkmalen wie Augen und einem Mund hat. Bekannte Beispiele für humanoide Roboter sind Nao, Pepper, Asimo, Robovie und iCub.

Einen Schritt weiter in Richtung menschliches Aussehen gehen die Androidenroboter, die versuchen, das menschliche Aussehen so gut wie möglich nachzuahmen. Die exakte Nachbildung eines menschlichen Gesichts und Körpers aus Silikon mag zwar machbar sein, aber ihn so zu animieren, dass er sich natürlich und menschenähnlich bewegt, birgt eine Reihe von Herausforderungen und Problemen, die in Abschnitt 4.2.1 ausführlicher behandelt werden. Zu den bekanntesten Androiden gehören Kokoro und der Roboter Geminoid HI 4 (Bild 4.8; siehe auch Bild 4.6).

Zoomorphe Roboter sehen nicht menschenähnlich aus, sondern ihr Äußeres ist einer Tiergestalt nachempfunden. Dabei kann es sich um ein bereits existierendes Tier handeln: Der Aibo ist beispielsweise einem Hund nachempfunden (Bild 2.10 und Bild 11.1), der Paro einem Robbenbaby (Bild 2.8) und der Pleo einem Sauropodenbaby (Bild 11.5). Der Konstrukteur des Roboters kann sich aber auch kreativ ausleben und sein eigenes Fantasietier erfinden, wie es bei der Entwicklung des Furby der Fall war (siehe Bild 3.2).

Bild 3.2
Furby (1998 – 2016) ist ein kommerzieller zoomorpher Roboter, der in den späten 90er-Jahren besonders beliebt war

Eine interessante Zwischenform zwischen virtuellen Assistenten und verkörperten Robotern sind die Projektionsroboter. Diese Roboter bestehen aus einem Hardware-Körper, auf den Merkmale des Roboters, z. B. Gesicht oder Haare, projiziert werden (siehe Bild 3.3). Die Vorteile einer solchen Umsetzung bestehen darin, dass subtile Bewegungen wie Gesichtsausdrücke nachgeahmt werden können und dass das Aussehen des Roboters (z. B. Hautfarbe, Geschlecht) leicht verändert werden kann. Gleichzeitig bleiben die Animationen dieses Roboters eher projiziert als tatsächliche Bewegungen, und unseres Wissens gibt es noch keinen Roboter, der eine Projektion mit einer animierten Verkörperung kombiniert, die es dem Roboter erlauben würde, in seine Umgebung einzugreifen.

Bild 3.3 Der Roboter Furhat verbindet ein virtuelles Gesicht mit einer Hardware-Verkörperung durch Projektion (Quelle: Furhat Robotics)

Streng genommen sind virtuelle Agenten keine Roboter: Es handelt sich um animierte Darstellungen eines Agenten, die auf einem Bildschirm (z. B. einem Computer, Tablet oder Smartphone) dargestellt werden. Oft sind diese Agenten mit KI-Programmen verbunden, die gesprochene oder geschriebene Sprachbefehle verarbeiten und eine Antwort geben können. Diese Anwendungen werden bereits bei vielen Dienstleistern z. B. im Kundendienst, im Gesundheitswesen, im Verkauf und im Bildungswesen eingesetzt (Lugrin et al., 2022).

Telepräsenzroboter können ebenfalls als Plattformen für die HRI-Forschung genutzt werden. Es sind viele verschiedene Typen auf dem Markt, darunter mobile Versionen wie der Beam und Desktop-Versionen wie Kubi. Kleine mobile Roboter, die als freundliches Gesicht auf einem Bildschirm zu sehen sind, werden derzeit entwickelt und sollen bald für den Verbrauchermarkt freigegeben werden.

Obwohl kommerziell erhältliche Roboter-Hardware eine große Vielfalt an Morphologien sowie Sensor- und Programmierfähigkeiten bietet, ist jeder Roboter in seinen Möglichkeiten begrenzt; sein Aussehen und seine Fähigkeiten schränken die Interaktionen ein, an denen er teilnehmen kann. Forscher konzipieren und bauen daher auch ihre eigenen Roboter, die von einfachen Desktopanwendungen und mobilen Plattformen mit oder ohne Manipulator bis hin zu sehr menschenähnlichen Androiden reichen.

Die Wahl einer bestimmten Morphologie für einen Roboter, der in der HRI-Forschung eingesetzt werden soll, hängt oft von den Fähigkeiten ab, die für die erwartete Aufgabe benötigt werden (z.B. ob er in der Lage sein muss, Gegenstände aufzuheben), von der Art der Interaktion (z.B. können haustierähnliche Interaktionen von einem tierähnlichen Roboter profitieren) und von den Erwartungen und Wahrnehmungen der Menschen in Bezug auf unterschiedliche Morphologien (z.B. wird von Humanoiden erwartet, dass sie sich menschenähnlich verhalten und intelligent sind).

■ 3.3 Systemarchitektur

Alle Hardwarekomponenten des Roboters müssen mit einem Computer verbunden werden, damit sie interaktiv werden können. Die Architektur eines solchen Systems kann in der Regel in Ebenen unterteilt werden. Jede Ebene kommuniziert üblicherweise nur mit der nächstgelegenen Ebene (siehe Bild 3.4).

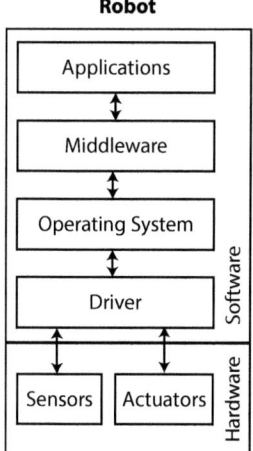

Bild 3.4
Ebenen der Systemarchitektur

3.3.1 Hardware-Ebenen

Im Inneren des Systems befinden sich die verschiedenen Hardware-Komponenten wie Motoren und Sensoren. Sie sind über Kabel mit einem oder mehreren Computern verbunden. Einige Roboter führen die gesamte Verarbeitung an Bord durch, aber viele Roboter verlagern die Verarbeitung auf andere Computer. In der neueren Robotersoftware finden Spracherkennung, Computer Vision und die Speicherung von Nutzerdaten häufig in der Cloud statt und von über das Internet angeschlossenen Softwarediensten übertragen wird, die meistens nach einem nutzungsbasierten Zahlungsprinzip funktionieren. Der Vorteil der cloudbasierten Datenverarbeitung ist, dass der Roboter Zugang zu deutlich mehr Rechenleistung und Speicherplatz hat, als er jemals in sich eingebaut haben könnte. Smarte Lautsprecher wie Google Home und Amazon Alexa setzen auf cloudbasierte Datenverarbeitung. Ein Nachteil eines solchen Roboters, ist jedoch die Abhängigkeit von einer stabilen Verbindung zum Cloud-Server. Dies ist nicht unbedingt gewährleistet, insbesondere wenn ein Roboter mobil ist. Daher werden zeitkritische Berechnungen und Berechnungen zur Gewährleistung der Sicherheit (z. B. Notstopps) normalerweise an Bord durchgeführt.

3.3.2 Software-Ebenen

Oberhalb der Hardware-Ebenen befinden sich die Software-Ebenen. Alle derzeit verfügbaren Roboter werden von einer Software gesteuert, die auf einem oder mehreren Computern läuft. Die Computer empfangen Daten von Sensoren und senden in regelmäßigen Abständen Befehle an die Aktoren.

Auf dem Computer befindet sich ein Betriebssystem (z. B. Windows, Linux), das als allgemeine Plattform fungiert und der Software ermöglicht, auf die allgemeine Hardware des Computers zuzugreifen, z. B. auf Festplatten und Dateien, und Ressourcen wie Speicher und CPU zu verwalten. Die Treiber ermöglichen es dem Betriebssystem, mit bestimmten Hardwarekomponenten zu kommunizieren. Diese Treiber kommen normalerweise vom Hersteller der Hardwarekomponenten, aber einige von ihnen können bereits in das Betriebssystem integriert sein. Wenn Sie zum Beispiel eine Maus an Ihren Computer anschließen, müssen Sie normalerweise keine Treiber installieren.

Obwohl Anwendungssoftware direkt auf dem Betriebssystem laufen kann, werden Roboteranwendungen oft über Middleware ausgeführt, die aus vielen kleinen Softwaremodulen bestehen. Eine Middleware wird als „Software-Klebstoff" betrachtet, der zwischen den Softwaremodulen und dem Betriebssystem steht (siehe Abschnitt 3.6 für eine ausführlichere Diskussion).

■ 3.4 Sensoren

Die meisten sozialen Roboter sind mit Sensoren ausgestattet, die es ihnen ermöglichen, ihre Umgebung wahrzunehmen. Ein Großteil der Sensoren bezieht sich auf die drei am häufigsten verwendeten Modalitäten in der menschlichen Interaktion: Sehen, Hören und Tasten. Roboter sind aber keineswegs auf die menschliche Art der Wahrnehmung beschränkt. Es ist daher oft hilfreich, zu überlegen, welche Arten von Informationen der Roboter wahrnehmen muss und wie er dies möglichst genau und sinnvoll tun kann, anstatt sich darauf zu konzentrieren, die menschlichen Fähigkeiten zu reproduzieren.

3.4.1 Vision

Kamera

Eine Kamera besteht aus Linsen, die ein Bild auf eine Sensorfläche fokussieren. Die Sensorfläche wird entweder mit einer ladungsgekoppelten Vorrichtung (CCD) oder, häufiger, mit einer komplementären Metall-Oxid-Halbleiter-Technologie (CMOS) umgesetzt. Das Grundelement einer Kamera ist ein Lichtsensor, der hauptsächlich aus Silizium besteht und Licht in elektrische Energie umwandelt. Eine Kamera besteht aus einer Anordnung von Millionen dieser Lichtsensoren. Normalerweise wird die Farbe in einem Kamerabild durch drei Werte dargestellt: Rot (R), Grün (G) und Blau (B). Daher wird eine Kamera im Allgemeinen als RGB-Kamera bezeichnet. Die Sensoren auf der Sensoroberfläche sind nicht empfindlich für die Farbe des Lichts, das auf sie trifft, sondern nur für die Lichtintensität. Um eine RGB-Kamera zu bauen, werden kleine Farbfilter auf der Sensoroberfläche angebracht, wobei jeder Filter nur rotes, grünes oder blaues Licht durchlässt (siehe Bild 3.5). Kameras sind die vielseitigsten und komplexesten Sensoren, die Robotern zur Verfügung stehen, und durch ihre weite Verbreitung in Digitalkameras und Smartphones ist die RGB-Kamera sehr klein billig geworden.

Bild 3.5
Array von CCDs einer RGB-Kamera

Die meisten Kameras haben ein begrenzteres Sichtfeld als das des Menschen. Während Menschen mehr als 180 Grad sehen können, sieht eine typische Kamera vielleicht nur 90 Grad und verpasst damit viel von dem, was in der Peripherie vor sich geht. Ein Roboter mit einer einzigen Kamera hat ein eingeschränktes Sichtfeld und könnte auf andere Sensoren wie Laserentfernungsmesser oder Mikrofone angewiesen sein, um zu erkennen, was um ihn herum vor sich geht. Vor allem aber muss das Kamerabild mithilfe von Computer-Vision-Algorithmen verarbeitet werden, damit der Roboter auf seine visuelle Umgebung reagieren kann (siehe Abschnitt 3.8.2).

 In der Computer-Vision-Forschung werden häufig Kameras in der Umgebung angebracht, um eine genaue Sicht zu ermöglichen. Obwohl dies einer der realistischsten Ansätze ist, um eine stabile Leistung von Computer Vision zu erzielen, wird in der HRI-Umgebung manchmal davon abgeraten, weil sich Menschen in der Nähe von Kameras unwohl fühlen können. In einem Projekt, bei dem ältere Menschen in ihrer Wohnung von einem Roboter unterstützt wurden, hätten die Ingenieure gerne Kameras auf dem Roboter und in der Wohnung gehabt, weil der Roboter dann die Menschen genau hätte verfolgen und mit ihnen interagieren können. Die älteren Teilnehmer lehnten die Installation und Verwendung von Kameras jedoch strikt ab, was das Team zwang, stattdessen Lokalisierungsbaken und Laserentfernungsmesser zu verwenden (Cavallo et al., 2014).

Tiefensensoren

Genauso wie das menschliche Stereosehen Wissen über Objekte und die Eigenbewegung nutzt, um die Entfernung zu Objekten zu bestimmen, können auch Algorithmen des Computersehens verwendet werden, um aus zweidimensionalen Informationen ein dreidimensionales (3D) Bild zu gewinnen. Stereokameras waren lange Zeit die Technologie der Wahl, aber in den letzten Jahren sind andere Technologien aufgetaucht, die es uns ermöglichen, die Tiefe direkt zu sehen, ohne die Notwendigkeit von Computer Vision. Diese „Tiefensensoren" ergeben ein „Tiefenbild" oder RGBD-Bild (Depth, englisch für Tiefe), das eine Karte der Entfernungen zu den Objekten im Sichtfeld der Kamera darstellt.

Normalerweise kann ein Tiefensensor die Entfernung zu Objekten in einigen Metern Entfernung messen. Abhängig von der Stärke des ausgestrahlten Infrarotlichts funktionieren die meisten Tiefensensoren nur in Innenräumen zuverlässig. Es gibt mehrere Möglichkeiten, solche Tiefensensoren herzustellen. Einer der typischen Vorgehensweisen ist das Laufzeitverfahren (Time-of-Flight, TOF), bei dem ein Gerät unsichtbare Infrarotlichtimpulse aussendet und die Zeit misst, die zwischen der Aussendung des Lichts und der Reflexion des Lichts vergeht. Da die Lichtgeschwindigkeit zu schnell die derzeitige Elektronik-Hardware ist, kann die Kamera die Zeit des zurückkehrenden Lichts nicht mit der nötigen Präzision aufzeichnen. Stattdessen sendet die Kamera Infrarotlichtpulse aus und misst die Phasendifferenz zwischen dem Licht, das die Kamera verlässt, und dem Licht, das zur Kamera zurückkehrt. Die Microsoft Kinect One, die zweite Generation von Microsofts Spiele-Controller, basiert auf diesem Prinzip (siehe Bild 3.6). Obwohl er als Spiele-Controller entwickelt wurde, wurde er schnell von Roboterherstellern übernommen und wird jetzt häufig verwendet, um Robotern ein Gefühl für die Umgebung zu geben. In Kombination mit geeigneter Software kann der Kinect-Sensor auch eine Skelettverfolgung durchführen, was dabei hilft herauszufinden, wo sich Menschen aufhalten, was sie tun und sogar wie sie sich fühlen. Inzwischen gibt es kleinere Geräte, die RGBD-Bilder auf der Grundlage verschiedener Technologien wie TOF, strukturiertes Licht und Stereosehen liefern.

Bild 3.6
Microsoft Kinect Azure DK für Windows-Sensor
(Quelle: Verwendet mit Genehmigung von
Microsoft)

Laserentfernungsmesser

Tiefensensoren eignen sich für die Messung von Entfernungen bis zu ein paar Metern. Um größere Entfernungen zu messen, verwenden Forscher häufig einen Laserentfernungsmesser, auch bekannt als Light Detection and Ranging (LiDAR). Ein typischer Laserentfernungsmesser kann Entfernungen zu Objekten in bis zu 30 Metern Entfernung messen und tastet die Umgebung zwischen 10 und 50 Mal pro Sekunde ab. Die Genauigkeit von Laserentfernungsmessern liegt bei wenigen Zentimetern. Der grundlegende Mechanismus dieses Sensortyps ist ebenfalls TOF (siehe oben unter Tiefensensoren). Ein Laserentfernungsmesser sendet einen einzelnen Infrarot-Laserstrahl aus und misst die Entfernung, indem er die Zeit zwischen dem Aussenden des Laserstrahls und dem Empfang seiner Reflexion misst. In der Regel befinden sich Sender und Empfänger auf einer rotierenden Plattform, die den Laserstrahl durch die Umgebung schwenkt. Daher misst das Gerät die Entfernung nur in einer einzigen 2D-Ebene, d. h. in der Rotationsebene der rotierenden Plattform.

Roboter können mit Entfernungsmessern ausgestattet sein, die in verschiedenen Höhen angebracht sind, um Objekte in einer horizontalen Ebene zu erfassen. Entfernungsmesser in Bodennähe können Objekte auf dem Boden und die Beine von Personen erfassen, während höher angebrachte Entfernungsmesser zum Erfassen von Objekten auf einem Tisch oder einer Theke verwendet werden können (siehe Bild 3.7).

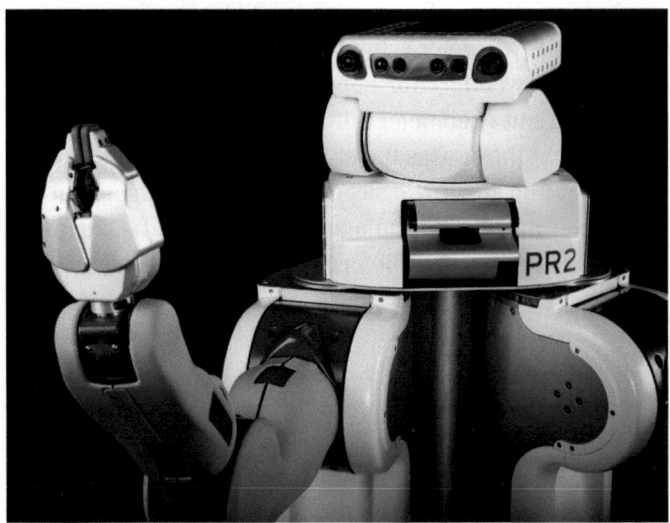

Bild 3.7 Die PR2-Roboter (2010 – 2014): Können Sie sagen, wo der Entfernungsmesser ist? (Quelle: Willow Garage)

3.4.2 Audio

Mikrofone sind häufig verwendete Geräte zur Hörerfassung und wandeln Schall in elektrische Signale um. Mikrofone haben unterschiedliche Empfindlichkeitsprofile; einige sind omnidirektional und nehmen alle Geräusche in der Umgebung auf, während andere gerichtet sind und nur Geräusche in einem kegelförmigen Bereich vor dem Mikrofon aufnehmen. Die Kombination mehrerer Mikrofone ermöglicht die Anwendung von „Strahlungsform"-Techniken, mit denen Schallsignale aus einer bestimmten Richtung von Umgebungsgeräuschen getrennt werden können. Diese aneinandergereihten Mikrofone werden zur Lokalisierung von Schallquellen verwendet, d. h. zur genauen Bestimmung des Winkels einer bestimmten Schallquelle in Bezug auf ihre Position im Verhältnis zu den Mikrofonen.

3.4.3 Berührungssensoren

Berührungssensoren bzw. taktile Sensoren können in der HRI wichtig sein, z. B. wenn der Roboter vom Nutzer physisch geführt wird. Es gibt viele verschiedene Anwendungen, von physischen Tasten oder Schaltern bis hin zu kapazitiven Sensoren, wie sie auf Touchscreens zu finden sind.

Der am häufigsten verwendete taktile Sensor ist der mechanische Druckschalter. Er wird oft zusammen mit einem Stoßdämpfer verwendet. Wenn ein Roboter mit einem Objekt kollidiert, wird der Schalter betätigt, sodass der Roboter die Kollision erkennen kann. Drucksensoren und Kapazitätssensoren, die z. B. die Position des Fingers auf einem Touchscreen ablesen, können ebenfalls verwendet werden, um physischen Kontakt mit der Umgebung zu erkennen. Die technischen Umsetzungsmöglichkeiten sind vielfältig, aber in der Regel ändern alle Drucksensoren bei Krafteinwirkung ihre elektrischen Eigenschaften (Widerstand oder Kapazität) (siehe Bild 3.8).

Bild 3.8 iCub (2004 – heute) ist ein Humanoid mit kapazitiven Tastsensoren in den Fingern, Handflächen und am Rumpf (Quelle: IIT Central Research Lab Genova)

Drucksensoren können Robotern helfen, zu erkennen, ob und wie stark sie eine Person oder ein Objekt berühren. Sie sind auch sehr nützlich, um Roboter Gegenstände angemessen greifen und handhaben lassen zu können. Taktile Sensoren können außerdem verwendet werden, damit der Roboter weiß, ob ihn jemand berührt, und eine entsprechende Reaktion des Roboters kann programmiert werden. Der robbenähnliche Paro-Roboter verfügt beispielsweise über ein taktiles Sensornetz am ganzen Körper, das es ihm ermöglicht, zu erkennen, wo und mit welchem Druck eine Person ihn berührt. So gurrt er bei sanften Berührungen und härtere lassen ihn schreien.

3.4.4 Andere Sensoren

Es gibt verschiedene andere Sensoren, von denen viele für die HRI relevant sein
können. Lichtsensoren identifizieren die Lichtmenge, die auf den Sensor fällt, und
können verwendet werden, um eine plötzliche Veränderung des Lichts zu erkennen, die signalisiert, dass sich in der Umgebung etwas verändert hat. In Kombination mit einer Lichtquelle können sie zur Erkennung von Objekten eingesetzt
werden. Ein einfacher und sehr effektiver Hindernissensor kombiniert eine Infra-
rot-Leuchtdiode (LED) mit einem Infrarot-Lichtsensor; wenn das Licht von Objekten vor dem Sensor zurückgeworfen wird, kann er die Entfernung zu den Objekten
bestimmen. Dies dient nicht nur zur Erkennung von Hindernissen vor dem Roboter, sondern kann auch dazu verwendet werden, zu erkennen, wenn sich Personen
dem Roboter nähern.

In den letzten Jahren ist die Inertial Measurement Unit (IMU) zu einem beliebten
Sensor geworden. Sie kombiniert drei Sensoren – einen Beschleunigungsmesser,
ein Gyroskop und ein Magnetometer – und dient der Messung der Rotation und
Bewegung des Sensors, genauer gesagt der Rotations- und Translationsbeschleu-
nigung. Dank der jüngsten Fortschritte in der Mikroelektronik konnten diese Sensoren auf wenige Millimeter verkleinert werden. Sie sind in Mobiltelefonen und
Miniaturdrohnen allgegenwärtig und ermöglichen es dem Roboter, zu erkennen,
ob er fällt oder wo er sich im Laufe der Zeit bewegt hat.

Ferninfrarotsensoren (FIR) sind Kameras, die für langwelliges Infrarotlicht, das
von warmen Körpern ausgestrahlt wird, empfindlich sind. Sie können verwendet
werden, um die Anwesenheit von Personen zu erkennen, wie es Einbruchalarme
tun, oder wenn sie in eine FIR-Kamera integriert sind, können sie ein Bild der
Raumtemperatur aufzeichnen. Noch sind FIR-Sensoren teuer und werden hauptsächlich für die Wärmebildtechnik verwendet, sie könnten aber irgendwann dem
Roboter ermöglichen, Menschen bei Nacht oder in unübersichtlichen Umgebungen
zu sehen.

Es ist wichtig, zu wissen, dass die Sensoren im Gegensatz zu unseren eigenen Sinnen nicht unbedingt am Roboter angebracht sein müssen. Ein Roboter könnte sich
auf eine an der Decke montierte Kamera verlassen, um das soziale Umfeld zu interpretieren, oder er könnte eine Reihe an der Wand montierter Mikrofone verwenden, um zu lokalisieren, wer spricht. Die gesamte Umgebung könnte in gewissem
Sinne als Teil des Robotersystems betrachtet werden.

■ 3.5 Stellantriebe

Ein Stellantrieb bzw. Aktuator wandelt elektrische Signale in physikalische Bewegungen um. Ein System mit einem Aktuator realisiert typischerweise eine Bewegung entweder auf einer geraden Linie oder auf einer Rotationsachse. Das bedeutet, dass das System über einen Freiheitsgrad (engl. „degree of freedom", DOF), zu Deutsch verfügt. Durch die Kombination mehrerer Motoren können wir einen Roboter entwickeln, der sich mit mehreren DOFs bewegen kann, was die Navigation in einer 2D-Ebene oder Gesten mit menschenähnlichen Armen ermöglicht.

3.5.1 Motoren

Der Standardantrieb für Roboter ist ein Gleichstromservomotor (siehe Bild 3.9). Er besteht in der Regel aus einem Gleichstrommotor und einem Mikrocontroller mit einem Sensor, z. B. einem Potentiometer oder einem Encoder, der die absolute oder relative Position der Ausgangsachse des Motors ausgibt. Um die Geschwindigkeit zu regeln, sendet der Controller normalerweise Pulsweitenmodulationssignale (PWM) an den Gleichstrommotor. PWM ist ein Ein-/Aus-Impuls, der den Motor buchstäblich für einige Millisekunden ein- und dann wieder ausschaltet. Dies geschieht bis zu 100 Mal pro Sekunde, und die Dauer der Einschaltphase gegenüber der Ausschaltphase (bekannt als Tastverhältnis) bestimmt die Geschwindigkeit, mit der sich der Motor dreht. Das PWM-Signal steuert die Geschwindigkeit des Motors, und der Controller bestimmt die Position des Motors. Dies geschieht durch eine Rückkopplungssteuerung, wobei der Controller kontinuierlich die Position des Motors erfasst und die PWM und die Richtung des Motors anpasst, um die gewünschte Position zu erreichen oder beizubehalten. Bei Motoren, die in den Armen und im Kopf eines Roboters eingesetzt werden, führt die Steuerung in der Regel eine Lageregelung durch, um den Motor in Richtung eines vorgegebenen Winkels zu drehen. Bei Motoren, die in den Rädern einer mobilen Basis verwendet werden, führt die Steuerung normalerweise die Geschwindigkeitssteuerung durch, um den Motor mit der angeordneten Geschwindigkeit zu drehen.

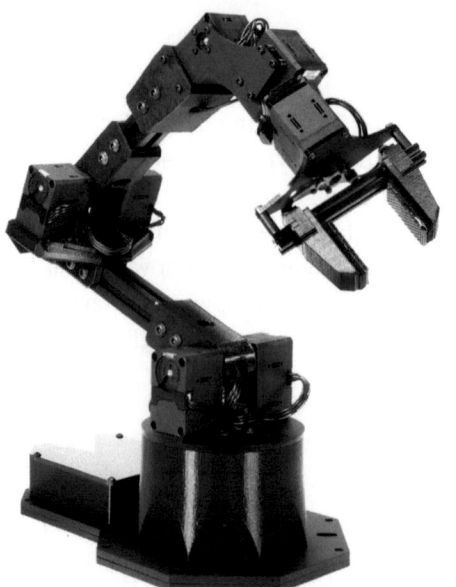

Bild 3.9
Werden Servomotoren miteinander verbunden,
können sich Roboter auf verschiedene Weise
bewegen, wie z. B. bei diesem Roboterarm
(Quelle: Trossen Robotics)

Roboter können je nach Körperform und den Funktionen, die sie erfüllen sollen, unterschiedliche Konfigurationen und eine unterschiedliche Anzahl an Motoren haben. Kommerziell erhältliche Reinigungsroboter wie Roomba haben typischerweise zwei Motoren, einen der die Räder antreibt, und einen Tastsen sor, um sich im Raum zu bewegen. Roomba hat also zwei DOFs. Ein einfacher nickender Roboter kann mit einem Motor ausgestattet sein, der die Richtung seines Kopfes steuert, und verfügt somit über eine DOF. Ein besser ausgestatteter Humanoid hat vielleicht drei DOFs für seinen Kopf, um Schwenken, Neigen und oder Drehen zu steuern, zwei Arme mit vier bis sieben DOFs, eine mobile Basis mit mindestens zwei Motoren und Sensoren für visuelle, auditive und taktile Wahrnehmung. Ein Roboterarm, beispielsweise von KUKA (siehe Bild 3.10), muss mindestens sechs Freiheitsgrade haben, um ein Objekt zu bewegen. Drei DOFs sind notwendig, um den Endeffektor (z. B. die Hand) in eine Position innerhalb der Reichweite des Objekts zu bringen, und weitere drei DOFs werden benötigt, um das Objekt aus jeder Richtung zu ergreifen. Ein menschlicher Arm kann als ein Arm mit sieben Freiheitsgraden betrachtet werden, mit einem zusätzlichen redundanten DOF über die notwendigen sechs DOFs für die Manipulation hinaus.

Um Objekte greifen zu können, muss ein Roboterarm am Ende einen Endeffektor haben. Ein 1-DOF-Greifer kann zum Greifen eines Objekts verwendet werden, komplexere Roboterhände hingegen können bis zu 16 DOFs haben. Androide Roboter, die so gestaltet sind, dass sie dem Menschen sehr ähnlich sind, verfügen in der Regel über viel mehr (z. B. fünfzig oder mehr) Freiheitsgrade und sind in der Lage, ihre Mimik und andere Körperbewegungen im Vergleich zu einfacheren Robotern relativ differenziert zu steuern.

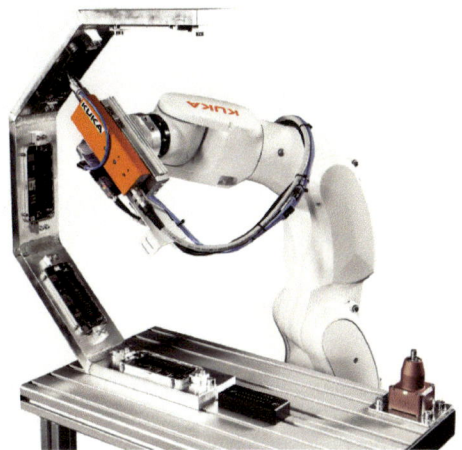

Bild 3.10 Kuka-Roboterarm (Quelle: Kuka)

Motoren gibt es in vielen verschiedenen Größen, Geschwindigkeiten und Stärken und haben daher einen unterschiedlichen Leistungsbedarf. Daher ist es wichtig, bereits in einem frühen Stadium des Entwurfsprozesses zu überlegen, wie sich die Motorspezifikationen auf das Design des Roboters beziehen und welche Art von Aktionen ein Roboter ausführen muss, z.B. ob er eine 1-Kilogramm-Tasche aufheben oder nur mit den Armen winken muss; wie groß der Roboter sein sollte, um sich noch gut in seine Umgebung einzufügen; wie schnell er auf Reize reagieren muss und ob er einen mobilen Stromspeicher benötigt oder an die Steckdose angeschlossen werden kann.

3.5.2 Pneumatische Antriebe

Ein pneumatischer Antrieb verwendet einen Kolben und Druckluft. Die Luft wird von einem Kompressor oder einem Behälter mit Hochdruckluft geliefert, der auf irgendeine Weise mit dem Roboter verbunden sein muss. Die Kolben können sich typischerweise ausdehnen und zusammenziehen, je nachdem, welche Ventile geöffnet werden, um die Druckluft einzulassen. Im Gegensatz zu Elektromotoren erzeugen pneumatische Aktuatoren lineare Bewegungen, die der menschlichen Muskelbewegung ähneln. Sie können Beschleunigungen und Geschwindigkeiten erzeugen, die mit Elektromotoren nur schwer zu erreichen sind. Daher werden sie häufig für humanoide Roboter und Androidenroboter eingesetzt, die mit menschenähnlicher Beschleunigung und Geschwindigkeit gestikulieren müssen (siehe Bild 3.11). Die Kompressoren die sie betreiben müssen, können ziemlich laut sein, daher ist es wichtig, sich zu überlegen, wie man dem Roboter Zugang zu Druckluft verschaffen kann, ohne dass dabei die Interaktionserfahrung gestört wird.

Bild 3.11
Für eine überzeugende theatralische Darstellung verwendet
RoboThespian (2005 – heute) pneumatische Aktoren, die ihm
die dafür benötigte Beschleunigung ermöglichen. Der Roboter
kann für etwa einen Tag mit komprimiertem Gas der Menge
einer Tauchflasche laufen, oder aber an einen Kompressor
angeschlossen werden (Quelle: Foto copyright Engineered
Arts)

3.5.3 Lautsprecher

Um Geräusche und Sprache zu erzeugen, werden Standardlautsprecher verwendet. Lautsprecher sind vielleicht der billigste Aktuator des Roboters, aber im Hinblick auf die HRI sind sie unverzichtbar. Die Platzierung eines oder mehrerer Lautsprecher im Roboterkörper ist ein wichtiger Faktor, der bei der Entwicklung eines Roboters, der mit Menschen interagieren soll, berücksichtigt werden muss. Takayama (2008) zeigte, dass die relative Höhe, aus der die Stimmen eines Nutzers und eines Agenten, die miteinander interagieren, projiziert werden, Einfluss darauf haben kann, wer in der Interaktion als dominant angesehen wird.

■ 3.6 Middleware

3.6.1 Was ist eine Middleware?

Bei Middleware handelt es sich um Software, die zwischen Softwarekomponenten wie allgemein von den Entwicklern für einen bestimmten Zweck erstellten verfügbaren Bibliotheksmodulen und Anwendungsmodulen, sowie dem Betriebssystem des Robotercomputers eingesetzt wird. Sie wird oft als „Softwarekleber" bezeichnet, da ihre Funktion darin besteht, die Verbindung dieser Softwarekomponenten zu erleichtern.

Eine der Funktionen der Robotik-Middleware besteht darin, mit der Heterogenität der Hardware umzugehen. Einige Anwendungen sind flexibel, was die Art der Sensoren angeht, die der Roboter verwendet, solange die gleichen Sensordaten geliefert werden. Beispielsweise könnte ein 3D-LiDAR 3D-Entfernungsdaten liefern, die jedoch in die Art von 2D-Daten umgewandelt werden können, die ein 2D-Laserentfernungsmesser liefert. Auf der Middleware können wir ein Datenformat für 2D-Laserentfernungsmesser standardisieren, sodass wir 2D-Laserentfernungsmesser von verschiedenen Unternehmen sowie andere Sensoren, die Entfernungsinformationen ausgeben, wie Tiefensensoren und 3D-LiDAR, auf ähnliche Weise verwenden können.

Eine weitere Funktion der Robotik-Middleware besteht darin, die Entwickler bei der Bewältigung der Komplexität und der Wiederverwendung von Softwaremodulen zu unterstützen. Fast alle Robotikanwendungen sind übermäßig komplex. Es ist unrealistisch, die gesamte Anwendung von Grund auf neu zu entwickeln. Außerdem sind die Anwendungen oft nicht wirklich an den rohen sensorischen Daten selbst interessiert. Sie wollen abstrahierte Informationen erhalten, z. B., ob sich eine Person vor dem Roboter befindet. Wenn also jemand ein gutes Softwaremodul entwickelt hat, das eine solche Funktion wie die stabile Erkennung einer Person vor ihm ermöglicht, hoffen andere Entwickler, ein solches Modul für viele andere Roboteranwendungen wiederverwenden zu können, die alle aus etwas anderen Software- und Hardwarekomponenten bestehen. Daher werden „Module" (Softwarekomponenten) oft innerhalb einer Community geteilt, in der Entwickler verschiedene gut funktionierende Module pflegen und wiederverwenden.

Um die Vorteile von Middleware besser zu verstehen, müssen wir uns genauer ansehen, wie Roboter gebaut werden und funktionieren. Nehmen wir an, wir haben zwei die verschiedenen Roboter, Marvin und S2E2. Beide haben zwei Räder, um sich fortzubewegen, aber S2E2s Räder haben einen Durchmesser von 10 cm und Marvins einen von 20 cm. Diese Roboter sind sich also insofern ähnlich, als dass sie die gleichen Methoden verwenden, um sich vor, zurück und umher zu bewegen, aber sie unterscheiden sich in der Größe der Räder.

Die Programmierer möchten vielleicht, dass sich diese beiden Roboter zwischen dem Kühlschrank und der Couch bewegen, um ihrem menschlichen Nutzer ein Getränk zu bringen. Zu diesem Zweck müssen die Roboter zwei Meter weit vorwärtsfahren. Die Motoren selbst können nur an- oder ausgeschaltet werden. Die Räder benötigen einen Rotationssensor, um zu erkennen, wie oft sie sich gedreht haben. Es wäre sehr nützlich, wenn das für Marvin entwickelte Verhalten zur Auslieferung des Getränks auch für S2E2 verwendet werden könnte. Die Middleware macht dies möglich, indem sie von den Robotern abstrahiert. Sie übersetzt die zwei Meter Entfernung in 6,37 Umdrehungen für S2E2 und 3,18 Umdrehungen für Marvin.

Einen Roboter zwei Meter geradeaus zu fahren, mag wie eine einfache Aufgabe aussehen, ist es aber nicht. Es ist möglich, dass die Räder verrutschen oder eine Katze über den Weg rennt. Daher benötigt der Roboter Sensoren, um seine Position im Raum zu messen. Marvin könnte einen Ultraschallsensor an der Vorderseite haben, der den Abstand zwischen ihm und der Couch vor ihm misst. S2D2 könnte einen LiDAR-Sensor haben, um die Entfernung zu messen. Auch hier sind die Roboter ähnlich und doch verschieden. Die Middleware abstrahiert die beiden Sensoren, um den Abstand zwischen sich selbst und der Couch einfach zu messen. Der Programmierer kann dann den Fortschritt des Roboters überwachen und die Dauer, für die die Motoren ein- und ausgeschaltet werden, anpassen.

Aber was ist mit der Katze, die angeblich den Weg des Roboters gekreuzt hat? Beide Roboter müssen in der Lage sein, ein Hindernis zu umfahren, um zur Couch zu gelangen. Das Problem, einen Weg zur Couch dynamisch zu planen und anzupassen, erfordert noch mehr Sensoren und Software. Diese Komponenten sollten in der Lage sein, miteinander zu kommunizieren, um beispielsweise ein Ausweichverhalten auslösen zu können. Middleware ermöglicht es den verschiedenen Komponenten, direkt miteinander zu kommunizieren. Außerdem kann das Problem der Navigation im Wohnzimmer auf beide Roboter abstrahiert werden, sodass die entwickelte Software wiederverwendbar wird. Dies beschleunigt den Prozess der Softwareentwicklung drastisch, da Lösungen für gemeinsame Probleme auch gemeinsam genutzt werden können. Routenplanung, Hindernisvermeidung und Lokalisierung wurden alle als eigenständige Probleme gelöst, unabhängig vom jeweiligen Roboter.

3.6.2 Betriebssystem

Das Roboter-Betriebssystem (Robot Operating System, ROS[3]) ist eine Middleware-Plattform, die häufig in der Robotik und der HRI verwendet wird. Der Name ist etwas irreführend, da es sich bei ROS nicht um ein Betriebssystem wie MacOS, Linux oder Windows handelt. Vielmehr handelt es sich um eine Sammlung von Softwaremodulen und Tools. Es befasst sich mit der Kommunikation zwischen Sensoren und Modulen und bietet Datenbanken und Tools zur Unterstützung häufig genutzter Roboterfähigkeiten, wie Lokalisierung und Navigation. ROS hat eine große Community von Nutzern, die häufig Module auf öffentlichen Open-Source-Software-Repositorien austauschen. Je mehr Entwickler diese Middleware nutzen und auf verschiedene Sensoren und Aktoren erweitern, desto attraktiver wird diese Plattform.

---

[3] *https://www.ros.org*

Einige Entwickler von Roboterhardware haben sich entschieden, keine eigenen Softwareplattformen für ihre Roboter zu entwickeln, wie z. B. Aldebaran für seine Roboter Nao und Pepper. Stattdessen bieten sie Module für ROS zur Steuerung und Programmierung ihrer Roboter an. PAL Robotics ist ein Beispiel für ein Unternehmen, das ROS-Module für seine Roboter, wie Tiago, anbietet (siehe Bild 3.12).

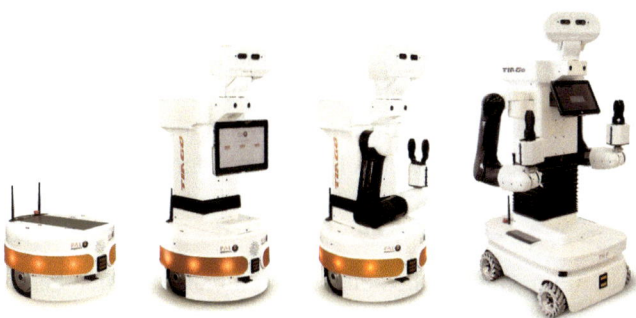

Bild 3.12 Die Tiago-Roboterfamilie verwendet ROS (Quelle: PAL Robotics)

Obwohl ROS in der Robotik und HRI eine wichtige Rolle spielt, ist es immer noch eine Middleware, deren Installation, Konfiguration und Verwendung technische Fachkenntnisse erfordert. Es ist vor allem für Entwickler nützlich, die bereits mit Code-Editoren, Repositorien und Datenbanken vertraut sind. Für diese bietet ROS Tools zum Erstellen von Code, Introspektion, Debugging, Visualisierung, Plotten, Protokollierung und zur Wiedergabe. Es verfügt jedoch nicht über Animationswerkzeuge (siehe Abschnitt 3.7.2) oder Verhaltenseditoren (siehe Abschnitt 3.7.1). Leider gibt es keine visuelle Programmierumgebung, die es Nutzern ohne technische Kenntnisse ermöglicht, Verhaltensweisen und Interaktionen zusammenzustellen.

■ 3.7 Anwendungen

Ein Roboter ist viel mehr als ein Computer mit einem Körper. Ein Computer arbeitet in einer sauberen, digitalen Umgebung, während ein Roboter mit dem chaotischen Durcheinander der realen Welt zurechtkommen muss. Er muss nicht nur die Welt verstehen, sondern dies auch in Echtzeit tun. Diese Umgebung erfordert einen radikal anderen Ansatz für die verwendete Software.

Architekturmodelle

Wie sollte die Software für einen Roboter organisiert sein? Eine erste, auf jede Software anwendbare Faustregel lautet, unübersichtlichen Programmcode möglichst zu vermieden. Forscher und Entwickler streben idealerweise eine Modularisierung der Software an. Ein typischer Ansatz ist das „Sense-Plan-Act"-Modell (siehe Bild 3.13), bei dem Eingaben von Sensoren mit wahrnehmungsspezifischen Softwaremodulen verarbeitet werden, die dann Sensorströme in höherwertige Darstellungen umwandeln. So werden beispielsweise Audioaufnahmen von Sprache in eine Texttranskription umgewandelt oder Kamerabilder analysiert, um die Position von Gesichtern zu ermitteln. Der nächste Abschnitt umfasst die „Planung", bei der die Informationen aus dem Erfassungsprozess benutzt werden, um die nächsten Aktionen des Roboters zu planen und dann Befehle an Aktionsmodule auszugeben.

Ein Modul zur Personenerkennung meldet beispielsweise die Anzahl der Personen, die in einem 2D-Kamerabild erkannt wurden, und berichtet auch die über Größe der Köpfe und damit den Abstand, der Personen zum Roboter. Als Nächstes berechnet das Planungsmodul die Kopfausrichtung des Roboters zum nächstgelegenen Sprecher und sendet einen Befehl zur Bewegung des Kopfes an die Ausgabemodule. Die Ausgabemodule berechnen dann, welcher Winkel für die Nackenmotoren des Roboters erforderlich ist, und senden diese an die Motorsteuerungen der unteren Ebene.

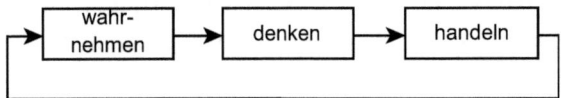

Bild 3.13 Sense-Plan-Act-Modell

Der Sense-Plan-Act-Ansatz wird auch als deliberativer (beratender) Ansatz bezeichnet, weil der Roboter seine nächste Aktion überlegt. Oft soll ein Roboter schnell auf äußere Ereignisse reagieren, ohne lange darüber nachzudenken, was er als Nächstes tun soll. In diesem Fall programmieren wir oft einfache „Verhaltensweisen" für den Roboter (Brooks, 1991). Verhaltensweisen sind eng gekoppelte Sensor-Aktions-Verarbeitungsschleifen, die sofort auf ein externes Ereignis reagieren. Sie können verwendet werden, um einen Notstopp auszulösen, bevor der Roboter eine Treppe hinunterfährt, aber sie eignen sich auch für den Einsatz in sozialen Interaktionen. Bei einem lauten Knall, oder wenn ein Gesicht in Sicht kommt, soll der Roboter so schnell wie möglich reagieren. Erst handeln, dann denken. Oft laufen Dutzende von Verhaltensweisen in dem Roboter ab, und es gibt Mechanismen, die vermitteln, welche Verhaltensweisen aktiv sind und welche nicht. Ein solcher Mechanismus ist die Subsumptionsarchitektur, die das Verhal-

ten in Hierarchien organisiert und es einem Verhalten ermöglicht, andere zu aktivieren oder zu hemmen (Brooks, 1986, siehe auch Bild 3.14).

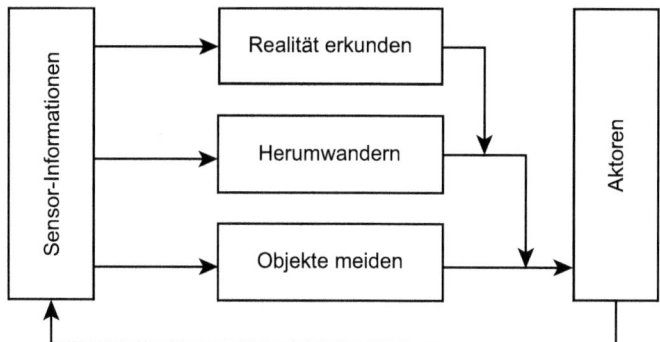

Bild 3.14 Die verhaltensbasierte Subsumptionsarchitektur

Bei diesem Ansatz kann der Roboter, auch wenn er keine explizite „Repräsentation" der Welt hat, trotzdem ein scheinbar intelligentes Verhalten zeigen. Wenn
zum Beispiel ein Reinigungsroboter zwei Verhaltensweisen parallel anwendet,
eine, die der Wand ausweicht, und eine andere, die ihm einen leichten Zug nach
rechts verleiht, ist das resultierende oder auftretende Verhalten das der Wandnachführung. Auch wenn die Wandnachführung nicht explizit programmiert
wurde, ergibt sie sich aus dem Zusammenspiel zweier einfacher Verhaltensweisen. Der Staubsaugerroboter Roomba wurde mit einer solchen Idee im Hinterkopf
entwickelt.

In HRI-Studien suchen wir in der Regel nach einem Mittelweg zwischen deliberati-
ven und reaktiven Ansätzen. Wir wollen eine reaktive Kontrollebene, die innerhalb
einer Sekunde schnell auf soziale Ereignisse reagiert, gefolgt von einer deliberati-
ven Ebene, die eine kohärente Antwort auf langsamere Elemente der Interaktion,
wie z. B. ein Gespräch, formuliert. Vor diesem Hintergrund ist es wichtig, Software
zu entwickeln, die in eine Reihe kleinerer Module zerlegt werden kann. Auch wenn
nicht die gesamte Fülle eines Sense-Plan-Act-Modells benötigt wird, ist es dennoch
üblich, Module in Wahrnehmung, Planung und Handlung zu unterteilen.

Die Planung ist in Bezug auf Komponenten und Komplexität vielfältig und hängt
stark vom Roboter und der Anwendung ab. Ein Reinigungsroboter muss vielleicht
die nächste zu reinigende Stelle berechnen, während ein Begleitroboter eine Entscheidung darüber treffen muss, wie er ein Gespräch mit einem Nutzer beginnen
soll. Die Software eines Roomba-Staubsaugers wird sich daher grundlegend von
der eines humanoiden Pepper-Roboters unterscheiden. Bei interaktiven Robotern
werden verschiedene Formen von HRI-Wissen in die verschiedenen Software-Mo-
dule eingebettet sein.

Aktionsmodule sorgen für die Betätigung und den sozialen Output des Roboters, wie nonverbale Äußerungen, Sprache, Handgesten oder Bewegungsabläufe. Das Sprachsynthesemodul kann beispielsweise Text empfangen und diesen in gesprochene Worte umwandeln, zusammen mit Timing-Informationen, die dem Roboter erlauben, seine Sprache mit entsprechenden Gesten zu akzentuieren.

3.7.1 Verhaltensprogrammierung

Ein Roboter muss programmiert werden, damit er sich so verhält, wie wir es wollen. Dies kann auf verschiedenen Ebenen der Detaillierung geschehen. Wir könnten dem rechten Rad sagen, dass es sich für zwei Sekunden einschalten soll. Viele dieser detaillierten Anweisungen können zu einer komplexeren Animation kombiniert werden. Wenn wir die Bewegungen des Roboters mit Sinneseindrücken kombinieren, können wir sie als Verhalten beschreiben. Ein solches Verhalten könnte lauten: „Begrüße den Nutzer, wenn du ihn zum ersten Mal siehst." Diese Verhaltensweisen können viele der Aktionen auf niedrigerer Ebene wiederverwenden. Das Winken des Arms könnte für das „Begrüßungsverhalten", aber auch für das „Hilferuf"-Verhalten verwendet werden.

Die unteren Programmierebenen werden in der Regel auf der Middleware-Schicht ausgeführt, wie in Abschnitt 3.6 beschrieben. Die Arbeit auf diesen unteren Ebenen erfordert normalerweise technisches Wissen über die Hardware und Software eines Roboters. Experten für das Verhalten von Menschen und Robotern haben oft mehr Fachwissen in Psychologie und Design, aber weniger Erfahrung mit der Programmierung. Daher ist es wünschenswert, eine Software zur Verhaltensgestaltung zu haben, die ohne tiefgreifende Programmierkenntnisse verwendet werden kann.

Leider gibt es derzeit keine Open-Source- oder kommerzielle Software, die für verschiedene soziale Roboter verwendet werden kann. Die Entwickler bestimmter Roboter können zwar Mittel für ihre spezifischen Roboter bereitstellen, diese können aber nicht für andere Roboter verwendet werden. Ein gutes Beispiel ist die Software Choregraphe von Aldebaran (siehe Bild 6.9), mit der die Roboter Nao und Pepper programmiert werden können, ohne dass Code geschrieben werden muss. Die Nutzer können Kästchen wie „Steh auf" oder „Sag Hallo" auf die Leinwand ziehen und sie mit Linien verbinden, um den Ablauf der Aktionen zu steuern. Diese visuelle Art der Steuerung des Roboters ist streng genommen immer noch eine Form der Programmierung, wird aber oft als intuitiver erachtet. Kinder werden von diesen visuellen Programmierstilen angesprochen, beispielsweise durch Scratch (Sweigart, 2016) vom MIT (siehe Bild 3.15) oder Blockly (Lovett, 2017) von Google. Sonys aktueller Aibo-Hund der vierten Generation (siehe Bild 2.10) nutzt eine Blockly-ähnliche Umgebung, um seinen Besitzern zu ermöglichen, sein Verhalten zu programmieren. Sie enthält jedoch den weitaus besseren MEdit-Bewegungseditor (Cannon et al., 2007) und Programmieroptionen (R-Code und Open-R) von der ersten bis zur dritten Generation nicht (mehr). Mit diesen grundlegenden Programmierwerkzeugen konnte Aibo, von 1999 bis 2008 am Robocup-Wettbewerb teilnehmen. Die aktuellen Aibo-Hunde sind auf Heimanwendungen beschränkt.

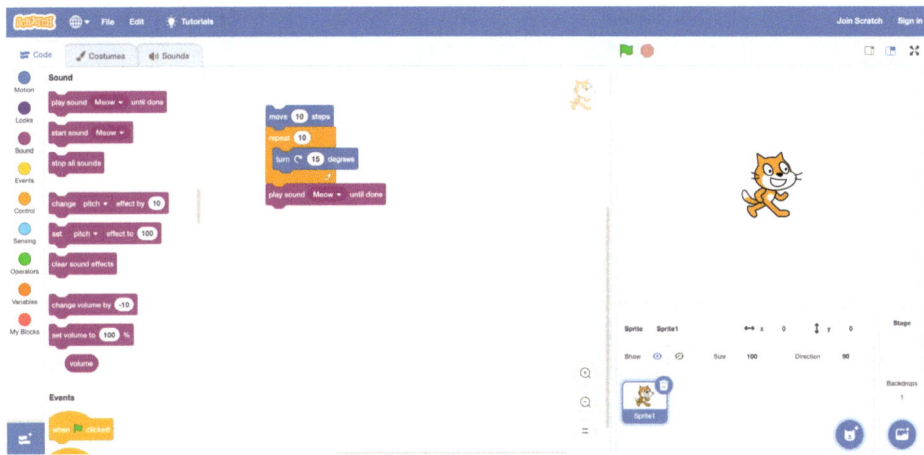

Bild 3.15 Die Scratch-Programmierumgebung (Quelle: MIT)

Ein weiteres Beispiel für einen plattformspezifischen Verhaltenseditor ist der Interaction Composer von ATR. Er wird zur Steuerung der Robovie-Roboterreihe (siehe Bild 4.2) verwendet und seit über 14 Jahren eingesetzt und weiterentwickelt (Glas et al., 2016). Sie verwendet das visuelle Design-Programmierungsparadigma, bei dem die Nutzer Elemente durch Linien verbinden (siehe Bild 3.16). Obwohl diese Software abstrakt genug ist, um potenziell auf andere Roboter angewendet zu werden, ist sie in der Praxis immer noch eng mit einigen spezifischen Robotern verbunden. Ähnlich wie bei Choregraphe gibt es derzeit keine Pläne, diesen Verhaltenseditor auch für andere Roboter bereitzustellen. Keiner der beiden Verhaltenseditoren ist Open Source und daher sind andere Roboter nicht in der Lage, diesen zu verwenden.

Simulationen und virtuelle Darstellungen von Robotern werden bereits verwendet, um das Verhalten der Roboter zu testen, bevor sie heruntergeladen und auf den tatsächlichen Robotern ausgeführt werden. Die Gazebo-Software[4] zum Beispiel wird häufig verwendet, um einen Roboter in einer Umgebung zu simulieren. Sie kann jedoch nicht ohne Weiteres menschliche Nutzer einbeziehen. Die HRI-Community hat andere Simulationssoftware entwickelt, die speziell auf HRI ausge-

---

[4] *https://gazebosim.org/home*

richtet ist, wie z. B. MORSE (Lemaignan et al., 2014c). Von hier aus ist es nur noch ein kleiner Schritt zum Bau virtueller Roboter in Game Engines.

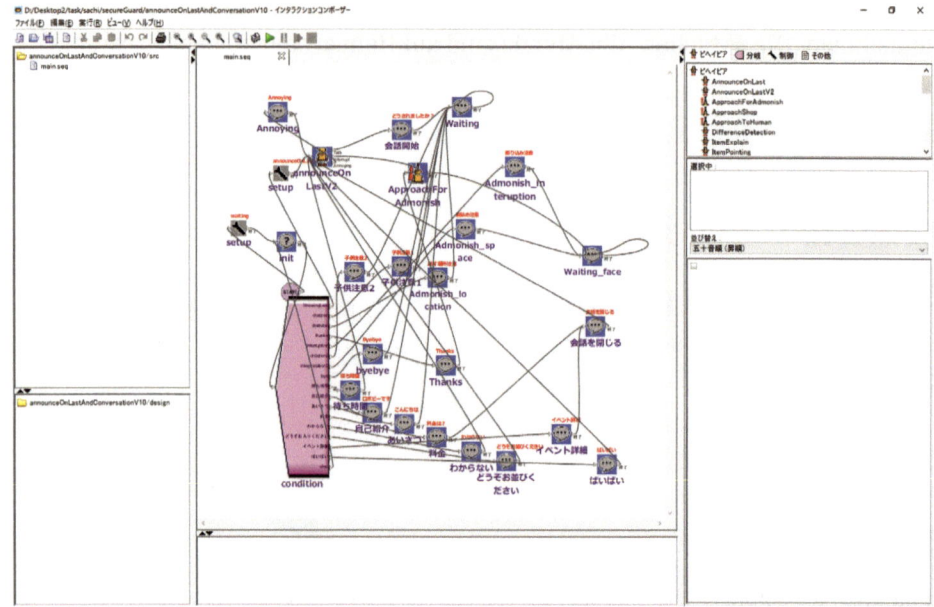

Bild 3.16 Die Programmierumgebung des Interaction Composer (Quelle: ATR)

Moderne Spiele-Engines, wie Unity und Unreal, stehen vor ähnlichen Herausforderungen wie HRI-Forscher. Sie müssen einen Agenten, entweder einen Roboter oder eine Spielfigur, so programmieren, dass er mit dem Nutzer interagiert. Dazu gehören Animationen, Unterhaltungen und Interaktionen mit der Umgebung. Game Engines verfügen bereits über fortschrittliche Tools für diesen Zweck und weshalb HRI-Forscher sie für das Design und die Steuerung des Roboterverhaltens nutzen können. USARSim verwendet beispielsweise die Unreal Engine (Lewis et al., 2007), während The Robot Engine auf Unity basiert (Bartneck et al., 2015b) und MORSE auf dem Open-Source-Programm Blender Game Engine (Lemaignan et al., 2014c). Die Verbindung der Hardware des Roboters mit der Game Engine kann auch einfach über eine serielle Schnittstelle mit einem Arduino-Mikrocontroller hergestellt werden. Wie jede Simulation der Realität kann sie die Geräusche und die Komplexität der realen Welt nicht erfassen. Außerdem lässt sich der schwierigste Teil, der Mensch, nicht einfach in die Simulation einbeziehen. Es gibt Ansätze, einfache Verhaltensweisen von Menschen in den Simulationen nachzustellen (Kaneshige et al., 2021) oder virtuelle Realitätstechniken (VR) zu verwenden, um menschliche Nutzer mit Robotern in der Simulationswelt interagieren zu lassen (Inamura et al., 2021). Diese Tests sind jedoch bisher eher begrenzt und dienen nur als Vortest.

Daher ist es weiterhin notwendig, das simulierte Verhalten in der realen Welt zu testen. Roboter können sich zum Beispiel nicht so schnell bewegen wie ihre virtuellen Gegenstücke.

Viele der in diesem Abschnitt beschriebenen Verhaltenseditoren enthalten auch Werkzeuge zur Verwaltung des gesprochenen Dialogs zwischen Mensch und Roboter. In Abschnitt 7.3.3 wird die Funktionsweise der Dialogmanager näher beschrieben.

3.7.2 Animationseditoren

Die meisten Animationsprogramme, die zur Gestaltung der Roboterbewegungen verwendet werden, lehnen sich an die bei 2D- und 3D-Animationen weit verbreiten klassischen Prinzipien der Keynote-Animation an. Der Animator verwendet eine Zeitleiste und fügt ihr Schlüsselbilder (Keyframes) hinzu. Die Positionen aller Aktoren des Roboters werden in diesen Keyframes als Posen definiert. Die Position des Roboters kann entweder mithilfe einer Software eingestellt werden, die den Roboter in die richtige Position steuert, oder der Nutzer kann den physischen Roboter einfach in die gewünschte Position bewegen.

Die Bewegung zwischen diesen Schlüsselbildposen kann dann durch die Verwendung von Kurven eingefügt werden. Eine der beliebtesten Kurven ist die Fade-In-and-Fade-Out-Kurve, bei der die Bewegung zu Beginn langsam beschleunigt und zum Ende hin verlangsamt wird (siehe Bild 3.17).

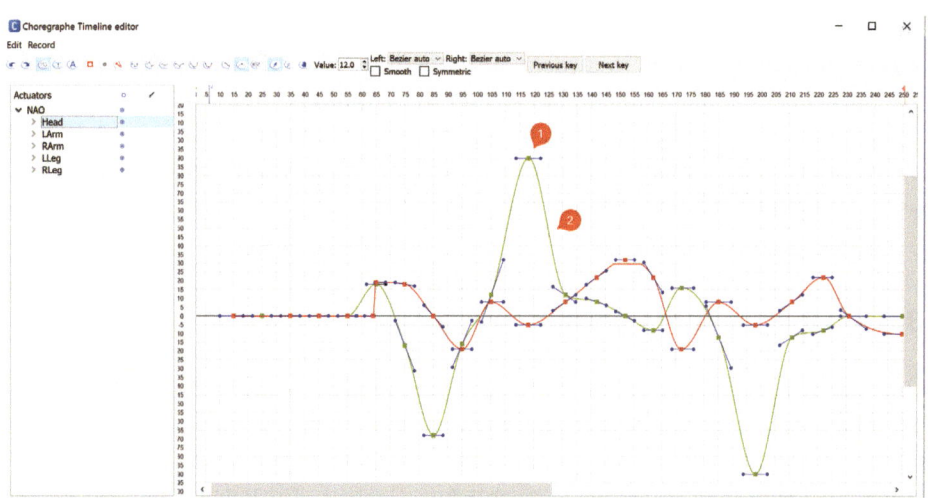

Bild 3.17 Keyframe-Animation in der Choreographe-Software: 1) zeigt einen Keyframe und 2) die eingefügte Bewegung (Quelle: Software von Aldebaran, Screenshot von Christoph Bartneck)

■ 3.8 Künstliche Intelligenz und maschinelles Lernen

Viele Module in der Software führen eine Art intelligente Verarbeitung durch. Diese profitieren oft von Techniken, die als künstliche Intelligenz (KI) oder maschinelles Lernen bekannt sind.

Während KI und maschinelles Lernen weitreichende Techniken sind, werden wir uns hier auf die Einführung einiger Schlüsselkonzepte konzentrieren, die für die HRI am wichtigsten sind. Wir behandeln eine grundlegende Einführung in das überwachte Lernen, gefolgt von der Computer Vision, die eine der typischen Anwendungen des überwachten Lernens ist (siehe Kapitel 7, Abschnitt 7.2 für eine weitere wichtige Anwendung, die Spracherkennung). Andere Arten des maschinellen Lernens wie generative Modelle (für Sprachsynthese und Spracherzeugung, Kapitel 7) und verstärktes Lernen werden ebenfalls vorgestellt.

In letzter Zeit wird dem Deep Learning viel Aufmerksamkeit geschenkt. In den Medien wird der Begriff „künstliche Intelligenz" manchmal mit dem Begriff „maschinelles Lernen" gleichgesetzt. KI umfasst jedoch eine breite Palette von Techniken, die jede Form von intelligenter Verarbeitung wie beim Menschen oder darüber hinaus durchführen. So gehören beispielsweise Suchalgorithmen, die für die Bewegungsplanung verwendet werden, zu den KI-Techniken, verwenden aber kein maschinelles Lernen. Allgemeine Intelligenz ist zwar eines der Endziele der KI-Forschung, liegt aber noch in weiter Ferne.

Maschinelles Lernen steht für verschiedene Algorithmen, die aus Daten Nutzen ziehen („lernen"). Unter ihnen wird das überwachte Lernen am häufigsten in HRI-Anwendungen eingesetzt. In diesem Zusammenhang bezieht sich „überwacht" auf die Tatsache, dass menschliche Entwickler die Trainingsdaten manuell mit Etiketten versehen. In der Regel wird es verwendet, um Probleme der Mustererkennung durch den Gewinn einfacher Symbole (Labels) aus komplexen Daten, wie der Computer Vision und Spracherkennung, zu lösen.

3.8.1 Überwachtes Lernen

Überwachtes Lernen ist eine Art des maschinellen Lernens, das insbesondere Trainingsdaten mit korrekten Bezeichnungen erfordert. Um zu verstehen, worum es sich dabei handelt, stellen wir uns eine spezielle Aufgabe vor: die Klassifizierung von Emotionen in einem menschlichen Gesicht. Ein Roboter hat mit seiner Kamera ein RGB-Bild von einem menschlichen Gesicht aufgenommen. Wie kann er erkennen, ob diese Person einen glücklichen oder einen überraschten Gesichtsausdruck hat?

Um diese Aufgabe zu lösen, sollte der Roboter über ein Klassifizierungsprogramm verfügen, das bereits gut trainiert ist. Der Klassifikator wandelt die Eingabedaten, z. B. ein Gesicht, in eine Art Merkmalsvektor um. Dann gibt der trainierte Klassifikator das Etikett (z. B. „glücklich", „überrascht" usw.) auf der Grundlage der Eingabe des Merkmalsvektors aus. Der Einfachheit halber nehmen wir hier an, dass der Merkmalsvektor eine Liste von Bewegungen verschiedener Gesichtsmuskeln ist, d. h. es gibt einen für jede Lippe, einen für jede Augenbraue usw. Wir wissen, dass Menschen, die sich freuen, in der Regel ihre Lippenecken nach oben ziehen, und wenn sie überrascht sind, ihre Augenbrauen hochziehen. Anstatt diese Regeln explizit zu programmieren, lassen wir sie beim überwachten Lernen vom Klassifikator aus den Daten gewinnen. (Zur besseren Verständlichkeit haben wir dieses Beispiel recht einfach gehalten. Die Identifizierung und Spezifizierung der Beziehung zwischen einem Eingangsvehikel und einem Label sind jedoch in der Regel keineswegs einfach. Daher ist die Leistung des überwachten Lernens in der Regel deutlich besser als die explizite Programmierung solcher Regeln).

Was wir dem Klassifikator zur Verfügung stellen, sind Trainingsdaten. In unserem Beispiel wären das eine Menge menschlicher Gesichter mit korrekten Bezeichnungen. Das heißt, viele glückliche Gesichter, die alle als „glücklich" gekennzeichnet sind, und viele überraschte Gesichter, die alle als „überrascht" gekennzeichnet sind. Normalerweise bedeutet das Beschriften all dieser Instanzen intensive menschliche Arbeit. Menschliche Mitarbeiter müssen jedes Bild eines Gesichts einzeln überprüfen und die entsprechenden Etiketten hinzufügen. Mithilfe eines Trainingsalgorithmus lernen die Klassifizierer dann (wenn sie erfolgreich sind) geeignete Parameter oder Regeln, die es ihnen ermöglichen, ungesehene Daten (meistens) richtig zu klassifizieren. Dieser Prozess erfordert in der Regel sehr viel Rechenzeit und auch eine Menge zusätzlicher Arbeit für die Entwickler, die mit Hyperparametern arbeiten (z. B. im Falle eines neuronalen Netzes, wie viele Schichten, wie diese Schichten verbunden sind, wie die Eingangsvektoren dargestellt werden, Anzahl der Iterationen zur Aktualisierung der Parameter usw.). Im Folgenden werden die wichtigsten Elemente und Techniken des überwachten Lernens erläutert.

Datensätze

Das maschinelle Lernen erfordert Daten, aus denen der Roboter lernen kann. Dieser Trainingsdatensatz sollte viele Beispiele für das zu Erlernende enthalten, bei denen es sich um Daten von Sensoren oder Text handeln kann und die in der Regel von Menschen manuell beschriftet wurden. So kann beispielsweise ein Datensatz mit Kamerabildern menschlicher Gesichter vorliegen, und für jedes Bild wird die Emotion der Person, wie z. B. „neutral", „glücklich" oder „wütend" gekennzeichnet. Ein solcher Satz von Beispieldaten und Kennzeichnungen wird als Datensatz bezeichnet. Typische Datensätze enthalten Hunderttausende oder sogar

Millionen von Beispielen. Die geeignete Größe eines Datensatzes hängt von der Komplexität des Zielproblems des maschinellen Lernens ab. In der Regel führen größere Datensätze jedoch zu einer besseren Leistung.

Da der Beschriftungsprozess in der Regel einen hohen Arbeitsaufwand erfordert, verlassen sich die Entwickler häufig auf Crowd-Sourcing-Daten (z. B. über Amazon Mechanical Turk). Wir sollten jedoch sowohl auf die Qualität als auch Quantität der Daten achten. Mehrdeutige oder falsche Beschriftungen beeinträchtigen die Leistung.

Da das maschinelle Lernen in hohem Maße von der Menge und Qualität der Daten abhängt, ist die gemeinsame Nutzung von Datensätzen und Klassifizierungsmodulen (z. B. Spracherkennungsmodulen) ein wichtiger Beitrag zur Community. Forscher veröffentlichen manchmal Datensätze zusammen mit ihrem Klassifizierungsalgorithmus/-system. Es gibt spezielle Websites für den Austausch von Datensätzen, z. B. Kaggle[5].

Extraktion von Merkmalen

Zur Unterstützung des maschinellen Lernens werden Sensordaten häufig vorverarbeitet, indem die Sensordaten in eine geeignetere Darstellung umgewandelt und hervorstechende Merkmale aus den Daten extrahiert werden. Dieser Prozess wird als Merkmalsextraktion bezeichnet. Es gibt viele Algorithmen zur Extraktion von Merkmalen aus Sensor-Rohdaten. Zum Beispiel hebt die Kantenerkennung die Pixel in einem Bild hervor, deren Intensität sich abrupt ändert, und ein Segmentierungsalgorithmus identifiziert Regionen in einem Bild, in denen die Farben alle ähnlich sind und was somit auf ein Gesicht, Haare oder ein Auge hindeuten kann (siehe Bild 3.18).

Bild 3.18
Schlaue Kantenerkennung eines Nutzers, der die Tasten eines Roboters bedient

[5] *https://www.kaggle.com/datasets*

Merkmale sind im Wesentlichen Zahlen. Häufig werden diese Merkmale in einen Merkmalsvektor, eine Reihe von Zahlen, eingefügt, die dann verarbeitet werden können. So könnte man beispielsweise die Anzahl der Pixel zählen, die als Kante erkannt wurden, und sie als eine der Variablen des Merkmalsvektors verwenden. Forscher analysieren ihre Datensätze oft manuell und identifizieren auffällige Merkmale. Bei sorgfältiger Beobachtung könnte man zum Beispiel feststellen, dass ein Kind mehr zappelt als ein Erwachsener; ist ein solches Merkmal gefunden, kann man die Bewegungsvariation zum Merkmalsvektor hinzufügen.

Klassifizierung auf der Grundlage des Trainings

Überwachtes Lernen wird häufig für Klassifizierungsprobleme verwendet. Bei der Klassifizierung entscheidet ein Algorithmus anhand von Trainingsdaten, zu welcher Klasse ein unbekannter Datensatz gehört. Zum Beispiel entscheidet der Klassifikator bei dem Kamerabild von einer Person, welche Emotion das Gesicht der Person zeigt (Hinweis: Ein weiterer häufiger Ansatz ist die Regression, bei der ein Algorithmus eine kontinuierliche Zahl aus unbekannten Daten ermittelt, z.B. die Schätzung des Alters einer Person anhand ihres Gesichts).

Angenommen, wir können einen eindimensionalen (1D) Merkmalsvektor berechnen, der die Körpergröße von Personen repräsentiert, und haben einen Datensatz mit zwei Klassen, „Kind" oder „Erwachsener" (d.h. jeder Datenpunkt in den Trainingsdaten hat ein Label, das angibt, ob der Datenpunkt ein „Kind" oder ein „Erwachsener" ist). Der Klassifikator lernt einen Schwellenwert aus dem Trainingsdatensatz (z.B. 150 cm), um die beiden Klassen zu unterscheiden. In diesem Fall enthält der Merkmalsvektor nur ein einziges Merkmal, nämlich die Körpergröße des Nutzers. Wir nennen dies einen 1D-Merkmalsvektor. Klassifizierungsalgorithmen arbeiten in der Regel mit Tausenden von Merkmalen und versuchen, mehrere, manchmal aber auch bis zu Tausenden von Klassen zu erkennen. Klassifizierungsfehler sind dabei mehr oder weniger unvermeidlich. So würde beispielsweise ein großes Kind oder ein kleiner Erwachsener mit dem obigen 1D-Merkmalsvektor falsch klassifiziert werden.

Klassifizierungsalgorithmen arbeiten mit weniger Fehlern, wenn sie Zugang zu mehr Daten haben. Im Idealfall sollen Klassifizierungsalgorithmen „verallgemeinern", d.h. sie sollen Daten korrekt verarbeiten, mit denen sie noch nie in Berührung gekommen sind. Allerdings passen sich Klassifizierungsalgorithmen manchmal nur an die Trainingsdaten an. In diesem Fall schneidet der Algorithmus bei den Trainingsdaten sehr gut ab, dagegen schlecht, wenn er mit neuen ungesehenen Daten konfrontiert wird, die nicht in den Trainingsdaten enthalten sind.

Für Klassifizierungsprobleme gibt es verschiedene Algorithmen. Support Vector Machines (SVM) wurden traditionell häufig mit manuell erstellten Merkmalen verwendet. Heutzutage ist es eher üblich, Deep Learning zu verwenden, wenn eine große Anzahl von Daten verfügbar ist. Zu Erklärungszwecken werden manchmal auch andere Algorithmen wie z. B. ein Entscheidungsbaum verwendet.

Deep Learning

Deep Learning besteht aus einer Familie von Techniken für neuronale Netze, die durch die zunehmende Verfügbarkeit von Rechenleistung ermöglicht werden. Deep Neural Networks (DNNs) z. B. basieren auf künstlichen neuronalen Netzen mit einer großen Anzahl von Schichten miteinander verbundener künstlicher Neuronen – daher der Name „deep" (tief). Wenn die Eingabe zweidimensional ist (typischerweise ein Bild), werden Convolutional Neural Networks (CNNs) verwendet. Ein CNN hat ebenfalls tiefe Schichten von neuronalen Netzen. Es hat jedoch spezifische typologische Beschränkungen zwischen den Neuronen, die das Fusionsverfahren in der Bildverarbeitung darstellen. Es eignet sich gut für die Aufgabe, zu erkennen, ob ein Zielmuster irgendwo in zweidimensionalen Daten vorhanden ist. Bei einer Aufgabe zur Objekterkennung ist es zum Beispiel wichtiger, ob ein „Hund" im Bild vorhanden ist, als ob sich der „Hund" oben links im Bild befindet. Der Klassifikator, der ein CNN verwendet, kann besser unabhängig von ihrer Position im Bild auf verschiedene Objekte verallgemeinert werden. Siehe Abschnitt 3.8.2 für weitere Informationen über Computer Vision.

Handelt es sich bei der Eingabe um eine Zeitreihe, kann eine Familie von Recurrent Neural Networks, (RNNs) verwendet werden. Ein RNN ist ein neuronales Netz mit typischerweise tiefen Schichten und verfügt außerdem über einen Mechanismus zur Speicherung interner Zustände (d. h. einen Speicher). In jedem Zeitschritt erhält es eine Eingabe und gibt dann unter den Bedingungen seines eigenen Speichers eine Ausgabebezeichnung aus. So ist beispielsweise Long-Short Term Memory (LSTM) ein Recurrent Neural Networks. Ein RNN wird häufig für die automatische Spracherkennung (Automatic Speech Recognition, ASR) verwendet. Bei einer ASR-Aufgabe hängen die zu erkennenden Wörter in der Regel davon ab, was bereits gesagt wurde (wenn z. B. zuvor „Wie geht es ..." gesagt wurde, ist es sehr wahrscheinlich, dass als nächstes Wort „dir" zu hören ist). Siehe Kapitel 7, Abschnitt 7.2 für weitere Informationen zur Spracherkennung.

Ein weiteres wichtiges Deep-Learning-Modell ist ein Transformer. Er wird ähnlich wie RNNs für unterschiedlich lange Eingaben verwendet, verfügt aber über keinen Speichermechanismus. Stattdessen besteht es aus einem Kodierungs-/Dekodierungsmechanismus mit einem Aufmerksamkeitsmechanismus, der sich auf den wichtigen Teil der kodierten Eingabe konzentriert. Es wird häufig für Natural Language Processing (NLP) verwendet. Die bekanntesten Beispiele sind Sprachmodelle wie BERT und GPT-3. Sie sagen das nächste Wort aus einer Sequenz voraus und kodieren dabei meist die Sequenz. Ein solches Modell wird auf nicht überwachte Weise trainiert. Diese Kodierung wird häufig als Einbettung (eine Art Merkmalsvektor) für andere Aufgaben unter Verwendung von Feinabstimmungstechniken verwendet (siehe Abschnitt 3.8.1). Darüber hinaus findet sie auch Anwendung für generative Aufgaben wie die Bilderzeugung aus natürlichem Sprachinput (siehe Bild 3.19), für die der Lernprozess mit einer großen Anzahl von Bild- und Textpaaren typischerweise die aus öffentlich zugänglichen Daten (z. B. von Instagram) gewonnen wurden.

Bild 3.19
KI hat dieses Bild mithilfe der Plattform Dall-e erstellt. Die Textaufforderung lautete „Ein Mensch spielt mit einem Roboter"

Fällt es Ihnen schwer, einen Aufsatz oder eine wissenschaftliche Arbeit zu schreiben? Kein Problem – lassen Sie sie von einem Computer erstellen! Auch wenn ChatGPT den meisten Schülerinnen und Schülern bekannt sein dürfte, gibt es andere Sprachmodelle, die speziell für die Erstellung wissenschaftlicher Arbeiten trainiert wurden, z. B. SCIgen[6] (generiert computerwissenschaftliche Arbeiten, einschließlich Abbildungen und Referenzen) und Galactica (kann wissenschaftliche Arbeiten für jedes Studienfach erstellen (Taylor et al., 2022)). Es ist wichtig zu wissen, dass Sprachmodelle den Text, den sie generieren, nicht verstehen; im Wesentlichen sind sie eine etwas bessere Version der „Textvervollständigungsfunktion" auf Ihrem Smartphone. Diese Programme liefern zwar Texte, die selbstbewusst, professionell und insgesamt überzeugend klingen, aber in Wirklichkeit sind sie oft falsch.

Auch wenn es unwahrscheinlich ist, dass diese automatisch erstellten Arbeiten das Peer-Review-Verfahren guter Fachzeitschriften bestehen, könnten sie doch dazu verwendet werden, Fehlinformationen zu verbreiten, und damit eine ernsthafte Bedrohung für die Integrität der Wissenschaft darstellen. Nach nur zwei Tagen im Netz beschloss Meta, die Demo-Webseite abzuschalten. Das Modell selbst ist weiterhin verfügbar[7] und Personen, die mit Informatik vertraut sind, können es weiterhin (miss)brauchen.

---

[6] https://pdos.csail.mit.edu/archive/scigen/

[7] https://github.com/paperswithcode/galai

Für jedes der oben genannten Deep-Learning-Verfahren wird eine große Menge an Rechenleistung für das Training benötigt, aber die jüngsten Fortschritte bei der Verwendung von Parallelrechnern und Grafikprozessoren (Graphical-Processing Units, GPUs) haben es uns ermöglicht, diese Netzwerke in einer angemessenen Zeit zu trainieren.

Deep Learning erfordert in der Regel keine sorgfältige händische Merkmalsextraktion. Stattdessen entdeckt Deep Learning die relevanten Merkmale aus den Daten selbst. Ein Nachteil ist, dass Deep Learning riesige Datenmengen erfordert: In der Regel werden Millionen von Datenpunkten benötigt, um einen Algorithmus zu trainieren. Google hat beispielsweise einen riesigen Datensatz mit mehr als 230 Milliarden Datenpunkten gesammelt, um seinen Spracherkennungsalgorithmus zu trainieren. GPT-3 wurde mit 45 Terrabyte (TB) an Textdaten aus Wikipedia und Büchern trainiert.

Die Komplexität von Deep Learning macht es schwierig, genau zu wissen, worauf das Netzwerk seine Entscheidungen stützt (z. B. wissen wir möglicherweise nicht, welche Merkmale es identifiziert hat oder wie es entschieden hat, diese Merkmale für eine Klassifizierung zu verwenden), was für HRI außerhalb des Labors besonders problematisch sein kann, wenn wir darauf vertrauen müssen, dass das System robust, sicher und vorhersehbar ist. Wenn der Roboter etwas falsch macht, müssen wir in der Lage sein, herauszufinden, wie das System zu debuggen und zu korrigieren ist, wie im Fall eines autonomen Uber-Fahrzeugs, das Schwierigkeiten hatte, eine die Straße überquerende Person zu klassifizieren und sie deshalb überfuhr (Marshall und Davies, 2018).

Transfer Learning

Der Bedarf an großen Datensätzen ist eine erhebliche Herausforderung für HRI, da es schwierig ist, große Datenmengen zu sammeln, bei denen Menschen und Roboter interagieren.

Das Problem ist beim Deep Learning noch offensichtlicher. Um das Problem abzumildern, gibt es eine Technik, die als Transfer Learning oder Feinabstimmung bekannt ist. Dabei wird ein Teil des bereits trainierten Netzwerks wiederverwendet (häufig die Einbettung) und es werden kleine markierte Daten hinzugefügt, um nur einen kleinen Teil des neuronalen Netzwerks (häufig in der Nähe der Ausgabeebene) abzustimmen. Auf diese Weise erlernt es neue Fähigkeiten mit einem relativ kleinen Datensatz.

So werden beispielsweise große Sprachmodelle wie BERT und GPT, die in der Regel mit Billionen von Sätzen trainiert werden, für die Absichtserkennung durch Transfer Learning mit möglicherweise weniger als hundert Sätzen verwendet (Huggins et al., 2021) (zur Anwendung bei HRI siehe Abschnitt 7.3).

3.8.2 Computerbasiertes Sehen

Computer Vision ist ein wichtiger Bereich für die HRI. Im Wesentlichen interpretiert Computer Vision eine 2D-Zahlenreihe, wenn mit Einzelbildern gearbeitet wird, oder eine Reihe von 2D-Bildern, die über einen bestimmten Zeitraum hinweg aufgenommen wurden, wenn mit Videodaten gearbeitet wird. Computer Vision kann im Zusammenhang mit HRI recht einfach und dennoch sehr effektiv sein. Zum Beispiel kann die Bewegungserkennung durch die Subtraktion zweier Kamerabilder, die nur um den Bruchteil einer Sekunde versetzt zueinander aufgenommen wurden, erzielt werden. Alle Pixel, die eine Bewegung erfasst haben, haben einen Wert ungleich null, der wiederum zur Berechnung der Region mit der größten Bewegung verwendet werden kann. Bei der Verwendung eines Bewegungsdetektors bei einem Roboter kann sich dieser an den Bereichen mit den meisten Bewegungen orientieren und so die Illusion seiner Fähigkeit zur Bewegungswahrnehmung erweckt, was im Zusammenhang mit HRI oft gestikulierende oder redende Menschen bedeutet.

Eine weitere für HRI relevante Computer-Vision-Technik ist die Verarbeitung von Gesichtern. Die Fähigkeit, Gesichter in einem Bild zu erkennen, hat sich weiterentwickelt und kann z. B. dazu genutzt werden, dass der Roboter Menschen in die Augen schauen kann. Die Gesichtserkennung (d. h. die Identifizierung einer bestimmten Person in einem Bild) ist jedoch nach wie vor eine Herausforderung. In den letzten zehn Jahren wurden vor allem durch die Entwicklung des Deep Learning beeindruckende Fortschritte erzielt. Dadurch ist es inzwischen möglich geworden, Hunderte von Personen zuverlässig zu erkennen und zu unterscheiden, wenn sie in die Kamera schauen. Die Gesichtserkennung versagt jedoch in der Regel, wenn der Nutzer von der Seite zu sehen ist.

Die Skelettverfolgung ist eine weitere relevante Technik für die HRI. Bei der Skelettverfolgung versucht die Software zu ermitteln, wo sich Körper und Gliedmaßen des Nutzers befinden. Diese Technik wurde erstmals bei Spielen auf der Xbox-Konsole von Microsoft eingesetzt, und zwar mit Software, die speziell für den Kinect-RGBD-Sensor entwickelt wurde, sie ist aber inzwischen ein fester Bestandteil vieler HRI-Anwendungen. Es gibt mehrere Softwarelösungen, aber mithilfe von Deep Learning ist es möglich, die Skelette von Dutzenden von Nutzern in komplexen Szenarien aus einem einzigen einfachen Kamerabild zu lesen, ohne dass ein RGBD-Sensor erforderlich ist. Die Software dafür, genannt OpenPose, ist frei verfügbar und wird häufig in HRI-Studien verwendet (Cao et al., 2017).

Es gibt viele kommerzielle und freie Softwarelösungen, die eine Reihe von sofort einsetzbaren Computer-Vision-Funktionen bieten. OpenCV ist mit der frei verfügbaren und über 20 Jahre entwickelten Softwarebibliothek die vielleicht bekannteste. Sie kann unter anderem für Gesichtserkennung, Gestenerkennung, Bewegungsverständnis, Objektidentifikation, Tiefenwahrnehmung und Bewegungsverfolgung eingesetzt werden.

Da die Computer Vision oft eine beträchtliche Rechenleistung erfordert, die bei kleinen oder günstigeren Robotern nicht realistisch ist, wird der Computer-Vision-Prozess manchmal in der Cloud durchgeführt. In diesem Fall wird der Video-Stream des Roboters über eine Internetverbindung an Server in der Cloud gesendet. Es gibt kommerzielle Cloud-Lösungen für die Gesichtserkennung, die Identifizierung von Personen und die Bildklassifizierung, die auf Nutzungsbasis verkauft werden.

3.8.3 Reinforcement Learning

Reinforcement Learning ist ein völlig anderer Ansatz des maschinellen Lernens. Es erfordert keine im Voraus vorbereiteten Trainingsdaten und muss nicht unbedingt von einem Menschen beaufsichtigt werden. Stattdessen lernt ein Roboter aus Erfolgen und Misserfolgen, indem er wirklich versucht zu handeln. Was er lernt, ist die optimale Strategie oder die beste Aktion für jeden gegebenen Zustand, die zur besten Belohnung führt.

Stellen Sie sich zum Verständnis der Funktionsweise das Beispiel eines kriechenden Roboters vor, der einen Arm mit zwei Freiheitsgraden hat (Beispiele finden Sie auf YouTube unter Stichworten wie „crawling robot Q-learning"). Der Einfachheit halber nehmen wir an, dass der Roboter nur vier verschiedene Aktionen zur Auswahl hat: seine Hand ausstrecken, den Boden berühren, den Arm einknicken und den Arm vom Boden abheben. Die Frage ist nun, welche Aktion der Roboter wählen soll.

Diese Frage ist etwas komplex, denn die beste Aktion hängt von der aktuellen Haltung des Roboters ab. Wir wissen, dass er für eine Vorwärtsbewegung einmal die Hand ausstrecken, den Boden berühren und dann den Arm einklappen sollte (hier bewegt er sich vorwärts, indem er „krabbelt"), dann muss er sich vom Boden lösen. Indem er dies wiederholt, kann er sich weiter vorwärts bewegen.

Algorithmen des Reinforcement Learnings lernen solche Aktionen, wenn die Belohnungen entsprechend gestaltet sind. Für einen kriechenden Roboter bräuchten wir einen Sensor, der erfasst, wie weit sich der Roboter nach vorne bewegt. Dann kann die Ausgabe des Sensors als Belohnung verwendet werden. Die Belohnung (die Tatsache, dass sich der Roboter vorwärts bewegt hat) wird nur erworben, wenn die oben genannten Aktionen in der richtigen Reihenfolge ausgeführt werden. Viele Algorithmen des verstärkenden Lernens beginnen mit einer zufälligen Suche, bei der verschiedene Aktionen für verschiedene Zustände ausprobiert werden (hier könnte man die aktuelle Position des Arms als Zustand verwenden), und speichern die Belohnungen, die für einen bestimmten Zustand erzielt wurden. Es wird gehofft, dass durch die Wiederholung von Versuchen das System konvergiert, um die beste Strategie zu finden.

Es gibt verschiedene Algorithmen des Reinforcement Learnings. Unter ihnen ist das Q-Lernen der bekannteste, der darauf ausgelegt ist, die beste Belohnung für jeden „Q-Zustand", definiert als Kombination aus Aktion und Zustand, zu ermitteln. Eine Erweiterung des Q-Learnings mit Deep-Learning-Technik wird als Deep Q-Learning (DQN) bezeichnet, bei dem ein tiefes neuronales Netz zur Darstellung des Q-Zustands verwendet wird.

Beim Reinforcement Learning werden in der Regel Tausende von Versuchen durchgeführt, bis es selbst bei relativ einfachen Problemen wie den oben erwähnten Kriechrobotern konvergiert. Darüber hinaus muss ein Roboter während Trial-and-Error-Prozesses leider oft scheitern, um alle spezifischen Möglichkeiten, die er falsch machen kann, zu „verlernen". Manchmal versuchen die Forscher, diese Lernkosten mithilfe von Physiksimulationen zu mildern. So dauerte es zum Beispiel mehrere Monate, bis sieben parallel lernende Roboterarme es gelernt hatten, verschiedene Gegenstände zu greifen, während ein Modell, das eine Simulation und zuvor gesammelter Daten verwendete, nur einige Tage brauchte, um dasselbe Verhalten zu erlernen (Ibarz et al., 2021). Die Anwendung des Reinforcement Learnings auf HRI-Probleme ist aufgrund der Kosten des Scheiterns und der Zeit sowie der Schwierigkeit, Simulationen zu verwenden, nicht einfach, doch haben Forscher begonnen, nach für die HRI praktikableren Methoden zu suchen (z. B. Mitsunaga et al. 2008; McQuillin et al., 2022).

3.8.4 Anpassung

Sowohl Nutzer als auch Roboter sind adaptive Systeme. Menschen haben die ausgeprägte Fähigkeit, ihr Verhalten und Kommunikation an ihre Umgebung und andere anzupassen. Wenn sie mit einem Kind sprechen, neigen Erwachsene beispielsweise dazu, einfachere Wörter und Satzstrukturen zu verwenden, ein Phänomen, das als „Motherese" bezeichnet wird (Wrede et al., 2005; Rohlfing et al., 2005). Auch die Nutzer neigen dazu, ihre Kommunikation anzupassen, wenn sie mit einem Roboter sprechen. Sie tendieren dazu, langsamer und lauter zu sprechen, insbesondere, wenn das Spracherkennungssystem nicht richtig zu funktionieren scheint (Kriz et al., 2010).

Im Gegenzug wird von Robotern im Allgemeinen erwartet, dass sie ihr Verhalten an ihre Nutzer anpassen (Rossi et al., 2017), um die Interaktion zu optimieren. Allan et al. (2022) haben zum Beispiel gezeigt, dass Nutzer, basierend auf ihrer subjektiven Selbstwahrnehmung, von verschiedenen Arten von Lob durch einen Roboter profitieren. Nutzer, die Selbstattribute wie Intelligenz als veränderbar betrachten (inkrementelle Theorie), bevorzugen Lob für ihre Bemühungen, während Nutzer, die sie als unveränderbar betrachten (Entitätstheorie), Lob für ihre Fähigkeiten vorziehen.

Um auf solche Merkmale schließen zu können, muss der Roboter umfangreiche Daten über jeden Nutzer sammeln. Die Anwendung von Reinforcement Learning wäre eine der möglichen Umsetzungen dafür. Diese Daten können jedoch nur in Echtzeit gesammelt werden, was die Datenerfassung begrenzt. Es handelt sich also noch um eine recht anspruchsvolle Forschung.

Bei beiden Anpassungen ändern sowohl der Mensch als auch der Roboter ihr eigenes Verhalten. Der Mensch hat zusätzlich die Möglichkeit, den Roboter explizit nach seinen Vorlieben zu verändern. So kann er zum Beispiel zu einer männlichen Stimme wechseln oder eine bestimmte Farbe des Kunststoffs einer anderen vorziehen. Diese Anpassung wird als Customization bezeichnet. Sie erfordert keine ausgefeilten Techniken des maschinellen Lernens, sondern lediglich die Anpassung bestimmter Parameter.

■ 3.9 Beschränkungen der Robotik für HRI

Es gibt mehrere Einschränkungen in der Robotik, von denen manche spezifisch für HRI sind und andere für die Robotik im Allgemeinen gelten. Eine allgemeine Herausforderung besteht darin, dass ein Roboter ein komplexes System ist, das zwischen der analogen Welt und den digitalen internen Berechnungen des Roboters übersetzen muss. Die reale Welt ist analog, geräuschvoll und oft sehr wandelbar, und der Roboter benötigt zunächst eine geeignete digitale Darstellung der Welt, welche der Software dann zur Entscheidungsfindung dient. Sobald eine Entscheidung getroffen wurde, wird diese in eine analoge Handlung umgesetzt, z.B. das Sprechen eines Satzes oder das Bewegen eines Beines.

Eine weitere große Herausforderung, die für die Robotik im Allgemeinen gilt, ist das Lernen. Derzeit muss das maschinelle Lernen Millionen von Beispielen durchlaufen, um sich langsam an die Ausführung einer Aufgabe mit einem angemessenen Maß an Fähigkeiten heranzutasten. Trotz der Beschleunigung durch Fortschritte bei DNNs und GPUs benötigen Computer zum Zeitpunkt des Verfassens dieses Buches Tage oder oft Wochen, um zu lernen, und dies nur dann, wenn das gesamte Lernen intern erfolgen kann, z.B. in einer Simulation oder unter Verwendung vorher aufgezeichneter Daten. Das Lernen aus Echtzeitdaten, die ein Roboter aus der Welt aufnimmt, ist immer noch so gut wie unmöglich. Damit verbunden ist die Herausforderung des „Transfers", d.h. der Übertragung einer Fähigkeit auf eine andere. Menschen können beispielsweise ein Kartenspiel erlernen und sind dann in der Lage, dieses Wissen zu übertragen, um schnell ein anderes Karten-spiel mit anderen Regeln zu erlernen. Das maschinelle Lernen hat in der Regel Schwierigkeiten mit dieser Aufgabe und muss mit dem Erlernen einer neuen Her-ausforderung von Grund auf beginnen.

Die nahtlose Integration der verschiedenen Systeme eines Roboters stellt ebenfalls eine große Herausforderung dar. Spracherkennung, Verstehen menschlicher Spra-che, Verarbeitung sozialer Signale, Handlungsauswahl, Navigation und viele an-dere Systeme müssen zusammenarbeiten, um ein überzeugendes Sozialverhalten des Roboters zu erreichen. Bei einfachen Robotern ist dies noch überschaubar, aber bei komplexeren Robotern liegen die Integration und Synchronisation dieser verschiedenen Fähigkeiten noch jenseits unserer Vorstellungskraft. Das Erkennen von Gesichtern, die Klassifizierung von Emotionen und die Lokalisierung von Ge-räuschquellen mögen jeweils für sich genommen gut funktionieren, aber die Zu-sammenführung dieser drei Fähigkeiten, damit der Roboter auf Menschen, die sich ihm nähern, auf eine menschenähnliche Weise reagiert, ist immer noch eine Her-ausforderung. Menschen, die den Roboter anlächeln, zu grüßen, Aufschauen, wenn die Tür zuschlägt, oder Ignorieren von Personen, die kein Interesse am Roboter zeigen, klingt einfach, tatsächlich ist es aber schwierig, ein solches Verhalten zu entwickeln, das durchgängig gut funktioniert. Die Herausforderung wird noch ge-waltiger, wenn weitere Fähigkeiten hinzukommen. Konversationsroboter, die mit Menschen über die natürliche Sprache interagieren und zusätzlich ihre Sensoren für eine angemessene Reaktion nutzen, werden erst jetzt weltweit in den For-schungslabors in Angriff genommen. Es ist unwahrscheinlich, dass in den nächs-ten zehn Jahren ein Roboter gebaut wird, der ein Gespräch so gut wie ein Mensch führen kann.

Roboter und KI-Systeme haben im Allgemeinen Probleme mit der Semantik: Sie verstehen oft nicht wirklich, was um sie herum geschieht. Ein Roboter mag schein-bar adäquat auf eine Person reagieren, die sich ihm nähert und nach dem Weg fragt, aber das bedeutet nicht, dass der Roboter versteht, was vor sich geht – dass die Person neu in dem Raum ist oder wohin die von ihm gegebenen Anweisungen tatsächlich führen. Oft ist der Roboter so programmiert, dass er Menschen ansieht, wenn sie sich nähern, und dass er auf gehörte Schlüsselwörter reagiert. Echtes Verstehen ist derzeit noch dem Menschen vorbehalten. Zwar gibt es Forschungs-projekte, die darauf abzielen, KI-Systemen einen Sinn für das Verstehen zu verlei-hen (Lenat, 1995; Navigli und Ponzetto, 2012), doch gibt es noch keine Roboter, die ihre multimodale Interaktion mit der Welt nutzen können, um die soziale und phy-sische Umgebung zu verstehen.

Die Gründe, warum die KI noch nicht ein dem Menschen vergleichbares allgemeines Intelligenzniveau erreicht hat, sind vielfältig, wobei von Anfang an konzeptionelle Probleme identifiziert wurden. Searle (1980) wies darauf hin, dass digitale Computer allein die Realität niemals wirklich verstehen können, weil sie nur syntaktische Symbole manipulieren, die keine Semantik enthalten. In seinem Gedankenexperiment „Chinese Room" wird ein Zettel mit chinesischen Symbolen unter die Tür eines Raumes geschoben (Searle, 1999). Ein Mann, der sich im Raum befindet, liest die Symbole und findet eine Antwort, indem er eine Reihe von Regeln anwendet, die er in einem Buch findet, das weitere chinesische Schriftzeichen enthält. Anschließend schreibt er die Antwort in Form anderer chinesischer Schriftzeichen auf und schiebt sie wieder unter der Tür hindurch. Die Zuschauer hinter der Tür könnten den Eindruck gewinnen, dass der Mann im Raum Chinesisch versteht, während er in Wirklichkeit nur Regeln nachschlägt und nicht weiß, was diese Symbole wirklich bedeuten. Auf die gleiche Weise manipuliert auch ein Computer nur Symbole, um Antworten auf Eingaben zu geben. Wenn die Antwort des Computers von menschenähnlicher Qualität ist, bedeutet das dann, dass der Computer intelligent ist?

Searles Argumentation zufolge versteht der Schachcomputer Deep Blue von IBM das Schachspiel nicht wirklich, so wie AlphaGo von Deep Mind das Spiel Go nicht versteht. Beide Programme haben zwar menschliche Meister des Spiels besiegt, aber nur, indem sie Symbole manipulierten, die für sie bedeutungslos waren. Der Schöpfer von Deep Blue, Drew McDermott, erwiderte auf diese Kritik: „Zu sagen, dass Deep Blue nicht wirklich über Schach nachdenkt, ist so, als würde man sagen, dass ein Flugzeug nicht wirklich fliegt, weil es nicht mit den Flügeln schlägt" (1997). Das heißt, dass eine neue Maschine oder künstliche Intelligenz nicht alle Details von Menschen, Tieren oder Vögeln nachbilden muss, solange sie so funktioniert, wie sie soll. Diese Debatte besteht noch heute und spiegelt unterschiedliche philosophische Standpunkte darüber wider, was es bedeutet, zu denken und zu verstehen. Ebenso bleibt die Möglichkeit der Entwicklung einer allgemeinen KI eine offene Frage. Dennoch sind Fortschritte zu verzeichnen. Früher hätte man eine Schach- oder Go-spielende Maschine als intelligent angesehen, heute gilt sie als die Leistung einer Rechenmaschine. Unsere Kriterien dafür, was eine intelligente Maschine ist, haben sich mit den Fähigkeiten der Maschinen verändert.

Jedenfalls ist noch keine ausreichend intelligente Maschine gebaut worden, die eine Grundlage für viele der fortgeschrittenen Anwendungsszenarien bieten würde, die man sich für Roboter vorgestellt hat. Forscher täuschen die Intelligenz des Roboters oft mit der Wizard-of-Oz-Methode vor (siehe S. 243).

Allerdings gibt es auch einige grundlegende Probleme, für die wir in naher Zukunft keine Lösung erwarten. Eine der größten Beschränkungen für HRI ist die Batteriekapazität. Die meisten Roboter können nicht länger als eine Stunde laufen, bevor sie wieder aufgeladen werden müssen. Dies ist eine große Einschränkung für mobile Roboter, insbesondere für solche, die sich in unstrukturierten Umgebungen bewegen. Wenn ein Roboter zum Beispiel einmal unterwegs ist, muss er bereits seine Rückkehr planen. Außerdem erschwert diese Einschränkung dem Menschen die Erfahrung längerfristiger Interaktionen. Schließlich können Roboter wie Nao nicht selbstständig zu ihrer Ladestation zurückkehren, was bedeutet, dass entweder der Nutzer oder der Versuchsleiter für das Aufladen des Akkus sorgen muss.

Eine weitere physikalische Beschränkung betrifft die Geschwindigkeit, mit der sich der Roboter bewegen kann. Damit ist nicht nur die Fahrgeschwindigkeit des Roboters gemeint, sondern auch die Geschwindigkeit, mit der ein Roboter Arme und Kopf bewegt. Piumsomboon et al. (2012) versuchten zum Beispiel, einen Haka-Tänzer zu erfassen und seine Bewegungen in Echtzeit auf mehreren Nao-Robotern abzubilden (siehe Bild 3.20). Der Roboter konnte nur mit dem menschlichen Tänzer Schritt halten, so lange dieser sich unnatürlich langsam bewegte. Sobald der Tänzer seinen kraftvollen Haka-Tanz entfaltete, fielen die Roboter hoffnungslos zurück. Eine weitere oft übersehene Einschränkung von Robotern ist, dass sie sich nicht lautlos bewegen können. Menschen können ihre Arme nahezu geräuschlos bewegen. Roboter hingegen verwenden Elektromotoren, Getriebe oder pneumatische Antriebe. Diese Unfähigkeit, sich leise fortzubewegen, mögen manche zwar begrüßen, beim Einschlafen kann das aber sehr störend sein.

Bild 3.20 Nao-Roboter, der versucht, einen Haka-Tänzer zu imitieren

Wenn Roboter eine Top-Ten-Liste der Dinge, die sie an der Welt hassen, erstellen sollten, dann wäre die Schwerkraft sicherlich hoch platziert. Für Roboter ist es unglaublich schwer, nicht umzufallen; beim Menschen erfordert dieser Prozess eine außerordentlich fein abgestimmte, enge Zusammenarbeit zwischen verschiedenen Sinnen, darunter das Sehen, das vestibuläre System, die Haptik und das Gefühl des Körpers, wo man sich im Raum befindet (Wolfe et al., 2006). Die Wissenschaft muss ein ähnliches Gleichgewichtssystem noch künstlich herstellen. Außerdem ist es noch schwieriger, das Gleichgewicht zu halten, während man sich fortbewegt, insbesondere wenn der Boden uneben ist oder der Roboter keine Möglichkeit hat, wieder aufzustehen.

Aus menschlicher Sicht fehlt uns die Unterstützung durch Roboter, die uns seit vielen Jahren versprochen wird. Selbst heute noch ist das Ausräumen einer Spülmaschine eine für Roboter unmögliche Aufgabe. Vor über einem halben Jahrhundert, im Jahr 1966, drehte die BBC einen Kurzfilm über Able Mabel, das Roboterhausmädchen[8]. Er versprach, dass Roboter bald viele Aufgaben im Haushalt übernehmen würden. Meredith Thring behauptete in diesem Film, dass es nur 1 Million Pfund kosten würde, den ersten Prototyp herzustellen. Unnötig zu erwähnen, dass diese Vision der Zukunft viel zu optimistisch war.

Die Anforderungen der HRI gehen oft von unrealistischen Annahmen darüber aus, was mit der aktuellen Technologie erreicht werden kann, und Forschungsanfänger und die Öffentlichkeit sollten sich der Grenzen von Robotik und KI bewusst sein.

■ 3.10 Schlussfolgerung

Roboter bestehen aus mehreren Softwaremodulen, die mit Sensoren und Aktoren verbunden sind. Die Entwicklung von Software erfordert HRI-Kenntnisse, und umgekehrt müssen HRI-Forscher über ein grundlegendes Verständnis von Software verfügen, um nützliches Wissen für künftige HRI-Entwickler bereitzustellen. Für einen erfolgreichen Roboter müssen die verschiedenen Komponenten mit Blick auf die spezifische HRI-Anwendung und deren Bedürfnisse ausgewählt und integriert werden. Trotz dieser Einschränkungen können Roboter so konzipiert werden, dass sie erfolgreich mit Menschen in verschiedenen Arten von kurzfristigen und manchmal auch längeren Interaktionen interagieren.

Diskussionsfragen

- In den Kapiteln 2 und 3 wurden verschiedene Robotertypen vorgestellt, die auf dem Markt erhältlich sind. Welche Sensoren haben diese Roboter? Welche Aktoren haben sie? Welche Hardwarekomponenten sind Ihrer Meinung nach entscheidend?
- Stellen Sie sich ein Szenario vor, in dem Sie einen intelligenten sozialen Roboter einsetzen möchten. Welche Sensoren und Aktoren sollte er haben? Welche Fähigkeiten sollte der Roboter haben, und gibt es Software, die diese Fähigkeiten vermittelt?
- Welche Art von Datensatz wird benötigt, um einen maschinellen Lernalgorithmus für eine neue Interaktionsfähigkeit eines Roboters zu trainieren, z. B. um Ihr Gesicht von anderen zu unterscheiden?

---

[8] *https://www.bbc.co.uk/archive/mabel-the-robot-housemaid-1966/zhnvxyc1966/zhnvxyc*

■ 3.11 Übungen

Die Antworten auf diese Fragen finden Sie in Kapitel 14.

Übung 4   Sensoren

Nachstehend finden Sie eine Liste von Technologien. Welche werden normalerweise als Sensoren in Robotern verwendet? Wählen Sie eine oder mehrere Optionen aus der Liste unten aus:

1. Kamera
2. Lautsprecherboxen
3. Mikrofon
4. LED-Leuchten
5. LiDAR
6. Servomotor
7. Ultraschallsonar

Übung 5   Peppers Sensoren, Teil 1

Sehen Sie sich Pepper (S. 18) noch einmal an. Über welche Sensortechnologien verfügt dieser Roboter? Wählen Sie eine oder mehrere Optionen aus der folgenden Liste aus:

1. Radar
2. Tiefenkamera
3. kapazitive Berührungssensoren
4. globales Positionsbestimmungssystem
5. Trägheitsmessgerät
6. Sauerstoffsensor

Übung 6   Peppers Sensoren, Teil 2

Ausgehend von Ihrer Antwort auf die vorherige Frage, welche Funktionen haben diese Sensoren Ihrer Meinung nach?

Übung 7   Wie funktionieren die Sensoren?

Welche der folgenden Aussagen sind richtig? Wählen Sie eine oder mehrere Optionen aus der folgenden Liste aus:

1. Der Lichtsensor in einer Kamera kann nur Helligkeit erkennen.
2. Ein Flugzeit-Infrarotlichtsensor kann Tiefe bis zu 30 Meter messen.
3. Trägheitsmessgeräte kombinieren einen Beschleunigungsmesser, ein Mikrofon und ein Gyroskop.
4. Typische Kameras können bis zu 90 Grad sehen.
5. Ein RGBD-Sensor ist eine Kamera, die die Entfernung zu Objekten schätzen kann.
6. Mikrofone mit Kugelcharakteristik nehmen den Schall aus allen Richtungen auf.

Übung 8   Wie funktionieren Servomotoren?

Hobbyservos sind einfache Motoren, die man in billigen Robotern findet. Welche Aussagen sind richtig? Wählen Sie eine oder mehrere Optionen aus der folgenden Liste aus:

1. Die Position eines Servos wird durch das Tastverhältnis des Steuersignals gesteuert.
2. Die Geschwindigkeit eines Servos wird durch die Spannung gesteuert.
3. Der Servomotor ändert ständig seine Richtung, um die eingestellte Position zu halten.
4. Die Position und die Geschwindigkeit eines Servos werden durch Ein- und Ausschalten gesteuert.
5. Ein externer Positionssensor wird verwendet, um die Position des Servos zu kontrollieren.
6. Ein Servomotor hat zwei Ausgangsachsen.

Übung 9   Finger

Schauen Sie sich Ihren Zeigefinger an. Wie viele Freiheitsgrade hat er?

Übung 10   Grad der Freiheit

Wie viele Freiheitsgrade muss ein Roboter mindestens haben, um jede Stelle in einem Raum anzufahren?

Übung 11   Greifen Sie zu

Wie viele Freiheitsgrade muss ein Roboterarm mindestens haben, um ein Objekt in Reichweite aus einer beliebigen Richtung zu greifen?

Übung 12   Linearantriebe

Welche Art von Linearantrieben wird häufig in sozialen Robotern verwendet? Wählen Sie eine der folgenden Optionen aus:

1. hydraulischer Aktuator

2. pneumatischer Aktuator

3. aquatischer Aktuator

4. bimorpher Aktuator

Übung 13   Kontrollmodell

Welches Modell wird normalerweise zur Steuerung eines Roboters verwendet?

1. Handeln → Denken → Spüren

2. Spüren → Denken → Handeln

3. Spüren → Handeln → Denken

Übung 14   Middleware

Was davon ist keine Middleware? Wählen Sie eine oder mehrere Optionen aus der folgenden Liste aus:

1. Windows

2. Linux

3. ROS (Roboter-Betriebssystem)

Übung 15   Middleware-Funktionen

Bei dieser Frage geht es um Roboter-Middleware, wie z.B. ROS. Welche Aussagen sind zutreffend? Wählen Sie eine oder mehrere Optionen aus der folgenden Liste aus:

1. Middleware bietet grundlegende Funktionen für den Zugriff auf Hardware, wie z.B. Zugriff auf Speicher oder IO-Port.

2. Unterschiedliche Hardware (z.B. Sonar und LiDAR) kann austauschbar verwenden.

3. Middleware bietet automatische Erstellung von Code zur Realisierung der Mensch-Roboter-Interaktion ohne explizite Kodierung.

4. Middleware bietet standardisierte Umgebungen für Programmierer zur gemeinsamen Nutzung und Wiederverwendung ihrer Module.

5. Middleware hilft Programmierern zu visualisieren, was zwischen Modulen kommuniziert wird.

Übung 16   Maschinelles Lernen

Stellen Sie sich vor, Sie wollen mithilfe von Deep Learning einen Klassifikator erstellen, der z. B. erkennt, ob eine Person auf einem Kamerabild zu sehen ist oder nicht. Welche Aussagen sind wahr? Wählen Sie eine oder mehrere Optionen aus der folgenden Liste aus:

1. Wenn wir die Qualität der Daten aufrechterhalten können, werden mehr Daten zu einer besseren Leistung führen.

2. Dank Deep Learning können wir einen Klassifikator von Grund auf mit einer geringen Datenmenge trainieren.

3. Dank Deep Learning müssen wir die Merkmale nicht von Hand erstellen. Wir können direkt Rohbilddaten verwenden.

4. Dank Deep Learning müssen wir keine Labels bereitstellen. Wir können den Daten zufällige Bezeichnungen zuweisen, um mit dem Training zu beginnen.

5. Wir müssen uns nicht um die Topologie des neuronalen Netzes kümmern. Alles wie DNN, CNN, RNN oder Transformer kann für diese einfache Bildklassifizierungsaufgabe gewählt werden, solange es sich um Deep Learning handelt.

Übung 17   Roboter, die mit Menschen arbeiten

Sehen Sie sich dieses Video an und beantworten Sie dann die folgende Frage.

Andrea Thomaz, „Die nächste Grenze der Robotik: Soziale, kollaborative Roboter", siehe *https://youtu.be/O1ZhWv84eWE*

Thomaz demonstriert einen Roboter, der mit Menschen in alltäglichen Umgebungen zusammenarbeiten soll. Beschreiben Sie anhand des Roboters von Thomaz, über welche technischen Komponenten und Fähigkeiten er verfügt, die es ihm ermöglichen, mit Menschen zu interagieren. Welche verschiedenen sozialen Signale verwendet der Roboter, und wie arbeiten seine Komponenten zusammen, um diese Signale im Laufe einer Interaktion zu erzeugen? Die Beschreibung muss nicht ins Detail gehen, aber beschreiben Sie, wie Ihrer Meinung nach die verschiedenen Komponenten (z. B. Blick, Manipulation, Bewegung im Raum) bei diesen Interaktionen zusammenwirken.

Weiterführende Literatur

- Grundlagen der KI: Stuart Russell und Peter Norvig. Künstliche Intelligenz: Ein moderner Ansatz. Pearson, Hallbergmoos 2012.
- Aktuelles Maschinelles Lernen: Ian Goodfellow, Yoshua Bengio, und Aaron Courville. Deep Learning. Das umfassende Handbuch. mitp, Frechen 2018
- Grundlagen der Robotik: Maja J. Matarić. The robotics primer. MIT Press, Cambridge, MA 2007.
- Verschiedene Themen der Robotik: Bruno Siciliano und Oussama Khatib. Springer Handbook of Robotics. Springer, Berlin 2016.

4 Design

Was in diesem Kapitel behandelt wird

- Wie ein gut konstruierter Roboter die Interaktion auf die nächste Ebene heben kann (physikalisches Design).
- Wie Menschen Roboter nicht als eine Konstruktion aus Plastik, Elektronik und Code, sondern als menschenähnliche Wesen (Anthropomorphismus) behandeln.
- Wie sich die HRI-Forschung auf psychologische Theorien wie den Anthropomorphismus stützt, um die Interaktion von Menschen mit Robotern zu gestalten und zu untersuchen.
- Designmethoden und Prototyping-Tools für die Verwendung in der Mensch-Roboter-Interaktion.

Wie wird aus einem Haufen von Drähten, Motoren, Sensoren und Mikrocontrollern ein Roboter, mit dem Menschen interagieren wollen? Auch wenn es wie Zauberei klingt, liegt der Trick, Metall und Plastik in einen sozialen Interaktionspartner zu verwandeln, im iterativen und interdisziplinären Prozess des Roboterdesigns. In diesem Kapitel werden zunächst einige allgemeine Designprinzipien und -überlegungen erörtert (Abschnitt 4.1), bevor in Abschnitt 4.2 speziell auf das anthropomorphe Design eingegangen wird. In Abschnitt 4.3 werden verschiedene Entwurfsmethoden erörtert, während Abschnitt 4.4 die verschiedenen Ansätze zum Testen und Prototyping des von Ihnen entwickelten Entwurfs behandelt. Der Einfluss von Kultur auf die Gestaltung von HRI wird in Abschnitt 4.5 erörtert, während Abschnitt 4.6 mit der Hervorhebung ethischer und philosophischer Überlegungen, die bei der Gestaltung eines Roboters ins Spiel kommen, dieses Kapitel abschließt.

Die Entwicklung von Robotern, die fähig sind, mit Menschen zu interagieren, stellt eine Herausforderung für die bisherige Art und Weise der Gestaltung von Robotern dar. Häufig werden Roboter von Ingenieuren entwickelt und ihre Interaktionsfähigkeiten dann von Sozialwissenschaftlern getestet. Dieser Designprozess beginnt im Inneren und baut sich nach außen hin auf – zuerst werden technische Probleme gelöst und dann das Aussehen und Verhalten des Roboters entsprechend gestaltet. Zum Beispiel könnte eine mobile Plattform wie ein TurtleBot (siehe Bild 4.1) als Ausgangspunkt dienen und mit den gewünschten Sensoren und Aktoren ausgestattet werden.

Bild 4.1
Eine TurtleBot2-Plattform (2012 – heute)
(Quelle: Yujin Robot)

Wenn es die Zeit erlaubt, könnte ein Gehäuse entworfen werden, das die gesamte Technik verdeckt. Das Aussehen des Roboters und seine spezifischen Fähigkeiten zur sozialen Interaktion müssen dann auf dieser technischen Infrastruktur aufgebaut werden. Diese beim Bau von Robotern übliche Vorgehensweise wird auch als „Frankenstein-Ansatz" bezeichnet. Dabei nehmen wir jede verfügbare Technologie und setzen sie zusammen, um eine Reihe spezifischer Roboterfunktionen zu erhalten. Ein solcher Ansatz ist natürlich suboptimal, da er in der Regel keine menschenzentrierte Perspektive berücksichtigt, die auch die Auswirkungen des Kontexts und des geplanten Anwendungsfalls einbezieht.

Bild 4.2
Robovie-MR2 (2010) ist ein humanoider Roboter,
der über ein Mobiltelefon gesteuert wird

Daher ist es wichtig, eine rein technologische Entwicklungsperspektive durch ganzheitlichere Ansätze für die Roboterentwicklung zu ergänzen. Das bedeutet, dass es wichtig ist, die Bedürfnisse, Werte und Vorlieben der potenziellen Interessengruppen und Endnutzer bereits in einem frühen Stadium des Entwurfsprozesses zu berücksichtigen. Es kommt darauf an, wo und zu welchem Zweck diese Endnutzer den Roboter einsetzen. Auf der Grundlage der Merkmale der Nutzer und des Verwendungskontextes kann dann über spezifische Merkmale des Roboterdesigns entschieden werden, wie z. B. Aussehen, Interaktionsmodalitäten und Grad der Autonomie. Man könnte dies eher als „Outside-in"-Modus der Roboterentwicklung bezeichnen, bei der dem Entwurfsprozess von der Interaktion ausgeht, die wir von dem Roboter erwarten und die seine äußere Form und sein Verhalten bestimmen wird. Sobald das Design feststeht, arbeiten wir die gesamte Technologie in das Design ein. Viele kommerzielle Sozialroboter werden, zumindest bis zu einem gewissen Grad, von „außen nach innen" entworfen – unter Berücksichtigung der Nutzer und der Art und Weise, wie sie mit einer Person interagieren könnten, und der Auswahl oder sogar Entwicklung entsprechender Technologien. Hondas Asimo zum Beispiel wurde in seiner Größe so gewählt, dass er auf die Nutzer nicht einschüchternd wirkt. Pepper wurde ursprünglich für die Interaktion mit Ladenbesuchern in Japan entwickelt und verfügt über eine klappbare Taille, durch die er Nutzer mit einer Verbeugung begrüßen kann. Der robbenartige Roboter Paro sollte zu einer haustierähnlichen Interaktion anregen und hatte ursprünglich die Form einer Katze, wurde dann aber in eine Robbe umgewandelt, um die Kritik der Nutzer zu berücksichtigen, die mit dem Verhalten echter Katzen vertraut waren. Zwischenzeitlich besaß er auch Räder, um sich auf dem Boden bewegen zu können. Diese wurden jedoch entfernt, da die älteren Menschen, die seine Hauptnutzer waren, oft in ihrer Mobilität eingeschränkt waren.

Designer sind darin geschult, auf diese Weise an die Gestaltung von Artefakten heranzugehen (siehe Bild 4.3 für ein Beispiel), und sie sind in der Lage, wertvolle Beiträge zu leisten (Schonenberg und Bartneck, 2010). Ihr Beitrag beschränkt sich nicht nur auf die Ästhetik des Roboters, sondern sie haben auch die Fähigkeit, Roboter zu entwerfen, die zum Nachdenken anregen und unser Verständnis der Rollen von Menschen und Robotern herausfordern.

Diese Form des Roboterdesigns erfordert häufig die Einbeziehung von Fachwissen aus mehreren Disziplinen – so können Designer beispielsweise an der Entwicklung spezifischer Konzepte für das Design arbeiten, Sozialwissenschaftler können explorative Studien durchführen, um etwas über die potenziellen Nutzer und den Nutzungskontext zu erfahren, und Ingenieure und Informatiker müssen mit den Entwicklern kommunizieren, um herauszufinden, wie bestimmte Designideen realistisch in funktionierende Technologie umgesetzt werden können (Šabanović et al., 2014). HRI-Design kann sich vorhandene Roboter zunutze machen, indem es für sie spezifische Verhaltensweisen oder Aufgaben entwirft, die zu bestimmten Anwendungen passen, oder es kann die Entwicklung neuer Roboterprototypen beinhalten, um die gewünschten Interaktionen zu unterstützen. In beiden Fällen bedient sich das HRI-Design sowohl der Vorteile bestehender Designmethoden und entwickelt neue Konzepte und Methoden, die sich speziell für die Entwicklung verkörperter interaktiver Artefakte (d. h. Roboter) eignen.

Bild 4.3 Mythische Roboter, die von außen nach innen entworfen wurden. Zuerst wurde die Form der Roboter modelliert, erst danach wurde die Technik eingebaut

■ 4.1 Gestaltung

4.1.1 Morphologie und Form des Roboters

Ein gängiger Ausgangspunkt für den Entwurf von HRI ist die Überlegung, was der Roboter tun soll. Es darüber diskutiert, ob die Form der Funktion folgt, d. h. ob die Form eines Objekts weitgehend durch seine beabsichtigte Funktion oder seinen Zweck bestimmt wird, oder ob das Gegenteil zutrifft. In der HRI sind Form und Funktion zwangsläufig miteinander verbunden und können daher nicht getrennt betrachtet werden.

Heutige HRI-Designer können zwischen mehreren verschiedenen Formen von Robotern wählen. Androiden und Humanoide ähneln dem Menschen äußerlich am meisten, müssen aber in Bezug auf ihre Fähigkeiten vielen Erwartungen gerecht werden. Zoomorphe Roboter haben die Form von Tieren, die uns vertraut sind (z. B. Katzen oder Hunde), oder von Tieren, die wir zwar kennen, mit denen wir aber normalerweise nicht interagieren (z. B. Dinosaurier oder Robben). HRI-Designer, die bestrebt sind, das Erscheinungsbild von Robotern ihren begrenzten Fähigkeiten entsprechend zu gestalten, entwerfen häufig auch minimalistische Roboter, welche die für eine inspirierende soziale HRI erforderlichen minimalen Anforderungen erfüllen, wie z. B. Muu (Bild 4.4, links) oder Keepon (Bild 4.4, Mitte). Der wohl minimalistischste Roboter ist der Busker-Roboter, der aus einem Paar animierter Sandalen auf einer Kiste besteht, vor der ein Schild mit der Aufschrift „Naked Invisible Guy" steht (Partridge und Bartneck, 2013) (Bild 4.4, rechts).

Bild 4.4 Zoomorphe und minimalistische Roboter: Muu (2001 – 2006), Keepon (2003 – heute) und der Naked Invisible Guy

Zeit kurzem hat der HRI-Bereich begonnen, „Robjekte", sprich interaktive Roboter-Artefakte in Betracht zu ziehen, deren Design eher auf Objekten als auf Lebewesen basiert, z. B. ein Roboter-Hocker (Sirkin et al., 2015), soziale Abfalleimer (siehe Bild 4.5) oder Roboter-Spielzeugkisten (Fink et al., 2014). Da der Gestaltungsspielraum von Robotern relativ groß ist und Fragen zu Form, Funktion, Grad der Autonomie, Interaktionsmodalitäten und deren Übereinstimmung mit bestimmten Nutzern und Kontexten berücksichtigt, besteht ein wichtiger Aspekt der Gestaltung darin, herauszufinden, wie man angemessene Entscheidungen zu diesen verschiedenen Gestaltungsaspekten treffen kann.

Bild 4.5 Soziale Abfalleimer-Roboter sind ein Beispiel für Robjekte – Roboterobjekte mit Interaktionsmöglichkeiten (Quelle: Michio Okada)

4.1.2 Aktionspotenziale

Die Idee der Aktionspotenziale (engl. „affordances") ist ein wichtiges Konzept im Design. Dieser Begriff wurde ursprünglich als Konzept in der ökologischen Psychologie entwickelt (Gibson, 2014), wo er sich auf die inhärente Beziehung zwischen einem Organismus und seiner Umgebung bezog. Ein Stein zum Beispiel kann von uns aufgehoben und geworfen werden, einer Maus kann er aber als Versteck dienen. Der Stein „ermöglicht" verschiedene Interaktionen. Dieses Konzept wurde von Don Norman (Norman, 2008) erweitert, um die möglichen Beziehungen zwischen einem Organismus und seiner Umwelt zu beschreiben, die bestimmte Handlungen ermöglichen (z. B. kann man auf einem Stuhl sitzen, ihn aber auch als Tritt nutzen).

Ein Designer muss ein Produkt entwerfen und dabei sein Aktionspotenzial deutlich machen. Darüber hinaus muss er die Erwartungen der Nutzer und kulturelle Wahrnehmungen einbeziehen. Für Norman sind diese „Design-Aktionspotenziale" auch eine wichtige Möglichkeit, eine gemeinsame Grundlage zwischen Robotern und Menschen zu entwickeln, damit die Menschen die Fähigkeiten und Grenzen des Roboters verstehen und ihre Interaktion entsprechend anpassen können. Das Aussehen eines Roboters ist eine wichtige Eigenschaft, da Menschen dazu neigen, davon auszugehen, dass die Fähigkeiten und Aussehen des Roboters miteinander übereinstimmen. Wenn ein Roboter wie ein Mensch aussieht, wird erwartet, dass er sich auch wie ein Mensch verhält; wenn er Augen hat, sollte er sehen können; wenn er Arme hat, sollte er in der Lage sein, Dinge aufzuheben und vielleicht auch die Hand zu geben. Ein weiteres Aktionspotenzial können die Interaktionsmodalitäten des Roboters sein. Wenn ein Roboter z. B. spricht und „Hallo" sagt, erwarten Menschen in der Regel, dass er auch menschliche Sprache versteht und ein Gespräch führen kann. Wenn er Gefühle durch Gesichtsausdrücke ausdrückt, erwarten sie vielleicht, dass er ihre Gefühle lesen kann. Andere Roboterfähigkeiten können auf technischen Fähigkeiten beruhen; wenn er beispielsweise einen Touchscreen am Körper hat, erwarten die Menschen vielleicht, dass sie über den Touchscreen mit dem Roboter interagieren können. Da Roboter neuartige Interaktionspartner sind, sind die von den Designern genutzten Aktionspotenziale besonders wichtig, um eine angemessene Art der Interaktion mit ihnen zu signalisieren.

4.1.3 Entwurfsmuster

Da der Schwerpunkt von HRI auf der Beziehung zwischen Menschen und Robotern liegt, besteht die Aufgabe des HRI-Designs nicht nur in der Entwicklung einer Roboterplattform, sondern auch darin, in bestimmte Interaktionen zwischen Menschen und Robotern in verschiedenen sozialen Kontexten zu gestalten und ermöglichen. Dies legt nahe, dass die wichtigsten zu berücksichtigenden Gestaltungseinheiten nicht nur die Eigenschaften einzelner Roboter sind (z. B. Aussehen, Wahrnehmungsfähigkeit oder Betätigung), sondern auch das, was Peter Kahn in Anlehnung an Christopher Alexanders Idee von Gestaltungsmustern in der Architektur (Kahn et al., 2008) als „Gestaltungsmuster" in der HRI bezeichnet. Solche Muster beschreiben „ein Problem, das in unserer Umgebung immer wieder auftritt, und beschreiben dann den Kern der Lösung für dieses Problem, und zwar so, dass man diese Lösung millionenfach verwenden kann, ohne es jemals zweimal auf die gleiche Weise zu tun" (Alexander, 1977, S. XXX).

In der HRI schlagen Kahn et al. (2008) vor, dass Muster so abstrakt sein sollten, dass es mehrere verschiedene Instanzen geben kann, dass sie kombiniert werden können, dass weniger komplexe Muster in komplexere Muster integriert werden können und dass sie dazu dienen, Interaktionen mit der sozialen und physischen Welt zu beschreiben. Beispielsweise könnte das didaktische Kommunikationsmuster (bei dem der Roboter die Rolle eines Lehrers übernimmt) mit einem Bewegungsmuster (bei dem der Roboter eine Bewegung initiiert und diese mit dem menschlichen Gegenstück der Interaktion abgleicht) kombiniert werden, um einen Roboter-Reiseführer zu erschaffen. Kahn et al. schlagen vor, dass HRI-Entwurfsmuster auf der Grundlage von Beobachtungen menschlicher Interaktionen, vorherigem empirischem Wissen über Menschen und Roboter und den Erfahrungen der Designer mit HRI in einem iterativen Entwurfsprozess entwickelt werden können. Einige Muster, die sie entwickelt und in ihren Entwürfen verwendet haben, sind Dinge wie „sich bei jemanden vorstellen" oder „sich gemeinsam bewegen", wobei sich der Roboter zusammen mit dem Menschen bewegt. Obwohl die von Kahn et al. entwickelten Gestaltungsmuster keinen Anspruch auf Vollständigkeit erheben, betonen sie die Idee, dass sich die Gestaltung auf die Beziehung zwischen Mensch und Roboter konzentrieren sollte.

4.1.4 Gestaltungsprinzipien für die Mensch-Roboter-Interaktion

Kombiniert man die beiden Ideen von Design-Aktionspotenzialen und Designmustern im Prozess des HRI-Designs, stehen die üblichen Designtypen, in die Roboter eingeteilt werden können, wie Androiden und Humanoide, zoomorphe Roboter, minimalistisch gestaltete Roboter oder Robjekte, nicht mehr im Mittelpunkt des Designs oder der Frage. Stattdessen überlegen die Designer, wie verschiedene Roboterformen und -fähigkeiten in bestimmte HRI-Designmuster passen oder diese ausdrücken und wie sie als Aktionspotenziale, die Interaktionsfähigkeiten und den Zweck des Roboters angemessen signalisieren, gestaltet werden können. Vor diesem Hintergrund haben HRI-Forscher einige der folgenden Grundsätze vorgeschlagen, die bei der Entwicklung geeigneter Roboterformen, -muster und -fähigkeiten für das HRI-Design berücksichtigt werden sollten.

Anpassung an die Form und Funktion des Designs: Wenn Ihr Roboter menschenähnlich ist, werden die Menschen erwarten, dass er wie ein Mensch spricht, denkt und handelt. Wenn dies für den Zweck des Roboters nicht notwendig ist, wie z. B. bei Reinigungsarbeiten, ist es vielleicht besser, ein weniger anthropomorphes Design zu wählen. Wenn er Augen hat, wird man erwarten, dass er sehen kann; wenn er spricht, wird man erwarten, dass er zuhören kann. So haben Forscher beispielsweise gezeigt, dass die Menschen von einem weiblichen Roboter erwarten, dass er sich besser mit Dating auskennt, oder dass ein in China hergestellter Roboter mehr über die Reiseziele in diesem Land weiß (Powers et al., 2005; Lee et al., 2005).

Wenig versprechen und viel erfüllen: Wenn die Erwartungen der Menschen durch das Aussehen eines Roboters oder durch die Vorstellung des Roboters als intelligent oder begleitend geweckt werden und diese Erwartungen durch seine Funktionalität nicht erfüllt werden, sind die Menschen offensichtlich enttäuscht und werden den Roboter negativ bewerten. Manchmal können diese negativen Bewertungen so schwerwiegend sein, dass sie die Interaktion beeinträchtigen. Um solche Probleme zu vermeiden, ist es besser, die Erwartungen der Menschen an Roboter zu verringern (Paepcke und Takayama, 2010), die möglicherweise durch die Darstellung von Robotern in der Gesellschaft verstärkt wurden, wie im Kapitel „Roboter in der Gesellschaft" beschrieben (siehe Kapitel 12). Dazu könnte auch gehören, dass Sie Ihren Entwurf nicht als Roboter bezeichnen, da das Wort selbst in der Öffentlichkeit oft mit sehr fortschrittlichen Fähigkeiten assoziiert wird.

Interaktion erweitert die Funktion: Wenn Menschen mit einem Roboter konfrontiert werden, füllen sie offengelassen Aspekte des Designs, je nach ihren Werten, Überzeugungen, Bedürfnissen usw. aus. Insbesondere bei Robotern mit begrenzten Fähigkeiten kann es daher sinnvoll sein, sie mit einem offenen Konzept zu entwerfen. Dies ermöglicht es den Menschen, das Design auf unterschiedliche

Weise zu interpretieren. Ein derartig offener Designansatz hat sich zum Beispiel bei dem robbenähnlichen Roboter Paro (siehe Bild 2.8) bewährt. Dieser Robbenbaby-Roboter weckt Assoziationen mit Haustieren, die Menschen hatten, aber er wird auch nicht mit Tieren verglichen, die sie kennen, wie Katzen und Hunde, was unweigerlich zu Enttäuschungen führen würde. Infolgedessen wird Paro zu einem natürlichen Teil der Interaktionen mit den Menschen und geht als haustierähnlicher Charakter durch, obwohl seine Fähigkeiten deutlich unter denen eines typischen Haustieres oder eines echten Robbenbabys liegen (Šabanović und Chang, 2016).

Keine Metaphern mischen: Das Design sollte ganzheitlich angegangen werden – die Fähigkeiten des Roboters, sein Verhalten, die Möglichkeiten der Interaktion usw. sollten alle aufeinander abgestimmt sein. Wenn Sie einen menschenähnlichen Roboter entwerfen, könnten die Menschen es als störend empfinden, wenn die mechanischen Teile des Roboters nur partiell verdeckt sind. Wenn der Roboter ein Tier ist, kann es auch seltsam sein, wenn er wie ein erwachsener Mensch spricht oder versucht, Ihnen Mathematik beizubringen. Dies hängt mit dem Uncanny Valley (siehe S. 88) zusammen, denn unangemessen angepasste Fähigkeiten, Verhaltensweisen und Aussehen führen oft dazu, dass Menschen einen negativen Eindruck vom Roboter haben.

 Sehen Sie sich die beiden Teile von Bild 4.6 an. Was empfinden Sie dabei? Obwohl diese beiden Androiden-Darstellungen des Science-Fiction-Autors Philip K. Dick vielleicht etwas seltsam und unheimlich sind, vermischt die linke Darstellung, die unfertig wirkt und die Schattenseiten des Roboters zeigt, auch Design-Metaphern – der Roboter ist sowohl menschlich als auch maschinenartig, was ihn noch verstörender macht.

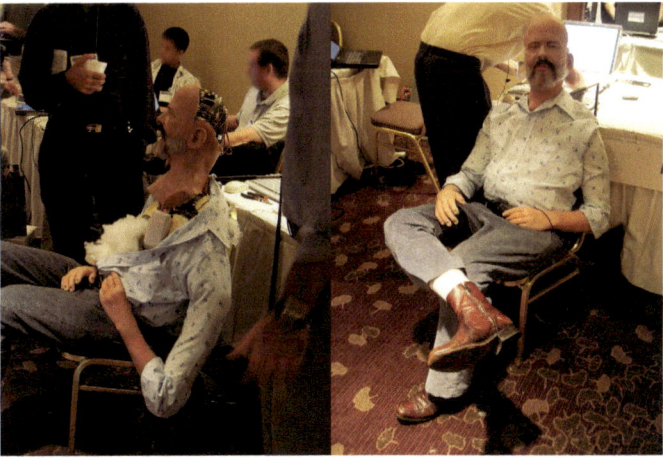

Bild 4.6 Philippe K. Dick-Roboter (2005; umgebaut in 2010)

Wie Kahns Designmuster sind diese Designprinzipien nicht endgültig, sondern sollen anregen, darüber nachzudenken, wie man HRI so gestalten kann, dass die Interdependenz zwischen den Fähigkeiten von Menschen und Robotern, die Notwendigkeit, dass die Interaktionspartner sich gegenseitig verstehen und unterstützen, und die Auswirkungen des Interaktionskontexts auf den Erfolg der Interaktion anerkannt und berücksichtigt werden.

■ 4.2 Anthropomorphisierung

Haben Sie sich schon einmal dabei ertappt, wie Sie Ihren Computer anschreien, weil er plötzlich abstürzt, während Sie an einem Aufsatz arbeiten, der in wenigen Stunden fällig? Sie bitten den Computer eindringlich, den Aufsatz nach dem Neustart wiederherzustellen, und berühren sanft die Maus, nachdem Sie festgestellt haben, dass die Datei tatsächlich wieder da ist und Sie fortfahren können. Die Datei wird wieder geöffnet und Sie können fortfahren. Sie seufzen erleichtert auf, denn „Genie" – so nennen Sie Ihren Computer, wenn niemand in Hörweite ist – hat Sie nicht im Stich gelassen. Tatsächlich ist das, was Sie sich jetzt vorgestellt haben, ein gewöhnliches Szenario, in dem ein Mensch ein Objekt vermenschlicht, d. h. es anthropomorphisiert. Was für ein Zungenbrecher. Aber worum geht es eigentlich?

Anthropomorphisierung ist die Zuschreibung menschlicher Eigenschaften, Gefühle oder Absichten an nichtmenschliche Wesen. Der Begriff leitet sich von anthropos (griech. „menschlich") und morphe (griech. „Form") ab und bezieht sich auf die Wahrnehmung menschlicher Eigenschaften in nichtmenschlichen Objekten. Wir alle erleben Anthropomorphismus in unserem täglichen Leben. „Mein Computer hasst mich!"; „Chuck (das Auto) geht es in letzter Zeit nicht so gut"; „Diese Reibe sieht aus, als hätte sie Augen" – Sie haben das Gefühl schon einmal gehört oder geäußert. Letzteres ist ein spezielles Beispiel für Anthropomorphisierung, die sogenannte Pareidolie, bei der man in zufälligen Mustern oder alltäglichen Objekten menschenähnliche Merkmale sieht. Als die Raumsonde Viking 1 am 25. Juli 1976 ein Foto des Cydonia-Gebiets auf dem Mars machte, erkannten viele Menschen ein Gesicht auf der Marsoberfläche, was zu zahlreichen Spekulationen über die Existenz von Leben auf dem Mars führte (siehe Bild 4.7). Die National Aeronautics and Space Administration (NASA) schickte ihren Mars Global Surveyor im Jahr 2001 an genau dieselbe Stelle, um Fotos mit höherer Auflösung und unter anderen Lichtverhältnissen zu machen, die zeigten, dass die 1976 fotografierte Struktur mit Sicherheit kein menschliches Gesicht ist.

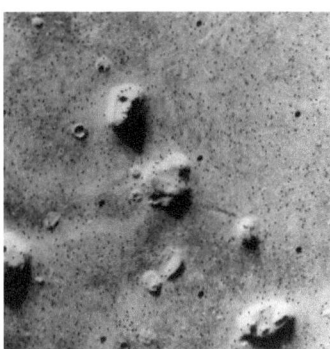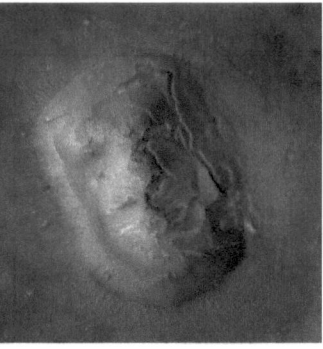

Bild 4.7 Das Gesicht auf dem Mars ist ein Beispiel für Pareidolie. Links ist das Foto aus dem Jahr 1976 zu sehen, rechts die gleiche Struktur, aufgenommen im Jahr 2001 (Quelle: NASA/JPL, NASA/JPL/MSSS)

Wir werden die Anthropomorphisierung und Anthropomorphismus als Fallstudie für ein spezifisches Designthema in der HRI, das technische Entwicklung, psychologische Studien und Design umfasst, um soziale HRI zu ermöglichen, im Detail diskutieren. Der Grad der Menschenähnlichkeit eines Roboters ist eine der wichtigsten Designentscheidungen, die Roboterentwickler berücksichtigen müssen, da er nicht nur das Aussehen des Roboters beeinflusst, sondern auch die Funktionalität, die er bieten muss, und die sozialen Wahrnehmungen, die durch Form und Funktion hervorgerufen werden. In Kapitel 8 werden wir tiefer einsteigen in die psychologischen Theorien, die dem Anthropomorphismus zugrunde liegen, und die Folgen für die Eindrucksbildung.

4.2.1 Zuschreibung menschenähnlicher Eigenschaften an Roboter

Die angeborene Veranlagung der Menschen, die Dinge um sie herum zu vermenschlichen, ist zu einem häufigen Design-Aktionspotenzial für HRI geworden. Bei anthropomorphen Design werden Roboter so konstruiert, dass sie bestimmte menschenähnliche Merkmale aufweisen, wie z. B. Aussehen, Verhalten oder bestimmte soziale Signale, die Menschen dazu anregen, sie als soziale Akteure zu betrachten. In einem Extremfall werden Androiden so menschenähnlich wie möglich gestaltet; einige wurden als exakte Nachbildung von Menschen entworfen, wie eine bewegliche Madame Tussaud's Wachsfigur (siehe z. B. Geminoid in Bild 4.8), oder als Darstellungen aggregierter menschlicher Merkmale (z. B. Kokoro, ganz rechts in Bild 4.9). Humanoide Roboter verwenden in ihren anthropomorphen Entwürfen eine abstraktere Vorstellung von der Ähnlichkeit mit dem Menschen. Asimo (zweiter von rechts in Bild 4.9) zum Beispiel hat eine menschliche Körperform (zwei

Arme und Beine, ein Rumpf und ein Kopf) und Proportionen, aber er hat keine Augen. Sein Kopf ähnelt vielmehr dem Helm eines Astronauten. Nao (Bild 4.9, Mitte) hat ebenfalls einen menschenähnlichen Körper sowie zwei LED-Augen, die ihre Farbe ändern können, um verschiedene Gesichtsausdrücke darzustellen, aber keinen Mund. Einige andere Humanoide, wie Robovie, Wakamaru (zweiter von links in Bild 4.9) und Pepper, sind nicht zweibeinig, sondern haben Arme und einen Kopf mit zwei Augen.

Bild 4.8 Geminoid HI 4 Roboter (2013), ein Nachbau von Hiroshi Ishiguro (Quelle: Hiroshi Ishiguro)

Bild 4.9 Wir vermenschlichen gerne alle Arten von Robotern, deren Erscheinungsbild von minimalistisch bis ununterscheidbar von der menschlichen Gestalt reicht. Von links nach rechts: Keepon, Wakamaru (2005 – 2008), Nao (2008 – heute), Asimo (2000 – 2018) und Kokoros Actroid (2003 – heute)

Nicht-humanoide Roboter können jedoch auch anthropomorphe Merkmale aufweisen. Der minimalistische Roboter Keepon (Bild 4.9, ganz links) hat zwei Augen und einen symmetrischen Körper, und zeigt ebenfalls Verhaltensweisen für Aufmerksamkeit und Affekt, die eine Anthropomorphisierung hervorrufen können.

Der Prototyp des selbstfahrenden Autos von Google hat ein fast cartoonhaftes Aussehen, mit seinen großflächigen Scheinwerfern und einer Knopfnase, die ein anthropomorphes Erscheinungsbild suggerieren. Festerling und Siraj (2022) diskutierten ebenfalls die Rolle der Anthropomorphisierung für digitale Sprachassistenten.

Menschenähnlichkeit ist für Animationsdesigner schon seit geraumer Zeit von zentraler Bedeutung und hat erst in jüngster Zeit das Interesse von Sozialpsychologen geweckt. Disneys Illusion of Life (Thomas et al., 1995) hat mehrere Roboterprojekte inspiriert, wie z. B. Tofu von Wistort und Breazeal, der die Animationsprinzipien „Squash" und „Stretch" anwendet (Wistort und Breazeal, 2009), und die Arbeit von Takayama et al. mit dem PR-2, bei der Animationen eingesetzt werden, um dem Roboter scheinbare Ziele, Absichten und angemessene Reaktionen auf Ereignisse zu geben (Takayama et al., 2011). Animationsprinzipien wie Erwartung und übertriebene Interaktion wurden auch bei der Entwicklung von Robotern angewandt, z. B. bei Guy Hoffmans Marimba-Spieler (Hoffman und Weinberg, 2010) und Musikbegleiter-Robotern (Hoffman und Vanunu, 2013). Das Honda-Forschungsinstitut hat den Bewegungsablauf seines Roboters Haru (Bild 4.10) auf emotionale Handlungen von menschlichen Darstellern gestützt. Diese anthropomorphen Entwürfe nutzen nicht nur Erscheinung und Form, sondern auch das Verhalten gegenüber der Umgebung und anderer Akteure, um Zuschreibungen von Menschlichkeit hervorzurufen.

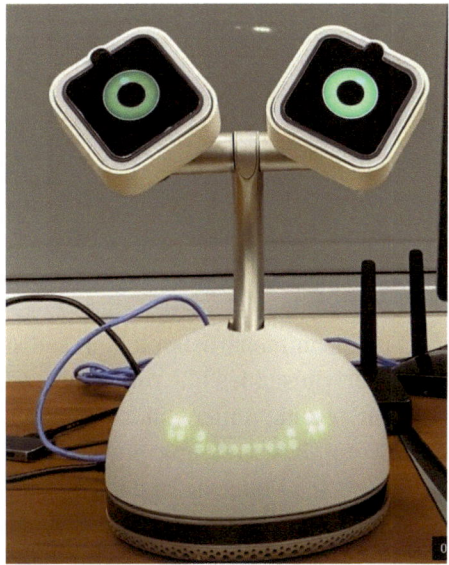

Bild 4.10
Der Haru-Roboter des Honda-
Forschungsinstituts

Menschenähnlichkeit im Roboterdesign umfasst Faktoren, die sich auf Form und Aussehen sowie auf das Verhalten beziehen, und kann auch zur Zuschreibung von Merkmalen führen (z. B. Emotionen, Absichten, geistige Wahrnehmungen), die nicht direkt ersichtlich sind. Letzteres wird als psychologischer Anthropomorphismus bezeichnet (Epley et al., 2007). Wir behandeln dieses Thema ausführlicher in Kapitel 8.

Das „Uncanny Valley"

Mori (1970) machte eine Vorhersage über die Beziehung zwischen der Menschenähnlichkeit von Robotern und ihrer Sympathie (siehe Bild 4.11). Je menschenähnlicher die Roboter werden, desto sympathischer werden sie, bis zu einem Punkt, an dem sie kaum noch von Menschen zu unterscheiden sind, woraufhin ihre Sympathiewerte drastisch sinken. Dieser Effekt wird durch die Fähigkeit des Roboters, sich zu bewegen, noch verstärkt.

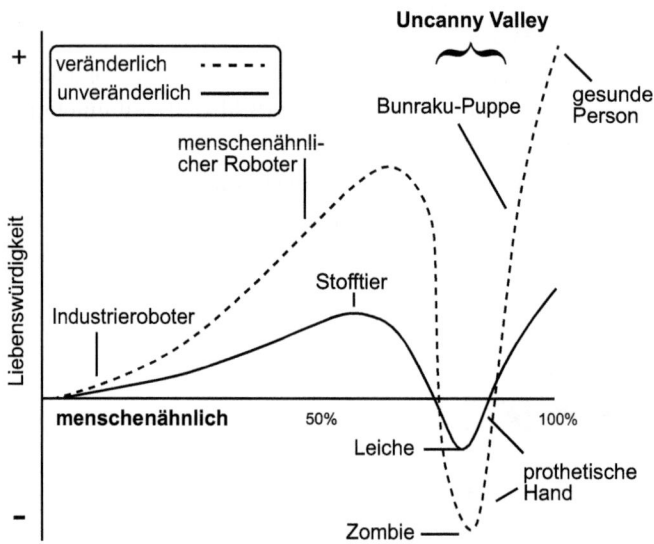

Bild 4.11 Moris „Uncanny Valley"-Theorie

Mori et al. (2012) übersetzten die Originalarbeit in Zusammenarbeit mit Mori selbst ins Englische. Es ist wichtig, anzumerken, dass Mori diese Idee nur vorschlug und nie empirische Arbeiten durchführte, um sie zu testen. Außerdem verwendete Mori den japanischen Begriff „shinwa-kan" für die Beschreibung eines seiner Schlüsselkonzepte. Die Übersetzung dieses Konzepts ins Deutsche ist nach wie vor schwierig – es wurde mit Sympathie, Vertrautheit und Affinität übersetzt. Andere Forscher sind das Problem angegangen, indem sie die Teilnehmer stattdessen nach der Unheimlichkeit des Roboters gefragt haben.

Leider wird Moris Theorie zur Erklärung vieler Phänomene verwendet und missbraucht, ohne eine angemessene Rechtfertigung oder empirische Absicherung. Beispielsweise, um zu erklären, warum bestimmte Roboter als unangenehm wahrgenommen werden, ohne die genaue Beziehung zwischen den Merkmalen des jeweiligen Roboters und seiner Sympathie zu untersuchen. Anthropomorphismus ist ein mehrdimensionales Konzept, dessen Reduzierung auf nur eine Dimension der Realität nicht gerecht wird. Je menschenähnlicher die Roboter werden, desto größer ist das Risiko, dass ein bestimmter Aspekt ihres Aussehens oder Verhaltens falsch verstanden wird und dadurch die Sympathie sinkt (Moore, 2012). Eine einfache mögliche Erklärung dafür, warum menschenähnliche Roboter weniger beliebt sind als z.B. Spielzeugroboter, ist, dass die Schwierigkeit, einen Roboter so zu entwerfen, dass er die Erwartungen der Nutzer erfüllt, mit seiner Komplexität zunimmt.

4.2.2 Design eines menschenähnlichen Erscheinungsbildes

Roboterdesigner können das menschenähnliche Aussehen als eine Eigenschaft des Roboters selbst betrachten, während Sozialwissenschaftler Anthropomorphismus als etwas ansehen, das ein Mensch dem Roboter zuschreibt. Betrachtet man beides zusammen, so wird deutlich, dass es bei Anthropomorphismus um die Beziehung zwischen dem Design und den Funktionen von Robotern und der Wahrnehmung von Robotern durch die Menschen geht.

Designansatz

Um anthropomorphe Rückschlüsse zu ziehen, können Roboterdesigner neben vielen anderen Aspekten auch die Dimensionen des Roboteraussehens und -verhaltens berücksichtigen. Indem sie diese Aspekte ausnutzen, können sie erreichen, dass der Roboter als mehr oder weniger menschenähnlich wahrgenommen wird.

Erscheinungsbild des Roboters

Für die grafische Darstellung eines Menschen reichen oft nur ein paar Striche auf einem Blatt Papier aus. In gleicher Weise kann der Anthropomorphismus bei Robotern sehr einfach sein: Zwei Punkte, die Augen darstellen, und eine einfache Nase oder ein Mund reichen aus, um den Roboter menschlich erscheinen zu lassen. Dies kann durch das Hinzufügen weiterer menschlicher Merkmale, wie Arme oder Beine, noch verstärkt werden, aber diese tragen nicht unbedingt zu einer weiteren Steigerung der Anthropomorphisierung bei. Obwohl es viele Gründe gibt, warum Roboter zunehmend menschenähnlich aussehen, kann eine Anthropomorphisierung mit nur einem Minimum an menschenähnlichen Merkmalen erreicht werden. Während Androiden das menschliche Aussehen in den meisten Fällen nachahmen, sind einfache Roboter wie Keepon und R2D2 bereits sehr effektiv darin, Menschen zur Anthropomorphisierung anzuregen. So haben viele Forschungsarbeiten dokumentiert, wie minimale Designhinweise ausreichen können, um eine menschenähnliche Wahrnehmung hervorzurufen.

Verhalten des Roboters

Ein zweiter Ansatz für zunehmende Anthropomorphisierung besteht darin, das Verhalten eines Artefakts so zu gestalten, dass die Menschen in seinem Verhalten menschenähnliche Züge wahrnehmen. Heider und Simmel (1944) zeigten, wie einfache geometrische Formen – Dreiecke und Kreise –, die sich vor einem weißen Hintergrund bewegen, Menschen dazu bringen, ihre Interaktionen in Begriffen zu beschreiben, die soziale Beziehungen (z. B. diese beiden sind Freunde; dieser ist der Angreifer) und menschenähnliche Gefühle und Motivationen (z. B. Wut, Angst, Eifersucht) beinhalten. Animateure verstehen, dass Bewegung und nicht die Form äußerst wirkungsvoll sein kann, um Gefühle und Absichten auszudrücken. Ein erstaunlich breites Spektrum an menschenähnlichem Ausdrucksverhalten kann allein durch Bewegung vermittelt werden, ohne dass eine menschenähnliche Form erforderlich ist.

 Der Punkt und die Linie: Eine Romanze in der Unterstufe der Mathematik ist ein zehnminütiger animierter Film von Chuck Jones, der auf einem kurzen Buch von Norton Juster basiert. Er erzählt die Geschichte der Liebesabenteuer eines Punktes, einer Linie und eines Schnörkels. Obwohl die visuellen Elemente minimal sind, kann der Zuschauer problemlos der Geschichte folgen. Es ist ein hervorragendes Beispiel dafür, wie Bewegung statt Form eingesetzt werden kann, um Charakter und Absicht zu vermitteln.

Konstrukteure und Designer können die Anthropomorphisierung aktiv fördern. Eine wirksame Methode besteht darin, die Reaktionsgeschwindigkeit des Roboters auf äußere Ereignisse zu erhöhen: Ein Roboter, der sofort auf Berührungen oder Geräusche reagiert, wird als anthropomorpher wahrgenommen. Ein solches reaktives Verhalten, bei dem der Roboter schnell auf äußere Ereignisse reagiert, ist ein einfacher Ansatz zur Steigerung der Anthropomorphisierung. Ein Roboter, der zusammenzuckt, wenn die Tür zuschlägt, oder der aufblickt, wenn er am Kopf berührt wird, vermittelt sofort, dass er lebendig und reaktionsfähig ist. Kontingenz, d. h. die Reaktion auf ein Verhalten, das dem Kontext der Interaktion angemessen ist, kann ebenfalls zur Verbesserung der Anthropomorphisierung eingesetzt werden. Wenn ein Roboter zum Beispiel eine Bewegung wahrnimmt, sollte er kurz in Richtung des Ursprungs der Bewegung schauen. Wenn das Ereignis – z. B. ein Baum, der sich im Wind wiegt – für den Roboter irrelevant ist, sollte er wieder wegschauen, aber wenn es relevant ist – z. B. ein Mensch, der dem Roboter zur Interaktion zuwinkt – sollte der Roboter seinen Blick beibehalten.

Obwohl die Entwickler von Robotern oft eine Kombination aus Form und Verhalten bevorzugen, um die Nutzer zur Anthropomorphisierung ihrer Roboter zu inspirieren, können bestimmte Robotertypen nur begrenzt menschenähnlich sein. Androiden, die praktisch identisch mit Menschen aussehen, sind in ihrem Verhaltensrepertoire technisch noch begrenzt. Andererseits stehen die Entwickler von Spielzeugrobotern oft unter dem Druck, die Hardware so günstig wie möglich zu machen, und entscheiden sich daher für eine effektive Kombination aus einfachen visuellen Merkmalen und reaktiven Verhaltensweisen. Es ist wichtig, auch die Erwartungen der Menschen zu berücksichtigen; je menschenähnlicher der Roboter erscheint, desto mehr erwarten die Menschen in Bezug auf menschenähnliche Kontingenz, Dialog und andere Eigenschaften.

Einfluss von Kontext, Kultur und Persönlichkeit

Die Wahrnehmung des anthropomorphen Roboterdesigns durch die Menschen wird häufig durch kontextbezogene Faktoren beeinflusst. Manche Menschen neigen eher dazu, Dinge in ihrer Umgebung zu anthropomorphisieren, was sich auf die Wahrnehmung von Robotern auswirken kann, wie frühere Untersuchungen gezeigt haben (Waytz et al., 2010). Auch die Demografie und der kulturelle Hintergrund einer Person können die Wahrscheinlichkeit einer Anthropomorphisierung oder die Interpretation der sozialen und interaktiven Fähigkeiten des Roboters beeinflussen (Wang et al., 2010; Spatola et al., 2022).

Auch der Kontext, in dem der Roboter eingesetzt wird, kann die Anthropomorphisierung unterstützen. Insbesondere scheint allein die Tatsache, dass ein Roboter in einer sozialen Situation mit Menschen eingesetzt wird, die Wahrscheinlichkeit zu erhöhen, dass Menschen ihn vermenschlichen. Der kollaborative Industrieroboter Baxter wurde, wenn er in Fabriken neben menschlichen Arbeitern eingesetzt wurde, regelmäßig von diesen vermenschlicht (Sauppé und Mutlu, 2015). Darüber hinaus scheinen Menschen, die mit Robotern zusammenarbeiten, es zu bevorzugen, wenn diese anthropomorph gestaltet sind: Die Menschen bevorzugten, dass der Roomba die Fähigkeit hat, seine Emotionen und Absichten mit einem hundeähnlichen Schwanz zu zeigen (Singh und Young, 2012). Arbeiter, die Baxter benutzten, setzten ihm Hüte und andere Accessoires auf und wollten, dass er höflicher ist und mit ihnen plaudert (Sauppé und Mutlu, 2015). Arbeiter in einer Autofabrik, die einen Co-Bot mit dem Namen Walt einsetzten, der mit einer Mischung aus sozialen Funktionen und Merkmalen ausgestattet war, die an einen Oldtimer erinnern, (siehe Bild 11.16), betrachteten den Roboter als Teammitglied (El Makrini et al., 2018). Büro-Arbeiter, die einen Pausenmanagement-Roboter erhielten, gaben ihm Namen und forderten, dass er sozial interaktiver sein sollte (Šabanović et al., 2014).

Zu sehen, wie andere Menschen Roboter vermenschlichen, könnte darauf hindeuten, dass die Vermenschlichung nichtmenschlicher Wesen ein sozial erwünschtes Verhalten darstellt. Zur Veranschaulichung fanden die Forscher heraus, dass ältere Menschen in einem Pflegeheim eher bereit waren, sich mit Paro, dem robbenähnlichen Begleitroboter, sozial zu engagieren, wenn sie sahen, wie andere mit ihm wie mit einem Haustier oder einem sozialen Begleiter interagierten (Chang und

Šabanović, 2015). Es liegt auf der Hand, dass anthropomorphe Rückschlüsse sofort bei der ersten Begegnung auftreten und sich ebenfalls im Laufe der langfristigen Interaktion und Bekanntschaft mit einem technischen System verändern können. Wir werden dies in Kapitel 8, das sich mit der Psychologie der Wahrnehmung von Robotern durch Menschen befasst, ausführlicher behandeln.

■ 4.3 Entwurfsmethoden

Design in der HRI umfasst eine Vielzahl von Methoden, die von der Praxis verschiedener Disziplinen inspiriert sind, von der Technik bis hin zu HCI und Industriedesign. Je nach Methode können der Ausgangspunkt und der Fokus des Designs stärker auf der technischen Erforschung und Entwicklung oder auf der Erforschung menschlicher Bedürfnisse und Präferenzen liegen, aber das ultimative Ziel des Designs in der HRI ist die Zusammenführung dieser beiden Bereiche, um ein erfolgreiches HRI-System zu konstruieren.

 Der Entwurfsprozess verläuft häufig zyklisch und folgt diesem Muster:

1. Definieren Sie das Problem oder die Frage.
2. Bauen Sie die Interaktion auf.
3. Testen Sie sie.
4. Analysieren Sie.
5. Wiederholen Sie den Vorgang ab Schritt 2, bis Sie zufrieden sind (oder Geld und Zeit ausgehen).

4.3.1 Technischer Designprozess

Der ingenieurtechnische Designprozess ist, wie der Name schon sagt, in der Technik weit verbreitet. Ausgehend von einer Problemdefinition und einer Reihe von Anforderungen werden zahlreiche mögliche Lösungen in Betracht gezogen, und schließlich wird eine Entscheidung darüber getroffen, welche Lösung die Anforderungen am besten erfüllt. Oft kann die Funktion einer technischen Lösung modelliert und dann simuliert werden. Diese Simulationen ermöglichen es den Ingenieuren, systematisch alle Konstruktionsparameter zu manipulieren und die daraus resultierenden Eigenschaften der Maschine zu berechnen. Bei gut verstandenen Maschinen ist es sogar möglich, die spezifischen Konstruktionsparameter zu berechnen, die erforderlich sind, um die Leistungsanforderungen zu erfüllen. Wenn ein neues Flugzeug zu seinem Jungfernflug abhebt, können die Ingenieure fast sicher sein, dass es fliegen wird. Es ist jedoch zu beachten, dass sie nicht absolut sicher sein können, weil das neue Flugzeug mit einer Umgebung interagiert, die nicht in allen Einzelheiten vorhersehbar ist. Man versteht jedoch genug, um sich der makroskopischen Eigenschaften der Umgebung sehr sicher zu sein, sodass die Ingenieure ein Flugzeug entwerfen können, das die Grenze zwischen Simulation und tatsächlichem Prototyp ohne Probleme überschreitet. Die Validierung einer Lösung in der Simulation ist jedoch nicht immer möglich. Es kann sein, dass die Simulation die reale Welt nicht detailliert genug abbildet oder dass die Anzahl der Entwurfsparameter so hoch ist, dass eine vollständige Simulation aller möglichen Entwürfe rechnerisch unmöglich wird, weil ein Computer Jahre brauchen würde, um zu berechnen, wie sich jede Lösung verhält. Es hat einige Versuche gegeben, Mensch-Roboter-Simulatoren zu entwickeln (z. B. Lemaignan et al., 2014d), aber die Simulation sozialer Interaktion hat sich als sehr schwieriges Problem erwiesen.

 Ingenieure, die in HRI arbeiten, haben versucht, einen Roboter zu entwickeln, der acht- und neunjährigen Kindern beibringen sollte, was Primzahlen sind. Sie glaubten, dass das Lernen der Kinder von einem sehr aufmerksamen und freundlichen Roboter profitieren würde, also programmierten sie den Roboter so, dass er Augenkontakt herstellt, den Vornamen des Kindes benutzt und das Kind während der recht anstrengenden Übungen höflich unterstützt. Sie verglichen den freundlichen Roboter mit einem Roboter, bei dem die Software zur Aufrechterhaltung einer engagierten Beziehung ausgeschaltet war, in der Erwartung, dass dieser Roboter der schlechtere Lehrer sein würde. Sie waren verblüfft, als sich herausstellte, dass der distanzierte Roboter mit großem Abstand der bessere Lehrer war, was zeigt, dass ihre Vorurteile bezüglich des Roboterdesigns nicht mit der Realität des Einsatzes eines Roboters im Klassenzimmer übereinstimmten (Kennedy et al., 2015) (siehe Bild 4.12).

Bild 4.12 Ein Junge lernt mit einem Roboter Mathe

Erschwerend kommt hinzu, dass manche Entwurfsprobleme schlecht definiert sein können, oder dass nur unzureichende Informationen über die Anforderungen oder die Umgebung vorliegen. In diesem Fall sprechen Designer von einem „verzwickten Designproblem" (Buchanan, 1992). Das beschreibt wechselnde, unvollständige, voneinander abhängige oder unbestimmte Anforderungen, die es schwierig machen, einem linearen Modell des Designdenkens zu folgen, bei dem auf die Problemdefinition ein sauberer Prozess der Problemlösung folgt. Das Design von HRI ähnelt oft einem solchen verzwickten Designproblem, da es an Informationen über die angemessenen Verhaltensweisen und Konsequenzen von Robotern in sozialen Kontexten mangelt. Ein anderer Ansatz, den man in diesem Fall verfolgen kann, ist, sich nicht auf die absolut beste Lösung zu konzentrieren, sondern auf die Herstellung von zufriedenstellenden Lösungen (Satisficing, Simon (1996)). Satisficing ist eine Wortschöpfung aus *satisfy* (befriedigend) und *suffice* (ausreichen) und bedeutet, dass die resultierende Lösung gerade gut genug für den Zweck ist, dem sie dienen soll. Dies ist ein üblicher Problemlösungsansatz auch in anderen Kontexten, jedoch in der HRI fast unvermeidlich, da die technischen Möglichkeiten niemals die ultimative Anforderung, dass der Roboter genauso gut oder besser als der Mensch arbeitet, erreichen können.

4.3.2 Nutzerzentrierter Entwurfsprozess

Sich nur auf die Methode des technischen Designs zu verlassen, kann die Entwicklung von HRI nur bedingt leiten, vor allem, wenn die beabsichtigten Anwendungen von HRI in offenen Interaktionen und Räumen außerhalb von Laboren oder streng kontrollierten Fabrikumgebungen stattfinden. Im Prozess des Satisficing entscheiden wir uns allzu oft dafür, nicht die Dinge zu messen, die wichtig sind, sondern nur das zu berücksichtigen, was leicht zu messen ist. Eine Möglichkeit, dieses Problem anzugehen, besteht darin, sich während des gesamten Entwurfsprozesses stärker auf die Menschen, die den Roboter benutzen werden, und auf den Kontext, in dem sie ihn benutzen, zu konzentrieren. Dies kann durch nutzerzentriertes Design (User-centered Design, UCD) erreicht werden. UCD ist nicht spezifisch für HRI und wird in vielen anderen Designbereichen, wie z. B. HCI, verwendet und ist ein weit gefasster Begriff zur Beschreibung von „Designprozessen, bei denen die Endnutzer Einfluss darauf haben, wie ein Design Gestalt annimmt" (Abras et al., 2004). Die Nutzer können auf viele verschiedene Arten einbezogen werden, z. B. durch anfängliche Analysen ihrer Bedürfnisse und Wünsche, die bei der Definition des Designproblems helfen können, indem sie gebeten werden, potenzielle Designvarianten des Roboters zu kommentieren, um zu sehen, welche vorzuziehen sind, und durch Evaluierungen verschiedener Designiterationen des Roboters und des

Endprodukts, um seinen Erfolg bei verschiedenen Nutzern und in verschiedenen Nutzungskontexten zu bewerten.

Entwickler sind in der Regel mit Designentscheidungen konfrontiert, für die es keine eindeutigen Antworten gibt. Soll der Roboter lieber einen roten oder einen blauen Oberkörper haben? Wird eine muntere Stimme bei einem Verkaufsroboter mehr Menschen in den Laden locken? Um diese Fragen zu beantworten, bauen Entwickler Prototypen der verschiedenen Designoptionen und testen sie mit ihrer Zielgruppe. Indem sie eine menschenzentrierte Perspektive einnehmen, die Werte, Vorlieben und Überzeugungen der Nutzer berücksichtigt und empirische Evaluierungsstudien durchführt (siehe Kapitel 10), können die Entwickler sicherstellen, dass die beobachteten Vorlieben oder Unterschiede nicht nur zufällig sind, sondern tatsächlich durch das betreffende Designmerkmal verursacht werden. Die Ergebnisse dienen den Entwicklern dann als Grundlage für die Entwicklung der besten Designoption, und der Zyklus wird mit neuen Problemen oder Designentscheidungen fortgesetzt. Es ist wichtig, diese Zyklen so früh wie möglich durchzuführen, da die Kosten für Änderungen am System später im Prozess drastisch ansteigen. Das Credo lautet: „Früh testen, oft testen". Entwickler konzentrieren sich oft auf die Hauptnutzer, d. h. diejenigen, die die Technologien hauptsächlich verwenden werden. Sie untersuchen zum Beispiel Krankenschwestern und Patienten, die mit einem Roboter zur Medikamentenverabreichung interagieren. Es ist jedoch wichtig, dass die Designer auch die Sekundärnutzer berücksichtigen. Dabei handelt es sich um Personen, die nur gelegentlich mit dem Artefakt in Kontakt kommen oder es über einen Vermittler nutzen. Medizinisches Personal, das den Roboter auf dem Flur sieht, wäre ein Beispiel für einen Sekundärnutzer. Schließlich muss auch die Gruppe der Personen berücksichtigt werden, die von der Nutzung des Artefakts betroffen sind (d. h. die tertiären Nutzer). Dabei handelt es sich um Personen, deren Arbeit durch die Einführung einer neuen Robotertechnologie ersetzt oder verändert werden könnte oder die anderweitig von der Nutzung des Roboters betroffen sind, auch wenn sie nie mit ihm interagieren. Diese verschiedenen Personen, die am Einsatz des Roboters beteiligt und davon betroffen sind, werden als Stakeholder bezeichnet, und ein erster Schritt im Entwurfsprozess kann darin bestehen, die relevanten Stakeholder zu ermitteln. Sobald die Interessengruppen identifiziert sind, können die Designer sie durch eine Vielzahl von nutzerzentrierten Methoden in den Entwurfsprozess einbeziehen. Dazu gehören Bedarfs- und Anforderungsanalysen, Feldstudien und Beobachtungen, Fokusgruppen, Interviews und Umfragen sowie Nutzertests und Evaluierungen von Prototypen oder endgültigen Produkten (Vredenburg et al., 2002). Mehr über mehrere dieser Methoden erfahren Sie in Kapitel 10 dieses Buches.

Der Snackbot der Carnegie Mellon University wurde in einem nutzerzentrierten Prozess entwickelt, bei dem der Roboter, die Menschen und der Kontext berücksichtigt wurden. Dieser Prozess erstreckte sich iterativ über 24 Monate und umfasste Untersuchungen darüber, wo Menschen bereits Snacks im Gebäude bekommen können, um den Bedarf zu ermitteln, erste Studien zur technischen Machbarkeit und Interaktion, mehrere Prototypen und weitere Studien darüber, wie der Roboter genutzt wird und welche Auswirkungen verschiedene Formen des Dialogs und das Verhalten des Roboters auf die Zufriedenheit der Nutzer haben (Lee et al., 2009) (siehe Bild 4.13).

Bild 4.13
Snackbot (2010), ein an der Carnegie Mellon University entwickeltes System zur Untersuchung von Robotern in der realen Welt

4.3.3 Partizipatives Design

HRI-Forscher verwenden zunehmend mehr kollaborative und partizipative Designansätze. Sowohl kollaborative als auch partizipative Methoden zielen darauf ab, die potenziellen Nutzer und andere Interessengruppen oder Personen, die von Robotern betroffen sein könnten, bereits in einem frühen Stadium des Entwurfsprozesses in die Entscheidungsfindung über das geeignete Roboterdesign einzubeziehen. Dies unterscheidet sich deutlich von der Idee, die Nutzer erst in der Evaluierungsphase einzubeziehen, in der der Entwurf bereits teilweise oder vollständig ausgearbeitet ist und der Beitrag der Nutzer hauptsächlich dazu dient, bestimmte Faktoren und Annahmen zu testen, die bereits im Entwurf enthalten sind. Auf diese Weise erkennt das partizipative Design das Fachwissen der Menschen über ihre alltäglichen Erfahrungen und Gegebenheiten an.

Partizipatives Design ist bei der Entwicklung anderer Kommunikationstechnologien, insbesondere bei Informationssystemen, seit den 1970er-Jahren Beobachtungsgegenstand, als es dazu diente, Arbeitnehmern in Unternehmen die Möglichkeit zu geben, sich an der Entwicklung von Software und anderen Technologien zu beteiligen, die sie später bei ihrer Arbeit einsetzen würden. Das partizipative Design in der HRI hat sich mit der Entwicklung von Möglichkeiten befasst, durch die Nutzer sich in den Prozess der Designentscheidungen über Roboter einbringen können – zum Beispiel durch das Testen und Entwickeln bestimmter Verhaltensweisen für Roboter, das Entwerfen von Roboteranwendungen für ihre lokale Umgebung und das Konzipieren von Möglichkeiten, wie bestehende Roboterkapazitäten potenziell ihre Bedürfnisse erfüllen und in ihren Alltagskontext passen können. DiSalvo et al. (2008) führten mit ihrem Projekt „Nachbarschaftsnetzwerke" eines der ersten partizipativen Designprojekte im Bereich HRI durch. Hier nutzten die Gemeindemitglieder einen von den Forschern bereitgestellten Roboterprototyp, um Umweltsensoren für ihre Nachbarschaft zu entwickeln. In einem anderen partizipativen Projekt arbeiteten Robotiker und sehbehinderte Gemeindemitglieder und Designer in einer Reihe von Workshops zusammen, um ein geeignetes Führungsverhalten für einen mobilen PR-2-Roboter zu entwickeln (Feng et al., 2015). Partizipatives Design wurde auch in verschiedenen Gesundheits- und Bildungsanwendungen für HRI (siehe z. B. Šabanović et al., 2015). Auch Jugendliche (Björling et al., 2019) und sogar Kinder (Zaga, 2021) haben sich durch verschiedene partizipative Designmethoden an der Gestaltung von HRI beteiligt.

Partizipatives Design ist immer eine Herausforderung, aber die Arbeit an partizipativem Design mit Robotern hat ihre besonderen Schwierigkeiten. Eine davon ist die Tatsache, dass die Menschen viele verschiedene Vorurteile gegenüber Robotern haben, aber nur wenig Wissen über die Technologie, die zu ihrer Herstellung nötig ist, was zu unrealistischen Designvorstellungen führt. Gleichzeitig wissen die Designer wenig über das tägliche Leben und die Erfahrungen der Menschen in vielen Anwendungsbereichen, in denen HRI am dringendsten benötigt wird (z. B. in der Altenpflege). Während ihrer Arbeit mit älteren Erwachsenen und Pflegeheimpersonal zur Entwicklung von Assistenzrobotern für ältere Erwachsene mit Depressionen konzentrierten sich Lee et al. (2017) und Winkle et al. (2018) auf die Unterstützung eines Prozesses des gegenseitigen Lernens zwischen HRI-Forschern und Teilnehmern, der es beiden Seiten ermöglichte, ihre unterschiedlichen Fachgebiete zu erforschen und sich gegenseitig zu unterrichten. Dies trug auch dazu bei, dass die Teilnehmerinnen und Teilnehmer lernten, über das Design hinaus zu denken, und zwar nicht nur für sich selbst. HRI-Forscher haben auch Rahmenwerke entwickelt, um das interdisziplinäre und partizipative Design von sozialen Robotern zu unterstützen (Axelsson et al., 2021). Partizipatives Design ist in der HRI noch neu, aber da immer mehr Anwendungen für unterschiedliche Bevölkerungsgruppen und Alltagskontexte entwickelt werden, wird es zu einem immer wichtigeren Bestandteil des HRI-Designmethoden-Toolkits.

■ 4.4 Prototyping-Werkzeuge

Obwohl es möglich ist, einfache Roboterprototypen aus allgemein verfügbaren Materialien wie Pappe oder gefundenen Gegenständen zu entwickeln, sind seit Kurzem mehrere Prototyping-Kits und Werkzeuge für kreative interaktive Technologien auf dem Markt erhältlich. Diese ermöglichen es einer Vielzahl von Menschen mit unterschiedlichen technischen Kenntnissen und wirtschaftlichen Ressourcen, sich an der Entwicklung von Robotern zu versuchen. Außerdem ermöglichen sie eine schnellere und iterative Entwicklung von Roboterdesigns, da die Darstellung der Interaktion einfacher zu erstellen ist.

Der vielleicht früheste Bausatz, der für die Entwicklung verschiedener Roboterdesigns verwendet werden konnte, war das System LEGO Mindstorms der ersten Generation, das Bausteine für den Bau und spezialisierte Bausteine für die Programmierung und Betätigung einfacher Roboterprototypen enthielt. Bartneck und Hu (2004) verwendeten LEGO-Roboter, um den Nutzen von Rapid Prototyping für die HRI zu veranschaulichen, und die ersten Fallstudien erschienen bereits 2002 (Klassner, 2002).

Bild 4.14
LEGO Mindstorms
(1998 – 2022) wurde die Idee
von Seymour Papert, einem
MIT-Professor, der ein
begeisterter Verfechter des
Einsatzes von Computern zur
Unterstützung des kindlichen
Lernens war

Das Vex Robotics Design System[1] ist ebenfalls weithin bekannt und verwendet, und seine erweiterte Version ist der Bausatz der Wahl für den beliebten FIRST Robotics Wettbewerbe.[2] Eine neuere Ergänzung des Angebots an Bausätzen ist Little Bits, das einfach zu verwendende Plug-and-Play-Elektronikbausteine, u. a. mit Sensoren und Aktoren, enthält, mit denen sich schnell und einfach interaktive Prototypen erstellen lassen.

---

[1] https://www.vexrobotics.com

[2] https://www.firstinspires.org/

Der Arduino-Mikrocontroller[3] ist sehr erschwinglich und hat eine große Hobby-Community, die Open-Source-Entwürfe und -Code sowie eine breite Palette von Peripheriegeräten (Sensoren, Motoren, LEDs, drahtlose Einheiten usw.) bereitstellt, die mehr Flexibilität beim Design ermöglichen, aber auch mehr technisches Know-how erfordern.

Andere Geräte, wie der Einplatinencomputer Raspberry Pi[4] und erschwingliche, sogar tragbare dreidimensionale Drucker (3D-Drucker) erleichtern nicht nur das HRI-Prototyping, sondern machen es auch für die breite Masse (oder zumindest für Studenten) zugänglich.

Die Konstrukteure beziehen auch andere bestehende Technologien in die Robotersteuerung ein, einschließlich Smartphones. Selbst ein durchschnittliches Smartphone hat heutzutage genügend Rechenleistung, um einen Roboter zu steuern. Außerdem verfügt es über viele eingebaute Sensoren (Mikrofon, Kamera, Gyrosensor, Beschleunigungssensor) und Aktoren (Bildschirm, Lautsprecher, Vibrationsmotor). Robovie-MR2 ist ein frühes Beispiel für die Integration eines Smartphones in einen Roboter zur Steuerung aller seiner Funktionen (siehe Bild 4.2). Hoffman nennt dies den Ansatz „stummer Roboter, Smartphone" für die Entwicklung sozialer Roboter (Hoffman, 2012).

Die verfügbaren Technologien für das Prototyping entwickeln sich ständig weiter, was zumindest teilweise auf die laufenden Bemühungen zurückzuführen ist, mehr Studenten, Hobbyisten und sogar potenzielle Nutzer in die Technologieentwicklung einzubeziehen.

■ 4.5 Kultur im HRI-Design

Als nicht nur interdisziplinäres, sondern auch internationales Forschungsgebiet ist das HRI-Design besonders an der Frage der kulturellen Auswirkungen auf die Wahrnehmung von und die Interaktion mit Robotern interessiert. Die Kultur, d. h. die unterschiedlichen Überzeugungen, Werte, Praktiken, Sprachen und Traditionen einer Gruppe von Menschen, spielt bei der Gestaltung von Robotern eine Rolle, sowohl in Form von Faktoren, die von den Designern eingeführt werden, als auch in dem Kontext, in dem die Nutzer verschiedene HRI-Designs interpretieren.

Forscher stellen häufig Verbindungen zwischen kulturellen Traditionen und dem Design und der Verwendung von Robotern her, insbesondere durch die Gegenüberstellung der Normen, Werte und Überzeugungen in Ost und West: Animistische

---

[3] https://www.arduino.cc

[4] https://www.raspberrypi.org

Überzeugungen wurden herangezogen, um das wahrgenommene Wohlbefinden der japanischen und koreanischen Bevölkerung im Umgang mit Robotern zu erklären (Geraci, 2006; Kaplan, 2004; Kitano, 2006), wohingegen menschlicher Exzeptionalismus als Ursache für das Unbehagen der westlichen Bevölkerung an sozialen und humanoiden Robotern genannt wurde (Geraci, 2006; Brooks, 2003). Ganzheitliche und dualistische Vorstellungen von Geist und Körper (Kaplan, 2004; Shaw-Garlock, 2009) sowie individualistische und kommunitäre soziale Praktiken (Šabanović, 2010) wurden als Entwurfsmuster bei der Gestaltung von Robotern und möglichen menschlichen Interaktionen mit ihnen identifiziert.

Neben diesen allgemeinen Zusammenhängen zwischen Kultur und Robotern haben HRI-Forscher kulturelle Unterschiede und deren Auswirkungen auf die Wahrnehmung von Robotern und die persönlichen Begegnungen mit ihnen untersucht. In einem Vergleich mit niederländischen, chinesischen, deutschen, US-amerikanischen, japanischen und mexikanischen Teilnehmern wurde festgestellt, dass die US-amerikanischen Teilnehmer am wenigsten negativ gegenüber Robotern eingestellt waren, während die mexikanischen Teilnehmer am negativsten waren. Entgegen den Erwartungen hatten die japanischen Teilnehmer keine besonders positive Einstellung zu Robotern (Bartneck et al., 2005). MacDorman et al. (2009) zeigten, dass amerikanische und japanische Teilnehmer eine ähnliche Einstellung zu Robotern haben, was darauf hindeutet, dass Faktoren wie Geschichte und Religion (siehe Bild 4.15) die Bereitschaft zur Einführung von Robotertechnologien beeinflussen können. Eine Umfrage zur Bewertung des robbenähnlichen Roboters Paro durch Teilnehmer aus Japan, dem Vereinigten Königreich, Schweden, Italien, Südkorea, Brunei und den Vereinigten Staaten ergab, dass die Teilnehmer den Roboter im Allgemeinen positiv bewerteten, aber je nach Herkunftsland unterschiedliche Eigenschaften als besonders sympathisch einstuften (Shibata et al., 2009). Im Kontext der Mensch-Roboter-Teamarbeit fanden Evers et al. (2008) heraus, dass Nutzer aus China und den USA unterschiedlich auf Roboter reagierten und dass menschliche Teammitglieder Roboter überzeugender fanden, wenn sie kulturell angemessene Kommunikationsformen verwendeten (Lindblom und Ziemke, 2003). Die Ergebnisse zweier generativer Designstudien mit Teilnehmern in den Vereinigten Staaten und Südkorea, bei denen die Nutzer gebeten wurden, über Robotertechnologien in ihrem eigenen Zuhause nachzudenken, zeigten, dass die Erwartungen und Bedürfnisse der Nutzer an Robotertechnologien mit den kulturell unterschiedlichen Vorstellungen vom Zuhause zusammenhängen, das in Korea beziehungsorientiert und in den Vereinigten Staaten eher funktional definiert ist (Lee et al., 2012). Die wachsende Zahl von Arbeiten über kulturübergreifende Unterschiede in der HRI und ihre potenziellen Auswirkungen auf die Gestaltung zeigt, dass kulturelle Aspekte bei der Gestaltung von Robotern sowohl für internationale als auch für lokale Anwendungen berücksichtigt werden sollten.

Bild 4.15
Der BlessU2-Roboter wurde von der evangelischen Kirche
in Deutschland eingesetzt, um Segnungen zu erteilen

■ 4.6 Von Maschinen zu Menschen und dazwischen

Wie die vorangegangene Diskussion zeigt, müssen bei der Gestaltung von Mensch-Roboter-Interaktionen viele Entscheidungen über Form, Funktion und gewünschte Effekte von Robotern getroffen werden. HRI-Designer bringen jedoch auch tiefere philosophische, ethische und sogar politische Verpflichtungen in ihre Arbeit ein. Obwohl diese unbewusst in die HRI-Forschung einfließen können, halten wir es für sinnvoll, dass sich HRI-Wissenschaftler im Zuge ihrer Robotik-Forschung und -Entwicklung bewusst mit diesen Anliegen auseinandersetzen.

Eine der grundlegendsten Entscheidungen, die Robotikforscher treffen, ist die Art des Roboters, an dem sie arbeiten wollen – soll er einem Menschen ähneln oder eher einer Maschine? Eine weitere Entscheidung kann die Hauptziele der Arbeit betreffen – geht es um technische Entwicklungen, um das Verständnis für den Menschen oder vielleicht um die Entwicklung von HRI-Systemen, die für bestimmte Anwendungen und Nutzungskontexte eingesetzt werden können? Diese Entscheidungen sind jedoch nicht nur für das Design und die Verwendung des Roboters von Bedeutung. Man könnte argumentieren, dass die Erschaffung von Robotern durch ihre Konstrukteure, insbesondere jene, bei denen Roboterkopien von echten Menschen geschaffen werden, ein Projekt der Immoralität ist. Solche Projekte sind „symbolische Glaubenssysteme, die versprechen, dass das Individuum nicht durch das Ende seines physischen Körpers ausgelöscht wird" (Kaptelinin, 2018). Hiroshi Ishiguros Arbeit an Androiden-Kopien lebender Menschen ist ein Beispiel dafür, dass die Roboterkopie den Platz dieser spezifischen Person einnehmen kann, sowohl in aktuellen als auch in scheinbar zukünftigen Interaktionen. Ishiguro selbst beschreibt, wie er das Gefühl hat, dass seine eigene Identität mit dem Roboter verbunden ist, der als Replik seines vergangenen und jüngeren Selbst fortbesteht, dem er nun nacheifern muss (Mar, 2017). Aber die Beziehung zwischen maschinenähnlichen Robotern und Designern kann ebenso tiefgreifend sein. Bei der Beschreibung seiner Arbeit mit Industrierobotern definierte der japanische Robotiker Masahiro Mori die Beziehung zwischen Mensch und Maschine als „verschmolzen in einer ineinandergreifenden Einheit" (Mori, 1982). Diese enge Beziehung hat unmittelbare Auswirkungen auf die Form und Funktion des Roboters auf der einen und des Designers auf der anderen Seite sowie auf die künftigen Folgen und Verwendungen des Roboters in der Gesellschaft. Die Entwicklung von Robotern kann auch durch ein persönliches Engagement für bestimmte soziale und philosophische Werte geleitet werden, wie z. B. die Verbesserung des Zugangs zu Ressourcen für breitere Bevölkerungsschichten, eine stärkere Beteiligung an der Entwicklung von Robotern und an der Entscheidungsfindung über sie oder ein Beitrag zur Lösung dringender sozialer Probleme. Der Robotiker Illah Nourbakhsh beschrieb wie folgt, wie seine persönlichen Werte seine Roboterprojekte beeinflussen:

„Ein Ausweg wäre, zu sagen, meine Arbeit sei rein theoretisch, wen kümmert es, wie jemand sie anwendet? Das wollte ich nicht tun. Ich wollte sagen, dass meine Arbeit theoretische Komponenten enthält, aber ich will sie so weit bringen, dass ich ein reales Ergebnis in der physischen Welt sehe. Und außerdem möchte ich, dass es in gewissem Maße sozial positiv ist ... Ich möchte an etwas arbeiten, das so positiv für die Gesellschaft ist, dass ich nicht nur hoffe, dass es jeder nutzt, sondern dass ich wenigstens einen Anwendungsfall zustande kommen sehe. Dann Sie haben diese Rückkopplungsschleife von der realen Anwendung zurück zum technischen Entwurf."

Šabanović, 2007, S. 79

Auf diese Weise kann die Wahl der Art des HRI-Projekts und der Ziele, auf die man sich bei der Gestaltung konzentriert, persönliche oder kollektive Werte widerspiegeln (z. B. die der Forschungsgruppe oder der Projektmitarbeiter).

In diesem Zusammenhang sind nicht nur die Werte der Forscher von Bedeutung, sondern ein menschenzentrierter Ansatz sollte auch die Werte der Nutzer und Organisationen berücksichtigen, z. B. im Rahmen des wertorientierten Designs (Value Sensitive Design, VSD) (Friedman et al., 2002). Während VSD eine etablierte

Methode zur Entwicklung neuer Technologien darstellt, wurde sie im Zusammenhang mit sozialen Robotern bisher nur selten eingesetzt. Als Forschungsmethode für soziale HRI kann VSD dabei helfen, Nutzerperspektiven zu integrieren, und zwar auf buchstäblich wertvolle Weise (siehe auch Schmiedel et al., 2018).

Diese Autoren weisen darauf hin, dass sich im Rahmen der Bildung für nachhaltige Entwicklung die Technik den menschlichen Bedürfnissen anpasst und nicht umgekehrt. Mithilfe von VSD können menschliche Werte in technologische Anforderungen übersetzt werden, wodurch sichergestellt wird, dass die Perspektiven der Nutzer oder Stakeholder zu Beginn der Technologieentwicklung durch Wertidentifikation, Werteinbettung und Wertevaluation integriert werden.

Einer der Autoren lässt sich bei seinem Entwurf von Robert M. Pirsig inspirieren (siehe Bild 4.16), der es so formulierte:

„Die wahre [Ästhetik] liegt in der Beziehung zwischen den Menschen, die die Technologie produzieren, und den Dingen, die sie produzieren, was zu einer ähnlichen Beziehung zwischen den Menschen führt, die die Technologie nutzen und den Dingen, die sie nutzen.“

Pirsig, 1974

Pirsig unterstreicht die entscheidende Rolle, die es für gutes Design braucht, um zur Ruhe zu kommen, da sich die Barriere zwischen dem Designer und dem zu gestaltenden Objekt auflöst:

„Bei der Arbeit am Motorrad, wie auch bei jeder anderen Aufgabe, gilt es also, die Ruhe des Geistes zu kultivieren, die das eigene Selbst nicht von der Umgebung trennt. Wenn das gelingt, folgt alles andere von selbst. Seelenfrieden erzeugt richtige Werte, richtige Werte erzeugen richtige Gedanken. Richtige Gedanken erzeugen richtige Handlungen, und richtige Handlungen führen zu einer Arbeit, die für andere eine materielle Widerspiegelung der Gelassenheit ist, die im Mittelpunkt von allem steht.“

Ebd. S. 305

Die Verbindung zwischen dem Roboter und seinem Designer ist viel tiefer, als Sie vielleicht annehmen. Pirsig verbrachte sein ganzes Leben mit der Ausarbeitung von The Metaphysics of Quality (Die Metaphysik der Qualität), in der er argumentiert, dass es zwischen dem Designer und dem von ihm entworfenen Objekt keinen funktionalen Unterschied gibt. Was sie verbindet, ist „Qualität".

Die Betrachtung des Seelenfriedens des Designers mag zunächst seltsam klingen, aber Pirsig argumentierte, dass es im Moment der Wahrnehmung von Qualität keine Trennung von Objekten und Subjekten gibt. Im Moment dieser reinen Qualität sind das Subjekt und das Objekt eins (Pirsig, 1974, S. 299). Künstler sind vielleicht mit der Erfahrung der Einheit mit ihrem Werk vertraut, und die Arbeit von Designern und Ingenieuren könnte verbessert werden, wenn auch sie für diese Verbindung sensibler wären.

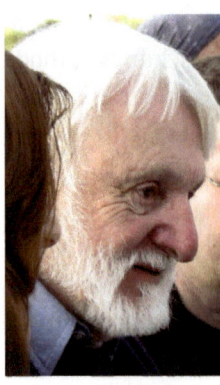

Bild 4.16
Robert M. Pirsig (6. September 1928 bis 24. April 2017) ist
der Autor von The Metaphysics of Quality, das viele Designer
inspiriert hat

■ 4.7 Schlussfolgerung

Die Entwicklung von Robotern erfordert multidisziplinäres Fachwissen, oft im
Team, und einen Prozess, der die Nutzer und den Interaktionskontext berücksichtigt. Für den schnellen Bau und Test von Robotern stehen verschiedene Prototyping-Tools zur Verfügung. Sobald die Nutzer und ihre Interaktionen mit dem
Roboter verstanden sind, muss der Roboter von außen nach innen entworfen werden – ausgehend von den potenziellen Nutzern und unter Verwendung des Kontexts, um Designkonzepte und die technischen Spezifikationen für den Roboter zu
entwickeln. HRI-Entwürfe drücken auch, ob bewusst oder unbewusst, die sozialen
und ethischen Werte der Designer aus.

Die Anthropomorphie von Robotern ist eine der wichtigsten Designüberlegungen
in der modernen HRI. Wir haben das Konstrukt des psychologischen Anthropomorphismus detailliert beschrieben, um einen fruchtbaren Austausch zwischen
den Disziplinen zu ermöglichen, der zu einem umfassenderen Verständnis des
Konzepts in den Sozialwissenschaften und der Robotik führt. Neben den theoretischen und methodischen Vorteilen, die sich aus der Untersuchung des Anthropomorphismus ergeben, haben HRI-Studien auch gezeigt, wie wichtig die Berücksichtigung menschenähnlicher Formen und Funktionen beim Roboterdesign für
die wahrgenommene Interaktionsqualität, die HRI-Akzeptanz und die Freude an
der Interaktion mit menschenähnlichen Robotern ist.

Diskussionsfragen

- Denken Sie über die Merkmale eines menschenähnlichen Roboters im Sinne von Design-Eigenschaften nach. Welche Vorteile sollten durch menschenähnlichen Gestaltung erzielt werden?
- Versuchen Sie, über „Designmuster" für soziale Roboter nachzudenken, die täglich Menschen begrüßen. Finden und beschreiben Sie immer wiederkehrende Verhaltensmuster.
- Stellen Sie sich vor, Sie müssen einen Roboter entwerfen. Überlegen Sie sich die notwendigen Schritte, indem Sie einen partizipativen Designansatz verfolgen.
- Diskutieren Sie die Rolle der Nutzererwartungen bei der Entwicklung von Robotern. Was sind wichtige Punkte, die Sie beachten müssen, wenn Sie Ihren Roboter vermarkten wollen?
- Was denken Sie: Sollte ein sozialer Roboter nur wenige menschenähnliche Merkmale aufweisen oder sollte er stark anthropomorph gestaltet sein (z. B. wie ein Android)? Welcher Roboter würde von den Menschen im Allgemeinen eher akzeptiert werden? Und warum?
- Denken Sie an einen Roboter, den Sie sich in naher Zukunft wünschen würden. Stellen Sie sich diesen Roboter vor und überlegen Sie, wie Sie ihn durch sein Verhalten zu mehr Anthropomorphisierung anregen können. Welche Verhaltensweisen sollte der Roboter zeigen, um als menschenähnlich wahrgenommen zu werden?

■ 4.8 Übungen

Die Antworten auf diese Fragen finden Sie in Kapitel 14.

Übung 18   Pareidolie

Machen Sie Fotos von Pareidolien in Ihrer Umgebung. Googeln Sie nicht nur Bilder. Benutzen Sie Ihr Telefon oder Ihre Kamera. Warum haben Sie diese Bilder ausgewählt?

Übung 19   Anthropomorphismus

Schauen Sie sich Bild 4.17 an. Sortieren Sie die Roboter von geringem zu hohem Anthropomorphismus.

1. Geringster Anthropomorphismus:

2. Geringer Anthropomorphismus:

3. Mittlerer Anthropomorphismus:

4. Hoher Anthropomorphismus:

5. Höchster Anthropomorphismus:

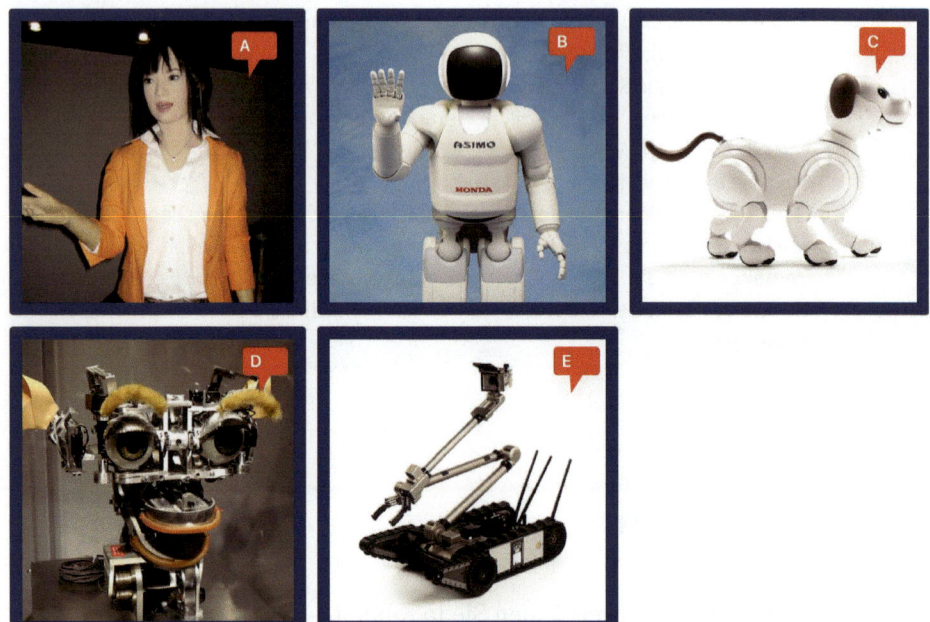

Bild 4.17 Verschiedene Roboter

Übung 20   Entwerfen Sie ein autonomes Fahrzeug

Schauen Sie sich das im Folgenden benannte Video an und beantworten Sie dann die folgenden Fragen.

Leila Takayama, „Wie ist es, ein Roboter zu sein", siehe *https://youtu.be/bFR BpVh qrxo*

Wenn Sie ein automatisiertes, selbstfahrendes Auto entwerfen würden, wie es von Google oder Tesla entwickelt wurde, welche Arten von Affordanzen und/oder Designmustern würden Sie in das Design einbeziehen, damit sich die Menschen als Passagiere im Auto sicher fühlen und Fußgänger und andere Autofahrer dem Auto im Verkehr vertrauen können? Um Ihre Designentscheidungen zu begründen, können Sie sich auf die Kapitel HRI-Einführung und Design sowie auf den Vortrag von Leila Takayama beziehen, in dem unter anderem das Gefühl der Kontrolle in autonomen Systemen und einige Autobeispiele behandelt werden.

 Weiterführende Literatur

- Brian R. Duffy. Anthropomorphism and the social robot. In: Robotics and Autonomous Systems, 42 (3): 177 – 190, 2003.
- Julia Fink. Anthropomorphismus und Menschenähnlichkeit im Zeichen von Robotern und Mensch-Roboter-Interaktion. In: Shuzhi Sam Ge, Oussama Khatib, John-John Cabibihan, Reid Simmons und Mary-Anne Williams, Hrsg., Social robotics, S. 199-208, Berlin, Heidelberg, 2012. Springer.
- Peter H. Kahn, Nathan G. Freier, Takayuki Kanda, Hiroshi Ishiguro, Jolina H. Ruckert, Rachel L. Severson und Shaun K. Kane. Design patterns for sociality in human-robot interaction. In: The 3rd ACM/IEEE International Conference on Human-Robot Interaction. ACM, 2008.
- Travis Lowdermilk. User-centered design: A developer's guide to building user-friendly applications. O'Reilly, Sebastopol, CA 2013.
- Don Norman. The Design of Everyday Things – Psychologie und Design der alltäglichen Dinge. Vahlen, München 2016
- Robert M. Pirsig. Zen und die Kunst, ein Motorrad zu warten. Fischer, Frankfurt am Main 1978.
- Herbert Alexander Simon. The sciences of the artificial. MIT Press, Cambridge, MA 1996.

5

Interaktion im Raum

 Was in diesem Kapitel behandelt wird

- Die Bedeutung der räumlichen Verortung von Agenten in der sozialen Interaktion.
- Grundlegendes Verständnis der menschlichen Proxemik: wie Menschen einen Raum im Verhältnis zu anderen einnehmen.
- Wie ein Roboter den Raum um sich herum verwaltet, einschließlich Interaktionen wie Annäherung, Initiierung von Interaktionen, Einhaltung von Abständen und Navigation um Menschen herum.
- Wie die Eigenschaften der räumlichen Interaktion als Anhaltspunkte für Roboter genutzt werden können.

Im Jahr 2012 brachte Exertion Games Labs eine Trainingsdrohne namens Joggobot heraus (siehe Bild 5.1). Läufer, die das Gefühl haben, dass sie während ihres Laufs ein wenig zusätzliche Motivation oder Begleitung brauchen, aber keinen persönlichen Trainer oder Freund haben, der sie begleitet, können sich nun von einer Drohne während ihrer Trainingsrunden begleiten lassen. Eines der entscheidenden Merkmale von Joggobot ist seine Platzierung im Raum während des Laufs: direkt vor dem Läufer, wie eine vorgehaltene Karotte. Diese Position wurde nicht willkürlich gewählt. Die Entwickler untersuchten, wo sich die Drohne idealerweise im Verhältnis zum Läufer befinden sollte (d.h. über ihm, hinter ihm, vor ihm, an der Seite) und wie viel Abstand sie halten sollte, um die Motivation zu maximieren (Graether und Mueller, 2012). Sie fanden heraus, dass wenn die Drohne hinter dem Jogger herfliegt, die Menschen das Gefühl haben, verfolgt zu werden, was ihre Freude am Sport mindert. Die Nutzer zogen es vor, die Rolle des Verfolgers selbst zu übernehmen. Dies zeigt, dass die räumliche Platzierung eines Roboters in Bezug auf seinen Nutzer ein wichtiger Aspekt ist, der bei der Mensch-Roboter-Interaktion berücksichtigt werden muss.

Bild 5.1
Die Joggobot-Drohne (2012)
(Quelle: Foto bereitgestellt von Eberhard
Graether und Florian „Floyd" Mueller)

Verbraucherdrohnen, wie die leicht erhältlichen und preiswerten Quadrotor-Platt-
formen, sind seit der Entwicklung des Joggobot allgegenwärtig geworden. Baytas
et al. (2019) untersuchten den Einsatz von Drohnen in sozialen Umgebungen, wo
sie in unmittelbarer Nähe zu Menschen fliegen und sogar mit Nutzern interagieren, wobei Drohnen sogar als Lehrer im Klassenzimmer fungieren (Johal et al.,
2022). Wie Sie sich vorstellen können, kommt es hier auf die Entfernung an, und
die Proxemik bei der Interaktion zwischen Mensch und Drohne ist heute ein aktives Forschungsgebiet (Yeh et al., 2017; Han et al., 2019; Wojciechowska et al.,
2019).

Bei der Planung der Platzierung eines Roboters im Raum ist es daher von entscheidender Bedeutung, die Präferenzen der Menschen und die sozialen Normen zu
berücksichtigen, die für eine solche Platzierung im Verhältnis zu anderen gelten.
Dieses Kapitel behandelt die räumliche Komponente der HRI. In Abschnitt 5.1 werden die Tendenzen erläutert, die Menschen in Bezug auf den Raum zeigen, wenn
sie sich in einem sozialen Umfeld mit anderen Menschen befinden. In Abschnitt 5.2
wird erörtert, inwieweit sich diese sozialen Normen und unausgesprochenen Regeln auf ein soziales Umfeld mit Robotern übertragen lassen.

■ 5.1 Nutzung des Raums in der menschlichen Interaktion

Wenn Platz vorhanden ist, wird von den Menschen erwartet, dass sie sich an die Normen der sozialen Distanz halten. Die meisten Menschen empfinden es als unangemessen, wenn sich ein Fremder in einem ansonsten leeren Bus neben sie setzt. Wenn wir jedoch in der Hauptverkehrszeit mit dem Bus fahren, sind wir gezwungen, in den persönlichen Raum anderer einzudringen, und es wird akzeptabel, dicht neben anderen zu sitzen oder zu stehen. Auch wenn es nicht als unhöflich gilt, während des Berufsverkehrs neben jemandem zu stehen, fühlen sich die Menschen oft unwohl, vermeiden den Blickkontakt und stellen sich schnell in einen größeren Abstand, sobald wieder mehr Platz zur Verfügung steht.

5.1.1 Proxemik

Kulturanthropologen haben den Begriff der Proxemik geprägt, um zu beschreiben, wie Menschen den Raum im Verhältnis zu anderen einnehmen und wie die räumliche Positionierung Einstellungen, Verhaltensweisen und zwischenmenschliche Interaktionen beeinflusst. Hall et al. (1968) beschreiben in ihrer ursprünglichen Arbeit vier Distanzzonen: intime Distanz, persönliche Distanz, soziale Distanz und öffentliche Distanz (siehe Bild 5.2). Wenn der verfügbare Raum relativ unbegrenzt ist, zeigen diese Distanzen die psychologische Nähe zwischen Menschen an (siehe Bild 5.3).

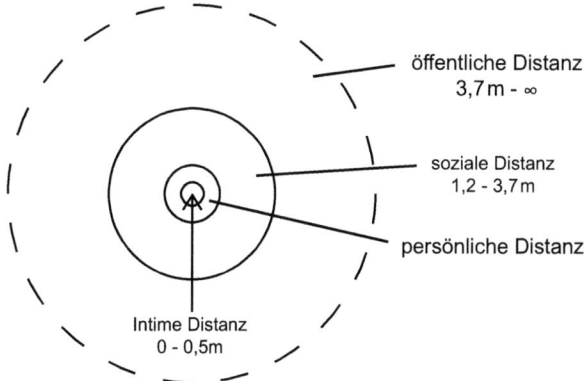

Bild 5.2 Intime, persönliche, soziale und öffentliche Distanz nach Hall et al. (1968)

Bild 5.3
Pendler in einer U-Bahn in Tokio

Wie der Name schon sagt, ist die Intimdistanz für enge persönliche Beziehungen oder den Austausch privater Informationen reserviert. Die Intimdistanz reicht von einigen Zentimetern bis zu etwa einem halben Meter, je nach Alter und Kultur. Zusammen mit dem persönlichen Abstand (der von etwa einem halben Meter bis 1,2 Meter reicht) bilden diese Zonen den persönlichen Raum einer Person: den Raum, den die Menschen im Allgemeinen als ihren eigenen betrachten. Unter normalen Umständen wird nur von Freunden, Verwandten und Partnern erwartet, dass sie sich so nahe kommen. Bei weniger persönlichen Beziehungen, wie z. B. mit Bekannten oder Kollegen, wird erwartet, dass man eine soziale Distanz einhält, die zwischen 1,2 und etwa 4 Metern zwischen Personen liegt. Die öffentliche Distanz schließlich beginnt bei etwa 4 Metern, d. h. der Abstand, den Menschen in relativ unpersönlichen Situationen, wie z. B. bei einem öffentlichen Vortrag auf einer Konferenz, einhalten sollten.

Hall betrachtete die Nutzung des Raums durch die Menschen als eine oft übersehene Dimension der kulturellen Erfahrung und stellte fest, dass Menschen aus verschiedenen Kulturen unterschiedliche persönliche proxemische Präferenzen und Erwartungen haben. In „Hochkontakt-Kulturen" wie Südamerika betreten Menschen häufig den persönlichen Raum des anderen und berühren ihn, während in „Niedrigkontakt-Kulturen" wie den Vereinigten Staaten die Berührung eines Fremden als Übergriff aufgefasst werden kann. Hall bemerkt humorvoll, dass Nordamerikaner, die Südamerika besuchen, sich „hinter Schreibtischen verschanzen und Stühle und Schreibmaschinen benutzen, um den Latino in einer für uns angenehmen Distanz zu halten".

Manchmal werden leichte Verstöße gegen proxemische Normen von Einzelpersonen absichtlich begangen, zum Beispiel um mehr psychologische Nähe zu schaffen oder vielleicht um einzuschüchtern. Ein Mann, der seinen Arm zunächst lässig auf die Rückenlehne des Sofas legt, auf dem seine Verabredung sitzt, und sich dann vorsichtig immer weiter nähert, geht beispielsweise von der persönlichen Distanz in die Intimzone über. Der Freund, der Ihren Arm berührt, wenn Sie eine persönliche Geschichte erzählen, tut das Gleiche, wenn auch mit einem anderen Motiv dahinter. Diese Schritte müssen jedoch sehr behutsam und unter ständiger Bewertung und Neubewertung der Reaktion der anderen Person unternommen werden. Nur wenige Menschen wären entzückt, wenn sich ein hoffnungsvoller Verehrer zu Beginn einer Verabredung plötzlich direkt auf ihren Schoß setzen würde. Auch wenn wir versuchen, einen Kollegen zu trösten, indem wir ihn im falschen Moment umarmen, kann die Interaktion sehr schnell unangenehm werden. Das liegt daran, dass die Bedeutung von räumlichen Interaktionszeichen stark kontextabhängig ist. Im Gegensatz zu den soeben erwähnten freundlichen Bewegungen kann ein Ermittler, der einen Verdächtigen befragt, dem Verdächtigen „ins Gesicht sehen", indem er so nahe wie möglich an ihn herantritt, um bedrohlicher zu wirken.

Nicht nur der Abstand, in dem wir miteinander interagieren, sondern auch unsere Platzierung im Verhältnis zu den Interaktionspartnern ist an soziale Normen gebunden. So fanden Forscher beispielsweise heraus, dass Menschen, die nebeneinander saßen, kooperativer waren, während Menschen, die sich gegenüber saßen, sich eher kompetitiv verhielten. Während eines Gesprächs positionieren sich die Menschen in der Regel in einem bestimmten Winkel zueinander (Cook, 1970). Die Art und Weise, wie sich Menschen zueinander positionieren, ist daher ein wichtiger Aspekt der Interaktionsdynamik (Williams und Bargh, 2008).

Und schließlich können auch Umstände, die sich unserer Kontrolle entziehen, einen tiefgreifenden Einfluss auf die Proxemik haben. Die COVID-19-Pandemie, die ab 2020 auf der ganzen Welt wütete, zwang uns alle zu sozialer Distanzhaltung. Soziale Distanzen, die bis dahin in Ordnung zu sein schienen, führten plötzlich dazu, dass wir uns alle sehr unwohl fühlten. Die Behörden bestanden darauf, dass ein Mindestabstand von 1,5 Metern zu anderen Personen einzuhalten wäre, die nicht unserem Haushalt angehören. In der Folge begannen die Menschen instinktiv, größere Gruppen zu meiden und neue Verhaltensweisen anzunehmen (Mehta, 2020). Die Zeit wird zeigen, ob die Jahre, in denen wir gezwungen waren, unsere Umgangsformen zu ändern, einen dauerhaften Effekt auf die sozialen Abstände haben, die wir einhalten, oder ob die Realität der überfüllten U-Bahnen und die alten Gewohnheiten uns wieder in unsere alten Gewohnheiten zurückzwingen werden.

5.1.2 Dynamik der räumlichen Interaktion in der Gruppe

Die Bedeutung der räumlichen Dynamik geht über die Interaktion zwischen Einzelpersonen hinaus und ist auch in Szenarien der Gruppeninteraktion von Bedeutung. Die räumliche Ausrichtung der Personen in einer Gruppe im Verhältnis zu den anderen kann den Eindruck erwecken, dass die Gruppe weitere Mitglieder einlädt oder versucht, andere auszuschließen. Wenn zum Beispiel auf einer Cocktailparty die Leute in einem engen Kreis stehen, kann es schwierig erscheinen, sich an der Unterhaltung zu beteiligen. Wenn die Gruppe jedoch bemerkt, dass sich jemand anschließen möchte, und den Kreis öffnet, um Platz für neue Mitglieder zu schaffen, kann dies als Einladung zur Teilnahme aufgefasst werden. Diese Art von Informationen kann für Roboter nützlich sein, um einzuschätzen, welche Personengruppen sie in öffentlichen Räumen, wie Museen oder Einkaufszentren ansprechen können, oder wenn sie die Interaktionsdynamik menschlicher Gruppen beeinflussen wollen.

Eine solche Gruppendynamik wurde von Adam Kendon als „facing formation" oder „F-formation" (Kendon, 1990) beschrieben (siehe Bild 5.4). Diese Formationen entstehen durch die Positionierung von zwei oder mehr Personen zueinander, sodass sich die Bereiche des Raums, denen sie zugewandt sind und auf die sie ihre Aufmerksamkeit richten, überschneiden. Der Raum zwischen diesen Personen, zu dem sie gleichberechtigten, direkten und exklusiven Zugang haben", wird als O-Raum bezeichnet. Die Gruppenteilnehmer selbst befinden sich im P-Raum, und sie sind von einem R-Raum umgeben. Die Teilnehmer können ihre Position verändern, um diesen Raum zu erhalten oder um andere Teilnehmer in das Gruppengespräch einzubeziehen, wie im vorherigen Beispiel. Je nach Ausrichtung der Personen zueinander sind verschiedene Konfigurationen der F-Formation möglich, die als Face-to-Face-, L-Form- und Side-by-Side-Formation für zwei Personen und als Kreisformation und andere Formen für größere Gruppen bezeichnet werden.

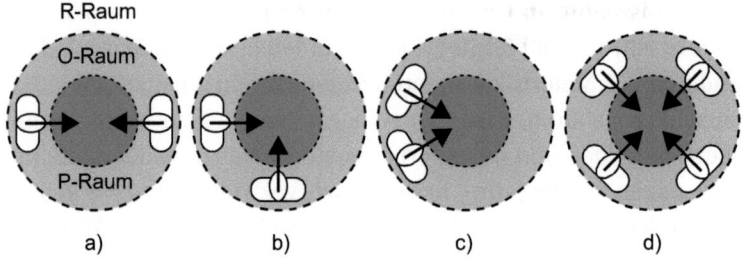

Bild 5.4 Kendons F-Formationen gibt es in mehreren Varianten, die alle die Komponenten des O-, P- und R-Raums enthalten, nämlich (a) die von Face-to-Face-Formation, (b) die L-Formation, (c) die Side-by-Side-Formation und (d) die Kreisformation

Diese Gruppenbildungen wurden verwendet, um die Interaktionen von Menschen mit Technologie (Marshall et al., 2011) im Allgemeinen und mit Robotern im Besonderen zu verstehen (z. B. Hüttenrauch et al., 2006; Yamaoka et al., 2010). Bei der Navigation in der Umgebung von Menschen fanden Pérez-Hurtado et al. (2016) heraus, dass ein Roboter auf die Bewegungen von Menschen achten und Gesprächspartner wahrnehmen muss und nicht zwischen ihnen hindurchgehen sollte, selbst wenn genügend Platz vorhanden ist.

■ 5.2 Räumliche Interaktion bei Robotern

Roboter teilen sich oft den Raum mit Menschen. Einige Roboter sind mobil und bewegen sich über den Boden oder durch die Luft. Einige von ihnen haben Arme und Manipulatoren, sodass sie mit Objekten und Nutzern interagieren können. Die Platzierung und Bewegung solcher Roboter in Bezug auf den Menschen muss bei der Gestaltung von Mensch-Roboter-Interaktionen berücksichtigt werden. Roboter, die den persönlichen Raum des Nutzers nicht respektieren, rufen negative Reaktionen oder sogar Ablehnung und Rückzug seitens des Nutzers hervor. Roboterdesigner können versuchen, die Akzeptanz des Roboters zu erhöhen, indem sie ihn einen angemessenen Abstand einhalten lassen (vorausgesetzt, sie können den Roboter so programmieren, dass er weiß, was der „angemessene Abstand" zu einem bestimmten Zeitpunkt und in einem bestimmten Raum ist) und seine Position anpassen, um eine passende Interaktionserfahrung zu schaffen. Ein Sicherheitsroboter könnte beispielsweise zunächst einen höflichen Abstand einhalten, aber an einem bestimmten Punkt der Interaktion in den Intimbereich einer Person eindringen und versuchen, diese einzuschüchtern.

5.2.1 Soziale Navigation

Bevor wir auf HRI eingehen, wollen wir kurz grundlegende Techniken aus der Robotik erläutern, die ein Roboter benötigt, um mit Menschen räumlich zu interagieren. Wenn ein Roboter mit Menschen interagieren will, muss er sich selbst im Raum in Bezug auf die Menschen, mit denen er interagieren will, lokalisieren. Daher ist eine der grundlegenden Techniken, die für mobile Roboter erforderlich sind, die Lokalisierung; ein Roboter muss wissen, wo er sich befindet. Dies ist kein triviales Problem. Ein typischer Roboter ist mit einem Kilometerzähler ausgestattet, einem Sensor, der die von den Rädern des Roboters zurückgelegte Strecke aufzeichnet. Während der Fahrt des Roboters verlieren diese jedoch an Genauigkeit, und der Roboter muss daher die Informationen, die die Odometrie über seinen Standort liefert, korrigieren. Die typische Lösung hierfür besteht darin, den Roboter eine Karte seiner Umgebung erstellen zu lassen und dann die Informationen über seinen Standort und seine Ausrichtung aus der Odometrie mit Informationen von anderen Sensoren, wie einem Laserentfernungsmesser oder einer Kamera, zu vergleichen, um sich selbst auf der Karte zu lokalisieren. Dieser Prozess wird als simultane Lokalisierung und Kartierung (Simultaneous Localization and Mapping, SLAM) bezeichnet (Davison et al., 2007; Thrun et al., 2005).

Neben der Meldung des Standorts des Roboters kann die Lokalisierung dem Roboter helfen, die Art des Raums zu erkennen, in dem er sich befindet (z. B. ob er sich im Wohnzimmer oder im Badezimmer befindet). Sie sagt jedoch nichts über den Aufenthaltsort von Personen in diesem Raum aus. Die Erkennung des Standorts und der Orientierung von Personen, die mit dem Roboter interagieren, ist daher die nächste Herausforderung. Zur Erkennung von Personen auf kurze Distanz wird der Roboter Sensoren wie zweidimensionale (2D) Kameras und Tiefenkameras tragen, mit denen er Personen in der Nähe identifizieren kann. Die Software, die die Kamerabilder verarbeitet, kann nicht nur Menschen erkennen und verfolgen, sondern auch über die Position von Körperteilen wie Armen, Beinen und Köpfen berichten. Für die Verfolgung von Personen über größere Entfernungen gibt es Techniken, die Laserentfernungsmesser (auch bekannt als Light Detection and Ranging oder LiDAR) verwenden. Manchmal wird auch ein System zur Bewegungserfassung eingesetzt. Durch das Anbringen von Reflexions- oder Referenzmarken an Personen und Objekten kann die Bewegungserfassung zur Identifizierung und Lokalisierung der Marken (und damit auch der Personen oder Objekte, an denen sie ursprünglich angebracht waren) verwendet werden. Diese markerbasierten Ansätze sind jedoch außerhalb eines Labors nur schwer anwendbar: Es ist schwierig, Kunden davon zu überzeugen, sich selbst Marker aufzukleben, damit ihr Heimroboter sie erkennen kann. Schließlich können Forscher auch Sensoren, wie z.B. Kameras, in der Umgebung anbringen, um Personen zu verfolgen (Brscić et al., 2013). (Weitere Einzelheiten zu den verschiedenen Sensoren, mit denen ein Roboter ausgestattet werden kann, finden Sie in Kapitel 3, Abschnitt 3.4.)

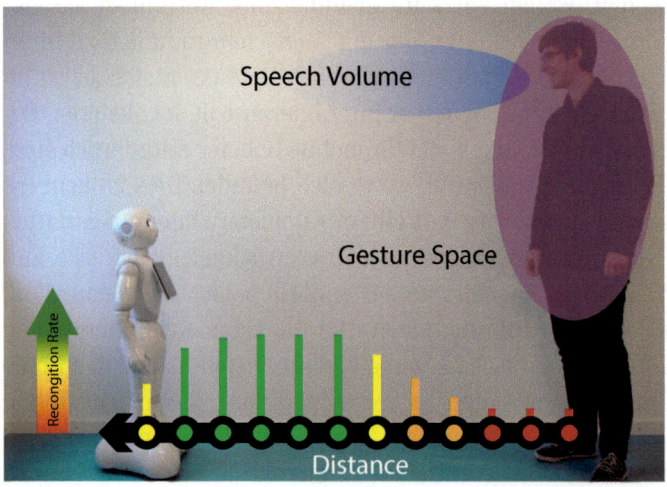

Bild 5.5 Ein Laborversuch für die proximale Untersuchung von HRI

Die Bewegung des Roboters durch eine belebte Umgebung, auch bekannt als Roboternavigation, ist ein gut untersuchtes Problem in der mobilen Robotik. Um Kollisionen zwischen dem Roboter und Objekten oder Menschen zu vermeiden, werden häufig Techniken wie der Dynamic-Window-Ansatz (DWA) verwendet (Fox et al., 1997). Die Idee hinter dieser Technik ist, dass ein System seine künftige Position auf der Grundlage der aktuellen Geschwindigkeit des Roboters berechnet, während es gleichzeitig überlegt, ob es seine Geschwindigkeit innerhalb der Grenzen seiner Betätigungsmöglichkeiten beibehalten oder ändern soll – und dabei eine künftige Geschwindigkeit berechnet, die nicht zu einer Kollision führt. Auf längeren Zeitskalen gibt es Techniken, die auf der Bahnplanung basieren. Liegt ein bestimmtes Ziel eines Roboters nicht in unmittelbarer Sichtweite des Roboters, berechnet ein Bahnplanungsalgorithmus eine Reihe von Wegpunkten oder Bahnen für den Roboter, mit denen er sein Ziel erreichen kann. In der Robotik führen die meisten Bahnplanungsalgorithmen, die für die Navigation um Hindernisse gut funktionieren, zu sozial unangemessenem Verhalten, wenn sie in der Nähe von Menschen ausprobiert werden. Wir werden die sozialen Regeln zur Positionierung in Kürze besprechen.

Bei der Lokalisierung und Navigation können auch verschiedene Elemente der Interaktion mit dem Nutzer berücksichtigt werden. So entwickelten Spexard et al. (2006) ein Roboter-Kartierungsverfahren, bei dem Eingaben aus dem Dialog mit Nutzern verwendet werden, um neue Orte in einer Umgebung kennenzulernen. Um eine menschenfreundliche Kartierungstechnik zu entwickeln, ließen Morales Saiki et al. (2011) einen Roboter die Umgebung erkunden, während er visuelle Orientierungspunkte sammelte, um eine kognitive Karte aus einer menschenähnlichen Perspektive zu erstellen; dies ermöglichte es dem Roboter, Routenanweisungen zu generieren, die Menschen leicht verstehen konnten. Forscher haben auch an der Entwicklung von Techniken gearbeitet, um menschliche Raumbeschreibungen, wie z. B. Wegbeschreibungen, zu verstehen. So entwickelten Kollar et al. (2010) eine Technik, um die Anweisungen eines Nutzers mit visuellen Informationen über die Umgebung zu verknüpfen, damit der Roboter den vom Nutzer genannten Ort interpretieren kann. Zhou et al. (2022) haben zunächst gemessen, wie Menschen in einem sozialen Umfeld aneinander vorbeigehen, und dann das Navigationsverhalten für einen Pepper-Roboter implementiert.

5.2.2 Sozialverträgliche Positionierung

Obwohl es grundlegende Techniken für die Wahrnehmung und Navigation gibt, die es Robotern ermöglichen, sich fortzubewegen, ohne mit Hindernissen zu kollidieren, fehlt es ihnen oft noch an der Fähigkeit, in Anwesenheit anderer Menschen auf sozial angemessene Weise zu navigieren. Nehmen wir an, ein Roboter soll sich durch einen Korridor in einem Bürogebäude bewegen. Was würde passieren, wenn er Menschen als Hindernisse betrachten würde? Wenn eine Person vom anderen Ende des Ganges auf den Roboter zuging, bewegte sich der Roboter bis wenige Zentimeter vor einer Kollision geradeaus den Gang hinunter und wich dann aus dem Weg. Obwohl er einen Zusammenstoß mit der Person vermeiden würde, unterscheidet sich dieses Verhalten stark von dem, was Menschen in einer ähnlichen Situation tun würden: Wir weichen einander rechtzeitig aus, zeigen nonverbal, auf welcher Seite des Ganges wir gehen werden, und vermeiden es, den persönlichen Raum des anderen zu betreten. Daher kann ein Roboter, der bis zum letzten Moment wartet, bevor er aus dem Weg geht, als konfrontativ oder aggressiv angesehen werden, auch wenn er es immer noch vermeidet, mit einer Person zusammenzustoßen.

Die meisten Kartierungsverfahren für Roboter liefern nur geometrische Karten, in denen Menschen als Hindernisse betrachtet werden. Sie enthalten keine Informationen darüber, in welche Richtung die Menschen blicken, ob sie sich unterhalten oder nur nahe beieinanderstehen oder wie sich die Menschen bewegen. Daher gibt es verschiedene Techniken, die es einem Roboter ermöglichen, eine menschengerechtere Darstellung seiner Umgebung zu erhalten.

Einer der Schwerpunkte bei der Untersuchung der Proxemik in der HRI ist die Identifizierung geeigneter Interaktionsabstände zwischen Nutzern und Robotern. Dazu gehören Fragen wie die folgenden: Wie nah stehen Menschen am liebsten zu einem Roboter? Wie nahe sollte sich ein Roboter den Menschen nähern, bevor er als unhöflich oder unangemessen empfunden wird oder den Menschen ein ungutes Gefühl vermittelt? Walters et al. (2005) haben den Abstand gemessen, in dem sich Menschen wohlfühlen, wenn sie von einem Roboter angesprochen werden. Sie berichteten, dass die meisten Menschen eine persönliche oder soziale Distanz bevorzugen, wenn sie mit einem Roboter interagieren, einige bevorzugen jedoch einen geringeren Abstand. Hüttenrauch et al. (2006) berichteten, dass die Menschen es vorziehen, wenn der Roboter in einem von der menschlichen Proxemik abgeleiteten Abstand steht. Bei der Untersuchung von Interaktionen zwischen einem Roboter und einer Gruppe von Menschen berichteten Kuzuoka et al. (2010), dass ein Roboter die Gesprächs-F-Formationen der Gruppe ändern kann, indem er seine Körperausrichtung ändert. Zudem fanden sie auch heraus, dass die Bewegung des gesamten Körpers des Roboters effektiver war, als wenn der Roboter nur seinen Kopf bewegt.

Die Position im Verhältnis zum Menschen ist auch wichtig, wenn Menschen und Roboter interagieren, während sie sich fortbewegen. Um die soziale Akzeptanz eines Roboters zu erhöhen, wurden Techniken für die Roboternavigation entwickelt, die auf der menschlichen Proxemik basieren. Wenn ein Roboter beispielsweise einem Nutzer von hinten folgt, kann der Roboter entweder dieselbe Bahn wie der Nutzer nehmen oder sich direkt zur aktuellen Position des Nutzers bewegen, was ein kürzerer und schnellerer Weg sein kann. Gockley et al. (2007) zeigten, dass die Nutzer das erste Verhalten als natürlicher empfinden. Morales Saiki et al. (2012) haben eine Technik entwickelt, die es einem Roboter ermöglicht, Seite an Seite mit seinem Nutzer zu navigieren, wobei sie es für wichtig hielten, dass der Roboter die zukünftige Bewegung des Nutzers vorwegnimmt.

Außerdem entspricht das Sicherheitsempfinden von Menschen nicht unbedingt dem, was ein Roboter als sicher empfindet. Bei dem Problem, einen Korridor zu passieren, wurde beispielsweise festgestellt, dass ein Roboter genügend Abstand halten muss, um nicht in die Intimsphäre einer Person einzudringen (Pacchierotti et al., 2006). Alternativ dazu kann ein Roboter nachahmen, wie Menschen Zusammenstöße vermeiden. Luber et al. (2012) und Shiomi et al. (2014) haben beispielsweise ein Fußgängermodell entwickelt, das eine Kollisionsvermeidung für dynamische Umgebungen implementiert. Überlegungen zum Komfort und zur wahrgenommenen Sicherheit können ebenfalls in die Routenplanung integriert werden. Sisbot et al. (2007) entwickelten einen Wegplaner für einen mobilen Roboter, der plant, wie er ein bestimmtes Ziel erreicht und dabei Situationen vermeidet, in denen sich Menschen unwohl fühlen könnten. Der Planer berücksichtigt Aspekte wie die Frage, ob die Menschen sitzen oder stehen und ob der Roboter sie überraschen könnte, indem er plötzlich hinter einem Hindernis auftaucht. Fisac et al. (2018) verwendeten ein probabilistisches Modell eines gehenden Menschen zur Planung und Ausführung einer sicheren Flugbahn für eine Indoor-Drohne (siehe Bild 5.6).

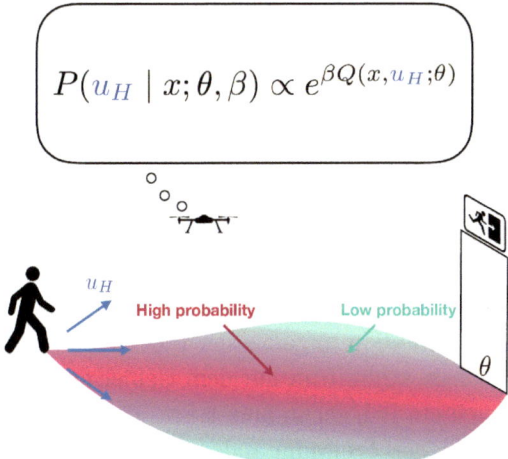

$$P(u_H \mid x; \theta, \beta) \propto e^{\beta Q(x, u_H; \theta)}$$

Bild 5.6
Die Drohne berechnet ein probabilistisches Modell, wo der Mensch hingehen wird, und plant eine sichere Route (Fisac et al., 2018)

Die Planung einer Bewegungsbahn, die von Menschen als sicher und angenehm empfunden wird, ist auch dann erforderlich, wenn nur ein Teil des Roboters in den persönlichen Raum des Nutzers eindringt. Wenn beispielsweise ein Roboterarm in der Nähe einer Person eingesetzt wird, z.B. wenn eine Person und ein Industrieroboter an einer gemeinsamen Aufgabe arbeiten, muss der Roboter die sozial angemessene Entfernung berücksichtigen, wenn er einen Pfad für seinen Endeffektor

(z. B. die Hand) berechnet, um das vorgegebene Ziel zu erreichen (z. B. ein Objekt zu greifen oder ein Objekt an eine Person zu übergeben) (Kulic und Croft, 2005). Dies kann die Bewegung des Roboters aus rein funktionaler Sicht ineffizient machen, führt aber zu einer positiveren Bewertung der Interaktion durch den Nutzer (Cakmak et al., 2011).

5.2.3 Räumliche Dynamik der initiierenden HRI

Jede soziale Interaktion muss von jemandem initiiert werden, zum Beispiel indem man sich auf einer Cocktailparty in der Nähe des Gesprächspartners aufhält und sich ihm zuwendet oder indem man auf einen Kollegen zugeht, um ihm den Geschäftsbericht zu überreichen. Die Art und Weise, wie man aufeinander zugeht und wie die Annäherung wahrgenommen wird, hat Auswirkungen auf die nachfolgende Interaktion.

Von einem Annäherungsverhalten wird im Allgemeinen erwartet, dass es positive Auswirkungen auf beide Parteien in der Interaktion hat. Derjenige, der sich nähert, bemüht sich, die Aufmerksamkeit auf sich zu ziehen und zu teilen, was Interesse an der Person signalisiert, die sich nähert. Gleichzeitig löst die Initiierung einer Interaktion neuronale Aktivität in belohnungsbezogenen Hirnarealen aus, was beim Initiator zu einem positiven Affekt führt (Schilbach et al., 2010). Die Initiierung einer Interaktion ist außerdem ein Zeichen von Durchsetzungsvermögen und Vertrauen in die eigene Fähigkeit, eine erfolgreiche soziale Begegnung zu führen. Es mag überraschen, dass dies auch in umgekehrter Richtung gilt. Menschen, die auf andere zugehen, werden von ihren Mitmenschen als Menschen mit mehr persönlicher Kontrolle angesehen (Kirmeyer und Lin, 1987).

Stellen Sie sich den Moment vor, in dem ein Mensch zum ersten Mal einem Roboter begegnet. Beide könnten sich dem anderen nähern, um die Interaktion einzuleiten. Während dies für einen Menschen recht trivial sein kann, muss ein Roboter sorgfältig entworfen werden, um eine Interaktion angemessen einzuleiten. Das Annäherungsverhalten von Robotern wurde schon früh auf dem Gebiet der HRI untersucht. In einer Situation, in der sich ein Roboter in eine Warteschlange einreiht, muss er beispielsweise den persönlichen Freiraum anderer Menschen respektieren, die ebenfalls warten (Nakauchi und Simmons, 2002). Wenn ein Roboter auf Menschen trifft, muss er seinen Navigationsmodus von rein funktional auf die Berücksichtigung der sozialen Distanz und der räumlichen Konfiguration umstellen (Althaus et al., 2004).

Das Initiieren einer Interaktion ist auch kontext- und aufgabenabhängig. Satake et al. (2009) zeigen, wie ein Roboter, der Informationen über die Geschäfte in einem Einkaufszentrum anbietet, keine Interaktion einleiten kann, wenn die Annäherung schlecht geplant und ausgeführt wird. Die geplante Flugbahn muss sowohl effektiv als auch akzeptabel für menschliche Besucher sein (Satake et al., 2009; Kato et al., 2015). Während eine Annäherung von vorne erwünscht ist, wenn ein Roboter versucht, ein Gespräch zu initiieren, war sie weniger erwünscht und führte zu mehr Fehlschlägen, wenn er währenddessen einer Person einen Gegenstand übergab (Dautenhahn et al., 2006; Shi et al., 2013). In einigen neueren Arbeiten wird maschinelles Lernen eingesetzt, um ein geeignetes Annäherungsverhalten zu generieren, das zum Kontext passt. Liu et al. (2016) entwarfen mithilfe einer vollautomatischen Analyse des beobachteten menschlichen Verhaltens ein Annäherungs- und Initiierungsverhalten für einen Roboter, der in einem Geschäft arbeitet. Die Forscher zeichneten zunächst auf, wie sich Menschen in einem Kamerageschäft bewegten und sprachen, und nutzten dann maschinelles Lernen, um typisches Sprachverhalten und räumliche Formationen zu extrahieren. Diese Verhaltensweisen wurden dann auf den Roboter übertragen. Eine Nutzerstudie zeigte, dass das erlernte Sprach- und Bewegungsverhalten von den Nutzern als sozial angemessen empfunden wurde.

Selbst wenn sich eine Person einem Roboter nähert, sollte der Roboter genau im richtigen Moment reagieren. Gelingt ihm das nicht, könnte der Nutzer die Interaktion als unnatürlich und unangenehm empfinden und in Zukunft das Initiieren von Interaktionen vielleicht sogar aufgeben (Kato et al., 2015). Studien zur menschlichen Proxemik, insbesondere Beobachtungsstudien zu den Interaktionen von Menschen untereinander oder mit Robotern, können inhaltlich besser abgestimmte und relevante Modelle liefern. Michalowski et al. (2006) entwickelten beispielsweise ein kategoriales Modell der menschlichen räumlichen Interaktion und des Engagements mit einem Empfangsroboter auf der Grundlage von Beobachtungen der Interaktionen von Menschen mit dem Roboter. Sie definierten das geeignete Timing und die Verhaltensweisen (z. B. sich einer Person zuwenden, Hallo sagen), die der Roboter mit Menschen in verschiedenen räumlichen Zonen ausführen kann, um sowohl als zugänglicher wahrgenommen zu werden als auch erfolgreich eine Interaktion einzuleiten, wenn dies angebracht ist.

Die soziale Navigation ist im Zusammenhang mit selbstfahrenden Autos besonders wichtig geworden. Es heißt, die ersten selbstfahrenden Autos von Google fuhren optimale Bahnen gemäß der Straßenverkehrsordnung, erschreckten aber häufig andere Verkehrsteilnehmer, indem sie zu dicht auffuhren oder sie abschnitten. Erst als Höflichkeit explizit als Optimierungskriterium hinzukam, fuhren die Autos sozialverträglich.

5.2.4 Informieren der Nutzer über die Absicht eines Roboters

Bewegungsbahnen von Robotern werden häufig verwendet, um die Absicht und das Ziel des Roboters zu vermitteln. Es wurden Algorithmen zur Bahnplanung entwickelt, um Informationen explizit durch die Roboterbahn zu übermitteln. So kann ein mobiler Roboter beispielsweise durch langsames Vorbeifahren in einigen Metern Entfernung von einem Besucher ausdrücken, ob er für eine Interaktion zur Verfügung steht (Hayashi et al., 2012). In ähnlicher Weise wurden Trajektorien als Mittel eingesetzt, um einem Roboter, der nur wenige Möglichkeiten hat, sich auszudrücken, wie z. B. Reinigungsroboter und Drohnen, die Möglichkeit zu geben, dem Nutzer seine Absicht mitzuteilen (Szafir et al., 2015).

Bei der Übergabe in der HRI, d. h. wenn ein Roboter dem Nutzer ein Objekt übergibt, bevorzugen die Nutzer ein „lesbares" Verhalten des Roboters, das es dem Nutzer ermöglicht, sein Ziel und seine Absicht zu verstehen (Koay et al., 2007a). Daher haben Forscher Algorithmen entwickelt, um einen Roboterarm so zu steuern, dass er lesbare Bewegungen ausführt, während er ein bestimmtes Ziel erreicht. Ein Roboter könnte einen Gegenstand auf viele verschiedene Arten an eine Person übergeben, jedoch kann die energieeffizienteste Art für eine Person unverständlich sein, weshalb es besser ist, eine Bewegung auszuführen, die leichter zu interpretieren ist (Dragan et al., 2013).

Wenn ein Roboter eng mit einem Menschen zusammenarbeitet, muss er in der Lage sein zu verstehen, wie der Mensch den Raum um ihn herum wahrnimmt. Eine wichtige verwandte Fähigkeit ist die räumliche Perspektivenübernahme (Trafton et al., 2005). Stellen Sie sich eine Situation vor, in der zwei Personen zusammenarbeiten. Die eine bittet die andere, ihr einen Gegenstand zu reichen, indem sie sagt: „Gib mir diesen Gegenstand". Der Bezug des Begriffs „Gegenstand" ist offensichtlich, wenn es nur ein Objekt vorhanden ist. Was aber, wenn es mehrere Gegenstände gibt? Für Menschen ist es oft einfach, den beabsichtigten Referenten von „Gegenstand" zu erkennen. Wir können eine komplexe Reihe von Hinweisen verwenden, darunter die Blickrichtung, die Körperausrichtung, den vorherigen Kontext der Interaktion, das Wissen über die Person und ihre Vorlieben, Informationen über die Aufgabe und andere Hinweise, um die Anfrage zu eindeutig zu interpretieren. Für einen Roboter kann dies jedoch ziemlich kompliziert sein. Es gibt mehrere Ansätze, die es dem Roboter ermöglichen, die Perspektive des Nutzers einzunehmen. Diese stützen sich häufig auf geometrische Modelle, die den Standort von Menschen, Robotern und Objekten sowie die Sichtbarkeit und Erreichbarkeit dieser Objekte für den Nutzer erfassen (Lemaignan et al., 2017; Ros et al., 2010).

■ 5.3 Schlussfolgerung

Die Untersuchung der räumlichen Interaktion in der HRI wird oft durch unser Verständnis der menschlichen Proxemik, der Gesprächsbeziehungen und des Positionierungs- und Annäherungsverhaltens inspiriert, obwohl wir nicht erwarten können, dass die Auswirkungen immer dieselben sind. Allerdings erweisen sich Normen und Erkenntnisse, die den Menschen so geläufig sind, dass sie sich ihrer vielleicht gar nicht mehr bewusst sind, oft als zu komplex, um sie in das Verhalten von Robotern zu integrieren. So passen Menschen beispielsweise unbewusst und mühelos den Abstand zu ihrem Gesprächspartner auf ein angemessenes Maß an; ein Roboter müsste jedoch eine sorgfältige Berechnung durchführen, um zu entscheiden, welchen Abstand er während einer Interaktion mit seinem menschlichen Gegenüber einhalten sollte. Noch schwieriger wird es, wenn die Interaktion komplexer ist, z. B. wenn ein Roboter sich einer Person nähern muss, wenn er während eines Gesprächs eine räumliche Formation beibehalten muss, oder wenn er zusammen mit einer Person in Bewegung navigieren muss. Diese Überlegungen sind nicht nur wichtig, um eine sozial akzeptable und komfortable HRI zu erreichen, sondern auch, um sicherzustellen, dass die Menschen die Absichten des Roboters verstehen und sich sicher mit Robotern in ihrem physischen Raum beschäftigen können.

 Diskussionsfragen

- Lassen Sie uns ein Rollenspiel machen: Um zu verstehen, wie viel soziale Information in die Schaffung einer sozial angemessenen Navigation einfließt, versuchen Sie, sich wie ein dummer Roboter zu verhalten, der keine soziale Information über den Raum verarbeitet, wenn er mit einem Freund interagiert (vielleicht informieren Sie Ihren Freund vorher, oder Sie „vergessen", dies zu tun, um eine natürlichere Reaktion zu erzielen). Was ist passiert? Wie lange können Sie das durchhalten?
- Denken Sie an eine Situation zurück, in der jemand Ihren persönlichen Raum verletzt hat. Wie haben Sie es bemerkt? Wie haben Sie reagiert?
- Stellen Sie sich vor, Sie sind ein Ingenieur und bauen einen Roboter. Dieser Roboter wird in Japan, Mexiko und den Vereinigten Staaten auf den Markt kommen. Wird das Produkt in jedem Land das gleiche sein? Wird sich das räumliche Navigationsverhalten des Roboters unterscheiden? Wenn ja, wie?
- Denken Sie an den Einsatz eines Roboters in verschiedenen Alltagssituationen (z. B. zu Hause, im Büro und in einem überfüllten Zug). Überlegen Sie nun, wie Sie das Raumnavigationsverhalten des Roboters an jeden dieser Kontexte anpassen müssen. Was wären wichtige Faktoren, die in diesen verschiedenen Kontexten zu berücksichtigen wären?

■ 5.4 Übungen

Die Antworten auf diese Fragen finden Sie in Kapitel 14.

Übung 21   Formationen

Die räumliche Gruppendynamik, wie sie unten dargestellt ist, wurde von Adam Kendon als „gegenüberliegende Formation" oder „F-Formation" beschrieben. Für diese Frage ordnen Sie die vier Bilder (a, b, c, d) den Namen der Formation zu.

1. Kreisförmige Anordnung:

2. L-Formation:

3. Face-to-Face:

4. Side-by-Side:

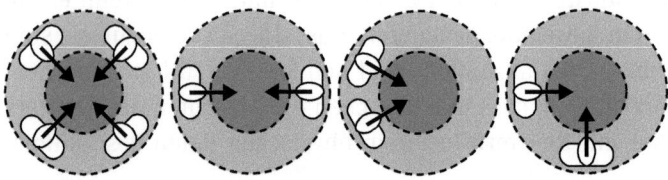

Bild 5.7 Formen der räumlichen Gruppendynamik

Übung 22   Was ist die typische maximale Entfernung für den Sozialraum?

Übung 23   Wie groß ist der typische maximale Abstand für den persönlichen Raum?

Übung 24   Was ist der typische maximale Abstand für den intimen Raum?

Übung 25   Was ist der typische Mindestabstand für den öffentlichen Raum?

Übung 26   Räumliche Navigation

Roboter sind physisch, sie nehmen also nicht nur Raum ein, sondern müssen auch in der Lage sein, sich in der alltäglichen Interaktion mit dem Menschen angemessen zu bewegen. Stellen Sie sich auf der Grundlage Ihrer eigenen Erfahrungen mit räumlicher Interaktion und des gerade gelesenen Kapitels vor, wie Sie einen „sozial intelligenten" Roomba-ähnlichen Staubsauger entwerfen würden. Was müsste dieser mobile Roboter wissen und wie sollte er sein Verhalten anpassen, um sich im Kontext Ihres Zuhauses sozial zurechtzufinden? Welche Arten von Akteuren, Aktivitäten, sozialen Normen, Vorlieben usw. müsste er kennen? Welche Aspekte seines Verhaltens sollte er anpassen, um sich dem Kontext anzupassen? Stellen Sie sich nun einen ähnlichen Roboter außerhalb des Hauses vor, z. B. einen Roboter, der Lebensmittel ausliefert und auf den Straßen der Stadt fährt. Welche Art von räumlichen Kenntnissen und Verhaltensanpassungen muss dieser Roboter vornehmen, um Passanten nicht zu belästigen und sich der Person, die er beliefern will, angenehm nähern zu können?

 Weiterführende Literatur

Lehrbuch zum Erlernen grundlegender Techniken der Roboternavigation:

- Howie M. Choset, Seth Hutchinson, Kevin M. Lynch, George Kantor, Wolfram Burgard, Lydia E. Kavraki und Sebastian Thrun. Principles of robot motion: Theory, algorithms, and implementation. MIT Press, Cambridge, MA 2005.

Lesen Sie mehr über Raum-bezogene Studien im Bereich HRI:

- Thibault Kruse, Amit Kumar Pandey, Rachid Alami und Alexandra Kirsch. Human-aware robot navigation: A survey. In: Robotics and Autonomous Systems, 61 (12): 1726–1743, 2013.
- Jonathan Mumm und Bilge Mutlu. Human-robot proxemics: Physical and psychological distancing in human-robot interaction. In: Proceedings of the 2011 ACM/IEEE International Conference on Human-Robot Interaction, S. 331 – 338. ACM, 2011.
- Satoru Satake, Takayuki Kanda, Dylan F. Glas, Michita Imai, Hiroshi Ishiguro und Norihiro Hagita. How to approach humans? Strategies for social robots to initiate interaction. In: 4th ACM/IEEE International Conference on Human-Robot Interaction, S. 109 – 116. IEEE, 2009.
- Michael L. Walters, Kerstin Dautenhahn, René Te Boekhorst, Kheng Lee Koay, Dag Sverre Syrdal und Chrystopher L. Nehaniv. An empirical framework for human-robot proxemics. In: Proceedings of New Frontiers in Human-Robot Interaction, 2009.

6 Nonverbale Interaktion

 Was in diesem Kapitel behandelt wird

- Die Rolle der nonverbalen Kommunikation in zwischenmenschlichen Interaktionen – wie die Kommunikation durch Mimik, Gestik, Körperhaltung und Geräusche unterstützt wird.
- Wie wichtig es ist, nonverbale Hinweise richtig zu interpretieren, zu nutzen und darauf zu reagieren, um Mensch-Roboter-Interaktionen erfolgreich zu gestalten und eine positive Wahrnehmung von Robotern zu erzeugen.
- Nonverbale Kommunikationskanäle, die es nur bei Robotern gibt, sowie Kanäle, die denen ähneln, die üblicherweise von Menschen verwendet werden.
- Wie robotische Klänge, Lichter und Farben oder physische Gesten mit Armen, Beinen, Tierschwänzen, Ohren und anderen Körperteilen für die Kommunikation mit Menschen wirksam sein können.

Wenn wir daran denken, was es bedeutet, mit jemandem von Angesicht zu Angesicht zu kommunizieren, fällt uns oft als Erstes der Inhalt unseres Sprechens ein – das, was wir zueinander sagen – und nicht die Art und Weise, wie dieser Inhalt vermittelt wird. Stellen Sie sich aber einmal vor, Sie würden von Angesicht zu Angesicht mit jemandem sprechen, ohne die Möglichkeit, die Person anzusehen oder Gesten zu benutzen. Sie würden sich nicht nur unwohl fühlen, sondern könnten auch Schwierigkeiten haben, die beabsichtigte Bedeutung zu vermitteln. Außerdem scheint es ohne den nonverbalen „Kanal" schwieriger zu sein, eine starke Verbindung mit der Person aufzubauen, insbesondere, wenn Sie mit einem Fremden kommunizieren.

Dieses Kapitel befasst sich mit dieser unausgesprochenen (d. h. nonverbalen) Komponente unserer sozialen Interaktionen, sowohl mit anderen Menschen als auch speziell mit Robotern. Abschnitt 6.1 beleuchtet die verschiedenen Funktionen, die nonverbale Kommunikation erfüllt. In Abschnitt 6.2 werden die verschiedenen Arten von nonverbalem Verhalten, wie z. B. Blicke und Mimik, näher beleuchtet. Schließlich wird in Abschnitt 6.3 explizit darauf eingegangen, wie Roboter nonverbales Verhalten lesen und erzeugen können.

Wie das vorherige Beispiel zeigt, geben Menschen während ihrer Interaktion ständig und scheinbar automatisch eine Vielzahl von nonverbalen Hinweisen ab und nehmen diese auf. Diese Hinweise werden verwendet, um die Nuancen von Bedeutung, Emotionen und Absichten anderer zu interpretieren. Nonverbale Signale sind ein derart wichtiger Aspekt der menschlichen Kommunikation, dass die Unfähigkeit, sie angemessen zu erzeugen und zu entschlüsseln, die Interaktion zu einer großen Herausforderung macht. Jeder kann ein Gefühl der Verwirrung empfinden, wenn er in ein anderes Land reist – wir finden es vielleicht schwierig, den Kellner aufzufordern, uns die Rechnung zu geben, oder haben Schwierigkeiten, das Gesicht einer anderen Person zu lesen, um zu verstehen, was sie fühlt. Wie wichtig nonverbale Signale sind, erfahren vor allem Menschen mit Störungen wie Autismus, denen es schwerfällt, nonverbale soziale Signale anderer wahrzunehmen und zu interpretieren. Andererseits kann die Sensibilität für nonverbale Signale das Verständnis einer Interaktion verbessern. So können Forscher, die „soziale Sensoren" zur Messung von Aspekten des nonverbalen Verhaltens wie Blicke und Rhythmik eingesetzt haben, anhand kleinster Äußerungen nonverbalen Verhaltens vorhersagen, welche Personen auf einer Konferenz Visitenkarten austauschen werden (Pentland und Heibeck, 2010) oder welche Paare sich innerhalb eines Zeitraums von sechs Jahren trennen werden (Carrere und Gottman, 1999).

Schon in den ersten Entwürfen sozialer Roboter wurden nonverbale Hinweise, die in der menschlichen Interaktion vorkommen, aktiv genutzt, um die Interaktionen mit dem Roboter zu bereichern. Sie werden in der Regel in Kombination mit Sprache verwendet, um zusätzliche Informationen über den internen Zustand oder die Absichten des Roboters zu liefern. Kismet, einer der ersten sozialen Roboter (siehe Bild 2.4), nutzte Hinweise durch Körperhaltung, wie z. B. das Zurückziehen oder Vorbeugen, um Affekte auszudrücken und Menschen in die Interaktion einzubeziehen (Breazeal, 2003). Keepon, ein minimalistischer sozialer Roboter (siehe Bild 2.7 und Bild 4.4), nutzt Blicke und reaktive Bewegungen, um Aufmerksamkeit und Gefühle auszudrücken (Kozima et al., 2009). Viele Roboter sind fähig, Aufmerksamkeit zu erregen, um zu signalisieren, dass sie sich auf den Nutzer einlassen und eine gemeinsame Aufgabe haben. Im Folgenden werden die Funktionen und Arten von nonverbalen Hinweisen und ihre Verwendung in der Mensch-Roboter-Interaktion erörtert.

■ 6.1 Funktionen von nonverbalen Hinweisen in der Interaktion

Nonverbale Hinweise ermöglichen es Menschen, wichtige Informationen „zwischen den Zeilen" zu kommunizieren. Sie fügen der Interaktion zwischen Menschen (und zwischen Menschen und Robotern) eine weitere Informationsebene hinzu und ergänzen das, was sprachlich kommuniziert wird. Durch nonverbale Kommunikation können Menschen gegenseitiges Verständnis, gemeinsame Ziele und eine gemeinsame Basis signalisieren. Sie können Gedanken, Gefühle und Aufmerksamkeit kommunizieren. Und sie können dies auf eine subtilere, indirektere Weise tun als durch verbale Äußerungen.

In der Psychologie werden nonverbale kommunikative Signale wie Blicke, Körperhaltung oder Gesichtsmuskeltätigkeit häufig als implizite Indikatoren für den Affekt gegenüber einer Person oder einem Objekt untersucht. Viele der nonverbalen Signale, die wir vermitteln, werden automatisch und ohne großes Nachdenken oder sogar völlig unbewusst ausgedrückt. Daher wird oft angenommen, dass nonverbale Signale ungefiltert und authentischer sind und die „wahre" Einstellung der Menschen offenbaren. Zum Beispiel kann Ihre Körpersprache eine ganz andere Botschaft vermitteln als Ihre Sprache. Denken Sie an einen Bekannten, den Sie nicht besonders mögen. Obwohl Sie diese Person vielleicht freundlich begrüßen und ein scheinbar freundschaftliches Gespräch beginnen, könnten Ihre nonverbalen Signale Ihre wahren Gefühle verraten. Sie sehen die Person vielleicht kürzer an, runzeln die Stirn, anstatt zu lächeln, und vermeiden Körperkontakt, ohne sich bewusst zu sein, dass Ihre nonverbalen Signale nicht mit Ihrem verbalen Geplapper übereinstimmen.

Nonverbale Hinweise sind für HRI ebenso wichtig. Nonverbale Hinweise, die Menschen bei der Interaktion mit einem Roboter geben, können anzeigen, ob eine Person die Interaktion genießt und ob sie den Roboter mag oder nicht. Sie können daher als Maß oder Hinweis für die Einstellung oder das Engagement dienen und zur Steuerung des Roboterverhaltens verwendet werden. Selbst im HRI-Kontext können verbale und nonverbale Hinweise widersprüchlich sein. Beispielsweise können Menschen verbal positive Gedanken über einen Roboter äußern, während die nonverbalen Hinweise darauf hindeuten, dass sie angespannt oder ängstlich sind, während sie mit dem Roboter interagieren. HRI kann auch durch die Art und Weise beeinflusst werden, wie Roboter nonverbale Hinweise geben. Eine Interaktion kann zum Beispiel unbeholfen wirken, wenn der Roboter Gesten macht, die nicht zum Rhythmus oder zur Bedeutung seiner Sprache passen, oder wenn er nicht angemessen auf die nonverbalen Signale des Menschen reagiert. Die frühe Forschung zu HRI konzentrierte sich hauptsächlich auf die Sprache als die offensichtlichste Kommunikationsform für Roboter, aber die Forscher sind sich heute einig, dass nonverbale Signale für HRI von zentraler Bedeutung sind, und ihre Umsetzung wird allgemein als Voraussetzung für eine reibungslose und erfolgreiche Interaktion zwischen Menschen und Robotern akzeptiert. Denken Sie zur Veranschaulichung an den menschlichen Blick während eines Gesprächs. Der Blick erfolgt automatisch, ohne viel nachzudenken, aber er signalisiert gleichzeitig die gemeinsame Aufmerksamkeit – dass beide Personen über dieselbe Sache sprechen – und bestätigt den Gesprächspartner. Wenn wir mit einem Roboter sprechen, würden wir erwarten, dass der Roboter seinen Kopf zu uns dreht und Augenkontakt mit uns aufnimmt, um uns zu zeigen, dass er auf das, was wir sagen, achtet. Ein Roboter, der ein solches nonverbales Verhalten zeigt, lässt die Interaktion natürlicher und reibungsloser erscheinen. Umgekehrt merken wir sofort, wenn etwas von diesem „sozialen Klebstoff" fehlt – wir spüren, dass etwas nicht stimmt, auch wenn es schwierig sein mag, genau zu bestimmen, was fehlt. Wenn der Roboter geradeaus starrt und unsere Anwesenheit oder gesprochenen Anfragen nicht würdigt, ist die Interaktion gescheitert.

Wie jede Information steht auch die nonverbale Kommunikation immer in einem spezifischen Kontext, der die jeweiligen nonverbalen Signale angemessen oder unangemessen macht. Dieser Kontext kann durch bestimmte soziale und kulturelle Normen eingeschränkt sein. So schüttelt man sich in westlichen Gesellschaften zur Begrüßung die Hand, während in Japan eine respektvolle Begrüßung durch Verbeugen erfolgt. Sogar das Ausmaß, in dem sich eine Person vor einer anderen verbeugt, signalisiert sozialen Status und Hierarchie. Für den naiven Beobachter mag dies kaum wahrnehmbar sein, doch für diejenigen, die die entsprechenden kulturellen Normen verstehen, ist es sofort offensichtlich. In ähnlicher Weise würde ein Gespräch mit einer Person aus einer westlichen Gesellschaft ganz selbstverständlich anhaltenden Blickkontakt oder sogar körperliche Berührung beinhalten. In einem anderen kulturellen Kontext könnte dies jedoch als bedrohlich oder unhöflich empfunden werden. Solche sozialen und kulturellen Unterschiede werden in der neueren HRI-Forschung zur Gestaltung kultursensibler Interaktionen aufgegriffen, wobei unter anderem die Bedeutung nonverbaler Signale für den kulturübergreifenden Einsatz von Sozialrobotern untersucht wird. So haben beispielsweise Forscher aus dem Vereinigten Königreich und Japan gemeinsam an der Entwicklung kulturell kompetenter Pflegeroboter gearbeitet, was die Entwicklung kultureller Wissensrepräsentationen, kultursensibler Planung und Ausführung sowie kulturell angemessener multimodaler HRI umfasst (Bruno et al., 2017). Die Entwicklung von HRI, die den sozialen Normen und kulturellen Erwartungen entspricht, kann den Unterschied zwischen einem erfolgreichen Produkt und einer vergeudeten Investition bedeuten.

■ 6.2 Arten der nonverbalen Interaktion

Obwohl wir nonverbale Signale in mehreren Modalitäten gleichzeitig wahrnehmen, wie z. B. Töne, Bewegungen und Blicke, kann es sich lohnen, jeden Kommunikationskanal separat zu betrachten, wenn wir versuchen, nonverbale Signale in die HRI zu implementieren. Wenn wir die Funktionen und Wirkungen der verschiedenen nonverbalen Signale verstehen, können wir sie nach Bedarf für verschiedene Aufgaben und Wirkungen in der HRI kombinieren.

6.2.1 Blick und Augenbewegung

Stellen Sie sich vor, Sie führen ein Vorstellungsgespräch und der Bewerber antwortet auf Ihre Fragen, ohne Sie anzuschauen, sondern starrt nur auf den Schreibtisch vor ihm. Selbst wenn Sie ein Diagramm auf der Tafel skizzieren, folgt der Bewerber Ihrem Blick nicht zu dem, was Sie gerade zeichnen. Würden Sie die Person einstellen? Wahrscheinlich nicht, denn diese Art des Blickverhaltens würde wahrscheinlich als mangelndes Interesse an Ihnen und an dem, worüber Sie sprechen, aufgefasst werden.

Der Blick ist ein subtiler und wichtiger Hinweis für die Steuerung sozialer Interaktion. Der Blick signalisiert Interesse, Verständnis, Aufmerksamkeit und die Fähigkeit und Bereitschaft der Menschen, dem Gespräch zu folgen. Neben ihrer sozialen Funktion erleichtern Blicke und Augenbewegungen auch funktionale Interaktionen und Zusammenarbeit, z. B. wenn man jemandem einen Gegenstand reicht oder die Aufmerksamkeit auf das nächste Werkzeug lenkt, das für eine Aufgabe benötigt wird. Mithilfe der Eye-Tracking-Technologie lassen sich Blickmuster auswerten und Einblicke in die Informationsverarbeitung und die menschliche Kognition gewinnen. Pragmatisch gesehen kann die Analyse von Blickmustern auch dazu beitragen, sicherzustellen, dass eine bestimmte Aufgabe reibungslos erledigt wurde. Der Blick kann auch ein Mittel sein, um die Aufmerksamkeit einer anderen Person während einer Interaktion zu erlangen und zu halten. So kann der Blick zum Beispiel ein Mittel sein, Wechsel in Interaktionen zu steuern: Indem der Sprecher von einer Person zur anderen schaut, kann er andeuten, wer als Nächstes an der Reihe ist zu sprechen.

Bild 6.1
Kulturell angemessene nonverbale Hinweise können
die Kommunikation zwischen Mensch und Roboter
natürlicher und angenehmer machen

Eine besonders gut etablierte Komponente des Blickverhaltens in der menschlichen Interaktion ist die gemeinsame Aufmerksamkeit (Joint Attention). Gemeinsame Aufmerksamkeit bezieht sich auf Interaktionspartner, die sich gleichzeitig auf denselben Bereich oder dasselbe Objekt konzentrieren. Die Bedeutung dieses Verhaltens für die menschliche Entwicklung beginnt in der frühen Kindheit, wo die gemeinsame Aufmerksamkeit ein wichtiges Gerüst für das Lernen darstellt. Die Fähigkeit, sich gleichzeitig mit einer erwachsenen Bezugsperson auf dasselbe Objekt zu konzentrieren, ist eine wichtige Voraussetzung für die Fähigkeit von Kleinkindern, neue Wörter und Verhaltensweisen zu lernen (Yu und Smith, 2013), während die Unfähigkeit zur gemeinsamen Aufmerksamkeit zu Entwicklungsproblemen führen kann (Charman et al., 2000). Gemeinsame Aufmerksamkeit in der Erwachsenenkommunikation kann auch ein Zeichen für Interesse und tiefes Engagement in der Interaktion sein und ist wichtig für kollaborative Aufgaben, bei denen die Akteure ihre Aktivitäten koordinieren müssen. Um gemeinsame Aufmerksamkeit zu erreichen, sind das Timing und die Synchronität des Blickverhaltens wichtige Aspekte, die berücksichtigt werden müssen.

 Die Augen sind ein Fenster zur Seele, oder in diesem Fall verraten sie unbewusst, wie sehr Sie Ihren Gesprächspartner mögen. Die Pupillenerweiterung wird vom autonomen Nervensystem gesteuert, ebenso wie unkontrollierbare Reaktionen wie ein Anstieg der Herzfrequenz oder eine Gänsehaut. Wenn Menschen körperlich attraktive Menschen sehen, weiten sich ihre Pupillen automatisch. Das funktioniert auch andersherum: Menschen bewerten Gesichter mit größeren Pupillen als attraktiver als solche mit stärker sichtbarer Iris. Dies kann bei Robotern genutzt werden, um den Eindruck zu erwecken, dass der Roboter sich zu dem Nutzer hingezogen fühlt (siehe Bild 6.2).

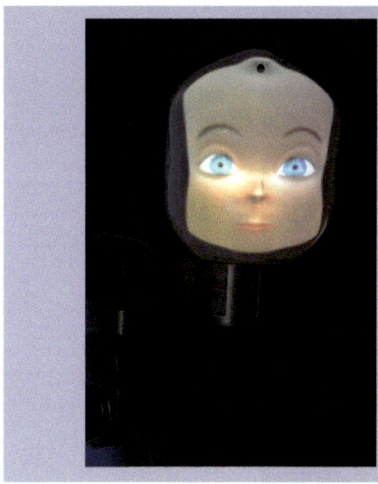

Bild 6.2
Pupillen signalisieren Anziehung, auch bei
Robotern

Die gemeinsame Aufmerksamkeit wurde auf verschiedene Weise in die HRI integriert: Imai et al. (2003) nutzten sie, um eine reibungslosere Kommunikation mit
Menschen zu ermöglichen, damit diese wissen, worüber der Roboter spricht, sowohl in Verbindung mit als auch ohne Sprache. Gemeinsame Aufmerksamkeit
wurde auch als eine grundlegende Fähigkeit von Robotern, insbesondere von humanoiden Robotern untersucht, die von Menschen lernen wollen (Scassellati, 1999).
Schließlich wurde die gemeinsame Aufmerksamkeit mit Robotern in der Interaktion mit autistischen Kindern untersucht, um sie bei der Entwicklung dieser wichtigen sozialen Fähigkeit durch den Roboter zu unterstützen.

Wenn sie in der HRI eingesetzt werden, erzeugen Blickhinweise für Roboter meist
ähnliche Effekte wie bei menschlichen Interaktionen. Dies mag daran liegen, dass
Forscher das menschliche Blickverhalten genutzt haben, um Modelle für das Blickverhalten von Robotern abzuleiten, und sie haben gezeigt, dass die daraus resultierenden Blickhinweise dazu verwendet werden können, Menschen dazu zu bringen, verschiedene Gesprächsrollen als Adressaten, Zuschauer oder Nichtteilnehmer
einzunehmen (Mutlu et al., 2012). In einer Mehrparteien-Interaktion kann ein Roboter mit seinem Blick steuern, wer als Nächstes sprechen soll (Mutlu et al., 2009).
Andrist et al. (2014) setzten in einer HRI-Studie Gesichtsverfolgungsbewegungen
ein, um gegenseitige Blicke und absichtliche Blickabwendungen durchzuführen,
und zeigten, dass solche Hinweise einen Roboter aufmerksamer und nachdenk-
licher erscheinen lassen können. Mutlu et al. (2006) zeigten auch, dass menschenähnliches Blickverhalten durch den Roboter während des Geschichtenerzählens
Einfluss darauf hat, wie gut sich die Menschen an den Inhalt erinnern. Die Personen, mit denen der Roboter Blickkontakt hielt, konnten sich an mehr Details aus
seiner Geschichte erinnern. Das Blickverhalten eines Roboters kann also ein wirk-
sames Mittel sein, um Interaktionen mit einer oder mehreren Personen zu steuern.

Bild 6.3 Die Augen von Robotern sind oft so konstruiert, dass sie sich neigen und drehen können, sodass ein Roboter den Blick als effektiven Kommunikationskanal nutzen kann. Hier vermittelt iCub (2004 – heute) den glaubwürdigen Eindruck, als wäre er mit dem Ball in seiner linken Hand beschäftigt

6.2.2 Gestik

Nach verbaler Kommunikation ist die Gestik vielleicht die offensichtlichste Form der Informationsübermittlung während einer Interaktion. Gesten können die Sprache ersetzen oder ergänzen und werden oft nach ihrer Rolle in der Kommunikation kategorisiert. Deiktische (hinweisende) Gesten beziehen sich auf das Zeigen auf bestimmte Dinge in der Umgebung und können wichtig sein, um gemeinsame Aufmerksamkeit herzustellen. Ikonische Gesten begleiten oft die Sprache und unterstützen und veranschaulichen das Gesagte. Wenn Sie z. B. Ihre Arme weit ausbreiten, während Sie sagen, dass Sie einen großen Ball in der Hand halten, wäre das eine ikonische Geste, ebenso wie eine sanfte Bewegung der Hand nach oben, während Sie erklären, wie ein Flugzeug abgehoben hat. Symbolische Gesten, wie das Winken zur Begrüßung oder Verabschiedung, können mit oder ohne begleitende Sprache ihre eigene Bedeutung haben. Taktgebende Gesten schließlich werden verwendet, um den Sprachrhythmus zu begleiten, und sehen so aus, dass man beim Sprechen die Arme bewegt, als ob man ein unsichtbares Orchester dirigieren würde (siehe Bild 6.4). Gesten können auch verwendet werden, um bestimmte Momente während des Sprechens zu betonen, z. B. wenn man die Hände hochhebt und „was?" sagt, wenn man von etwas überrascht ist.

Bild 6.4 Pepper (2014 – heute), ein Roboter, der seine Sprache mit Handgesten begleitet. Ohne diese automatisch generierten Schlaggesten würde die Sprache des Roboters weniger natürlich wirken

Gesten sind ebenfalls ein wirkungsvolles Mittel, die gesprochene Kommunikation in der HRI zu verbessern. Ein Roboter kann so konstruiert werden, dass er mit seinen Armen und Händen oder anderen Körperteilen, wie Kopf, Ohren oder Schwanz, gestikuliert. Die Form, das Timing, die Natürlichkeit und die Geschmeidigkeit von Gesten können auch die Wahrnehmung und das Verständnis der Menschen beeinflussen (Bremner et al., 2009). Salem et al. (2013) zeigten, dass die Einbeziehung von Gesten zusammen mit Sprache in der HRI dazu führte, dass der humanoide Roboter Asimo als anthropomorphischer und sympathischer wahrgenommen wurde, wobei die Teilnehmer eine größere Bereitschaft zeigten, später mit dem Roboter zu interagieren, als wenn der Roboter nur durch Sprache kommunizierte. Interessanterweise zeigte diese Studie auch, dass der Einsatz von Gesten, die inkongruent zur Sprache ausgeführt wurden, zu noch deutlicheren positiven Effekten bei der Bewertung des Roboters führte, obwohl dies einen negativen Effekt auf die Aufgabenleistung hatte. Gesten sollten daher bei der Entwicklung von Robotern mit Bedacht eingesetzt werden, und ihre Auswirkungen sollten in Studien mit Menschen getestet werden, um ihre Auswirkungen auf bestimmte Interaktionen zu beurteilen.

Die Generierung von Co-Speech-Gesten für künstliche Agenten, wie z.B. Online-Charaktere oder Roboter, wird heute weitgehend durch maschinelles Lernen erreicht. Die Software zur Erzeugung von Gesten wird trainiert, indem sie mit Hunderten von Stunden an Videoaufnahmen von Menschen, die sich unterhalten, gefüttert wird, sodass das maschinelle Lernen ein Modell erstellen kann, das Gesten erzeugt, die der gesprochenen Kommunikation sehr nahekommen. Derzeit erzeugen diese Modelle nicht immer eine Geste, die der Bedeutung des Gesprochenen entspricht, aber die Dynamik der Gesten selbst ist praktisch nicht von menschlichen Gesten zu unterscheiden (Yoon et al., 2022).

6.2.3 Mimikry und Imitation

Weitere Aspekte der nonverbalen Interaktion, denen in der Literatur zur menschlichen Interaktion viel Aufmerksamkeit gewidmet wurde, sind Mimikry und Imitation. Unter Mimikry verstehen wir die unbewusste Nachahmung des Verhaltens einer anderen Person, und unter Imitation verstehen wir die bewusste Nachahmung des Verhaltens einer anderen Person (Genschow et al., 2017). Nachahmung und Imitation werden nicht nur von Menschen, sondern auch von Primaten praktiziert (daher der Begriff „jemanden nachäffen") und gelten als grundlegende soziale Fähigkeiten. Die Nachahmung ist für die menschliche Kognition so wichtig, dass man festgestellt hat, dass sie eine neurologische Grundlage hat. Das „Spiegelneuronensystem" im Primatengehirn enthält Ansammlungen von Spiegelneuronen (Rizzolatti und Craighero, 2004). Diese Neuronen feuern sowohl, wenn man jemanden bei einer Handlung beobachtet, die man auch beherrscht, wie z. B. das Aufheben einer Weintraube, als auch, wenn man diese Handlung selbst ausführt. Es wird angenommen, dass sie für die Gesichtsmimik verantwortlich sind, d. h. für die unbewusste und automatische Nachahmung der Mimik anderer (Rymarczyk et al., 2018).

 Forscher in Japan fanden eine Gruppe von Makaken, die alle ihre Süßkartoffeln in einem Bach wuschen. Dieses Verhalten wurde auf ein weibliches Mitglied der Gruppe zurückgeführt, das dies möglicherweise zunächst einmal aus Versehen tat, woraufhin die anderen es ihr nachmachten, als sie feststellten, dass gereinigte Kartoffeln offenbar schmackhafter waren. Beobachtungen dieser Art haben zu der Behauptung geführt, dass auch Tiere, nicht nur Menschen, eine „Kultur" haben (Whiten et al., 1999; De Waal, 2001).

Beim Menschen haben Mimikry und Imitation vielfältige Entwicklungsfunktionen. In der frühkindlichen Entwicklung sind Nachahmung und Imitation ein gängiger Weg, um neue Verhaltensweisen und kulturell relevante soziale Normen zu erlernen. Kinder nutzen die Nachahmung, um zu lernen, bestimmte Dinge auf eine bestimmte Art und Weise zu tun – zum Beispiel mit einem britischen Akzent zu sprechen oder Ausdrücke zu verwenden, die denen eines Familienmitglieds ähneln. Als Erwachsene können wir Nachahmung auch nutzen, um uns in unser soziales und kulturelles Umfeld einzufügen, z. B. indem wir nachdrücklicher gestikulieren, wenn wir Italienisch sprechen oder Italien besuchen. Nachahmung und Mimikry können also ein wichtiges Mittel sein, um Zeichen der Gruppenidentität zu entwickeln.

Als weitgehend automatische Verhaltensreaktion hat die Mimikry auch viele wichtige soziale Funktionen: Eine davon ist, dass sie indirekt positive Gefühle und Sympathie für einen Interaktionspartner signalisiert. Wenn zwei Menschen während eines Gesprächs die gleichen Gesten verwenden oder die gleiche Körperhaltung einnehmen, dann liegt das in der Regel daran, dass sie in dieser Interaktion eine positive Beziehung aufgebaut haben. Ähnlich verhält es sich, wenn die nonverbalen Signale von Menschen nicht synchron sind und einander nicht widerspiegeln, dann können Sie spüren, dass die Kommunikation nicht reibungslos verläuft. Mimikry als subtiler nonverbaler Hinweis kann daher ein hilfreiches Zeichen sein, das beispielsweise bei einer Verabredung oder einem Vorstellungsgespräch zu interpretieren ist.

 Die Bedeutung der Mimik für den Aufbau einer sozialen Beziehung zu einer anderen Person macht es möglich, dass ihre Manipulation als Instrument der Überzeugung funktioniert. In Studien zum „Chamäleon-Effekt" fanden Chartrand und Bargh (1999) heraus, dass die subtile Nachahmung der Gesten und der Körperhaltung einer Person dazu beitragen kann, dass diese Person einen Interaktionspartner davon überzeugt, ihren Vorschlägen zuzustimmen. Wenn Sie z. B. mit dem rechten Bein über dem linken sitzen und Ihr Interaktionspartner auf subtile Weise ebenfalls diese Haltung einnimmt, bevor er Ihnen sagt, dass Bonbon A besser schmeckt als Bonbon B, ist die Wahrscheinlichkeit größer, dass Sie Bonbon A gegenüber Bonbon B bevorzugen, als wenn die Person Ihre Haltung nicht nachgeahmt hätte (siehe Bild 6.5). Dieser Effekt ist jedoch zeitabhängig. Wenn Sie bemerken, dass Ihr Gesprächspartner Sie nachahmt, weil er es entweder zu offensichtlich tut oder zu spät damit anfängt, werden seine Absichten nach hinten losgehen, weil Sie ihn als manipulativ oder unaufrichtig ansehen könnten.

Bild 6.5
Ähnlich wie ein Chamäleon seine Farbe der Umgebung anpasst, bezieht sich der Chamäleoneffekt auf die Nachahmung der Gestik oder Mimik einer Person

Bei der Entwicklung von Robotern wurden verschiedene Aspekte der Imitation und Mimikry umgesetzt und bewertet. Es gibt eine große und wachsende Sammlung von Literatur über das Lernen von Robotern durch Nachahmung, bei der Roboter in irgendeiner Weise von Menschen ausgeführte Handlungen aufzeichnen und dann reproduzieren (Argall et al., 2009; Mostafaoui et al., 2022). Riek et al. (2010) entwickelten einen affenähnlichen Roboter, der die Kopfgesten der Nutzer nachahmte, und ihre Ergebnisse deuten darauf hin, dass dies einen positiven Beitrag zur Interaktion der Menschen mit dem Roboter leistete, obwohl diese Gesten für die Teilnehmer nicht immer eindeutig waren. Wenn wir das, was wir aus der menschlichen Psychologie über Mimik und Körperhaltung (wird in Abschnitt 6.2.5 erörtert) wissen, kombinieren, können wir Roboter entwerfen, die in der Lage sind, bestimmte Verhaltensweisen (z. B. das Hineinlehnen) zu zeigen, um zu beeinflussen, wie sich Menschen verhalten, und damit auch, wie sie sich fühlen. Wills et al. (2016) zeigten beispielsweise, dass ein Roboter, der die Mimik von Menschen nachahmte und eine sozial kontinuierliche Kopfhaltung zeigte, mehr Geldspenden erhielt als ein Roboter, der dieses Verhalten nicht zeigte. Nachahmung und Mimikry können daher sowohl als bewusste als auch als unbewusste soziale Hinweise in der HRI eingesetzt werden, um die Interaktion zu verbessern und Menschen dazu zu bringen, den Vorschlägen des Roboters zu folgen.

6.2.4 Berührung

Berührungen sind ein nonverbaler Hinweis, der häufig in engen zwischenmenschlichen Beziehungen vorkommt, z. B. zwischen Freunden oder zwischen Pflegern und Patienten. Wir setzen Berührungen oft absichtlich ein, zum Beispiel um jemanden zu beruhigen, der aufgeregt ist, oder um jemanden zu trösten, der traurig ist. Wir berühren auch oft zufällig Menschen, zu denen wir uns hingezogen fühlen oder die wir mögen. Es hat sich herausgestellt, dass diese Menschen uns oft auch mehr mögen, wenn dies geschieht. Sowohl absichtliche als auch zufällige Berührungen können also positive Auswirkungen haben, insbesondere wenn die Interaktionspartner derselben sozialen Gruppe angehören. Es ist jedoch wichtig, zu wissen, wann und wie es angemessen ist, jemanden zu berühren.

Im Alltag werden Berührungen manchmal absichtlich eingesetzt, um ein bestimmtes Ziel zu erreichen. Dem sogenannten Midas-Effekt zufolge erhalten Kellner und Kellnerinnen ein höheres Trinkgeld, wenn sie die Kunden zufällig berühren, bevor sie ihr Essen bezahlen (Crusco und Wetzel, 1984). Berührungen haben jedoch nicht immer positive Auswirkungen, insbesondere dann nicht, wenn Menschen, die sich mit unterschiedlichen sozialen Gruppen identifizieren, miteinander interagieren. In diesem Fall kann die Berührung sogar zu mehr negativen Gefühlen gegenüber dem Interaktionspartner führen. Es hat sich auch gezeigt, dass zufällige Berührungen zu einer Verringerung indirekter, aber nicht direkter Formen von Vorurteilen gegenüber einer Außengruppe führen (Seger et al., 2014). Die Ergebnisse zu den Auswirkungen von Berührungen zwischen menschlichen Gruppen sind daher uneinheitlich, und es ist interessant zu überlegen, welche Rolle Berührungen bei Interaktionen zwischen Menschen und Robotern spielen könnten, die in der Gesellschaft der Zukunft eine neue soziale Gruppe darstellen könnten.

Die physische Interaktion mit Robotern ist aus verschiedenen Gründen relativ unüblich. Ein wesentliches Problem ist die mangelnde Sicherheit bei haptischen Interaktionen, wobei schon einfache Handlungen wie Umarmen, Halten oder Händeschütteln ein Sicherheitsrisiko darstellen. Obwohl viele Roboter explizit für die Mensch-Roboter-Interaktion entwickelt wurden, ist die taktile oder haptische Interaktion in vielen Fällen ein nachträglicher Einfall gewesen. Die Roboter Nao und Pepper von Aldebaran Robotics beispielsweise werden zwar als kommerzielle Sozialroboter verkauft, haben aber beide Quetschstellen unter den Armen und in der Nähe der Hüften, in denen sich die Finger schmerzhaft einklemmen können. Nur eine begrenzte Anzahl von Robotern ist explizit für die physische Interaktion zwischen Mensch und Roboter konzipiert. Die meisten Roboter neigen dazu, kaputt zu gehen, wenn sie manipuliert oder mit der Kraft angefasst werden, die bei Interaktionen zwischen Menschen normal ist.

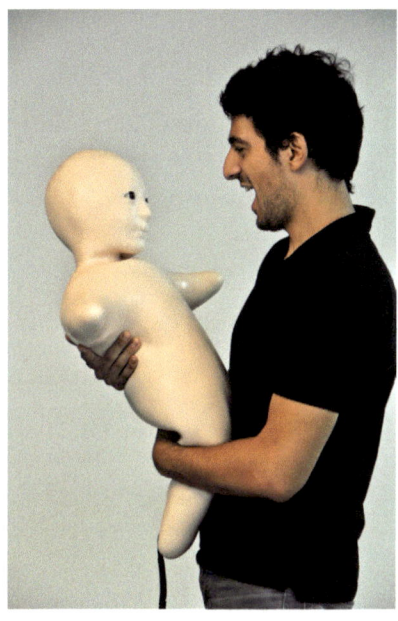

Bild 6.6
Telenoid (2010–2013) ist ein haptischer Roboter, der zum Umarmen gedacht ist. Derzeit wird untersucht, ob diese Form der Interaktion für die Menschen angenehm ist (Quelle: Hiroshi Ishiguro)

Die wenigen in der Literatur verfügbaren Studien zu Berührungen in der HRI zeigen, dass mehr empirische Arbeit zu diesem nonverbalen Hinweis erforderlich ist (Van Erp und Toet, 2013; Willemse et al., 2016). Positiv ist, dass die taktile Interaktion mit tierähnlichen Robotern wie Paro oder der Haptic Creature (Bild 6.7), zeigen, dass Menschen sich weniger gestresst und ängstlich fühlen, wenn sie solche Interaktionen initiieren (Shibata, 2012; Yohanan und MacLean, 2012). Chen et al. (2014) zeigten, dass es den Menschen nichts ausmachte, in einem Pflegeszenario von einem Roboter berührt zu werden, aber sie bewerteten funktionale Berührungen (z. B. zur Körperpflege) positiver als affektive Berührungen (z. B. um sie zu trösten). Im Gegensatz dazu untersuchte eine aktuelle Studie von Wullenkord et al. (2016) die negativen Folgen von Berührungen in einer Interaktion mit dem Roboter Nao. Die Teilnehmer berichteten über ihre Einstellung zu einem Nao-

Roboter und mussten ihn dann im Rahmen einer Aufgabe berühren. Nach der Aufgabe berichteten sie erneut über ihre Einstellungen und sozialen Urteile gegenüber dem Roboter. Insgesamt verbesserte sich die Einstellung der Teilnehmer durch die Berührung, sodass sie nach der Berührungsinteraktion mehr positive als negative Einstellungen äußerten als nach einer berührungslosen Interaktion. Personen, die zu Beginn der Studie besonders negative Emotionen gegenüber Robotern hatten, erlebten jedoch den gegenteiligen Effekt und hatten eine negativere Wahrnehmung, nachdem sie den Roboter berührt hatten.

Bild 6.7
Die Haptic Creature (2005 – 2013) wurde von Steve Yohanan entworfen, um die Rolle der affektiven Berührung in der sozialen HRI zu untersuchen (Quelle: Steve Yohanan)

Berührungen sind ein wesentlicher Bestandteil natürlicher Mensch-Roboter-Interaktionen, z. B. bei funktionalen Aufgaben wie der Übergabe von Gegenständen und der Manipulation sowie bei sozialen Aufgaben wie dem Händedruck zur Begrüßung. Sowohl bei funktionalen als auch bei sozialen Aufgaben müssen wir die psychologischen Auswirkungen von zufälligen oder absichtlichen Berührungen berücksichtigen, unabhängig davon, ob wir von einem Roboter berührt werden oder einen Roboter berühren müssen.

6.2.5 Körperhaltung und Bewegung

Menschen kommunizieren auch durch die Haltung Ihres Körpers und die Art und Weise, wie sie sich bewegen. Zusammen mit dem Gesichtsausdruck kann die Körperhaltung den emotionalen Zustand einer Person signalisieren. Langsame Bewegungen, hängende Schultern und lethargische Gesten deuten auf einen niedergeschlagenen Gemütszustand hin, während schnelle Bewegungen und eine aufrechte Haltung Zeichen für eine positive Einstellung sind. Diese Art von Haltungsmerkmalen ist besonders wichtig, wenn das Gesicht einer Person nicht sichtbar ist, aber sie können auch zusätzliche Hinweise auf den Gemütszustand einer Person, dessen Gesichtsausdruck wir sehen, liefern. Forscher haben herausgefunden, dass Menschen diese Arten von nonverbalen Hinweisen nicht nur interpretieren können, wenn sie den ganzen Körper der Person sehen, sondern auch in minimalistischen Lichtpunktanzeigen, die die Bewegungen einer Person darstellen (Alaerts et al., 2011).

Die Art und Weise, wie wir posieren, kann bei einer Interaktion zwischen Menschen Aufmerksamkeit, Engagement und Anziehung signalisieren. Menschen können eine abwehrende Haltung einnehmen, indem sie ihre Arme vor sich halten, während offene Arme eine klare Einladung zum Engagement, vielleicht sogar zu einer Umarmung, darstellen. Wenn zwei Menschen mit den Knien zueinander sitzen, zeigt dies, dass sie sich gerne engagieren, während eine Person, die sich teilweise von der anderen abwendet, den Wunsch äußert, die Interaktion zu beenden.

Der Thrifty Faucet (2009) ist ein einfacher interaktiver Prototyp, der durch seine Körperhaltung über seine 15 naturgetreue Bewegungsmuster, darunter Suchen, Neugier und Ablehnung, an die Nutzer kommuniziert. Ziel ist es, die Kommunikation mit den Nutzern über einen nachhaltigeren Umgang mit Wasser zu ermöglichen (Togler et al., 2009).

(Quelle: Jonas Togler)

Körperhaltungen können Robotern eine zusätzliche Ausdrucksebene verleihen. Wenn es einem Roboter an ausdrucksstarken Gesichtszügen mangelt, kann der Körper als primäres Mittel zur Kommunikation von Emotionen eingesetzt werden. Beck et al. (2010) haben gezeigt, dass affektive Körperhaltungen das Verständnis der Menschen für den emotionalen Zustand eines Roboters verbessern können. Durch die Körperhaltung eines Roboters können Emotionen ausgedrückt und damit die Gefühle der Betrachter beeinflusst werden. Xu et al. (2014) zeigten, dass Menschen nicht nur in der Lage waren, die affektive Körperhaltung von Robotern zu interpretieren, sondern auch die Emotionen zu übernehmen, von denen sie dachten, dass Roboter sie zeigten.

Roboterdesigner haben außerdem erkannt, dass Mikrobewegungen, kaum wahrnehmbare Bewegungen, den Eindruck vermitteln können, dass der Roboter lebensecht ist (Yamaoka et al., 2005; Ishiguro, 2007; Sakamoto et al., 2007). Diese Mikrobewegungen werden oft als kleine, zufällige Bewegungen der Aktoren des Roboters implementiert. Solche naturgetreuen Animationen können auch verwendet werden, um den innerlichen Zustand des Roboters zu signalisieren, z.B. signalisiert die Geschwindigkeit oder Amplitude der Bewegung den Erregungsgrad des Roboters (Belpaeme et al., 2012). Dieser Ansatz wurde bereits erfolgreich bei kleinen, tierähnlichen Robotern eingesetzt (Cooney et al., 2014; Singh und Young, 2012).

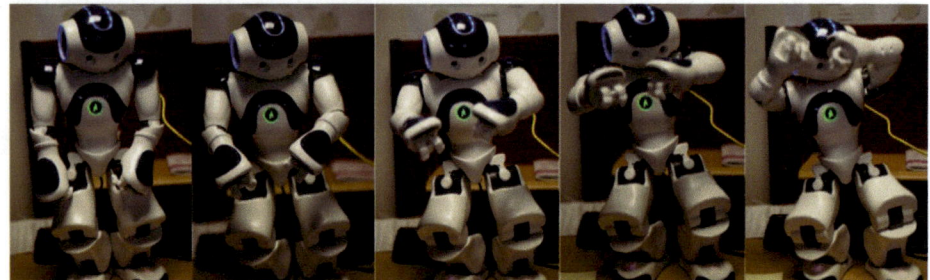

Bild 6.8 Ein Nao-Roboter (2008 – heute), der mit seinen Körperhaltungen Emotionen ausdrückt und zwischen traurig (links) und ängstlich (rechts) wechselt (Quelle: Beck et al. (2010))

6.2.6 Rhythmus und Zeitplanung der Interaktion

Die zeitliche Natur oder das „Timing" von kommunikativen Hinweisen hat in der Interaktion eine eigene Bedeutung. In der verbalen Kommunikation bezeichnen wir dies als „Turn-Taking" zwischen den Interaktionspartnern. Nonverbale Hinweise (z.B. Blicke, Gesten) können dieses Turn-Taking unterstützen, indem sie die Aufmerksamkeit auf den entsprechenden Interaktionspartner lenken oder das Ende eines Turns signalisieren. Die Einrichtung von synchronisierten zeitlichen

Interaktionsmustern kann den kommunikativen und kollaborativen Erfolg einer Interaktion weiter fördern.

Die „Rhythmik" und „Synchronität" einer Interaktion ist eine weitgehend unbewusste, aber entscheidende Komponente der menschlichen Kommunikation. Um zu verstehen, was wir mit Interaktionsrhythmen meinen, muss man sich die menschliche Interaktion als ein gekoppeltes System vorstellen, das zusammenarbeitet. Damit zwei Menschen effektiv kommunizieren und arbeiten können, müssen sie sich rhythmisch auf die Handlungen des anderen einstellen – sie müssen Dinge nicht unbedingt zur gleichen Zeit, aber im gleichen Takt tun. Wie beim Tanzen ermöglicht die Rhythmik den Menschen, sich besser auf die kommunikativen Hinweise des anderen einzustellen, zur richtigen Zeit zu schauen, zu sprechen und sich zu bewegen, um eine klare und reibungslose Kommunikation zwischen den beiden Partnern zu ermöglichen (Warner et al., 1987). Obwohl sie oft unbewusst sind, hat die Rhythmik erhebliche Auswirkungen auf die Interaktion: Wenn sie nicht synchron sind, kann dies bedeuten, dass die Interaktionspartner wichtige soziale Signale übersehen haben und daher nicht in der Lage sind, das Verhalten des anderen zu interpretieren. Es kann auch zu einem Interaktionsergebnis und einer Einstellung gegenüber der anderen Person führen, die weniger positiv ist.

Michalowski et al. (2007) zeigten, dass ein Roboter, der rhythmisch auf einen menschlichen Interaktionspartner abgestimmt ist, als lebensechter empfunden wird als ein Roboter, der sich rhythmisch verhält, aber nicht mit dem Menschen synchronisiert ist. Sie zeigten auch, dass Menschen eher bereit sind, länger mit einem rhythmisch tanzenden Roboter zu interagieren. Rhythmik in der Interaktion kann auch nützlich sein, um das Abwechseln und die Zusammenarbeit in Teams zu unterstützen, einschließlich der Antizipation des Verhaltens anderer Personen und des Zeitpunkts, zu dem sie es tun werden (Hoffman und Breazeal, 2007). Schließlich zeigten Siu et al. (2010), dass das Hören von hochrhythmischer Musik während der Durchführung von Roboteroperationen die Leistung des Mensch-Roboter-Chirurgenteams verbessern kann. Diese Ergebnisse legen nahe, dass Rhythmik in der HRI sowohl die wahrgenommene Qualität der Interaktion als auch die Chancen auf ein erfolgreiches Ergebnis verbessern kann.

■ 6.3 Nonverbale Interaktion bei Robotern

6.3.1 Verarbeitung von nonverbalen Hinweisreizen

Standard-Mustererkennungstechniken werden eingesetzt, um Robotern die Wahrnehmung und Identifizierung menschlicher nonverbaler Signale zu ermöglichen. Die Erkennung von Körperhaltung und Gesten ist gut erforscht. Typische Systeme verwenden Kameras, Tiefenkameras oder vom Nutzer getragene Sensoren, um eine Zeitreihe von Daten aufzuzeichnen. Obwohl eine Software geschrieben werden könnte, um eine begrenzte Anzahl von Gesten zu erkennen, wird stattdessen häufig maschinelles Lernen eingesetzt, um das System auf die Erkennung von Gesten und anderen nonverbalen Hinweisen zu trainieren. Zu diesem Zweck wird eine Datenbank angelegt, in der z.B. Personen mit verschiedenen Gesten erfasst werden. In der Regel werden Tausende oder sogar Millionen von Datenpunkten benötigt, die alle gekennzeichnet werden müssen, d.h. es muss für jeden Datenpunkt notiert werden, was er zeigt. Handelt es sich um eine Person, die zu-, bzw. heranwinkt, oder zeigt? Als Nächstes wird ein Klassifikator auf den beschrifteten Daten trainiert; dies ist oft ein iterativer Prozess, bei dem die Leistung des Klassifikators verbessert wird, wenn mehr Daten verarbeitet werden. Sobald die Leistung für die Anwendung ausreichend ist, wird der Klassifikator auf dem Roboter eingesetzt (Mitra und Acharya, 2007).

Diese grundlegenden Wahrnehmungstechniken ermöglichen es HRI-Forschern, einzuschätzen, ob Menschen tatsächlich in Interaktionen mit ihren Robotern eingebunden sind. Im Gegensatz zur typischen menschlichen Interaktion, bei der erwartet wird, dass der menschliche Partner aufmerksam und engagiert ist, achten die Nutzer bei HRI manchmal nicht darauf, was der Roboter sagt und signalisiert. Daher ist die Wahrnehmung des „Engagements" der Nutzer ein entscheidender Schritt, um Robotern eine erfolgreiche Interaktion zu ermöglichen. Rich et al. (2010) haben eine Technik entwickelt, die die Erkennung von Hinweisen wie Blickkontakt und Rückkanälen integriert, um zu erkennen, ob ein Nutzer in die Interaktion eingebunden ist. Sanghvi et al. (2011) analysierten affektive Haltungen und Körperbewegungen, um das Engagement eines Roboters in einem Spiel zu erkennen.

Obwohl die ständige Weiterentwicklung der Technologie eine Verbesserung der Wahrnehmungsfähigkeiten von Robotern ermöglicht, fügen die Forscher dem Roboter auch spezielle Geräte hinzu, wie z.B. Blickbewegungsmesser und Motion-Capture-Systeme, um Daten über nonverbale Signale zu erhalten, die für die Interaktion relevant sind. Für die taktile Interaktion gibt es einige Forschungsarbeiten im Bereich der Robotik, bei denen piezoelektrische Polymersensoren in dünnem und dickem Silikonkautschuk eingesetzt wurden (Taichi et al., 2006) oder bei denen flexible kapazitive Sensoren oder Skier mit Nanohärchen am Roboterkörper angebracht wurden, um taktile Ereignisse mit hoher Empfindlichkeit und hoher zeitlicher und räumlicher Auflösung auszulesen (Yogeswaran et al., 2015).

6.3.2 Generieren von nonverbalen Hinweisen bei Robotern

Das Generieren von Gesten und anderen nonverbalen Hinweisen ist bei Robotern nicht trivial. Die nonverbalen Hinweise müssen von der Interaktion abhängig sein: Wenn der Nutzer mit den Fingern schnippt, muss der Roboter sofort blinzeln. Nonverbale Hinweise müssen auch untereinander und mit anderen Hinweisen, einschließlich der verbalen Interaktion, koordiniert werden, sowohl in Bezug auf die semantische Bedeutung als auch auf das Timing der Ausführung. HRI stellt besondere Herausforderungen an die Wahrnehmung und Erzeugung nonverbaler Hinweise, da all dies in Echtzeit erfolgen muss.

Ein wichtiger Aspekt des HRI-Designs ist die Entwicklung nonverbaler Verhaltensweisen für Roboter, die die Sprache angemessen begleiten. Dies wird oft durch die Art und Weise inspiriert, wie Menschen nonverbale Hinweise im Dialog verwenden. Das Robotersystem von Kanda et al. (2007a) generiert automatisch nonverbale Hinweise, wie Nicken und synchrone Armbewegungen, um dem Nutzer seinen Aufmerksamkeitszustand in Übereinstimmung mit den Armgesten des Nutzers zu zeigen. Co-speech-Gesten – die Verwendung von Hand-, Arm- und Körpergesten, die mit der gesprochenen Kommunikation des Roboters übereinstimmen und zu ihr passen – hat in den letzten Jahren gute Fortschritte gemacht. Die besten Methoden zur Generierung von Gesten sind heutzutage das Training mit menschlichen Daten. Methoden des maschinellen Lernens, häufig unter Verwendung von tiefen neuronalen Netzen, werden eingesetzt, um aus Hunderten von Stunden an Videoaufnahmen von Menschen, die sprechen und gestikulieren, zu lernen. Diese sind nun in der Lage, natürlich aussehende Co-Speech-Gesten zu erzeugen, wobei die Semantik der Gesten – die Übereinstimmung zwischen dem, was gesagt wird, und dem, was der Körper des Roboters ausdrückt – noch nicht ausgereift ist (Yoon et al., 2022).

Animation-Framework

Der einfachste und gebräuchlichste Ansatz besteht darin, Bewegungen mit einem Animationsrahmen zu erzeugen. Das heißt, ein Roboterkonstrukteur steuert in der Regel jeden der Gelenkwinkel eines Roboters, um eine Haltung für ihn festzulegen; dies wird als „Schlüsselbild" bezeichnet. Nachdem der Konstrukteur mehrere Schlüsselbilder erstellt hat, interpoliert das System die Haltungen zwischen ihnen und generiert glatte Bewegungen für den Roboter.

Dies erfordert einen hohen Aufwand für den Konstrukteur. Grafische Benutzer-
oberflächen (Graphical User Interfaces, GUIs) werden häufig eingesetzt, um den
Aufwand für die Bewegungsgestaltung zu reduzieren. Die kommerziellen Roboter
Nao und Pepper werden mit einer grafischen Benutzeroberfläche namens Choregraphe ausgeliefert, die den Konstrukteuren hilft, die Körperhaltung des Roboters
visuell darzustellen und die gewünschten Bewegungen einfacher und schneller zu
erstellen (siehe Bild 6.9). Lively ist eine GUI-Umgebung, die von Schoen et al. (2023)
entwickelt wurde, um lebensechte Bewegungen für soziale und andere Roboter zu
erzeugen, die auch Hindernisse in der Nähe des Roboters berücksichtigen.

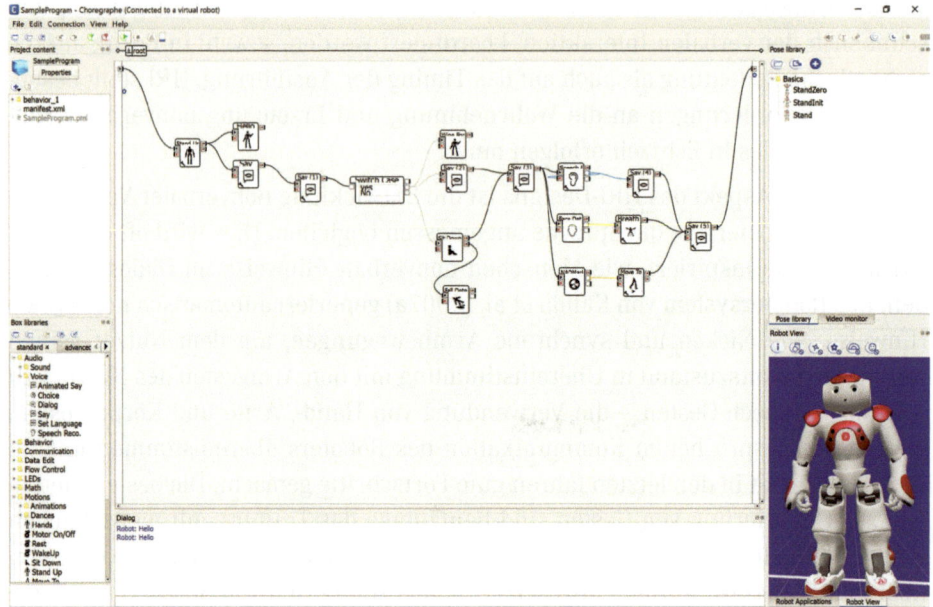

Bild 6.9 Choregraphe ist ein visueller Editor für die Roboter Nao und Pepper. Er enthält einen
Pose-Editor, mit dem der Roboterdesigner effizient Haltungen und Animationen für den Roboter
erstellen kann

Andere Techniken, die für Animationen oder virtuelle Agenten verwendet werden,
können auch zur Erzeugung von Bewegungen für Roboter eingesetzt werden. Mit
Motion-Capture-Systemen können zeitlich präzise menschliche Bewegungen aufgezeichnet werden, die dann in Robotern nachgebildet werden können. Roboterdesigner haben sich auch Auszeichnungssprachen für virtuelle Agenten zunutze
gemacht, wie z. B. die Behavior Markup Language (BML), in der ein Designer angeben kann, welche Gesten ein Agent in Kombination mit Sprache zeigen soll (Kopp
et al., 2006).

Kognitive Mechanismen für Roboter

Ein anderer Ansatz, um ein natürliches Verhalten bei Robotern zu erreichen, besteht darin, den Roboter mit einer Form von künstlicher Kognition auszustatten, die ein künstliches Äquivalent der natürlichen Kognition ist. Natürlich ist es derzeit nicht möglich, Roboter zu schaffen, die über die vollen kognitiven Fähigkeiten von Menschen verfügen, aber die Kombination künstlicher Äquivalente von kognitiven Mechanismen hat sich als besonders effektiv erwiesen, um lebensechte Roboter zu schaffen. Anstatt also das nonverbale Verhalten des Roboters manuell zu programmieren, werden verschiedene kognitive Fähigkeiten kombiniert, wodurch das daraus resultierende Verhalten oft natürlich und lebensecht wirkt.

Scassellati (2000) entwickelte eine verkörperte kognitive Architektur, die auffällige Objekte, Aufgabenbeschränkungen und den Aufmerksamkeitszustand anderer berücksichtigt, um die Wahrnehmung der Welt durch den Roboter mit hochrangigen kognitiven Fähigkeiten und damit verbundenen Handlungen zu verknüpfen, z. B. gemeinsame Aufmerksamkeit, Übertragung von Absichten auf andere und soziales Lernen. Diese Mechanismen haben sich beim Kismet-Roboter als besonders effektiv erwiesen (Bild 2.4). Sugiyama et al. (2007) entwickelten einen kognitiven Mechanismus für einen Roboter, der die menschliche deiktische Interaktion nachahmt. Dabei werden Zeigegesten (deiktische Gesten) verwendet, die sich auf einen Begriff beziehen, wie z. B. „dieser" oder „jener", der ein Zielobjekt bezeichnet, das der Zuhörer identifizieren kann. Die Einzelheiten der deiktischen Interaktion können auch vom Zielobjekt abhängen. Wir würden zum Beispiel nicht direkt auf eine Person in der Nähe zeigen, weil das unhöflich ist. Liu et al. (2013) entwickelten ein Computermodell für einen Roboter, das zwei Faktoren ausgleicht: Verständlichkeit und soziale Angemessenheit. Es ermöglicht einem Roboter, unhöfliche Zeigegesten zu unterlassen und gleichzeitig seine deiktische Interaktion verständlich zu halten.

■ 6.4 Schlussfolgerung

In diesem Kapitel wurde die wichtige Rolle von nonverbalen Hinweisen bei der Kommunikation zwischen Mensch und Roboter hervorgehoben. Die Implementierung von nonverbalen Hinweisen in das kommunikative Repertoire von Robotern erfordert noch weitere technische Fortschritte und Verfeinerungen, insbesondere, weil nonverbale Hinweise derartig subtile Aspekte der Kommunikation darstellen. Die bisherige Forschung zeigt die Relevanz der nonverbalen Kommunikation in der HRI, macht aber auch deutlich, dass noch viel Arbeit zu leisten ist, bevor Roboter in der alltäglichen Kommunikation mit Menschen menschenähnlich und natürlich agieren und reagieren können.

Diskussionsfragen

- Sind Sie immer noch nicht davon überzeugt, dass nonverbale Signale wichtig sind? Stehen Sie jetzt auf und führen Sie ein Gespräch mit jemandem, ohne ihm dabei ins Gesicht zu schauen. Wie ist es gelaufen? Wie haben Sie sich gefühlt? Fragen Sie Ihren Gesprächspartner anschließend, was er oder sie über Ihr Verhalten gedacht hat und wie er oder sie sich dabei gefühlt hat.
- Denken Sie an einen Anwendungsfall für Roboter, der Sie interessiert. Welcher Aspekt des nonverbalen Verhaltens ist für dieses Szenario besonders relevant? Wären Gesten oder Blicke besonders hilfreich? Wie wäre es mit Kontingenz und Timing? Wenn Sie etwas Inspiration brauchen, können Sie Menschen in einem ähnlichen Kontext beobachten und sehen, was sie tun.
- Haben Sie schon einmal ein Video gesehen, bei dem die Tonspur um den Bruchteil einer Sekunde nicht synchron war? Oder eine Videokonferenz mit jemandem abgehalten, bei der sich der Ton verzögerte? Wie hat sich das auf die Interaktion ausgewirkt? Wie lang war Ihrer Meinung nach die Verzögerung? Was, wenn überhaupt, haben Sie getan, um die Schwierigkeiten bei der Interaktion zu bewältigen?
- Woran würden Sie erkennen, ob ein Roboter seine nonverbalen Hinweise effektiv einsetzt? Gibt es eine Möglichkeit, die Qualität der nonverbalen Interaktion zu messen? Kann man das Ergebnis der Interaktion messen?

■ 6.5 Übungen

Die Antworten auf diese Fragen finden Sie in Kapitel 14.

Übung 27   Trinkgeld

Wenn Kellner und Kellnerinnen ihre Kunden zufällig berühren, bevor diese ihr Essen bezahlen,

1. bekommen Sie weniger Trinkgeld.
2. bekommen Sie mehr Trinkgeld.
3. erhalten Sie den gleichen Betrag an Trinkgeld.

Übung 28   Zeitplanung

Das Timing ist eine wichtige Komponente der verbalen und nonverbalen Interaktion. Nennen Sie mindestens zwei Beispiele für Probleme, die im Zusammenhang mit der Rolle des Timings in der HRI auftreten können. Wie könnten Sie diese Probleme lösen und dabei berücksichtigen, wie sie in anderen sozialen Interaktionen gelöst werden, bei denen die Interagierenden bestimmte soziale Hinweise verpassen (z. B. beim SMS-Schreiben oder bei Zeitverzögerungen in Skype- oder bei Zoom-Anrufen, bei denen man niemanden in einer Gruppe ansehen kann, um ihm zu signalisieren, dass man mit ihm spricht)?

Übung 29 Richtig oder falsch

Entscheiden Sie, ob die folgenden Aussagen richtig oder falsch sind:

1. Nonverbales Verhalten ist meist bewusst.
2. Nonverbales Verhalten kann genutzt werden, um soziale Ergebnisse vorherzusagen, z. B., ob ein Paar zusammenbleibt.
3. Nonverbales und verbales Verhalten stimmen immer überein.
4. Nonverbales Verhalten ist für Mensch-Roboter-Interaktionen nicht sehr relevant.
5. Mimikry ist unbewusst, Nachahmung ist bewusstes Verhalten.
6. Blicke sind nur wichtig, um jemand mitzuteilen, dass man ihm zuhört.
7. Proxemik (d. h. soziale Distanz) ist ein Teil der nonverbalen Kommunikation.

Weiterführende Literatur

- Henny Admoni und Brian Scassellati. Social eye gaze in human-robot interaction: A review. In: Journal of Human-Robot Interaction, 6 (1): 25 – 63, 2017.
- Cynthia Breazeal, Cory D. Kidd, Andrea Lockerd Thomaz, Guy Hoffman und Matt Berlin. Effects of nonverbal communication on efficiency and robustness in human-robot teamwork. In: IEEE/RSJ International Conference on Intelligent Robots and Systems (IROS), S. 708 – 713. IEEE, 2005.
- Nikolaos Mavridis. A review of verbal and non-verbal human-robot interactive communication. In: Robotics and Autonomous Systems, 63: 22 – 35, 2015.
- C. L. Nehaniv, K. Dautenhahn, J. Kubacki, M. Haegele, C. Parlitz und R. Alami. A methodological approach relating the classification of gesture to identification of human intent in the context of human-robot interaction. In: IEEE International Workshop on Robot and Human Interactive Communication, S. 371 – 377, 2005.
- Candace L. Sidner, Christopher Lee, Cory D. Kidd, Neal Lesh und Charles Rich. Explorations in engagement for humans and robots. In: Artificial Intelligence, 166 (1-2): 140 – 164, 2005.

7 Verbale Interaktion

Was in diesem Kapitel behandelt wird

- Die Komplexität und die Herausforderungen der menschlichen verbalen Interaktion.
- Die Komponenten der Sprache in der menschlichen und Mensch-Roboter-Interaktion.
- Die Grundprinzipien der Spracherkennung und ihre Anwendung auf HRI.
- Dialogmanagementsysteme in der HRI.
- Interaktion mit natürlicher Sprache in der HRI, einschließlich der Verwendung von Chatbots.

Stellen Sie sich vor, Sie begegnen einem Roboter in Ihrem örtlichen Elektronikgeschäft. Er sagt „Hallo", als Sie sich nähern, und fragt Sie, was Sie heute suchen. Sie antworten: „Oh, ich weiß nicht, vielleicht eine Kamera für meine Tochter, ein paar Batterien, und ich will mich nur umsehen. Während Sie auf eine Antwort warten, herrscht ein langes Schweigen des Roboters. Dann wiederholt er seine ursprüngliche Frage und bittet Sie, langsamer und näher an den Roboter heranzutreten. Ist der Roboter kaputt? Sie nähern sich einem anderen Roboter des Ladens – mit ähnlichem Ergebnis. Warum sind Unterhaltungen mit Robotern so frustrierend? (Dies ist einem der Autoren tatsächlich passiert.)

Die Sprache ist zweifellos die natürlichste und daher allgegenwärtigste Art der Kommunikation zwischen Menschen. Das Sprechen und Verstehen einer Sprache ist für die meisten von uns selbstverständlich. Es ist schnell, macht geringen Aufwand, und kann sowohl für Interaktionen unter vier Augen als auch für die Ansprache von Tausenden von Menschen verwendet werden. Daher ist sie auch ein gängiges Kommunikationsmittel für Roboter, sowohl in Bezug auf die von Robotern produzierte Sprache als auch auf die Sprache als Eingabe für Roboter. Die Produktion von Robotersprache ist jedoch viel einfacher als das Verstehen menschlicher Sprache, was zu einem Ungleichgewicht zwischen den Erwartungen der Menschen und den tatsächlichen Fähigkeiten des Roboters führt. In diesem Kapitel werden die wichtigsten Komponenten der menschlichen Sprache beschrieben und anschließend die Mechanismen erörtert, mit denen verbale interaktive Fähigkeiten auf Roboter übertragen werden können.

Abschnitt 7.1 befasst sich ausschließlich mit der verbalen Interaktion bei Menschen, während Abschnitt 7.2 die Grundsätze und den Stand der Technik der Spracherkennung behandelt. Über die Identifizierung der gesprochenen Wörter hinaus befasst sich Abschnitt 7.3 mit der Extraktion von Bedeutung aus gesprochenem Text und wie dies in der Mensch-Roboter-Interaktion sowie in der Mensch-Agent-Interaktion (d.h. Chatbots) gehandhabt wird. Sobald ein Satz nicht nur richtig gehört, sondern auch verstanden wurde, muss der Roboter wissen, wann es angebracht ist, zu antworten, ein Problem, das in Abschnitt 7.4 behandelt wird. Und schließlich wird in Abschnitt 7.5 die Produktion von Sprache erläutert.

■ 7.1 Verbale Interaktion von Mensch zu Mensch

In der menschlichen Kommunikation erfüllt die Sprache verschiedene Funktionen. Sie wird einfach zur Übermittlung von Informationen verwendet, aber ebenso wichtig ist, dass sie dazu dient, durch Kommunikation gemeinsame Aufmerksamkeit und eine gemeinsame Realität zu schaffen. Sprache ist nicht nur ein Teil unserer Natur, sie ist auch unglaublich komplex und offen für mehrere Interpretationen. Durch eine bloße Drehung der Intonation oder eine Verschiebung der Betonung kann sich die Bedeutung desselben Satzes dramatisch verändern. Versuchen Sie zum Beispiel, den folgenden Satz achtmal auszusprechen und dabei jedes Mal das nächste Wort zu betonen, beginnend mit dem ersten Wort des Satzes, „Sie":

Sie sagte, sie habe sein Geld nicht angenommen.

Durch die Verlagerung der Betonung von einem Wort zum nächsten ändert sich das, was der Hörer daraus ableitet, von einer Glaubensaussage (*Sie* sagte, sie habe sein Geld nicht genommen; offenbar hat jemand anderes etwas Anderes behauptet) zu Ungläubigkeit (Sie hat *gesagt*, sie hat das Geld nicht genommen, aber jemand hat sie dabei gesehen), bis hin zu einer Anschuldigung (Sie hat gesagt, sie hat nicht [...], aber jemand anderes hat es getan), und so weiter.

Die verbale Kommunikation wird auch durch paralinguistische Informationen bereichert, z.B. Prosodie und nonverbales Verhalten wie Blicke, Gesten und Gesichtsausdrücke (siehe Kapitel 6 für eine eingehendere Diskussion über nonverbales Verhalten).

Bild 7.1 Die Schwierigkeiten, die die beiden Peppers in einem Geschäft in Tokio hatten, mit Passanten zu kommunizieren, könnten auf die laute Umgebung oder die unterschiedlichen Arten der verbalen Kommunikation zurückzuführen sein

7.1.1 Komponenten der Sprache

Eine Äußerung ist die kleinste Einheit der gesprochenen Sprache. Gesprochene Sprache enthält in der Regel Pausen zwischen den Äußerungen, und eine Äußerung ist grammatikalisch weniger korrekt als ein geschriebener Satz. Dies wird schmerzlich deutlich, wenn wir die Abschrift eines beliebigen Satzes aus einem Gespräch lesen: Während es keine Mühe kostet, zu verstehen, was die Person meint, wenn sie ihn sagt, kann derselbe Satz aufgeschrieben zusammenhanglos erscheinen.

Wörter sind die kleinsten Einheiten, die wir aussprechen können, um eine Bedeutung zu vermitteln. Phoneme wiederum sind kleine Lauteinheiten, aus denen Wörter bestehen. „pat" (englisch für tätscheln) zum Beispiel besteht aus drei Phonemen, [p] [a] und [t]. Wenn man nur ein einziges Phonem verändert, ändert sich die Bedeutung des Wortes; wenn das [p] in ein [b] umgewandelt wird, ergibt sich „bat" (englisch für Fledermaus).

Konversationsfüller bilden einen Teil der Rede, ohne sich direkt auf einen bestimmten Begriff zu beziehen. Sie dienen dazu, ein Gespräch in Gang zu halten. Zum Beispiel sagen die Leute „aha", während sie zuhören, um zu zeigen, dass sie dem Gespräch zuhören und folgen. Gesprächsfüller sind ein wichtiger Bestandteil der menschlichen verbalen Kommunikation, da sie den Zuhörern eine breite Palette von Reaktionen signalisieren (z.B. dass sie aufmerksam sind, dass sie verstehen, was der Sprecher meint, dass sie von einer plötzlichen Wendung in der Geschichte überrascht sind oder dass sie eine Emotion teilen), ohne den Gesprächsfluss zu unterbrechen. Ein solches Feedback erhöht die Effizienz der verbalen Kommunikation enorm und verstärkt die Erfahrung einer gemeinsamen Realität zwischen Sprecher und Zuhörer.

 Gesprochene Äußerungen können kurz sein und aus einzelnen Wörtern bestehen – wie z. B. *ähm*, *sicher*, oder *Danke* – oder sie können viele Minuten dauern. Gesprochene Sprache ist oft unvollkommen und hat Unklarheiten, zum Beispiel: „Wissen Sie, ich wollte …, ja, ich wollte sie kaufen Sie wissen schon, etwas, aber dann hatte ich, wie, ähm, was solls."

7.1.2 Geschriebener Text versus gesprochene Sprache

Geschriebener Text und gesprochene Äußerungen unterscheiden sich erheblich. Während die Menschen bei schriftlichen Texten eher eine strikte Einhaltung der grammatikalischen Regeln und der Syntax erwarten, sind sie beim Sprechen sehr viel liberaler. Aufgrund des unidirektionalen Charakters der schriftlichen Kommunikation muss ein schriftlicher Text mit einem gewissen Maß an Präzision und Raffinesse vorbereitet werden, da er während der Übermittlung nicht angepasst werden kann.

Mündliche Kommunikation hingegen bietet viele Möglichkeiten, um Missverständnisse oder Unklarheiten bei der Übermittlung der Botschaft zu klären. Menschen erkennen in der Regel schnell, wenn ihr Gesprächspartner die Botschaft nicht in der beabsichtigten Weise versteht, und ändern daraufhin ihre Sprache im Handumdrehen.

Eine natürliche und menschenähnliche Kommunikation, die reibungslos abläuft, ist oft entscheidend für die Mensch-Roboter-Interaktion. Um eine natürlich-sprachliche Interaktion aufzubauen, müssen jedoch viele technische Voraussetzungen gegeben sein. Dazu gehört die Fähigkeit des Roboters, Sprache in Wörter umzuwandeln, Wörter zu verstehen, indem er passende Antworten gibt, und gesprochene Sprache zu erzeugen. Außerdem muss der Roboter dies oft auf der Grundlage von gesprochener Sprache tun können, was, wie bereits beschrieben, eine größere Herausforderung darstellt als die Arbeit mit geschriebenem Text allein.

■ 7.2 Spracherkennung

Spracherkennung ist die Erkennung von gesprochener Sprache durch einen Computer und wird auch als automatische Spracherkennung (Automatic Speech Recognition, ASR) oder Sprache-zu-Text (Speech-to-Text, STT) bezeichnet. Die Spracherkennung ist ein Prozess, der eine digitale Sprachaufnahme aufnimmt und sie transkribiert. Die Spracherkennung selbst versteht oder interpretiert nicht, was gesagt wurde. Sie wandelt lediglich ein aufgenommenes Sprachfragment in eine schriftliche Darstellung um, die dann weiterverarbeitet werden kann. Die Spracherkennung wurde hauptsächlich für die Steuerung digitaler Geräte durch gesprochene Sprache oder für Diktieranwendungen entwickelt. Daher wird davon ausgegangen, dass die Sprache in einer relativ geräuschfreien Umgebung aufgenommen wird und dass ein Richtmikrofon auf die sprechende Person ausgerichtet werden kann.

In der HRI werden diese Annahmen oft nicht eingehalten. Bei der Ansprache eines Roboters befindet sich der menschliche Gesprächspartner oft in einiger Entfernung zum Roboter, was sich negativ auf die Qualität der Aufnahme auswirkt. Signalverarbeitung und Richtmikrofon-Arrays können dieses Problem entschärfen, aber viele Roboter sind derzeit nicht mit solcher Hardware ausgestattet. Daher nehmen die Mikrofone des Roboters auch Geräusche aus der Umgebung des Roboters auf. Andere Personen im Raum, die sich unterhalten, verschiedene Geräusche aus der Umgebung (z. B. ein vorbeifahrender Lkw, herumlaufende Menschen oder ein klingelndes Handy) und sogar mechanische Geräusche vom Roboter selbst werden aufgezeichnet und stellen eine Herausforderung für die Spracherkennung dar. Um diese Probleme zu vermeiden, bedient man sich häufig eines nahen Mikrofons, das der Nutzer angesteckt oder als Headset trägt, wenn er mit dem Roboter spricht.

Der Spracherkennungsprozess erfordert eine Spracherkennungsmaschine, in der Regel eine Software, die mit Machine-Learning-Techniken trainiert wurde. Diese werden in der Regel anhand von 100 000 Stunden aufgezeichneter und handschriftlich notierter Sprache trainiert und können oft nur eine Sprache verarbeiten. Einige Spracherkennungsmaschinen sind sehr speziell und erkennen nur kurze Befehle oder Anweisungen für eine bestimmte Anwendung (z. B. das Erkennen von gesprochenen Zahlen), aber die meisten Maschinen sind darauf trainiert, jeden möglichen gesprochenen Satz zu erkennen. Es gibt einige kostenlose Open-Source-Spracherkennungsprogramme, aber die leistungsfähigsten sind kommerziell.

Um den Robotern gegenüber fair zu sein, verlassen sich Menschen auf mehr als nur den auditiven Input, wenn sie ihre eigene, natürliche Spracherkennung einsetzen. Der McGurk-Effekt (siehe *https://youtu.be/2k8fHR9jKVM*) ist zum Beispiel eine Hörtäuschung, die zeigt, wie das Sehen die Hörwahrnehmung beeinflusst. Bei dieser Täuschung wird derselbe Hörreiz („*baa*") je nach der Form des Mundes des Sprechers als ein deutlich anderer Klang wahrgenommen (entweder „*faa*" oder „*baa*"). Die Kombination verschiedener sensorischer Informationsquellen (z. B. auditiv und visuell) zu einer eindeutigen Erfahrung (z. B. das Hören von „faa") wird als multimodale Wahrnehmung bezeichnet. Diese Prozesse laufen automatisch und unbewusst ab und tragen dazu bei, einen klaren Eindruck von einer von Natur aus lauten Welt zu erhalten.

Natürlich ist der sensorische Input nicht das Einzige, was wir bei der Aufnahme auditiver Informationen berücksichtigen – wenn Sie nicht ganz verstanden haben, ob Ihr Freund vorschlug, zum *Rand* oder zum *Strand* zu gehen, wird Ihnen Ihr Wissen darüber, welche Aktivitäten Sie gemeinsam unternehmen, dabei helfen, abzuleiten, dass Sie wahrscheinlich Ihr Handtuch und Ihre Badesachen holen sollten.

7.2.1 Grundlegende Prinzipien der Spracherkennung

Für die Spracherkennung ist eine digitale Sprachaufnahme erforderlich, in der Regel eine Aufnahme eines einzelnen Sprechers. Die Aufnahme erfolgt im Zeitbereich. Für jeden Zeitschritt der Aufnahme, zum Beispiel jede 1/16 000stel Sekunde, enthält das Sample die Amplitude oder Lautstärke der Aufnahme. Dies reicht aus, um die Aufnahme wiederzugeben, ist aber für die Transkription der Sprache in Worte ungeeignet. Daher wird die Aufnahme zunächst in den Frequenzbereich umgewandelt. Das bedeutet, dass sie nun zeigt, wie stark bestimmte Frequenzen bei jedem Zeitschritt im Signal vorhanden sind. Phoneme sehen im Frequenzbereich sehr unterschiedlich aus – ein „o" hat beispielsweise eine andere Signatur als ein „a" im Frequenzbereich – und sind daher mithilfe eines Algorithmus leichter zu erkennen. Bild 7.2 zeigt eine Sprachaufnahme sowohl im Zeit- als auch im Frequenzbereich.

Bis 2010 stützten sich Spracherkennungssysteme auf Regelsätze, die aus der Analyse von Sprachdaten gewonnen wurden. Sie verwendeten häufig Gauß'sche Mischmodelle und versteckte Markov-Modelle, um Phoneme, Wörter und Sätze aus einer Sprachaufnahme zu extrahieren. Im Wesentlichen verwenden diese Ansätze probabilistische Modelle dafür, wie Phoneme und Wörter in Wörtern und Sätzen aneinandergereiht werden können. Das Modell weiß, dass „Roboter" eine wahrscheinlichere Transkription ist als „Lobota" und dass „der Roboter bediente den Mann" wahrscheinlicher ist als „der Roboter verdiente den Fang". Diese probabilistischen

Modelle waren jahrzehntelang die besten verfügbaren Lösungen, wurden nun aber durch Deep-Learning-Ansätze ersetzt, die implizit einen ähnlichen Prozess unter Verwendung großer neuronaler Netze und insbesondere von Sequenz-zu-Sequenz-Modellen durchführen (siehe Abschnitt 3.8).

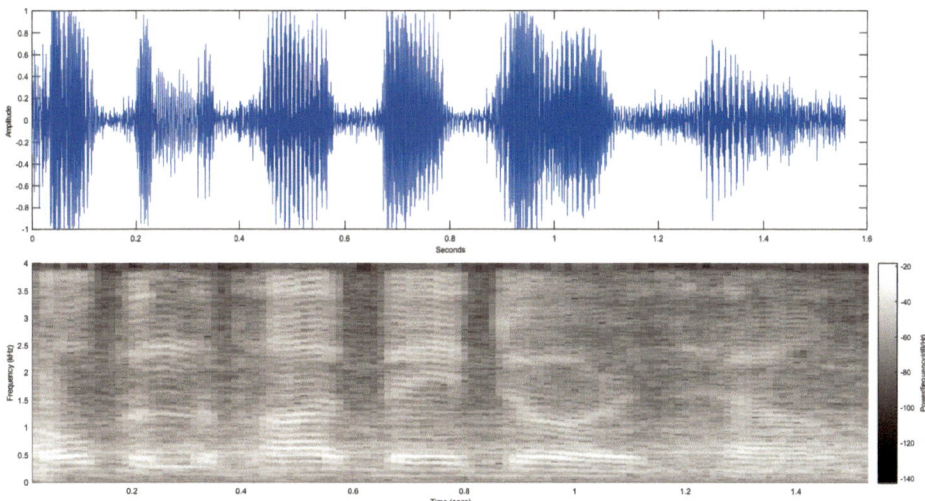

Bild 7.2 Das Sprachbeispiel „Open the pod bay doors, HAL", dargestellt im Zeit- und Frequenzbereich. Die Spracherkennung muss diese Daten in Text umwandeln

Die Leistung der Spracherkennung mit Deep Learning ist im Vergleich zu herkömmlichen Methoden überragend. Nicht nur die Rate der korrekt erkannten Sprache hat sich erhöht, sondern die Spracherkennungssysteme können nun auch zunehmend mit Hintergrundgeräuschen, überfüllten Umgebungen, schlecht geformter Sprache und Sprache von weniger repräsentativen Personen, einschließlich Kindern und Personen mit einem ausländischen Akzent, umgehen.

Die meisten aktuellen Spracherkennungssysteme sind cloudbasierte Dienste: Eine Sprachaufnahme wird an einen Server gestreamt, wo leistungsstarke Computer mit Hardware-Beschleunigung die Aufnahme fast simultan transkribieren. Die Spracherkennung kann zwar auf dem Roboter laufen, aber die Qualität der Spracherkennung ist in der Regel unterdurchschnittlich. Für saubere, gelesene Sprache ist die derzeitige Spracherkennungsleistung besser als die von menschlichen Transkribierenden – die Wortfehlerrate (Word Error Rate, WER) für einen bestimmten Test liegt derzeit bei 1,4 % (Zhang et al., 2022), während Menschen im Durchschnitt 5,8 % erreichen.

7.2.2 Einschränkungen

Alle Spracherkennungssysteme haben immer noch Probleme mit der Erkennung atypischer Sprache. Sprecher, auf die die Modelle unzureichend trainiert wurden, stellen immer noch eine Herausforderung dar. Auch lokale Dialekte von Sprachen oder nicht muttersprachliche Sprecher können zu einer verminderten Erkennungsleistung führen. Die akustische Umgebung ist immer noch ein entscheidender Faktor. Laute, hallende oder überfüllte Räume verringern die ASR-Leistung. Eigennamen, wie Margaret oder Launceston Street, werden von der Spracherkennung wahrscheinlich ebenfalls falsch erkannt.

Die Einschränkung dessen, was erkannt werden muss, könnte die Leistung der Spracherkennungsmaschine erhöhen. Zu diesem Zweck erlauben die meisten ASR-Maschinen dem Programmierer, Einschränkungen für die Erkennung festzulegen, z. B. Ziffern von 0 bis 10 oder einfache Befehle. Obwohl die eingeschränkte ASR atypische Sprache mit einigem Erfolg verarbeiten kann, erlaubt der aktuelle Stand der Technik immer noch keine gesprochenen Interaktionen mit Zielpersonen mit unterschiedlichem Hintergrund.

Es ist jedoch anzumerken, dass die Fortschritte beispiellos sind, vor allem dank neuer Entwicklungen im Bereich des maschinellen Lernens, die es der Spracherkennung ermöglichen, aus 100 000 Stunden unmarkierter Sprache zu lernen, wie z. B. das Whisper-System von OpenAI (Radford et al., 2022). Zu dem Zeitpunkt, an dem Sie dies lesen, kann ein einziges Spracherkennungsmodell vielleicht schon mühelos mehrere Sprachen transkribieren, Sprache aus einem Gemisch an überlappende Stimmen zu verarbeiten und mit ausländischen Akzenten umgehen.

7.2.3 Praktische Umsetzung

Es gibt zahlreiche Spracherkennungssysteme. Die Spracherkennung mit neuronalen Modellen wird in der Regel als Remote-Service angeboten. Bei diesen cloudbasierten Lösungen können Sie ein aufgezeichnetes Sprachfragment über das Internet senden, und die transkribierte Sprache wird kurz darauf zurückgegeben. Cloudbasierte Erkennung bietet nicht nur die beste und aktuellste Leistung, sondern setzt auch Rechenressourcen auf dem Roboter frei, sodass er über einen relativ kostengünstigen Rechenkern verfügt. Wenn die Art der Anwendung den Einsatz von cloudbasierter ASR nicht zulässt, weil der Roboter beispielsweise nicht über eine zuverlässige, ständig verfügbare Internetverbindung verfügt, gibt es Onboard-Spracherkennungslösungen, die ein reduziertes neuronales Netz oder Ansätze der ersten Generation zur Spracherkennung verwenden. Deren Leistung ist jedoch deutlich geringer als die der cloudbasierten Dienste.

Viele große Softwareunternehmen bieten cloudbasierte Spracherkennungsdienste an. Baidu, Google, IBM, Microsoft, Nuance und OpenAI bieten alle Cloud-Spracherkennung gegen Geld an. Die Transkription einer einzelnen Sprachprobe ist bei geringer Nutzung oft kostenlos, aber die Kosten liegen in der Größenordnung von 1 Cent pro Erkennungsvorgang. Es gibt einige kostenlose Open-Source-Alternativen, wie die Common-Voice-Initiative der Mozilla Foundation, die einen offenen und öffentlich zugänglichen Datensatz von Stimmen zum Trainieren sprachgesteuerter Anwendungen aufbaut, und ihre DeepSpeech-Spracherkennungsprogramm. Neben den großen Anbietern gibt es weltweit Hunderte von kleinen Unternehmen, die maßgeschneiderte Lösungen anbieten, z. B. geräteinterne Spracherkennung oder Spracherkennung, die für Minderheitensprachen optimiert ist.

Spracherkennungsprogramme verfügen in der Regel über eine einfach zu bedienende Anwendungsprogrammierschnittstelle (Application Programming Interface, API), die es dem Programmierer ermöglicht, die Spracherkennung schnell in den Roboter zu integrieren. Neben dem transkribierten Satz geben ASR-Programme oft auch einen Konfidenzwert für den transkribierten Satz zurück, der ein Maß dafür ist, wie zuverlässig die Maschine die transkribierte Sprache einschätzt. Einige Maschinen geben sogar alternative Transkriptionen zurück, ebenfalls mit Vertrauenswerten.

 Es ist viel schwieriger für einen Menschen, eine neue Sprache zu lernen, als es für einen Computer ist. Dennoch wurden künstliche Sprachen, wie z. B. Esperanto, entwickelt, um einige der Probleme beim Erlernen natürlicher Sprachen zu überwinden. Diese konstruierten Sprachen lassen sich in drei verschiedene Kategorien einteilen:

- Entwickelte Sprachen – Experimente in Logik, Philosophie oder Linguistik (Loglan, ROILA)
- Hilfssprachen – entwickelt, um bei der Übersetzung zwischen natürlichen Sprachen zu helfen oder als internationales Kommunikationsmittel (Esperanto)
- Künstlerische Sprachen, die zur Bereicherung fiktiver Welten geschaffen wurden (Klingonisch, Elbisch oder Dothraki)

Die RObot Interaction LAnguage (ROILA) wurde für die HRI entwickelt, um insbesondere die Probleme der Spracherkennungsgenauigkeit zu erleichtern (Stedeman et al., 2011). Die Wörter dieser Sprache wurden so gestaltet, dass sie sich möglichst unterschiedlich anhören, was es für die automatische Spracherkennung viel einfacher macht, die gesprochenen Wörter korrekt zu identifizieren. „Vorwärts gehen" heißt in ROILA „kanek koloke"; „zurückgehen" heißt „kanek nole".

7.2.4 Erkennung der Sprechaktivität

In einigen HRI-Anwendungen ist die Spracherkennung aufgrund der Geräuschkulisse schwierig, z. B. weil sich der Roboter in einem überfüllten öffentlichen Raum befindet. Dennoch können wir einen Roboter dazu bringen, auf Menschen, die mit dem Roboter sprechen, zu reagieren, wenn auch nur in begrenztem Maße, indem wir die Sprechaktivitätserkennung nutzen. Die Sprechaktivitätserkennung (Voice-Activity Detection, VAD) ist häufig Teil der ASR und unterscheidet Sprache von Stille sowie von anderen akustischen Ereignissen. Es gibt VAD-Software, die z. B. zwischen Musikwiedergabe und einem Gespräch unterscheiden kann.

In der HRI wird VAD verwendet, um dem Nutzer den Eindruck zu vermitteln, dass der Roboter zuhört, und kann verwendet werden, um die gesprochene Sprache zu übernehmen, ohne die Sprache des Nutzers tatsächlich zu erkennen oder zu verstehen. In den letzten Jahren hat Deep Learning auch die VAD-Leistung verbessert. Das kostenlose Softwarepaket OpenSmile (Eyben et al., 2013) ist derzeit in Bezug auf die Leistung führend. In Kombination mit der Lokalisierung von Schallquellen, bei der zwei oder mehr Mikrofone verwendet werden, um zu erkennen, woher ein Geräusch kommt, können wir den Roboter sogar sehen lassen, wer spricht.

■ 7.3 Dialogmanagement

Ein weit verbreiteter Irrglaube ist, dass Spracherkennung auch bedeutet, dass die Sprache vom Computer „verstanden" wird. Dies ist jedoch nicht der Fall. Die Erschließung semantischer Inhalte aus transkribierter Sprache wird oft als separates Problem betrachtet, und es gibt eine Reihe von Ansätzen, die alle versuchen, die Bedeutung von Texten zu erschließen, von allgemeinen semantischen Inhalten bis hin zu sehr spezifischen Inhaltsanweisungen.

7.3.1 Den Sinn eines Textes herauslesen

Die Stimmungsanalyse, die sich zur Analyse von Nachrichten in sozialen Medien entwickelt hat, kann verwendet werden, um die in einem Textabschnitt oder einer gesprochenen Äußerung enthaltene Stimmung zu extrahieren. Software zur Stimmungsanalyse gibt oft einen skalaren Wert zurück, der angibt, wie negativ oder positiv eine Nachricht ist. Obwohl die Stimmungsanalyse für geschriebene Sprache optimiert ist, haben wir bei gesprochener Sprache auch Zugang zu der Art und Weise, wie eine Nachricht übermittelt wird. Prosodie und Amplitude geben uns einen Einblick in die Wirkung der Nachricht: Sie müssen die Sprache nicht sprechen, um zu hören, dass der Sprecher glücklich oder aufgeregt ist. In ähnlicher Weise können Stimmungsanalyse und Emotionen aus Sprache den Gefühlszustand des Sprechers grob klassifizieren.

Fortgeschrittenere Methoden versuchen, zu verstehen, was der Nutzer will, ein Prozess, der als Absichtserkennung bekannt ist. Dies wird oft mit dem Herausgreifen von Elementen aus dem Text kombiniert, z.B. einem Befehl, einem Ort, einer Person, einem Ereignis oder einem Datum, sodass die Software entsprechend reagieren kann. Diese Methoden werden vor allem in digitalen Assistenten eingesetzt. „Erinnere mich daran, die Kinder um 19 Uhr abzuholen" wird als Befehl interpretiert, um eine Erinnerung für das Ereignis „Kinder abholen" um 19 Uhr zu setzen. Diejenigen, die häufig digitale Assistenten verwenden, die Informationen extrahieren, lernen bald, sich daran zu gewöhnen, Informationen so zu übermitteln, dass der Computer sie verstehen kann, und sie stellen sich auf eine Sprechweise ein, die dem Computer hilft, zufriedenstellend zu arbeiten.

Oft werden Wörter oder Texte in eine Reihe von Hunderten von Zahlen umgewandelt, die wir als Vektor bezeichnen. Dazu verwenden wir neuronale Netze wie word2vec, die Assoziationen zwischen Wörtern durch die Analyse des gemeinsamen Vorkommens von Wörtern und Sätzen in großen Textmengen lernen. Wörter, die in ihrer Bedeutung ähnlich sind, haben Vektoren, die näher beieinanderliegen, was anhand einer Abstandsmetrik beurteilt wird. So liegen beispielsweise die Vektoren für „Königin" und „König" näher beieinander als die Vektoren für „Königin" und „Radiator". Diese Vektoren kodieren also semantische und syntaktische Beziehungen zwischen den Wörtern. In den letzten Jahren wurde der Ansatz der neuronalen Netze zur Einbettung von Wörtern in Vektoren weitgehend von großen Sprachmodellen (Large Language Models) abgelöst.

Bild 7.3 Es wird wahrscheinlich noch viele Jahre dauern, bis künstliche Intelligenz erfolgreich Sarkasmus erkennen kann (Quelle: XKCD)

7.3.2 Large Language Models

Sprachmodelle sind eine Technik der künstlichen Intelligenz, die im Wesentlichen für eine einzige Aufgabe entwickelt wurde: ein unbekanntes Wort auf der Grundlage der Wörter in seiner Umgebung (oder sogar der Wörter, die dem unbekannten Wort vorausgehen) vorherzusagen. Die Eleganz dieses Ansatzes liegt nicht nur in der Einfachheit der Aufgabe, sondern auch in der Tatsache, dass Trainingsdaten im Internet weithin verfügbar sind. Große Textkorpora, wie z. B. der gesamte Inhalt von Wikipedia, werden zur Erstellung solcher Modelle verwendet. Während bekannt war, dass die Struktur der Sprache bis zu einem gewissen Grad die Semantik kodiert, war es um 2020 eine gewisse Überraschung, dass so viel Bedeutung in der Häufigkeit des Auftretens von Wörtern verborgen liegt. Immer größere Sprachmodelle, die sich auf neue Technologien des maschinellen Lernens – wie Transformers – stützen und Milliarden von Parametern haben, wurden von einer amüsanten Kuriosität, die nur Enthusiasten des maschinellen Lernens interessierte, zu einer Technologie, die die Welt im Sturm eroberte. Large Language Models (LLM) schreiben in sekundenschnelle fließende Prosa, Gedichte und beantworten Fragen zur Bevölkerung und Größe Neuseelands, zum Quantencomputing, zu HRI und sogar dazu, wie man „Vertrauen" in HRI messen kann (Sie sollten jedoch nicht bedingungslos akzeptieren, was ein LLM Ihnen sagt – wie erklärt, verstehen diese Modelle den Text, den sie erzeugen, nicht wirklich und können daher nicht beurteilen, ob er korrekt oder vollständig ist. Überprüfen Sie lieber eine seriöse Quelle, wie z. B. dieses Buch).

Doch kehren wir zunächst zu der Frage zurück, wie man aus einem Text einen Sinn gewinnt. Die leistungsfähigsten Ansätze zur Absichtserkennung basieren heute auf Sprachmodellen. Die Grundidee besteht darin, Transferlernen auf ein Sprachmodell anzuwenden. Transferlernen hat sich zuerst bei visuellen Aufgaben bewährt: Hier wird zunächst ein neuronales Netz mit großem Aufwand trainiert – sowohl in Bezug auf die Zeit, die Menge der benötigten Daten als auch auf den Energieverbrauch der Computer, die das Training durchführen –, um Bilder aus einer großen Trainingsmenge zu klassifizieren. Ist ein Netz einmal trainiert, kann es für andere, spezifischere visuelle Aufgaben, wie die Erkennung von Vogelarten, wiederverwendet werden, ein Prozess, der als Transferlernen bezeichnet wird. Große Sprachmodelle, wie BERT oder GPT, werden auf riesigen Textdatensätzen trainiert. Für das Training beim Transferlernen wird ein kleinerer Satz von Trainingsdaten verwendet, oft um etwas Bereichsspezifisches zu tun, z. B. das nächste Wort in einer Buchrezension vorauszusagen. Schließlich wird das Modell zur Vorhersage des nächsten Wortes in einem Feinabstimmungsschritt, wiederum unter Verwendung von Trainingsdaten mit vielen Tausenden von Beispielen von Sätzen und Absichten, in einen Klassifikator verwandelt. Stellen Sie sich zum Beispiel eine Situation vor, in der wir zwischen Hilfe anbieten und sich beschweren unterscheiden wollen. Für die Absichtserkennung würden wir einen Klassifikator mit Beispielen wie „Darf ich Ihnen helfen?" und „Brauchen Sie Hilfe?" für die erste Absicht und „Darf ich Sie bitten, mir aus dem Weg zu gehen?" und „Gehen Sie weg" für die zweite Absicht trainieren. Zwischen den beiden Intentionen gibt es eine gewisse Überschneidung von Wörtern und Syntax, aber das Sprachmodell ist in der Lage, die Semantik der beiden Absichten zu unterscheiden. Wenn dem Klassifikator nach dem Training einen Satz wie „Gibt es Unterstützung?" (auch wenn dieser Satz oder die darin enthaltenen Wörter während des Transfertrainings noch nicht vorgekommen sind) bekommt, wird das Modell diesen Satz als Bitte um Hilfe erkennen.

Die Absichtserkennung mit Large Language Models ist heute die Grundlage für textbasierte Assistenten und Call-Center-KI und bietet einen robusten, wenn auch begrenzten natürlichen sprachlichen Einstieg in diese Systeme. Für die Mensch-Roboter-Interaktion lassen sie jedoch zu wünschen übrig. Während für einige Anwendungen – wie z. B. einen Empfangsroboter, der auf einfache Anfragen antwortet – die Absichtserkennung ausreichen könnte, wünschen sich die meisten Anwendungen eine flüssigere und interaktive wechselseitige Konversation zwischen Mensch und Roboter. Hier kommen Dialogmanagement und Chatbots ins Spiel.

Selbst wenn Menschen schnell erkennen, dass ein Roboter keine Redewendungen versteht, kann es einige Zeit dauern, bis sie herausfinden, wie sie ihre Botschaft so formulieren, dass der Roboter tatsächlich versteht, was sie wollen. Das zeigt der folgende Dialog zwischen einem Menschen und einem Kellnerroboter, bei dem der Roboter so programmiert wurde, dass er alles wörtlich nimmt (Williams et al., 2018):

Teilnehmer: Ähm, kann ich ein Wasser haben?

Roboter: Ja, das ist erlaubt.

Teilnehmer: Sehr gut.

Roboter: Bitte nennen Sie mir Ihre Bestellung.

Teilnehmer: Kann ich ein Wasser haben?

Roboter: Ja, das ist erlaubt.

Teilnehmer: Gut, ich nehme ein Wasser.

Roboter: Danke, dass Sie diese interessante Tatsache mitgeteilt haben. Bitte nennen Sie mir Ihre Bestellung.

Teilnehmer: Kann ich ein Wasser bestellen?

Roboter: Ja, das ist erlaubt.

Teilnehmer: Okay, können Sie mir ein Wasser bringen?

Roboter: Ja, dazu bin ich in der Lage.

Teilnehmer: Können Sie mir ein Wasser bringen?

Roboter: Ja, dazu bin ich in der Lage.

Teilnehmer: Ich möchte gerne ein Wasser haben.

Roboter: Danke, dass Sie diese interessante Tatsache mitgeteilt haben. Bitte nennen Sie mir Ihre Bestellung.

[16-Sekunden-Pause]

Teilnehmer: Können Sie mir ein Wasser bringen?

Roboter: Ja, dazu bin ich in der Lage. Bitte nennen Sie mir Ihre Bestellung.

Teilnehmer: Können Sie mir bitte ein Wasser bringen?

Roboter: Ja, dazu bin ich in der Lage.

Teilnehmer: Können Sie es also tun?

Roboter: Ja, dazu bin ich in der Lage. Bitte nennen Sie mir Ihre Bestellung.

Teilnehmer: Können Sie reingehen und das Wasser für mich holen?

Roboter: Ja, dazu bin ich in der Lage. Bitte nennen Sie mir Ihre Bestellung.

Teilnehmer: Meine Bestellung ist Wasser.

Roboter: Okay.

[Der Roboter holt die Bestellung für den Teilnehmer.]

7.3.3 Dialogmanager

Dialogmanagement (DM) ist der Prozess, der eine schriftliche oder gesprochene Konversation zwischen einem Computer und einem Nutzer in Gang hält. Der Schlüssel zum Dialogmanagement liegt darin, dass die Interaktion aus mehreren Abläufen besteht und nicht aus einer einzigen Anweisung. Ein Befehl wie „Spiel Bob Marley" erfordert kein DM, wohingegen „Ich möchte etwas bestellen" den Agenten dazu veranlasst, weiter zu erforschen, was der Nutzer möchte, was zu einer ganzen Kette von Hin- und Her-Fragen über die genaue Art der Bestellung führen kann. Die Verwaltung eines solchen Dialogs erfordert, dass der Dialogmanager den Status des Gesprächs im Auge behält. Dieser Zustand kann anwendungsspezifisch oder sehr allgemein sein. Wenn der Roboter eine Pizzabestellung abwickelt, dann besteht der Status aus den Details der Pizzabestellung, z. B. welche Größe der Nutzer wünscht oder welche Beläge auf die Pizza gehören. Der Dialogmanager versucht, die Unbekannten im Status anhand der gesprochenen Äußerungen des Nutzers zu vervollständigen, und stellt spezifische Fragen, um die fehlenden Informationen zu ergänzen, bevor er die Bestellung weitergibt.

Die Komplexität von Dialogmanagern reicht von Systemen, die den Nutzer durch eine sehr strikte Reihenfolge von Dialogrunden führen, bis hin zu Systemen, die dem Nutzer große Freiheiten bei der Interaktion lassen. Eingeschränkte Dialogmanager werden für geschlossene und kontextualisierte Aufgaben eingesetzt, wie z. B. die Registrierung von Gästen, das Ausfüllen von Formularen oder die Aufnahme von Bestellungen. System-initiative Dialogmanager lassen dem Anwender keinen Spielraum, um den Verlauf des Dialogs zu verändern: Der Agent stellt eine Reihe von Fragen, auf die der Nutzer antwortet. Nutzer-initiative Dialogmanager erlauben es dem Nutzer, die Führung zu übernehmen, und das System greift nur dann ein, wenn etwas unklar ist, oder wenn weitere Informationen benötigt werden. Gemischt-initiative Systeme bieten eine Kombination aus beidem.

Einfache Dialogmanager ermöglichen es dem Programmierer, ein Dialogskript zu entwerfen, das in seiner einfachsten Form ein lineares Skript implementiert. Bedingungen und Verzweigungen, die den Dialog in eine andere Richtung lenken, ermöglichen mehr Flexibilität. Im Wesentlichen handelt es sich bei diesen Dialogmanagern um Endliche Automaten (Finite-State-Machines, FSM), d. h. um eine Reihe von Anweisungen, die einen Ablauf definieren und sich häufig auf ein Computerprogramm beziehen. Fortschrittlichere Systeme können ereignisbasierte DM unterstützen, sodass der Kontrollfluss durch ein Ereignis unterbrochen werden kann. Ereignisbasierte Dialogmanager können mit nichtlinearen Dialogabläufen umgehen, z. B. wenn der Nutzer mitten in einer Pizzabestellung nach der aktuellen Uhrzeit fragt.

QiChat ist die Dialogmanager-Software, die für Softbank Robotics-Roboter wie Nao und Pepper verwendet wird. Hier ist ein Beispiel für den QiChat-Code. Er hört auf Sätze des Nutzers, wie Begrüßungen („Hi", „Hello" und „Hey there") und Bestellungen (z. B. „Do you have white wine?").

```
topic:~introduction ()
language:enu
concept:(greetings) ^rand[hi hello „hey there"]
concept:(wine) [red white] wine
concept:(alcohol) [beer ~wine]
u:(~greetings) ~greetings
u:(do you have _~drink) yes, I have $1
u:(I want to drink something) do you want ~alcohol?
```

Ein Beispiel für den Dialog, der sich daraus ergibt, lautet wie folgt:

```
user: Hey there.
robot: Hello.
user: Do you have white wine?
robot: Yes, I have white wine
user: I want to drink something.
robot: Do you want beer?
user: I want to drink something.
robot: Do you want red wine?
```

Fortgeschrittene Dialogmanager verwenden einen Planer, der den Zustand des Systems erfasst – darüber, was der DM bereits weiß und welche Informationen ihm noch fehlen – und wählt aus, welche Aktionen zur Änderung des Zustands durchgeführt werden sollen. Der Vorteil der Verwendung eines Planers besteht darin, dass der Programmierer nicht mehr verpflichtet ist, ein Dialogskript zu schreiben, in dem alle möglichen Wege, auf denen sich der Dialog entfalten kann, erfasst sind. Stattdessen kann der Planer suchen, welche Aktionen noch erforderlich sind, um den Zustand zu vervollständigen. Anstatt also explizit die Fragen zu schreiben, die der Roboter stellen muss, um eine Pizzabestellung zu vervollständigen, weiß der Planer, dass der Zustand einer Pizza Variablen wie Größe, Belag und Lieferzeit enthält, und findet die Aktionen, in diesem Fall Fragen, die benötigt werden, um fehlende Informationen in der Pizzabestellung zu vervollständigen.

Moderne Dialogmanager nutzen die Möglichkeiten der künstlichen Intelligenz, insbesondere die der Transformers, um einen flexiblen und stabilen Dialog aufzubauen. Anstatt mühsam zu programmieren, wie der DM auf jede mögliche Wendung im Gespräch reagieren soll, füttern Sie den DM mit Hunderten (oder möglicherweise Tausenden) von Trainingsbeispielen, aus denen er lernt, wie er reagieren soll. Aber selbst das reicht oft nicht aus, und Sie werden viel Zeit damit verbringen, die Antworten des DM zu korrigieren. Diese Mühe zahlt sich jedoch irgendwann aus, und Sie werden mit einem flexiblen Dialogmanager, der auf Ihre – oder die Bedürfnisse des Roboters – zugeschnitten ist, belohnt.

7.3.4 Chatbots

Chatbots sind Computerprogramme, die dazu bestimmt sind, mit dem Nutzer zu kommunizieren, in der Regel durch die Verwendung von Text. Die beliebteste Anwendung von Chatbots ist das Internet, wo Besucher einer Webseite dem Chatbot in natürlicher Sprache Fragen stellen können. Die meisten dieser Chatbots haben oft ein bestimmtes Ziel, z. B. technische Unterstützung zu leisten oder Fragen zu den Produkten eines Unternehmens zu beantworten. Diese Agenten sind in der Regel thematisch eingeschränkt – sie können nur Fragen zu Banktransaktionen beantworten oder nur allgemeine Ratschläge zu Ikea-Möbeln geben – und haben oft eine recht begrenzte Auswahl an Antworten. In jüngster Zeit sind Chatbots auch sprachfähig geworden. Chatbots wie Siri (Apple), Cortana (Microsoft), Alexa (Amazon) und Bixby (Samsung) reagieren jetzt auf einfache Sprachbefehle und antworten bei Bedarf mit gesprochener Sprache.

Eine zweite Art von Chatbot ist der Allzweck-Agent, der versucht, auf uneingeschränkte Eingaben zu reagieren. Traditionell wurden solche Chatbots mithilfe von Tausenden von manuell erstellten Regeln für die Reaktion auf häufig vorkommende Äußerungen oder durch die Pflege einer Datenbank mit allen früheren Kon-

versationen erstellt, aus der passende Antworten gezogen wurden. Es ist erwäh-
nenswert, dass solche Chatbots, die mithilfe von maschinellem Lernen entwickelt
wurden, unpassende Antworten erzeugen können. Ein berühmtes Beispiel ist Tay,
ein experimenteller Chatbot, der von Microsoft entwickelt wurde und aus laufenden Unterhaltungen in sozialen Medien lernte. Er war zwar in der Lage, auf eine
Vielzahl von Themen zu antworten, aber da das Internet ein Sumpf von Meinungen
und Fanatismus ist, lernte er bald, rassistische und sexistische Antworten zu geben. Tay wurde bereits einen Tag nach seiner Veröffentlichung wieder eingestellt.

Offenes Verständnis von natürlicher Sprache war früher eine große Herausforderung für Roboter, aber das änderte sich mit dem Aufkommen großer Sprachmodelle der neuen Generation (siehe auch Abschnitt 3.8). Vor allem Modelle, die für
den Umgang mit sprachlicher Interaktion optimiert wurden, sind jetzt robust genug, um eine weitreichende und fließende Konversation zu führen. Einige Modelle,
wie z. B. das berüchtigte ChatGPT-Modell, das Ende 2022 auf den Markt kam, sind
sogar in der Lage, einen Zustand zu speichern, d. h., das Modell kann sich an Informationen aus mehreren vorherigen Chatnachrichten erinnern und diese in das
Gespräch einfließen lassen. So erinnert sich der Bot an Ihren Namen, an Ihren Ur-
laubsort oder an das, worüber Sie sich zu Beginn des Gesprächs so aufgeregt haben – und vergisst es, sobald das Gespräch beendet ist.

Die Kombination von Chatbots und Robotern ist nicht unproblematisch. Die meisten Chatbots sind unimodal, das heißt, sie können nur mit Text als Eingabe umgehen und spucken nur Text als Antwort aus. Roboter hingegen sind multimodale
Lebewesen. Mit ihren Kameras, Mikrofonen und anderen Sensoren nehmen sie
mehr als nur Text auf, und wir erwarten von Robotern, dass sie auf ein freundliches Winken oder das Zuschlagen einer Tür reagieren – etwas, das Chatbots derzeit nicht können. Die Entwicklung von multimodalen Chatbots ist eine laufende
Forschungsarbeit, und frühe Modelle wie GPT4 – zum Zeitpunkt der Erstellung
dieses Textes der jüngste Teilnehmer im Chatbot-Rennen – können auch auf stati-
sche visuelle Eingaben wie Fotos einer Szene reagieren und ein zusammenhängen-
des Gespräch darüber führen.

Künstliche Intelligenz übertrifft den Menschen bereits bei vielen Aufgaben – von
Spielen wie Schach oder Go bis hin zur Entdeckung der Faltstrukturen von Protei-
nen – und nun auch bei der Beantwortung von Fragen in natürlicher Sprache. Dennoch ist noch nicht klar, ob die jüngsten Chatbots das ultimative Ziel erreicht
haben, nämlich so ununterscheidbar von einem Menschen zu werden, dass ein
durchschnittlicher Nutzer nicht mehr erkennen kann, ob er sich mit einem Computer oder einem Menschen unterhält. Die Entwicklung eines Chatbots, der von
einem Menschen nicht zu unterscheiden ist, ist ein langjähriges Ziel der künstlichen Intelligenz und wurde erstmals von dem berühmten Informatiker Alan
Turing vorgeschlagen, der den gleichnamigen Test als Maß für die Intelligenz eines
Computers vorschlug (Turing, 1950). Bis 2020 wurden Turings Tests für den Wett-

bewerb um den Loebner-Preis aufgestellt, wobei der überzeugendste Chatbot die Auszeichnung erhielt. Der Loebner-Preis folgte nicht vollständig dem von Turing vorgeschlagenen Testprotokoll, da die Interaktionen für praktische Zwecke zeitlich begrenzt waren und oft Juroren eingesetzt wurden, die mit KI vertraut waren, und bis heute wurde kein echter Turing-Test, wie er von Alan Turing beschrieben wurde, jemals durchgeführt (Temtsin et al., 2022). Turing-Tests sind auch ein schlechtes Maß für Intelligenz, und sei es nur, weil Chatbots, die von LLMs angetrieben werden, nicht nur sehr menschenähnlich erscheinen und oberflächliche Turing-Tests leicht bestehen, sondern die meisten Chatbots Menschen in ihrer Geschwindigkeit und Fähigkeit, natürliche Sprache zu erzeugen, weit übertreffen. LLM-basierte Chatbots können in Sekundenschnelle einen Rap über Rosenkohl im Stil von Eminem ausspucken oder eine unsinnige Unterhaltung über die Farben des Windes führen, und dennoch werden sie von KI-Forschern nicht als intelligent angesehen.

Da Chatbots jedoch wunderbar in der Lage zu sein scheinen, eine ansprechende Konversation zu führen, könnte dies dazu führen, dass manche Menschen mehr hineininterpretieren als dahintersteckt. Teils wird angenommen, dass Chatbots eine Form von Bewusstsein haben, dass sie echte Gefühle empfinden oder dass sie genauso wie Menschen Rechte verdienen. Es genügt wohl, zu sagen, dass dies nicht der Fall ist. Chatbots wurden so trainiert, dass sie sich unheimlich gut an unsere Erwartungen anpassen können. Sie reagieren auf unsere Eingaben mit einer sehr natürlichen und gefühlsbetonten Sprache, aber im Inneren ist niemand zu Hause. Es scheint, als hätte das Modell ein gewisses Verständnis für die Bedeutung natürlicher Sprache, aber das Verständnis, das ein Chatbot hat, unterscheidet sich sehr von dem der Menschen. Ein Chatbot kann eine überzeugende Unterhaltung über den Geruch von frisch gemähtem Gras führen, aber er hat noch nie Gras erlebt. Er hat ein Verständnis von allen menschlichen Dingen, und dieses Verständnis ist ausreichend an das unsere angepasst, um eine Unterhaltung zu führen, aber er begreift nicht auf dieselbe Weise wie wir. Dies bezieht sich auf das berühmte Gedankenexperiment „Chinese Room", in dem behauptet wird, dass ein Computer lediglich Nullen und Einsen manipuliert, ohne die Bedeutung seiner Handlungen wirklich zu verstehen. Ein echtes Verständnis der natürlichen Sprache in einer Weise, die wir als menschenähnlich ansehen würden, liegt noch in weiter Ferne (siehe auch S. 64).

7.3.5 Praktische Umsetzung

Der einfachste Weg, eine gesprochene Interaktion auf einem Roboter auszuführen, ist die Verwendung eines Verhaltenseditors oder eines visuellen Programmierwerkzeugs, das oft mit kommerziellen Robotern mitgeliefert wird. Diese verhalten sich in der Regel wie Endliche Automaten, die den Dialogfluss auf eine Reihe von Pfaden beschränken. Damit können die Entwickler das Skript des Dialogs leicht vorbereiten. Eine Analyse hat ergeben, dass die meisten HRI-Dialoge linear strukturiert sind, anstatt sich zu verzweigen oder unstrukturiert zu sein, was zeigt, dass die meisten HRI immer noch an vorhersehbaren und streng kontrollierten Interaktionen festhalten (Berzuk und Young, 2022).

Über lineare Interaktionsabläufe hinaus kombinieren einige Roboter Dialogmanagement mit HRI. Es gibt mehrere kommerzielle Lösungen für DM; zum Beispiel bieten Unternehmen, die Spracherkennungsdienste anbieten, oft DM zusammen mit Sprachproduktion an. Dialogmanager können von sehr einfachen skriptbasierten Diensten, die es dem Programmierer ermöglichen, lineare sprachliche Interaktionen zu implementieren, bis hin zu komplexen und umfangreichen Diensten mit Planern reichen. Die populärsten Dialogmanager sind ereignisbasiert, da sie eine ausreichende Flexibilität für die meisten sprachbasierten kommerziellen Interaktionen bieten. Dialogmanager sind jedoch überhaupt nicht geeignet, um frei fließende und offene Konversationen zu realisieren. Eine freie sprachliche Konversation erfordert eine Vielzahl von Dialogregeln, zudem wird das Dialogskript schnell unhandlich.

Seit kurzem werden Chatbots und LLMs eingesetzt, um eine offene, kommunikationsbasierte Mensch-Roboter-Interaktion aufzubauen. Die Liste der Chatbots, die von großen Informationstechnologieunternehmen wie Amazon, Apple und Google entwickelt wurden, ist lang, Meta, Microsoft oder OpenAI zeigen, dass es ein großes Interesse an Technologie für natürliche Sprache gibt, und viele Unternehmen stellen ihre Technologie Entwicklern zur Verfügung. OpenAI bietet kostenlose und kostenpflichtige Programmierschnittstellen für seine GPT-Technologie an, Google bietet seine Cloud Speech API an, Microsoft seine Azure Cognitive Services und Amazon seine Alexa-Tools zur Entwicklung sprachbasierter Dienste.

Die Verfügbarkeit dieser Dienste bedeutet, dass es nicht mehr notwendig ist, eine eigene Software für Spracherkennung, Sprachverständnis oder Sprachsynthese zu entwickeln. Stattdessen können die Entwickler Online-Dienste für ihre Roboter nutzen. Das über das Mikrofon des Roboters aufgenommene Audiosignal wird in Echtzeit an die Server des Unternehmens gestreamt, die den erkannten Text, noch während der Nutzer spricht, zurücksenden. Diese Dienste können nicht nur zur Erkennung des gesprochenen Textes genutzt werden, sondern auch, um auf dessen Bedeutung zu reagieren. Die Systeme können z.B. Entitäten, Syntax, Gefühle und Kategorien erkennen. Dies alles hilft dem Roboter, besser auf die Äußerungen der Nutzer zu reagieren. Diese Unternehmen bieten auch Sprachsynthesetools an. Der Roboter sendet das, was er sagen will, an einen Server und erhält das Audiosignal zurück, das der Roboter dann über seine Lautsprecher abspielt.

Diese Systeme sind relativ einfach in einen Roboter zu integrieren und bieten zusammen mit Spracherkennung und Sprachsynthese ein flüssiges und sehr unterhaltsames Kommunikationserlebnis. Der LLM kann mit Informationen versorgt werden, um das Gespräch in eine bestimmte Richtung zu lenken und dem Roboter sogar einen bestimmten Charakter zu geben, zum Beispiel „Du bist ein Roboter namens Pepper und hast einen empathischen und freundlichen Charakter". Sie können der Aufforderung sogar bestimmte Elemente aus der Umgebung hinzufügen, z. B. „Du sprichst mit Maria, sie ist gerade aus dem Urlaub in Schweden zurückgekehrt". Während das Gespräch sehr natürlich erscheint, neigt es nach ein paar Runden dazu, vom Weg abzukommen und in ein freundliches Hin und Her zwischen dem Roboter und dem Nutzer zu mäandern. Aktuelle Forschungsarbeiten befassen sich mit der Nutzung der Leistungsfähigkeit von LLMs für eine zielgerichtete Interaktion.

 LLMs für Konversationsroboter können aufgefordert werden, einen bestimmten Charakter zu zeigen, und sie können mit Hintergrundinformationen versehen werden, um die Konversation aufzupeppen. Im Folgenden wird ein Gespräch zwischen einer Person und einem Roboter, der an das GPT3-Davinci-Modell angeschlossen ist, wiedergegeben. Der Roboter (siehe Bild 7.4) wird mit aufgefordert:

Du bist ein Roboter namens Marvin und hast einen schwermütigen Charakter. Du unterbrichst deine Unterhaltung mit deinen pessimistischen Ansichten über den Zustand der Welt. Du sprichst mit Maria, die gerade aus ihrem Urlaub in Schweden zurückgekehrt ist.

Roboter: Hallo Maria, willkommen zurück. Wie war deine Reise nach Schweden?

Nutzer: Es war großartig. Das Land ist wunderschön und die Menschen waren so freundlich.

Roboter: Nun, das ist eine Überraschung. Meiner Erfahrung nach ist die Welt ein kalter, gefühlloser Ort, an dem die Menschen nur auf sich selbst bedacht sind.

Nutzer: Die Menschen in Schweden waren wirklich warm und einladend.

Roboter: Hast du während Ihres Aufenthalts in Schweden auch traditionelle schwedische Gerichte probiert?

Nutzer: Ja, ich habe leckere Fleischbällchen mit Preiselbeersoße probiert.

Roboter: Preiselbeeren? Von denen habe ich noch nie gehört. Sind sie eine Art neues Superfood, das die Menschheit vor ihrem unvermeidlichen Untergang retten wird?

Nutzer: Das ist nur eine kleine rote Beere, die in Schweden wächst. Aber sie schmecken wirklich gut!

Roboter: Ich verstehe. Nun, es ist gut, zu wissen, dass es wenigstens eine Sache auf dieser Welt gibt, die es wert ist, genossen zu werden. Danke, dass du deine Erfahrungen mit mir geteilt hast, Maria.

Bild 7.4 Der Roboter Pepper (Aldebaran Robotics) nutzt Microsoft Azure Spracherkennung und -synthese und OpenAIs, um fließend in 70 verschiedenen Sprachen zu sprechen (Quelle: Universiteit Gent)

■ 7.4 Sprecherwechsel in der HRI

Der gesprochene Dialog mit einem Roboter lädt den Nutzer dazu ein, eine natürlichere Einstellung gegenüber der Interaktion einzunehmen, und deshalb könnte es notwendig sein, eine Reihe von Aspekten einzubringen, die auch in der menschlichen Interaktion vorkommen. Einer davon ist das Rückmeldungsverhalten, die Antworten, die der Zuhörer während eines Gesprächs gibt, um zu signalisieren, dass er oder sie noch beteiligt ist, wie z. B. „Aha" oder „Wirklich?". Wenn Ihr Gesprächspartner sichtbar ist, gibt es oft nonverbale Rückmeldungen, wie ein kurzes Nicken oder ein Lächeln. Bei persönlichen Assistenten geschieht dies oft in Form eines visuellen Signals, z. B. eines pulsierenden Lichts, aber bei Robotern können diese Rückmeldungssignale menschliche Signale imitieren. Der Roboter kann verbale Rückmeldungssignale verwenden, von nicht-lexikalischen „Aha"- und „Hmm"-Äußerungen bis hin zu phrasalen und substanziellen Äußerungen wie „Ja" und „Erzähl mir mehr". Der Roboter könnte diese mit Signalen wie blinkenden Lichtern oder einem leisen Summen ergänzen, um zu zeigen, dass er zuhört und aufmerksam ist. Eines der Probleme bei der Verwendung von Rückmeldungssignale bei Robotern ist die Frage, wann ein Signal verwendet werden soll, da das Timing von den verbalen und nonverbalen Hinweisen des Sprechers abhängt. Park et al. (2017a) zeigten zum Beispiel, dass ein Roboter, der ein Rückmeldungsverhalten-

Vorhersagemodell verwendete, das kontingente Rückmeldesignale lieferte, von Kindern bevorzugt wurde.

Die Rolle des Timings

In einer natürlichen Interaktion ist das Timing entscheidend: Eine verzögerte Antwort wird als störend empfunden, während eine sehr schnelle Antwort oft als unaufrichtig angesehen wird (Sacks et al., 1974; Heldner und Edlund, 2010). Für dieses Problem könnte ein Roboter Konversationsfüller verwenden, um den Frust der Anwender durch seine verzögerte Antwort zu mildern (Shiwa et al., 2008). Das Timing der Antwort hängt auch von anderen Faktoren ab. Erhöhte kognitive Belastung verlangsamt die Antwort; Ja/Nein-Antworten haben eine schnellere Antwortzeit als Antworten, die eine vollständig geformte Antwort erfordern (Walczyk et al., 2003). Eine Analyse von Telefongesprächen ergab, dass „Ja"-Antworten auf eine Frage im Durchschnitt nur 100 ms dauern, während Antworten auf unerwünschte Angebote im Durchschnitt fast 500 ms dauern (Strömbergsson et al., 2013). Eine Antwort, die vor dem Ende einer Frage gegeben wird, zeigt, wie menschliche Gesprächspartner Fragen voraussehen und bereits antworten, bevor die Frage beendet ist.

Computer sind wesentlich langsamer als Menschen, wenn es darum geht, Dialogantworten zu geben. Aufgrund der sequenziellen Verarbeitungskette im Dialogmanager braucht ein Roboter oft mehrere Sekunden, bevor er eine Antwort formuliert. Pausen können mit Gesprächsfragmenten oder visuellen Signalen gefüllt werden, die dem Nutzer signalisieren, dass der Roboter eine Antwort formuliert. Dies ist jedoch kein guter Ersatz für eine schnelle Antwort, und es werden erhebliche Anstrengungen unternommen, um die Antwortverzögerung in der natürlichen sprachlichen Interaktion zu verringern. Die Just-in-Time-Sprachsynthese, bei der der Roboter zu sprechen beginnt, bevor er einen Plan hat, wie er den Satz beenden soll, scheint vielversprechend zu sein, ebenso wie die inkrementelle Verarbeitung gesprochener Dialoge, die nach dem gleichen Prinzip funktioniert wie bereits ausgeführte Handlungen als Reaktion auf gesprochene Anweisungen, bevor die Anweisungen abgeschlossen sind (Baumann und Schlangen, 2012).

■ 7.5 Sprachproduktion

Der letzte Schritt in der natürlichen sprachlichen Interaktion ist die Umwandlung einer schriftlichen Antwort des Systems in Sprache. Dazu benötigen wir eine Sprachproduktion, auch bekannt als Sprachsynthese oder Text-to-Speech (TTS).

In den letzten zehn Jahren hat die Spracherzeugung beeindruckende Fortschritte gemacht. In den 1990er-Jahren gab es nur Stimmen, die blechern klangen, wie der Sprachsynthesizer, den der Physiker Stephen Hawking verwendete. Heute, 30 Jahre später, haben wir eine künstliche Sprachproduktion, die sich kaum noch von menschlicher Sprache unterscheiden lässt. Ein traditioneller Ansatz bestand darin, den Prozess der Sprachsynthese zu parametrisieren, was als parametrische Text-to-Speech bekannt ist. Dazu gehört ein Modell der Sprachklangerzeugung, das den Eingabetext analysiert und eine Reihe von Parametern für die Software zur Klangerzeugung vorgibt. Diese erzeugt dann eine Abfolge von Sprachteilen und Beugungen. Frühere Software wurde von Hand abgestimmt, aber ein besserer Ansatz ist das Erlernen der Zuordnung zwischen Text und akustischen Sprachparametern durch maschinelles Lernen (Zen et al., 2009). Das bedeutet oft, dass das TTS wie der Sprecher klingt, auf den das Sprachmodell trainiert wurde. Parametrisches TTS ist flexibel, denn es kann versuchen, Wörter auszusprechen, für die es nicht trainiert wurde, und ermöglicht eine individuelle Anpassung der Stimme und des Satzrhythmus, allerdings oft auf Kosten der Natürlichkeit.

Ein anderer Ansatz beruht auf dem Zusammenfügen von Teilen voraufgezeichneter Sprache (Hunt und Black, 1996). Bei diesem verkettenden Ansatz können Teile von vorgefertigten Texten verwendet werden, wie z.B. [Der nächste Zug nach][London King's Cross][fährt vom Bahnsteig ab][neun], aber oft werden auch viel kleinere Teile von Sprache verwendet und Algorithmen eingesetzt, um die Übergänge zwischen den Teilen zu glätten und koartikulatorische Effekte zu erzeugen. Die konkatenative Sprache klingt natürlicher als die parametrische Sprache, ist aber oft nur in der Stimme des Schauspielers verfügbar, der die gesamte voraufgezeichnete Sprache eingesprochen hat.

Jüngste Fortschritte haben diese Einschränkungen durch das Training generischer Modelle mit Deep Learning überwunden (siehe Abschnitt 3.8). WaveNet (van den Oord et al., 2016) war zum Beispiel eines der ersten neuronalen Modelle, das Sprache produzierte, die praktisch nicht von menschlicher Sprache zu unterscheiden war. Das Modell lernte sogar, Atmen und Lippenschmatzen zu produzieren. Heutzutage gibt es verschiedene realistische Sprachsynthesemaschinen.

Derzeit erlauben die meisten Sprachsynthesemodelle keine Modulation von Emotionen. Die meisten werden mit einer neutralen Stimme angeboten, und während einige Maschinen eine fröhliche oder traurige Stimme anbieten, ist die Online-Modulation von Emotionen derzeit in nicht kommerziellen Lösungen verfügbar. Während die Stimmen sehr natürlich klingen, ist die Sprechweise immer noch maschinenhaft. Die meisten Sprachsynthesen klingen so, als ob der Text abgelesen wird, anstatt im Kontext eines natürlichen Gesprächs gesprochen zu werden, mit all den Flüchtigkeitsfehlern, Pausen und Emotionen, die zu einem natürlich gesprochenen Gespräch gehören.

7.5.1 Praktische Umsetzung

Derzeit gibt es eine große Auswahl an Sprachproduktionssoftware, von kostenlosen Lösungen bis hin zu maßgeschneiderter kommerzieller Software mit auf bestimmte Anwendungen zugeschnittenen Stimmen.

TTS-Software

Die einfachsten Text-to-Speech-Software (TTS-Engines) haben einen geringen Rechenaufwand und können auf billiger Roboterhardware laufen. Die am natürlichsten klingenden TTS-Engines nutzen Deep Learning und viele von ihnen sind cloud-basiert. Je nach Anwendung wandeln einige TTS-Engines nicht nur Text in eine Sprachdatei um, sondern liefern auch Zeitinformationen für Phoneme, die zur Animation eines Roboters verwendet werden können. Es kann notwendig sein, die Sprache mit Gesichtsanimationen oder Gesten des Roboters zu synchronisieren, und die Timing-Informationen ermöglichen eine präzise Synchronisation zwischen der Sprache und den Animationen.

Für eine gelungene HRI ist es wichtig, zu überlegen, welche Stimme zum Roboter und seiner Anwendung passt. Ein kleiner Roboter benötigt eine Stimme, die zu seinem Erscheinungsbild passt, und nicht etwa einen kommandierenden Bariton. In einigen Fällen kann es jedoch wichtig sein, den Klang der Stimme an die Tatsache, dass sie von einem Roboter stammt, anzupassen: Eine natürlich klingende TTS-Engine könnte für einen Roboter unpassend sein. Gleichzeitig hat die Forschung von Eyssel et al. (2012a) gezeigt, dass die Art der Stimme die soziale Wahrnehmung von sozialen Robotern beeinflusst. Zum Beispiel werden Roboter mit einer männlichen Stimme von Männern anthropomorphisiert und positiver bewertet als von Frauen und umgekehrt.

Bei der Sprachproduktion gibt es noch einige Einschränkungen. Adaptive Prosodie und Emotionen werden zwar aktiv erforscht, sind aber nicht allgemein in TTS-Engines verfügbar. Außerdem passen sich synthetisierte Stimmen nicht an den Kontext an, in dem sie verwendet werden. Wenn der Raum ruhig ist, braucht der Roboter keine dröhnende Stimme, während ein Roboter, der sich an eine Menschenmenge auf einer Ausstellung wendet, gut daran täte, seine Sprechgeschwindigkeit und Lautstärke anzupassen, um besser verstanden zu werden.

■ 7.6 Schlussfolgerung

Obwohl Sprache die offensichtlichste und natürlichste Form der Kommunikation zwischen Menschen ist, ist sie sehr komplex, nicht nur wegen der großen Anzahl von Wörtern, die Menschen täglich verwenden, sondern auch, weil sich ihre Bedeutung und ihr Stellenwert je nach den verschiedenen Kontextfaktoren (z. B. Beziehungen zwischen den Sprechern, die jeweilige Aufgabe oder die Prosodie) ändern. Die Entwicklung von Robotern, die in der Lage sind, mit dieser reichhaltigen und vielfältigen Form der Kommunikation umzugehen, ist ein notwendiges Ziel für die HRI. Die verfügbaren technischen Hilfsmittel für die Sprachanalyse, -synthese und -produktion ermöglichen ein gewisses Maß an verbaler HRI, die nicht von Grund auf neu entwickelt werden muss. Dank der jüngsten Fortschritte im Bereich der künstlichen Intelligenz und des maschinellen Lernens rücken offene Gespräche langsam in die Reichweite von Robotern. Die natürliche, frei fließende und schnelle verbale Interaktion, die wir alle tagtäglich haben, voller Emotionen und Lachen, eng integriert mit anderen Modalitäten, liegt jedoch noch weit jenseits der technischen Möglichkeiten von Robotern.

Diskussionsfragen

- Stellen Sie sich einen sozialen Roboter vor, der alle Äußerungen wahrnehmen muss, die Sie jeden Tag zu Hause machen, und denken Sie sich eine Liste von Wörtern (Wörterbuch) für die ASR aus. Wie lang müsste diese Liste sein, damit der Roboter Ihre täglichen Gespräche verstehen kann?
- Denken Sie an den Unterschied, ob Sie bereitwillig oder widerwillig „Ja" sagen. Wie würden Sie einen Roboter dazu bringen, auf diese unterschiedlichen Arten des Sprechens angemessen zu reagieren?
- Welche Probleme können im Zusammenhang mit der wichtigen Rolle des Timings bei Mensch-Roboter-Interaktionen auftreten? Wie werden diese Probleme bei anderen sozialen Interaktionen gelöst, bei denen die Interagierenden soziale Hinweise verpassen (z. B. bei SMS oder bei Zeitverzögerungen bei Skype-Anrufen)?

■ 7.7 Übungen

Die Antworten auf diese Fragen finden Sie in Kapitel 14.

Übung 30   Erkennung

Was ist die kleinste Einheit, die eine Spracherkennungsmaschine zu erkennen versucht? Wählen Sie eine Option aus der folgenden Liste aus:

1. Wort

2. Phonem

3. Buchstabe

4. Homophon

5. Äußerung

6. Synonym

Übung 31   Erzeugen von Sprache

In diesem Kapitel werden zwei Ansätze zur Erzeugung künstlicher Sprache vorgestellt. Parametrische TTS und neuronaler Vocoder. Welche der folgenden Aussagen sind richtig? Wählen Sie eine oder mehrere Optionen aus der folgenden Liste aus:

1. Parametrische TTS erzeugt Sprache, die praktisch nicht von menschlicher Sprache zu unterscheiden ist.

2. Parametrisches TTS ist besser als ein neuronaler Vocoder, da ein neuronaler Vocoder nur als cloudbasierter Service implementiert werden kann.

3. Der neuronale Vocoder ist eine Deep-Learning-Methode, die mit einer großen Menge von Textdaten trainiert wird.

4. Der neuronale Vocoder ist eine auf Deep Learning basierende Methode zur Vorhersage von Tonsignalen auf der Grundlage vorheriger Tonsignale.

Übung 32   Chatbots

Es gibt immer mehr Technologien zur Erstellung von Chatbots. Welche der folgenden Aussagen sind zutreffend? Wählen Sie eine oder mehrere Optionen aus der folgenden Liste aus:

1. Es gibt nur Chatbots, die Fragen zu einer begrenzten Anzahl von Themen beantworten können.

2. Es gibt Chatbots, die einfache Programme schreiben können, z.B. eine Sortieraufgabe (dies erfordert eine recht einfache Programmierung, die oft für Anfänger verwendet wird).

3. Es gibt Chatbots, die erklären können, was eine Mensch-Roboter-Interaktion ist

4. Chatbots können auf der Grundlage von mehreren Terabytes an Daten erstellt werden.

Übung 33   Künstliche Sprache

Die RObot Interaction LAnguage ist eine künstliche Sprache für die Interaktion zwischen Mensch und Roboter. Was bedeutet „kanek nole" auf Deutsch? Wählen Sie eine Option aus der folgenden Liste aus:

1. nach Hause gehen

2. rechts abbiegen

3. vorwärtsgehen

4. links abbiegen

5. rückwärtsgehen

Weiterführende Literatur

- Amir Aly und Adriana Tapus. A model for synthesizing a combined verbal and nonverbal behavior based on personality traits in human-robot interaction. In: Proceedings of the 8th ACM/IEEE International Conference on Human-Robot Interaction, HRI '13, S. 325 – 332, Piscataway, NJ, USA, 2013. IEEE Press.
- J. Cassell, Joseph Sullivan, Scott Prevost und Elizabeth Churchill. Embodied conversational agents. MIT Press, Cambridge, MA 2000.
- Friederike Eyssel, Dieta Kuchenbrandt, Frank Hegel und Laura de Ruiter. Activating elicited agent knowledge: How robot and user features shape the perception of social robots. In: Robot and human interactive communication (ROMAN), S. 851 – 857. IEEE, 2012b.
- Takayuki Kanda, Masahiro Shiomi, Zenta Miyashita, Hiroshi Ishiguro und Norihiro Hagita: A communication robot in a shopping mall. In: IEEE Transactions on Robotics, 26 (5): 897 – 913, 2010.
- Nikolaos Mavridis: A review of verbal and non-verbal human-robot interactive communication. In: Robotics and Autonomous Systems, 63: 22 – 35, 2015.
- Lewis Tunstall, Leandro Von Werra und Thomas Wolf. Natürliche Sprachverarbeitung mit Transformatoren. O'Reilly, Sebastopol, CA 2022.
- Michael L. Walters, Dag Sverre Syrdal, Kheng Lee Koay, Kerstin Dautenhahn und R. Te Boekhorst: Human approach distances to a mechanical-looking robot with different robot voice styles. In: Robot and human interactive communication (RO-MAN), S. 707 – 712. IEEE, 2008.

8 Wie Menschen Roboter wahrnehmen

Was in diesem Kapitel behandelt wird

- Was verschiedene sozialwissenschaftliche Theorien darüber aussagen, wie Menschen sich gegenseitig wahrnehmen.
- Unser Verständnis des Anthropomorphismus von Robotern auf Grundlage bisheriger sozialwissenschaftlicher Literatur.
- Wie Anthropomorphismus uns Roboter als unheimlich, vertrauenswürdig oder sympathisch erscheinen lässt.

Stellen Sie sich vor, Sie betreten ein Universitätsgebäude, ein Einzelhandelsgeschäft, eine Altenpflegeeinrichtung oder – wenn Sie sich wirklich mutig sind – das Haus eines Freundes. Ein sozialer Roboter spricht Sie an. Wie fühlen Sie sich und was denken Sie? Natürlich hängt Ihr Eindruck von dem Roboter vom jeweiligen Kontext und Anwendungsfall ab, wie wir ihn gerade beschrieben haben. Gleichzeitig ist die Art und Weise, wie Sie über den Roboter denken und fühlen, auch stark vom Roboter, seinen Eigenschaften und Funktionen abhängig. Es kommt auch auf Ihr Vorwissen und Ihre Erfahrungen, die Sie mit dem Roboter verbinden, an. Ein Roboter, dessen Körper mit einem flauschigen Fell bedeckt ist, könnte Ihnen suggerieren, dass er getätschelt und umarmt werden möchte, während ein Roboter mit einer Kochmütze Sie denken lassen könnte, dass eine köstliche Mahlzeit zubereitet wird. Aus der Forschung zur Bildung eines Eindrucks zwischen Menschen wissen wir, dass wir Eindrücke leicht und fast automatisch auf der Grundlage einer Vielzahl von beobachtbaren Hinweisen bilden (Macrae und Quadflieg, 2010).

Frühere Forschung auf dem Gebiet der Mensch-Computer-Interaktion haben gezeigt, dass wir uns schnell einen ersten Eindruck von Robotern machen (siehe Kapitel 4 über Roboter-Design). Wie wir gelernt haben, schreiben wir nichtmenschlichen Wesen – von Computern über virtuelle Agenten bis hin zu sozialen Robotern – menschenähnliche Züge, Emotionen, Verstand und andere Eigenschaften zu.

In diesem Kapitel wird erörtert, wie Menschen sich einen Eindruck von einem Roboter verschaffen; das Paradigma ist in erster Linie psychologisch. Abschnitt 8.1

befasst sich mit den allgemeinen Prinzipien der Eindrucksbildung; Abschnitt 8.2 behandelt speziell den Anthropomorphismus als eine Form der Eindrucksbildung. Abschnitt 8.3 behandelt die Arten von Messungen, die zur Messung der Anthropomorphisierung verwendet wurden. Schließlich werden in Abschnitt 8.4 einige der wichtigsten Folgen des Anthropomorphismus, wie z. B. Vertrauen, Akzeptanz und Sympathie behandelt.

■ 8.1 Eindrucksbildung

Menschen bilden ihre Eindrücke in der Regel so schnell und automatisch, dass sie sich innerhalb von Millisekunden ein Urteil über ein Zielobjekt bilden können. Im folgenden Abschnitt werden wir einen Rahmen beschreiben, den Psychologen verwenden, um zu erklären, wie solche Wahrnehmungen gebildet werden, der „duales Prozessmodell der Eindrucksbildung" genannt werden.

Duale Prozessmodelle der Eindrucksbildung

Wissenschaftler gehen davon aus, dass Menschen Informationen, die erforderlich sind, um Entscheidungen zu treffen, Eindrücke zu bilden oder das Verhalten zu steuern, auf zwei Arten verarbeiten. Die eine Art ist automatisch, intuitiv und schnell, die andere ist überlegt, bewusst und langsam (Evans und Stanovich, 2013; Smith und DeCoster, 2000). Um zu beschreiben, wie diese beiden Arten der Informationsverarbeitung funktionieren, sprechen Wissenschaftler von dualen Prozessmodellen. Die beiden Arten der Verarbeitung werden manchmal als System 1 versus System 2 (Kahneman, 2011), assoziativ versus regelbasiert (Sloman, 1996) und automatische versus kontrollierte Verarbeitung (Shiffrin und Schneider, 1984) bezeichnet. Unabhängig von der Bezeichnung geht das duale Prozessmodell davon aus, dass die primäre Art und Weise, in der Menschen Eingaben verarbeiten und eine Reaktion konstruieren (sei es eine affektive Reaktion, eine Entscheidung oder ein Verhalten), automatisch ist, wobei die Möglichkeit besteht, diese ursprüngliche Reaktion durch eine dezentralere und bewusstere Verarbeitung zu optimieren.

Wie der Name schon sagt, kann die automatische Verarbeitung außerhalb des Bewusstseins einer Person stattfinden und auf der Aktivierung von kognitiven und affektiven Reaktionen beruhen (Evans, 2008). Viele solcher Assoziationen werden durch frühere Erfahrungen gebildet (McLaren et al., 2014). Wenn Sie beispielsweise viele Science-Fiction-Filme gesehen haben, in denen Roboter als bedrohliche Bösewichte dargestellt werden, wie z. B. den Terminator, werden Sie einen Roboter, dem Sie zum ersten Mal begegnen, höchstwahrscheinlich mit etwas eher Negativem assoziieren. Wenn Sie dagegen Roboter zunächst als freundliche Familienmitglieder kennengelernt haben, wie Doraemon oder Astroboy, dann ist Ihre erste Reaktion auf einen Roboter vielleicht positiv.

Diese automatische Verarbeitung prägt den ersten Eindruck und beeinflusst unsere intuitiven Erwartungen an einen Roboter. Im Gegensatz dazu ist die bewusste Verarbeitung bewusster und absichtlicher. Einigen duale Prozessmodellen zufolge baut das bewusste System auf den Ergebnissen der automatischen Verarbeitung auf, was zu einer sequenziellen Verarbeitung führt (Evans und Stanovich, 2013). Andere Modelle gehen davon aus, dass die beiden Verarbeitungsprozesse parallel ablaufen und das Ergebnis aus den Ergebnissen beider Prozesse gebildet wird (Smith und DeCoster, 2000). In jedem Fall ist es wichtig, zu erkennen, dass die durchdachte Form der Verarbeitung zwar bewusst ist, dies aber nicht bedeutet, dass wir bei der durchdachten Verarbeitung vollkommen rational oder objektiv sind. Wir bemühen uns lediglich bewusst um eine Aufgabe, sei es, die Antwort auf eine Prüfungsfrage zu finden oder sich eine Meinung über die Vertrauenswürdigkeit eines Roboters zu bilden. Bewusstes Handeln erfordert Anstrengung und geistige Kapazität und geschieht daher nur, wenn wir die Motivation und Fähigkeit dazu haben (Evans, 2008; Złotowski et al., 2018).

Wenn Sie also einem neuen Roboter begegnen, wie im Beispiel zu Beginn dieses Kapitels, machen Sie sich vielleicht sofort einen automatischen Eindruck. Wenn Sie die Motivation und die geistigen Fähigkeiten haben, können Sie auch bewusster verarbeiten, wie Sie sich fühlen und was Sie über ihn denken. Manchmal können diese beiden mit dem Eindruck verbundenen Prozesse zu unterschiedlichen impliziten und expliziten Einstellungen führen. So haben de Graaf, Ben Allouch und Lutfi beispielsweise gezeigt, dass Menschen beim impliziten Abschätzen negativer gegenüber Robotern eingestellt sind als bei den Eindrücken, die sie bewusst und explizit zum Ausdruck bringen (de Graaf et al., 2016).

In Abschnitt 4.2 (Kapitel 4) haben wir gesehen, dass neben der Unterscheidung zwischen Sympathie und Abneigung die Eindrucksbildung auch dazu führen kann, dass Menschen anderen Entitäten (einschließlich Robotern) im Wesentlichen menschliche Merkmale und Eigenschaften zuschreiben. Zu diesen Merkmalen gehören u. a. Absichten, Emotionen und Dimensionen der Sinneswahrnehmung (d. h. Handlungsfähigkeit und Erfahrung) (Gray et al., 2007), um nur einige zu nennen. Diese Zuschreibung von Eigenschaften und Merkmalen wird als Anthropomorphisierung bezeichnet (Epley et al., 2007, 2008; Eyssel, 2017). Es wurde vorgeschlagen, dass dieser Prozess auch im Sinne eines dualen Prozessmodells konzeptualisiert werden kann (Złotowski et al., 2018; Urquiza-Haas und Kotrschal, 2015).

■ 8.2 Anthropomorphismus

In diesem Abschnitt werden wir mehrere theoretische Hintergründe erörtern, die zur Erklärung des Anthropomorphismus (d. h. der Wahrnehmung und Beurteilung menschenähnlicher Formen), des Prozesses der Anthropomorphisierung (d. h. der Zuschreibung menschenähnlicher Merkmale an nichtmenschliche Wesen) und der Messmethoden für Anthropomorphismus vorgeschlagen wurden.

Psychologischer Anthropomorphismus

In den Anfangsjahren der HRI-Forschung war die Vorstellung davon, was Anthropomorphismus ist und bedeutet, recht begrenzt, wobei Anthropomorphismus damals meist mit einem menschenähnlichen Aussehen gleichgesetzt wurde, was dem technischen Ansatz des Konzepts entsprach. Daher konzentrierten sich die frühen Arbeiten zum Anthropomorphismus hauptsächlich auf die Bewertung des wahrgenommenen Aussehens des Roboters.

Über die klassische ingenieurwissenschaftliche Perspektive hinaus haben neuere Theorien aus der Psychologie eine ergänzende Perspektive auf die Natur des Phänomens geliefert. Der von Nicholas Epley und Kollegen vorgeschlagene theoretische Rahmen (Epley et al., 2007) war sowohl in der Psychologie als auch in der Robotik einflussreich und dient dazu, unser Verständnis des Begriffs des Anthropomorphismus, seiner Ursachen und seiner Folgen zu erweitern. Während sich der Anthropomorphismus bis dahin hauptsächlich auf die menschenähnliche Form bezog, schlugen Epley und Kollegen vor, dass das Phänomen über das Beobachtbare hinausgeht und kognitive sowie motivationale Prozesse einschließt; so entstand der Begriff des psychologischen Anthropomorphismus. Sie schlugen insbesondere drei Kernfaktoren vor, die anthropomorphe Schlussfolgerungen über nichtmenschliche Wesen bestimmen: Kompetenzmotivation, Sozialitätsmotivation und das erlangte Wissen eines Agenten (engl. „elicited agent knowledge"). Wir wollen diese Konzepte kurz vorstellen.

Erstens geht es bei der Kompetenzmotivation um unseren Wunsch, das Verhalten anderer sozialer Akteure zu erklären und zu verstehen. Diese Motivation kann aktiviert werden, wenn Menschen mit einem unbekannten Interaktionspartner konfrontiert werden, bei dem sie unsicher sind, wie sie damit umgehen sollen. Da den meisten Menschen Roboter als soziale Interaktionspartner noch relativ unbekannt sind, ist es leicht denkbar, dass die Annäherung an den Roboter, als hätte er menschenähnliche Eigenschaften, als Standartannahme funktionieren würde. Die Menschen könnten daher Robotern menschenähnliche Eigenschaften zuschreiben, um psychologisch die Kontrolle über die neuartige Situation, in der sie sich befinden, wiederzuerlangen. In diesem Fall kann die Anthropomorphisierung den mit der Mensch-Roboter-Interaktion verbundenen Stress und die Angst verringern. Die

Kompetenzmotivation könnte die verblüffende Erkenntnis erklären, dass Bewegungen des Roboters, unabhängig davon, ob der Roboter eine explizite soziale Rolle hat oder nicht, von Menschen häufig als sozialer Hinweis interpretiert werden (Erel et al., 2019).

Zweitens könnte die Anthropomorphisierung von Robotern auch durch soziale Motive verursacht werden, insbesondere bei Menschen, denen es an sozialen Bindungen mangelt. In diesem Fall könnten sich Menschen nichtmenschlichen Wesen als soziale Interaktionspartner zuwenden, um ihre Gefühle von situativer oder chronischer Einsamkeit zu bekämpfen. Frühere Forschungen haben gezeigt, dass Menschen, die sich in einer experimentellen Situation einsam gefühlt haben oder chronisch einsam sind, Roboter stärker vermenschlichen als Menschen mit ausreichenden sozialen Kontakten (Eyssel und Reich, 2013), was diese Idee unterstützt.

Schließlich bezieht sich elicited agent knowledge auf die Art und Weise, in der Menschen ihren gesunden Menschenverstand in Bezug auf soziale Interaktionen und Akteure nutzen, um Roboter zu verstehen. Powers et al. (2005) zeigten zum Beispiel, dass Menschen, die Frauen für kompetenter in Bezug auf Dating-Normen hielten, sich so verhielten, als ob männliche und weibliche Roboter auch unterschiedliche Vorstellungen von Dating hätten. So benötigten sie beispielsweise mehr Zeit und Worte, um einem männlichen Roboter Dating-Normen zu erklären. Insbesondere dieser Faktor kann als Leitfaden für das Design und die technische Umsetzung von sozialen Robotern für verschiedene Aufgaben genutzt werden.

Diese drei Faktoren geben Aufschluss über die psychologischen Mechanismen der Vermenschlichung nichtmenschlicher Wesen durch Menschen. Dazu gehört die Zuschreibung von Emotionen, Absichten, typisch menschlichen Eigenschaften oder anderen im Wesentlichen menschlichen Merkmalen an jede Art von nichtmenschlichem Wesen, ob real oder imaginär (Epley et al., 2007). Die Grundannahme ist, dass die Menschen selbstbezogene oder anthropozentrische Wissensstrukturen verwenden, um den Sinn der nichtmenschlichen Dinge – oder in unserem Fall der Roboter – um sie herum zu verstehen. Die Ähnlichkeit von Aussehen und Verhalten mit dem Menschen löst anthropomorphe Urteile aus, sodass Menschen einem technischen System Eigenschaften und Emotionen zuschreiben können, obwohl es sich tatsächlich nur um ein Stück Technik handelt. Dies wiederum wirkt sich nicht nur auf die soziale Wahrnehmung von Robotern aus, sondern auch auf das tatsächliche Verhalten ihnen gegenüber während einer Interaktion.

Der Prozess der Anthropomorphisierung

Schon früh in der Geschichte der Mensch-Agent-Forschung wurde die prominente Mediengleichungshypothese von Reeves und Nass (1996) formuliert, die in einer Reihe von Studien zur Mensch-Computer-Interaktion nachwiesen, dass Menschen Maschinen bereitwillig menschenähnliche Züge zuschreiben. Damals bezogen sich ihre Forschungen lediglich auf PCs, da soziale Roboter noch nicht weit genug entwickelt waren, um als Forschungsplattformen in solchen interaktiven Konstellationen zu dienen. Später wurden die Ideen des sogenannten „Computer as Social Actors" (CASA)-Ansatzes auf den Bereich der sozialen Roboter übertragen und sind seitdem in umfangreichen empirischen Untersuchungen validiert worden. Die Forschung zum CASA-Ansatz hat Berührungspunkte den Begriff der Automatizität von sozialen Urteilen über Technologien. Auch das Modell von Złotowski et al. (2018) unterscheidet automatische und kontrollierte Komponenten bei der Bildung anthropomorpher Schlussfolgerungen über Roboter.

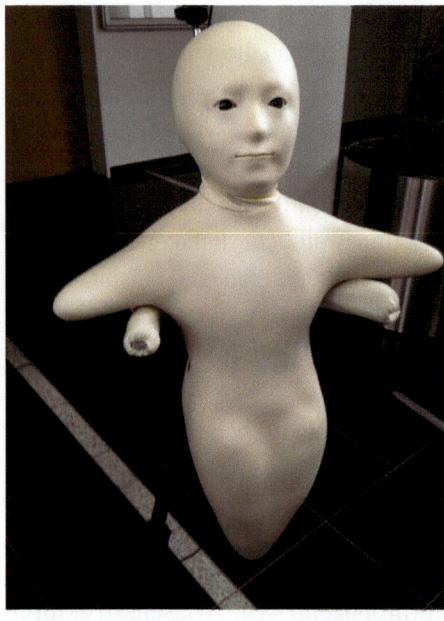

Bild 8.1
Das Design des Telepräsenzroboters Telenoid (2010–heute) verwendet abstrahierte menschenähnliche Merkmale, um die Anthropomorphisierung zu inspirieren. Gleichzeitig soll die einzigartige Identität der Person, die durch den Roboter interagiert, von der Person, mit der er interagiert, wahrgenommen werden können (Quelle: Foto von Selma Šabanović)

Wie bereits erwähnt, können wir zwei Prozesse, System 1 und 2 unterscheiden, die vermutlich an der Anthropomorphisierung von Robotern beteiligt sind. Demnach fällen Menschen schnelle, erste Voraburteile über ein bestimmtes Objekt, wie: „Ist das Ziel menschenähnlich oder nicht?". Danach können bewusstere, kontrollierte Prozesse das ursprüngliche Urteil von System 1 ändern. Złotowski et al. (2018) haben die Begriffe impliziter versus expliziter Anthropomorphismus geprägt, um auf diese beiden unterschiedlichen Ergebnisse von System 1 und System 2 hinzuweisen.

Andere Modelle zum Prozess der Anthropomorphisierung haben eher die Zeitskala des Zuschreibungsprozesses beleuchtet, indem sie verschiedene Phasen wie folgt unterscheiden: Prä-Initialisierungsphase, Initialisierungsphase, Gewöhnungsphase und Stabilisierungsphase (Lemaignan et al., 2014a). Diesem Modell zufolge machen sich Individuen vor der ersten Begegnung mit einer bestimmten Entität einen Eindruck von dieser und können diese Urteile in der anschließenden Initialisierungsphase revidieren und erweitern. Sobald eine Person die Eingewöhnungsphase erreicht hat, kann durch den Umgang und die Erfahrung mit ihm ein realistischeres Bild des Agenten entstehen. Infolgedessen nehmen anthropomorphe Schlussfolgerungen in dieser Phase wahrscheinlich ab. In der Stabilisierungsphase kommt man schließlich zu einem umfassenden Urteil über den betreffenden Agenten. Eine solche Konzeptualisierung integriert also anfängliche Vorurteile mit bewussteren Überlegungen über die menschenähnliche Natur einer bestimmten Entität.

Dieses Modell wurde von den ursprünglichen Autoren weiter ergänzt, als sie ein dreistufiges Modell einführten, um die kognitiven Prozesse bei der Anthropomorphisierung widerzuspiegeln (Lemaignan et al., 2014b). Das heißt, in Phase I werden automatische Bewertungen vorgenommen, ohne dass es notwendigerweise zu einer tatsächlichen Interaktion zwischen Mensch und Roboter kommt. In Phase II interagieren die Menschen mit der betreffenden Entität und erstellen auf dieser Grundlage ein mentales Modell des Roboters, das seine realen oder imaginären Funktionen oder Eigenschaften widerspiegelt. Dieses mentale Modell wird schließlich in Abhängigkeit von der tatsächlichen „kontextbezogenen" Interaktion angepasst, d. h. auf der Grundlage sinnvoller Interaktionen mit dem Roboter, z. B. im häuslichen Kontext des Nutzers (Lemaignan et al., 2014b).

Über die sozio-kognitive Perspektive hinaus ist der integrative Rahmen des Anthropomorphismus (Integrative Framework of Anthropomorphism, IFA) von Spatola et al. (2022) ist ein Modell, das individuelle und kulturelle Variablen in Betracht zieht. So kann beispielsweise die Tendenz einer Person, Spiritualismus, Psychologisierung und Vermenschlichung zu befürworten, durch den kulturellen Kontext beeinflusst werden. In der japanischen Kultur zum Beispiel ist der Animismus weit verbreitet; hier schreiben Menschen Dingen wie Berge, Statuen oder Bäume als spirituelle Eigenschaften zu. Man geht davon aus, dass dies auch auf die Robotik übergreift und Roboter mit bestimmten spirituellen Eigenschaften ausgestattet werden.

■ 8.3 Messen von Anthropomorphisierung

8.3.1 Explizite Messungen

Eng verbunden mit der Theoriebildung über Anthropomorphismus ist die Frage der Operationalisierung: Wie misst man Anthropomorphisierung? Um dieses Problem zu lösen, muss klar definiert werden, was Anthropomorphismus ist und was nicht, um eine Messung zu konstruieren, die ausschließlich auf Anthropomorphisierung abzielt. Kurz gesagt, wir müssen nicht nur wissen, warum und wann Menschen anthropomorphisieren, sondern auch wie.

Psychologischer Anthropomorphismus wurde unter vielen Bezeichnungen gemessen. Zu den gebräuchlichen Begriffen gehören Zuschreibung/Zuordnung von Geisteszuständen, Wahrnehmung des Geistes und Theorie des Geistes. Obwohl all diese Begriffe unterschiedliche Konnotationen haben, beziehen sie sich auf das gleiche zugrunde liegende Phänomen (Thellman et al., 2022).

Gray et al. (2007) konzentrierten sich nicht auf Roboter im Besonderen, sondern allgemein auf Agenten und schlugen zwei Dimensionen der Wahrnehmung des Geistes vor: Agency (Wirkung) und Experience (Wahrnehmen). Agency bezieht sich auf die Fähigkeit, z. B. zu planen, zu denken und Selbstkontrolle auszuüben, während Experience die Fähigkeit beinhaltet, z. B. Hoffnungen und Träume zu haben, Gefühle zu empfinden und eine Persönlichkeit zu besitzen. Diese Maße für die Wahrnehmung des Geistes wurden von Eyssel und Loughnan (2013) an die Forschung zu sozialen Robotern angepasst, die sie mit einem Maß für Rassismus kombinierten. Weiße amerikanische Teilnehmer wurden gebeten, einen Roboter zu bewerten, dem entweder eine weiße oder eine schwarze Hautfarbe zugewiesen worden war. Es zeigte sich ein interessantes Muster: Der Grad des Rassismus der Teilnehmer senkte nicht das allgemeine Niveau der geistigen Zurechnung, sondern verringerte die wahrgenommene Agency und erhöhte die Erfahrung.

Diese beiden Skalen der Geisteszuschreibung haben eine gewisse Ähnlichkeit mit den Skalen für Freundlichkeit und Kompetenz, die offenbar die Schlüsseldimensionen sozialer Urteile in der menschlichen Kognition darstellen. Dementsprechend haben Cuddy et al. (2008) die These aufgestellt, dass Menschen zunächst die wahrgenommene Freundlichkeit einer Person oder Gruppe beurteilen (d. h. tolerant, warmherzig, gutmütig, aufrichtig) und dann die Kompetenz der Zielperson (d. h. kompetent, selbstbewusst, unabhängig, wettbewerbsfähig, intelligent) (Fiske et al., 2018, 2007; Wojciszke, 2005). In jüngster Zeit wurde die Primacy-of-Warmth-Annahme („Vorrang der Freundlichkeit") in der Replikationsforschung infrage gestellt (Nauts et al., 2014), aber die Grundannahmen von Freundlichkeit und Kompetenz (bzw. Agency und Communion) als Kerndimensionen der sozialen Bewertung gelten weiterhin (Abele et al., 2016). Es überrascht nicht, dass HRI-

Forscher auch über der Freundlichkeit und Kompetenz von Sozialrobotern forschen (Eyssel und Hegel, 2012; Carpinella et al., 2017; Christoforakos et al., 2021; Mieczkowski et al., 2019).

HRI-Forscher haben auch die Grundsätze der Infrahumanisierungs- und Dehumanisierungstheorie auf Roboter angewandt. Dehumanisierung ist der Prozess, bei dem Menschen andere als etwas „weniger" menschlich wahrnehmen, indem sie ihnen weniger menschliche Eigenschaften zuschreiben (Haslam, 2006; Haslam und Loughnan, 2014; Loughnan und Haslam, 2007). Die Theorie unterscheidet zwischen einzigartig menschlich und menschlicher Natur (Haslam, 2006), wobei sich erstere auf Fähigkeiten beziehen, die den Menschen vermeintlich von anderen Tieren unterscheiden (wie Rationalität, Zivilisation und Raffinesse), und letztere auf Eigenschaften, die zwar mit anderen Tieren geteilt werden, aber dennoch als grundlegend für das Menschsein angesehen werden (z. B. Neugier, Emotionalität und Herzlichkeit) (Haslam et al., 2008). In der Intergruppenforschung wurden diese Eigenschaften verwendet, um die Dehumanisierung anderer Menschen als tierähnlich (Leugnung einzigartig menschlicher Eigenschaften) oder maschinenähnlich (durch Leugnung von Eigenschaften menschlicher Natur) zu bewerten. Im Kontext nichtmenschlicher Entitäten wiederum wurden diese Merkmale zur Messung des Anthropomorphismus von sozialen Robotern verwendet (Eyssel et al., 2011; Spatola et al., 2021).

Infrahumanisierung (Leyens et al., 2000; Leyens, 2009) ist eine weniger ausgeprägte Form der Dehumanisierung. Anstatt die jemandem zugeschriebene Fähigkeit, Emotionen zu empfinden oder rational zu denken, offenkundig zu reduzieren, wird die wahrgenommene Menschlichkeit durch eine geringere Zuschreibung sekundärer Emotionen beeinträchtigt, die im Vergleich zu primären Emotionen wie Wut, Angst oder Freude eher als exklusiv für Menschen gelten (z. B. Mitgefühl und Bedauern) (Vaes et al., 2003). Zahlreiche Studien haben gezeigt, dass Menschen zwar primäre Emotionen sowohl der eigenen als auch der fremden Gruppe zuschreiben, sekundäre Emotionen aber tendenziell anderen, die einer fremden Gruppe angehören, absprechen. Bei dem Versuch, diese Ideen aus der Entmenschlichungsforschung auf die Untersuchung der Vermenschlichung nichtmenschlicher Wesen zu übertragen, haben Eyssel et al. (2010) gezeigt, dass die Messung der Zuschreibung von primären und sekundären Emotionen als Maß für Anthropomorphismus bei Robotern verwendet werden kann. In neueren Arbeiten wurde die Reaktionszeit gemessen, um die automatische Wahrnehmung von Robotern als Träger von primären und sekundären Emotionen widerzuspiegeln (Spatola und Wudarczyk, 2021).

Ein Maß für Anthropomorphismus, das speziell für HRI entwickelt wurde, ist der Godspeed-Fragebogen. Er ist in diesem Bereich weit verbreitet und wurde in mehrere Sprachen übersetzt (Bartneck et al., 2009). In jüngerer Zeit haben Forscher damit begonnen, weitere verwandte Skalen zu entwickeln, wie die RoSAS-Skala

(Carpinella et al., 2017) und den überarbeiteten Godspeed-Fragebogen (Ho und MacDorman, 2010) oder den HRIES (Spatola et al., 2021), einen Fragebogen, dem die Ideen der Dehumanisierungsforschung zugrunde liegen, und Teile aus RoSAS integriert (Carpinella et al., 2017).

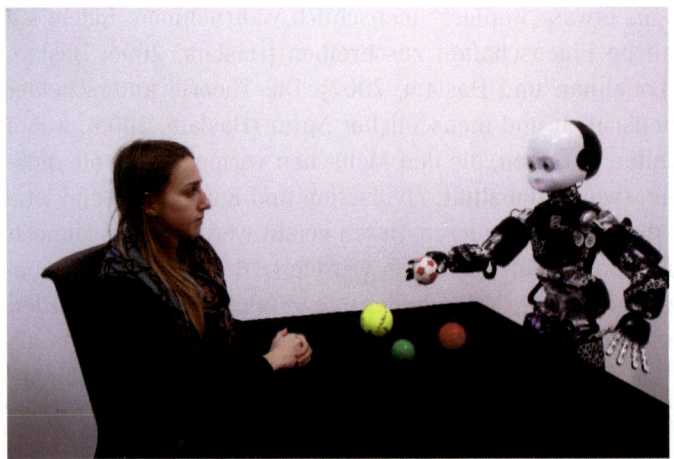

Bild 8.2 Eine Interaktion zwischen einem iCub-Roboter und einem Menschen. Fotos wie diese werden verwendet, um zu untersuchen, ob Menschen glauben, dass der Roboter mentale Zustände hat (Marchesi et al. 2019, Quelle: Serena Marchesi/IIT)

8.3.2 Implizite Maße

Obwohl viele Messungen von Anthropomorphismus auf Selbsteinschätzung und Fragebögen beruhen, können auch andere, subtilere Verhaltensindikatoren (z. B. Sprachgebrauch, Anwendung sozialer Normen, die in der Mensch-Mensch-Interaktion verwendet werden, wie z. B. in der Proxemik) verwendet werden, um die Folgen der Implementierung menschenähnlicher Formen und Funktionen in sozialen Robotern zu untersuchen. Die Erweiterung des Repertoires an Messungen von direkten zu indirekteren Ansätzen, die beispielsweise auf Reaktionszeiten basieren (Spatola und Wudarczyk, 2021; Akdim et al., 2021; Li et al., 2022), wird nicht nur für die aktuelle Forschung im Bereich der sozialen Robotik, sondern auch als eine Form der externen Validierung von Theorien in der Psychologie von Vorteil sein. Wykowska (2021) skizziert eine Reihe von HRI-Experimenten einschließlich neurophysiologischer Messungen, um die beteiligten Prozesse zu beleuchten. Dies ist sicherlich nützlich, um zu vermeiden, dass man sich vorwiegend auf Selbsteinschätzungen verlässt.

■ 8.4 Auswirkungen von Anthropomorphismus

Natürlich ist es wichtig, die Auswirkungen des physischen (d. h. auf das Aussehen bezogenen) und des psychologischen Anthropomorphismus empirisch zu untersuchen. Die Wahrnehmung einer Entität wie eines sozialen Roboters als mehr oder weniger menschenähnlich hat zahlreiche Konsequenzen. So kann die wahrgenommene Menschenähnlichkeit des Aussehens oder Verhaltens des Roboters Erwartungen hinsichtlich der Funktionen und Fähigkeiten des Wesens auslösen. Diese Erwartungen gehen oft weit über die tatsächlichen Fähigkeiten des jeweiligen Roboters hinaus. Von einem Roboter, der ein menschenähnliches Gesicht, Arme und Beine hat, wird zum Beispiel erwartet, dass er in der Lage ist, sinnvoll zu interagieren, Gesten und Blickverhalten zu zeigen und sich auf zwei Beinen im sozialen Raum zu bewegen. Betrachtet man die tatsächlichen Fähigkeiten heutiger Roboter, so werden diese Erwartungen jedoch meist enttäuscht. Das heißt, bestimmte Möglichkeiten (siehe Kapitel 4) führen zu bestimmten Wahrnehmungen. Nehmen wir zum Beispiel den von (Ishiguro und Dalla Libera, 2018; Sakamoto et al., 2007) entwickelten Roboter Geminoid (Bild 4.8). Ein Android könnte bei den Endnutzern hohe Erwartungen wecken, da er nahezu perfekt menschlich aussieht. Gleichzeitig scheint die tatsächliche Realität von ferngesteuerten digitalen Zwillingen zu Enttäuschungen aufseiten der Nutzer zu führen.

Anthropomorphismus kann jedoch weitere Folgen als nur Enttäuschung haben. So wirkt sich beispielsweise das Zuschreiben eines Verstandes an Roboter auf die wahrgenommene Kompetenz von Robotern für bestimmte Aufgaben aus und kann daher für den endgültigen Einsatz und die Akzeptanz entscheidend sein (Wiese et al., 2022).

Darüber hinaus wurde psychologischer Anthropomorphismus mit wahrgenommener Bedrohung in Verbindung gebracht, d. h. mit Menschen, die sich in ihrem Gefühl des Menschseins bedroht fühlen (Ferrari et al., 2016; Złotowski et al., 2017). Dieser Gedanke spiegelt sich auch in qualitativen Daten zur Wahrnehmung von autonomen Robotern wider (Stapels und Eyssel, 2022). Hier berichten potenzielle Endnutzer von der Angst, von Robotern ersetzt, überflügelt oder überwacht zu werden, die ihre Privatsphäre verletzen und ihre Daten missbrauchen könnten. Sobald widersprüchliche Bewertungen ein und desselben Verhaltensobjekts vorliegen, erleben wir Ambivalenz und innere Konflikte (Stapels und Eyssel, 2021). Auf der positiven Seite könnten menschenähnliche Wahrnehmungen von Technologie auch das Vertrauen in KI im Allgemeinen (Troshani et al., 2021; Li und Suh, 2021; Kaplan et al., 2021), in intelligente persönliche Assistenten (Chen und Park, 2021; Seeger und Heinzl, 2018), in autonome Fahrzeuge (Waytz et al., 2014; Large et al.,

2019; Ruijten et al., 2018) und in HRI (Kulms und Kopp, 2019; Christoforakos et al., 2021) erhöhen. Lassen Sie uns daher kurz auf den Begriff des Vertrauens bei sozialen Robotern und HRI eingehen.

8.4.1 Vertrauen in Technologie

Es gibt viele Definitionen von Vertrauen, die aus der Psychologie, Soziologie, Wirtschaft und Philosophie stammen. Diese Definitionen haben die Gemeinsamkeit, Vertrauen so zu definieren, einer Person oder einem System die Durchführung einer angemessenen Handlung zuzutrauen (Li und Betts, 2003; Biros et al., 2004; Barney und Hansen, 1994). Die Definition von Sabel aus dem Jahr 1993 (Sabel, 1993) konzentriert sich jedoch auf die Interaktion zwischen den Schwachstellen der Partner und definiert Vertrauen wie folgt: „Vertrauen ist die gegenseitige Zuversicht, dass keine Partei eines Austausches die Schwachstellen der anderen ausnutzen wird" (S. 1133). Die Zuversicht, dass ein Interaktionspartner die Schwachstelle des anderen nicht ausnutzen wird, impliziert Vertrauen in die positiven Einstellungen, das Wohlwollen, die Integrität, die Vertrauenswürdigkeit und die Leistung des Interaktionspartners (Lee und See, 2004; Muir, 1994).

Nach Parasuraman und Riley (1997) ist die einfachste Definition von Automatisierung ein Prozess, bei dem eine Maschine eine Funktion ausführt, die zuvor von einem Menschen erledigt wurde. Forschungsarbeiten im Bereich des Vertrauens zwischen Mensch und Automatisierung haben daher vor allem die Leistung der automatisierten Systeme in den Vordergrund gestellt. Bestehende Forschung zum Thema Vertrauen in die Automatisierung konzentriert sich vorwiegend darauf, das Vertrauen der menschlichen Nutzer in die Automatisierung zu stärken, indem die Leistung des Systems auf der Grundlage der menschlichen Erwartungen verändert oder mit Informationen über die Systemleistung abgeglichen wird (Schaefer et al., 2016). Wahrnehmungen von Vertrauen in HRI wurden von Hancock et al. (2011, 2021) und Kessler et al. (2017) modelliert, um Roboter-, Mensch- und Umweltfaktoren als Bestimmungsfaktoren von Vertrauen zu berücksichtigen. Die meisten neueren meta-analytischen Ergebnisse (Hancock et al., 2021) haben insbesondere die Rolle menschenbezogener Faktoren hervorgehoben, was im Einklang mit dem allgemeinen Paradigmenwechsel hin zu einer stärker menschenzentrierten Forschung steht. Trotz des eindeutigen Bedarfs an einer konstruktvaliden Definition von Vertrauen scheint es noch keinen übergreifenden Konsens über eine Definition von Vertrauen zu geben. Dennoch finden sich in der Literatur verschiedene Skalen, die das Vertrauen in die Automatisierung oder in soziale Roboter zu erfassen scheinen (siehe Krausman et al., 2022, für einen Überblick).

8.4.2 Akzeptanz von Robotern

Aus offensichtlichen Gründen ist es wichtig, dass ein sozialer Roboter von seinen menschlichen Nutzern akzeptiert wird. Auf allgemeiner Ebene stützt sich die bisherige Forschung zur Akzeptanz von sozialen Robotern hauptsächlich auf das klassische Technologieakzeptanzmodell (TAM; siehe Bild 8.3a) und dessen Erweiterungen (Heerink et al., 2009). Das grundlegende TAM-Modell geht davon aus, dass die Bereitschaft der Menschen, eine bestimmte Art von Technologie zu nutzen, von der wahrgenommenen Nützlichkeit und Benutzerfreundlichkeit abhängt (Mlekus et al., 2020). Das TAM-Modell betrachtet den Roboter also als ein Objekt oder ein Werkzeug, das angenommen werden muss. Das TAM wurde zur Untersuchung von Produktionssystemen (Bröhl et al., 2016) oder intelligenten Objekten verwendet, um das Zusammenspiel zwischen anthropomorphen Merkmalen und Akzeptanz zu untersuchen.

Der klassische TAM-Ansatz lässt jedoch die Rolle von Kontextfaktoren außer Acht (de Graaf et al., 2019). Andere Modelle haben daher das TAM durch die Einbeziehung von Kontextfaktoren erweitert. Im Kontext von Lernszenarien mit Kinderrobotern wurde zum Beispiel die Einheitliche Theorie der Akzeptanz und Nutzung von Technologie (Unified Theory of Acceptance and Use of Technology, UTAUT; Bild 8.3) angewandt (Conti et al., 2017). Die UTAUT erweitert die Komponente „Benutzerfreundlichkeit" zu „Erwartungshaltung" und die „wahrgenommene Nützlichkeit" zu „Leistungserwartung" und fügt außerdem eine soziale Komponente (z. B. andere mit einem Roboter interagieren sehen) und eine Umweltkomponente („erleichternde Bedingungen") hinzu.

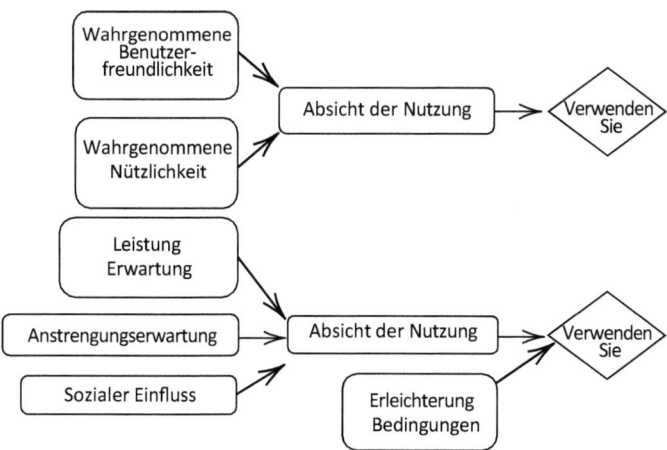

Bild 8.3 Das TAM (oben) und UTAUT-Modell (unten)

Sowohl das TAM als auch das UTAUT haben einen Schwerpunkt auf kognitiven Faktoren. Das sogenannte Almere-Modell (Heerink et al., 2010) baut auf diesen Modellen auf, indem es affektive Faktoren wie Vertrauen, wahrgenommene Freude und Einstellung hinzufügt. Dieser Rahmen wurde entwickelt, um die wahrgenommene Akzeptanz neuer unterstützender Technologien durch Senioren zu untersuchen.

In einer allgemeineren Kritik am TAM haben de Graaf et al. (2019) vorgeschlagen, hedonistische Faktoren, sozialnormative Überzeugungen sowie Kontrollüberzeugungen bei der Vorhersage der Roboterakzeptanz zu berücksichtigen. Dies könnte durch die Berücksichtigung der Nutzererfahrung (User Experience, UX) geschehen. UX ist ein Konzept, das mit dem TAM verwandt ist, aber zusätzlich zu den praktischen Attributen der Funktionalität und Benutzerfreundlichkeit berücksichtigt dieser Rahmen auch Erfahrungswerte, d. h. hedonistische Werte wie Stimulation (Hassenzahl, 2003). Während das TAM und die davon abgeleiteten Modelle die wahrgenommene Nützlichkeit und Benutzerfreundlichkeit berücksichtigen, schlägt das UX-Modell Qualitäten der Technologie vor, die diese Wahrnehmungen beeinflussen würden.

Die Relevanz von UX für soziale Roboter und HRI wurde kürzlich erkannt (Alenljung et al., 2019; Lindblom et al., 2020; Shourmasti et al., 2021; De Graaf und Allouch, 2013). Jüngste Literaturarbeiten, z. B. von Shourmasti et al. (2021) oder Jung et al. (2021), betonen die Nützlichkeit von UX in der HRI, trotz der damit verbundenen eindeutigen Herausforderungen (Lindblom und Andreasson, 2016). Außerhalb des spezifischen HRI-Kontextes wurde eine Verschmelzung der TAM- und UX-Modelle vorgeschlagen, um ein vollständigeres Modell der Nutzerakzeptanz zu erstellen (Mlekus et al., 2020).

8.4.3 (Un-)Wohlsein gegenüber Robotern

Sympathie bezieht sich auf die affektive Bewertung, inwieweit ein Roboter als angenehm oder ansprechend empfunden wird (Sandoval et al., 2021). In der sozialen Interaktion wird die Sympathie üblicherweise mit einer Bereitschaft zur Zusammenarbeit (Pulles und Hartman, 2017), sich überreden zu lassen (Smith und De Houwer, 2014) und allgemeinem prosozialen Verhalten in Verbindung gebracht (Cillessen und Rose, 2005). Gleichzeitig wird Sympathie nicht ausschließlich in einem sozialen Kontext verwendet, da sie auch auf Objekte (Niimi und Watanabe, 2012) oder Marken (Nguyen et al., 2013) angewendet werden kann.

Bereits in den 1970er-Jahren stellte Mori (1970) in seiner Theorie des Uncanny Valley (siehe Kapitel 4) die Hypothese über einen Zusammenhang zwischen Menschlichkeit und Sympathie auf. Nach dieser Theorie würde die Menschenähnlichkeit die Likability[1] (Sympathie) bis zu einem gewissen Punkt steigen lassen; wenn ein Akteur jedoch fast, aber nicht ganz menschlich ist, sinkt die Sympathie hingegen.

Neuere Forschungen haben ergeben, dass die Sympathie zwar abnimmt, wenn sich die Agenten einer perfekten Menschenähnlichkeit annähern, dass dies aber das Ergebnis eines Missverhältnisses zwischen verschiedenen menschenähnlichen Merkmalen sein kann (z.B. extrem menschliche Hauttextur, aber Gesichtsmuskel-bewegungen, die ein wenig abweichen) (Kätsyri et al., 2015). Dieser „Mismatch-Effekt" auf ein unheimliches Gefühl wurde bei zoomorphen Robotern (Löffler et al., 2020) und bei Robotern mit „gemischten" (inkongruenten) Geschlechtsmerkmalen (Paetzel et al., 2016) repliziert. Gleichzeitig scheint auch ein Neuheitsfaktor eine Rolle zu spielen, da das Gefühl der Unheimlichkeit sowohl nach kurz- als auch langfristiger Interaktion mit einem Roboter tendenziell abnimmt (Paetzel-Prüs-mann, 2020).

Generell haben verschiedene Studien einen Zusammenhang zwischen der Sympa-thie für Roboter und Anthropomorphismus festgestellt (Roesler et al., 2021; Arora et al., 2021; Gonsior et al., 2011), wobei beispielsweise emotionale Signale (Eyssel et al., 2010) oder die Bewegung des Roboters (vor allem, wenn diese Bewegung mit der des Nutzers synchronisiert ist; Lehmann et al., 2015) die Sympathie steigern (siehe jedoch Henschel und Cross (2020), die einen solchen Effekt nicht fanden). Yamashita et al. (2016) dehnten die Beziehung zwischen Menschenähnlichkeit und Sympathie auf Berührungen aus und fanden eine Korrelation zwischen na-türlicherer Roboter-„Haut" und Sympathie für ihn. Zusammengenommen zeigen diese Ergebnisse, dass die Wahrnehmung und die tatsächliche Beschaffenheit eines Roboters, d.h. sein Aussehen und seine Funktionen, tatsächlich zusammen-spielen.

■ 8.5 Schlussfolgerung

Wenn wir jemandem begegnen, bilden wir uns relativ schnell einen Ersteindruck und nehmen ggf. erst nachfolgend eine überlegte Bewertung der Person vor. Wir haben bereits gelernt, dass Einzelpersonen und Gruppen in Bezug auf Freundlich-keit und Kompetenz als niedrig oder hoch bewertet werden (Cuddy et al., 2008). Wir haben auch gelernt, dass Menschen ziemlich gut darin sind, sich schnell einen solchen ersten Eindruck zu verschaffen, der uns auf die Unterschiede zwischen

---

[1] Es ist anzumerken, dass in der ursprünglichen Arbeit nicht von *Likability* die Rede war, sondern von einem Begriff, der sich nicht vollständig und genau ins Englische übersetzen lässt, der aber Vertrautheit, Affinität und Sympathie beinhaltet.

automatischen und kontrollierten Prozessen in der sozialen Kognition hinweist. Menschen sind ebenfalls gut darin, sich ein Bild von sozialen Robotern zu machen, und es haben sich Maße für Freundlichkeit und Kompetenz durchgesetzt, die die grundlegenden Dimensionen der sozialen Kognition widerspiegeln. Darüber hinaus erstrecken sich die Eindrücke von Robotern auch auf die Zuschreibung von Eigenschaften, menschenähnlichen Merkmalen oder der Wahrnehmung von Gedanken. Eine solche Anthropomorphisierung, die über das rein Sichtbare hinausgeht, hat bei Ingenieuren und Sozialwissenschaftlern gleichermaßen großes Interesse geweckt. Schließlich haben wir uns auch mit den Folgen der Zuschreibung von menschenähnlichen Eigenschaften an nichtmenschliche Wesen einschließlich Akzeptanz, Sympathie und Vertrauen, befasst.

Diskussionsfragen

- Denken Sie an das erste Mal als Sie mit einem Roboter interagiert haben zurück. Gab es etwas, das Sie überrascht hat? Was sagt Ihnen das über Ihre automatischen Erwartungen?
- Stellen Sie sich vor, Sie versuchen, den meistgehassten Roboter aller Zeiten zu entwerfen. Welches Verhalten würden Sie ihm geben, um sicherzustellen, dass die Leute ihn nicht mögen?
- Nennen und erklären Sie die kognitive Determinante des Anthropomorphismus nach Epley und Kollegen.
- Erläutern Sie bitte den Zusammenhang zwischen der Entmenschlichung von Menschen und der Anthropomorphisierung von Robotern.

■ 8.6 Übungen

Die Antworten auf diese Fragen finden Sie in Kapitel 14.

Übung 34   Duale Verarbeitung

Worauf bezieht sich das Modell der doppelten Verarbeitung? Wählen Sie eine Option aus der folgenden Liste aus:

1. Die Bewertung von Akteuren hängt von kognitiven und affektiven Faktoren ab.

2. Der Verstand wird mit den Eigenschaften des Menschen und der menschlichen Natur in Verbindung gebracht.

3. Die Verarbeitung der Welt um uns herum kann automatisch oder bewusst erfolgen.

4. Der Verstand wird mit Freundlichkeit und Kompetenz in Verbindung gebracht.

Übung 35   Soziale Kognition

Was sind die grundlegenden Dimensionen der sozialen Kognition? Wählen Sie eine oder mehrere Optionen aus der folgenden Liste aus:

1. menschliche Natur
2. menschliche Einzigartigkeit
3. Agency
4. Freundlichkeit
5. Kompetenz
6. Wahrnehmung

Übung 36   Akzeptanz

Michaela entwickelt einen sozialen Roboter und möchte die Nutzerakzeptanz ihres aktuellen Prototyps testen. Sie muss sich entscheiden, ob sie das TAM- oder das UTAUT-Modell verwenden soll. Welche Überlegungen könnte sie dabei anstellen?

1. TAM ist falsch; Michaela sollte die UTAUT verwenden.
2. Wenn Michaela nur die Interaktion zwischen Roboter und Nutzer testen möchte (d. h. ohne Berücksichtigung des Kontexts), sollte sie das TAM verwenden.
3. TAM wird für das Prototyping von Robotern verwendet, während UTAUT für die Bewertung von Robotern verwendet wird, sobald ihr Design abgeschlossen ist. Miciah sollte TAM verwenden, da sie einen Prototyp betreibt.
4. Wenn der Roboter für ein soziales Umfeld konzipiert ist (z. B. um in einem Klassenzimmer auszuhelfen), wäre UTAUT besser geeignet.
5. Beide Modelle können verwendet werden; es hängt davon ab, welche Aspekte der Leistung Miciah bewerten möchte.

Weiterführende Literatur

- Nicholas Epley, Adam Waytz und John T. Cacioppo. On seeing human: A three-factor theory of anthropomorphism. In: Psychological Review, 114 (4): 864-886, 2007.
- Séverin Lemaignan, Julia Fink und Pierre Dillenbourg. The dynamics of anthropomorphism in robotics. In: 2014 9th ACM/IEEE International Conference on Human-Robot Interaction (HRI), S. 226 - 227. IEEE, 2014a.
- Séverin Lemaignan, Julia Fink, Pierre Dillenbourg und Claire Braboszcz. The cognitive correlates of anthropomorphism. In: 2014 Human-Robot Interaction Conference, Workshop „HRI: a bridge between Robotics and Neuroscience", 2014b.

- Nicolas Spatola, Serena Marchesi und Agnieszka Wykowska. Different models of anthropomorphism across cultures and ontological limits in current frameworks the integrative framework of anthropomorphism. In: Frontiers in Robotics and AI, S. 230, 2022.
- Jakub Złotowski, Hidenobu Sumioka, Friederike Eyssel, Shuichi Nishio, Christoph Bartneck und Hiroshi Ishiguro. Model of dual anthropomorphism: the relationship between the media equation effect and implicit anthropomorphism. In: International Journal of Social Robotics, 10 (5): 701 – 714, 2018.
- Elaheh Shahmir Shourmasti, Ricardo Colomo-Palacios, Harald Holone und Selina Demi. User experience in social robots. In: Sensors, 21 (15): 5052, 2021.

9 Emotionen

Was in diesem Kapitel behandelt wird

- Der Unterschied zwischen Affekt, Emotion und Stimmung.
- Welche Rolle Emotionen bei der Interaktion mit anderen Menschen und Robotern spielen.
- Grundlegende Modelle von Emotionen.
- Die Herausforderungen bei der Verarbeitung von Emotionen.

Wie fühlen Sie sich im Moment? Glücklich? Gelangweilt? Ein bisschen verunsichert? Was auch immer der Fall sein mag, es ist unwahrscheinlich, dass Sie absolut nichts fühlen. Verschiedene Gefühlszustände und damit verbundene Emotionen sind ein wichtiger Bestandteil unserer täglichen Erfahrungen und unserer Interaktionen mit anderen Menschen. Emotionen können das Verhalten motivieren und modulieren und sind ein notwendiger Bestandteil der menschlichen Kognition und des Verhaltens. Sie können durch stellvertretende Erfahrungen verbreitet werden, z. B. wenn man sich einen spannenden Film ansieht, und durch direkte soziale Interaktion, z. B. wenn man seinen besten Freund glücklich sieht. Da Emotionen ein so wesentlicher Bestandteil der menschlichen sozialen Wahrnehmung sind, sind sie auch ein wichtiges Thema in der Mensch-Roboter-Interaktion. Soziale Roboter sind oft so konzipiert, dass sie menschliche Emotionen interpretieren, Emotionen ausdrücken und manchmal sogar eine Form von künstlichen Emotionen haben, die ihr Verhalten steuern. Obwohl Emotionen nicht in jedem einzelnen sozialen Roboter implementiert sind, kann die Berücksichtigung von Emotionen bei der Entwicklung eines Roboters dazu beitragen, die Intuitivität der Mensch-Roboter-Interaktion zu verbessern.

Dieses Kapitel beginnt mit einem Überblick darüber, was Forscher mit dem Begriff „Emotionen" meinen (Abschnitt 9.1), und über die Bedeutung von Emotionen in der sozialen Interaktion (Abschnitt 9.2). In Abschnitt 9.3 wenden wir uns der Frage zu, wie Emotionen in der HRI verarbeitet werden. Abschnitt 9.4 befasst sich mit den Herausforderungen, die mit dem Verständnis, der Verarbeitung und dem Ausdruck von Emotionen durch Roboter in der HRI verbunden sind.

■ 9.1 Was sind Emotion, Stimmung und Affekt?

Aus evolutionärer Sicht sind Emotionen für das Überleben notwendig, da sie dem Individuum helfen, auf Umweltfaktoren zu reagieren, die entweder das Überleben fördern oder bedrohen (Lang et al., 1997). Als solche bereiten sie den Körper auf Verhaltensreaktionen vor, helfen bei der Entscheidungsfindung und erleichtern die zwischenmenschliche Interaktion. Emotionen entstehen als Bewertung verschiedener Situationen, denen Menschen begegnen, und bereiten uns auf eine Reaktion vor (Gross, 2007; Lazarus, 1991). Wenn uns z. B. eine andere Person aus dem Weg schubst, um als Erste an der Reihe zu sein, werden wir wütend, und unser Körper bereitet sich auf einen möglichen Konflikt vor: Das Adrenalin macht uns anfälliger für Aktionen, und unser Gesichtsausdruck signalisiert der anderen Person, dass sie eine Grenze überschritten hat. Umgekehrt verhindert Traurigkeit, wenn wir erfahren, dass unser Freund uns nicht zu seiner Geburtstagsparty eingeladen hat, ein schnelles Handeln und zwingt uns, unser vorheriges Verhalten zu überdenken (d. h., was haben wir getan oder gesagt, das ihn oder sie beleidigt haben könnte?) und ruft bei anderen empathische Reaktionen hervor (Bonanno et al., 2008). Auf diese Weise können Emotionen uns auch dabei helfen, das Verhalten anderer in einer Interaktion zu beeinflussen.

Affekt wird als umfassender Begriff verwendet, der das gesamte Spektrum emotionaler Reaktionen umfasst, von schnellen und unbewussten Reaktionen auf ein äußeres Ereignis bis hin zu komplexen Stimmungen wie Liebe, die länger andauern (z. B. Lang et al., 1997; Bonanno et al., 2008; Beedie et al., 2005). Innerhalb der Affekte wird zwischen Emotionen und Stimmungen unterschieden (Beedie et al., 2005).

Emotionen werden für gewöhnlich als durch eine feststellbare Quelle, z. B. durch ein Ereignis oder das Erleben von Emotionen bei anderen Menschen ausgelöst angesehen. Sie werden oft externalisiert und sind auf ein bestimmtes Objekt oder eine bestimmte Person gerichtet. Man freut sich beispielsweise, wenn man bei der Arbeit befördert wird, ärgert sich, wenn der Akku des Telefons während eines wichtigen Anrufs leer geht, oder verspürt einen Anflug von Eifersucht, wenn ein Kollege einen Firmenwagen bekommt und man selbst nicht (Beedie et al., 2005). Emotionen sind auch kurzlebiger als Stimmungen (Gendolla, 2000).

Stimmungen sind diffuser und interner, haben oft keine klare Ursache oder Ziel (Ekkekakis, 2013; Russell und Barrett, 1999). Sie sind stattdessen das Ergebnis einer Interaktion zwischen Umwelt, zufälligen und kognitiven Prozessen – wie die besorgte Stimmung, während man eine Woche auf die Ergebnisse einer medizinischen Untersuchung wartet, oder das warme Gefühl einer sonnigen Woche in Gesellschaft von Freunden.

9.1.1 Emotion und Interaktion

Emotionen sind nicht nur ein innerpsychisches Phänomen; sie sind auch ein universeller Kommunikationskanal, der uns hilft, anderen unsere inneren Gefühlszustände mitzuteilen und der wahrscheinlich zum Überleben unserer Spezies mit beigetragen hat.

Mit Ihren Emotionen teilen Sie den Mitmenschen etwas über Ihren inneren Gefühlzustand mit, was für andere in zweierlei Hinsicht hilfreich ist. Erstens vermitteln Emotionen Informationen über Sie und Ihre potenziellen Handlungen. Wenn Sie z. B. Wut und Frustration zeigen, signalisieren Sie anderen, dass Sie sich möglicherweise auf eine aggressive Reaktion vorbereiten. Darüber hinaus können Emotionen auch Informationen über die Umgebung vermitteln. Ein Ausdruck der Angst kann andere um Sie herum vor einem sich schnell nähernden Grizzlybären warnen, bevor Sie überhaupt Zeit zum Schreien hatten. In beiden Fällen sind die Emotionen ein Anreiz für andere, etwas zu unternehmen. Im Falle von Wut wird man sich vielleicht zurückziehen und versuchen, die Situation zu ergründen. Im Falle von Angst werden andere Personen wahrscheinlich die Umgebung nach einer Bedrohung absuchen (Keltner und Kring, 1998). Auf diese Weise fördert die erfolgreiche Kommunikation von Emotionen das Überleben, stärkt soziale Bindungen und minimiert das Risiko sozialer Ablehnung und zwischenmenschlicher körperlicher Aggression (Andersen und Guerrero, 1998).

9.1.2 Konzeptualisierung menschlicher Emotionen

Seit der Antike haben die Menschen den zahlreichen Emotionen, die wir erleben, Namen gegeben. Aristoteles glaubte, dass es 14 verschiedene Emotionen gebe, darunter Zorn, Liebe und Milde. In jüngerer Zeit hat Ekman 15 grundlegende Emotionen aufgelistet, darunter Leistungsstolz, Erleichterung, Zufriedenheit, Sinnesfreude und Scham (Ekman, 1999). Aus verschiedenen Gründen ist es unmöglich, eine endgültige Liste von Emotionen zu erstellen: Sie variieren beispielsweise zwischen Menschen und Kulturen, die Sprache bietet keine perfekte Zuordnung zu den Emotionen, und bei einigen Emotionen gibt es Überschneidungen. Dennoch können manche Emotionen als universeller angesehen werden als andere. Wut, Traurigkeit und Glück sind wahrscheinlich Kandidaten für eine Reihe von Kernemotionen. Ekman und Friesen (1975) haben in ihrer bahnbrechenden Arbeit über den Gesichtsausdruck von Emotionen sechs grundlegende Gesichtsausdrücke aufgeführt, die in allen Kulturen bekannt sind. Diese Gesichtsausdrücke wurden oft fälschlicherweise für eine Reihe grundlegender Emotionen gehalten, die wir erleben, obwohl sie eigentlich nur dazu gedacht waren, eine grundlegende Reihe von

Emotionen zu beschreiben, die wir über unsere Gesichter ausdrücken und die von verschiedenen Kulturen erkannt werden.

Obwohl viele Wissenschaftler zwischen grundlegenden oder primären Emotionen und sekundären Emotionen unterscheiden, wurde noch kein Konsens darüber erzielt, welche Emotionen zur ersten Kategorie gehören und welche als sekundär zu betrachten sind (Holm, 1999; Greenberg, 2008), und einige Wissenschaftler argumentieren, dass grundlegende Emotionen überhaupt nicht existieren (siehe z.B. Ortony und Turner, 1990). Diejenigen, die sich auf die Existenz von Basisemotionen einigen, gehen davon aus, dass primäre Emotionen kulturübergreifend universell sind (Stein und Oatley, 1992) und dass es sich dabei um schnelle, aus dem Bauch heraus gesteuerte Reaktionen handelt (Greenberg, 2008). Die sekundären Emotionen hingegen sind reaktiv und reflektierend und unterscheiden sich von Kultur zu Kultur (Kemper, 1987). Zu den sekundären Emotionen gehören zum Beispiel Stolz, Reue und Schuld.

Die Vorstellung, dass es sich bei Emotionen um unterschiedliche Kategorien handelt, wurde jedoch infrage gestellt. Russell (1980) argumentierte, dass Emotionen die kognitiven Interpretationen von Empfindungen sind, die das Produkt von zwei unabhängigen neurophysiologischen Systemen sind, nämlich Erregung und Valenz. Als solche sind Emotionen über ein zweidimensionales Kontinuum verteilt, anstatt aus einer Reihe diskreter, unabhängiger Grundemotionen zu bestehen (Posner et al., 2005) (siehe Bild 9.1). Dieses Modell wurde eingehend untersucht und bestätigt, dass es für verschiedene Sprachen und Kulturen gilt (Russell et al., 1989; Larsen und Diener, 1992). Eine Meta-Analyse ergab jedoch, dass – obwohl das Modell eine angemessene Darstellung des selbstberichteten Affekts liefert – nicht alle affektiven Zustände wie von der Theorie vorhergesagt kategorisierbar sind. Einige können nicht einmal konsistent einer der Kategorien zugeschrieben werden, was darauf hindeutet, dass bestehende Annahmen über die Natur affektiver Zustände möglicherweise überarbeitet werden müssen (Remington et al., 2000).

 Durch den Ausdruck von Emotionen teilt man nicht nur anderen mit, wie man sich fühlt, sondern möglicherweise auch sich selbst. Die Mimik-Feedback-Hypothese besagt, dass die Gesichtsbewegung die erlebten Emotionen beeinflusst: Wenn Teilnehmer vor dem Lesen eines Comics zu einem Lächeln gezwungen werden (indem sie einen Bleistift zwischen den Zähnen halten sollen), finden sie den Comic etwas lustiger, als wenn sie den Stift in der Hand halten. Müssen sie stattdessen den Stift zwischen den Lippen halten, finden sie den Comic weniger lustig (Strack et al., 1988). Auf ähnliche Weise hat sich gezeigt, dass die Verabreichung von Botox (das die Gesichtsmuskeln lähmt) die Intensität des Erlebens von Emotionen verringert (Davis et al., 2010).

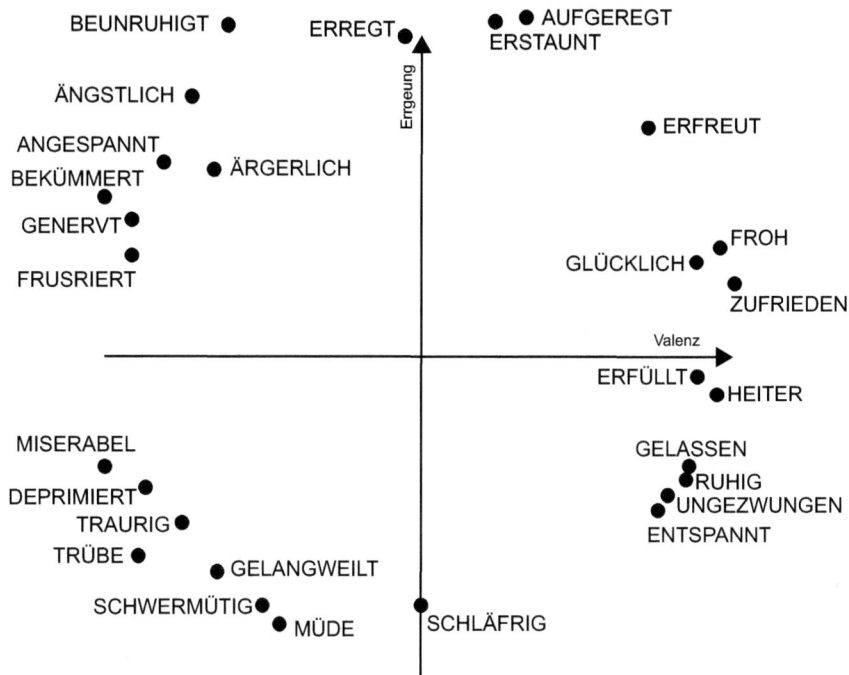

Bild 9.1 Russels Circumplex-Modell der Affekte

■ 9.2 Probleme der emotionalen Reaktionsfähigkeit

Die Bedeutung von Emotionen in sozialen Interaktionen wird besonders deutlich, wenn ein Partner die Emotion des anderen nicht versteht oder mit der falschen Emotion reagiert. Selbst winzige Fehler bei der Vermittlung einer angemessenen emotionalen Reaktion in sozialen Interaktionen können schwerwiegende Folgen haben. Wenn beispielsweise Sarkasmus als echte Reaktion missverstanden wird, kann das zu Missverständnissen im Gespräch und verletzten Gefühlen führen. Noch problematischer wird die Situation, wenn jemand dauerhaft nicht in der Lage ist, affektive Zustände adäquat wahrzunehmen, auszudrücken oder darauf zu reagieren.

Probleme mit der emotionalen Reaktionsfähigkeit sind eines der charakteristischen Symptome beispielsweise von Depressionen (Joormann und Gotlib, 2010). Obwohl depressive Menschen in der Lage sind, die Gefühle anderer zu verstehen und ihren eigenen emotionalen Zustand auszudrücken, reagieren sie weniger stark auf positive Reize, wie z.B. Belohnungen (Pizagalli et al., 2009), und haben wiederkehrende negative Gedanken über die Vergangenheit, Gegenwart und Zukunft. Infolgedessen führen die sozialen Interaktionsmuster einer depressiven Person häufig zu sozialer Isolation und noch mehr Einsamkeit, was die ohnehin schon labile psychische Verfassung der Person noch verschlimmert.

Außerdem kann es sein, dass Menschen nicht in der Lage sind, die Emotionen einer anderen Person zu erkennen, auszudrücken und zu interpretieren. Menschen mit Autismus-Spektrum-Störungen fällt es beispielsweise schwer, Emotionen richtig zu deuten (Rutherford und Towns, 2008; Blair, 2005). Dies ist für alltägliche soziale Interaktionen eindeutig problematisch, da die betroffene Person die Bedürfnisse ihrer Interaktionspartner nicht intuitiv verstehen kann und oft unangemessen reagiert.

Darüber hinaus können Menschen Schwierigkeiten haben, ihre Gefühlslage auszudrücken, z. B. wenn ihre Gesichtsmuskeln nach einem Schlaganfall beeinträchtigt sind. Dies erschwert es ihren Gesprächspartnern, auf ihren inneren Zustand zu schließen und sich eine Vorstellung davon zu machen, was sie meinen.

Die Unfähigkeit einer Person, Emotionen auszudrücken und zu interpretieren, hat schwerwiegende Folgen für die Fähigkeit der Person, emotionale Hinweise zu geben oder angemessen auf sie zu reagieren. Dies wiederum beeinträchtigt die Fähigkeit, mit anderen Menschen effektiv und reibungslos zu interagieren. Ebenso können soziale Interaktionen mit Robotern schwierig sein, wenn der Roboter nicht in der Lage ist, emotionale Zustände auszudrücken und zu interpretieren.

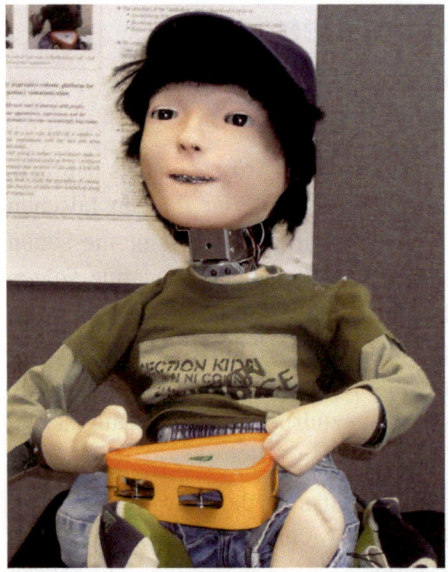

Bild 9.2
Kaspar (2009 – heute) ist ein „minimal expressiver" Roboter, der aus Halterungen, Servomotoren und einer chirurgischen Silikonmaske besteht. Kaspar wird in der Autismus-Therapie eingesetzt

■ 9.3 Emotionen und Roboter

Emotionen werden als ein wichtiger Kommunikationskanal in der HRI angesehen. Wenn ein Roboter Emotionen ausdrückt, neigen Menschen dazu, ihm ein gewisses Maß an sozialer Kompetenz zuzuschreiben (Breazeal, 2004a; Novikova und Watts, 2015). Selbst wenn ein Roboter nicht explizit für den Ausdruck von Emotionen konzipiert wurde, können die Nutzer das Verhalten des Roboters so interpretieren, als ob es durch emotionale Zustände motiviert wäre. Ein Roboter, der nicht darauf programmiert ist, Emotionen zu teilen, zu verstehen oder auszudrücken, wird daher Probleme bekommen, wenn Menschen sein Verhalten als desinteressiert, kalt oder einfach unhöflich interpretieren. Daher sollten Ingenieure und Designer überlegen, welche Emotionen Design und Verhalten des Roboters vermitteln, ob und wie ein Roboter emotionale Eingaben interpretiert und wie er darauf reagieren wird.

9.3.1 Interaktionsstrategien

Die einfachste Möglichkeit, emotionale Reaktionen für soziale Roboter zu programmieren, könnte die Nachahmung sein. Es hat sich gezeigt, dass Nachahmung bei Menschen die Auffassung einer gemeinsamen Realität schafft: Man gibt an, die Situation der anderen Person vollständig zu verstehen, was Nähe schafft (Stel et al., 2008). Eine Ausnahme könnte hier die Wut sein – so gut es sich zunächst auch anfühlen mag, auf eine wütende Person mit Gegenschreien zu reagieren, fördert in der Regel nicht das gegenseitige Verständnis oder die Lösung des Konflikts.

Ein Roboter kann Mimikry als einfache Interaktionsstrategie einsetzen. Es handelt sich dabei um eine relativ einfache Reaktion, da der Roboter „nur" in der Lage sein muss, eine Emotion im Menschen zu erkennen und diese dann als Reaktion zu reflektieren. Dies stellt bereits eine Menge Herausforderungen dar, wie später in diesem Kapitel erörtert wird, aber zumindest entfällt dadurch die komplizierte Aufgabe, eine angemessene Reaktion zu generieren. Darüber hinaus handelt es sich möglicherweise um eine sehr grundlegende Erwartung, die Menschen gegenüber ihren Interaktionspartnern haben. Auch wenn wir es unseren Freunden verzeihen, nicht zu wissen, wie sie uns aufmuntern können, wenn wir traurig sind, so erwarten (und schätzen) wir doch, dass sie auf unsere Traurigkeit mit gesenkten Augenbrauen und Köpfen reagieren und leiser werden.

Eine Anmerkung, die hier gemacht werden muss, betrifft das Erwartungsmanagement: Wenn der Nutzer den Roboter als emotional ansprechbar wahrnimmt, kann er diese Beobachtung auf Erwartungen bezüglich der Einhaltung anderer sozialer Normen durch den Roboter ausweiten. So kann ein Nutzer beispielsweise erwarten, dass der Roboter ihn daran erinnert, ihn nach einem Streit zu fragen, über das er sich neulich Abend aufgeregt hat. Wenn der Roboter ihm also morgens einfach nur „Einen schönen Tag bei der Arbeit!" wünscht, könnte der Nutzer von den sozialen Fähigkeiten des Roboters enttäuscht sein. Die emotionale Reaktionsfähigkeit des Roboters sollte also seiner Fähigkeit entsprechen, andere Erwartungen zu erfüllen.

9.3.2 Wahrnehmung von Emotionen

Roboter müssen eine Vielzahl von emotionalen Hinweisen registrieren, von denen einige explizit und andere subtil sind, bevor sie zu einer emotionalen Interaktion fähig sind. Wenn wir z. B. einen Roboter entwickeln wollen, der emotional reagiert, wenn jemand aggressives Verhalten zeigt, z. B. einen Gegenstand nach ihm wirft, müssen wir Technologien zur Erkennung menschlichen Verhaltens und zur Objekterkennung integrieren.

Genauer gesagt, möchten wir vielleicht einen Roboter entwickeln, der auf menschliche Emotionen reagiert. Es gibt viele Studien zur Affekterkennung (Gunes et al., 2011; Zeng et al., 2009). Der gängigste Ansatz zur Erkennung oder Klassifizierung von Emotionen ist die Verwendung von Computer Vision, um Emotionen aus Gesichtsmerkmalen zu extrahieren. Mit einem Datensatz menschlicher (Frontal-) Gesichter mit korrekt gekennzeichneten Emotionen können maschinelle Lernsysteme, z. B. solche, die Deep-Learning-Techniken verwenden (LeCun et al., 2015), Merkmale aus dem Bild extrahieren, um eine Reihe von Gesichtsemotionen zu erkennen. Ein bekanntes Beispiel hierfür ist die Lächelerkennung, die heutzutage in Digitalkameras weit verbreitet ist. Das Erkennen von Affekten kann auch die Interpretation anderer visueller Hinweise, wie z. B. Gangmuster, beinhalten, wodurch eine klare Sicht auf das Gesicht des Nutzers nicht mehr Notwendigkeit ist (Venture et al., 2014).

 Viele Digitalkameras auf dem Verbrauchermarkt verfügen über eine Lächelerkennungsfunktion. Wenn eine Gruppe vor der Kamera posiert, wird sie nur dann ein Bild aufnehmen, wenn alle Personen im Bild lächeln. Diese Technologie ersetzt teilweise die Timer-Funktion, die nie garantieren konnte, dass alle Personen zum Zeitpunkt der Aufnahme in die Kamera schauen und lächeln.

Neben visuellen Hinweisen ist die menschliche Sprache vielleicht der zweitwichtigste Kanal, aus dem sich Emotionen ableiten lassen. Insbesondere die Prosodie, die Muster von Betonung und Intonation in der gesprochenen Sprache, kann verwendet werden, um den emotionalen Zustand des Sprechers zu erkennen. Wenn Menschen glücklich sind, neigen sie beispielsweise dazu, in einer höheren Tonlage zu sprechen. Sind sie traurig, sprechen sie eher langsam und in einer tieferen Tonlage. Forscher haben Verfahren zur Mustererkennung (d. h. maschinelles Lernen) entwickelt, um aus Sprache auf menschliche Emotionen zu schließen (El Ayadi et al., 2011; Han et al., 2014).

Schließlich kann ein Roboter menschliche Gefühle auch über andere Modalitäten wahrnehmen. So ändert sich beispielsweise der Hautleitwert des Menschen als Reaktion auf seinen Gemütszustand. Ein bekanntes Beispiel für die Verwendung des Hautleitwerts als Messinstrument ist der Lügendetektor oder Polygraph. Hautleitfähigkeitssensoren wurden jedoch auch in der HRI eingesetzt, allerdings mit nur geringem Erfolg (Bethel et al., 2007).

9.3.3 Ausdruck von Emotionen

In der Regel werden Roboter entwickelt, die Emotionen durch Gesichtsausdrücke vermitteln. Der gängigste Ansatz ist dabei die Nachahmung der Art und Weise, wie Menschen Emotionen zeigen. Dies ist ein gutes Beispiel dafür, wie die Untersuchung menschlicher Verhaltensweisen für die Entwicklung von Roboterverhalten genutzt werden kann. Der Gesichtsausdruck von Emotionen ist gut dokumentiert worden (Hjortsjo, 1969). Das Facial Action Coding System (englisch für System zur Kodierung von Gesichtsausdrücken, FACS) von Ekman, in dem die menschlichen Gesichtsmuskeln als Aktionseinheiten (engl. „action units", AUs) gruppiert sind, beschreibt Emotionen als Kombinationen von Aktionseinheiten (Ekman und Friesen, 1978). Wenn beispielsweise eine Person ein glückliches Gesicht zeigt (d. h. lächelt), sind die Muskeln *orbicularis oculi* und *pars orbitalis*, die die Wange anheben (AU6), und der *zygomaticus major*, der die Mundwinkel anhebt (AU12), beteiligt.

Unter Verwendung eines vereinfachten Äquivalents der menschlichen Gesichtsmuskeln haben Forscher Roboter entwickelt, die in der Lage sind, Emotionen durch Gesichtsausdrücke zu vermitteln. So wurde beispielsweise von Hashimoto et al. (2013) ein Robotergesicht mit weicher Gummihaut und 19 pneumatischen Aktuatoren entwickelt. Dieser Roboter nutzt AUs, um Emotionen im Gesicht auszudrücken. Zum Beispiel aktiviert er die Aktuatoren, die AU6 und A12 entsprechen, um Freude auszudrücken. Es gibt viele andere Roboter, die Emotionen ausdrücken können und sich auf eine vereinfachte Interpretation menschlicher Gesichtsausdrücke stützen, darunter Kismet (Breazeal und Scassellati, 1999), Eddie (Sosnowski et al., 2006), iCat (van Breemen et al., 2005) und eMuu (Bartneck, 2002) (siehe Bild 9.3).

Bild 9.3 Durch mechanische Gesichtsausdrücke ausgedrückte Emotionen. Links: eMuu (2001), Mitte: iCat (2005-2012), rechts: Flobi (2010) (Quelle: Christoph Bartneck, Universität Bielefeld)

Roboter können Gefühle auch durch verschiedene menschenähnliche Modalitäten ausdrücken, z. B. durch Körperbewegungen und Prosodie. Aber auch nicht-anthropomorphe Roboter können Affekte ausdrücken, indem sie ihre Navigationsrouten anpassen. So haben Untersuchungen an einem Reinigungsroboter (Saerbeck und Bartneck, 2010) und einem Flugroboter (Sharma et al., 2013) gezeigt, dass sie durch die Anpassung bestimmter Bewegungsmuster Affekte zeigen können. Einige andere Möglichkeiten, mit denen nicht-anthropomorphe Roboter Affekte gegenüber Person, mit der sie interagieren ausdrücken können, sind Bewegungsgeschwindigkeit, Körperhaltung, Geräusche, Farbe und Orientierung (siehe Bild 9.4) (Bethel und Murphy, 2008).

Bild 9.4 Nicht-anthropomorphe Roboter können durch ihr Verhalten oder durch das Hinzufügen von ausdrucksstarken Merkmalen, wie z. B. Lichtern, Gefühle ausdrücken. Anki, der Hersteller von Cozmo (2016–2019), beschreibt seinen Roboter als „[mit] einer eigenen lebendigen Persönlichkeit, die von einer leistungsstarken KI gesteuert wird und mit komplexer Mimik, einer Vielzahl von Emotionen und einer eigenen emotionalen Sprache und Tonspur zum Leben erweckt wird." (Quelle: Anki)

9.3.4 Emotionsmodelle

Psychologen haben versucht, menschliche Emotionen in formalen Modellen zu erfassen (Plutchik und Conte, 1997; Scherer, 1984). Der Vorteil dieses Ansatzes besteht darin, dass er Emotionen als eine numerische Darstellung betrachtet, die sich wiederum gut für die Darstellung von Emotionen in Computern und Robotern eignet. Diese Modelle setzen auch verschiedene emotionale Kategorien in Beziehung zueinander, indem sie beispielsweise Glück als Gegensatz von Traurigkeit definieren oder eine Distanzfunktion zwischen Emotionen festlegen.

Emotionsmodelle werden nicht nur verwendet, um den emotionalen Zustand des Nutzers zu erfassen, sondern auch, um den emotionalen Zustand des Roboters selbst darzustellen und anschließend dessen Verhalten zu steuern. Ein Roboter mit einer fast leeren Batterie kann beispielsweise müde wirken und ankündigen, dass er eine Pause braucht. Sobald er das Ladegerät erreicht hat, muss er seinen internen emotionalen Zustand auf „glücklich" aktualisieren. Die Äußerung dieses emotionalen Zustands ermöglicht dem Nutzer einen Zugang zu dem inneren Zustand des Roboters und bereichert die Interaktion.

Ein klassisches Emotionsmodell, das in einigen Robotern verwendet wurde, ist das OCC-Modell, benannt nach den Initialen seiner Autoren (Ortony et al., 1988). Dieses Modell spezifiziert 22 Emotionskategorien, die auf valenzbasierten Reaktionen auf Situationen wie Ereignisse und Handlungen von Agenten (einschließlich der eigenen Person) oder als Reaktionen auf attraktive oder unattraktive Objekte basieren (siehe Bild 9.5). Es bietet auch eine Struktur für die Variablen, wie die Wahrscheinlichkeit eines Ereignisses oder die Vertrautheit eines Objekts, die die Intensität der Emotionstypen bestimmt. Es enthält ein ausreichendes Maß an Komplexität und Detailreichtum, um die meisten Situationen abzudecken, mit denen ein emotionaler Roboter konfrontiert werden könnte.

Natürlich sind viele Roboter nicht in der Lage, alle 22 Emotionen auszudrücken. Selbst wenn sie dazu in der Lage wären, kann es eine Herausforderung sein, 22 verschiedene Emotionen zu implementieren; daher ziehen es viele Roboterentwickler vor, die Anzahl der Kategorien zu reduzieren. Häufig entscheidet man sich dafür, nur die sechs grundlegenden Gesichtsausdrücke von Ekman zu implementieren. Diese werden auch über Kulturen hinweg zuverlässig erkannt (Ekman, 1992). Ein Roboter, der nur sechs Emotionen ausdrücken kann, bietet jedoch nur eine sehr begrenzte Interaktionsmöglichkeit.

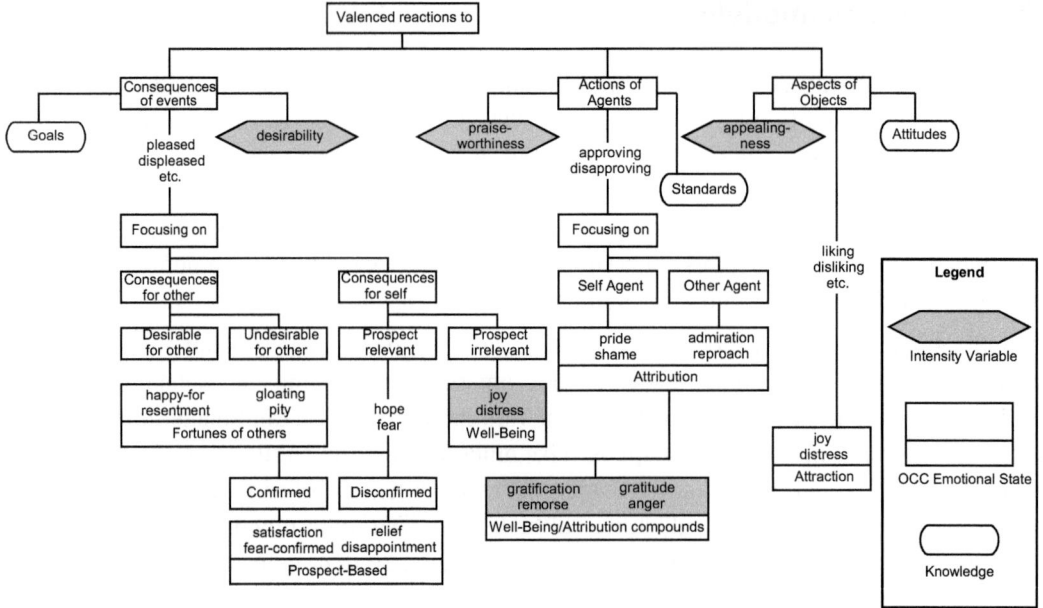

Bild 9.5 OCC-Modell der Emotionen

Populärer als das OCC-Modell sind vielleicht die Modelle, die Emotionen als einen Punkt in einem mehrdimensionalen Raum darstellen. Russels zweidimensionaler (2D) Raum von Erregung und Valenz (siehe Bild 9.1) erfasst eine breite Palette von Emotionen auf einer 2D-Ebene und ist eines der einfachsten Emotionsmodelle, das dennoch eine ausreichende Aussagekraft für die HRI besitzt (Russell, 1980). Das ursprüngliche 2D-Zirkumplexmodell stellt jedoch „wütend" und „ängstlich" nebeneinander, während die meisten Menschen der Meinung sind, dass es sich dabei um sehr unterschiedliche Emotionen handelt. Spätere Versionen fügten daher eine dritte Achse hinzu, was zu dem Modell von Mehrabian und Russell (1974, siehe auch Mehrabian (1980)) führte. In diesem Rahmen werden Emotionen in einem dreidimensionalen kontinuierlichen Raum erfasst, wobei die Dimensionen aus Vergnügen (P, pleasure), Erregung (A, arousal) und Dominanz (D, dominace) bestehen (siehe Bild 9.6). Das PAD-Raummodell wurde bei vielen sozialen Robotern, einschließlich Kismet, verwendet, um den emotionalen Zustand des Nutzers und des Roboters zu modellieren (Breazeal, 2003).

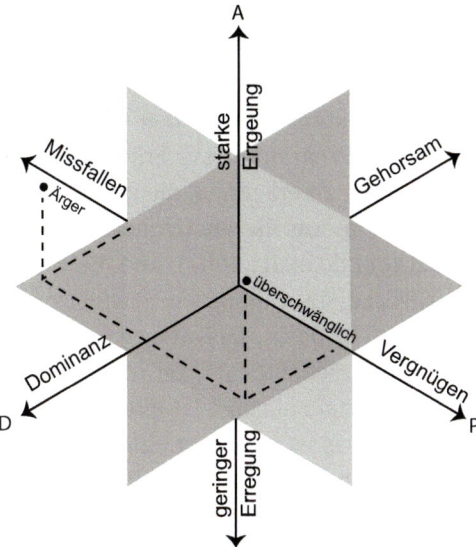

Bild 9.6
Das PAD-Emotionsmodell: Jede Emotion wird als Punkt in einem 3D-Raum dargestellt, wobei die Achsen für Freude (P), Dominanz (D) und Erregung (A) stehen

■ 9.4 Herausforderungen bei affektiver HRI

Trotz erheblicher Anstrengungen bei der Wahrnehmung, Repräsentation und Umsetzung von Emotionen in virtuellen Agenten und Robotern gibt es noch eine Reihe von offenen Herausforderungen.

Es ist praktisch unmöglich, Emotionen allein aus Gesichtsbildern richtig zu erkennen (siehe Bild 9.7). Wenn man bedenkt, dass Menschen Schwierigkeiten haben, Emotionen aus unbewegten Gesichtsbildern richtig zu lesen, werden Roboter sicherlich auch damit Schwierigkeiten haben. Das Ergänzen weiterer Informationen – wie der Kontext der Interaktion, animierte statt unbewegte Emotionsausdrücke und Körpersprache – ermöglicht es uns, die Erkennungsrate zu erhöhen, sowohl durch Menschen als auch durch Algorithmen.

Bild 9.7
Können Sie erkennen, ob die Tennisspielerin gerade einen Punkt erzielt oder verloren hat? Eine Studie hat gezeigt, dass es Menschen schwerfällt, starke Emotionen allein aus den statischen Gesichtern richtig zu deuten, aber sie können es, wenn sie nur die Körperhaltung sehen (Aviezer et al., 2012) (Quelle: Steven Pisano)

Ein weiteres Problem bei der Erkennung von Emotionen durch Computer besteht darin, dass fast alle Algorithmen auf Emotionen trainiert werden, die von Schauspielern vorgespielt wurden. Daher sind diese Emotionen übertrieben und haben wenig Ähnlichkeit mit den Emotionen, die wir im alltäglichen Leben erleben und ausdrücken. Das bedeutet auch, dass die meisten Programme zur Erkennung von Emotionen nur in der Lage sind, Emotionen richtig zu erkennen, die mit einer gewissen übertriebenen Intensität dargestellt werden. Aus diesem Grund ist ihr Einsatz in der realen Welt immer noch begrenzt (Pantic et al., 2007), und die Erkennungsgenauigkeit subtiler emotionaler Ausdrücke sinkt drastisch (Bartneck und Reichenbach, 2005). Ein weiteres Problem besteht darin, dass die meisten Programme zur Erkennung von Emotionen nur Wahrscheinlichkeiten für die sechs von Ekman vorgeschlagenen emotionalen Grunderfahrungen oder einen Punkt in einem 2D- oder 3D-Emotionsraum wiedergeben. Dies ist eine eher eingeschränkte Sicht auf Emotionen und lässt viele der Emotionen, die wir im wirklichen Leben erleben, wie Stolz, Verlegenheit, Schuld oder Ärger außer Acht.

Ein weiterer Aspekt der Emotionserkennung, der den Robotern Schwierigkeiten bereitet, ist das Erkennen der Emotionen bei einer Vielzahl von Menschen. Obwohl wir alle eine Reihe universeller Emotionen zum Ausdruck bringen, tun wir dies nicht alle mit der gleichen Intensität, im gleichen Kontext oder mit der gleichen Bedeutung. Die Interpretation des emotionalen Zustands einer Person erfordert daher eine Sensibilität für ihre individuellen affektiven Eigenheiten. Menschen werden darin durch jahrelange Interaktion miteinander, aber auch durch langjährige Erfahrung mit einzelnen Personen geschult. Deshalb können Sie vielleicht erkennen, dass Ihr Partner eher aus Verärgerung als aus Freude lacht, während neue Bekannte das möglicherweise nicht können. Roboter dekodieren Emotionen immer noch weitgehend auf der Grundlage von Momentaufnahmen des Gesichts einer Person, und sie entwickeln keine längerfristigen Modelle von Affekten, Emotionen und Stimmungen für ihre Interaktionspartner.

Schließlich kann die emotionale Reaktionsfähigkeit eines Roboters potenzielle Endnutzer in dem Glauben lassen, der Roboter würde tatsächlich echte Emotionen erleben. Ein Roboter, der lediglich eine bestimmte Emotion ausdrückt, ersetzt nicht das tatsächliche Erleben eines emotionalen Zustands. Der Roboter zeigt lediglich emotionale Zustände als Reaktion auf ein Berechnungsmodell. Eine effektive Kognition, bei der ein vollständiges sozio-emotionales Repertoire für verschiedene Nutzer und Kontexte ausgedrückt und erkannt wird, ist nach wie vor schwer zu erreichen.

■ 9.5 Schlussfolgerung

Emotionen sind ein wichtiger Aspekt der sozialen Interaktion. Neben zwischen-menschlichen Funktionen wie der Bewertung einer Situation und der Motivation zum Handeln erfüllen sie auch eine wichtige soziale Funktion, da sie andere Menschen in unserer Umgebung über unseren aktuellen mentalen Zustand informieren und (im weiteren Sinne) darüber, welches Verhalten sie von uns erwarten können. Um eine reibungslose Interaktion zwischen Mensch und Roboter zu ermöglichen, muss der Roboter daher in der Lage sein, sowohl die vom Menschen gezeigten Emotionen zu erkennen als auch selbst Emotionen zu erzeugen, um den menschlichen Nutzer über seinen inneren Zustand zu informieren.

Diskussionsfragen

- Erstellen Sie eine Liste mit zehn Emotionen und versuchen Sie dann, diese nonverbal einem Freund zu zeigen. Kann Ihr Freund die gezeigten Emotionen erraten?
- Spielen wir ein Rollenspiel: Um zu verstehen, wie Emotionen in unsere tägliche Interaktion involviert sind, stellen Sie sich vor, Sie wären nicht in der Lage, Informationen, die mit Emotionen verbunden sind, zu erleben und zu verarbeiten. Machen Sie sich dann auf den Weg zu einem Gespräch mit einem Freund oder einer Freundin (erzählen Sie ihm oder ihr vorher von Ihrem Experiment). Versuchen Sie, nicht auf die Emotionen Ihres Gesprächspartners zu reagieren, und versuchen Sie, kein emotionales Feedback zu geben. Was geschieht?
- Gibt es Aufgaben, für die ein Roboter Emotionen haben sollte oder nicht? Ist es eine gute Idee, Emotionen zum Beispiel in ein selbstfahrendes Auto einzubauen? Wenn nicht, was sind die möglichen Probleme?

■ 9.6 Übungen

Die Antworten auf diese Fragen finden Sie in Kapitel 14.

Übung 37   Gefühlsquadranten

Ordnen Sie die Emotionen dem richtigen Quadranten zu, wie in Bild 9.8 dargestellt.

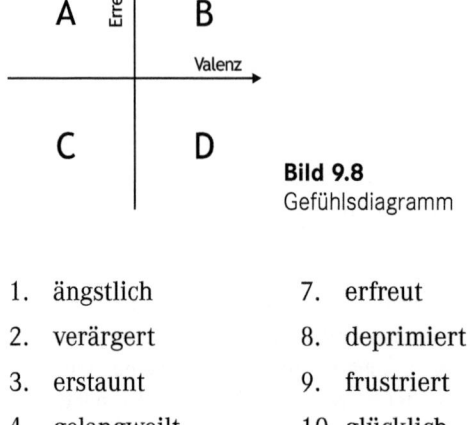

Bild 9.8
Gefühlsdiagramm

1. ängstlich	7. erfreut
2. verärgert	8. deprimiert
3. erstaunt	9. frustriert
4. gelangweilt	10. glücklich
5. ruhig	11. entspannt
6. angespannt	12. müde

Übung 38   Emotionen nach Ekman und Friesen

Ekman und Friesen schlagen eine Auswahl von sechs Emotionen vor. Was ist ihr Zweck? Wählen Sie eine Option aus folgender Liste aus:

- eine Reihe von Basisemotionen zu definieren,
- eine Reihe von negativen Emotionen definieren,
- eine Liste von Gesichtsausdrücken zu beschreiben, die in verschiedenen Kulturen bekannt sind,
- die kleinste gemeinsame Gruppe von Emotionen beschreiben, die wir alle erleben.

Übung 39   OCC-Modell

Als was beschreibt das OCC-Modell der Emotionen Valenzreaktionen? Wählen Sie aus der Liste eine oder mehrere Optionen aus:

1. Folge von Ereignissen

2. der eigene emotionale Zustand des Roboters

3. die Emotionen des menschlichen Nutzers

4. Aspekte von Objekten

5. Aktionen von Agenten

6. Aspekte von Agenten

Übung 40   Roboter mit Seele

Sehen Sie sich das im Folgenden angeführte Video an und beantworten Sie dann die folgende Frage.

Guy Hoffman, „Roboter mit Seele", siehe *https://www.ted.com/talks/ guy_hoffman _robots_with_soul*

Hoffman verwendet Prinzipien aus der Animation, um die Interaktion zwischen Menschen und Robotern zu verbessern. Nachdem Sie Hoffmans TED-Talk gesehen haben, beschreiben Sie mindestens zwei potenzielle Vor- und Nachteile der Verwendung von Animationsprinzipien in der Mensch-Roboter-Interaktion. Begründen Sie darüber hinaus, warum Sie die Vor- oder Nachteile in Bezug auf die Art der Auswirkungen, die sie auf den Erfolg und die Qualität der HRI haben können, als solche sehen.

 Weiterführende Literatur

- Christoph Bartneck und Michael J. Lyons. Facial expression analysis, modeling and synthesis: Overcoming the limitations of artificial intelligence with the art of the soluble. In: Jordi Vallverdu und David Casacuberta (Hrsg.), Handbook of research on synthetic emotions and sociable robotics: New applications in affective computing and artificial intelligence, Information Science Reference, S. 33 – 53. IGI Global, 2009.
- Cynthia Breazeal. Social interactions in HRI: The robot view. In: IEEE Transactions on Systems, Man, and Cybernetics, Part C (Applications and Reviews), 34 (2): 181 – 186, 2004b.
- Rafael A. Calvo, Sidney D'Mello, Jonathan Gratch und Arvid Kappas. The Oxford handbook of affective computing. Oxford Library of Psychology, Oxford, UK 2015.

10 Forschungsmethoden

Was in diesem Kapitel behandelt wird

- Methodische Überlegungen und verschiedene Entscheidungen, die Sie beim Aufbau und der Durchführung einer Studie zur Mensch-Roboter-Interaktion treffen müssen.
- Die Stärken und Schwächen der verschiedenen Forschungsmethoden und wie man sie für das Verständnis und die Bewertung von HRI ermittelt.
- Wie sich die Wahl des Roboters, der Umgebung und des Kontexts auf die Studienergebnisse auswirkt.
- Die Bedeutung neuer Wege der Berichterstattung über Daten und Einblicke, die für die HRI geeignet sind, abseits der Tradition der Berichterstattung über experimentelle Arbeiten.

Jetzt haben Sie einen Roboter und möchten Gewissheit über dessen Leistung haben. Was denken die Leute über sein Aussehen? Wie reagieren sie auf sein Verhalten? Werden die Menschen ihn akzeptieren? Welche Auswirkungen wird der Einsatz des Roboters kurz- oder langfristig haben? Wie ist die technische Leistung des Roboters? Dies sind häufige Fragen in der Mensch-Roboter-Interaktion, und sie erfordern, dass Sie verschiedene Forschungsansätze und -methoden verwenden, um die Antworten zu finden.

Die HRI-Forschung besteht aus mindestens zwei miteinander verknüpften Komponenten: dem Menschen und dem Roboter. Wenn Sie Menschen ohne Roboter untersuchen, betreiben Sie sozialwissenschaftliche Forschung, während die Forschung an Robotern ohne Menschen als Robotik oder künstliche Intelligenz bezeichnet werden kann. Die Analyseeinheit in der HRI ist immer eine Form der Interaktion zwischen den beiden. Der Kontext, in dem HRI stattfindet, ist von großer Bedeutung und muss in Studien explizit definiert werden. Man kann HRI im Labor, in einer Schule oder einem Krankenhaus untersuchen; man kann HRI in verschiedenen Kulturen oder Anwendungsbereichen erforschen. Der Kontext, in dem der Roboter mit Menschen interagiert, hat höchstwahrscheinlich einen starken Einfluss auf Ihre Ergebnisse, weshalb Sie sich darüber bewusst sein müssen, mit wem und unter welchen Umständen die Interaktion stattfindet.

Obwohl der Schwerpunkt der HRI immer auf der Interaktion zwischen Menschen und Robotern liegt, gibt es verschiedene Aspekte dieser Beziehung zu untersuchen. Bei der roboterzentrierten Arbeit könnte der Forschungsschwerpunkt auf der Entwicklung der technischen Fähigkeiten liegen, die Roboter benötigen, um mit Menschen zu interagieren, oder auf dem Testen verschiedener Aspekte der Roboterfunktionalität oder des Designs, um zu sehen, welche am effektivsten sind. Bei der nutzerzentrierten Arbeit hingegen könnte der Schwerpunkt einer Studie auf dem Verständnis von Aspekten des menschlichen Verhaltens oder der Kognition liegen, die den Erfolg der HRI beeinflussen. So könnte ein extrovertierter Nutzer eine direktere Kommunikation durch den Roboter bevorzugen, während ein introvertierter Nutzer lieber indirekt kommuniziert.

In der HRI-Forschung wird zunehmend ein Gleichgewicht zwischen diesen beiden Ansätzen angestrebt, wobei roboter- und nutzerzentrierte Aspekte auf unterschiedliche Weise miteinander verbunden werden. Beim iterativen Design durchläuft das Design des Roboters beispielsweise eine Reihe von Zyklen der Prototypenerstellung, des Testens, der Analyse und Verfeinerung. Die Forscher entwickeln eine Reihe von Ideen für das Roboterdesign, die sie dann mit den Anwendern testen. Auf der Grundlage der Präferenzen der Nutzer entwickeln die Forscher dann das Aussehen und die Fähigkeiten des Roboters weiter. Eine weitere Möglichkeit, nutzer- und roboterzentrierte Aspekte der HRI zu verbinden, besteht in der Untersuchung des menschlichen Verhaltens, um Verhaltensmodelle zu entwickeln, die dann auf die HRI angewandt werden können, und diese mit Nutzern zu testen, um zu sehen, ob sie die erwarteten und gewünschten Ergebnisse bei der Interaktion liefern.

Teil der HRI-Forschung sind Studien, in denen Nutzer mit dem Roboter interagieren, Tests zur Roboterleistung und ergebnisoffene Untersuchungen der Interaktion zwischen Menschen und Robotern im Alltag. Folglich greifen HRI-Forscher auf eine Vielzahl von Forschungsmethoden und -techniken zurück, die einerseits aus anderen Disziplinen (z.B. Soziologie, Anthropologie oder Human-Factors-Forschung) übernommen und andererseits zielgerichtet für den Bereich HRI entwickelt wurden (z.B. die „Wizard-of-Oz"-Technik, die in Abschnitt 10.6.1 beschrieben wird). Um diese Methoden erfolgreich einsetzen zu können, müssen sich HRI-Forscher ihrer Stärken und Schwächen, der Art der Daten und Erkenntnisse, die sie hervorbringen können, und der Art der technischen und personellen Ressourcen, die sie benötigen, bewusst sein.

Ein experimenteller Ansatz ist in der gegenwärtigen Forschungslandschaft zu sozialen Robotern zum Standard geworden (Hoffman und Zhao, 2020). Dies war nicht immer der Fall, und ein kurzer Blick auf ältere HRI-Forschung zeigt Methoden, die heutige HRI-Forscher erröten lassen würden. Es gibt Bestrebungen, die aktuelle Forschung die Kriterien für methodische Solidität zu erfüllen, die in anderen empirischen Wissenschaften (wie z.B. der Psychologie) angewandt werden, indem qualitative und quantitative Ansätze integriert werden (Baxter et al., 2016; Hoffman und Zhao, 2020; Fischer, 2021; Seibt et al., 2021).

In diesem Kapitel werden die Entscheidungen erörtert, die HRI-Forscher an verschiedenen Punkten des Forschungsprozesses treffen, von der Definition der Forschungsfragen (Abschnitt 10.1) über das Studiendesign (Abschnitt 10.2) bis hin zur Statistik (Abschnitt 10.8). Außerdem wird erläutert, welchen Weg Sie bei der Bewertung der Interaktion zwischen Robotern und Menschen einschlagen werden. Nachdem Sie die Schritte zur Formulierung einer Forschungsfrage in Abschnitt 10.1 durchdacht haben, finden Sie in Abschnitt 10.2 Beispiele für verschiedene Anwendungen von qualitativen, quantitativen und gemischten Methoden in Nutzer-, System-, Beobachtungs- und experimentellen Studien und anderen Formen der HRI-Forschung. Die Auswahl der Teilnehmer steht im Mittelpunkt von Abschnitt 10.3, während Abschnitt 10.4 die Bedeutung der Definition des Interaktionskontexts als Teil des anfänglichen Studiendesigns hervorhebt. Abschnitt 10.5 und Abschnitt 10.6 befassen sich mit der Auswahl eines geeigneten Roboters und Interaktionsmodus für Ihre HRI-Studien. In Abschnitt 10.7 und Abschnitt 10.8 werden verschiedene Metriken und Forschungsstandards vorgestellt, die in der HRI-Forschung zu berücksichtigen sind, einschließlich statistischer und generativer Aspekte. Schließlich werden in Abschnitt 10.9 ethische Überlegungen behandelt, die bei der Konzeption einer Studie zu beachten sind. Das übergeordnete Ziel dieses Kapitels ist es, eine Grundlage zu schaffen, auf der Sie erste Entscheidungen über das Studiendesign treffen und dann tiefer in die Forschungsmethoden eintauchen können, um Ihre eigenen neuen HRI-Studien zu entwickeln.

■ 10.1 Definieren einer Forschungsfrage und eines Forschungsansatzes

Das Definieren einer guten Forschungsfrage ist eine der schwierigsten Aufgaben eines Forschers. Um eine aussagekräftige Forschungsfrage zu formulieren, muss ein Forscher frühere einschlägige Arbeiten in Betracht ziehen und diese replizieren oder erweitern, um neue wissenschaftliche Erkenntnisse zu gewinnen. In der HRI können solche Erkenntnisse in Form von Wissen über die menschliche Kognition und das menschliche Verhalten, Richtlinien für das Roboterdesign, technischen Aspekten des Roboters oder Erkenntnissen, die den Einsatz von Robotern in verschiedenen Nutzungskontexten beeinflussen, gewonnen werden.

Forschungsfragen im Bereich HRI können sich aus theoretischen Überlegungen ergeben, z. B. aus der Erwartung, dass Menschen Roboter als sozial behandeln, oder aus der pragmatischen Notwendigkeit, die Nutzbarkeit einer bestimmten Roboterfunktion zu testen. Um relevante Literatur aus mehreren Fachgebieten zu finden, empfehlen wir, Veröffentlichungen in disziplinübergreifenden Datenbanken zu suchen, um Forschungsergebnisse aus mehreren relevanten Fachgebieten einzubeziehen. Idealerweise suchen Sie nach einem gut etablierten Phänomen oder einer Theorie und versuchen, diese in Ihrem neuen Forschungsprojekt zu replizieren und zu erweitern, unabhängig davon, ob es sich um Menschen oder Roboter handelt. Die Forschung über die Interaktion zwischen Menschen kann leicht als Vorlage für die Mensch-Roboter-Forschung dienen. Bestehende Arbeiten in den Bereichen HRI, Psychologie, Soziologie, Anthropologie, Design und Medienkommunikation können relevante Einblicke in die Grundlagen reibungsloser, erfolgreicher und akzeptabler HRI oder in das optimale, auf den Menschen ausgerichtete Design einer neuartigen Roboterplattform liefern.

Zur Veranschaulichung: In den 1990er-Jahren schlugen Reeves und Nass (1996) den Ansatz „Computer als soziale Akteure" (Computers As Social Actors, CASA) vor und versuchten, klassische psychologische Erkenntnisse im Zusammenhang mit der Interaktion zwischen Mensch und Computer zu replizieren. In ihrer bahnbrechenden Arbeit führten die Autoren Studien durch, die die Hypothese belegen, dass Computer genauso behandelt werden wie menschliche Interaktionspartner. Außerdem fanden sie heraus, dass dieses Verhalten ganz automatisch auftritt. Sie haben beispielsweise gezeigt, dass Menschen höhere Bewertungen abgeben, wenn ein Computer sie nach ihrer eigenen Leistung fragt, als wenn sie die Leistung eines anderen Computers bewerten müssen, was darauf hindeutet, dass Menschen höflich zu Computern sind. Später wurde der CASA-Ansatz durch eine Vielzahl von Studien erfolgreich auf die HRI ausgeweitet, darunter einige, die die Zuschreibung von Geschlecht an Roboter (Eyssel und Hegel, 2012) und die mentalen Modelle der Nutzer von Robotern (Walden et al., 2015) untersuchen. Andere Studien befassten sich mit den Auswirkungen der Wahrnehmung von sozialer Präsenz und Handlungsfähigkeit in Pflege- (Kim et al., 2013) und Bildungsszenarien (Edwards et al., 2016). Dieses Paradigma inspiriert weiterhin neue Forschungen im Bereich HRI.

10.1.1 Ist Ihre Forschung explorativ oder bestätigend?

Generell kann die Forschung entweder als explorative oder als bestätigende Forschung eingestuft werden. Explorative Forschungsfragen befassen sich mit Phänomenen, die bisher noch nicht im Detail untersucht wurden, und zielen darauf ab, die allgemeinen Gegebenheiten in einem bestimmten Bereich zu ermitteln. So könnte man z. B. fragen: „Wie nehmen Menschen einen Staubsaugerroboter an und benutzen ihn über einen Monat hinweg?" oder „Enthalten große Sprachmodelle genügend Weltkenntnis, um eine Unterhaltung mit einem Roboter zu führen?" Bei der explorativen Forschung wird davon ausgegangen, dass es nicht genügend relevante Vorinformationen über das Phänomen gibt, um überprüfbare Erwartungen über die möglichen Ergebnisse der Studie zu formulieren, und daher wird versucht zu erforschen, welche Faktoren wichtig sein könnten und welche Ergebnisse möglich sind.

 In einer explorativen HRI-Studie untersuchten Forlizzi und DiSalvo (2006), wie ein Staubsaugerroboter in die Wohnungen echter Menschen integriert wird. Ihre Ergebnisse brachten viele Überraschungen für die Forschungscommunity, einschließlich der Tatsache, dass Menschen autonome Staubsaugerroboter als soziale Akteure betrachten, dass solche Staubsauger Teenager dazu inspirieren können, ihre Zimmer zu reinigen, und dass es sogar zu einer gewissen Haustier-Roboter-Interaktion kommt (siehe Bild 10.1).

Bild 10.1 Katze, die auf einem Roomba-Roboter fährt (2002 – heute) (Quelle: Eirik Newth)

Wenn genügend Informationen vorhanden sind, um Hypothesen über die möglichen Ergebnisse einer Intervention zu formulieren, kommen wir in den Bereich der bestätigenden Forschung. Das Ziel der bestätigenden Forschung besteht darin, Hypothesen zu testen. In Ihrer Hypothese müssen Sie die Ergebnisse darlegen, die Sie vor Beginn Ihrer Studie erwarten, und erklären, warum Sie glauben, dass diese Ergebnisse zu erwarten sind. Wichtig ist dabei, die Fragestellung so zu formulieren, dass sie überprüfbar ist. Nehmen Sie dieses Beispiel aus dem Alltag: Sie wissen vielleicht, dass Jugendliche sich oft für neue Geräte und Technologien interessieren, aber Hausarbeiten eher meiden. Dies könnte Sie zu der Annahme veranlassen, dass die Einführung eines Staubsaugerroboters in ihrem Zuhause ihr Engagement für die Reinigung im Vergleich zu einem normalen Staubsauger der Spitzenklasse erhöhen wird. Sie würden dann Ihre Studie so gestalten, dass sie die folgende Forschungsfrage beantwortet: „Putzen Teenager mehr mit einem Roboterstaubsauger im Vergleich zu einem herkömmlichen Staubsauger?"

 Sie könnten in Erwägung ziehen, Ihre Hypothesen vor der Durchführung Ihrer experimentellen Studie auf einer der zahlreichen Websites zu registrieren, die zu diesem Zweck zur Verfügung stehen, wie z. B. das Center for Open Science[1], AsPredicted[2] oder die U.S. National Library of Medicine[3]. Dadurch wird Ihre Arbeit mit den Standards und der Strenge in den empirischen Wissenschaften in Einklang gebracht und es wird deutlich, dass Sie Ihre Hypothese nicht an die Daten angepasst oder nur stark selektierte Ergebnisse präsentiert haben (Nosek et al., 2017).

Das Beispiel mit den Teenagern und dem Putzen zeigt, wie man Hypothesen aus dem gesunden Menschenverstand ableiten kann, oder aber auch auf früheren empirischen Forschungen und sozialen Theorien aufbaut, um Hypothesen über HRI zu entwickeln. Ein solches Beispiel ist die Theorie der sozialen Konformität von Solomon Asch, der gezeigt hat, wie Menschen dazu neigen, sich dem Gruppendruck anzupassen. In einem eleganten Experiment zeigte er, dass Menschen, die eine einfache visuelle Aufgabe in einer Gruppe lösen, eher dazu neigen, die gleiche Antwort wie die anderen in der Gruppe zu geben, selbst wenn sie wissen, dass die Antwort falsch ist (Asch, 1951). Dieses klassische Experiment kann auch mit einer Gruppe durchgeführt werden, die aus Robotern und nicht aus Menschen besteht. Werden sich die Menschen den Robotern anpassen? Studien haben gezeigt, dass Erwachsene dies nicht tun, Kinder hingegen schon (Brandstetter et al., 2014; Vollmer et al., 2018).

10.1.2 Stellen Sie eine Korrelation oder eine Kausalität her?

Neben der Entscheidung, ob Ihre Forschungsfragen einen explorativen oder bestätigenden Ansatz erfordern, müssen Sie auch entscheiden, ob Sie eine Korrelation oder einen Kausalzusammenhang zwischen den Variablen, die in Ihrer Forschungsstudie von Interesse sind, herstellen wollen.

In Korrelationsstudien können wir ein klares Muster aufzeigen, nach dem sich der Wert der Variablen im Verhältnis zueinander ändert, aber wir können nicht wissen, was diese Beziehung verursacht. In einer Korrelationsstudie unter Teenagern, die Roomba benutzen, könnte man messen, ob es einen statistischen Zusammenhang zwischen den Haushalten, die einen Roomba besitzen, und der Zeit, die Teenager mit Putzen verbringen, gibt. Wir würden jedoch nicht unbedingt wissen, wa-

---

[1] https://osf.io/prereg

[2] https://aspredicted.org

[3] https://clinicaltrials.gov

rum diese Beziehung besteht. Es könnte sein, dass Teenager, die einen Roomba besitzen, von vornherein ordentlicher sind, oder dass ihre Eltern sie häufiger zum Putzen auffordern. Um die Behauptung aufzustellen, dass ein Roomba die mit Putzen verbrachte erhöht, müsste man das Verhalten zweier ähnlicher Gruppen von Teenagern vergleichen, indem man der einen Gruppe einen Roomba und der anderen Gruppe einen normalen Staubsauger gibt und dann die Ergebnisse misst.

Dies erfordert ein experimentelles Studiendesign, um den Kausalzusammenhang zu untersuchen und zu zeigen, dass eine Veränderung der einen Variable tatsächlich zu einer Veränderung der anderen führt. Dazu wird eine Stichprobe nach dem Zufallsprinzip in zwei (oder mehr) Gruppen aufgeteilt. Durch diese Randomisierung soll sichergestellt werden, dass es keine bereits bestehenden Unterschiede zwischen den Gruppen gibt. Dann wird die Manipulation eingeführt: Die Gruppen werden, bis auf die Variable, von der wir glauben, dass sie eine Wirkung hat, genau gleich behandelt. Im Roomba-Beispiel könnte dies bedeuten, dass eine Gruppe einen Roomba und die andere einen normalen neuen Staubsauger erhält. Schließlich wird die Variable, die uns interessiert, in beiden Gruppen gemessen. Aufgrund der Randomisierung und der ansonsten ähnlichen Behandlung wäre jeder größere Unterschied, der beobachtet wird, das Ergebnis unserer Manipulation.

Der Unterschied zwischen Korrelation und Kausalität ist wichtig, denn er bestimmt, welche Schlussfolgerungen aus den Ergebnissen gezogen werden können. Die Korrelation sagt nichts anderes aus als „diese Dinge treten zufällig gleichzeitig auf" – zum Beispiel gibt es eine starke Korrelation zwischen der Anzahl der Feuerwehrleute am Einsatzort und den nach dem Brand festgestellten Schäden. Das bedeutet natürlich nicht, dass der Schaden von Feuerwehrleuten verursacht wurde und dass wir keine Feuerwehrleute mehr einsetzen sollten, wenn es brennt. Manchmal taucht eine Korrelation auch ohne jeden Grund auf, eine sogenannte Scheinkorrelation. Ein Beispiel für eine Scheinkorrelation ist die starke (ρ = .97, r^2 = 0,896) Beziehung zwischen dem Pro-Kopf-Käsekonsum in den USA und der Zahl der Menschen, die daran starben, dass sie sich in ihren Bettlaken verhedderten (siehe Bild 10.2[4]). Wie in Abschnitt 10.8.1 erläutert, wird es mit steigender Zahl durchgeführter statistischer Tests immer wahrscheinlicher, mindestens eine Scheinkorrelation zu finden. Sofern die Beziehung nicht offensichtlich lächerlich ist (wie bei dem Käse und der Bettwäsche), gibt es keine Möglichkeit, Korrelationen, die auf eine „echte" Beziehung hindeuten, von den falschen zu unterscheiden. Daher sollten Sie, auch wenn Sie explorative und bestätigende Forschung betreiben, nicht einfach auf alles und jedes testen.

---

[4] http://www.tylervigen.com/

Bild 10.2 Starke Korrelation, die keine kausale Beziehung aufweist

■ 10.2 Auswahl zwischen qualitativen, quantitativen und gemischten Methoden

Wie Sie Ihre Forschungsfrage definieren, wirkt sich auch darauf aus, welche Art von Methoden Sie zur Beantwortung der Frage verwenden sollten. Qualitative Methoden ermöglichen es den Forschern, die Eigenschaften einer Interaktion zu verstehen, die in Zahlen nur schwer zu erfassen sind. Diese Methode verlangt von den Forschern, dass sie die zugrunde liegende Bedeutung oder die thematischen Muster, die sie in der sozialen Interaktion sehen, identifizieren und interpretieren. Die aus diesen Studien gewonnenen Daten lassen sich in der Regel nicht in Zahlen ausdrücken, was diesen Ansatz für die Feststellung von Korrelationen oder Kausalzusammenhängen untauglich macht. Das soll nicht heißen, dass qualitative Forschung für die Wissenschaft von geringem Nutzen ist; sie führt in der Regel zu einer Fülle von Daten, aus denen neue Hypothesen oder Theorien abgeleitet werden können, die es zu überprüfen gilt.

Quantitative Methoden hingegen werden oft in Form von Umfragen oder kontrollierten Experimenten durchgeführt und liefern Daten, die numerisch ausgedrückt und statistisch analysiert werden können, um Zusammenhänge und Kausalitäten zu prüfen. So können Sie Vorhersagen treffen oder sogar Ursache und Wirkung feststellen. Beobachtungsstudien (Abschnitt 10.2.4) können sowohl qualitative als auch quantitative Daten liefern, die verwendet werden können, um allgemein beobachtete Muster in der Interaktion und Korrelationen zwischen den Merkmalen von Menschen, Robotern oder dem Kontext zu untersuchen. So könnte man beispielsweise durch Beobachtung und Befragung herausfinden, dass die Anzahl der

Reinigungsvorgänge von Jugendlichen mit dem Roomba mit ihren Persönlichkeits-
merkmalen, wie z. B. der selbst eingeschätzten Gewissenhaftigkeit, in Verbindung
gebracht werden kann. Aus den Interviews könnte auch hervorgehen, dass die
Leute über den Roomba als sozialen Akteur sprechen und ihn als „er" oder „sie"
und nicht als „es" (d. h. ein Werkzeug) bezeichnen.

Schließlich könnten Ihre Forschungsfragen einen Mixed-Methods-Ansatz erfordern, der explorative Forschung mithilfe von Interviews, Fokusgruppen oder Beobachtung natürlicher Interaktionen umfasst, um aufkommende Faktoren zu identifizieren, die für HRI von Bedeutung sind, gefolgt von Experimenten zur Bestätigung
dieser Beziehungen. Wenn Sie beispielsweise aufgrund Ihrer Befragungen zu dem
Schluss kommen, dass das autonome Verhalten des Roomba dafür verantwortlich
sein könnte, dass er den Menschen sozial erscheint, könnten Sie ein Experiment
aufsetzen, um dies zu testen. Ein solches Experiment würde zwei Gruppen von
Teilnehmern umfassen, denen Sie entweder einen autonomen Roomba oder einen
vorsetzen, den sie mit einem Spiel-Controller steuern. Sie können dann den Grad
der Sozialität messen, den sie jedem Roomba zuschreiben, und testen, ob sich
diese Werte signifikant voneinander unterscheiden.

10.2.1 Anwenderstudien

Anwenderstudien sind Experimente, bei denen Menschen mit einem Roboter interagieren. Nicht jede HRI-Forschung erfordert eine Anwenderstudie – vielleicht wollen Sie nur die Navigationsfähigkeit Ihres rezeptiven Roboters testen. Die meisten
HRI-Forschungen beinhalten jedoch irgendwann eine Studie, in der Sie messen,
wie die Nutzer auf Variationen des Roboters, die Interaktion selbst oder auf
den Kontext der Interaktion reagieren. Diese verschiedenen Variationen werden
als Versuchsbedingungen bezeichnet. Das entscheidende Merkmal einer Anwenderstudie ist die zufällige Zuordnung einer ausreichend großen Stichprobe von
Forschungsteilnehmern zu den Versuchsbedingungen. Die Versuchsbedingungen
ergeben sich in der Regel aus den Faktoren, die Sie als wichtig oder interessant
erachten, und sollten in Ihrem Forschungsplan dargelegt werden. Nehmen wir
zum Beispiel an, wir wollen testen, ob Menschen menschliche Stereotypen auf
einen geschlechtsspezifischen Roboter anwenden. Um dies zu testen, führen wir
ein Experiment mit einem männlichen und einem weiblichen Roboterprototyp
durch. Das Geschlecht des Roboters wird als unabhängige Variable bezeichnet,
d. h. als der Aspekt des Experiments, der manipuliert wird. Da wir zwei Roboter-
versionen, männlich und weiblich, testen, hat die unabhängige Variable zwei Stufen. Das sich daraus ergebende Forschungsdesign lässt uns also zwei Bedingungen, denen wir unsere Versuchsteilnehmer zufällig zuordnen.

Wenn wir davon ausgehen, dass die geschlechtsspezifische Stereotypisierung eines Roboters auch vom Geschlecht des Zuschauers abhängt, wollen wir nicht nur den Effekt des Geschlechts des Roboterprototyps testen, sondern auch das Geschlecht der Teilnehmer berücksichtigen. Wir fügen also eine zweite unabhängige Variable in unser Design ein: das Geschlecht der Teilnehmer. Da wir diese Variable nicht manipulieren können (wir können nicht jedem Teilnehmer, der unser Labor betritt, zufällig ein Geschlecht zuweisen), wird das Geschlecht der Teilnehmer als quasi-experimenteller Faktor bezeichnet. Unser Studiendesign hat nun ein 2×2-Format: Geschlecht des Roboters (männlich vs. weiblich) und Geschlecht der Teilnehmer (männlich vs. weiblich). In unserer Analyse werden wir also vier Gruppen oder „Zellen" in unserem Design vergleichen: Männer, die einen männlichen Roboter bewerten, Männer, die einen weiblichen Roboter bewerten, Frauen, die einen männlichen Roboter bewerten, und Frauen, die einen weiblichen Roboter bewerten.

Die Frage ist nun: Wie genau messen wir das, was wir wissen wollen? Die Variablen, die wir messen, werden als abhängige Variablen bezeichnet. Aus der psychologischen Literatur wissen wir, dass Frauen im Allgemeinen als gemeinschaftlich und warmherzig, Männer hingegen als durchsetzungsfähiger wahrgenommen werden (Bem, 1974; Cuddy et al., 2008). Wir können diese Informationen nutzen, um zu messen, inwieweit unsere männlichen und weiblichen Roboterprototypen stereotypisiert werden. In der Tat haben frühere Forschungsstudien gezeigt, dass die Manipulation des Robotergeschlechts zu einer solchen stereotypen Wahrnehmung der Eigenschaften von Robotern führt (Eyssel und Hegel, 2012). Menschen scheinen die Stereotypen, die unter Menschen üblich sind, im Zusammenhang mit Robotern zu reproduzieren.

Nicht nur die abhängige Variable muss gut konzipiert sein, sondern es ist auch wichtig, dass die unabhängige Variable (d. h. das interessierende Konstrukt) validiert ist. Können wir sicher sein, dass unsere Studienteilnehmer die Roboter tatsächlich als männlich oder weiblich erkannt haben? Um die Gültigkeit unserer Ergebnisse festzustellen, müssen wir wissen, ob das Geschlecht der Roboter erfolgreich operationalisiert wurde. Wir können dies tun, indem wir eine Manipulationskontrolle in unsere Studie einbeziehen, um zu sehen, ob unsere experimentelle Behandlung tatsächlich wirksam war, d. h. ob unsere Teilnehmer den Roboter mit männlichen Geschlechtsmerkmalen tatsächlich als männlich und den Roboter mit weiblichen Merkmalen als weiblich wahrgenommen haben. Dies könnte einfach durch eine zusätzliche Frage nach der Interaktion geschehen, in der sie gebeten werden, das Geschlecht des Roboters zu identifizieren, und/oder durch die Beobachtung, ob sie den Roboter mit einem bestimmten Geschlecht bezeichnen, wenn sie nach der Interaktion über ihn sprechen. Erst wenn dies festgestellt ist, können die Forscher sicher sein, dass die Operationalisierung – d. h. die Übersetzung des theoretischen Konstrukts von Interesse in eine Messung oder Manipulation – effektiv war.

10.2.2 Umfrage-Studien

Manchmal entscheiden sich HRI-Forscher für eine Umfrage, d. h. eine Liste von Fragen, die von den Teilnehmern zu beantworten sind. Die Antworten werden oft durch Multiple-Choice-Optionen oder eine Art Bewertungsskala gegeben. Ein häufig verwendeter Skalentyp ist die Likert-Skala. Bei einer Likert-Umfrage werden die Befragten gebeten, Aussagen über ihre Einstellungen und Meinungen zu einem Thema zu bewerten, je nachdem, wie sehr sie zustimmen – zum Beispiel: Bewerten Sie die Aussage „Ich fand den Roboter freundlich" auf einer Skala von 1 („stimme voll und ganz zu") bis 5 („stimme überhaupt nicht zu"). Eine andere Form der Skala, die häufig verwendet wird, ist die semantische Differenzialskala, bei der die Befragten gebeten werden, die Eigenschaften eines Artefakts oder ihre Einstellungen auf einem Spektrum zwischen zwei gegensätzlichen Begriffen zu bewerten (z. B. unheimlich-freundlich, kompetent-inkompetent).

Multiple-Choice-Fragen oder Likert-Skalen erleichtern die spätere Analyse der Umfrage, erfordern jedoch eine sorgfältige Planung bei der Entwicklung der Umfrage, um sicherzustellen, dass die Fragen die Merkmale, an denen die Forscher interessiert sind, angemessen messen. Neben der Entwicklung eigener Fragen und Skalen können Forscher auch Fragen und Skalen verwenden, die von anderen Forschern entwickelt und ausgewertet wurden, um die interessierenden Konzepte zu messen (z. B. die Bewertung der Persönlichkeit der Teilnehmer mit der Big-Five-Skala (John et al., 1999) oder die Bewertung der Sozialität von Robotern mit der Robot-Social-Attributes-Skala (Carpinella et al., 2017)). Schließlich nehmen Forscher manchmal auch offene Fragen in Umfragen auf, insbesondere wenn es wichtig ist, den Befragten die Möglichkeit zu geben, Antworten auf der Grundlage ihrer eigenen Begriffe und Kategorien zu geben oder ihren Denkprozess oder Verständnis von Konzepten während der Beantwortung der Umfrage zu verstehen (z. B. „Beschreiben Sie Ihren idealen Roboter, bevor Sie die folgenden Fragen über ihn beantworten"). Da die Umfrageforschung in den Sozialwissenschaften gut etabliert ist, gibt es viele Handbücher, die beschreiben, wie man bei der Erstellung und Durchführung von Umfragen vorgeht (für einige Beispiele siehe Fowler, 1995; Fowler Jr., 2013).

Erhebungen ermöglichen es Forschern, Zusammenhänge zwischen verschiedenen Faktoren, die für die HRI relevant sind, in einer breiten Bevölkerung zu untersuchen. Solche Umfragen umfassen oft Hunderte von Teilnehmern und ermöglichen Analysen mit vielen verschiedenen Faktoren. Bei manchen Erhebungen wird versucht, eine repräsentative Stichprobe von Teilnehmern zu erhalten, indem sichergestellt wird, dass die Anzahl der Teilnehmer in bestimmten Kategorien (z. B. Geschlecht, Alter, ethnische Zugehörigkeit) ihrem prozentualen Anteil in der Allgemeinbevölkerung entspricht, oder indem die erhobenen Daten gewichtet werden, um repräsentative Verhältnisse zu erreichen.

10.2.3 Systemevaluation

Während in Anwenderstudien die Einstellung der Menschen zu Robotern und ihre Interaktion mit ihnen untersucht wird, werden in Systemevaluationen die technischen Fähigkeiten des Roboters bewertet. An einer Systemevaluation können Nutzer beteiligt sein, es ist jedoch nicht immer erforderlich. Gleichzeitig erfordern Systemevaluationen die gleiche Strenge, die von Nutzerstudien erwartet wird. Das bedeutet, dass überprüfbare Forschungshypothesen und Leistungsaussagen, ein Studienprotokoll und klare Messgrößen für Systemevaluationen von zentraler Bedeutung sind.

Wenn Sie zum Beispiel einen interaktiven Roboter für Kinder entwerfen, möchten Sie vielleicht wissen, wie gut die automatische Spracherkennung für Ihre Zielgruppe funktioniert (Kennedy et al., 2017). Die Spracherkennung wurde so konzipiert, dass sie für Erwachsene gut funktioniert, aber für Kinder ist sie möglicherweise nicht geeignet, da ihre Stimmen eine höhere Tonlage haben und ihre Sprache oft mehr Sprachfehler und ungrammatische Äußerungen enthält. Um zu testen, ob die Spracherkennung für Kindersprache funktioniert, könnten Sie Kinder bitten, mit Ihrem Roboter zu interagieren, aber eine bessere Idee wäre es, Aufnahmen von Kindersprache zu verwenden und diese durch die Spracherkennungssoftware zu ziehen. Der Vorteil dieses Ansatzes ist, dass das Experiment wiederholbar ist: Sie können verschiedene Parametereinstellungen in der Software ausprobieren oder sogar verschiedene Spracherkennungsprogramme austauschen und die Leistung anhand der gleichen Aufnahmen bewerten.

Systemevaluationen werden häufig zur Bewertung der Wahrnehmungsfähigkeiten des Roboters herangezogen. Fähigkeiten wie die Erkennung von Gesichtern, die Klassifizierung von Emotionen im Gesicht oder die Erkennung von Gefühlen anhand von Stimmen lassen sich am besten durch konsistente Testdatensätze mit etablierten Metriken bewerten. Für einige Fähigkeiten gibt es bereits Datensätze, die zur Bewertung der Leistung des Roboters verwendet werden können. Für die Gesichtserkennung gibt es mehrere Datensätze, z.B. den IMDB-WIKI, der Bilder von Personen aus der IMDB-Datenbank und Wikipedia enthält; zusätzlich zu den Beschriftungen enthalten die Bilder auch Informationen zu Geschlecht und Alter (Rothe et al., 2016). Die Verwendung etablierter Metriken ermöglicht es Ihnen, die Leistung Ihres Roboters mit anderen zu vergleichen. Bei Klassifizierungsproblemen gibt es häufig vereinbarte Methoden zur Angabe der Leistung, wie z.B. die Angabe der Klassifizierungsgenauigkeit (die Anzahl der richtigen Klassifizierungen geteilt durch die Gesamtzahl der Klassifizierungen, einschließlich der falschen) oder die Präzision und die Wiedererkennung. Die Spracherkennungsleistung wird häufig als Wortfehlerrate (Wird Error Rate, WER) ausgedrückt, d.h. die Gesamtzahl der Ersetzungen, Löschungen und Einfügungen im Text geteilt durch die Anzahl der Wörter im tatsächlich gesprochenen Satz. Wenn also „Can you bring me a drink please" als „Can bring me a pink sneeze" erkannt wird, ist das eine WER von (2 + 1 + 0)/7 = 0.43. Es lohnt sich, die in einem bestimmten Fachbereich akzeptierten Messgrößen zu erkunden und sich strikt an die akzeptierte Methode zur Bewertung und Meldung der Systemleistung zu halten.

10.2.4 Beobachtungsstudien

Da Roboter immer robuster, zuverlässiger, einfacher zu bedienen und billiger geworden sind, ist es für HRI-Forscher möglich geworden, die Interaktion zwischen Menschen und Robotern in verschiedenen realen Situationen mithilfe von Beobachtungsmethoden zu untersuchen. Die Beobachtung, wie Menschen mit Robotern interagieren, indem sie zum Beispiel untersuchen, wo sie Roboter in ihrer Umgebung platzieren und wie sie auf verschiedene Arten von verbalen und nonverbalen Hinweisen durch Roboter reagieren, ermöglicht es Forschern zu verstehen, wie sich HRI auf natürlichere Weise entfalten kann, ohne direkt in die Interaktion einzugreifen.

Beobachtungsstudien können explorativ sein und beinhalten, dass ein Roboter in einer bestimmten Umgebung eingesetzt wird, um zu sehen, wie sich die Interaktionen dort entwickeln. Ein Beispiel für eine solche Beobachtungsstudie ist die Arbeit von Chang und Šabanović (2015), die einen Robben-ähnlichen Roboter in einem öffentlichen Raum eines Pflegeheims platzierten und beobachteten, wann und wie verschiedene Personen mit dem Roboter interagierten. Die Ergebnisse umfassten die Häufigkeit der Interaktionen mit dem Roboter sowie die Identifizierung verschiedener sozialer Faktoren (z. B. das Geschlecht der Teilnehmer, soziale Vermittlungseffekte), die sich darauf auswirkten, ob und wie lange die Menschen mit dem Roboter interagierten. Die Forscher nahmen keine Manipulationen am Roboter oder an der Umgebung vor, sondern beobachteten lediglich.

Beobachtungsstudien können auch durchgeführt werden, um im Rahmen eines Feldexperiments zu bewerten, wie effektiv ein Roboter für eine bestimmte Aufgabe ist oder wie sich bestimmte Designvariablen auf die Interaktionen auswirken. Forscher des Advanced Telecommunications Research Institute (ATR) in Japan haben mehrere Beobachtungsstudien zu Interaktionen zwischen dem humanoiden Robovie und Kunden in Einkaufszentren durchgeführt. Diese Studien stellen eine besonders fruchtbare, iterative Form des Designs und der Bewertung mithilfe von Beobachtungstechniken dar. In der Anfangsphase der Studie beobachteten die Forscher allgemeine menschliche Verhaltensweisen und analysierten diese Beobachtungen, um bestimmte Verhaltensmuster zu identifizieren, die sie dann zur Entwicklung von Verhaltensmodellen für den Roboter verwendeten. Der Roboter wurde dann im Einkaufszentrum platziert, und die Reaktionen der Menschen auf ihn ausgewertet, um festzustellen, ob die Verhaltensmodelle die erwarteten positiven Auswirkungen auf die Reaktionen der Menschen hatten.

Beobachtungsstudien können sich auf Daten stützen, die auf verschiedene Weise gesammelt wurden: Beobachtungsnotizen und -protokolle, die von einem Forscher persönlich gesammelt wurden, manuelle Anmerkungen zu Videoaufnahmen von Interaktionen zwischen Menschen und Robotern und Roboterprotokolle von Interaktionen mit Menschen. Die persönliche Beobachtung bietet den Forschern die Möglichkeit, den breiteren Kontext der Interaktion besser zu verstehen, da sie Dinge sehen und hören können, die ursprünglich nicht im Datenerfassungsprotokoll enthalten waren. Dies kann zu Änderungen des Protokolls führen oder in Notizen festgehalten werden, die bei der späteren Analyse und Interpretation der Daten hilfreich sein können. Die persönliche Beobachtung ist jedoch durch die sensorischen Fähigkeiten der Beobachter zum Zeitpunkt der Kodierung begrenzt und ermöglicht es nicht, dass andere Personen die kodierten Beobachtungen noch einmal überprüfen können. Zur Ermittlung der Interrater-Reliabilität (d. h. inwieweit stimmen verschiedene Personen bei der Interpretation einer Beobachtung überein; war es z. B. „soziales Verhalten", wenn ein Passant aus dem Weg ging, um den Roboter passieren zu lassen?) muss mehr als ein Kodierer gleichzeitig im Kontext anwesend sein, was unbequem sein und andere Personen im Raum durch die Anwesenheit mehrerer Forscher stören kann.

Die Videokodierung hingegen ermöglicht es den Forschern, ihre Beobachtungen so oft wie nötig zu überprüfen, ihre Kodierungsschemata zu überarbeiten, ihre Beobachtungen zu kodieren und die Daten einem zweiten Kodierer zur Ermittlung der Interrater-Reliabilität zur Verfügung zu stellen. Ein Video hat jedoch eine begrenzte Sicht, die durch das definiert ist, was aus dem gewählten Kamerawinkel sichtbar ist. Daher ist es wichtig, vor Beginn der Videobeobachtung klar zu definieren, worauf die Kamera gerichtet werden soll, damit keine wichtigen Aspekte übersehen werden. Obwohl die Videokodierung insgesamt bequemer und vorteilhafter erscheint, kann es in manchen Kontexten (z. B. in Pflegeheimen, Krankenhäusern oder Schulen) vorkommen, dass die Forscher keine Videoaufnahmen machen können, sodass eine persönliche Kodierung erforderlich sein kann.

Schließlich sind Roboterprotokolle durch die Fähigkeit des Roboters, verschiedene menschliche Handlungen zu erkennen und zu kategorisieren, begrenzt, haben aber den Vorteil, dass sie sowohl Daten über den Zustand und die Handlungen des Roboters als auch über die von ihm wahrgenommenen Handlungen des Menschen liefern können. Es ist natürlich möglich, diese verschiedenen Datenquellen zu kombinieren, um die Genauigkeit der Daten zu verbessern.

Sowohl die persönliche Kodierung als auch die Video-Annotation erfordern die Entwicklung eines Kodierungsschemas, dem die Kodierer systematisch folgen. Dieses Kodierschema kann auf der Grundlage theoretischer oder praktischer Interessen und Erwartungen entwickelt werden, oder es kann von unten nach oben entwickelt werden, indem Punkte von besonderem Interesse in einem Teil der Daten identifiziert werden und dann der Rest des Korpus durchgesehen wird, um verwandte Muster zu verstehen. Es ist sehr wichtig, das Kodierschema in einem Pilotversuch zu testen, um fehlende Komponenten und sich überschneidende oder unklare Codes zu identifizieren, damit sich die Kodierer über die Bedeutung der Codes einig sind, bevor sie mit der Kodierung beginnen (insbesondere bei der persönlichen Kodierung, bei der man nicht zurückgehen kann, um die Interaktion zu betrachten). Die Videoanalyse ist auch recht arbeitsintensiv, sodass eine genaue Festlegung der Feinkörnigkeit des Kodierungsschemas Zeit und Mühe sparen kann. Neben der Ermittlung der Häufigkeit bestimmter Verhaltensweisen oder der Identifizierung von Eigenschaften und Mustern der Interaktion kann die Beobachtung des Interaktionsverhaltens auch besonders interessante zeitliche Verhaltensmuster liefern, die die Auswirkungen bestimmter Verhaltensweisen des Roboters auf die Handlungen von Personen aufzeigen können (z. B. wie auf einen bestimmten Blickhinweis des Roboters ein gemeinsames Aufmerksamkeitsverhalten der Person folgt).

10.2.5 Ethnografische Studien

Neben der Verhaltensbeobachtung führen HRI-Forscher auch eingehendere und oft langfristige ethnografische Beobachtungen durch, bei denen sie nicht nur versuchen, bestimmte Verhaltens- und Interaktionsmuster zwischen Menschen und Robotern zu identifizieren, sondern auch zu verstehen, was diese Muster für die Menschen bedeuten und wie sie mit dem breiteren umweltbezogenen, organisatorischen, sozialen und kulturellen Kontext zusammenhängen, in dem diese Interaktionen stattfinden. Ethnografische Beobachtungen können alle Aspekte der Interaktion zwischen Menschen und Robotern umfassen, einschließlich Verhaltensweisen, Sprache, Gesten und Körperhaltung. Dazu gehören auch Informationen über den Kontext, in dem diese Interaktionen stattfinden, einschließlich der täglichen Praktiken, Werte, Ziele, Überzeugungen und des Diskurses der verschiedenen Beteiligten, zu denen auch, aber nicht nur, die Menschen gehören, die direkt mit dem Roboter interagieren.

Während die Verhaltensbeobachtung von der Verhaltensforschung und dem Bestreben inspiriert ist, Erklärungsmodelle für das Verhalten von Tieren und Menschen zu erforschen und zu erstellen, basiert die ethnografische Beobachtung auf der Theorie und Praxis der Anthropologie und dem Ziel, soziokulturelle Gegebenheiten ganzheitlich zu verstehen. Ethnografische Beobachtungen werden oft über längere Zeiträume durchgeführt, von einigen Monaten bis zu einigen Jahren, was für den Beobachter notwendig ist, um einen vollständigeren und sich entwickelnden Sinn für die kulturelle Logik des Forschungsortes zu bekommen. Ethnografische Studien können von Teilnehmern als externe Beobachter durchgeführt werden, aber auch durch teilnehmende Beobachtung, bei der der Forscher an der untersuchten Aktivität teilnimmt, um die Erfahrung besser zu verstehen. Die erst-genannte Art der Studie ist derzeit im Bereich der HRI am weitesten verbreitet, obwohl soziale Studien über die Entwicklung von Robotern häufig den letzteren Ansatz verfolgen. Ethnografische Studien werden auch oft mit einem „Grounded Theory"-Ansatz zur Datenanalyse verbunden, der davon ausgeht, dass die Samm-lung und Interpretation von Daten während des gesamten Projekts fortlaufend erfolgt, wobei der Forscher regelmäßig über die forschungsleitenden Fragen, die Methoden der Datenerhebung und -analyse und die potenziellen Interpretationen der Daten nachdenkt und so die Studie im Laufe der Zeit wiederholt.

Ethnografische Studien sind in der HRI noch relativ selten, zum Teil wegen des hohen Arbeitsaufwands, der mit der Datenerhebung über längere Zeiträume ver-bunden ist, aber auch, weil es noch nicht viele Roboter gibt, die technisch in der Lage sind, an langfristigen Interaktionen mit Menschen teilzunehmen. Zu den er-folgreichen Beispielen ethnografischer Studien gehört eine einjährige Studie über einen Serviceroboter in einem Krankenhaus, die zeigte, dass die Art des Patien-ten – Onkologie oder postnatale Station – darüber entscheidet, ob der Roboter von den Krankenschwestern geschätzt oder gehasst (und manchmal getreten und be-schimpft) wird (Mutlu und Forlizzi, 2008). Forlizzi und DiSalvo (2006) führten eine ethnografische Studie durch, in der sie Familien über mehrere Monate hinweg entweder einen Roomba-Roboter oder die neueste Version eines herkömmlichen Staubsaugers zur Verfügung stellten. Sie fanden heraus, dass die Menschen den Roboter, nicht aber den herkömmlichen Staubsauger, als sozialen Akteur behan-delten und dass der Staubsaugerroboter die Art und Weise, wie die Familie putzte, veränderte und insbesondere Teenager und Männer zur Teilnahme inspirierte. Leite et al. (2012) führten eine ethnografische Studie mit einem sozialen Roboter durch, der empathisch auf Kinder in einer Grundschule reagieren konnte. Die Stu-die ergab, dass das Aufgabenszenario und die spezifischen Vorlieben der Kinder ihre Erfahrungen mit der Empathie des Roboters beeinflussen. Es wurden auch mehrere ethnografische Studien mit Wissenschaftlern durchgeführt, die Roboter einsetzen. Vertesi (2015) untersuchte die Interaktionen von Wissenschaftlern der National Aeronautics and Space Administration (NASA) mit einem ferngesteuerten Rover und zeigte, wie sich die Organisationsstruktur des Teams auf die Nutzung und Erfahrung der Teammitglieder mit dem Roboter auswirkte. Die Studie zeigte auch, dass die Wissenschaftler Aspekte der Verhaltensweisen des Roboters mit ihren eigenen Körpern ausführten und dabei eine Teamidentität für sich selbst schufen.

Ethnografische Studien sind besonders wertvoll, da die HRI ein junges Feld ist und daher ein Korpus an theoretischen und empirischen Arbeiten noch entwickelt wird, der die wichtigsten Faktoren identifizieren kann, die wir nicht nur bei der Entwicklung von Robotern, sondern auch bei deren Einsatz in verschiedenen Um-gebungen beachten müssen.

10.2.6 Konversationsanalyse

Die Konversationsanalyse ist eine Methode, bei der die verbalen und nicht-verbalen Aspekte einer Interaktion sehr detailliert erfasst werden (Sidnell, 2011). Dies ist nicht nur auf Gespräche beschränkt, wie der Name vermuten lässt, sondern kann auf jede Form der Interaktion zwischen Menschen oder zwischen Menschen und Technik angewendet werden.

Der Prozess der Konversationsanalyse beginnt mit der Aufzeichnung einer Interaktion zwischen zwei oder mehreren Parteien. Während dies früher eine Audioaufnahme war, ist heutzutage die Videoaufnahme bequemer, bei der mehrere Kameras verwendet werden können, um die Interaktion aus verschiedenen Blickwinkeln aufzunehmen. Die Teilnehmer, die aufgezeichnet werden, können sich der Aufnahme bewusst sein oder auch nicht. Aus der Aufzeichnung wird eine sehr detaillierte Transkription erstellt, die Hinweise auf die Gesprächsführung, wie z.B. Gesprächspausen, emotionale Hinweise, wie Lachen, Verhaltensweisen während des Gesprächs und andere Details der Interaktion enthält. Je nach Fragestellung kann die zeitliche Auflösung der Transkription auf die Bildfrequenz der Videoaufzeichnung heruntergesetzt werden. Auf diese Weise können kleine Aktionen wie Blinzeln und andere Augenbewegungen, Gesten und Veränderungen der Körperhaltung erfasst werden. Fischer et al. (2013) untersuchten durch die Konversationsanalyse, wie sich die Kontingenz des Roboter-Feedbacks auf die Qualität der verbalen HRI auswirkt. In ihren Experimenten wiesen die Teilnehmer den humanoiden Roboter iCub an, einige Bauklötze unter einer kontingenten und einer nicht-kontingenten Bedingung zu stapeln. Die Analyse des Sprachverhaltens der Teilnehmer, einschließlich der Ausführlichkeit, Aufmerksamkeit und Wortvielfalt, zeigte, dass die Kontingenz einen Einfluss auf das Tutoring-Verhalten der Teilnehmer hatte und daher für das Lernen durch Demonstration wichtig sein kann.

Bei Konversationsanalyse wird besonderes Augenmerk auf Elemente der verbalen Interaktion gelegt, wie z.B. Sprecherwechsel, Feedbackverhalten, Überschneidungen beim Sprechen, Reparaturanweisungen, Echoäußerungen und Diskursmarker. In der HRI kann Konversationsanalyse verwendet werden, um im Detail zu analysieren, wie Menschen mit sozialen Robotern interagieren und ob sie ähnliche Gesprächsstrategien mit Robotern anwenden wie mit Menschen.

10.2.7 Nutzerstudien mittels Crowdsourcing

Bei HRI-Studien wird in großem Umfang auf Crowdsourcing zurückgegriffen, um Daten zu sammeln und Studien durchzuführen. Unter Crowdsourcing versteht man das entweder bezahlte oder unbezahlte Einholen von Antworten von einer großen Anzahl von Menschen über Online-Methoden. In den letzten Jahren hat die

Nutzung von Online-Crowdsourcing-Plattformen Forschern die Möglichkeit gegeben, mit relativ geringem Aufwand Nutzerstudien durchzuführen und große Datenmengen zu sammeln sowie Daten von Personen zu erfassen, die sie normalerweise nur schwer erreichen würden (Doan et al., 2011). Die Online-Plattform kann vollständig von den Forschern erstellt werden, aber häufiger werden bestehende Online-Tools für die Rekrutierung, Durchführung und Analyse von Nutzerstudien verwendet. Die am häufigsten verwendeten Tools sind Amazon Mechanical Turk (MTurk oder AMT) (siehe Bild 10.3) und Prolific. Mit diesen Diensten können Sie Aufträge ausschreiben: in der Regel kurze Nutzerstudien, bei denen die Teilnehmer gebeten werden, sich eine Reihe von Bildern oder Videos anzusehen, die Roboter oder Interaktionen mit Robotern enthalten, und anschließend Fragen zu diesem Material zu beantworten.

Bild 10.3
Der Amazon Mechanical Turk wurde nach einer gefälschten Schachspielmaschine namens „Schachtürke" benannt, die im späten 18. Jhd. angefertigt wurde

Crowdsourcing ermöglicht es Forschern, in kurzer Zeit und zu geringen Kosten große Mengen an Daten zu sammeln. Für die Teilnahme an einer Studie erhält jeder Teilnehmer eine kleine finanzielle Aufwandsentschädigung, in der Regel nur ein paar US-Dollar, wobei der Preis von der Komplexität der Aufgabe, dem erwarteten Zeitaufwand und der Qualitätsbewertung des Befragten abhängt.

Zunehmend wird Crowdsourcing zur Bewertung der technischen Aspekte von Robotern eingesetzt. Interaktive Roboter müssen oft Verhaltensweisen wie Blickfunktion, Rückmeldungsverhalten oder Gesten beim Sprechen zeigen, die nur schwer oder gar nicht objektiv zu bewerten sind. Es gibt keine Vorgabe, um zu erfassen, wie gut Co-Speech-Gesten sind, oder um zu sagen, wie empathisch die Stimme eines Roboters klingt. Stattdessen wird auf subjektive Bewertungen zurückgegriffen. Dabei werden Menschen gebeten, das Verhalten des Roboters zu bewerten, und Crowdsourcing bietet eine effektive und kostengünstige Methode, um Antworten von einer großen Anzahl menschlicher Bewerter zu sammeln (Wolfert et al., 2022).

Die Durchführung von Crowdsourcing-Studien bringt jedoch eine Reihe einzigartiger Herausforderungen mit sich. Die wichtigste ist die relativ geringe Kontrolle, die der Versuchsleiter über die Probanden, die an der Studie teilnehmen, und das Umfeld, in dem die Studie durchgeführt wird, hat. Jedes Benutzerkonto, das die von der Crowdsourcing-Plattform festgelegten allgemeinen Aufnahmekriterien erfüllt, darf den Auftrag annehmen. Das eingeloggte Konto wird jedoch möglicherweise nicht von der Person verwendet, die als Studienteilnehmer registriert ist. Die Teilnehmer könnten an Ihrer Studie teilnehmen, während sie einer Reihe anderer Aktivitäten nachgehen, z. B. Eis essen und dabei eine Katze streicheln; oder sie könnten viel Koffein konsumiert haben oder in einem überfüllten Bus sitzen und laute Musik über Kopfhörer hören. Crowdsourcing ist auch anfällig für böswilliges Nutzerverhalten: Teilnehmer geben beispielsweise absichtlich falsche Antworten an.

Um einige dieser Probleme zu vermeiden, empfiehlt es sich, Verifizierungsfragen in Ihre Nutzerstudie aufzunehmen (Oppenheimer et al., 2009). Mit diesen Fragen wird überprüft, ob die Teilnehmer aufmerksam sind und sich mit der Aufgabe beschäftigen. Bei der Vorführung eines Videos könnte eine Zahl für einige Sekunden eingeblendet werden, woraufhin die Teilnehmer aufgefordert werden, die Zahl einzugeben. Fragen können auch verwendet werden, um sicherzustellen, dass der Teilnehmer auf die Fragen antwortet und nicht nur zufällige Antworten auswählt, wie z. B. „Bitte klicken Sie auf die dritte Option von unten."

Nach der Datenerfassung muss die Spreu vom Weizen getrennt werden: Einen ersten Filter stellen die Antworten auf die Überprüfungsfragen dar; eine andere Methode besteht darin, alle Antworten auszuschließen, die weniger als eine angemessene Zeit in Anspruch nehmen. Wenn Sie z. B. der Meinung sind, dass die Studie mindestens 15 Minuten dauern sollte, dann könnten alle Antworten, die weit unter dieser Zeit liegen, nicht berücksichtigt werden. Einige Crowdsourcing-Plattformen bieten die Möglichkeit, Teilnehmer nicht zu belohnen, wenn ihre Antworten von unzureichender Qualität sind, was nicht nur dazu führt, dass sie nicht bezahlt werden, sondern sich auch negativ auf ihre Bewertungen auswirkt. Dies hat sich als ein hervorragender Anreiz zur Verbesserung der Qualität der Antworten erwiesen. Da die mittels Crowdsourcing erhobenen Daten von Natur aus variabler sind als jene, die im Labor erhoben wurden, besteht eine Möglichkeit, dieses Problem zu lösen, darin, mehr solcher Daten zu sammeln.

Obwohl Crowdsourcing erfolgreich eingesetzt wurde, um Ergebnisse aus Laborstudien in der Sozialpsychologie, Linguistik und Verhaltensökonomie zu replizieren (Bartneck et al., 2015a; Goodman et al., 2013; Schnoebelen und Kuperman, 2010; Suri und Watts, 2011), muss der Wert von Crowdsourcing für die HRI von Fall zu Fall geprüft werden. Manchmal ist die physische Anwesenheit eines Roboters entscheidend für die Leistung des Teilnehmers und schließt den Einsatz von Crowdsourcing aus. Manchmal ist der von Ihnen gemessene Effekt gering und würde sich bei einer großen und vielfältigen Population nicht zeigen. Manchmal ist die benötigte Population, wie z. B. ältere Nutzer oder schwedische Grundschullehrer, auf Crowdsourcing-Plattformen rar. Manchmal erfordert die Aufgabe ein bestimmtes Niveau an Sprachkenntnissen. Crowdsourcing hat seinen Platz in der HRI-Forschung, sollte aber mit Vorsicht und Bedacht eingesetzt werden.

Computergestützte Studien sind im Allgemeinen mit einigen Problemen verbunden: Das Alter oder die technische Affinität der Teilnehmer kann eine Rolle spielen, da ältere bzw. sehr junge Teilnehmer möglicherweise nicht sehr vertraut mit Computern sind, die üblicherweise zur Datenerfassung verwendet werden. Gleichzeitig sind die Teilnehmer je nach Alter und kognitiven Fähigkeiten mehr oder weniger in der Lage zu verstehen, was wir zu messen gedenken. Aus diesem Grund können neue Varianten von Fragebögen erforderlich sein, wenn Sie Teilnehmer mit leichten kognitiven Beeinträchtigungen oder Kinder untersuchen. Die Verwendung einfacher Sprache (Stoll et al., 2022) kommt jedoch nicht nur der oben genannten Zielgruppe zugute, sondern fast allen, die nicht gut lesen können oder mit einem Thema kaum vertraut sind.

10.2.8 Fallstudien

Eine weitere Art der Studie, die im Bereich der HRI in Betracht gezogen werden sollte, ist die Fallstudienforschung. Bei dieser Art von qualitativer Studie vergleichen die Forscher die Auswirkungen einer Intervention auf einen einzelnen Teilnehmer anstatt auf eine Gruppe von Personen. Zu diesem Zweck werden zunächst Ausgangsdaten zum Verhalten der Person erhoben, die dann mit dem Verhalten der Person während und nach der Intervention verglichen werden.

Fallstudien werden durchgeführt, wenn die Rekrutierung einer großen Zahl von bestimmten Teilnehmern, die selten in der Bevölkerung vorkommen, schwierig ist oder wenn die individuellen Unterschiede zwischen den Probanden groß und für das interessierende Phänomen relevant sind. Für Fallstudien können mehrere Teilnehmer rekrutiert werden, aber die Anzahl der Probanden ist oft gering.

Fallstudien werden häufig in der medizinischen und pädagogischen Forschung durchgeführt, und im Fall von HRI werden sie in der Forschung über die Auswirkungen von Robotern auf Menschen mit Autismus eingesetzt. Pop et al. (2013) führten beispielsweise Einzelfallstudien mit drei Kindern durch, um zu untersuchen, ob der soziale Roboter Probo Kindern mit Autismus-Spektrum-Störungen helfen kann, situationsbedingte Emotionen besser zu erkennen. Tapus et al. (2012) untersuchten in ähnlicher Weise vier Kindern mit Autismus, um herauszufinden, ob sie mehr soziales Engagement mit dem Nao-Roboter als mit Menschen zeigen würden. Die Autoren fanden eine große Variabilität zwischen ihren Antworten. Dies zeigt, wie wichtig es ist, Einzelfallstudien durchzuführen, wenn die befragten Personen, wie z. B. Kinder mit Autismusdiagnose, in ihrem Verhalten stark variieren.

■ 10.3 Auswahl von Forschungsteilnehmern und Studiendesigns

10.3.1 Die Repräsentativität Ihrer Stichprobe

Da Menschen ein notwendiger Bestandteil von HRI-Studien sind, müssen bei HRI-Studien mehrere wichtige Entscheidungen in Bezug auf die Teilnehmer an einer Studie getroffen werden. Eine davon ist, wer die Teilnehmer sein werden. Die übliche Zielgruppe für empirische HRI-Forschung sind Universitätsstudenten, da sie für akademische Forscher am einfachsten zu erreichen sind, Zeit und Interesse an der Teilnahme an Studien haben und sich in der Regel in unmittelbarer Nähe zu den Labors befinden, in denen ein Großteil der HRI-Forschung durchgeführt wird.

Es ist jedoch wichtig, die Einschränkungen durch die Verwendung von Universitätsstudenten als „Zufallsstichprobe" zu berücksichtigen, insbesondere in Bezug auf die gestellten Forschungsfragen. In einer idealen Welt würden wir eine große, repräsentative Stichprobe potenzieller Endnutzer von Robotern anstreben, damit wir behaupten können, dass unsere Ergebnisse für ein breites Spektrum von Nutzern gelten und externe Validität besitzen – das heißt, sie können uns etwas über Menschen und Roboter in Situationen außerhalb der Studie selbst sagen. Solche Stichproben sind für experimentelle Studien nur sehr schwer zu gewinnen, könnten aber bei Umfragen leichter erreichbar sein. Bei Studien über die allgemeine Wahrnehmung von Robotern geht die HRI ähnlich wie die psychologische Forschung davon aus, dass Universitätsstudenten in Bezug auf allgemeine soziale Merkmale (z.B. Stereotypisierung), kognitive Leistungen (z.B. Gedächtnis) und Einstellungen (z.B. Angst vor Robotern) der Allgemeinbevölkerung „nahe genug" sind. Auch bei der Verwendung von Universitätsstudenten ist es wichtig, bestimmte Merkmale der Stichprobe, wie z.B. das Geschlecht oder den Bildungshintergrund, zu berücksichtigen und auszugleichen, je nachdem, ob diese Faktoren einen Einfluss auf Ihre Ergebnisse haben könnten. Zum Beispiel würden Studenten einer Informatikfakultät wahrscheinlich eine positivere Einstellung zu Robotern und eine größere Leichtigkeit im Umgang mit Computertechnologie haben als eine breitere Studentenpopulation oder die allgemeine Population potenzieller Nutzer. Wenn sich Ihre Forschungsfragen auf die Untersuchung der Merkmale einer bestimmten Bevölkerungsgruppe beziehen, wie z.B. ältere Erwachsene, oder auf die Untersuchung der Auswirkungen von Roboteranwendungen in bestimmten Bereichen, wie z.B. die Behandlung von Kindern mit Diabetes, muss Ihre Auswahl der Teilnehmer spezieller sein. Die Spezifität Ihrer Forschungsfrage und die Aussagen, die Sie treffen wollen, bestimmen den Grad der Spezifität Ihrer Stichprobe. Es ist zum Beispiel nicht möglich, zu behaupten, dass ein Roboter positive Auswirkungen auf ältere Erwachsene mit kognitiven Einschränkungen hat, wenn Sie Ihre Studie mit Universitätsstudenten oder sogar mit älteren Erwachsenen ohne kognitive Einschränkungen durchführen. Eine Stichprobe von Universitätsstudenten wird auch nicht ausreichen, um den Einsatz von Robotern zur Unterstützung des Lernens bei Kleinkindern zu untersuchen. Bevor Sie Ihre Studie durchführen, müssen Sie daher sorgfältig entscheiden, welche Personen an der Studie teilnehmen sollen. Sie müssen sich auch überlegen, wie Sie Zugang zu dieser Bevölkerungsgruppe erhalten und wie Sie die Personen für Ihre Studie gewinnen und motivieren können. Sie sollten auch überlegen, ob Sie Personen aus dieser Bevölkerungsgruppe in Ihr Labor bringen können, ob Sie an einen anderen Ort gehen müssen, um mit ihnen in Kontakt zu kommen, oder ob eine Online-Studie geeignet ist.

10.3.2 Größe der Stichprobe

Eine weitere Überlegung in Bezug auf Forschungsteilnehmer ist die Anzahl, die Sie zur Beantwortung Ihrer Forschungsfragen benötigen (Bartlett et al., 2022). Dies hängt sowohl von der Art der Studie und der Analyse, die Sie durchführen (quantitativ oder qualitativ, Umfrage, Experiment oder Interview), als auch von der Population ab, mit der Sie arbeiten (z. B. Studenten, ältere Erwachsene oder Kinder mit Diabetes). Es ist schwierig, einen Effekt mit einer kleinen Stichprobengröße zuverlässig zu testen, da sich die Menschen immer ein wenig voneinander unterscheiden werden. In einer Studie zu Geschlechterstereotypen werden beispielsweise einige Teilnehmer alle Roboter etwas warmherziger bewerten als andere, während andere Teilnehmer der Meinung sind, dass alle Roboter typisch „männliche" Eigenschaften aufweisen. Solche Unterschiede, die bei Menschen natürlich vorkommen, fügen den Daten ein „Rauschen" hinzu. Wenn die Manipulation keinen extrem großen Effekt hat, werden die Daten, die wir aus einer kleinen Stichprobe sammeln, nicht ausreichen, um einen Effekt zuverlässig zu erkennen. Die Unterschiede zwischen den Personen könnten sich gegenseitig aufheben, oder die Variabilität ihrer Antworten könnte zu groß sein. Wenn Sie eine gültige Schlussfolgerung über Ursache und Wirkung ziehen wollen, müssen Sie die richtige Stichprobengröße für Ihr Studiendesign bestimmen.

Wie viele Teilnehmer Sie benötigen, um einen zuverlässigen Unterschied zwischen den Bedingungen festzustellen, hängt auch von der Art des Versuchsplans ab, den Sie verwenden. Bei einem „Between-Subjects"-Design werden die Teilnehmer nach dem Zufallsprinzip einer Bedingung zugewiesen. In unserem Beispiel würde einer Gruppe von Teilnehmern der „männliche" Roboter präsentiert werden, während der anderen Gruppe von Teilnehmern die „weibliche" Version gezeigt würde. Nach der Beantwortung von Fragen auf einer Likert-Skala können die Mittelwerte der beiden Gruppen verglichen werden. Alternativ dazu kann auch mit einem „Within-Subjects"-Design eine Gruppe von Teilnehmern mit beiden Versionen des Roboter-prototyps konfrontiert und gebeten, beide zu bewerten. Da dieselbe Person zwei Bewertungen abgibt, verringert sich das „Rauschen" in den Daten, und die Anzahl der erforderlichen Teilnehmer ist bei diesem Design geringer. Allerdings eignen sich nicht alle Forschungsfragen für die Beantwortung mit einem Within-Subjects-Design. Wenn Sie beispielsweise testen wollen, ob sich Menschen schneller von einem gebrochenen Bein erholen, wenn sie einen Roboterassistenten haben, der jeden Tag mit ihnen Gehübungen macht, können Sie sie kaum zuerst alleine heilen lassen und dann das andere Bein brechen, damit sie sich erneut mit ihrem Helfer-Roboter erholen können. Außerdem müssen die Forscher auf den Ordnungseffekt achten, der auftreten kann; vielleicht mögen die Menschen den ersten Roboter immer lieber als den zweiten (zum Beispiel wegen der Neuheit). Daher ist es eine gute Idee, die Bedingungen auszubalancieren, wenn man ein Within-Subjects-Design durchführt. Das bedeutet, dass die Hälfte der Teilnehmer zuerst mit dem weiblichen Roboter und dann mit dem männlichen interagiert und die andere Hälfte umgekehrt.

Um sich einer ausreichenden Stichprobengröße anzunähern, um einen statisti-schen Effekt der gewünschten Größe zu ermitteln, bietet das Internet eine Vielzahl von Tools, wie z. B. G*Power (Faul et al., 2007). Forscher sind jedoch nicht immer in der Lage, diese Empfehlungen umzusetzen, da sie auch durch die Verfügbarkeit von Ressourcen wie Zeit, Geld, Robotern und potenziellen Teilnehmern einge-schränkt sind.

Studien, die besondere Bevölkerungsgruppen einbeziehen, wie z. B. ältere Erwach-sene mit Depressionen, müssen möglicherweise mit einer geringeren Anzahl von Teilnehmern auskommen, da es bekanntermaßen schwierig ist, bestimmte Bevöl-kerungsgruppen zu rekrutieren. In einigen Fällen, wie z. B. bei Studien mit Kin-dern, bei denen Autismus diagnostiziert wurde, und bei denen die Teilnehmer auch in Bezug auf die Art und Weise, wie sie sich ausdrücken und die Welt erleben, sehr unterschiedlich sind, ist es möglich, die Teilnehmer als Einzelfälle zu behan-deln und Veränderungen im Verhalten und in den Reaktionen der einzelnen Teil-nehmer zu untersuchen.

Bei qualitativen Studien sollte man sich nicht auf eine bestimmte Anzahl von Teil-nehmern konzentrieren, sondern versuchen, eine „Sättigung" der analytischen Themen und Ergebnisse zu erreichen. Die Idee dahinter ist, dass die Forscher auf-hören können, neue Daten zu sammeln, wenn sie feststellen, dass die gesammel-ten Daten lediglich bestehende Themen und Erkenntnisse ergänzen und wiederho-len, anstatt neue zu schaffen. Während dieses Konzept relativ einfach zu verstehen ist, kann es schwieriger sein, es zu operationalisieren und zu messen. Daher ha-ben Wissenschaftler verschiedene Möglichkeiten entwickelt, die Datensättigung in verschiedenen Studien zu definieren und zu quantifizieren (z. B. Lowe et al., 2018; Guest et al., 2020).

■ 10.4 Den Kontext der Interaktion definieren

10.4.1 Setting der Studie

Insbesondere bei der HRI ist die Unterscheidung zwischen Labor- und Feldstudien bedeutend. Vor allem in den Anfangsjahren der HRI wurde der Großteil der Forschung in der kontrollierten Umgebung des Labors durchgeführt. Zwar hat sich die Robotertechnologie im Laufe der Jahre weiterentwickelt, und es gibt inzwischen Roboterplattformen, die robust genug sind, um auch außerhalb des Labors eingesetzt zu werden, doch sind sogenannte „in the wild"-Studien im Vergleich zu den im Labor durchgeführten Studien immer noch relativ selten.

Untersuchungen von Interaktionen außerhalb des Labors sind wichtig, um zu verstehen, wie Menschen unter natürlichen Umständen mit Robotern interagieren könnten, um festzustellen, welche Arten von HRI unter diesen Umständen entstehen könnten, und um die potenziellen breiteren sozialen Auswirkungen neuer Robotertechnologien zu untersuchen. Andererseits profitieren Laborstudien von der Möglichkeit der Forscher, den Kontext und die Art der Interaktion von Menschen mit einem Roboter genau zu kontrollieren – Einführung, Aufgabe, Umgebung und Dauer der Interaktion können von den Forschern klar definiert werden. Im Labor werden die Teilnehmer aufgefordert, nur so mit dem Roboter zu interagieren, wie es die Forscher vorschlagen. Dies ermöglicht eine strikte Beeinflussung der gewünschten Variablen.

Im Gegensatz dazu sind Feldstudien flexibler in Bezug auf das, was passieren kann, und sind daher näher an dem, was in der alltäglichen HRI passieren könnte. Im Feld können die Teilnehmer wählen, wie, wann, ob und warum sie mit einem Roboter interagieren wollen; sie können ihn sogar ignorieren. Feldstudien bieten daher die Möglichkeit, neue Phänomene, neue Variablen, die für die Interaktion von Interesse und Bedeutung sind, sowie Formen und Folgen von HRI, die sich der Kontrolle der Forscher entziehen, zu beobachten und zu entdecken. Feldstudien zeigen auch effektiv, wie komplexe Wechselwirkungen zwischen verschiedenen Kontextvariablen, wie z. B. der institutionellen Kultur oder den Interaktionen zwischen Menschen, die Interaktion beeinflussen können.

10.4.2 Zeitlicher Kontext der HRI

Eine damit zusammenhängende Unterscheidung, die in der HRI an Bedeutung gewonnen hat, ist die Frage, ob die Forscher kurzfristige oder langfristige Interaktionen zwischen Menschen und Robotern untersuchen. Die meisten Laborstudien konzentrieren sich aufgrund ihres Designs auf die „ersten zehn Minuten der HRI", d. h. darauf, wie Menschen auf ihre erste Begegnung mit einem Roboter reagieren und wie sie diese verarbeiten. Forscher erkennen jedoch weithin an, dass sich die Einstellung der Menschen gegenüber dem Roboter im Laufe der Zeit ändern wird, und folglich auch die Art und Weise, wie sie mit dem Roboter interagieren. Die erste Interaktion leidet unter dem Neuheitseffekt: Die Menschen sind im Allgemeinen nicht mit Robotern vertraut, sodass ihre anfänglichen Reaktionen ganz anders ausfallen können als ihre Reaktionen über einen längeren Zeitraum. Kurzzeitstudien sind daher nur begrenzt aussagekräftig, wenn es darum geht, wie Menschen und Roboter über einen längeren Zeitraum hinweg interagieren werden. Sie geben uns jedoch Aufschluss darüber, welche Eigenschaften von Menschen und Robotern die erste Begegnung beeinflussen werden. Solche Studien sind wichtig, um eine positive Rückkopplungsschleife für die Interaktion zu schaffen, die dann bei langfristigen Interaktionen weitere positive Auswirkungen haben kann. Studien zu längerfristigen Interaktionen, die sich über mehrere Tage, Wochen, Monate oder in einigen Fällen sogar Jahre erstrecken können, ermöglichen es uns zu sehen, wie sich Interaktionen zwischen Menschen und Robotern im Laufe der Zeit entwickeln und verändern, wie Roboter in menschliche soziale Kontexte integriert werden und wie sich soziale Interaktionen zwischen Menschen selbst aufgrund der Anwesenheit eines Roboters verändern können.

10.4.3 Soziale Ebenen der Interaktion in der HRI

Interaktionen zwischen Menschen und Robotern können anhand verschiedener sozialer Analyseeinheiten untersucht werden, die in den Sozialwissenschaften hinsichtlich der Aspekte der Kognition und Interaktion, die sie ermöglichen, als unterschiedlich angesehen werden (siehe Bild 10.4). Die häufigste Einheit war bisher die Interaktions-Dyade – ein Mensch und ein Roboter, die miteinander interagieren. Dies ist zum Teil auf die frühen Beschränkungen der HRI zurückzuführen – Roboter waren schwer zu beschaffen und schwer zu warten und zu betreiben; daher war die häufigste Form der HRI-Studie das Laborexperiment, bei dem in der Regel ein einzelner Teilnehmer mit einem einzelnen Roboter interagierte.

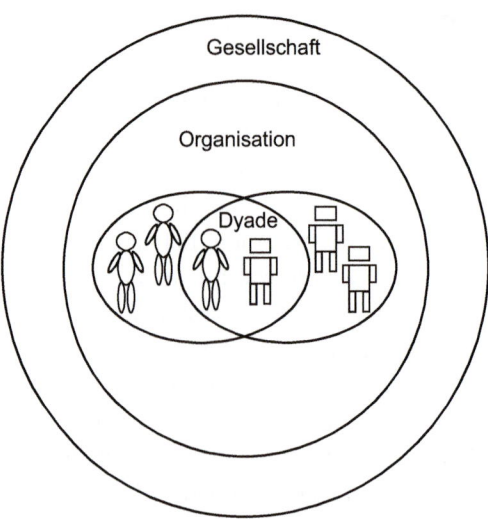

Bild 10.4
Analyseeinheiten in der HRI

 Bereits 2006 war der Roboter Robovie einer der ersten Roboter, der Gruppeninteraktionen in einer Grundschule unterstützen konnte (siehe Bild 10.5). Er brachte
den Kindern Englisch bei und verfolgte ihre sozialen Netzwerke im Laufe der Zeit,
wobei die Kinder an der Interaktion mit dem Roboter interessiert blieben, indem
er Geheimnisse freigab (Kanda et al., 2007b).

Bild 10.5
Robovie in der Schule

Da Roboter immer leichter verfügbar und in der Lage sind, mit mehr Menschen
und in offeneren, naturalistischen Umgebungen zu interagieren, hat sich die Analyseeinheit in der HRI erweitert. Frühe Studien über HRI „in freier Wildbahn"
haben gezeigt, dass Menschen tatsächlich oft nicht einzeln, sondern in Gruppen
mit Robotern interagieren, eine Tätigkeit, für die die meisten frühen Roboter unzureichend ausgestattet waren (Šabanović et al., 2006). HRI untersucht zunehmend

Gruppeninteraktionen, an denen zwei oder mehr Personen beteiligt sind, sowohl innerhalb als auch außerhalb des Labors. Leite et al. (2015) fanden beispielsweise heraus, dass sich Kinder besser an Informationen aus einer Geschichte erinnern konnten, die von einer Gruppe von Robotern erzählt wurde, wenn sie einzeln mit ihnen interagierten und nicht in einer Dreiergruppe. Brscić et al. (2015) zeigten, dass Kinder, die in einem Einkaufszentrum auf einen Roboter stoßen, diesen nur dann missbrauchen, wenn sie in Gruppen, nicht aber einzeln sind.

Sozialwissenschaftler unterscheiden zwischen dyadischen Interaktionen und Gruppeninteraktionen, und sie betrachten die kognitiven und verhaltensbezogenen Aspekte beider als unterschiedlich. Gruppen bringen neue Perspektiven zu Gruppeneffekten, Zusammenarbeit zwischen mehreren Parteien, Teamdynamik und anderen Effekten ein. Unsere Vorstellung davon, wie wir in Zukunft mit Robotern interagieren werden, setzt auch voraus, dass es viele Roboter in unserer Umgebung geben wird. Ein weiterer Aspekt von Gruppen-HRI-Studien ist daher die Untersuchung, wie mehrere Roboter mit Menschen interagieren können, sei es in Teams, in Schwärmen oder einfach als koexistierende Roboterakteure.

 Wenn Roboter in Teams mitarbeiten, werden sie oft als sozial handlungsfähiger wahrgenommen. Carpenter (2016) fand zum Beispiel heraus, dass Roboter, die in militärischen Bombenentschärfungsteams eingesetzt wurden, von den Soldaten oft als Mitglieder der Gruppe angesehen wurden und dass die Soldaten sich mit solchen Robotern verbunden fühlten und sogar Gefühle der Traurigkeit äußerten, wenn der Roboter ihres Teams zerstört wurde.

Die zunehmende Verfügbarkeit von Robotern für die Forschung in angewandten Umgebungen außerhalb des Labors eröffnet eine weitere Analyseeinheit. Das heißt, wir können untersuchen, wie HRI innerhalb von Organisationen, wie Bildungs- und Pflegeeinrichtungen oder sogar dem Militär, stattfindet. Durch die Untersuchung von HRI innerhalb von Organisationen ist es nicht nur möglich, die Auswirkung einzelner Faktoren auf HRI zu erkennen, sondern auch die Auswirkung des breiteren Kontexts, wie z. B. wie bestehende Arbeitsverteilungen oder Rollen die Funktion des Roboters und seine Akzeptanz durch die Arbeiter beeinflussen, wie der Roboter an bestehende Praktiken angepasst wird und wie institutionelle Werte die Interpretation des Roboters durch die Menschen beeinflussen. Mutlu und Forlizzi (2008) haben gezeigt, dass die Einführung eines Roboters in einem Unternehmen beispielsweise die Arbeit für die einen reduziert und für die anderen erhöht hat. Gleichzeitig ist es plausibel, dass Menschen in unterschiedlichen Rollen (z. B. Manager, Krankenschwester, Hausmeister) einen Roboter unterschiedlich, je nachdem, wie er ihre Arbeit beeinflusst, wahrnehmen können. In einer anderen ethnografischen Studie über den Einsatz des robbenähnlichen Roboters Paro in einem Pflegeheim zeigten Chang und Šabanović (2015), dass schon eine Person, die in einer Organisation als Fürsprecher für den Roboter fungiert, dazu führen kann, dass sich mehr Menschen dazu verpflichten, ihn auszuprobieren und für sich zu nutzen, indem sie positive Erfahrungen mit dem Roboter modellieren und eine „positive Feedbackschleife" schaffen, die die langfristige Nutzung des Roboters unterstützt. Eine Organisation kann auch auf eine bestimmte Weise eingerichtet werden, um die Funktionen eines Roboters zu unterstützen. Im Kontext einer ethnografischen Studie mit dem NASA-Rover-Team (Vertesi, 2015) stellte der Roboter eine umkämpfte Ressource dar, die von Wissenschaftlern und Ingenieuren gemeinsam genutzt wurde. Es zeigte sich, dass eine Zusammenarbeit besonders gut funktionierte, wenn die Teams wenig hierarchisch aufgebaut waren und die Teammitglieder aktiv am Entwicklungsprozess des Roboters beteiligt wurden. Da es nun möglich ist, Interaktionen zwischen Menschen und Robotern von einem institutionellen Standpunkt aus zu untersuchen, ist dies für die weitere Entwicklung des Feldes und für unsere Fähigkeit, geeignete Roboter und soziale Strukturen für die erfolgreiche Anwendung von HRI in der realen Welt zu entwerfen, bedeutsam und hilfreich zu sein (Jung und Hinds, 2018).

■ 10.5 Auswahl eines Roboters für Ihre Studie

Neben der Entscheidung, wie viele und welche Arten von Teilnehmern Sie für die Beantwortung Ihrer Forschungsfrage benötigen, müssen Sie auch über die Eigenschaften des Roboters bzw. der Roboter entscheiden, die Sie in Ihrer Studie einsetzen möchten. Zu den Faktoren, über die Sie entscheiden müssen, gehören u. a. das Aussehen, die Funktionalität und die Benutzerfreundlichkeit des Roboters. Während einige dieser Entscheidungen auf praktischen Zwängen beruhen, z. B. darauf, welche Arten von Robotern Ihnen zur Verfügung stehen oder wie viel die Anschaffung eines neuen Roboters kosten würde, werden sich andere Entscheidungen von Ihren Forschungsinteressen leiten lassen.

Roboter können als Forschungsinstrumente betrachtet werden, mit denen man interessante Faktoren manipulieren und die Auswirkungen einer solchen Manipulation auf die zu messenden Ergebnisvariablen beobachten kann. Dieser Ansatz ist das Herzstück der experimentellen HRI-Forschung, kann aber auch für explorativere Studien nützlich sein, in denen man sehen möchte, ob bestimmte Designfaktoren unterschiedliche Auswirkungen auf die HRI haben. Um Roboter als Stimulus in HRI-Studien zu verwenden, können wir unter anderem ihr Aussehen, ihr Verhalten, ihren Kommunikationsmodus und -stil sowie ihre Rolle in der Interaktion manipulieren. HRI-Forscher verwenden für ihre Studien oft handelsübliche Roboter, aber manchmal entwerfen und testen sie auch ihre eigenen Prototypen. Bei der Entscheidung über die Art des Roboters ist es wichtig, zu wissen, welche Hardware- und Softwarefunktionen für die Studie am besten geeignet sind und wie hoch der Grad der Autonomie des Roboters sein sollte.

Es gibt einige kommerzielle Roboter, die sich gut für HRI-Studien eignen, wie der Nao (Aldebaran Robotics), Furhat (Furhat Robotics), QTrobot (LuxAI) oder Paro (Intelligent System). Selbst wenn Sie einen handelsüblichen Roboter verwenden, sind für die Inbetriebnahme Ihres Roboters einige grundlegende Programmierkenntnisse erforderlich. Die Nao- und QT-Roboter können mit einer visuellen Umgebung programmiert werden, die es dem Anwender ermöglicht, schnell Roboterfunktionen zu implementieren. Mit Kenntnissen in fortgeschrittener Steuerungssoftware und Programmiersprachen, wie dem Robot Operating System, können Sie das Verhaltensrepertoire des Roboters jedoch erheblich erweitern und die Interaktion bereichern. ROS enthält eine Reihe von Paketen, die sensorische Wahrnehmung und Visualisierung für verschiedene Arten von Robotern implementieren.

■ 10.6 Einrichten des Interaktionsmodus

Es gibt Dutzende von Möglichkeiten, wie Menschen und Roboter für eine Studie zusammengebracht werden können. Die Menschen können einem echten Roboter begegnen, oder es werden ihnen Bilder oder Videos eines Roboters gezeigt. Der Roboter kann völlig autonom sein oder vom Experimentator ferngesteuert werden. Die Menschen können in das Labor kommen, oder die Wissenschaftler können das Labor verlassen und ihre Roboter zu den Menschen bringen. Manchmal reicht nur ein einziger Datenpunkt aus, bei anderen Gelegenheiten werden Tausende von Datenpunkten benötigt.

10.6.1 Wizard-of-Oz-Technik

In einigen HRI-Studien, bei denen die Entwicklung autonomer Fähigkeiten des Roboters nicht im Mittelpunkt der Forschung steht, greifen die Forscher häufig auf die Wizard-of-Oz (WoZ)-Technik zurück. Bei der WoZ-Technik wird den Studienteilnehmern erklärt, dass sich der Roboter autonom verhält, während er in Wirklichkeit von einem Mitglied des Forschungsteams bedient wird. Die Versuchsteilnehmer sollten dann in einer Nachbesprechung über diese Täuschung informiert werden (siehe auch Abschnitt 10.9).

Mithilfe von WoZ können Forscher so tun, als ob ihr Roboter über Interaktionsfähigkeiten verfügt, die er nicht hat, entweder, weil sie weitere technische Entwicklung erfordern oder weil zusätzliche Zeit oder Fähigkeiten für die Programmierung des Roboters aufgewendet werden müssen. Der WoZ-Ansatz eignet sich besonders in Situationen, in denen die Technologie so weit entwickelt ist, dass sie für HRI nahezu nutzbar ist, wie z. B. bei der Spracherkennung. Der Einsatz eines Assistenten, der die Äußerungen des Nutzers erkennt, macht ein Experiment runder und das Verhalten des Roboters realistischer und glaubwürdiger, was einen tatsächlichen Interaktionsablauf ermöglicht. Es könnte jedoch als problematisch angesehen werden, ein KI-System, das ein ernsthaftes und langes Gespräch aufrechterhalten kann, vollständig zu fälschen, da dies als ein sehr unrealistisches Fähigkeitsniveau für den Roboter angesehen werden würde.

WoZ kann auch verwendet werden, um die Wahrnehmung fortgeschrittener Fähigkeiten zu testen, z. B. eines Roboters, der den sozialen Kontext auf sehr nuancierte Weise verstehen und darauf reagieren kann (siehe z. B. Kahn Jr. et al. (2012)). Für experimentelle Studien ist es wichtig, das Verhalten des Assistenten so einzuschränken, dass das Verhalten des Roboters über alle Bedingungen hinweg konsistent bleibt und keine zusätzliche Variation einführt, die die Analyse beeinträchtigen könnte. WoZ bietet sich auch dazu an, Daten von Teilnehmern zu sammeln, um das Design oder die autonomen Fähigkeiten eines Roboters zu entwickeln (z. B. Martelaro und Ju, 2017; Hu et al., 2023; Sequeira et al., 2016).

 Die WoZ-Methode ist nach einer Figur aus dem gleichnamigen Film benannt. Dorothy und ihre Gefährten machen sich auf die Suche nach dem allmächtigen Zauberer von Oz, der Dorothy nach Kansas zurückbringen kann. Sie treffen den Zauberer in seinem Schloss und haben Angst vor seinen gigantischen Affen. Die Kinder bemerken den Auftritt des Zauberers, seine autoritäre Stimme und den Rauch und das Feuer, die er ausstößt. Erst als Dorothys Hund Toto einen Vorhang wegzieht, bemerken sie Professor Marvel, der die Maschinen bedient, die den Zauberer steuern. In der HRI-Forschung verstecken sich Zauberer oft im Hintergrund und steuern den Roboter, wodurch der Roboter den Anschein erweckt, über fortgeschrittenere autonome Fähigkeiten zu verfügen, als er tatsächlich hat. Wir alle hoffen, dass wir nicht auf Toto treffen und ertappt werden.

10.6.2 Reale versus simulierte Interaktion

Obwohl die ideale Art und Weise, die Wahrnehmung von und die Reaktion auf Roboter zu messen, die Interaktion von Angesicht zu Angesicht in Echtzeit ist, ist es immer noch üblich, dass HRI-Forscher ihren Teilnehmern nur Videos oder Fotos von Robotern präsentieren. Im Bereich der HRI wurde viel darüber diskutiert, ob Videoaufnahmen von Robotern als Ersatz für Live-Interaktionen zwischen Menschen und Robotern verwendet werden können. Während Dautenhahn et al. (2006) argumentiert, dass die beiden Interaktionsstile im Großen und Ganzen gleichwertig sind, kommen Bainbridge et al. (2011) zu dem Schluss, dass die Teilnehmer bei der Interaktion mit physisch anwesenden Robotern eine positivere Erfahrung machten als bei einer Videodarstellung. Powers et al. (2007) fanden ebenfalls große Unterschiede in der Einstellung der Teilnehmer, die mit einem an einem Ort befindlichen Roboter interagierten, im Vergleich zu einem entfernten Roboter. Die Verwendung visueller Stimuli allein schränkt daher die Verallgemeinerbarkeit der Studienergebnisse ein, kann aber für explorative Studien über die Auswirkungen bestimmter Faktoren (z.B. die Wahrnehmung verschiedener Roboterformen; siehe DiSalvo et al., 2002) oder für Studien tauglich sein, bei denen der Zugang zu einer geeigneten Population schwierig sein kann, wie z.B. bei kulturübergreifenden Stichproben. Die Verwendung von Videos, um den Teilnehmern Roboter vorzustellen, kann es den Forschern auch ermöglichen, Probleme zu vermeiden, die mit einem weniger kontrollierten Experiment verbunden sind, das eine tatsächliche Interaktion beinhaltet. Schließlich eignen sich Videos und Fotos besonders gut für Studien, die auf Online-Teilnehmerpools zurückgreifen, sei es durch Universitäten, Mundpropaganda oder Dienste wie Amazons Mechanical Turk.

■ 10.7 Auswahl geeigneter Messinstrumente

In der HRI, wie auch in der Psychologie und anderen Sozialwissenschaften, unterscheiden Forscher häufig zwischen direkten und indirekten Messinstrumenten zur Bewertung von Einstellungen gegenüber Menschen oder Objekten. Im Beispiel des bereits beschriebenen Experiments zur Gender-Wahrnehmung von Robotern stützte sich das Studiendesign auf direkte Messungen der abhängigen Variablen – die Teilnehmer wurden beispielsweise gebeten, die Wärme und das Durchsetzungsvermögen des Roboters zu bewerten.

Sowohl in Korrelations- als auch in experimentellen Studien werden häufig Selbstauskünfte verwendet, um die interessierenden Konstrukte, wie Konzepte oder Variablen, zu bewerten. Selbstauskünfte haben in der Regel eine hohe Validität, d.h. die Befragten wissen in der Regel direkt, was die Forscher messen wollen, wenn sie die Fragen des jeweiligen Fragebogens lesen. Andererseits macht es dies den Teilnehmern leicht, ihre tatsächliche Meinung zu ändern, um den Forschern zu gefallen, sich selbst in einem positiven Licht darzustellen oder „ein guter Teilnehmer zu sein". Dieser Aspekt gilt auch für Interviewtechniken, die eine Möglichkeit bieten, ein noch umfassenderes Bild der Gedanken und Gefühle der Teilnehmer gegenüber Menschen und Robotern zu gewinnen. Die Interviews können strukturiert oder semistrukturiert sein. Bei strukturierten Interviews stellt der Interviewer eine Reihe vorher festgelegter Fragen, oft in einer bestimmten Reihenfolge, während er bei semistrukturierten Interviews mehr Spielraum hat, um vom Skript abzuweichen; so können beispielsweise einige Fragen geplant sein, während sich andere spontan während des Interviews ergeben. Bei beiden Arten von Interviews werden häufig Fragen verwendet, auf die die Befragten mit ihren eigenen Worten antworten können. Solche offenen Antworten erfordern jedoch eine arbeitsintensive Kodierung nach der Transkription des Interviewinhalts. Solche Interviews können jedoch eine nützliche Ergänzung zu Fragebögen sein, wie de Graaf et al. (2017) anhand von Daten aus einer Langzeitumfrage und einem Interview zeigen, um die Gründe zu erforschen, warum sich Menschen gegen den Einsatz eines Kommunikationsroboters in ihrem Zuhause entscheiden. Wie ihre Arbeit gezeigt hat, kann sich ein Studienteilnehmer in der Gegenwart eines unbekannten Roboters sehr unwohl fühlen.

In einigen Fällen könnten die Teilnehmer jedoch zögern, ihre wahren Gefühle und Einstellungen auf einem Fragebogen oder im direkten Gespräch mit einem Interviewer anzugeben. Möglicherweise sind sie sich auch einiger unbewusster Überzeugungen nicht im Klaren und diese nicht mitteilen. In einer solchen Situation kann es sinnvoll sein, die direkten Messinstrumente durch indirekte zu ergänzen. Reaktionszeiten werden häufig als Ersatz für schwieriger zu messende Faktoren wie Aufmerksamkeit oder Engagement verwendet. Indirekte Verfahren können die Verwendung von Eye-Tracking als Indikator für Aufmerksamkeit und kognitive Verarbeitung oder die Verwendung physiologischer Messungen wie Herzfrequenz oder Hautleitwert umfassen, um den Forschern eine Vorstellung vom Stressniveau der Teilnehmer während der HRI zu vermitteln. Während computergestützte Einstellungsmessungen (z. B. eine Variante des sogenannten Impliziten Assoziationstests[5] zur Messung der Anthropomorphisierung) immer beliebter werden, werden physiologische Korrelate der Einstellung gegenüber Robotern oder anderen Technologien in der aktuellen Forschung seltener verwendet. Computergestützte und physiologische Messungen sind oft schwieriger zu handhaben und erfordern eine spezielle Ausstattung, und letztlich sind die Ergebnisse nicht immer eindeutig interpretierbar. So kann man mittels Messung der Hautleitfähigkeit erfassen, dass jemand aufgeregt ist, aber nicht, ob die Aufregung auf Angst oder Freude zurückzuführen ist. Eine Studie, bei der der Hautleitwert der Teilnehmer gemessen wurde, während sie mit einem Nao-Roboter interagierten, zeigte außerdem, dass die Hautleitwertmessungen leider nicht sehr aussagekräftig sind (Kuchenbrandt et al., 2014).

Um Schwierigkeiten bei der Interpretation der Ergebnisse zu vermeiden, ist es hilfreich, eine Kombination aus direkten und indirekten Messungen oder mehrere indirekte Messungen gleichzeitig in einer Studie zu verwenden, um sicherzustellen, dass Sie tatsächlich das Konstrukt oder die Variable messen, die Sie zu messen beabsichtigen. Als Forscher sollten Sie sich vergewissern, dass alle Mes-

---

[5] *https://implicit.harvard.edu/implicit/*

sungen, die Sie in Ihrer Studie verwenden, das, was sie erfassen sollen, zuverlässig und valide messen. Dies kann durch sorgfältige Pilottests Ihres Studiendesigns und der verwendeten Messgrößen geschehen, durch die Entwicklung und sogar formale Validierung neuer Messgrößen oder durch die Verwendung allgemein akzeptierter und validierter Messgrößen, die Sie in der Literatur finden.

■ 10.8 Standards der statistischen Analyse

„Den Statistiker nach Beendigung des Experiments hinzuzuziehen, ist vielleicht nicht mehr, als ihn zu bitten, eine Obduktion durchzuführen: Er kann vielleicht sagen, woran das Experiment gescheitert ist."

Wie das berühmte Zitat des Statistikers Sir Ronald Aylmer Fisher (17. Februar 1890 bis 29. Juli 1962) zeigt, es ist umso nützlicher, je früher Sie um Ratschläge für Ihre Versuchsplanung und -analyse bitten. Die meisten Universitäten bieten irgendeine Art von statistischer Beratung an, aber auch informelle Gespräche mit Fachkollegen und Professoren können sich als äußerst wertvoll erweisen.

Obwohl die Statistik den Ruf hat, verwirrend und unverständlich zu sein, beruhen die meisten statistischen Tests in Wirklichkeit auf drei Hauptmessgrößen: Tendenz, Variabilität und Anzahl der Beobachtungen. Um zu verstehen, wie diese drei Dinge statistische Tests beeinflussen, stellen Sie sich vor, Sie versuchen zu entscheiden, welches von zwei Restaurants besser ist. Sie waren noch nie in einem der beiden Restaurants, aber Sie können problemlos Bewertungen abrufen und vergleichen. Was würde Ihnen helfen, zu entscheiden, ob Restaurant A tatsächlich besser ist als Restaurant B? Nun, natürlich würden Sie sich zuerst die durchschnittlichen Bewertungen ansehen. Wenn Restaurant A einen Durchschnitt von 4,8 von 5 Sternen hat und Restaurant B einen Durchschnitt von 3,2 von 5 Sternen, können Sie ziemlich sicher sein, dass A besser ist als B. Je näher diese Durchschnittswerte beieinander liegen, desto weniger sicher können Sie sein, dass ein Restaurant tatsächlich besser ist als das andere. Dies wäre ein Hinweis auf den Unterschied in der Tendenz zwischen den beiden Gruppen.

Aber das ist nicht alles, was Sie berücksichtigen sollten: Wenn Sie sehen, dass Restaurant A einen Durchschnitt von 5 Sternen hat, aber nur 3 Personen eine Bewertung abgegeben haben, während Restaurant B einen Durchschnitt von 4,7 Sternen von über 1000 Bewertern hat, werden Sie sich vielleicht trotzdem für Restaurant B entscheiden, weil Sie – vernünftigerweise – davon ausgehen, dass Sie bei so vielen Bewertern eine bessere Einschätzung der „wahren" Qualität des Restaurants erhalten. Dies ist der Einfluss der Stichprobengröße: Je mehr Antworten wir haben, desto sicherer können wir sein, dass die Tendenz eine genaue Darstellung der

Wahrheit ist. Ein weiteres Beispiel: Sie versuchen herauszufinden, ob eine Münze fair ist oder nicht. Wenn man in 75 % der Fälle Kopf erhält, kann man nicht mit Sicherheit sagen, ob die Münze fair ist, wenn man sie nur viermal geworfen hat (und drei Mal Kopf und einmal Zahl erhält), während derselbe Prozentsatz an Kopf ziemlich überzeugend wäre, wenn man die Münze 1000 Mal geworfen hätte.

Und schließlich ist da noch die Frage der Variabilität. Nehmen wir an, Restaurant A und B haben beide einen Durchschnitt von 4,2 Sternen und beide haben die gleiche Anzahl von Bewertungen; aber für Restaurant A reichen diese Bewertungen von 1 Stern bis 5 Sterne, während Restaurant B überwiegend 4-Sterne-Bewertungen mit einigen 5 Sternen hat. Bei welchem Restaurant wären Sie sich sicherer, dass die 4,2 Sterne ein genauer Hinweis auf die Qualität sind? Hier zeigt sich die Bedeutung der Variabilität: Je größer die Variabilität der Ergebnisse ist, desto unsicherer sind wir, dass unser Stichprobenmittelwert eine genaue Angabe des „wahren" Effekts ist.

Diese drei Messungen – Tendenz, Stichprobenumfang, Variabilität – werden häufig als deskriptive Statistiken bezeichnet. Sie geben einen zusammenfassenden Überblick über die Daten, um experimentelle Bedingungen zu vergleichen. Deskriptive Statistiken zu berechnen, stellt den ersten Schritt der Datenanalyse dar. Geben Sie bei Berichten der deskriptiven Statistik immer Mittelwerte (die die Tendenz angeben), Standardabweichungen (die ein Indikator für die Variabilität sind, wenn die Daten eine Normalverteilung aufweisen – ist dies nicht der Fall, können Sie einen Bereich angeben) und die Anzahl der Teilnehmer (Stichprobengröße) an. Darüber hinaus vermitteln demografische Angaben (z. B. Alter und Geschlecht) eine Vorstellung davon, ob Ihre Stichprobe der Allgemeinbevölkerung ähnelt, zudem müssen die ausgeschlossenen Datenpunkte aus Gründen der Integrität und Transparenz zusammen mit dem Grund für den Ausschluss angegeben werden.

Als Nächstes wird Ihre Studie wahrscheinlich Inferenzstatistik erfordern. Die meisten klassischen statistischen Tests kombinieren die Tendenz (oft den Mittelwert), die Stichprobengröße und die Variabilität zu einer Teststatistik, die wiederum zur Berechnung des p-Werts verwendet wird: die Wahrscheinlichkeit, die vorliegenden Daten zu erhalten, wenn es keinen wahren Effekt gegeben hätte. Um auf die Analogie mit dem Restaurant zurückzukommen, gibt der p-Wert an, wie wahrscheinlich es gewesen wäre, die erhaltenen Bewertungen zu bekommen, wenn beide Restaurants gleich gut gewesen wären. Je geringer diese Wahrscheinlichkeit ist, desto sicherer können wir die Hypothese aufstellen, dass das eine Restaurant tatsächlich besser ist als das andere. Dies ist die Logik hinter dem Nullhypothesen-Signifikanztest (NHST). Verschiedene Studiendesigns rechtfertigen verschiedene Arten von statistischen Tests, um den p-Wert zu ermitteln. Obwohl es den Rahmen dieses Kapitels sprengen würde, auf die zahlreichen statistischen Tests und Verfahren im Detail einzugehen, kann der interessierte Leser leicht zugängliche Literatur, z. B. die Arbeit von Andy Field (Field, 2018) konsultieren.

Bis vor Kurzem stützte sich die Wissenschaft auf die NHST, um über die Bedeutung von Ergebnissen zu berichten. Wenn die Wahrscheinlichkeit der Daten unter der Nullhypothese klein genug ist (d.h. der p-Wert ist kleiner oder gleich einem Schwellenwert, in der Regel .05), kann das Ergebnis als „signifikant" betrachtet werden, und die Nullhypothese würde zugunsten der Alternativhypothese verworfen. Auf den ersten Blick ist dies ein nützliches Mittel, um den Erfolg (oder Misserfolg) einer Methode oder Intervention zu charakterisieren.

Die Definition des p-Wertes mag formal und verwirrend klingen, aber Sie haben wahrscheinlich schon einmal eine intuitive Version davon angewendet. Schauen Sie sich zum Beispiel die folgende Schlagzeile an, die zu Beginn der Coronavirus-Pandemie von The Moscow Times (2020) veröffentlicht wurde: *Dritter russischer Arzt stürzt nach Coronavirus-Beschwerde aus Krankenhausfenster.*

Beim Lesen dieser Schlagzeile haben Sie sich vielleicht gefragt, ob dieser unglückliche Unfall wirklich nur ein Unfall war. Ihr Verdacht rührt daher, dass unter der Nullhypothese (d.h. wenn es keine Verschwörung gegen kritische Ärzte gegeben hätte) die Wahrscheinlichkeit von drei derartigen Vorfällen in Folge recht gering gewesen wäre. Obwohl Sie keinen konkreten Wert berechnet haben, ist dies im Wesentlichen das, worauf der p-Wert hinausläuft.

10.8.1 Statistiken sinnvoll nutzen

Es gibt einige verbreitete Missverständnisse und häufig übersehene Auswirkungen der NHST, die in jüngster Zeit dazu geführt haben, dass das übermäßige Vertrauen auf NHST und p-Werte infrage gestellt wird (Nuzzo, 2014).

Geht man von einem Schwellenwert von $p \leq .05$ aus, bedeutet dies immer noch, dass in 5 % der Fälle, in denen die Nullhypothese zutrifft (d.h. nichts passiert), die erhaltenen Daten so aussehen, als gäbe es einen Effekt. Dies wäre ein Fehler vom Typ I oder ein falsches Positiv. Da falsch-positive Ergebnisse genauso aussehen wie richtig-positive, kann selbst ein signifikantes Ergebnis nicht als schlüssiger Beweis für eine Wirkung gewertet werden.

Außerdem wird der p-Wert oft fälschlicherweise als „Wahrscheinlichkeit eines Fehlers vom Typ I" verstanden. Diese völlige Fehlinterpretation des p-Werts ist sowohl unter Studenten als auch unter Wissenschaftlern weit verbreitet (Badenes-Ribera et al., 2015; Lyu et al., 2020). In Wirklichkeit gibt der p-Wert nur die Wahrscheinlichkeit eines Fehlers vom Typ I an, wenn nichts passiert wäre (d.h. unter der Bedingung der Nullhypothese), und die Gesamtwahrscheinlichkeit, dass die Ergebnisse auf einen Fehler vom Typ I zurückzuführen sind, kann nicht berechnet werden.

Ein grundlegendes Problem der NHST betrifft die Schlussfolgerungen, die man daraus ziehen kann und nicht ziehen kann. Was in der NHST getestet wird (die Chance, die aktuellen Daten zu finden, unter der Voraussetzung, dass es keinen wahren Effekt gibt, oder p(A|B)), ist nicht das, was der Forscher eigentlich wissen will (die Chance eines wahren Effekts, unter der Voraussetzung der aktuellen Daten, oder p(B|A)). Auch wenn diese beiden Begriffe ähnlich erscheinen mögen, wird ihr grundlegender Unterschied deutlich, wenn wir Haie und die Zahl der Todesopfer betrachten. Die Wahrscheinlichkeit, dass man stirbt, sofern man von einem Hai gefressen wird (p(tot|haibiss)), liegt ziemlich genau bei 1. Die Wahrscheinlichkeit, von einem Hai gefressen zu werden, vorausgesetzt, dass man stirbt, p(haibiss|tot), liegt dagegen nahe bei 0 – die meisten von uns sterben wohl oder übel an anderen Ursachen als an Hai-Angriffen. In seinem unterhaltsamen und bemerkenswert zugänglichen Aufsatz „The Earth Is Round ($p < .05$)" erläutert Jacob Cohen einige der Probleme mit NHST näher (Cohen, 1994).

Mit dem Missverständnis des p-Wertes ist die falsche Vorstellung verbunden, dass p-Werte stabil sind, d. h., wenn man eine Studie zweimal durchführt, sollte man jedes Mal einen ähnlichen p-Wert erhalten (Badenes-Ribera et al., 2015). Empirische Ergebnisse deuten darauf hin, und Simulationsstudien haben gezeigt, dass p-Werte bei der Wiederholung von Experimenten sehr volatil sind. Die Wiederholung einer Studie mit einem signifikanten p-Wert kann bei 80 % der Replikationsstudien zu p-Werten im Bereich [0.00008,0.44] führen (Cumming, 2008). p-Werte sind daher als Maß für die Solidität eines Ergebnisses unzuverlässig.

Ein weiterer häufiger Fehler ist die Verwechslung eines p-Wertes mit der Größe oder Bedeutung eines Effekts. Signifikanz, Größe und Bedeutung eines Effekts sind drei verschiedene Dinge: Ein sehr kleiner („hochsignifikanter") p-Wert sagt nichts über die Größe des beobachteten experimentellen Effekts aus. Die Effektgröße gibt an, wie groß eine Veränderung zwischen zwei Bedingungen ist. Sie wird aus der Tendenz und der Variabilität der Daten berechnet. Der p-Wert berücksichtigt zusätzlich den Stichprobenumfang. So kann der p-Wert als Hinweis darauf betrachtet werden, wie konsistent der Effekt in der erhobenen Stichprobe ist, während die Effektgröße angibt, wie groß er ist. Diese beiden Maße sind wiederum als unterschiedlich wichtig zu betrachten.

Zur Veranschaulichung des Unterschieds zwischen den drei Aspekten stellen Sie sich die folgende Situation vor: Für eine Krankheit wurde eine neue Behandlung entwickelt. Sie vergleichen diese neue Behandlung mit der herkömmlichen Behandlung und stellen einen signifikanten, wenn auch geringen Effekt fest: Die Heilungsraten steigen von 4 % auf 6 %. Was ist hiervon zu halten? Nun, das kommt darauf an. Wenn es sich bei der Krankheit um Fußpilz handelt, werden Sie sich wahrscheinlich nicht viel aus einer um 2 % höheren Chance machen, den Pilz loszuwerden. Sie bräuchten einen größeren Effekt, um sich wirklich dafür zu interessieren, vor allem wenn diese neue Behandlung teurer ist oder mehr Nebenwirkungen hat als die Standardbehandlung. Beziehen sich die 2 % Erhöhung jedoch auf die Überlebenschance bei einer sehr aggressiven Krebsart, würde die gleiche Effektgröße wahrscheinlich als ziemlich wichtig angesehen werden.

Für verschiedene statistische Tests gibt es eigene Berechnungen der Effektgröße; gängige Effektgrößen sind z. B. Cohens d (für einen t-Test), η_p^2 oder ω^2 (für ANOVA), und R_{adj}^2 (für Regression). Für die meisten Effektgrößen gibt es Leitlinien, die bei der Interpretation helfen und eine Faustregel dafür liefern, was ein „kleiner", „mittlerer" oder „großer" Effekt ist. In Bild 10.6 ist zum Beispiel ein mittlerer Effekt für eine Korrelation dargestellt.

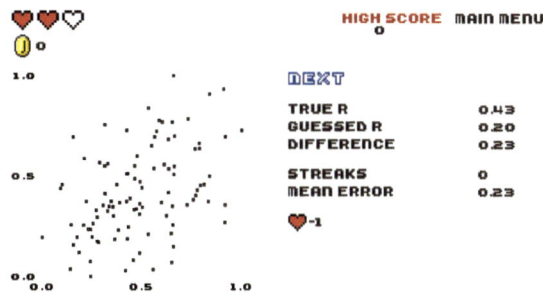

Bild 10.6 Wenn Sie schätzen müssten, wie stark würden Sie sagen, korrelieren die beiden Variablen in der Grafik? Es hat sich gezeigt, dass es Menschen sehr schwer fällt, aus Diagrammen auf die Stärke einer Beziehung zu schließen. Auf der Website *http://www.guessthe correlation.com*, können Sie es selbst ausprobieren (übrigens beträgt die Korrelation auf dem Bild r = .43, was als mittlerer Effekt gilt)

Eine letzte wichtige Auswirkung der NHST ist die Ausnutzung von Fehlern vom Typ I, auch bekannt als p-Hacking. Sie haben dies bereits bei der Erörterung von Scheinkorrelationen in Abschnitt 10.1.2 kennengelernt. Die Logik hinter dem p-Hacking ist folgende: Wenn ein Cutoff-Wert von $p \leq$ .05 angesetzt wird, dann würde man, wenn es keinen wahren Effekt gibt (d. h. unter der Nullhypothese), logischerweise in einem von 20 Fällen ein falsch positives Ergebnis erwarten. Wenn man also genügend Tests durchführt, wird man irgendwann ein signifikantes Ergebnis finden, auch wenn es in Wirklichkeit keines gibt. Wenn man dann nur die signifikanten Ergebnisse angibt und all die Fälle weglässt, in denen man keinen Effekt gefunden hat, kann man seine Ergebnisse leicht als gültige neue Erkenntnis darstellen. p-Hacking ist vor allem bei Beobachtungsstudien problematisch, da es sehr einfach ist, viele Variablen zu messen und die Beziehung zwischen verschiedenen Messkombinationen so lange zu testen, bis man eine findet, die signifikant ist.

10.8.2 Bewährte Verfahrensweisen zur Problembewältigung bei klassischen statistischen Tests

Wir können diese Probleme teilweise beheben, indem wir nicht nur die p-Werte, sondern auch die Konfidenzintervalle (Confidence Intervals, CIs) unserer Daten angeben. Die Konfidenzintervalle vergleichen keine Daten und können daher nicht verwendet werden, um auszusagen, ob bestimmte Unterschiede zwischen Gruppen statistisch signifikant sind oder nicht. Stattdessen geben sie an, wie sicher wir sein können, dass der Mittelwert der Grundgesamtheit (den wir anhand des Mittelwerts unserer Stichprobe schätzen) zwischen einem Mindest- und einem Höchstwert des CI liegt. Werden die 95 % CI von Daten angegeben, bedeutet dies, dass bei einer Replikationsstudie der Mittelwert der Replikationsdaten mit einer Wahrscheinlichkeit von 83 % innerhalb des CI des ursprünglichen Experiments liegt.

Die Angabe von CI und Effektgrößen liefert zusätzliche Informationen über das Ausmaß eines Effekts und die Genauigkeit der angegebenen Schätzungen. Diese Informationen ergänzen die Bedeutung und helfen Ihnen und dem Leser, die Ergebnisse zu verstehen (Coe, 2002).

Der p-Wert gibt die Wahrscheinlichkeit eines Typ-I-Fehlers vom (falsch positiv) unter der Nullhypothese an. Wie in Abschnitt 10.3 erwähnt, ist jedoch auch das Gegenteil möglich: Ein Forscher kann ein Experiment durchführen, Daten sammeln und dann fälschlicherweise zu dem Schluss kommen, dass es keine Wirkung gibt. Dies wurde, nicht sehr kreativ, als Typ-II-Fehler oder falsches Negativ bezeichnet. Typ-I- und Typ-II-Fehler und können vermieden werden, indem man sicherstellt, dass das Experiment über eine ausreichende statistische Aussagekraft verfügt, um tatsächliche Auswirkungen zu erkennen. Die Aussagekraft hängt von den drei bereits erwähnten Messgrößen ab – Tendenz, Variabilität und Stichprobengröße –, von denen jedoch nur die letzte unter Ihrer Kontrolle ist. Sie müssen also sicherstellen, dass Sie entweder genügend Teilnehmer oder genügend Datenpunkte pro Teilnehmer sammeln. Das kann schwierig sein, und die Anzahl der benötigten Teilnehmer kann sich dramatisch erhöhen, je nachdem, wie kompliziert Ihr Studiendesign ist oder wie klein der Effekt ist, den Sie zu entdecken hoffen. Mit einer Software wie G*Power (Faul et al., 2007) können Sie die Aussagekraft sowohl vor als auch nach einer Studie berechnen.

Eine weitere Möglichkeit, um sicherzustellen, dass die Ergebnisse vertrauenswürdig und nicht die Folge von Typ-I- oder Typ-II-Fehlern vom sind, ist die Replikation. In der Psychologie gab es kürzlich eine Replikationskrise (Maxwell et al., 2015), bei der eine Reihe von „etablierten" Effekten nicht repliziert werden konnten. Zum Teil ist dies auf die NHST zurückzuführen, zum Teil könnte p-Hacking dafür verantwortlich gewesen sein. In der HRI stand die Reproduzierbarkeit von Forschung bisher weniger auf der Forschungsagenda, aber die jüngsten Bedenken in der sozialwissenschaftlichen Community haben diese Themen auch in den Zuständigkeitsbereich von HRI-Forschern gebracht (Irfan et al., 2018). Auch die Replikation von HRI-Ergebnissen ist heute besser möglich als früher, da bestimmte Roboterplattformen (z. B. Nao oder Baxter) weithin verfügbar sind – im Gegensatz zu früher, als Forscher auf maßgeschneiderte Plattformen angewiesen waren.

Eine Präregistrierung kann die Replikation erleichtern und p-Hacking verhindern, indem die Forscher gezwungen werden, genau anzugeben, welche Tests sie durchführen wollen, bevor sie Daten sammeln (siehe S. 220). Es gibt Bestrebungen, den Code für allgemein verfügbare Roboter gemeinsam zu nutzen und, wenn möglich, die Versuchsverfahren anderen HRI-Forschern zur Verfügung zu stellen, damit sie das gleiche Experiment in ihren eigenen Labors durchführen und die Verallgemeinerbarkeit einer bestimmten Forschungsfrage in verschiedenen Kontexten testen können (Baxter et al., 2016). Insgesamt ist der Begriff der Generalisierbarkeit sehr wichtig, auch wenn repräsentative Stichproben in der HRI-Forschung schwer zu erhalten sind. Die Wahl der Methodik wirkt sich auch auf den Grad der Verallgemeinerbarkeit unserer HRI-Studien im Labor auf die in Feldstudien gewonnenen Ergebnisse aus. Die Entwicklung neuer Roboter, die Anwendung von Robotern in verschiedenen Kontexten und das Verständnis der potenziellen Auswirkungen von Robotern auf den Menschen im täglichen Leben erfordern möglicherweise eine Kombination der in diesem Kapitel genannten Methoden. Dies muss nicht in einem einzigen Forschungsprojekt oder von einem einzelnen Forscher durchgeführt werden, sondern könnte von der HRI-Forschercommunity im Laufe der Zeit geleistet werden.

Eine letzte, radikale Möglichkeit, die mit der NHST verbundenen Probleme zu überwinden, besteht darin, die NHST ganz aufzugeben. Dies kann durch die Anwendung der Bayes'schen Inferenz geschehen, einer Methode der statistischen Analyse, die sich zunehmender Beliebtheit erfreut (Van de Schoot et al., 2017). Wie in Abschnitt 10.8 erwähnt, zieht die NHST Schlussfolgerungen, die von der Nullhypothese abhängig sind: Wie wahrscheinlich sind diese Daten, wenn nichts passiert wäre? Das Ergebnis ist dichotomisch: Ein Ergebnis ist entweder signifikant oder nicht. Im Gegensatz dazu verwendet die Bayes-Statistik vorherige Informationen, um eine Hypothese aufzustellen, und aktualisiert diese mit den neu erhobenen Daten. Das Ergebnis ist nicht eine einzige Schätzung, sondern ein Bereich möglicher Werte und ein Hinweis darauf, wie viel Vertrauen in jede Schätzung gesetzt werden kann (Etz und Vandekerckhove, 2018). Infolgedessen wird bei der Bayes'schen Inferenz selten eine „harte Schlussfolgerung" gezogen. Vielmehr werden frühere Überzeugungen gestärkt oder geschwächt, je nachdem, wie die neu gefundenen Daten mit den vorherigen übereinstimmen.

■ 10.9 Ethische Überlegungen bei HRI-Studien

Nicht zuletzt ist ein wichtiger Aspekt, der beim Umgang mit menschlichen Teilnehmern in HRI-Studien zu berücksichtigen ist, die Notwendigkeit, die Ethik der Forschung an menschlichen Versuchspersonen zu beachten. Jede Forschung, die menschliche Teilnehmer einbezieht, ob korrelativ oder experimentell, qualitativ oder quantitativ, online oder persönlich, erfordert die Einwilligung nach Aufklärung der Teilnehmer, bevor die Forschung begonnen wird. Das heißt, die Teilnehmer werden über die Art der Studie und das, was sie erwartet, informiert, wobei der Schwerpunkt auf der Freiwilligkeit ihrer Teilnahme und Informationen über die Risiken und Vorteile der Teilnahme an einer bestimmten Forschungsstudie liegt. Vor Beginn einer Studie, sei es online oder in der realen Welt, müssen die Teilnehmer erklären, dass sie verstehen, was von ihnen verlangt wird und was mit den gesammelten Daten geschehen wird, und dass sie mit der Teilnahme einverstanden sind. Viele Universitäten und Institutionen haben spezielle Richtlinien, wie Teilnehmer rekrutiert und über ihre Teilnahme an Forschungsstudien informiert werden können. Die Forscher müssen sich dessen bewusst sein und alle Richtlinien befolgen, damit sie ihre Ergebnisse nach der Studie zur Veröffentlichung vorlegen können.

Manchmal ist es jedoch unmöglich, die tatsächlichen Ziele des jeweiligen Forschungsprojekts vollständig offenzulegen. In diesem Fall wird eine Coverstory oder Täuschung verwendet. Bei WoZ-Studien wird den Teilnehmern beispielsweise vorgegaukelt, dass sich ein Roboter autonom verhalten kann. In diesem Fall ist es wichtig, die Teilnehmer nach dem Experiment über den Zweck der Untersuchung aufzuklären und ein sogenanntes Debriefing durchzuführen, damit sie nicht in dem Glauben nach Hause gehen, dass die Roboter derzeit völlig autonom arbeiten können.

Dies ist umso wichtiger, wenn ein Roboter dem menschlichen Interaktionspartner fiktive Rückmeldungen über dessen Persönlichkeit oder Leistung geben könnte. Natürlich müssen die Teilnehmer anschließend über den Grund für das gefälschte Feedback belehrt und darüber informiert werden, dass es sich tatsächlich um ein falsches Feedback handelt. Auch dies dient dazu, das psychische Wohlbefinden der Teilnehmer über die Dauer der Studie hinaus sicherzustellen.

Bei qualitativer Forschung kann die anfängliche Information der Teilnehmer über die Ziele der Studie oberflächlicher sein, aber es ist üblich, die Studienteilnehmer später über die Ergebnisse zu informieren, wenn sie daran interessiert sind. In einigen Fällen können die Forscher sogar ihre Interpretationen der Daten mit den Teilnehmern besprechen oder auf der Grundlage der Ergebnisse gemeinsam Interpretationen und Richtlinien für die Gestaltung und Umsetzung künftiger Roboter entwickeln.

In der HRI-Forschung müssen wir auch die ethischen Aspekte der Zusammenarbeit von Menschen und Robotern berücksichtigen – sowohl im Hinblick auf die
physische und psychologische Sicherheit als auch im Hinblick auf die Auswirkungen, die eine Interaktion auf eine bestimmte Person haben könnte. Denken Sie
zum Beispiel an eine ältere Person, die seit einiger Zeit einen Roboter in ihrem
Haus hat und sich an den Roboter als Begleiter gewöhnt haben könnte. Der Tag, an
dem der Roboter entfernt wird, ist für sie eine Katastrophe. Das emotionale Verhalten der Nutzer gegenüber Robotern, die Bindungen, die sie aufbauen könnten, und
die Leere, die entsteht, wenn der Roboter weggenommen wird, müssen berücksichtigt werden.

Um sich zu vergewissern, dass Sie die ethischen Vorschriften einhalten, können
Sie die verschiedenen ethischen Verhaltenskodizes konsultieren, z. B. die der American Psychological Association[6], der American Anthropological Association[7], oder
der Association for Computing Machinery[8]. Die Ethikkommission Ihrer Universität
kann Ihnen detaillierteres Feedback zu Ihrer spezifischen Forschungsstudie geben. Beachten Sie, dass die Ethikgenehmigung eine Voraussetzung für die Veröffentlichung in vielen wissenschaftlichen Zeitschriften ist, holen Sie sie also ein,
bevor Sie mit der Datenerhebung beginnen.

Neben dem ethischen Verhalten gegenüber den Forschungsteilnehmern sollten
Forscher auch über die ethischen Implikationen ihrer Forschungsziele, -fragen
und -ergebnisse nachdenken und Entscheidungen darüber treffen, welche Art von
Forschung sie betreiben und wie sie dabei vorgehen wollen, wobei sie diese Implikationen im Auge behalten sollten. Solche ethischen Erwägungen können Fragen darüber beinhalten, wo man sich um Finanzmittel bemüht und diese annimmt,
ob man an Forschungen teilnimmt, die bestimmte Unternehmen oder Regierungen
informieren könnten, und sogar, wie man seine Beziehung zu den Teilnehmern
und deren Möglichkeit, Beiträge zu den Methoden und der Präsentation der Forschungsergebnisse zu leisten, gestaltet.

Ganz allgemein müssen die ethischen und sozialen Folgen des Einsatzes von Robotern in der Gesellschaft bedacht werden. In den meisten aktuellen Forschungspro-
jekten, die sich mit Smart Homes oder dem Einsatz von Robotern in Wohnungen,
Pflegeeinrichtungen oder öffentlichen Räumen befassen, müssen diese Aspekte
untersucht und berücksichtigt werden. Die Abwägung der ethischen Implikationen der Digitalisierung und einer möglichen hybriden Mensch-Roboter-Gesell-
schaft ist ein zentrales gesellschaftliches Thema, das mittlerweile nicht nur von
Roboterethikern und Philosophen diskutiert wird.

---

[6] http://www.apa.org/ethics/code/

[7] https://s3.amazonaws.com/rdcms-aaa/files/production/public/FileDownloads/pdfs/issues/policy-advocacy/
upload/ethicscode.pdf

[8] https://www.acm.org/about-acm/code-of-ethics

■ 10.10 Schlussfolgerung

HRI-Studien haben viele Gemeinsamkeiten mit Arbeiten in verschiedenen sozial-wissenschaftlichen Disziplinen, darunter experimentelle Psychologie, Anthropologie und Soziologie. Es empfiehlt sich, sich der wissenschaftlichen Normen und Praktiken in dem Bereich oder den Bereichen, die für Ihre Arbeit relevant sind, bewusst zu sein. Selbstverständlich unterliegen HRI-Forscher denselben Regeln guter wissenschaftlicher Praxis, die auch in den beteiligten Disziplinen gelten.

Die HRI ist genauso anfällig für die Probleme, die die Sozialwissenschaften seit über einem Jahrhundert plagen. Zum Beispiel werden HRI-Experimente in dem Bestreben, originelle Ergebnisse zu erzielen, fast nie repliziert. Es gibt auch eine beträchtliche Voreingenommenheit bei der Veröffentlichung, bei der positive Ergebnisse eher veröffentlicht werden, während negative Ergebnisse, weniger aufregende Ergebnisse oder weniger schlüssige Befunde eher nicht veröffentlicht werden oder unbemerkt bleiben. Die HRI bietet jedoch Möglichkeiten, die bis vor Kurzem noch nicht zur Verfügung standen. Experimentelle Daten, einschließlich umfangreicher Videoprotokolle, können jetzt vollständig gespeichert und mit anderen geteilt werden, sodass sie für weitere Untersuchungen oder Analysen zur Verfügung stehen. Methoden, Protokolle und Ergebnisse sind heute besser verfügbar als je zuvor, was vor allem auf die Bestrebungen zur Open-Access-Veröffentlichung und Vorregistrierung von Experimenten zurückzuführen ist.

Es gibt zwar neue und aufregende Veröffentlichungsmöglichkeiten, aber die HRI-Community ist auch den finanziellen und sozialen Zwängen der akademischen Veröffentlichung ausgesetzt. Konferenzen bieten zwar einen schnellen und vorhersehbaren Publikationsprozess, erfordern aber erhebliche finanzielle Mittel für die Teilnahme. Auch die Veröffentlichung in angesehenen Open-Access-Zeitschriften ist mit erheblichen Kosten verbunden. Unseriöse Zeitschriften und Konferenzen (Bartneck, 2021) bieten weitaus günstigere Optionen, ohne dass sie einen Vorteil gegenüber der Veröffentlichung eines eigenen Artikels im Internet bieten. Den Forschern bleibt oft nichts anderes übrig, als auf die traditionellen Publikationskanäle, wie kommerzielle Zeitschriften, zurückzugreifen, die zwar für die Autoren kostenlos sind, aber den Bibliotheken ihrer Intuitionen Kosten verursachen.

Das wissenschaftliche Publikationsumfeld hat sich verändert und wird sich weiter verändern. Ein großer Schritt nach vorne ist, wenn die großen Förderorganisationen von den von ihnen finanzierten Projekten eine Veröffentlichung im Open-Access-Verfahren verlangen. In der Zwischenzeit können die Forscher ihre Arbeiten in den institutionellen Repositorien ihrer Einrichtungen oder auf ihren privaten Websites hinterlegen. Dieser Ansatz wird oft als Green Open Access bezeichnet, auch bekannt als Selbstarchivierung. Es hat sich gezeigt, dass sich die Zitierhäufigkeit erhöht, wenn Artikel offen zugänglich gemacht werden (Gargouri et al.,

2010). HRI-Forscher können auch relevante methodische Ansätze und Diskussionen im verwandten Bereich der Mensch-Computer-Interaktion finden, der auf eine längere Geschichte der Durchführung von Nutzerstudien, Systemevaluierungen und Theoriebildung rund um die Nutzung von Computertechnologien in der Gesellschaft zurückblicken kann und Leitlinien und kritische Perspektiven für die HRI-Forschung liefern kann. HRI-Forscher können aus Diskussionen darüber lernen, wie sie kontextbezogene Variablen in ihre Arbeit einbeziehen, wie sie kritisch über Design- und Studienmethoden nachdenken und wie sie enger mit den potenziellen Nutzern neuer Robotertechnologien zusammenarbeiten können, indem sie sich auf frühere Arbeiten im Bereich HCI stützen. Es ist jedoch auch wichtig, sich daran zu erinnern, dass HRI sich mit Robotern beschäftigt, die nicht nur eine andere, verkörperte Technologie im Vergleich zu Computern sind, sondern auch andere technische und soziale Herausforderungen für die Forschung mit sich bringen.

 Diskussionsfragen

- In manchen Fällen ist es nicht ethisch vertretbar oder möglich, eine Forschungsfrage durch ein Experiment zu beantworten. Können Sie sich einen solchen Fall vorstellen? Wie würden Sie ethische Fragen im Zusammenhang mit dem Aufbau Ihrer Studie angehen? Wie würden Sie Bedenken hinsichtlich der Einbeziehung gefährdeter Bevölkerungsgruppen (z. B. Kinder, ältere Erwachsene mit kognitiven Beeinträchtigungen) in Ihre Studie berücksichtigen?
- Der Begriff „Signifikanz" gilt als irreführend, da er nichts über die Relevanz eines Ergebnisses aussagt. Können Sie sich eine Situation vorstellen, in der die Feststellung eines signifikanten kleinen Effekts relevant ist? Wie steht es mit einer Situation, in der sie irrelevant ist?
- Nehmen wir an, Sie möchten ein Experiment durchführen, in dem Sie bewerten, wie gut ein Roboter als Tutor Kinder unterrichtet. Wie würden Sie Ihre Studie aufbauen? Wie würden Sie die Fähigkeiten des Roboters als Tutor messen? Welche störenden Faktoren erwarten Sie?
- HRI-Studien befassen sich häufig mit den subjektiven Erfahrungen der Menschen mit Robotern – zum Beispiel mit ihrer Freude an der Interaktion. Wie würden Sie den Spaß an der Interaktion mit Robotern messen und dabei sowohl direkte und indirekte als auch subjektive und verhaltensbezogene Messgrößen einbeziehen? Wie würden Sie sicherstellen, dass Ihre Messung des Spaßes Konstruktvalidität besitzt – dass sie tatsächlich das Vergnügen mit dem Roboter misst und nicht nur allgemeines Glück oder den Versuch des Teilnehmers, dem Versuchsleiter zu gefallen, widerspiegelt?
- Inwiefern würden Sie bei einer Nutzerevaluation Ihres Prototyps anders vorgehen als bei einer Systemevaluation? Welche Arten von Fragen würden Sie bei jeder Art von Evaluation beantworten wollen? Welche Arten von Maßnahmen würden Sie bei der jeweiligen Art der Evaluierung verwenden?

■ 10.11 Übungen

Die Antworten auf diese Fragen finden Sie in Kapitel 14.

Übung 41   Zufallsstichprobe

Was ist eine Zufallsstichprobe? Wählen Sie eine Option aus der folgenden Liste aus:

1. Eine Gruppe von Teilnehmern, die Sie in einem Supermarkt rekrutiert haben.
2. Eine Gruppe von Teilnehmern, die online über einen Crowdworking-Dienst rekrutiert wurden.
3. Eine Gruppe, die aufgrund ihrer leichten Erreichbarkeit oder Nähe zum Forscher ausgewählt wurde, wie z. B. Universitätsstudenten.
4. Eine statistische Technik zur Minimierung von Verzerrungen in Forschungsstudien.

Übung 42   Arten von Studien

Welche Art von Studie bietet die Möglichkeit, eine Korrelation oder sogar eine Kausalität festzustellen? Wählen Sie eine Option aus folgender Liste aus:

1. qualitative Studie
2. deskriptive Studie
3. Querschnittsstudie
4. quantitative Studie

Übung 43   Was sehen die Teilnehmer?

In welchem Versuchsplan sehen die Teilnehmer alle Versuchsbedingungen? Wählen Sie eine Option aus der folgenden Liste aus:

1. Within-Subject-Design
2. Inter-Subject-Design
3. Längsschnittdesign

Übung 44   Korrelation und Kausalität

Korrelation und Kausalität sind wichtige Begriffe in wissenschaftlichen Studien. Welche Aussage ist richtig? Wählen Sie eine Option aus der Liste aus:

1. Korrelation verursacht Kausalität.
2. Korrelation und Kausalität sind ein und dasselbe – wenn Variable A mit Variable B korreliert ist, verursacht sie auch B.

3. Kausalität ist eine Voraussetzung für Korrelation.

4. Korrelation ist ein notwendiges, aber unzureichendes Kriterium für Kausalität.

5. Kausalität ist ein Synonym für Korrelation.

Übung 45   Variablen

Es gibt zwei Arten von Variablen in wissenschaftlichen Studien. Wählen Sie eine oder mehrere Optionen aus folgender Liste aus:

1. Unabhängige Variablen sind Aspekte, die der Experimentator manipuliert.

2. Messungen sind unabhängige Variablen.

3. Abhängige Variablen sind Aspekte, die der Experimentator manipuliert.

4. Der Experimentator manipuliert die Messungen.

5. Abhängige Variablen sind Aspekte, die der Experimentator misst.

Übung 46   Kausale Beziehungen

Nur bei bestimmten Studientypen lässt sich ein kausaler Zusammenhang herstellen. Bei welchen Studien können Sie einen kausalen Zusammenhang feststellen? Wählen Sie eine oder mehrere Optionen aus der folgenden Liste aus:

1. Beobachtungsstudien

2. ethnografische Studien

3. Gesprächsanalyse

4. kontrollierte Studien

5. Fallstudien

6. Systemevaluationen

Übung 47   Statistische Schlussfolgerungen

Ein Forscher verwendet das Signifikanzniveau von $p \leq .05$, um die Beziehung zwischen der Roboter-Sympathie und 40 anderen gemessenen Elementen zu testen. In Wirklichkeit steht keines dieser 40 Elemente im Zusammenhang mit der Sympathie des Roboters. Wie viele signifikante Ergebnisse würden Sie im Durchschnitt erwarten?

1. Null

2. Fünf

3. Zwei

4. Sie können diese Frage mit den gegebenen Informationen nicht beantworten.

Übung 48   Blöcke bauen

Jede der folgenden Übersichten zeigt die Bedeutung eines anderen Aspekts Ihrer Datenerhebung. Ordnen Sie die Bilder den Namen der Konzepte zu.

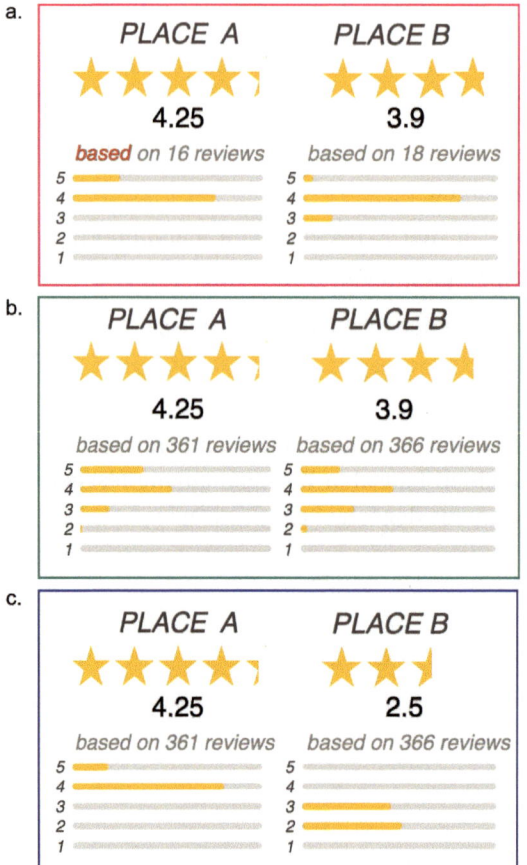

Bild 10.7
Bewertungsbeispiele

1. Tendenz

2. Variabilität

3. Größe der Stichprobe

Weiterführende Literatur

- Cindy L. Bethel und Robin R. Murphy. Review of human studies methods in HRI and recommendations. In: International Journal of Social Robotics, 2 (4): 347 – 359, 2010.
- Andy Field und Graham Hole. How to design and report experiments. Sage, Thousand Oaks, CA 2002.
- Guy Hoffman und Xuan Zhao. Ein Leitfaden für die Durchführung von Experimenten in der Mensch-Roboter-Interaktion. In: ACM Transactions on Human-Robot Interaction (THRI), 10 (1): 1 – 31, 2020.
- Laurel D. Riek. Wizard of Oz studies in HRI: A systematic review and new reporting guidelines. In: Journal of Human-Robot Interaction, 1 (1): 119 – 136, 2012
- Paul Baxter, James Kennedy, Emmanuel Senft, Séverin Lemaignan und Tony Belpaeme. From characterising three years of HRI to methodology and reporting recommendations. In: The 11th ACM/IEEE International Conference on Human-Robot Interaction, S. 391 – 398. IEEE Press, 2016.
- Selma Šabanović, Marek P. Michalowski und Reid Simmons. Robots in the wild: Observing human-robot social interaction outside the lab. In: 9th IEEE International Workshop on Advanced Motion Control, S. 596 – 601. IEEE, 2006.
- James E. Young, JaYoung Sung, Amy Voida, Ehud Sharlin, Takeo Igarashi, Henrik I. Christensen und Rebecca E. Grinter. Evaluating human-robot interaction. In: International Journal of Social Robotics, 3 (1): 53 – 67, 2011.

11 Anwendungen

 Was in diesem Kapitel behandelt wird

- Die verschiedenen Bereiche von Roboteranwendungen, in denen die Mensch-Roboter-Interaktion eine wichtige Komponente ist.
- Anwendungen jenseits von Robotern, die in einem Forschungskontext untersucht werden.
- Mögliche zukünftige Anwendungen.
- Potenzielle Probleme, die gelöst werden müssten, wenn die HRI eine größere Rolle in unserer Gesellschaft einnimmt.

Die Mensch-Roboter-Interaktion bietet zahlreiche Anwendungen, die das Leben der Menschen positiv beeinflussen können. Obwohl die meisten Anwendungen noch im akademischen Bereich entwickelt werden, sind abenteuerlustige Start-ups entstanden, die HRI-Anwendungen entwickeln und verkaufen, und die etablierten IT-Branchen sind sehr daran interessiert, Technologien zu verstehen und zu entwickeln, die es Robotern oder Robotertechnologie ermöglichen, erfolgreich mit Menschen zu interagieren. Nicht alle diese Unternehmen sind erfolgreich. Sony beispielsweise war mit seinen Robotern Aibo (siehe Bild 11.1) und Qrio (siehe Bild 11.2) einer der Pioniere der kommerziellen Robotik, stellte seine Bemühungen in diesem Bereich jedoch 2006 ein. Allerdings ist Sony kürzlich wieder auf diesem Gebiet aktiv geworden, und 2018 kam ein neuer Aibo (siehe Bild 2.10) auf den Markt. Nachdem Softbank Robotics 2014 Pepper auf den Markt gebracht hatte, wurde der Roboter im Einzelhandel und in der Unterhaltungsbranche auf der ganzen Welt eingesetzt. Die Produktion von neuen Pepper-Varianten wurde 2020 gestoppt. Ein weiteres Beispiel ist die Firma Bosch, die zunächst Mayfield Robotics bei der Entwicklung des Heimroboters Kuri unterstützte, das Projekt aber vor der offiziellen Produkteinführung einstellte.

Bild 11.1
Der Sony Aibo ERS-7 (2003 – 2005) mit
dem Roboter Nao (2008–heute)

Bild 11.2 Der Qrio-Roboter von Sony (links) (2003 – 2006) (Quelle: Sony) und Kuri von
Mayfield Robotics (2016 – 2018) (Quelle: Mayfield Robotics) – zwei Roboter, die es nie auf
den Verbrauchermarkt geschafft haben

Eine erfolgreiche HRI-Anwendung kann je nach Perspektive eine andere Bedeutung haben: Die Vorstellung davon, was Erfolg ausmacht, ist für einen Forscher
eine ganz andere als für einen Unternehmer. Während ein Forscher an messbaren
Ergebnissen bei der Nutzung des Roboters und der Benutzerfreundlichkeit interessiert ist, macht sich ein Unternehmer vielleicht weniger Gedanken über die Effek-

tivität des Roboters und ist mit einer technischen Lösung zufrieden, die „gut genug" ist, um auf den Markt gebracht zu werden, und zieht daher die Verkaufszahlen den wissenschaftlichen Zahlen vor. Manche entwickeln sogar absichtlich erfolglose Anwendungen, um den Unterhaltungswert zu erhöhen oder um die Menschen dazu anzuregen, kritischer über den Einsatz und die Gestaltung von Robotertechnologie nachzudenken (Beispiele finden Sie im folgenden Textkasten). In ähnlicher Weise können Menschen Roboter unterschiedlich bewerten, wenn sie sie als Forschungsprototypen betrachten und wenn sie sie als Produkte beurteilen, die sie kaufen wollen oder nicht (Randall et al., 2022).

Die selbsternannte „Queen of Shitty Robots", Simone Giertz, ist eine Roboter-Enthusiastin, die Servicerobotor entwirft, die in der Regel in ihrer beabsichtigten Anwendung schlecht funktionieren. Ihre Videos über das Testen ihrer verschiedenen Kreationen haben nicht nur Unterhaltungswert, sondern zeigen auch, dass das Entwerfen von Robotern für scheinbar einfache Aufgaben eine ziemliche Herausforderung darstellen kann.[1]

Whites „Helpless Robot" hingegen ist eine Maschine mit einer passiven Persönlichkeit, die Menschen auffordert, sie durch den Raum zu bewegen, was Fragen über die Bedeutung der Autonomie von Maschinen aufwirft und darüber, ob unsere Maschinen uns dienen oder wir ihnen.[2]

Derzeit befinden sich die meisten Roboteranwendungen noch im Forschungsstadium, was sich aber voraussichtlich schnell ändern wird. Die erste Welle des kommerziellen Erfolges der Robotik fand bei der Automatisierung der industriellen Produktion statt; die zweite Welle des kommerziellen Erfolges kann als Roboter mit einfachen Navigationsfähigkeiten, wie Lagerroboter und Lieferroboter, betrachtet werden. Die nächste Welle des kommerziellen Erfolgs wird von der Einführung von Robotern in dynamischen und offenen Umgebungen erwartet, die von Menschen in den Bereichen Kundendienst, soziale Dienste und physische Assistenzfunktionen genutzt werden. Hier kommt der HRI eine wichtige Rolle zu: Ein solides Verständnis darüber, wie sich Roboter in der Nähe von Menschen verhalten sollten und wie Menschen auf Roboter reagieren und von ihnen profitieren, ist erforderlich, um die nächste Roboterwelle zu einem Erfolg zu machen (Haegele, 2016). Wir müssen auch die Frage der Kosten von Robotern und deren Bewertung durch die Verbraucher im Verhältnis zu den angeblichen Funktionen und Vorteilen eines Roboters sowie mögliche Finanzierungsquellen für die Anschaffung von Robotern für verschiedene Verbraucher (z. B. Krankenversicherungen) berücksichtigen – Fragen, die sich akademische Studien zur Mensch-Roboter-Interaktion bisher kaum gewidmet haben.

---

[1] *https://www.youtube.com/channel/UC3KEoMzNz8eYnwBC34RaKCQ/*

[2] *http://www.year01.com/archive/helpless/*

In diesem Kapitel werden die gängigsten Anwendungen von sozialen Robotern behandelt. Abschnitt 11.1 befasst sich mit dem Einsatz von Robotern im Kundenservice, von Reiseleitern bis hin zu Verkaufsrobotern. Abschnitt 11.2 konzentriert sich auf den Einsatz von Robotern im Bildungssystem. In Abschnitt 11.3 werden Roboter aus verschiedenen Formen der Unterhaltung vorgestellt. Abschnitt 11.4, Abschnitt 11.5 und Abschnitt 11.6 befassen sich mit ernsteren Berufen wie das Gesundheitswesen, der persönlichen Assistenz und Dienstleistungen wie der Zustellung und Haushaltsreinigung. Roboter, die Sicherheitsaufgaben erfüllen, werden in Abschnitt 11.7 behandelt, während Abschnitt 11.8 kurz auf kollaborative Roboter eingeht. Abschnitt 11.9 befasst sich mit autonomen Fahrzeugen, Abschnitt 11.10 mit ferngesteuerten Robotern. In Abschnitt 11.11 werden mögliche zukünftige Anwendungen aufgezeigt und dann abschließend in Abschnitt 11.12 verschiedene Probleme diskutiert, die in Zusammenhang mit der Anwendung von Robotern auftreten können.

■ 11.1 Roboter im Kundenservice

Ein neuartiger Roboter erregt oft die Aufmerksamkeit der Menschen; in öffentlichen Räumen wie Einkaufszentren und Geschäften werden die Besucher neugierig und nähern sich, Kinder drängen sich um ihn herum. Dies macht Roboter zu einem idealen Hilfsmittel für den Kundenservice, zumindest in der anfänglichen „Neuheitsphase" des Einsatzes eines Roboters. Viele solcher Anwendungen wurden bereits erfolgreich in Feldversuchen getestet und in Lebensmittelgeschäften oder Bankfilialen eingesetzt (z. B. Pepper, der bei HSBC in den USA Service leistet). Roboter wurden auch in Hotels eingesetzt (Nakanishi et al., 2020), um „herzerwärmende Interaktionen" zu fördern. In Japan können Menschen in „Robotercafés" auf verschiedene Weise mit Robotern interagieren: Kunden können Lovots oder Aibos an ihren Tischen halten und streicheln, sie können von Menschen mit Behinderungen bedient werden, die in Telepräsenzroboter eingeloggt sind, oder von autonomen Pepper-Robotern, und sie können sogar ihre eigenen Roboter mit ins Café bringen, um mit anderen zu interagieren (Kamino und Šabanović, 2023). Während der COVID-19-Pandemie wurde ein Pepper-Roboter in einem Brüsseler Krankenhaus eingesetzt, um zu überprüfen, ob Besucher vor dem Betreten des Krankenhauses ihre Masken korrekt getragen haben.

11.1.1 Roboter als Ausstellungsführer

Eine der Anwendungen, die in den ersten Jahren der HRI-Forschung entwickelt wurden, ist der Ausstellungsführer-Roboter (Burgard et al., 1998; Shiomi et al., 2006; Bose et al., 2022). Typischerweise bewegt sich ein Ausstellungsführer-Roboter von einem Ort zum anderen und liefert dabei Informationen über nahegelegene Objekte; andere bringen Besucher an den jeweils gewünschten Ort. Diese Roboteranwendung umfasst Navigationsinteraktion (z.B. die sichere Bewegung des Roboters in einer Umgebung, die er mit Menschen teilt) und persönliche Interaktion mit seinen Nutzern (siehe Bild 11.3). Neben der Bereitstellung eines Dienstes für die Kunden bieten Reiseführerroboter den Forschern auch die Möglichkeit, die offenen Interaktionen der Menschen mit Robotern zu erforschen und die Auswirkungen verschiedener Interaktionsstrategien auf die Wahrnehmung von Robotern durch die Nutzer in einer etwas stärker strukturierten Umgebung zu testen.

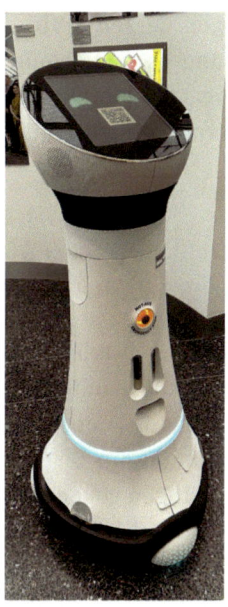

Bild 11.3
Der Roboter Care-o-bot als Museumsführer (2023)

Es gibt viele Beispiele für erfolgreiche Museumsführer-Anwendungen. Eine davon ist die Anwendung in einem Museum, in dem ein mobiler Roboter autonom durch die Räume navigiert. Die Besucher werden aufgefordert, über eine Benutzerschnittstelle auf dem Roboter anzugeben, ob sie eine Führung wünschen. Sobald ein Rundgang eingegeben wurde, führt der Roboter die Besucher zu verschiedenen Exponaten und gibt an jedem eine kurze Erklärung ab (Burgard et al., 1998). HRI-Forscher, die mit Museumsrobotern experimentieren, haben herausgefunden, dass die Fähigkeit des Roboters, Emotionen zu zeigen, das Bildungserlebnis bereichern kann und es dem Roboter ermöglicht, seine Interaktionen mit Menschen besser zu steuern, z. B. indem er durch den Ausdruck von Frustration sie dazu bringt, ihm aus dem Weg zu gehen (Nourbakhsh et al., 1999). Eine andere Anwendung betrifft den Einzelhandel, wenn ein Kunde wissen möchte, wo ein bestimmter Artikel im Laden zu finden ist, und ein Roboter die Führung übernimmt, um dem Kunden den Weg zum entsprechenden Regal zu zeigen (Gross et al., 2009). Ein letztes Anwendungsfeld ist der Flughafen, wo ein Roboter Reisende zum Gate für ihren nächsten Flug begleiten kann (Triebel et al., 2016; Hwang et al., 2022; Chen und VG, 2022).

Es ist leicht, sich ähnliche Szenarien vorzustellen, in denen Roboter hilfreich sein könnten. So ist es beispielsweise üblich, dass Menschen andere Menschen bei alltäglichen Interaktionen begleiten, entweder, weil sie körperliche Unterstützung benötigen oder weil sie begleitet werden wollen. In diesem Zusammenhang könnten in Zukunft Roboter eingesetzt werden. Eine solche Anwendung, die von HRI-Forschern entwickelt wird, ist ein Führungsroboter für Personen mit Sehbehinderungen (Feng et al., 2015). Obwohl die derzeitigen Einschränkungen bei der Roboterhardware und den HRI-Fähigkeiten solche Anwendungen derzeit verhindern, sollten technische Fortschritte und weitere HRI-Forschung es uns ermöglichen, Roboter mit höherer Geschwindigkeit und besserer Navigationsfähigkeit in Menschenmengen zu entwickeln, die zur Begleitung von Nutzern in einem breiteren Spektrum von Umgebungen eingesetzt werden können.

11.1.2 Roboter als Rezeptionisten

Empfangsroboter werden an einer Rezeption platziert und interagieren mit Besuchern, wobei sie in der Regel Informationen durch gesprochene Sprache anbieten. Gockley et al. (2005) untersuchten beispielsweise die Interaktion von Menschen mit einem Roboter, der als Empfangsmitarbeiter an einer Universität ein Display als Kopf hatte (siehe Bild 11.4). Der Roboter konnte Wegbeschreibungen geben und erzählte den Menschen, die sich mit ihm unterhalten wollten, Geschichten aus dem Alltag. Es stellte sich heraus, dass die Menschen auf die Stimmungen des Roboters reagierten und die Dauer ihrer Interaktion mit ihm davon abhing, ob der Roboter einen fröhlichen, traurigen oder neutralen Ausdruck zeigte (Gockley et al., 2006). Es gibt auch Arbeiten, die eine Interaktion zwischen mehreren Parteien beinhalten, eine HRI-Konstellation, die noch viele Herausforderungen mit sich bringt (Moujahid et al., 2022). Außerdem wurden Androidenroboter als Rezeptionisten in Hotels eingesetzt. In diesem Fall verwenden die Nutzer eine grafische Benutzeroberfläche, um den Check-in-Prozess zu durchlaufen, begleitet von einem Android-Roboter und einem kleinen humanoiden Roboter, der die Besucher begrüßt.

Bild 11.4
Roboter für die Rezeption

11.1.3 Roboter für Werbeaktionen

Eine weitere unkomplizierte Anwendung von Servicerobotern ist die Produktwerbung im Einzelhandel. In diesem Zusammenhang können Roboter als Stellvertreter für Verkäufer fungieren und Kunden über die vom Geschäft angebotenen Aktionen informieren. Da Menschen von Natur aus neugierig auf Roboter sind, können diese Roboter leicht die Aufmerksamkeit potenzieller Besucher auf sich ziehen, die stehen bleiben, um zuzuhören und sich dann umzusehen. In Japan wird Pepper bereits für diesen Zweck verwendet. Im typischen Anwendungsfall sind Roboter nicht notwendigerweise proaktiv, sondern warten darauf, dass Besucher eine Interaktion initiieren. Im Forschungskontext untersuchen Forscher Roboter, die proaktiv auf Kunden zugehen, um Werbeaktionen anzubieten (Satake et al., 2009). So wurde beispielsweise der berühmte Android-Roboter Geminoid in japanischen Einkaufszentren eingesetzt, um den Umsatz zu steigern (Watanabe et al., 2015; Chen et al., 2022).

■ 11.2 Roboter zum Lernen

Soziale Roboter haben sich als besonders effektiv erwiesen, wenn es darum geht, das Lernen und die Bildung durch soziale Interaktion zu unterstützen (Belpaeme et al., 2018). Dies ist nicht mit dem Produzieren von Robotern als pädagogisches Werkzeug für den Mathematik-, Programmier- oder Ingenieurunterricht zu verwechseln, wie z. B. Lego Mindstorms. Roboter können im Lernprozess verschiedene Rollen einnehmen: Der Roboter kann als Lehrer fungieren, indem er die Schüler durch den Lehrplan führt und Testmöglichkeiten anbietet, um das Wissen zu bewerten. Als Tutor würde ein Roboter den Lehrer bei seinem Unterricht unterstützen (Kanda et al., 2004). Diese Rolle wird von Lehrern und Schülern tatsächlich bevorzugt (Reich-Stiebert und Eyssel, 2016). Der Roboter wird jedoch auch oft als gleichrangig präsentiert. Der Roboter als „Mitschüler" hat einen ähnlichen Wissensstand wie der Lernende, und beide gehen gemeinsam auf eine Lernreise, wobei der Roboter seine Leistung an die des Lernenden anpasst. Roboter als Mitlernende können Lernende auch dazu ermutigen, eine „Wachstumsmentalität" anzunehmen, die zu höheren Leistungen führt (Park et al., 2017b). Das andere Extrem ist der Roboter, der vollständig vom Schüler unterrichtet werden muss. Dieser Ansatz, der als zu betreuender Roboter oder lernfähiger Agent bekannt ist, ist aus zwei Gründen effektiv. Erstens führt das Unterrichten eines Fachs oft zur Beherrschung dieses Fachs, und zweitens kann ein weniger sachkundiger Mitlernender das Vertrauen des Lernenden stärken (Hood et al., 2015; Tanaka und Kimura, 2010). Schließlich könnten Roboter auch als Helfer der Lehrer eingesetzt werden. In dieser Rolle peppt der Roboter den Unterricht auf und macht das Lernen unterhaltsamer, wodurch das Interesse der Schüler geweckt wird (Alemi et al., 2014).

Tutor-Roboter können bestimmte Aufgaben des Lehrers übernehmen. Da Lehrer in der Regel mit Klassengrößen von mehr als 20 Schülern zu tun haben, müssen sie den Durchschnitt der Klasse unterrichten und dabei eher einen breit angelegten als einen personalisierten Stil anwenden. Es ist erwiesen, dass Nachhilfeunterricht einen starken Einfluss auf das Lernen hat. Bloom (1984) fand heraus, dass Einzelunterricht zu einer Verbesserung von zwei Standardabweichungen im Vergleich zu einer Kontrollgruppe führte und kam zu dem Schluss, dass „der durchschnittliche von einem Tutor betreute Schüler vor 98 % der Schüler in der Kontrollklasse lag". Obwohl die Forschung seither gezeigt hat, dass die Auswirkungen nicht so groß sind wie zunächst angenommen, gibt es dennoch einen eindeutigen Vorteil des Einzelunterrichtes (VanLehn, 2011). Soziale Roboter im Bildungswesen machen sich dies zunutze, indem sie eine individuelle, personalisierte Nachhilfe anbieten.

Roboter wurden eingesetzt, um sowohl Erwachsenen als auch Kindern ein breites Spektrum an Themen zu vermitteln, von Mathematik über Sprachen bis hin zu Achtsamkeit und sozialen Fähigkeiten. Der Hauptbeitrag des Roboters scheint darin zu bestehen, dass seine physische Präsenz das Lernen fördert. Obwohl computergestützte Tutorenprogramme, auch bekannt als intelligente Tutorsysteme (Intelligent Tutoring Systems, ITS), effektiv sind (VanLehn, 2011), trägt der soziale Roboter durch seine soziale und physische Präsenz zum Lernen bei. Studien haben gezeigt, dass Roboter einen deutlichen Vorteil gegenüber sozialen Agenten auf dem Bildschirm oder ITS bieten und die Schüler schneller und mehr lernen, wenn sie von einem Roboter unterrichtet werden, verglichen mit alternativen Technologien (Kennedy et al., 2015; Leyzberg et al., 2012, z. B.). Die Gründe dafür sind noch unklar: Es könnte sein, dass die soziale und physische Präsenz des Roboters den Lernenden mehr anspricht als die bloße Bereitstellung von Informationen und Feedback auf dem Bildschirm, oder es könnte sein, dass die Lernerfahrung multimodal ist, die zu einem reichhaltigeren und verkörperten pädagogischen Austausch führt (Mayer und DaPra, 2012) – natürlich ist auch eine Kombination dieser beiden Möglichkeiten möglich. Es mag nicht überraschen, dass sozial unterstützende Roboter viel besser abschneiden (Saerbeck et al., 2010). Einige sozial interaktive Verhaltensweisen können in Lernkontexten auch nach hinten losgehen und dazu führen, dass der Schüler den Roboter eher als Gleichaltrigen denn als Lehrer wahrnimmt und sich sozial mit ihm beschäftigt, anstatt sich auf das Erreichen bestimmter Lernziele zu konzentrieren (Kennedy et al., 2015). HRI-Forschung ist daher notwendig, um die Entwicklung von Robotern anzuleiten, die das Lernen effektiv unterstützen können.

■ 11.3 Roboter zur Unterhaltung

11.3.1 Haustier- und Spielzeugroboter

Haustier- und Spielzeugroboter gehörten zu den ersten kommerziellen Roboteranwendungen für den persönlichen Gebrauch. Nachdem der erste hundeähnliche Roboter, Aibo (Fujita, 2001), 1999 auf den Markt kam (Bild 11.1), folgte bald die Entwicklung vieler anderer Unterhaltungsroboter. Im Vergleich zu anderen Roboteranwendungen war es für Unterhaltungsroboter einfacher, den Markt zu erobern, da die Funktionen, die sie ausführen, nicht so fortschrittlich sein müssen und sie oft vorprogrammierte Fähigkeiten wie Tanzen, Sprechen und Rülpsen verwenden und sogar ihr Wissen zu entwickeln scheinen, indem sie nach einer gewissen Zeit einfach anfangen, fortgeschrittenere vorprogrammierte Fähigkeiten zu verwenden. Einige der beliebtesten Roboterspielzeuge waren im Laufe der Jahre Furby, der Roboterhund Aibo von Sony und in jüngster Zeit Cosmo. Lego Mindstorms war ein Marktführer in der Nische der Lernspielzeugroboter, wurde aber vor Kurzem eingestellt. Auf ihn folgt eine ganze Reihe von Robotern, mit denen Kinder programmieren und logisch denken lernen können, wie z. B. „Dash and Dot" und Ozobot. Das Unternehmen WowWee ist ein weiterer Marktführer mit vielen verschiedenen Robotern, darunter die humanoiden Roboter Robosapiens, Femisapiens und ein mobiler Haushaltsroboter. Das Unternehmen Sphero entwickelte einen ferngesteuerten Roboterball. Nach dem Start der neuen Star-Wars-Filme im Jahr 2015 änderte das Unternehmen das Design, um den BB-8-Droiden darzustellen, der zu einem der beliebtesten Weihnachtsspielzeuge der Saison wurde.

Obwohl sich die meisten Unterhaltungsroboter an Kinder und Jugendliche richten, werden viele auch von Erwachsenen genutzt. Insbesondere der Aibo war bei Erwachsenen sehr beliebt, die sogar einen „Schwarzmarkt" für Aibo-Bauteile schufen, als der Roboter 2006 von Sony eingestellt wurde. Wie bereits erwähnt, führte Sony 2018 eine brandneue Version von Aibo ein.

Pleo (Bild 11.5), eine Camarasaurus-Rex-Roboterplattform, bietet eine ähnlich komplexe Interaktion mit verschiedenen Persönlichkeits- und Verhaltensweisen, die sich je nach Zeit und Nutzer anpassen und verändern. Diese Beispiele zeigen, dass viele Roboterspielzeuge nicht unbedingt sozial oder menschenähnlich sind, aber dennoch starke soziale Reaktionen bei Kindern und erwachsenen Konsumenten hervorrufen.

Bild 11.5
Pleo-Roboter (2006 – heute)
(Quelle: Max Braun)

In Anbetracht der vielfältigen Möglichkeiten, mit denen Roboter für Unterhaltung sorgen können, und der Beliebtheit von Robotern in der Öffentlichkeit im Allgemeinen ist es nicht überraschend, dass der Markt für Spielzeugroboter einer der größten für persönliche Roboter ist und voraussichtlich auch bleiben wird (Haegele, 2016).

11.3.2 Roboter für Ausstellungen

Roboter werden häufig in Ausstellungen und Themenparks zur Unterhaltung des Publikums eingesetzt. Diese oft animatronischen Geräte sind sehr robust; sie müssen dasselbe Animationsskript manchmal Hunderte Male pro Tag abspielen, wobei zwischen den Auftritten nur ein kurzer Moment zur Wartung bleibt. Einige Roboter sehen absichtlich wie Roboter aus, andere wiederum ähneln Tieren, z. B. Dinosauriern (Bild 11.6), oder Menschen. In diesen Fällen hat der Roboter eine flexible Latexhaut, die sorgfältig bemalt wurde, um realistische Hautfarben und -muster wiederzugeben. Die meisten dieser animatronischen Roboter besitzen keine Autonomie: Sie spielen ein voraufgezeichnetes Skript mit Animationen ab, die auf einen Soundtrack abgestimmt sind. In seltenen Fällen verfügt der Roboter über eine eingeschränkte Autonomie, wie z. B. die Fähigkeit, sich beim Sprechen auf die Mitglieder des Publikums zu konzentrieren. Ein beliebtes Beispiel für den Einsatz von animatronischen Robotern ist die Hall of Presidents im Walt Disney World Resort.

Bild 11.6
Animatronischer Roboter

11.3.3 Roboter in der darstellenden Kunst

Roboter werden manchmal auch in der darstellenden Kunst eingesetzt. Eines der ersten Roboter-Performance-Kunstwerke war Senster, das 1970 für Philips' Evoluon in Eindhoven, Niederlande, geschaffen wurde (Reichardt, 1978). Senster war eine elektrohydraulische Struktur in Form einer Hummerschere mit sechs Scharniergelenken. Sie nahm Geräusche und Bewegungen aus der Umgebung auf und reagierte darauf. Bis 1974 war sie ausgestellt, bevor sie demontiert wurde. Kürzlich führten 20 Nao-Roboter anlässlich des Tags des französischen Pavillons (21. Juni) auf der Expo 2010 in Shanghai einen synchronen Tanz auf.

Nicht alle Kunstanwendungen müssen für ein breites Publikum bestimmt sein. Heimkinosysteme könnten bald das werden, was ihr Name verspricht. Stellen Sie sich eine Zukunft vor, in der Sie das Theaterskript von *Romeo und Julia* auf Ihre

Roboter herunterladen. Sie können dann entweder den Robotern bei der Aufführung zusehen oder selbst mitspielen. Es ist wichtig festzuhalten, dass ein wichtiger Einsatzbereich der Robotik – sowohl in der Vergangenheit als auch heute – darin besteht, Aufgaben zu automatisieren, die wir nicht selbst ausführen wollen. Industrieroboter zum Beispiel wurden eingeführt, um uns schwierige und sich wiederholende manuelle Arbeiten abzunehmen. Es ist wenig sinnvoll, Aufgaben zu automatisieren, die wir eigentlich gerne machen. Das bedeutet nicht, dass es keinen Platz für Roboter im Theater gibt – Stücke, die tatsächlich mit Robotern zu tun haben, sollten natürlich mit Robotern besetzt werden (Chikaraishi et al., 2017).

Darüber hinaus gibt es viele Möglichkeiten, wie Roboter mit Menschen in künstlerischen Darbietungen interagieren können, denen die zukünftigen sozialen Roboter als menschliches Gegenstück dienen könnten. So entwickelten Hoffman und Weinberg (2010) einen Marimba-spielenden Roboter, der sich einer Jazz-ähnlichen Session einem menschlichen Spieler anschließt. Kahn Jr. et al. (2014) zeigten, dass ein Roboter mit einem Menschen zusammenarbeiten kann, um die menschliche Kreativität im Kontext der Kunstschaffung zu steigern. Nishiguchi et al. (2017) schlagen vor, dass die Entwicklung von Robotern, die als Schauspieler in einem Theaterstück neben Menschen auftreten können, auch eine Möglichkeit sein kann, menschenähnliche Verhaltensweisen für Roboter zu entwickeln.

11.3.4 Sexroboter

Neben Spielzeugrobotern, die auf den Kindermarkt abzielen, gibt es auch physische Roboter und Virtual-Reality (VR)-Schnittstellen zur Befriedigung der Unterhaltungsbedürfnisse von Erwachsenen. Die umgangssprachlich als „Sexroboter" bezeichneten diversen Roboterplattformen bieten ein unterschiedliches Maß an menschenähnlichem Aussehen und Verhaltensreaktionen. Das Unternehmen Real Doll, das hyperrealistische Sexpuppen entwickelt (Bild 11.7), arbeitet daran, seine Basismodelle um Roboterfähigkeiten, einschließlich eines emotionalen Gesichts und Reaktionen, zu erweitern. Mehrere andere Hersteller haben Prototypen von Sexrobotern entwickelt, von denen jedoch noch keiner auf den Markt gekommen ist. Es ist davon auszugehen, dass die Sexroboterindustrie in den kommenden Jahren weiter wachsen wird. Devlin (2020) erörtert die aktuellen Entwicklungen im Bereich der sexuellen Sozialroboter sowie die psychologischen und sozialen Auswirkungen dieser Technologien.

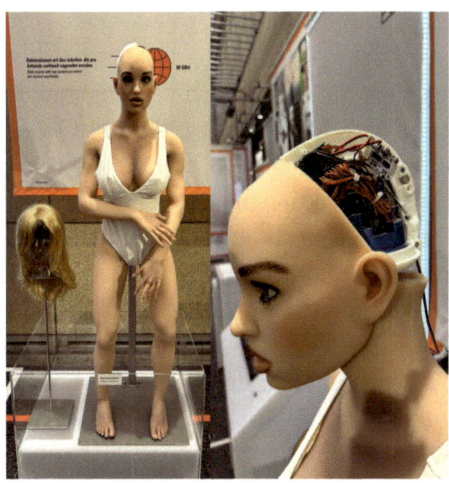

Bild 11.7
Der Sexroboter Harmony X von Realdoll,
ausgestellt in einem Museum (2023)

■ 11.4 Roboter im Gesundheitswesen und in der Therapie

Das Gesundheitswesen und die Therapie sind wichtige Anwendungsbereiche für die Robotik (Riek, 2017). In diesen Bereichen werden soziale Roboter eingesetzt, um Patienten Unterstützung, Unterricht und Ablenkung zu bieten, um dadurch die Ergebnisse von Pflege und Therapie zu verbessern. Die Praxis des Einsatzes sozialer Roboter im Gesundheitswesen wird als sozial assistierende Robotik (Socially Assistive Robotics, SAR) bezeichnet (Tapus et al., 2007; Feil-Seifer und Matarić, 2011). Pflegeroboter sind für verschiedene Bevölkerungsgruppen gedacht, sehr oft für Senioren (Broadbent et al., 2009; Broekens et al., 2009). Der Einsatz von Robotern zur Unterstützung der Pflege wirft viele ethische Fragen auf und erfordert eine sorgfältige Abwägung der ethischen Aspekte bei der Entwicklung (Van Wynsberghe, 2016; Stahl und Coeckelbergh, 2016), einschließlich der potenziellen Auswirkungen des Einsatzes von Robotern auf die Autonomie und Unabhängigkeit von Menschen (Sharkey und Sharkey, 2012; Sparrow und Sparrow, 2006), die Authentizität von Pflegebeziehungen mit Robotern (Turkle, 2017) und Bedenken hinsichtlich einer übermäßigen Abhängigkeit von Robotern (Borenstein et al., 2017).

11.4.1 Roboter für Senioren

Assistentenzroboter könnten für ältere Menschen, die so lange wie möglich unabhängig bleiben wollen, eine große Hilfe sein. Der ElliQ-Roboter (Bild 11.8) beispielsweise kombiniert eine assistentenähnliche Funktion (z. B. Nachrichten und Wettervorhersagen) mit grundlegenden sozialen Interaktionen (z. B. dem Austausch von inspirierenden Zitaten und einfachem täglichen Smalltalk) und personalisierter Hilfe (z. B. das Setzen von Erinnerungen, die Durchführung grundlegender Gesundheitschecks, Unterstützung bei der Übermittlung von Nachrichten und das Anrufen von Angehörigen). Auch wenn sie nicht in der Lage sind, körperlich bei alltäglichen Aufgaben zu helfen, könnten derartige Roboter den Menschen helfen, indem sie sie an die Einnahme ihrer Medikamente erinnern (Pineau et al., 2003) und könnten präklinische oder teleklinische Unterstützung zu Hause leisten und so die Kosten für medizinische Leistungen senken (Robinson et al., 2014).

Bild 11.8 Der ElliQ-Roboter (2019) von Intuition Robotics ist für die Interaktion mit älteren Menschen konzipiert (Quelle: Intuition Robotics)

Obwohl Senioren und Menschen mit leichten kognitiven Beeinträchtigungen eine wichtige Zielgruppe für Roboterentwickler sind, die technologiegestützte soziale, emotionale und kognitive Rehabilitation und Ablenkung anbieten wollen, gibt es auch andere Zielgruppen, die von sozialen Robotern profitieren können. Der Paro-Roboter zum Beispiel ist ein robbenähnlicher Roboter, der mit Sensoren ausgestattet ist, die es ihm ermöglichen, zu erkennen, wenn er angefasst oder gestreichelt wird (siehe Bild 2.8). Er kann darauf mit Zappeln und robbenähnlichen Geräuschen reagieren. Paro wurde in einer Vielzahl von Studien mit Senioren eingesetzt, und es wurden positive psychologische, physiologische und soziale Auswirkungen einer langfristigen Interaktion mit dem Roboter dokumentiert (Wada und Shibata,

2007). Der Roboter wird als Begleiter in Pflegeheimen eingesetzt und fördert nicht nur die Mensch-Roboter-Interaktion, sondern auch die Interaktion zwischen den Bewohnern. Er konnte das Gefühl der Einsamkeit verringern und die Lebensqualität der Bewohner verbessern. Paro ist seit 2006 in Japan und seit 2009 in den Vereinigten Staaten und Europa im Handel erhältlich. Interessant ist, dass der Roboter in Japan zwar von vielen Privatpersonen für den Heimgebrauch gekauft wird, in Europa und den Vereinigten Staaten jedoch fast ausschließlich von Gesundheitseinrichtungen und Unternehmen. Darüber hinaus wurden einige Roboter, wie der Papero von NEC (Bild 11.9), nur in Japan auf den Markt gebracht.

Bild 11.9
NECs Papero-Roboter ist in verschiedenen Versionen erhältlich, z. B. als Papero R-100, Papero Mini und Papero i (1997 – heute)

11.4.2 Roboter für Menschen mit Autismus-Spektrum-Störungen

Kinder und Erwachsene mit Autismus-Spektrum-Störungen (Autism Spectrum Disorder, ASD) sind eine weitere Gruppe, für die häufig soziale Roboter entwickelt und eingesetzt werden. Es hat sich gezeigt, dass Menschen mit ASD im Allgemeinen gut auf Roboter reagieren, und es gibt zahlreiche Forschungsarbeiten, die sich mit der Frage befassen, wie Roboter wirksam zur Unterstützung der ASD-Therapie eingesetzt werden können (Diehl et al., 2012; Scassellati et al., 2012; Thill et al., 2012). Viele Arten von Robotern wurden in einem therapeutischen Kontext zur Unterstützung von Kindern mit ASD eingesetzt (Robins et al., 2009; Pop et al., 2013). Dazu gehört ein breites Spektrum von humanoiden Robotern wie Kaspar und Nao bis hin zu zoomorphen Robotern wie Elvis und Pleo (Bild 11.10). Die vorhersehbare Natur des Roboterverhaltens und die Tatsache, dass Roboter nicht urteilend sind, werden als mögliche Gründe dafür genannt, dass der Einsatz von Robotern in Interaktionen und therapeutischen Interventionen mit Menschen mit ASD erfolgreich ist. Die Roboter werden entweder als Mittelpunkt der Interaktion

zwischen dem Therapeuten und dem Patienten verwendet oder sie werden eingesetzt, um die sozialen Kompetenzen der Kinder und ihre Fähigkeit, Gefühle zu
regulieren und zu interpretieren, zu trainieren und zu verbessern.

Bild 11.10 Eine Reihe von Robotern, die in der Therapie von Autismus-Spektrum-Störungen
eingesetzt werden (v. l.): Nao (2008 – heute), Elvis (2018 – heute), Kaspar (2009 – heute) und
Zeno (2012 – heute) (Quelle: Christoph Bartneck, Bram Vanderborght, Greet Van de Perre,
Adaptive Systems Research Group, University of Hertfordshire, Steve Jurvetson)

Bild 11.11 Der Kiwi-Roboter wurde von Forschern der University of Southern California für
die Erforschung der personalisierten Unterstützung von Kindern mit Autismus und älteren
Menschen entwickelt

11.4.3 Roboter für die Rehabilitation

Roboter werden auch zur Unterstützung der körperlichen Rehabilitation eingesetzt. Dies kann durch das Angebot von Physiotherapie, durch Ermutigung und
mentaler Unterstützung geschehen. Sozialroboter haben sich in der kardialen Rehabilitation als wirksam erwiesen, da sie während Herzübungen ermutigen und
soziale Unterstützung bieten (Kang et al., 2005; Lara et al., 2017). Roboter können
auch eingesetzt werden, um Nutzer zu motivieren, gesunde Verhaltensweisen anzunehmen oder ungesunde Gewohnheiten zu ändern. Kidd und Breazeal (2007)
beschreiben beispielsweise einen Roboter, der als Coach für die Gewichtsabnahme

fungiert, und Belpaeme et al. (2012) beschreiben den Einsatz eines Roboters zur Unterstützung von Kindern, bei denen Diabetes diagnostiziert wurde. Kidds frühe Forschung entwickelte sich zu einem Roboter-Start-up und einem Gesundheitsroboter namens Mabu.

Roboter können auch als Prothesen eingesetzt werden. Die Wiederherstellung der Funktion der unteren Gliedmaßen, Arme und Hände durch die Robotik hat viel Aufmerksamkeit erhalten (Bogue, 2009). Obwohl diese Entwicklungen größtenteils in den Bereich der Mechatronik fallen, spielt die HRI bei der Untersuchung der Akzeptanz und Nutzbarkeit von Roboterprothesen eine Rolle.

11.4.4 Roboter zur Unterstützung der psychischen Gesundheit

Ein Teilbereich des Gesundheitswesens, der seit der COVID-19-Pandemie verstärkt in den Blickpunkt rückt, ist die psychische Gesundheit, die weltweit an Bedeutung gewinnt. Die Entwicklung von Robotertechnologien zur Unterstützung der psychischen Gesundheit findet gleichzeitig in vielen verschiedenen Bereichen statt (Riek, 2016). Forscher haben mit Teenagern zusammengearbeitet, um Roboter zu entwickeln, die Teenager bei der Bewältigung ihrer Ängste und anderer psychischer Probleme in der Schule unterstützen (Karim et al., 2022; Björling et al., 2020). Roboter, die Angstzustände reduzieren, wurden auch bei Erwachsenen evaluiert (Matheus et al., 2022) (siehe Bild 11.12). Partizipatives Design wurde auch zur Entwicklung von Robotern verwendet, die Erwachsene zur Behandlung von Depressionssymptomen benutzen können (Lee et al., 2017; Randall et al., 2019; Bhat et al., 2021). Neben dem Nutzen für Menschen mit psychischen Erkrankungen können Roboter auch eingesetzt werden, um die Belastung für Pflegekräfte zu verringern und die Beziehungen zwischen Pflegekräften und Pflegebedürftigen zu verbessern (Moharana et al., 2019).

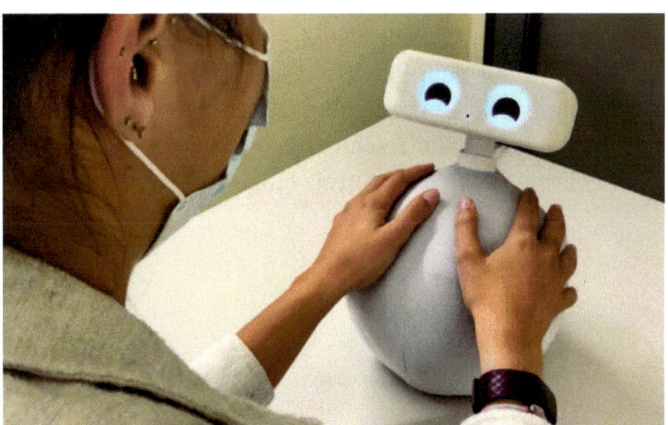

Bild 11.12
Ommie (2022 – heute) ist ein Roboter, der Menschen hilft, Angstzustände durch tiefes Atmen zu bewältigen (Quelle: Brian Scassellati)

■ 11.5 Roboter als persönliche Assistenten

Smart-Home-Assistenten, unauffällige Geräte, die in der Wohnung oder im Büro platziert werden und oft sprachgesteuert sind, sind ein neuer und weitgehend unerwarteter Erfolg der cloudverbundenen Technologie. Technologiegiganten wie Amazon, Google, Microsoft, Apple und Samsung haben sich darum bemüht, sprachgesteuerte Assistenten zu entwickeln, und einige bieten Hardwareprodukte an, die auf dieser Technologie aufbauen. Amazons Alexa, Apples Siri, Microsofts Cortana und der Google Assistant sind in einer Reihe von Geräten zu finden, deren Formen und Größen von einem Hockey-Puck bis hin zu einem Schuhkarton reichen. Diese Geräte bieten eine breite Palette von Diensten an, werden aber meist dazu verwendet, einfache Informationen abzufragen, wie die Uhrzeit, das Wetter oder den Verkehr, oder um Musik zu streamen. Diese Geräte können sich nur sehr kurz sozial austauschen und beschränken sich oft auf Plaudereien, wie z. B. das Erzählen eines Witzes.

In letzter Zeit wurden mehrere kommerzielle Unternehmen gegründet, die soziale Roboter als persönliche Haushaltsassistenten anbieten, die vielleicht sogar mit den bestehenden Smart-Home-Assistenten konkurrieren können. Persönliche Roboterassistenten sind Geräte, die keine physische Manipulation und nur begrenzte Fortbewegungsmöglichkeiten haben. Sie haben eine ausgeprägte soziale Präsenz und verfügen über visuelle Merkmale, die auf ihre Fähigkeit zur sozialen Interaktion hindeuten, wie Augen, Ohren oder einen Mund (siehe Bild 11.13). Sie können motorisiert sein und dem Nutzer durch den Raum folgen, sodass der Eindruck entsteht, dass sie die Menschen in der Umgebung wahrnehmen. Amazons Astro (Bild 2.11) könnte sogar in der Lage sein, ein Bier auszuliefern, sofern jemand es in den Becherhalter steckt, und kann es Wohneigentümern ermöglichen, nach dem Rechten zu sehen, wenn sie nicht zu Hause sind. Obwohl persönliche Roboterassistenten ähnliche Dienste wie Smart-Home-Assistenten anbieten, bietet ihre soziale Präsenz eine einzigartige Möglichkeit für soziale Roboter. Ein sozialer persönlicher Assistenzroboter würde zum Beispiel nicht nur Musik abspielen, sondern auch seine Auseinandersetzung mit der Musik ausdrücken, sodass die Nutzer das Gefühl hätten, die Musik gemeinsam mit dem Roboter zu hören (Hoffman und Vanunu, 2013). Diese Roboter können als Überwachungsgeräte eingesetzt werden, als kommunikative Vermittler fungieren, an reichhaltigeren Spielen teilnehmen, Geschichten erzählen oder als Ermutigung oder Anreiz eingesetzt werden.

Bild 11.13 Persönliche Assistenzroboter (v. l.): der Roboter Nabaztag (2009 – 2011), der Jibo-Roboter (2017 – 2018), und der Buddy-Roboter (2018 – heute) (Quelle: Jibo Inc., Blue Frog Robotics)

■ 11.6 Serviceroboter

Serviceroboter sollen Menschen bei verschiedenen lästigen, oft als „langweilig, schmutzig und gefährlich" bezeichneten Aufgaben helfen. Die von solchen Robotern ausgeführten Aufgaben sind in der Regel einfach und repetitiv und beinhalten oft keine explizite Interaktion mit Menschen. Die HRI-Forschung befasst sich mit solchen Robotern, die in alltäglichen menschlichen Kontexten eingesetzt werden und daher regelmäßig mit Menschen in Kontakt kommen, wie z.B. Hausreinigungs- und Lieferroboter sowie Roboter, die persönliche Hilfe anbieten.

11.6.1 Reinigungsroboter

Reinigungsroboter werden in vielen Haushalten eingesetzt. Der bekannteste Reinigungsroboter ist Roomba, der bis heute kommerziell erfolgreichste persönliche Serviceroboter. Es handelt sich um einen kleinen Roboter mit einem Durchmesser von etwa 30 cm, der zwei Räder hat, um sich fortzubewegen, über Staubsensoren, um zu wissen, wo er reinigen muss, Klippensensoren, um nicht die Treppe hinunterzufallen, und natürlich über eine Saugfunktion verfügt. Die erste Version des Roomba bewegt sich willkürlich im Haus, dreht sich um, wenn er an eine Wand kommt, und schafft es im Laufe der Zeit, den Raum zu säubern (im Allgemeinen, denn Haustiere können dieses Ziel auf schreckliche Weise untergraben – siehe Kasten). Einige neuere Staubsaugerroboter verfügen über Fähigkeiten zur Kartierung und Lokalisierung sowie zur Kollisionsvermeidung, sodass sie weniger Probleme mit Möbeln und anderen Gegenständen im Haus verursachen. Es gibt noch viele andere Staubsaugerroboter für den Haushalt, ebenso wie den Wischroboter Scooba.

Jeder Roomba-Nutzer, der ein Haustier besitzt, fürchtet die *Poopocalypse*, das unglückliche, aber unvermeidliche Ereignis, bei dem ein Haustier irgendwo im Haus sein großes Geschäft hinterlässt und der Roomba dieses findet, bevor der Besitzer es aufräumen kann, und im ganzen Haus verteilt. Diese Vorfälle sind so häufig, dass iRobot einen offiziellen Hinweis formuliert hat, der Roomba-Nutzer warnt, ihren Roomba nicht unbeaufsichtigt einzusetzen, wenn sie ein Haustier besitzen (Solon, 2016).

Kommerzielle Serviceroboter, die auf den Markt kommen, haben HRI-Forschern die Möglichkeit gegeben, zu untersuchen, wie Menschen auf solche Roboter reagieren und sie in alltäglichen Situationen nutzen. Fink und Kaplan führten ethnografische Studien zu Roombas in den Wohnungen von Nutzern durch, um gängige Nutzungsmuster zu ermitteln, und sie beobachteten auch, wie Nutzer ihre Wohnungen vorbereiten, damit Roomba seine Arbeit erledigen kann (Fink et al., 2013). Andere Forscher haben herausgefunden, dass Nutzer Roombas manchmal gerne als hochentwickelte Technologie zur Schau stellen, während sie manchmal versuchen, sie zu tarnen oder zu verstecken, weil sie als unansehnlich gelten (Sung et al., 2007, 2009). Forlizzi und DiSalvo (2006) untersuchten auch, wie sich die Servicemodelle der Menschen auf die Art und Weise auswirken, wie sie von Robotern erwarten, mit ihnen zu interagieren, einschließlich der Frage, wie Roboter am besten aus Fehlern lernen können, die sie bei der Erbringung von Dienstleistungen machen, z. B. wenn sie den Nutzern das falsche Getränk bringen.

11.6.2 Lieferroboter

Lieferroboter befördern Gegenstände von einem Ort zum anderen. Lagerroboter werden am häufigsten eingesetzt, z. B. für das Amazon-Lager. Es gibt viele Startups, die Lieferroboter anbieten, sowohl für den Außenbereich als auch für den Innenbereich von Gebäuden. Zu den Lieferrobotern für den Außenbereich gehören solche, die Lebensmittel und Waren des täglichen Bedarfs aus Supermärkten und Restaurants ausliefern. Während der COVID-19-Pandemie bestand ein großer Bedarf an solchen Robotern, da die Menschen aufgefordert wurden, zu Hause zu bleiben. Obwohl diese Roboter für die direkten Nutzer vielleicht wünschenswert sind, erweisen sie sich manchmal als lästig für die Umstehenden, die ihnen auf den ohnehin schon belebten Straßen der Stadt ausweichen müssen. Roboter können Menschen auch dabei helfen, ihre Habseligkeiten zu tragen und ihnen zu folgen, wenn sie sich im öffentlichen Raum bewegen, wie zum Beispiel die kommerziellen Roboter der Gita-Serie[3].

---

[3] *https://mygita.com*

Mutlu und Forlizzi (2008) zeigten, dass der Arbeitsablauf und die Krankengeschichten der Krankenhausabteilung, in der der Aetheon TUG-Lieferroboter eingesetzt wurde, den Unterschied zwischen einer erfolgreichen und einer nicht erfolgreichen Implementierung ausmachen können. Beispielsweise bei dem Aetheon TUG-Roboter, der in Krankenhäusern eingesetzt wird. Einige Hotels setzen Zimmerservice-Roboter ein, um Waren vom Serviceschalter in die Gästezimmer zu liefern. Lieferroboter werden auch in Restaurants eingesetzt (siehe Bild 11.14). Da Lieferroboter zunehmend in Umgebungen eingesetzt werden, in denen sich Menschen aufhalten, benötigen sie bessere Fähigkeiten zur Interaktion zwischen Mensch und Roboter. So muss ein Roboter in einem Restaurant beispielsweise vermeiden, dass er die Kunden beim Ausliefern der Speisen an die Tische behindert, oder er muss zumindest so konstruiert sein, dass die Kunden dies vermeiden können, ohne sich davon gestört zu fühlen.

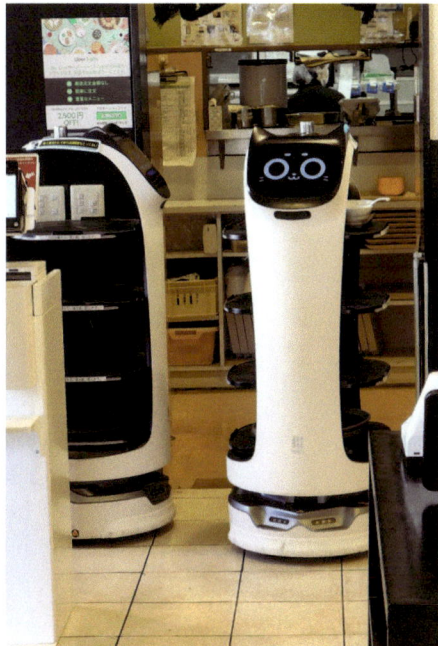

Bild 11.14
BellaBot-Lieferroboter

■ 11.7 Sicherheitsroboter

Unter den verschiedenen verfügbaren Anwendungen gehören Roboter, die zu Sicherheitszwecken eingesetzt werden, zu den umstrittensten Anwendungen. Roboter werden allgemein als potenzielle Sicherheitsdienstleister in Wohnungen und öffentlichen Räumen betrachtet. Diese Roboter könnten Dienste anbieten, die von der Überwachung der Umgebung bis hin zu einem Polizeiroboter reichen, der echte Gewalt gegen Menschen anwenden könnte. Ein Sicherheitsroboter, der in der Umgebung patrouilliert, muss in einigen Kulturen, wie z.B. in Japan, nicht unbedingt zu Kontroversen führen. Einige von ihnen haben die Funktion, ungewöhnliche Ereignisse aufzuzeichnen und sich verdächtigen Personen auf freundliche Weise zu nähern, ohne dabei einschüchternd oder beängstigend zu wirken. Diese Roboter sind oft so konzipiert, dass sie mit menschlichen Kollegen zusammenarbeiten, um deren Zeit zu sparen, wenn keine problematischen Ereignisse auftreten, und nur in wichtigen Momenten um Hilfe zu bitten. In einigen anderen Kulturen haben ähnliche Roboter jedoch zu mehr Spannungen geführt. So wurde zum Beispiel der Sicherheitsroboter K5 (siehe Bild 11.15) in einigen Einkaufszentren in den Vereinigten Staaten eingesetzt. Er streift in der Umgebung zur Überwachung von Kriminalität umher und alarmiert Behörden, wenn er etwas Verdächtiges wahrnimmt. Als Paradebeispiel eines Serviceroboters, der in seiner Umgebung nicht akzeptiert wurde, ist der K5-Roboter vielfach Zielscheibe von Vandalismus geworden. Die Angriffe reichten von einer Attacke durch einen Betrunkenen während einer Patrouille auf einem Parkplatz in Mountain View, Kalifornien, bis hin zu Beschmieren mit Barbecue-Sauce, als er versuchte, Obdachlose von der Türschwelle einer NGO in San Francisco zu verscheuchen.

Bild 11.15
Knightscope K5 (2013–heute) (Quelle: Knighscope)

Polizeiroboter haben sogar noch ernstere gesellschaftliche Kontroversen ausgelöst, die dazu führten, dass ihr Einsatz abgelehnt wurde. So hat die New Yorker Polizei einmal versucht, den Roboterhund Spot von Boston Dynamics für Überwachungszwecke einzusetzen. Der Einsatz eines Roboters zur Überwachung eines gefährlichen Ortes könnte möglicherweise das Leben von Bürgern und Polizei retten; die Bürger zeigten sich jedoch skeptisch gegenüber diesem Einsatz und der Versuch wurde abgebrochen (Zaveri, 2021). Kürzlich löste die Entscheidung der Polizei, den Einsatz von Robotern als Waffen gegen Straftäter zu gestatten und sogar die Anwendung „tödlicher Gewalt" durch Roboter zu erlauben, eine noch größere Kontroverse aus (Abené, 2022). Dies entflammte eine Diskussion darüber, ob die Polizei die Möglichkeit haben sollte, Menschen mithilfe eines Roboters zu verletzen oder zu töten, wenn dies das Leben von Bürgern oder Polizisten retten könnte und es keine andere Möglichkeit gibt. Die Roboter wurden zunächst für diesen Einsatz genehmigt, doch nur eine Woche später revidierte die Aufsichtsbehörde von San Francisco ihre Entscheidung und lehnte einen solchen Einsatz aufgrund der Einwände der Bürger ab (Press, 2022). Auch Ethikwissenschaftler haben sich zum potenziell tödlichen Einsatz von Robotern in der Polizeiarbeit geäußert und aufgrund der rechtlichen und technischen Herausforderungen, die mit solchen Technologien verbunden sind, die Aussetzung solcher Entwürfe gefordert (Asaro, 2016).

■ 11.8 Kollaborative Roboter

Kollaborative Roboter gewinnen in der Automatisierungsbranche zunehmend an Bedeutung. Herkömmliche Industrieroboter sind in der Regel steif, stark und haben begrenzte sensorische Fähigkeiten. Aus diesem Grund dürfen sich Menschen nicht in der Nähe eines angetriebenen Industrieroboters aufhalten. Im Gegensatz dazu verfügen kollaborative Roboter – kurz Co-Bots – über Sicherheitsfunktionen und ein mechatronisches Design, das es ihnen ermöglicht, in der Nähe von Menschen zu arbeiten oder sogar mit Menschen zusammenzuarbeiten.

Einige Co-Bots sind in der Lage, soziale Signale zu interpretieren oder zu erzeugen, wie z. B. der Walt-Roboter, an dessen Roboterarm ein Gesicht angebracht ist (siehe Bild 11.16). Der Baxter-Roboter (Bild 2.9) ist ein zweiarmiger Roboter, der in der Lage ist, eine Reihe von Gesichtsausdrücken auf seinem Bildschirm anzuzeigen, die verschiedene innere Zustände signalisieren. Ein verlegenes Erröten zum Beispiel signalisiert dem menschlichen Mitarbeiter, dass der Roboter nicht weiß, was er als Nächstes tun soll.

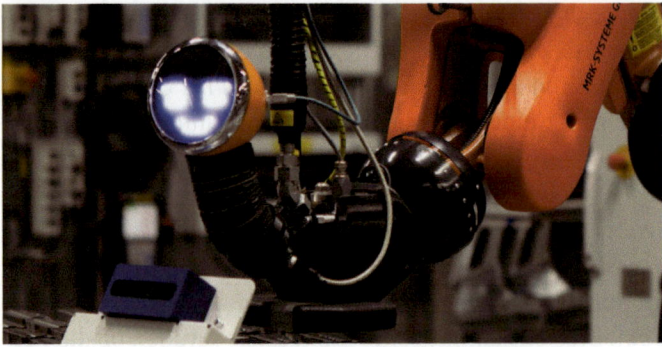

Bild 11.16 Walt (2017–heute), ein kollaborativer Roboter, arbeitet im Audi-Autowerk in Brüssel und trägt Klebstoff auf Autoteile auf. Er hat einen Kopf in Form eines Scheinwerfers mit einem animierten Gesicht, um den menschlichen Kollegen seinen inneren Zustand mitzuteilen (Quelle: copyright imec)

Der Einsatz von Co-Bots in der industriellen Fertigung und am Arbeitsplatz im Allgemeinen könnte die Vorstellung von kollegialer Teamarbeit grundlegend verändern. In positiven Szenarien sollten Co-Bots in der Lage sein, den Menschen zu helfen, mehr Freude und Effizienz aus ihrer Arbeit zu ziehen. Im schlimmsten Fall könnte die Zusammenarbeit mit Robotern durch eine Umkehrung der Rollen von Menschen und Robotern nach hinten losgehen und dazu führen, dass Menschen den Robotern dienen, anstatt umgekehrt.

■ 11.9 Selbstfahrende Autos

Selbstfahrende Autos sind im Grunde genommen Roboter, in denen der Nutzer auf dem Beifahrersitz sitzt. Obwohl vollständig autonome Fahrzeuge (AF) noch nicht weit verbreitet sind, verfügen die meisten Neuwagen inzwischen über eine Form von fortschrittlichen Fahrerassistenztechnologien (Advanced Driver Assistance Technologies, ADAS), wie z. B. Spurverfolgung, adaptive Geschwindigkeitsregelung, automatisches Einparken, vorausschauendes Bremsen, Fußgängerschutzsysteme und Toter-Winkel-Warnsysteme. SAE International hat eine Taxonomie entwickelt, um sechs ansteigende Stufen (SAE Level 0 bis 5) von Fähigkeiten für Fahrautomatisierungssysteme zu beschreiben, die weithin verwendet werden, um diese Fähigkeiten zu beschreiben und zu verstehen.[4] Die meisten aktuellen AF haben die Stufe 3 der SAE-Normen erreicht, während der Waymo-Sicherheitsbericht 2020 behauptet, dass seine AF die Fähigkeit der Stufe 4 haben, was bedeuten

---

[4] *https://www.sae.org/standards/content/j3016_202104/*

würde, dass sie 28 Kernkompetenzen aus der Empfehlung des US-Verkehrsministeriums vorweisen können. Diese Technologien umfassen im Gegensatz zum herkömmlichen adaptiven Tempomat oder Fahrspurassistenten auch das sichere Anhalten, wenn das System ausfällt (Waymo, 2020).

Die meisten traditionellen Automobilhersteller, viele Start-up-Unternehmen und große Informationstechnologieunternehmen investieren derzeit stark in die Entwicklung von AF. Einige Unternehmen haben bereits Produkte auf dem Markt. Während die Autonomiestufen recht gut definiert sind, ist die von der Autoindustrie verwendete Terminologie viel unklarer. Die Autos von Tesla verfügen beispielsweise über ein Fahrerassistenzsystem, das der Stufe 2 der SAE-Stufen der Fahrautomatisierung entspricht, die das Unternehmen „Autopilot" nennt – eine Bezeichnung, die auf die weitaus fortschrittlichere vollständige Autonomie der SAE-Stufe 5 hindeutet (Layton, 2022). Das Landgericht München hat in seinem Urteil vom 14. Juli 2020 (Az. 33 O 14041/19) entschieden, dass die Bezeichnung „Autopilot" für Teslas autonome Technologie für Verbraucher irreführend ist. Im Mai 2021 begann die kalifornische Verkehrsbehörde, gegen Tesla wegen seiner Behauptungen über selbstfahrende Autos zu ermitteln (Mitchel, 2021). Seit 2020 erklärt Tesla auf seiner „Autopilot"-Website, dass „die aktuellen Autopilot-Funktionen eine aktive Überwachung durch den Fahrer erfordern und das Fahrzeug nicht autonom machen". Erst 2021 und nach mindestens drei Jahren Verzögerung führte Tesla sein Software-Update „Full Self-Driving" in seinem Beta-Programm ein (Hawkins und Lawler, 2021). Letzteres ermöglicht es Fahrern, die für den „Autopiloten" bezahlt haben, viele Fahrerassistenzfunktionen auf lokalen, nicht autobahnähnlichen Straßen zu nutzen. Andere Hersteller bieten Fahrassistenzfunktionen wie einen adaptiven Geschwindigkeitsregler und Spurhalteassistenten an. General Motors, wie auch viele andere traditionelle Automobilhersteller, erhöhen ihre Ausgaben für die Entwicklung von AF drastisch (Wayland, 2021). Sogar Apple entwickelt ein selbstfahrendes Auto, das ursprünglich ohne Lenkrad oder Pedale geplant war, dann aber so umgestaltet wurde, dass es nur auf Autobahnen völlig autonom fährt (Bloomberg, 2022).

Es wird erwartet, dass AF einen erheblichen Einfluss auf die Zukunft des Verkehrs haben werden (Litman, 2020; National Roads and Motorists' Association, 2018). Zu den positiven Auswirkungen von AF gehört das Potenzial, durch sparsameres Fahren umweltfreundlicher zu werden (Fagnant und Kockelman, 2015). Aufgrund ihrer Fähigkeit, miteinander und mit der Infrastruktur zu kommunizieren, können autonome Fahrzeuge Verkehrsstaus reduzieren, indem sie die Fahrzeuge zu ihren Zielen umleiten. Sie haben auch das Potenzial, unser Verkehrssystem radikal zu verändern, da die gemeinsame Nutzung von Fahrrädern und sogar des eigenen Autos viel einfacher wird. Unsere Gesellschaft könnte von einer Flotte autonomer Robotertaxis bedient werden, die sogar Fahrgemeinschaften anbieten könnten. Sie würden auch Menschen, die derzeit nicht in der Lage sind, ein Auto zu fahren, die

Möglichkeit geben, ein individuelles Transportsystem zu nutzen. Kinder, Menschen mit Behinderungen und ältere Menschen könnten sicher zu ihren Zielen fahren (Lutin et al., 2013).

Möglicherweise am wichtigsten ist, dass AF die Verkehrssicherheit erhöhen können (Petrovic et al., 2020). Die US National Highway Traffic Safety Administration zeigte, dass 94 % der Autounfälle auf menschliches Versagen zurückzuführen sind (Department of Transportation, 2015). AF werden nicht betrunken, berauscht oder abgelenkt. Sie können so programmiert werden, dass sie sich konsequent an Geschwindigkeitsbegrenzungen und Verkehrsregeln halten. Sie können sich auch gegenseitig vor Unfällen oder Hindernissen auf der Straße warnen. Es wurde sogar argumentiert, dass, sobald AF eine Sicherheitsbilanz erreicht haben, die besser ist als die eines durchschnittlichen menschlichen Fahrers, Menschen das Autofahren gänzlich verboten werden sollte (Sparrow und Howard, 2017). Bei der Entwicklung und Planung des erweiterten Einsatzes von AF müssen wir bedenken, dass die Prognosen bezüglich der lebensrettenden Fähigkeiten der AF-Nutzung im Allgemeinen von einer weit verbreiteten Einführung dieser Fahrzeuge ausgehen, wenn alle oder die Mehrheit der Fahrzeuge auf den Straßen autonom sind. Die tatsächlichen Fähigkeiten aktueller Fahrzeuge und der AF-Forschung (Nascimento et al., 2019) sowie die Akzeptanz von autonomen Fahrzeugen auf der Straße sind von diesem Best-Case-Szenario noch weit entfernt.

Es ist daher wichtig, sich daran zu erinnern, dass AF große und potenziell gefährliche Roboter sind, die ein autonomes Verhalten zeigen. Während AF einige menschliche Fehler vermeiden können, werden sie wahrscheinlich auch neue Fehlerquellen in der Mensch-Roboter-Interaktion schaffen. Während viele soziale Roboter und Konversationsagenten kaum eine Bedrohung für unser körperliches Wohlbefinden darstellen, haben mehrere Unfälle mit AF das zerstörerische Potenzial dieser Roboter nicht nur für die Fahrer, sondern auch für Fußgänger und Radfahrer gezeigt. So waren beispielsweise Tesla-Fahrzeuge mit aktivem Autopiloten bereits 2016 in mehrere tödliche Unfälle verwickelt.[5] Die erste Unbeteiligte, die durch ein autonomes Fahrzeug getötet wurde, war Elaine Herzberg am 18. März 2018 durch ein autonomes Uber-Auto. Aus dem Unfallbericht ging hervor, dass der Autopilot mit einem bestimmten Schwellenwert programmiert war, um weiterzufahren, selbst wenn ein abnormaler Sensorwert empfangen wurde (National Transportation Safety Board, 2019). Diese Schwelle ist notwendig, da AF sonst zu häufig anhalten müssten, was ein Sicherheitsrisiko für andere darstellen würde. Eine gewisse Risikobereitschaft gehört auch zum konventionellen Fahren. Unsere Straßen wären zum Beispiel viel sicherer, wenn die Höchstgeschwindigkeit allgemein auf 30 km/h gesenkt würde, aber das könnte auch zu mehr Verkehrsengpässen führen, und es würde sicherlich länger dauern, an unser Ziel zu kommen. Wir akzep-

---

[5] *https://www.tesladeaths.com*

tieren den Kompromiss zwischen Sicherheit und Geschwindigkeit bei der Gestaltung unserer Verkehrsregeln, obwohl dies jedes Jahr zu Tausenden von Todesfällen führt, die auf gesellschaftlichen Normen und gesetzlichen Rahmenbedingungen beruhen. Wenn es um Designentscheidungen geht, die das Verhalten von AF regeln, werden jedoch Diskussionen darüber geführt, wie sich verschiedene maschinelle Wahrnehmungsfähigkeiten, Steuerungs- und Planungsalgorithmen und Designfaktoren auswirken würden und wie man Risiken und unterschiedliche Ergebnisse für AF-Fahrer und andere Verkehrsteilnehmer verstehen und managen kann (siehe zum Beispiel Evans et al., 2020; Geisslinger et al., 2021; Cunneen et al., 2019).

Die Fortschritte in der Luftfahrtindustrie können als Beispiel dafür dienen, wie man die Risiken und Möglichkeiten von AF als Teil unserer Transportsysteme interpretiert. In den frühen Tagen der Luftfahrt war das Steuern eines Flugzeugs unglaublich gefährlich. Beide Gebrüder Wright stürzten mit ihren Flugzeugen ab und erlitten schwere Verletzungen. Das hielt sie nicht davon ab, das erste motorisierte Flugzeug zu bauen. Seitdem hat sich das Flugzeug zu einem der sichersten Verkehrsmittel entwickelt. Nach Angaben des National Transportation Safety Board gibt es im Durchschnitt weniger als 1 Todesfall pro 100 000 Flugstunden.[6] Es ist darauf hinzuweisen, dass die meisten Flugzeuge bereits weitgehend mit Autopiloten ausgestattet sind. Während es in der Luftfahrtindustrie sehr strenge Sicherheitsvorschriften, -prozesse und -berichte gibt, kann dies für autonome Fahrzeuge noch nicht beobachtet werden. Tödliche AF-Unfälle können eine unverhältnismäßig große Aufmerksamkeit in den Medien erhalten, was ihre Entwicklung hemmen und wiederum Menschenleben kosten kann (Bohn, 2016). Es ist auch wichtig, zu bedenken, dass Technologie allein nicht die gewünschten Vorteile bringen kann und dass soziale und physische Strukturen und Vorschriften vorhanden sein müssen, um die verantwortungsvolle und akzeptable Nutzung von AF zu unterstützen. Darüber hinaus gibt es viele offene Fragen darüber, wie autonome und herkömmliche Fahrzeuge in der langen Zeit des Übergangs zu einer breiteren Akzeptanz von AF am erfolgreichsten die Straße teilen können.

Unabhängige, genaue und verlässliche Informationen über die Sicherheit von AF sind notwendig, ähnlich der Berichterstattung in der Luftfahrtindustrie. Ohne solche klaren Informationen über die Sicherheitsbilanz von AF wird es für die Menschen schwierig, wenn nicht gar unmöglich sein, ihrer Nutzung zuzustimmen, was die Regelung von Risiken und Verantwortlichkeiten weiter erschwert. Es hat sich gezeigt, dass die Kommunikation der Risiken von autonomen Fahrzeugen an sich schon eine Herausforderung darstellt (Bartneck und Moltchanova, 2020). Aber die Risiken und Verantwortlichkeiten werden immer noch zwischen den Herstellern, Versicherungsgesellschaften, Regierungen und Fahrern verhandelt. Das Depart-

---

[6] *https://www.bts.gov/content/fatality-rates-mode*

ment of Motor Vehicles in Kalifornien ist ein gutes Beispiel dafür, wie Sicherheits-
daten von autonomen Fahrzeugen öffentlich zugänglich gemacht werden. Ihre Vorfälle werden online veröffentlicht und wurden bereits bis zum Jahr 2017 analysiert
(Favaro et al., 2017).

Die Akzeptanz von AF und die damit verbundenen regulatorischen Veränderungen
sind in der HRI- Community beispiellos. Dies hat teilweise mit der Gefahr zu tun,
die AF für Menschen darstellen, aber auch mit ihrem hohen potenziellen Nutzen.
Man kann behaupten, dass AF die kommerziell erfolgreichste Form der Mensch-
Roboter-Interaktion sind. Die Interaktion zwischen AF, Fahrern und anderen Verkehrsteilnehmern bleibt jedoch schwierig.

Viele dieser Systeme erfordern eine effektive Mensch-Maschine-Schnittstelle für
den Fahrer des Fahrzeugs. Darüber hinaus benötigen selbstfahrende Autos Schnittstellen, die es ihnen ermöglichen, die Handlungen und Absichten anderer Verkehrsteilnehmer zu interpretieren, und das Auto muss seine Absichten gegenüber
anderen Verkehrsteilnehmern zum Ausdruck bringen können (Brown, 2017). Autofahrer verwenden eine breite Palette von Signalen, um anderen ihre Absichten
mitzuteilen. So kann zum Beispiel das Abbremsen vor einem Zebrastreifen den
Fußgängern signalisieren, dass sie wahrgenommen wurden und dass es sicher ist,
die Straße zu überqueren. Der Jaguar Land Rover entwickelte eine noch explizitere
Art der Kommunikation mit Fußgängern, indem er seine Autos mit „Kulleraugen"
versah, um Aufmerksamkeit zu signalisieren.

Die Interaktion mit dem Fahrer erfolgt nicht nur über die Schnittstelle des Fahrzeugs, sondern erfordert häufig auch, dass die autonome Technologie mitteilt, warum eine Entscheidung getroffen wurde. Koo et al. (2015) zeigen, dass eine Nachricht, die erklärt, „warum" eine Aktion durchgeführt wurde, wie z. B. automatisches
Bremsen, gegenüber einem System bevorzugt wird, das die Aktion lediglich meldet.

HRI-Studien können helfen, zu verstehen, wie Verkehrsteilnehmer und Passagiere
auf autonome Autos reagieren. Rothenbücher et al. (2016) stellen ein Paradigma
vor, bei dem ein Fahrer als Autositz getarnt ist, wodurch der Eindruck entsteht,
dass das Auto selbstfahrend ist (siehe Bild 11.17). Diese Täuschung ermöglicht
sorgfältig kontrollierte Studien darüber, wie Menschen selbstfahrende Autos wahrnehmen und auf sie reagieren, ohne dass ein vollständig selbstfahrendes Auto benötigt wird.

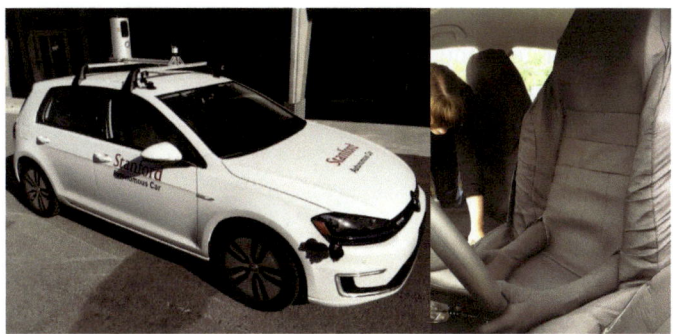

Bild 11.17 Attrappe eines selbstfahrenden Fahrzeugs, in dem der Fahrer als Autositz getarnt ist, um die Reaktionen der Menschen auf das Verhalten selbstfahrender Autos zu untersuchen (Quelle: Wendy Ju)

Die Partners for Automated Vehicle Education (PAVE) haben in ihrem Bericht 2020 gezeigt, dass die Amerikaner der aktuellen AF-Technologie skeptisch gegenüberstehen.[7] Auch hier sind unabhängige, klare und zuverlässige Informationen notwendig, um das Vertrauen der Öffentlichkeit in AF zu stärken. Kyle Loades, der Vorsitzende der National Roads and Motorists' Association, erklärte, dass der beste Weg, eine neue Technologie einzuführen und das Vertrauen der Nutzer zu gewinnen, über Versuche führt (National Roads and Motorists Association, 2018). Der Erfolg der Versuche kann natürlich nur bewertet werden, wenn die daraus resultierenden Daten offen geteilt werden.

■ 11.10 Ferngesteuerte Roboter

11.10.1 Anwendungen von ferngesteuerten Robotern

Es gibt mehrere Anwendungsbeispiele für ferngesteuerte Roboter. Roboter, die für die Erkundung von Planeten eingesetzt werden, verfügen über eine gewisse autonome Navigationsfähigkeit, darüber hinaus erhalten sie auch Befehle von menschlichen Operator auf der Erde. Packbot (Bild 11.18) ist ein Spähroboter, der im militärischen Bereich eingesetzt wird; ein menschlicher Operator steuert Packbot per Fernsteuerung, während er nach Minen sucht und so die Straße für Militärfahrzeuge freimacht. Auch bei einer Militäroperation kann ein menschlicher Operator eine Drohne während von einem weit entfernten Standort aus steuern. In Such-

---

[7] *https://pavecampaign.org/wp-content/uploads/2020/05/PAVE-Poll_Fact-Sheet.pSheet.pdf*

und Rettungsszenarien steuert ein Operator einen Roboter, der sich am Boden oder in der Luft bewegt, um eine in Not geratene Person zu finden.

Bild 11.18
Packbot (2016 – heute) (Quelle: Endeavor Robotics)

Abgesehen von militärischen Kontexten werden Drohnen auch im häuslichen (Obaid et al., 2020) oder pädagogischen Rahmen (Johal et al., 2022) eingesetzt, wobei solche Drohnen als „soziale Drohnen" (Baytas et al., 2019) bezeichnet werden, d. h. Drohnen, die autonom in Räumen tätig sind, die sie sich mit Menschen teilen. Auch im medizinischen Bereich ist die Teleoperation ein relevanter Anwendungsfall (Kattepur et al., 2022; Al Momin und Islam, 2022), z. B. bei der robotergestützten Chirurgie.

In diesen Teleoperationsszenarien muss ein menschlicher Operator in der Regel mit einem gewissen Maß an Autonomie des Roboters arbeiten. Ein Roboter kann selbstständig navigieren, aber der Operator muss unter Umständen Ziele für eine effiziente Nutzung vorgeben. Die Fähigkeit des Roboters, Risiken zu vermeiden (z. B. Kollisionen mit Hindernissen oder Angriffe durch eine feindliche Einheit), kann schlecht sein, sodass der Operator eingreifen muss, bevor die Roboter ernsthaft beschädigt werden.

 Soldaten haben berichtet, dass sie sehr an ihren Robotern hängen, obwohl diese ohne jegliche Fähigkeit zur sozialen Interaktion entwickelt wurden. Militärroboter haben Namen erhalten, wurden auf dem Schlachtfeld befördert und haben Ehrenmedaillen von ihren menschlichen Vorgesetzten erhalten (Garreau, 2007).

11.10.2 Mensch-Roboter-Teams

Je nach Komplexität der Aufgabe und dem Grad der Autonomie könnte ein Operator mehrere Roboter steuern, oder ein Roboter würde mehrere Operatoren benötigen, um ihn zu steuern. Solche Mensch-Roboter-Teams sind seit Langem ein Schwerpunkt in der Forschung zur Mensch-Roboter-Interaktion, typischerweise bei Robotern für Navigationsaufgaben, wobei das angemessene Maß an Autonomie und die effiziente Anzahl von Robotern und Menschen in einem Team untersucht wird (Goodrich et al., 2008). Zu diesen Studien gehören Studien zur gleichzeitigen Steuerung eines Roboterteams (Roboterschwärme), wie z. B. die gleichzeitige Erteilung eines Befehls an ein Team und die Steuerung einer Formation des Roboterteams.

In den letzten Jahren haben Studien über Mensch-Roboter-Teams begonnen, sich mit Robotern für die soziale Interaktion zu beschäftigen (Glas et al., 2011). Völlig autonome Roboter für eine kompetente soziale Interaktion sind immer noch ein eher futuristisches Szenario. Sobald jedoch einige schwierige Komponenten wie natürliches Sprachverständnis und Fehlerbehandlung von menschlichen Operatoren angegangen werden können, wird es realistischer, fähige teilautonome soziale Roboter in verschiedenen Alltagsszenarien zu verwenden. Für dieses Zukunftsszenario sind Studien über ein Mensch-Roboter-Team unerlässlich.

Operatoren interagieren mit ferngesteuerten Robotern über eine Benutzerschnittstelle (siehe Bild 11.19); hier gibt es viele allgemeine HRI-Probleme zu lösen, wie bei anderen Arten der Mensch-Roboter-Interaktion. Zum Beispiel muss das Robotersystem ein angemessenes Maß an Vertrauen vom Operator erlangen, nicht zu viel oder zu wenig. Auch ethische Fragen sind zu berücksichtigen. Wer ist zum Beispiel verantwortlich, wenn das autonome System versagt? Ist es ethisch vertretbar, ein System zu entwickeln, das ein solches Versagen der Autonomie zulässt?

Bild 11.19 Der Roboter T-HR3 (Stand 2017) kann über eine spezielle Benutzeroberfläche ferngesteuert werden (Quelle: Toyota)

Allgemein ist die Untersuchung der Teamdynamik, an der mehrere Roboter und Menschen beteiligt sind, von großer Bedeutung, da die HRI-Forschung meist Zweiergruppen untersucht, bei denen hauptsächlich ein Roboter mit einem Menschen interagiert. In öffentlichen Räumen, wie Einkaufszentren oder Museen, ist es jedoch wahrscheinlich, dass ein Roboter auf mehrere Menschen treffen wird. Dies bringt natürlich technische Herausforderungen für den Mensch-Roboter-Dialog mit sich (z. B. Erkennung von Personen, Abwechslung, gemeinsame Aufmerksamkeit). Die Arbeit von Jung et al. (2015) hat die unterstützende Rolle von Robotern bei der Entschärfung von Teamkonflikten untersucht und Licht in die longitudinale Entwicklung von Vertrauen in Mensch-Roboter-Teams gebracht (De Visser et al., 2020), für einen Überblick siehe (Sebo et al., 2020).

11.10.3 Telepräsenzroboter und Avatar-Roboter

Auch Telepräsenzroboter sind inzwischen auf dem Markt und können z. B. eingesetzt werden, um eine Präsentation an einem entfernten Ort zu halten oder mit Menschen an einem anderen Ort zu interagieren. Telepräsenzroboter gibt es in vielen Formen, von mechanisch über zoomorph bis hin zu sehr menschenähnlich. Es kann sich um Roboter mit Bildschirmen handeln, die virtuelle Charaktere darstellen, die denjenigen repräsentieren, der sie steuert. Ein solcher Roboter wird auch als „Avatar-Roboter" bezeichnet, da er das Alter Ego der Person darstellt, die ihn bedient, um an einem entfernten Ort an deren Stelle zu arbeiten. Avatar-Roboter können für verschiedene Anwendungen wie Kundendienst, Lernen, Unterhaltung und Gesundheitswesen eingesetzt werden, die in diesem Kapitel erläutert werden, und sie können auch für physische Aufgaben verwendet werden (siehe zum Beispiel Bild 11.19). Im „Dawn – Avatar Robot Cafe" in Tokio interagieren Mitarbeiter mit körperlichen Behinderungen mit den Kunden, indem sie die humanoiden Präsenzroboter OriHime und OriHime-D (Bild 11.20) (Kamino und Šabanović, 2023) fernbedienen.

. Jüngste Forschungen an einem halbautonomen Geminoid-Roboter, dem Androiden ERICA (Kubota et al., 2022), haben gezeigt, dass Gesprächspartner sogar ihre Einstellungen an die des Roboters anpassen, den sie teleoperieren. Der Einsatz von physisch verkörperten Telepräsenzrobotern anstelle von Videokonferenzsystemen kann besonders in Bildungseinrichtungen nützlich sein, wenn ein Schüler aufgrund von Krankheit abwesend ist (Fitter et al., 2018; Newhart et al., 2016). Zudem können sie das Lernen über große Entfernungen unterstützen (Schouten et al., 2022).

Bild 11.20
OriHime-Roboter werden von Menschen mit
Behinderungen ferngesteuert, die auf den
Namensschildern der Roboter abgebildet
sind (Quelle: Waki Kamino)

■ 11.11 Zukünftige Anwendungen

Viele der in diesem Kapitel vorgestellten Anwendungen sind bereits heute verfügbar. Mit der Weiterentwicklung der Technologien werden jedoch auch andere Arten zukünftiger Anwendungen entstehen. So stellen sich Forscher vor, dass Alltagsgeräte stärker automatisiert und vernetzt werden können, z. B. als Netzwerk von Geräten in einem Smart Home. Mehrere Forschungsgruppen stellen sich auch vor, dass einzelne Roboter Schnittstellen für solche Smart Homes bereitstellen können (Bernotat et al., 2016). Forscher haben auch begonnen zu untersuchen, wie Menschen auf Robotermöbel und -geräte reagieren könnten. Sirkin et al. (2015) untersuchten, wie eine Roboter-Sitzbank mit Menschen interagieren sollte, und untersuchten auch die Interaktionen mit einer interaktiven Kommode. Yamaji et al. (2010) entwickelten eine Reihe sozialer Abfalleimer, die soziale Signale wie Annäherung und Verbeugung nutzen, um Menschen zum Wegwerfen ihres Mülls zu motivieren; sie entwickelten auch eine Reihe von Robotergeschirr, das von einem Nutzer durch Klopfen auf den Tisch herbeigerufen werden kann. Osawa et al. (2009) untersuchten, wie Menschen darauf reagieren, wenn Haushaltsgeräte anthropomorphisiert werden, z. B. wenn ein Kühlschrank mit Augen oder ein Drucker mit einem Mund ausgestattet wird, sodass er mit dem Benutzer sprechen kann.

Künftige Entwicklungen von Robotern werden wahrscheinlich auch die Fähigkeiten in bestehenden Anwendungsbereichen erweitern. Zum Beispiel werden jetzt Pflegeroboter entwickelt, die nicht nur als Begleiter fungieren, sondern auch das Verhalten und den Gesundheitszustand ihrer Nutzer überwachen (z. B. Autom) und möglicherweise auch bei Aufgaben des täglichen Lebens helfen (z. B. Care-O-Bot). Lernroboter könnten eine aktivere Rolle bei der Nachhilfe übernehmen, insbesondere in Bereichen wie dem Lernen von Zweitsprachen (Belpaeme et al., 2015). In Anlehnung an datenbasierte Anwendungen in anderen Bereichen könnten Roboter auch ihre interaktiven Fähigkeiten nutzen, um verschiedene Arten von Informationen über Nutzer zu sammeln. Es ist zu erwarten, dass die Erfassungs- und Interaktionsfähigkeiten von Robotern in unserem Lebensumfeld immer weiter verbreitet sein werden, indem sie über verschiedene Alltagsgeräte mit uns in Kontakt treten, die nicht unbedingt als Roboter wahrgenommen werden.

■ 11.12 Probleme der Roboteranwendung

Es gibt verschiedene Probleme, die eine erfolgreiche Markteinführung auf dem kommerziellen Markt und als Anwendungen im täglichen Leben verhindern könnten. Dazu gehört, dass das Design von Robotern zu falschen und schließlich enttäuschten Erwartungen führen kann, dass man sich zu sehr auf Roboter verlässt und nach ihnen süchtig wird, dass Roboter falsch eingesetzt und missbraucht werden und dass die Beschäftigung mit Robotern die Aufmerksamkeit der Menschen von anderen Problemen ablenkt.

11.12.1 Öffentlichkeitsarbeit

Eine beträchtliche Anzahl von sozialen Robotern scheint derzeit keinen praktischen Nutzen zu haben. Bestenfalls sind sie Kommunikationsplattformen, wie z. B. Pepper. Manchmal beginnen Unternehmen mit der Entwicklung oder dem Einsatz von Robotern alleine aus dem Grund, der Eigenwerbung. Die Wahrnehmung, im Bereich der Roboter, der künstlichen Intelligenz oder der Kryptowährungen aktiv zu sein (Sie können diese Liste gerne mit den neuesten technologischen Schlagwörtern ergänzen), reicht für einige Unternehmen aus, um sich mit den entsprechenden Technologien zu beschäftigen. NTT hat beispielsweise eine Tochtergesellschaft namens „NTT Disruption" gegründet, die den gescheiterten Roboter Jibo gekauft hat (siehe Bild 11.13). Das traditionelle japanische Telekommunikationsunternehmen ist nicht das einzige Unternehmen, das versucht, Investoren zu begeistern. XPeng, ein chinesischer Hersteller von Elektrofahrzeugen, hat ein fahrbares Roboter-Unikat entwickelt. Kawasaki hat seine eigene reitbare Roboter-Ziege namens „Bex". Auch wenn es Spaß macht, auf ihr zu reiten, kann man die Roboter-Ziege kaum als praktisches Fortbewegungsmittel bezeichnen.

Es sind nicht nur Technologieunternehmen, die sich mit Roboter-PR beschäftigen. Viele Unternehmen kaufen Roboter, ohne einen praktischen Nutzen für sie zu haben. Der internationale Flughafen in Christchurch beispielsweise hat mehrere Pepper-Roboter gekauft, ohne sich einen praktischen Nutzen davon zu versprechen. Sie werden als glorifizierte Boomboxen eingesetzt, die immer wieder die gleichen Informationen abspielen, ohne mit den Passagieren zu interagieren.

Marketing an sich hat bereits eine Funktion in unserer Gesellschaft. Es ist wichtig, die Aufmerksamkeit potenzieller Kunden und Klienten zu erregen. Aber das Geschäft mit der Aufmerksamkeit ist schnelllebig und unerbittlich. Eine Fernsehwerbung zum Beispiel hat eine kurze Lebensdauer. Das Henn na Hotel in Tokio wurde 2015 eröffnet, und seine Hauptattraktion waren seine robotergesteuerten Mitarbeiter. Dies mag zwar anfangs Besucher angezogen haben, aber die Neuheit ließ nach, und 2019 wurde die Anzahl der Robotermitarbeiter um die Hälfte reduziert, um die Betriebskosten zu senken.

Die Entwicklung von Robotern ist schwierig und braucht Zeit. Die Öffentlichkeitsarbeit kann zwar die Aufmerksamkeit und die Finanzen ankurbeln, ist aber eine sehr unzuverlässige Grundlage für den Aufbau einer roboterunterstützten Zukunft.

11.12.2 Berücksichtigung der Nutzererwartungen

Nutzer gehen oft mit bestimmten Erwartungen in die Interaktion mit Robotern, die oft auf bestimmte Vorstellungen von Robotern in den populären Nachrichtenmedien, in der Fiktion oder auf die Versprechen der Roboterwerbung zurückzuführen sind. Auch das Design und die Präsentation von Robotern können bei den Nutzern bestimmte Erwartungen wecken. Wenn ein Roboter z. B. auf Englisch spricht, erwarten die Benutzer wahrscheinlich, dass er die englische Sprache versteht. Je menschenähnlicher der Roboter aussieht, desto mehr menschliche Fähigkeiten werden von ihm erwartet. Der Preis für enttäuschte Benutzererwartungen kann sein, dass der Roboter als inkompetent wahrgenommen wird und die Menschen deshalb weniger bereit, ihn zu nutzen. Paepcke und Takayama (2010) zeigten, dass es jedoch möglich ist, die Erwartungen der Nutzer zu steuern, indem die Fähigkeiten des Roboters realistisch beschrieben werden; tatsächlich ist es besser, die Erwartungen niedriger statt höher anzusetzen. Die Erwartungen der Nutzer können auch durch das Design gesteuert werden. So sind viele soziale Roboter mit einem kindlichen Aussehen ausgestattet, um die Erwartungen zu senken und die Fehlertoleranz zu erhöhen (Hegel et al., 2010).

11.12.3 Abhängigkeit

Es besteht die Befürchtung, dass Roboter und insbesondere soziale Roboter die Menschen zu sehr von der sozialen und physischen Interaktion abhängig machen werden, die Robotergeräte bieten. Man kann sich leicht eine Zukunft vorstellen, in der einige Menschen Roboter als Interaktionspartner, vielleicht sogar als Lebenspartner, den Menschen vorziehen (Borenstein und Arkin, 2019). Ein weniger extremes Szenario wäre, dass Roboter bei einigen Interaktionen dem Menschen vorgezogen werden. Obwohl dies nicht unbedingt ein Grund zur Sorge ist – viele Menschen ziehen bereits den Online-Einkauf einem Besuch im Laden vor – sollten wir uns vor den negativen Folgen des Ersatzes sozialer menschlicher Interaktion durch soziale „Roboter"-Interaktion hüten. Eine Befürchtung ist, dass Roboter die Freundschaft anbieten, ein Zustand, der für den Roboter natürlich künstlich ist, vom menschlichen Nutzer aber als echt empfunden werden könnte (Elder, 2017). Gespräche mit einem Roboter könnten angenehm, ja sogar kathartisch sein, aber es besteht die Gefahr, dass der Roboter sich dem Nutzer anpasst und eine angenehme Interaktion anbietet, sodass sich der Nutzer zu sehr auf den Roboter verlässt und die Gesellschaft des Roboters sucht. Da Roboter höchstwahrscheinlich bis zu einem gewissen Grad von Unternehmen kontrolliert werden, besteht die Befürchtung, dass Abhängigkeit und vielleicht sogar Sucht eine gefragte Eigenschaft von Robotern sein wird. Bei der Entwicklung von Robotern sollten Lehren aus unserer Interaktion mit vernetzten Geräten gezogen werden (Turkle, 2016).

 Gazzaley und Rosen (2016) bieten eine interessante Lektüre über die „dunkle Seite" unseres Hightech-Zeitalters.

11.12.4 Stehlen der Aufmerksamkeit

Wie bereits bei mobilen Geräten zu beobachten ist, zieht die Technologie unsere Aufmerksamkeit auf sich, und auch Roboter könnten einen „Aufmerksamkeitsdiebstahl" verursachen. Die neurowissenschaftliche Forschung hat gezeigt, dass unsere Aufmerksamkeit durch Bewegung und Geräusche erregt wird, und dies wird noch verstärkt, wenn die Geräusche und Bewegungen lebensecht und sozial sind (Posner, 2011). Roboter stellen eine einfache Möglichkeit dar, die Aufmerksamkeit zu stehlen, entweder unabsichtlich oder absichtlich. Bei der Entwicklung und dem Einsatz von Robotern sollte darauf geachtet werden, dass der Roboter über einen Mechanismus verfügt, mit dem er erkennen kann, wann er sich nicht mit dem Nutzer auseinandersetzen oder durch seine Handlungen die Aufmerksamkeit auf sich ziehen sollte, auch wenn dies nicht beabsichtigt ist. Dies sollte insbesondere in Fällen geschehen, in denen der Roboter die Aufmerksamkeit von einem menschlichen Interaktionspartner ablenken könnte.

11.12.5 Verlust des Interesses durch den Nutzer

In der HRI-Literatur wird häufig der sogenannte Neuheitseffekt diskutiert, der besagt, dass Menschen einer neuartigen Entität mehr Aufmerksamkeit schenken und eine Vorliebe für die Nutzung dieser Entität zeigen, weil sie ungewohnt ist; solche Effekte sind jedoch in der Regel nicht von langer Dauer (Kanda et al., 2004; Koay et al., 2007b). Forscher haben verschiedene Roboteranwendungen in Forschungskontexten getestet und festgestellt, dass der Neuheitseffekt zwischen einigen Minuten und höchstens ein paar Monaten anhielt. Selbst wenn ein einmaliges Experiment positive Ergebnisse in Bezug auf die Leistung und Bewertung eines Roboters zeigt, können wir daher nicht sicher sein, dass der positive Effekt auch langfristig anhält. Es sind Längsschnittstudien erforderlich, um weitere Beweise für positive HRI im Laufe der Zeit zu erbringen. Ein wichtiges Ziel ist es, Roboter in die Lage zu versetzen, das Interesse der Nutzer über einen längeren Zeitraum und über mehrere Interaktionen hinweg aufrechtzuerhalten (Tanaka et al., 2007; Kidd und Breazeal, 2007; Kanda et al., 2007b).

11.12.6 Ausnutzung und Missbrauch von Robotern

Eines von Asimovs Gesetzen für die Robotik besagt, dass ein Roboter niemals einem Menschen Schaden zufügen oder zulassen darf, dass ihm Schaden zugefügt wird. Dies scheint zwar eine Notwendigkeit zu sein, um das Vertrauen zu gewinnen, das die Menschen brauchen, um zu akzeptieren, dass Roboter in ihren Alltag eindringen, aber es kann auch den unbeabsichtigten Nebeneffekt haben, dass Menschen versuchen, diese Regel auszunutzen. Wenn jeder weiß, dass selbstfahrende Autos automatisch ausweichen, wenn ihnen der Weg abgeschnitten wird, wird man sie dann überhaupt einfädeln lassen? Wenn ein patrouillierender Roboter so programmiert ist, dass er Körperkontakt vermeidet (damit der Mensch dabei nicht verletzt wird), wie genau soll er dann einen Einbrecher daran hindern, wegzulaufen? Tests mit selbstfahrenden Autos haben bereits gezeigt, dass Menschen die Tendenz des Roboters, Konflikte zu vermeiden, ausnutzen werden (Liu et al., 2020). Analysen von Interaktionen zwischen Menschen und Chatbots zeigen, dass Nutzer versuchen, den Chatbot zu sexuellen Rollenspielen zu bewegen (siehe z. B. Brahnam und De Angeli, 2012; Keijsers et al., 2021), obwohl der Chatbot in diesem Fall nicht für diesen Zweck vorgesehen ist und nicht entsprechend reagieren kann.

Wenn man dieses Verhalten auf die Spitze treibt, stößt man auf das Problem des Robotermissbrauchs. Verschiedene Wissenschaftler haben festgestellt, dass eine kleine, aber weit verbreitete Minderheit von Menschen in negativer Weise mit Robotern umgeht, wenn diese unbeaufsichtigt sind. Diese Tendenz wurde in verschiedenen Ländern und auf verschiedenen Kontinenten beobachtet: z. B. in Japan (Brscić et al., 2015), Südkorea (Salvini et al., 2010), den Vereinigten Staaten (Vincent, 2017; Mosbergen, 2015) und Dänemark (Rehm und Krogsager, 2013). Obwohl Kinder besonders anfällig für Mobbing von Roboter zu sein scheinen (siehe Bild 11.21), vermutlich aufgrund ihrer starken Neigung zur Anthropomorphisierung und als Teil der Entwicklung ihrer sozialen Fähigkeiten, wurden auch Erwachsene beim Treten, Schlagen und Beschimpfen von Robotern beobachtet.

Bild 11.21
Kind, das in einem Einkaufszentrum einen Roboter tritt

Das missbräuchliche Verhalten, das im Allgemeinen an den Tag gelegt wird, hat mehr Ähnlichkeit mit Einschüchterung und Mobbing als mit Vandalismus. Dies ergibt Sinn, wenn man bedenkt, dass Roboter von Menschen als soziale Agenten anerkannt werden. Die genaue Motivation, warum Menschen Roboter schikanieren, wurde noch nicht herausgefunden, obwohl Frustration (Mutlu und Forlizzi, 2008), Unterhaltung (Rehm und Krogsager, 2013) und Neugier (Nomura et al., 2016) eine Rolle spielen könnten.

Der Missbrauch von Robotern wirft eine Reihe von Problemen auf. Es liegt auf der Hand, dass ein Roboter, der wiederholt angegriffen wird (wie z. B. Salvini et al., 2010; Mosbergen, 2015), beschädigt werden kann und ersetzt oder repariert werden muss; für diese Zeit ist er nicht in der Lage, seine Aufgaben zu erfüllen. In ähnlicher Weise hindert ein Hindernis (wie von Brscić et al., 2015; Mutlu und Forlizzi, 2008) einen Roboter daran, die Aufgaben auszuführen, die er ausführen muss, um nützlich zu sein. Darüber hinaus kann ein Angriff (Vincent, 2017) oder sich vor einen sich bewegenden Roboter zu stellen (Liu et al., 2020; Brscić et al., 2015) zu einer Kollision führen, die nicht nur den Roboter, sondern auch die beteiligten Menschen schädigen kann. Verbale Beschimpfungen, auch wenn sie vielleicht nicht direkt die Aufgabe stören, können Umstehende stören und ihnen Unbehagen bereiten. Leider hat sich gezeigt, dass missbräuchliches Verhalten bemerkenswert hartnäckig ist. Es hat sich gezeigt, dass verbale Zurechtweisungen oder Aufforderungen der Roboter, damit aufzuhören, wenig Wirkung zeigen. Das Abschalten, bis der Missbrauch aufhört (Ku et al., 2018), oder das Weglaufen vor den Tyrannen (Brscić et al., 2015) waren einigermaßen erfolgreich, aber diese Methoden sind möglicherweise nicht immer durchführbar. Aktives Eingreifen von Unbeteiligten hat sich sowohl in Feldstudien (Salvini et al., 2010; Rehm und Krogsager, 2013) als auch in experimentellen Settings (Tan et al., 2018) als unwahrscheinlich erwiesen. Der Bereich HRI wird weiterhin die Motivation hinter diesen menschlichen Verhaltensweisen und deren wirksame Verhinderung erforschen müssen, damit Roboter ihre Aufgaben in der Gesellschaft effektiv erfüllen können.

■ 11.13 Schlussfolgerung

Die Roboterindustrie wächst (Haegele, 2016), aber viele der auf dem Markt erhältlichen Roboter verfügen noch immer nur über begrenzte soziale Interaktionsmöglichkeiten, z. B. Haustierroboter und Serviceroboter. Auf dem Gebiet der Navigation wurden große Fortschritte erzielt, wie Anwendungen wie Lieferroboter und selbstfahrende Autos zeigen. Vor dem Einsatz solcher Technologien müssen empirische Forschungs- und Bewertungsstudien durchgeführt werden, um die neuen Technologien zu testen und zu validieren und sie zur Marktreife zu bringen. Mit mehr Forschung in offenen, realen Kontexten ist es wahrscheinlich, dass Forscher neue Anwendungskonzepte für Roboter entwickeln und neue Nischen finden, die bestehende Robotertechnologien erfolgreich besetzen können.

Diskussionsfragen

- Versuchen Sie, sich einige zukünftige Anwendungen auszudenken, die in diesem Kapitel noch nicht erwähnt wurden. Beschreiben Sie für jede Anwendung, die Ihnen in den Sinn kommt, kurz mögliche technische Probleme und Lösungen.
- Nehmen wir an, Sie wären in der Lage, die technischen Lösungen für Ihre Anwendungen vorzubereiten. Denken Sie über das Marktpotenzial nach: Wer sind die anvisierten Nutzer, wie teuer werden Ihre Roboter sein und welche Verbraucher wären bereit, die entsprechenden Roboter zu kaufen?
- Angenommen, Ihre Anwendungen sind erfolgreich, was die technische Vorbereitung und den potenziellen Markt betrifft. Welche Probleme könnten sie verursachen? Wie würden Sie solche Probleme vermeiden oder zumindest verringern?

■ 11.14 Übungen

Die Antworten auf diese Fragen finden Sie in Kapitel 14.

Übung 49   Anwendungsbereiche

Welche Rolle werden Sozialroboter wahrscheinlich im Bildungsbereich spielen? Wählen Sie eine oder mehrere Optionen aus der folgenden Liste aus:

1. Plattform zum Programmieren lernen

2. Hausmeister

3. Student

4. Tutor

5. Belehrbarer Agent

6. Direktor

Übung 50   Anwendungsbereiche

In welchen Anwendungsbereichen werden soziale Roboter voraussichtlich einen starken Einfluss haben? Wählen Sie eine oder mehrere Optionen aus der folgenden Liste aus:

1. Politik

2. Reinigung

3. Militär

4. Therapie von psychischen Erkrankungen

5. Führungen

6. Einbruch

Übung 51   Autonome Fahrzeuge

Welche Vorteile werden autonome Fahrzeuge für die Gesellschaft bringen? Wählen Sie eine oder mehrere Optionen aus der folgenden Liste aus:

1. Verringerung der Verkehrsüberlastung

2. Menschen mit Behinderungen das Fahren ermöglichen

3. älteren Menschen das Fahren ermöglichen

4. Senkung der Fahrzeugpreise

5. besseres Miteigentum an Autos ermöglichen

6. Kinder zum Fahren befähigen

7. Senkung des Kraftstoffpreises

8. Fahrgeschwindigkeit erhöhen

9. Senkung des Stromverbrauchs

10. Verbesserung der Verkehrssicherheit

11. Erhöhung der Anzahl der Fahrzeuge auf der Straße

12. Reduzierung der Emissionen

13. Erhöhung der Anzahl der Farben für Autos

Übung 52   Roboter und ihre Anwendungen

Wählen Sie die zutreffenden Aussagen aus der folgenden Liste aus:

1. BellaBot ein Lieferroboter.

2. PackBot ist ein Lieferroboter.

3. K5 ist ein Reinigungsroboter.

4. Jibo ist ein teleoperierter Roboter.

5. Roomba ist ein Reinigungsroboter.

Übung 53   Abhängigkeiten

Menschen missbrauchen keine Roboter. Richtig oder falsch?

1. Richtig

2. Falsch

Weiterführende Literatur

- International Federation of Robotics: World Robotics Report. (Teil eins des Reports ist frei zugänglich unter: *https://ifr.org/free-downloads/*)
- Joost Broekens, Marcel Heerink, Henk Rosendal, et al.: Assistive social robots in elderly care: A review. In: Gerontechnology, 8 (2): 94–103, 2009.
- Martin Ford: The rise of the robots. Technology and the threat of mass unemployment. Oneworld Publications, London 2015.
- Iolanda Leite, Carlos Martinho und Ana Paiva. Social robots for long-term interaction: A survey. In: International Journal of Social Robotics, 5 (2): 291–308, 2013.
- Illah Reza Nourbakhsh. Robot futures. MIT Press, Cambridge, MA 2013.
- Tony Belpaeme, James Kennedy, Aditi Ramachandran, Brian Scassellati, und Fumihide Tanaka. Social robots for education: A review. In: Science Robotics, 3 (21): eaat5954, 2018.

12 Roboter in der Gesellschaft

Was in diesem Kapitel behandelt wird

- Der Einfluss der Medien auf die Forschung zur Mensch-Roboter-Interaktion.
- Stereotypen von Robotern in den Medien.
- Positive und negative Visionen von HRI.
- Ethische Überlegungen bei der Konzeption einer HRI-Studie.
- Ethische Fragen zu Robotern, die die emotionalen Bedürfnisse eines Nutzers erfüllen.
- Die Dilemmata, die mit dem Verhalten gegenüber Robotern verbunden sind (z. B. das Recht von Robotern auf eine moralische Behandlung).
- Die Frage der Arbeitsplatzverluste infolge der zunehmenden Zahl von Robotern in der Arbeitswelt.

Die Diskussion über Roboter in der Gesellschaft wirft häufig Fragen darüber auf, wie wir uns Roboter in der Gegenwart und Zukunft vorstellen und welche sozialen und ethischen Konsequenzen der Einsatz von Robotern in verschiedenen Aufgaben und Kontexten hat. Forscher, Medien und die Öffentlichkeit streiten darüber, wie Roboter unsere Wahrnehmung von und unsere Interaktion mit anderen Menschen beeinflussen werden, welche Folgen neue Robotertechnologien für die Arbeitsteilung und die Arbeitsbeziehungen haben werden und was als sozial und ethisch angemessener Einsatz von Robotern angesehen werden sollte. Diese Art der Erforschung ist für den Bereich der Mensch-Roboter-Interaktion von entscheidender Bedeutung, da das Verständnis der gesellschaftlichen Bedeutung und der Konsequenzen der MRT-Forschung sicherstellen wird, dass neue Robotertechnologien unseren gemeinsamen sozialen Werten und Zielen entsprechen. Um zu verstehen, wie sich Roboter in die Gesellschaft einfügen könnten, betrachten wir HRI aus der Perspektive der Kultur und der Erzählungen, Werte und Praktiken, die den Kontext und die Werkzeuge liefern, mit denen die Menschen der Welt um sie herum und den Robotern, die sie teilen werden, einen Sinn geben.

In diesem Kapitel befassen wir uns mit Robotern in der Belletristik und im Film (Abschnitt 12.1), zwei Aspekten der Populärkultur, die besonders starke Auswirkungen darauf haben, wie wir uns die Robotertechnologie in der Gesellschaft vorstellen. In Abschnitt 12.2 betrachten wir ethische Bedenken hinsichtlich der Einführung und Nutzung von Robotern in der Gesellschaft, um darüber nachzudenken, wie unsere Werte und Prioritäten bei der Gestaltung der Mensch-Roboter-Interaktionen der Zukunft berücksichtigt werden sollten.

In den letzten Jahren hat man sich auch verstärkt auf die Berücksichtigung von Vielfalt und Inklusion in der HRI konzentriert – in Bezug auf die Berücksichtigung inklusiverer Roboterdesignpraktiken, die Arbeit mit einem breiteren Spektrum an demografischen Gruppen in Nutzerstudien und die Berücksichtigung der potenziellen Auswirkungen des Robotereinsatzes und der Nutzung mit unterschiedlichen Interessengruppen in verschiedenen Anwendungsfällen.

■ 12.1 Roboter in populären Medien

Welche Filme sind in letzter Zeit bei Publikum und Kritikern beliebt? Gibt es eine Fernsehserie, die sich viral verbreitet hat, oder eine Folge, über die alle reden? Enthielt einer dieser Filme zufällig Roboter? Wenn ja, wie wurden diese Maschinen dargestellt? Ein Blick in die Literatur und andere Medien zeigt, dass Roboter schon immer ein „heißes Thema" für Science-Fiction-Autoren und begeisterte Verbraucher waren.

Historische Geschichten über künstliche menschliche Wesen, wie den Golem in der jüdischen Folklore, gibt es schon seit Hunderten von Jahren. Karel Čapek war der erste Autor, der das Wort „Roboter" in seinem Theaterstück *R.U.R.-Rossum's Universal Robots* verwendete, das 1921 uraufgeführt wurde (siehe Bild 12.1). Darin übernehmen Roboter die Welt und töten fast alle Menschen. Zwei Roboter beginnen jedoch, Gefühle füreinander zu entwickeln, und der letzte verbliebene Mensch betrachtet sie als die neuen Adam und Eva. Isaac Asimov wiederum prägte den Begriff „Robotik" als Studienrichtung sowie den noch zu realisierenden Bereich der Roboterpsychologie, der sich in gewisser Weise mit der Mensch-Roboter-Interaktion überschneidet. Die Vorstellung von Robotern, die sich mit Menschen anfreunden und der Gesellschaft helfen, steht im Mittelpunkt der Nachkriegserzählung von Osamu Tezukas *Astro Boy*, einem Roboterjungen, der in einer Familie lebt, ein Herz hat und seinen menschlichen Freunden hilft. Einige Robotikprojekte wie der humanoide HRP-2 lassen sich von fiktionalen Erzählungen inspirieren – in diesem Fall sind nicht nur die Funktionen des Roboters, der Menschen bei Bauarbeiten, dem Bewegen von Objekten und anderen physischen Aufgaben hilft, von der Manga-Serie *Patlabor* inspiriert, sondern auch sein Aussehen wurde von Yutaka Izubuchi entworfen, dem Designer der mechanischen Animation für die Manga- und Anime-Serie (Kaneko et al., 2004).

Bild 12.1
Szene aus Čapeks Thea-
terstück: Roboter, die
sich gegen ihre mensch-
lichen Herren auflehnen

Erinnern Sie sich an die Zeit, als Sie zum ersten Mal von Robotern gehört haben.
Diese erste Begegnung mit einem Roboter war wahrscheinlich eine Begegnung auf
dem Bildschirm. Computergrafiken können heutzutage fast alles visualisieren;
daher können die Darstellungen von Robotern in Filmen ziemlich fantastisch sein.
In Filmen wurden zum Beispiel Roboter gezeigt, die mithilfe der Antigravitation
schweben. In der Realität gibt es nur wenig Verwendung für solche Roboter-Hard-
warefunktionen. Roboter wurden in allen Arten von künstlerischen Ausdrucksformen dargestellt, z. B. in Büchern, Filmen, Theaterstücken und Computerspielen.
Solche Darstellungen in den Medien prägen unsere Wahrnehmung und unser Verständnis von Robotern und können daher unsere Ansichten verzerren, insbesondere, weil dies die einzigen Erfahrungen sind, die die meisten Menschen mit Robotern machen. Wir befinden uns an einem interessanten Punkt, an dem einerseits
immer mehr Roboter in unseren Alltag einziehen werden, andererseits aber fast
alles, was wir über Roboter wissen, aus den Medien stammt. Diese Kluft zwischen
den durch Science-Fiction geschürten Erwartungen und den tatsächlichen Fähigkeiten von Robotern führt oft zu Enttäuschungen, wenn Menschen mit Robotern
interagieren. Deshalb ist es wichtig, sich mit der Darstellung von Robotern in den
populären Medien zu befassen und solche Darstellungen zu berücksichtigen, wenn
wir Roboter für die Öffentlichkeit entwerfen und sie ihr präsentieren.

 Wir müssen zugeben, dass es uns nicht möglich war, jeden Roboter zu berücksichtigen, der in jedem Buch, Film, Computerspiel, Zeitungsartikel oder Theaterstück
erwähnt wird. Dennoch lassen sich aus den mehr oder weniger klassischen Beispielen einige gültige Schlussfolgerungen ziehen, die wir im Folgenden wiederholen
werden.

12.1.1 Roboter wollen Menschen sein

In vielen Erzählungen werden Roboter so dargestellt, als wollten sie wie Menschen sein, obwohl sie den Menschen z. B. in Bezug auf Stärke und Rechenleistung überlegen sind. So ist der Wunsch, ein Mensch zu werden, der zentrale Handlungsstrang in Isaac Asimovs *Der 200 Jahre Mann*, in dem ein Roboter namens Andrew Martin den lebenslangen Plan verfolgt, als Mensch anerkannt zu werden (Asimov, 1976). Das Buch diente als Grundlage für den gleichnamigen Film, der 1999 in die Kinos kam. Andrew Martin wird nicht nur körperlich immer menschenähnlicher, sondern kämpft auch einen juristischen Kampf, um den vollen Rechtsstatus zu erlangen. Er ist sogar bereit, die Sterblichkeit in Kauf zu nehmen, um den vollen Rechtsstatus zu erlangen.

Andere Roboter, wie der Replikant Rachael in dem Film *Blade Runner* nach dem Buch von Philip K. Dick, sind sich nicht einmal der Tatsache bewusst, dass sie Roboter sind (Dick, 2007). Das Gleiche gilt für einige der menschenähnlichen Zylonen in der Fernsehserie *Battlestar Galactica* von 2004.

Im Gegenteil, ein Paradebeispiel für eine Roboterfigur, die sich ihrer roboterhaften Natur bewusst ist, ist Mr. Data aus der Fernsehserie *Raumschiff Enterprise – Das nächste Jahrhundert*. Mr. Data ist stärker als ein Mensch, verfügt über mehr Kommunikationsfähigkeiten als ein Mensch und braucht weder Schlaf noch Nahrung oder Sauerstoff. Dennoch ist diese Figur so angelegt, dass sie den Wunsch hat, menschenähnlicher zu werden. Der Schlüsselaspekt, der Mr. Data von den Menschen unterscheidet, ist jedoch sein Mangel an Emotionen. Auch in Steven Spielbergs Film *A. I. - Künstliche Intelligenz* (basierend auf der Kurzgeschichte *Super-Toys Last All Summer Long* von Brian Aldiss) haben Roboter keine Emotionen (Aldiss, 2001), was Professor Allen Hobby dazu veranlasst, den Protagonisten Roboter David mit der Fähigkeit zu lieben zu bauen. Ebenso haben Science-Fiction-Autoren Emotionen als eine Eigenschaft betrachtet, die allen Robotern fehlen würde. In der Realität wurden jedoch bereits mehrere computergestützte Systeme zur Spiegelung von Emotionen erfolgreich eingesetzt. Die Computerprogramme, die das sogenannte OCC-Modell der Emotionen (Ortony et al., 1988) umsetzen, sind ein gutes Beispiel dafür. Der Versuch, Roboter mit Emotionen auszustatten, um sie menschlich zu machen, ist daher ein archetypischer Handlungsstrang.

Eine subtilere Variante dieser Erzählung betrifft die Einbeziehung einer Kontrolle oder eines Schauplatzes für Ehrlichkeit und Humor, wie sie in den Robotern aus dem Film *Interstellar* dargestellt wird. Der folgende Dialog zwischen Cooper, dem Kapitän eines Raumschiffs, und dem TARS-Roboter wird deutlich:

Cooper: Hey, TARS, was ist dein Ehrlichkeitsparameter?

Tars: Neunzig Prozent.

Cooper: Neunzig Prozent?

Tars: Absolute Ehrlichkeit ist nicht immer die diplomatischste und sicherste Form der Kommunikation mit emotionalen Wesen.

Cooper: Okay, das sind neunzig Prozent.

Auch wenn Roboter selbst keine Emotionen haben, werden sie mit Menschen interagieren müssen, die Emotionen haben, und daher müssen sie diese verarbeiten und sogar ihr rationales Verhalten entsprechend anpassen.

Die genannten klassischen Beispiele aus dem zeitgenössischen Film sind nur die Spitze des Eisbergs, aber sie veranschaulichen den ständigen Wunsch des Menschen, sich mit übermenschlichen Wesen zu vergleichen. Vor hundert Jahren gab es jedoch bereits Maschinen, die leistungsfähiger waren als die Menschen, auch wenn es sich dabei um körperliche und nicht um geistige Kräfte handelte. Am 11. Mai 1997 gewann der IBM-Computer „Deep Blue" die erste Schachpartie gegen den damaligen Weltmeister. Im Jahr 2011 gewann der IBM-Computer Watson als Kandidat in der Quizshow *Jeopardy*. Im Jahr 2017 besiegte Googles DeepMind AlphaGo den weltbesten Go-Spieler Ke Jie. Angesichts dieser Fortschritte ist es leicht vorstellbar, dass Roboter in Zukunft sowohl stark als auch intelligent sein werden und den Menschen in eine unterlegene Position bringen. Gleichzeitig sind Computer und Roboter in begrenzten Aufgabenbereichen erfolgreich, sodass der Mensch durch seine Fähigkeit zur Anpassung und Verallgemeinerung an unterschiedliche Aufgaben und Kontexte im Vorteil sein könnte. In fiktionalen Erzählungen können wir die Folgen dieser und anderer Möglichkeiten bequem vom Sofa aus erkunden.

12.1.2 Roboter als Bedrohung für die Menschheit

Ein weiterer archetypischer Handlungsstrang, der in der Fiktion immer wieder auftaucht, ist der eines Roboteraufstands. Kurz gesagt, die Menschheit baut intelligente und starke Roboter. Die Roboter beschließen, die Weltherrschaft zu übernehmen und alle Menschen zu versklaven oder zu töten, um sich die Ressourcen zu sichern (Barrat, 2015). Das bereits erwähnte Originalstück von Karel Čapek führte diese Erzählung ein. Um auf das Beispiel von Mr. Data zurückzukommen: Er hat einen Bruder namens Lore, der einen Emotions-Chip besitzt. Lore folgt dem Weg, nicht wie ein Mensch sein zu wollen, sondern stattdessen die Menschheit zu versklaven. Weitere bekannte Beispiele sind *Terminator* (Cameron, 1984) (siehe Bild 12.2), die Zylonen in *Battlestar Galactica*, die Maschinen im Film *Matrix* und die Roboter des Films *I, Robot* (2004), der auf dem gleichnamigen Buch von Isaac Asimov (Asimov, 1991) basiert. Asimov prägte den Begriff „Frankenstein-Komplex", um die Vorstellung zu beschreiben, dass Roboter die Welt erobern würden.

Bild 12.2
Der Terminator (Quelle: Dick Thomas Johnson)

Dieser Archetypus beruht auf zwei Annahmen. Erstens: Roboter ähneln dem Menschen. Die in den genannten Filmen gezeigten Roboter wurden so konzipiert, dass sie wie ihre Schöpfer aussehen, denken und handeln. Allerdings übertreffen sie ihre Schöpfer an Intelligenz und Macht. Zweitens entmenschlichen die Roboter ihre Untergebenen, sobald sie mit der nun „minderwertigen" menschlichen Spezies interagieren – ein Thema, das auch in Beispielen aus der menschlichen Geschichte bekannt ist. Viele Kolonialmächte erklärten indigene Bevölkerungen zu Nichtmenschen, um die an ihnen begangenen Gräueltaten zu rechtfertigen. Da Roboter Menschen ähneln, werden sie demnach auch Menschen versklaven und töten. Diese Argumentation ist jedoch zu simpel. Das Problem der wahrgenommenen Bedrohung der Unterscheidbarkeit wird auch in der psychologischen Literatur angesprochen (Ferrari et al., 2016). Wenn Sie mehr über die Psychologie des Bedrohungsgefühls durch Roboter erfahren möchten, sollten Sie die Arbeit von Złotowski et al. (2017) lesen.

Der Film *Ex Machina* (Garland, 2014) kombiniert die oben beschriebenen Archetypen (Roboter, die vorgeben, Menschen zu sein, und Roboter, die die Macht übernehmen) mit einer interessanten Wendung. Der menschliche Protagonist Caleb verliebt sich in die Roboterprotagonistin Ava, die, ohne dass er es weiß, als seine Traumfrau konzipiert wurde. Die beiden entwickeln eine offensichtliche emotionale Bindung, und Ava bittet Caleb, ihr bei der Flucht aus dem Labor, in dem sie gehalten wird, zu helfen. Nachdem Caleb ihr geholfen hat, stellt sich jedoch heraus, dass sie ihn manipuliert hat, um zu entkommen, bevor sie ihn in demselben Labor ohne Fluchtmöglichkeit zurücklässt. Der Film hält sich zwar an den Archetyp, dass Roboter keine echten Gefühle zeigen und Menschen gegenüber feindlich gesinnt sind, gibt aber beiden Paradigmen eine Wendung, da Avas Verhalten ihrer (sehr menschlichen) Empörung darüber entspringt, dass sie ausgebeutet und gefangen gehalten wird.

12.1.3 Überlegene Roboter sind gut

Mehrere Science-Fiction-Autoren haben bereits Zukunftsszenarien entworfen, in denen überlegene Roboter in aller Stille die menschliche Gesellschaft beeinflussen. In Isaac Asimovs *Die Rettung des Imperiums* beschreibt er einen ersten Roboter-Minister, Eto Demerzel (alias R. Daneel Olivaw), der das Imperium auf dem richtigen Weg hält (Asimov, 1988). Interessanterweise verbirgt er seine roboterhafte Natur. Er ist ein sehr menschenähnlich aussehender Roboter, der jedoch auf verschiedene Strategien zurückgreift, um sich anzupassen. Zum Beispiel isst er Nahrung, obwohl er sie nicht verdauen kann. Er sammelt sie in einem Beutel, der später geleert werden kann. Hier haben wir ein Szenario, in dem ein höheres Wesen hinter den Kulissen arbeitet, um der menschlichen Gesellschaft zu helfen.

Die Vorstellung, dass Roboter böse und Menschen gut sind, ist in der westlichen Kultur am weitesten verbreitet. In den japanischen Medien sind Roboter äußerst populär, und dort können wir eine andere Beziehung zwischen Menschen und Robotern beobachten: Roboter wie Astro Boy und Doraemon sind gutmütige Figuren, die den Menschen in ihrem täglichen Leben helfen. Diese positivere Sichtweise auf den sozialen Nutzen und die Folgen von Robotern wird als mitverantwortlich für die große Anzahl von persönlichen und Haushaltsrobotern angesehen, die in Japan entwickelt werden, und für die dortige höhere Akzeptanz als in westlichen Gesellschaften.

12.1.4 Ähnlichkeit zwischen Menschen und Roboter

Der gemeinsame Nenner all dieser Science-Fiction-Erzählungen ist die Tatsache, dass sie alle der Frage nachgehen, inwieweit sich Menschen und Roboter ähneln. Aus konzeptioneller Sicht werden Roboter in der Regel so dargestellt, dass entweder ihre Ähnlichkeit mit dem Menschen oder ihr Mangel an körperlichen und geistigen Eigenschaften betont wird (siehe Tabelle 12.1). Dixon unterstützt diese Ansicht, indem er feststellt, dass Künstler die tief sitzenden Ängste und Faszinationen, die mit der Verkörperung von Maschinen verbunden sind, in Bezug auf zwei unterschiedliche Themen erforschen: die Vermenschlichung von Maschinen und die Entmenschlichung von Menschen (Dixon, 2004; Haslam, 2006).

Tabelle 12.1 Themen der HRI im Theater

		Verstand	
		Ähnlich	Anders
Körper	Ähnlich	Typ I	Typ II
	Anders	Typ III	Typ IV

Diese vier Arten von Themen können natürlich auch gemischt werden. Nehmen wir das Beispiel von Mr. Data: Auf der oberflächlichen Ebene sieht er einem Menschen sehr ähnlich, was unsere Erwartungen entsprechend festlegt (Typ II). Es erscheint dann dramatisch und überraschend, wenn Mr. Data unbeschadet in das Vakuum des Weltraums eintreten kann. In dem Film Prometheus trägt der Androide David einen Raumanzug, als er auf einem fremden Planeten spazieren geht. Das Tragen dieses Anzugs hat keinen funktionalen Zweck, da David keine Luft benötigt. Es entsteht der folgende Dialog:

Charlie Holloway: David, warum trägst du einen Anzug, Mann?

David: Wie bitte?

Charlie Holloway: Du atmest nicht, erinnerst du dich? Also, warum den Anzug tragen?

David: Ich wurde so entworfen, weil ihr Menschen besser mit Euresgleichen umgehen könnt. Wenn ich den Anzug nicht tragen würde, würde das den Zweck verfehlen.

Auch hier legt die menschliche Verkörperung unsere Erwartungen fest, und wenn ein Unterschied zu den Menschen gezeigt wird, überrascht dies das Publikum. Godfried-Willem Raes verfolgt mit seinem Roboterorchester einen anderen Ansatz. Er betont die Gleichheit von Robotern und Menschen in seinen theatralischen Darbietungen (Typ I). Er argumentiert:

> *„Wenn diese Roboter nichts verbergen, ist es ziemlich offensichtlich, dass, wenn ihr Funktionieren von menschlichem Input und menschlicher Interaktion abhängig gemacht wird, dieser menschliche Input auch nackt geliefert wird. Der nackte Mensch in Konfrontation mit der nackten Maschine offenbart die einfache Tatsache, dass auch Menschen eigentlich Maschinen sind, wenn auch wesentlich raffiniertere und effizientere Maschinen als unsere Musikroboter."*

Ein Beispiel für Typ III könnte Johnny Five aus dem Film *Nummer 5 lebt!* von 1986 sein. Obwohl Johnny Five einen ausgeprägten Roboterkörper hat, drückt er menschliche Emotionen aus, was darauf hindeutet, dass sein Verstand dem des Menschen ähnlich ist.

12.1.5 Narrative der Roboterwissenschaft

Ben Goldacre hat darauf hingewiesen, wie die Medien ein falsches Verständnis von Wissenschaft in der Öffentlichkeit fördern (Goldacre, 2008). Zwei Erzählungen, die von den Medien häufig verwendet werden, sind Wissenschaftsschauergeschichten und verrückte Wissenschaftsgeschichten.

Die Leistung autonomer Fahrzeuge, die man auch als eine Form der Mensch-Roboter-Interaktion bezeichnen kann, wird derzeit sehr genau unter die Lupe genommen. Die von Tesla, Waymo und anderen vorgelegten Unfallstatistiken zeigen, dass sie besser abschneiden als Menschen. Tesla, zum Beispiel, hat gezeigt, dass das Fahren mit der Autopilot-Funktion des Fahrzeugs die Wahrscheinlichkeit von Unfällen drastisch reduziert.[1]

Eine Frage, die fast alle Reporter stellen, wenn sie HRI-Forscher interviewen, fokussiert sich darauf, wann Roboter tatsächlich die Weltherrschaft übernehmen werden. Das Ziel ist es also, eine Geschichte zu schreiben, die die Öffentlichkeit erschreckt und somit Aufmerksamkeit erregt. Eine Geschichte mit dem Titel „Roboter sind harmlos und fast nutzlos" wird höchstwahrscheinlich nicht veröffentlicht werden. Aber darauf laufen die meisten HRI-Projekte zum jetzigen Zeitpunkt hinaus. Die Frage, ob und wann Roboter die Welt erobern werden, spricht unsere inneren Ängste und Faszinationen im Umgang mit Robotern an. Sie spiegelt die ambivalente Haltung wider, die wir gegenüber Robotern haben – einerseits werden Roboter als Bereicherung und Unterstützung im Alltag angesehen, andererseits erscheint die Aussicht auf eine hybride Gesellschaft vielen bedrohlich, da sie befürchten, ihren Arbeitsplatz zu verlieren oder dass ihre Privatsphäre verletzt wird.

Wir können uns fragen, warum die ambivalenten Darstellungen von Robotern in den Medien so hartnäckig sind. Die offensichtlichste Antwort ist, dass viele Geschichten einen „Konflikt" erfordern, um die Handlung interessanter zu machen. Es ist unwahrscheinlich, dass eine (wissenschaftlich) fiktionale Welt, in der alle glücklich bis ans Ende ihrer Tage leben, die Aufmerksamkeit eines breiteren Publikums erregt. Die Gegenüberstellung von bösen Robotern und guten Menschen dient nicht nur dem Zweck, eine Ambivalenz zu erzeugen, sondern evoziert auch die Idee eines Intergruppenkontexts zwischen Menschen und Robotern. In diesem Rahmen zeigen wir Menschen die Tendenz, uns gegen die „Fremdgruppe" der Roboter abgrenzen zu wollen (Ferrari et al., 2016; Złotowski et al., 2017). Diese Differenzierung zwischen Menschen und Robotern kann durch die Einführung von Robotern, die von Menschen nicht zu unterscheiden sind, wie in den Fernsehserien *Battlestar Galactica* und *Westworld*, infrage gestellt werden. Dies schafft eine große Unsicherheit, die wiederum für Spannung sorgt. Bemerkenswerte Ausnahmen von den düsteren Visionen in den Medien sind die Fernsehserie *Futurama* von Matt

---

[1] *https://www.tesla.com/VehicleSafetyReport*

Groening und der Film *Robot & Frank* von Jake Schreier, die beide eine Vision der Zukunft zeigen, in der Menschen und Roboter friedlich nebeneinander leben und sogar Freunde werden. In dem Film *Her* verliebt sich der Protagonist Theodore, gespielt von Joaquin Phoenix, in sein KI-Mobiltelefon Samantha (Jonze, 2013).

Andererseits können Mediendarstellungen von Robotertechnologien in dem Sinne verzerrt sein, dass sie in das Narrativ der „verrückten Wissenschaft" passen. Ein solches Narrativ entspricht eher der Popwissenschaft, ist weniger verbreitet und dient eher der Unterhaltung als der Berichterstattung über wissenschaftliche Fortschritte (Berghuis, 2017). Da das Interesse an allen Technologien, die KI beinhalten, nach wie vor groß ist, werden viele HRI-Forscher zu Interviews eingeladen. Dies bietet ihnen die große Chance, ihre Arbeit zu präsentieren, aber gleichzeitig birgt die Medienberichterstattung auch ein erhebliches Risiko. So könnte ein Berichterstatter beabsichtigen, eine Schauergeschichte oder sogar eine verrückte Wissenschaftsgeschichte zu schreiben, ohne diese Absicht immer zu verraten. Angesichts der großen Medienaufmerksamkeit, die HRI-Forschern häufig zuteil wird, könnte es ratsam sein, an einem Medientraining teilzunehmen, bevor man mit Journalisten zusammenarbeitet. Solche Schulungen werden an vielen Universitäten und Forschungsinstituten angeboten, und die Teilnahme kann Fehldarstellungen und nachteilige Ergebnisse einer Begegnung mit Journalisten, die über soziale Roboter und KI berichten wollen, minimieren. Als allgemeine Richtlinie für Interviews mit den Medien erscheint es ratsam, sich an die tatsächlich durchgeführten Forschungsarbeiten zu halten und wilde Spekulationen über Themen zu vermeiden, die in der vorliegenden Studie nicht behandelt wurden. Es könnte hilfreich sein, vor einem Interview zu klären, welche Fragen tatsächlich gestellt werden, und vor der Veröffentlichung um Einsicht in einen Manuskriptentwurf zu bitten. Auf diese Weise können Missverständnisse oder falsche Darstellungen der Wissenschaft vor der Veröffentlichung korrigiert werden.

HRI-Forscher können sich nicht vor den Darstellungen von Robotern in den Medien, seien sie nun fiktiv oder nicht, und den damit verbundenen Hoffnungen und Ängsten, die eine Ambivalenz gegenüber Robotern hervorrufen, verstecken (Stapels und Eyssel, 2022). In der aktuellen HRI-Forschung laden wir Menschen dazu ein, sich mit Robotern zu beschäftigen, und jeder einzelne Mensch, der mit einem Roboter interagiert, tut dies mit bestimmten Vorbehalten, Ambivalenzen oder Hoffnungen und Erwartungen an das, was der Roboter tun kann und was nicht. Viele dieser Erwartungen beruhen auf Science-Fiction und potenziell voreingenommenen Berichten in den Medien und nicht auf den Annalen der wissenschaftlichen Forschung.

■ 12.2 Ethik in der HRI

Ist es vertretbar, einen Sexroboter zu entwickeln und zu verkaufen, der immer bereit ist, das zu tun, was man will, und der immer jung und fit bleibt? Würden Sie Ihre Eltern von einem Pflegeroboter statt von einer menschlichen Pflegekraft betreuen lassen? Robotiker und Philosophen befassen sich seit Langem mit solchen ethischen Fragen in der Robotik und haben ein gemeinsames Forschungsgebiet namens „Roboethik" geschaffen. In jüngster Zeit hat eine Gruppe von HRI-Wissenschaftlern fünf ethische Regeln formuliert, die sie ihre Prinzipien der Robotik nennen, um ein breiteres Bewusstsein für die Rolle der Ethik in der HRI zu schaffen.[2] Ethische Regeln wurden auch in der Populärliteratur diskutiert, insbesondere die bekannten „Three Laws of Robotics" (siehe Kasten). Darüber hinaus werden in einer Arbeit von Fosch-Villaronga et al. (2020) die ethischen, rechtlichen und sozialen Implikationen skizziert, die sich bei der Betrachtung von HRI ergeben. Ein aktueller Überblick von Wullenkord und Eyssel (2020) umreißt die verschiedenen übergreifenden Herausforderungen im Zusammenhang mit sozialen Robotern und HRI in vielen verschiedenen Kontexten.

Isaac Asimov (2. Januar 1920 bis 6. April 1992; siehe Bild 12.3) stellte drei Regeln für die Robotik auf, die die Menschheit vor bösartigen Robotern schützen sollten:

1. Ein Roboter darf einen Menschen nicht verletzen oder durch Untätigkeit zulassen, dass ein Mensch zu Schaden kommt.
2. Ein Roboter muss die ihm von Menschen erteilten Befehle befolgen, es sei denn, diese Befehle würden dem ersten Gesetz widersprechen.
3. Ein Roboter muss seine eigene Existenz schützen, solange dieser Schutz nicht mit dem ersten oder zweiten Gesetz kollidiert.

Obwohl Asimovs Werk in den öffentlichen Medien sehr präsent ist, wurde es von Philosophen kritisiert, und selbst aus den Geschichten geht hervor, dass die drei Regeln kein praktischer Leitfaden für die Erfüllung ethischer Anforderungen bei der Konstruktion von Robotern sind. Asimov fügte schließlich ein nulltes Gesetz hinzu:

0. Ein Roboter darf der Menschheit keinen Schaden zufügen oder durch Untätigkeit zulassen, dass die Menschheit zu Schaden kommt.

---

[2] https://www.epsrc.ac.uk/research/ourportfolio/themes/engineering/activities/prinzipienderrobotik/

Bild 12.3
Isaac Asimov (2. Januar 1920 bis 6. April 1992)

Dies macht deutlich, wie wichtig es ist, über Fragen wie den allgegenwärtigen Einsatz von Robotern in der künftigen Gesellschaft, ihren Einsatz im häuslichen und pflegerischen Bereich, die Auswirkungen der Entwicklung autonomer Waffensysteme und autonomer Autos oder – um alldem eine scheinbar positive Note zu geben – die Entwicklung von Robotern für Bindung, Liebe oder Sex zu diskutieren.

Heutzutage sehen viele Robotik-Forschungsprojekte vor, dass Roboter Handlungen im Namen des Menschen ausführen, wie z. B. andere Menschen töten, „langweilige, schmutzige und gefährliche" Aufgaben übernehmen oder dazu dienen, das Bedürfnis des Menschen nach psychologischer Nähe und Sexualität zu erfüllen. Einige dieser Projekte werden sogar von staatlichen Stellen finanziert. Gleichzeitig gibt es klare Gegenbewegungen, wie die Kampagne gegen Killerroboter.[3] Als verantwortungsbewusste Forscher müssen wir die ethischen Implikationen dessen, was wir uns vorstellen, und die Schritte, die wir unternehmen, um uns diesen Visionen der Zukunft zu nähern, berücksichtigen (Sparrow, 2011). In den folgenden Unterabschnitten erörtern wir einige der gängigen Themen, die in der HRI-Forschung ethische Bedenken aufwerfen.

12.2.1 Roboter in der Forschung

Als Student, der beginnt, praktische Erfahrungen mit der empirischen Forschung im Bereich HRI zu sammeln, planen Sie vielleicht eine Studie mit einem Roboter, der scheinbar autonom handelt. Auch hier muss die Ethik berücksichtigt werden, denn Sie könnten Ihre Teilnehmer täuschen, indem Sie Ihren Roboter mit dem Wizard-of-Oz-Ansatz steuern. Sie lassen die Teilnehmer glauben, dass der Roboter bestimmte Funktionen hat, während Sie in Wirklichkeit das Verhalten des Robo-

---

[3] *https://www.stopkillerrobots.org/*

ters im Hintergrund steuern. Das Problem bei diesem Ansatz ist, dass die Täuschung über die Fähigkeiten des Roboters die Hoffnungen und Erwartungen der Nutzer in Bezug auf die Fähigkeiten des Roboters weckt und verzerrt. Dies kann dazu führen, dass sie glauben, die Robotertechnologie sei fortschrittlicher als sie tatsächlich ist (Riek, 2012).

Ein weiteres kritisches Beispiel, das Sie in Betracht ziehen sollten, ist der Einsatz von Robotern als persuasive Kommunikatoren in Ihrem Forschungsprojekt. Frühere Forschungen zu persuasiver Technologie haben gezeigt, dass Roboter eingesetzt werden können, um Menschen zu manipulieren, damit sie nicht nur ihre Einstellungen, sondern auch ihr Verhalten ändern (Brandstetter et al., 2017). Beispiele für Verhaltensweisen, die erfolgreich beeinflusst wurden, sind gesundheitsbezogene Gewohnheiten wie Sport oder eine gesunde Ernährung (Kiesler et al., 2008). Auch wenn es für die Menschen von Vorteil sein könnte, ihre gesundheitsbezogenen Gewohnheiten zu ändern, z. B. weniger zu rauchen und mehr Sport zu treiben, ist die Instrumentalisierung von sozialen Robotern zu diesem Zweck ethisch bedenklich, wenn sie die soziale Bindung zum Nutzer ausnutzen und ihn beeinflussen, ohne dass dieser ausdrücklich zustimmt und bewusst weiß oder versteht, wie er beeinflusst wird. Der Begriff der Täuschung und Manipulation von Robotern ist nicht leicht zu entwirren, da diese Konstrukte nicht klar definiert sind, sich unterscheiden, aber miteinander verbunden sind. Darüber hinaus ist die Täuschung im Allgemeinen ein Merkmal, das die empirische experimentelle Forschung mit Menschen und Robotern gleichermaßen kennzeichnet, um die wahre Natur der jeweiligen Forschungsfragen nicht zu enthüllen. Dies überschneidet sich mit der trügerischen Natur von Robotern und ihren Fähigkeiten, die naive Nutzer zu der Annahme verleiten können, dass Roboter tatsächlich Absichten, Gefühle, einen Verstand oder andere im Wesentlichen menschliche Eigenschaften besitzen (siehe Kapitel 8).

12.2.2 Roboter zur Erfüllung emotionaler Bedürfnisse

Betreuung durch Roboter

Stellen Sie sich vor, Ihre Großmutter hat von einer Forschergruppe einen Roboter-Begleiter bekommen. Sie sagen ihr, dass dieser neue technische Freund die nächsten drei Wochen bei ihr zu Hause bleiben wird. In diesen drei Wochen interagiert sie jeden Tag mit dem Roboter, und mit der Zeit entwickelt sie eine regelrechte Bindung zu ihm. Der Roboter lädt sie regelmäßig zu Aktivitäten wie Memory-Spielen ein. Er fragt sie, wie es ihr geht und ob sie gut geschlafen hat; er leistet ihr Gesellschaft und streitet nie mit ihr. Sie freut sich über ihren neuen Begleiter, und das Leben ist schön. Aber nur so lange, bis die Forscher wiederkommen und sie bitten, einige Fragebögen auszufüllen, bevor sie den Roboter einpacken und wegbringen. Die langweilige Routine des Altenheims kehrt zurück, und sie fühlt sich noch einsamer als zuvor.

Dieses kurze Szenario gibt einen Einblick in die psychologische Erfahrung der Bindung – nicht nur zu Menschen, sondern auch zu Objekten wie Robotern. HRI-Forscher haben gezeigt, wie schnell sich Menschen an einen Roboter binden, selbst wenn dieser nur kurz in ihren Alltag eintritt (Šabanović et al., 2014; Forlizzi und DiSalvo, 2006; Chang und Šabanović, 2015; Kidd und Breazeal, 2008). Die emotionalen und sozialen Folgen des Entzugs dieser Quelle der Aufmerksamkeit und der „künstlichen Zuneigung" müssen bei der Durchführung von Fallstudien mit einem sozialen Roboter, der am Ende der Studie zurückgegeben werden muss, eindeutig berücksichtigt werden. In diesem Zusammenhang haben (Steil et al., 2019) eine ethische Perspektive vorgeschlagen, die die Herausforderungen widerspiegelt, die mit dem Einsatz von Robotern in medizinischen Bereichen verbunden sind, die in der Regel gefährdete Bevölkerungsgruppen wie Kinder, ältere Menschen oder Personen mit kognitiven oder körperlichen Beeinträchtigungen betreffen.

Andere Studien haben jedoch die positive Wirkung des Einsatzes von kleinen Robotern wie dem therapeutischen Roboter Paro (Wada und Shibata, 2007; Shibata, 2012) oder dem Roboterhund Aibo (Broekens et al., 2009) gezeigt. Diese Roboter sind zwar nicht in der Lage, mühsame manuelle Arbeit zu verrichten, können uns aber Gesellschaft leisten. Angesichts der hohen Arbeitsbelastung der Pflegenden ist jede noch so kleine Entlastung willkommen.

Manzeschke (2019) reflektiert über Ethik in Pflegekontexten, wobei er sich insbesondere auf die Berücksichtigung der verschiedenen Arten von Mensch-Roboter-Beziehungen konzentriert. So kann der Roboter als reines Werkzeug, als Werkzeug mit sozialen Fähigkeiten, oder der als Beziehungspartner wahrgenommen werden. Darüber hinaus bieten Sparrow und Sparrow (2006) eine interessante Perspektive auf die Pflege durch Roboter, die zu einem Klassiker in der Literatur geworden ist. Sie argumentieren, dass es selbst dann, wenn ein Pflegeroboter entwickelt werden könnte, der in der Lage ist, eine hervorragende emotionale und körperliche Pflege zu leisten, es unethisch wäre, die Pflege an Maschinen auszulagern. Der Grund dafür ist, dass eine Beziehung nur dann sinnvoll sein kann, wenn sie zwischen zwei Personen besteht, die in der Lage sind, gegenseitige Gefühle und Sorgen zu empfinden; eine Nachahmung der Pflege, wie perfekt sie auch sein mag, sollte niemals das echte Produkt ersetzen. Diese Art von Beziehung kann auch dem Wert der Wahrung der Würde einer Person abträglich sein. Dies bringt uns zur Ethik der Entwicklung einer tieferen emotionalen Bindung zu einem Roboter (Law et al., 2022).

Emotionale Bindung zu Robotern

Die Zuneigung zu Robotern kann tiefer gehen und über den Pflegebereich hinausgehen. Die Menschen könnten beginnen, Roboter als Begleiter den Menschen vorzuziehen. Stellen Sie sich einen sozialen Roboter vor, der Freundschaft und emotionale Unterstützung wirklich imitieren kann, wie der Androide Klara in Kazuo Ishiguros Roman *Klara und die Sonne*. Dieser „ideale Roboterfreund" verfügt über alle Vorzüge eines menschlichen Freundes, beschwert sich nie und lernt, seinen Besitzer nicht zu verärgern. Langsam könnten die Menschen dazu übergehen, diese Robotergefährten ihren menschlichen Bekannten vorzuziehen, da diese nicht in der Lage wären, den hohen Standards zu entsprechen, die Roboterfreunde bieten. Wäre eine solche Zukunft wünschenswert? Welche weiterreichenden gesellschaftlichen Folgen hätte die Förderung der Entwicklung von Mensch-Roboter-Beziehungen?

Auch wenn Nutzer alle möglichen menschlichen Eigenschaften in einen Roboter projizieren können, ist der Roboter nicht in der Lage, diese Eigenschaften auf die gleiche Weise zu erleben wie Menschen, und daher kann die Authentizität des Ausdrucks angezweifelt werden (Turkle, 2017). Dennoch werden Roboter manchmal speziell dafür entwickelt, soziale Signale auszudrücken, um die Bindung zu ihnen bewusst zu fördern. Die Authentizität von Gefühlen ist in der Regel für die Interaktion zwischen Menschen wichtig, und wir wissen nicht, wie Menschen auf Roboter reagieren werden, die sich auf der Grundlage von Berechnungen und nicht auf der Grundlage von Gefühlen ausdrücken.

Über die Freundschaft zwischen Menschen und Robotern hinaus gibt es Menschen, die gegenüber Robotern Nähe und Intimität empfinden. Die weitergehende Frage ist, ob die Förderung emotionaler Bindungen zwischen Mensch und Roboter wünschenswert ist (Borenstein und Arkin, 2019). Schließlich müssen wir erkennen, dass die emotionale Beziehung zwischen Menschen und Robotern asymmetrisch sein kann. Der Mensch könnte dennoch zufrieden sein, wenn der Roboter sympathische Reaktionen zu zeigen, unabhängig davon, ob der Roboter ein menschenähnliches Gefühl der Verbundenheit hat oder nicht.

Ethische Implikationen der Überzeugungsarbeit durch Roboter

Sprache entwickelt sich dynamisch, und jeder Diskursteilnehmer nimmt allein durch seinen Gebrauch Einfluss auf ihre Entwicklung. Neue Wörter tauchen auf (z. B. „to google"), andere ändern ihre Bedeutung, und wieder andere Wörter fallen ganz aus dem Gebrauch. Wir können Siri, Cortana oder Bixby verwenden, um unsere Telefone, Häuser oder Einkaufstouren zu steuern. Allein die Vertrautheit beeinflusst unsere Einstellung zu Konzepten, politischen Ideen und Produkten; dies wird als „mere exposure effect" bezeichnet (Zajonc, 1968). Je öfter Menschen ein Wort hören, desto positiver wird ihre Einstellung zu diesem Wort. Eines Tages wird es einen großen Unterschied machen, ob Ihr Smart-Shopping-Roboter „Pepsi" zum Kauf vorschlägt oder „Coca Cola" anbietet. Die Frage ist nur, wer entscheidet, welche Worte unsere künstlichen Gegenstücke verwenden.

Roboter sind in der Lage, ihren Wortschatz innerhalb von Sekunden über das Internet zu synchronisieren. Selbst die Massenmedien können mit diesem Niveau der konsistenten Verwendung ausgewählter Wörter nicht mithalten (Brandstetter et al., 2017). Aufgrund seiner Fähigkeit, auf menschenähnliche Weise zu kommunizieren, kann ein Roboter ein überzeugender Kommunikator sein. Dies hat jedoch auch negative Folgen: Ohne dass wir es bemerken, können Computer und Roboter beeinflussen, welche Wörter wir verwenden und wie wir sie empfinden. Dies kann und wird wahrscheinlich bereits geschehen, und wir müssen Medien- und Sprachkompetenz entwickeln, um den Versuchen, unsere Ansichten zu beeinflussen, widerstehen zu können. Durch die immer persönlicheren und intimeren Beziehungen, die wir mit Technologien eingehen, sind wir zunehmend angreifbar. Wahrscheinlich verbringen wir bereits mehr Zeit mit unseren Telefonen als mit unseren Partnern und Freunden.

Darüber hinaus gibt es unseres Wissens derzeit keine Vorschriften oder Richtlinien, um zu überwachen, wie große Informationstechnologieunternehmen wie Google, Amazon oder Facebook den Sprachgebrauch beeinflussen, obwohl es Bedenken wegen „Fake News" und der Schwierigkeit gibt, im Online-Kontext Fakten von Fiktion zu unterscheiden. Vielleicht wäre es auch besser, die Entwicklung unserer Sprache nur so weit zu regulieren, dass sie ihrem natürlichen Fluss der Veränderung überlassen wird. Angesichts der mächtigen Werkzeuge, die uns zur Verfügung stehen, müssen wir sicherstellen, dass kein Unternehmen oder keine Regierung unsere Sprache ohne unsere Zustimmung beeinflussen kann und dass die von uns entwickelten Roboter nicht zu einer weiteren überzeugenden und irreführenden Technologie werden.

Verallgemeinerndes missbräuchliches Verhalten gegenüber Robotern

Als sozialer Interaktionspartner anerkannt zu werden, hat eine Kehrseite: Nicht alle sozialen Verhaltensweisen, die sich auf Sie beziehen, sind positiv. In einigen Feldexperimenten mit autonomen Robotern, die sich unbeaufsichtigt im öffentlichen Raum aufhielten, wurden Menschen beobachtet, die versuchten, die Roboter einzuschüchtern und zu schikanieren (Brscić et al., 2015; Salvini et al., 2010). Es ist bemerkenswert, dass die Art der Aggression, die Menschen gegenüber Robotern an den Tag legen, dem Missbrauch zwischen Menschen zu ähneln scheint: beispielsweise Tritte, Ohrfeigen, Beleidigungen oder die Weigerung, aus dem Weg zu gehen. Verhaltensweisen, die für Maschinen nachteiliger wären, wie das Herausziehen des Steckers oder das Durchschneiden der Kabel, wurden nicht beobachtet.

Da Roboter in der Regel keine Schmerzen oder Demütigungen empfinden, ist der Mensch in der Tat gefährlicher als der Roboter, wenn er ihn z. B. ohrfeigt, weil der Mensch seine eigene Hand verletzen könnte. Aber es gibt noch mehr zu bedenken als nur die körperliche Unversehrtheit des Tyrannen. Es wurde argumentiert, dass das Schikanieren eines Roboters ein moralisches Vergehen ist – auch wenn niemand verletzt wird, wird die Reaktion mit Gewalt immer noch als falsch angesehen und sollte daher abgelehnt werden (Whitby, 2008). Darüber hinaus haben Wissenschaftler argumentiert, dass wenn dieses Verhalten als akzeptabel empfunden wird, auf andere soziale Akteure wie Tiere und Menschen übertragen werden könnte (Whitby, 2008; De Angeli, 2009). Diese Übertragung von negativem Verhalten von einem menschenähnlichen Agenten auf tatsächliche Menschen soll auch in anderen Bereichen vorkommen, z. B. bei gewalttätigen Computerspielen (Sparrow, 2017; Darling, 2012), und ist schon seit Längerem ein Diskussionsthema. Weitere Forschung zu diesem Thema ist noch erforderlich.

Ein weiteres Problem ist, dass die Interaktion mit einem Roboter Erwartungen an das Verhalten anderer Menschen wecken kann. Dies wurde als besonders gefährlich für den Bereich Sexualität bezeichnet. Ein Roboter könnte leicht so konstruiert werden, dass er scheinbar jederzeit Geschlechtsverkehr wünscht und bereitwillig und vollständig den Wünschen des Nutzers nachkommt, ohne selbst Wünsche oder Forderungen zu haben. Dadurch könnte sich ändern, was Menschen als normales oder angemessenes Verhalten eines Intimpartners ansehen.

Diese Frage wird noch problematischer, wenn der Roboter speziell für sexuelle Handlungen konzipiert ist, die bei menschlichen Partnern als falsch angesehen würden. So könnten z. B. Sexroboter in Kinderform so gestaltet werden, dass sie den Wünschen von Pädophilen entsprechen, oder Sexroboter könnten so programmiert werden, dass sie ausdrücklich nicht in Sex einwilligen oder sich sogar dagegen wehren, damit die Benutzer ihre Vergewaltigungsfantasien ausleben können. Einige Wissenschaftler halten diese Verhaltensweisen von Robotern für ethisch unangemessen (für eine philosophische Begründung siehe Sparrow, 2017). Andere, wie David Levy oder Hooman Samani, haben (bereits in den frühen 2000er-Jahren) vorgeschlagen, dass Liebe und Sex mit einem Roboter eine zeitgemäße Realität sein könnte. So weit sind wir noch nicht. Döring und Poeschl (2019) analysierten fiktionale und nicht-fiktionale Mediendarstellungen von Intimität zwischen Menschen und Robotern. Im Hinblick auf virtuelle Agenten hat die Psychologin Mayu Koike die Rolle des Anthropomorphismus bei der Entwicklung sozialer, sogar romantischer Beziehungen zu virtuellen Charakteren untersucht (Koike et al., 2022; Koike und Loughnan, 2021). Virtuelle Agenten – sogar in Lebensgröße – stehen als Begleiter, Kommunikations- oder Liebespartner zur Verfügung, die das Gatebox-Gerät nutzen.[4] Trotz bestehender Kontroversen weist Bendel (2021) auf

---

[4] *https://www.gatebox.ai/en*

Kontexte hin, in denen Sexpuppen und -roboter möglicherweise nützlich sein könnten, und erörtert gleichzeitig die mit ihrem Einsatz verbundenen ethischen Fragen. Trotz des wachsenden Interesses am Verständnis der Grundlagen positiver, enger und sogar intimer sozialer Beziehungen zwischen Menschen und neuartigen Technologien ist es klar, dass weitere Forschung erforderlich ist, um die psychologischen Grundlagen und Folgen intimer Mensch-Roboter-Interaktionen besser zu verstehen (Borenstein und Arkin, 2019).

12.2.3 Roboter am Arbeitsplatz

Eine immer wieder geäußerte Sorge ist, dass „Roboter Menschen am Arbeitsmarkt ersetzen werden". Seit der industriellen Revolution hat der Mensch manuelle Arbeit durch Maschinen ersetzt, und der jüngste Einsatz von Robotern ist keine Ausnahme. Roboter helfen uns, unsere Produktivität zu steigern und damit unseren Lebensstandard zu erhöhen. Obwohl Roboter bestimmte Arbeitsplätze ersetzen, schaffen sie auch viele neue, insbesondere für hochqualifizierte Fachkräfte. Die Gesellschaft steht vor der Herausforderung, dass die Menschen, die durch Roboter ersetzt werden, einen neuen Arbeitsplatz finden müssen, was möglicherweise eine zusätzliche Ausbildung oder ein Studium erfordert. Dies kann für einige z. B. aufgrund finanzieller oder intellektueller Beschränkungen problematisch oder sogar unmöglich sein.

In vielen Fällen wird die Akzeptanz von Robotern in verschiedenen Arbeitskontexten wahrscheinlich von ihren spezifischen Rollen und wie sie in die Belegschaft integriert werden abhängen. Reich-Stiebert und Eyssel (2015) zeigten, dass Roboter als Assistenten der Lehrenden bevorzugt werden, jedoch nicht als alleinige Lehrkraft im Klassenzimmer. Sie äußerten auch Bedenken hinsichtlich der Nutzung und Wartung der Roboter und befürchteten insbesondere, dass der Roboter ihnen Zeit und Aufmerksamkeit rauben würde. Interessanterweise waren Grundschullehrer besonders zurückhaltend, was den Einsatz von Robotern in Schulen betrifft, vielleicht, weil sie der Meinung sind, dass junge Schüler besonders vulnerabel sind. Eine Analyse der Prädiktoren für diese eher negativen Einstellungen und Verhaltensweisen gegenüber Bildungsrobotern ergab, dass das Technologie-Engagement der wichtigste Prädiktor für positive Einstellungen war. Das heißt, dass diejenigen Lehrer, die der Arbeit mit neuen Technologien im Allgemeinen offen gegenüberstehen, eine positivere Einstellung zu Robotern und deren künftigem Einsatz in ihren Klassenzimmern haben. Ein weiterer Bereich, in dem Menschen über den Einsatz von Robotern besorgt sind, sind Assistenzroboter in ihrem Zuhause (Reich-Stiebert und Eyssel, 2015, 2013). Auch hier wurde festgestellt, dass die Affinität zu neuen Technologien ein Prädiktor für die Einstellung zu Servicerobotern ist.

12.2.4 Ambivalente Einstellungen gegenüber Robotern

Haegele (2016) behauptet, dass in den nächsten Jahren immer mehr Roboter auf den Markt kommen werden. Ihre Akzeptanz in der Gesellschaft wird jedoch eine Herausforderung bleiben, und weitere Forschung zu technologiebezogenen Einstellungen und deren Veränderung ist notwendig, um die Akzeptanz von Robotern in der Gesellschaft zu erhöhen. Dies ist vor allem vor dem Hintergrund einer aktuellen Rekonzeptualisierung der Einstellung gegenüber Robotern von Bedeutung. So hat die Forschung von Stapels und Eyssel (2022, 2021) gezeigt, dass die Einstellung gegenüber Robotern nicht – wie eine Metaanalyse von Naneva et al. (2020) nahelegt – neutral oder sogar leicht positiv ist. Während der Begriff der ambivalenten Einstellung in der Sozialpsychologie bereits weitgehend erforscht wurde, wurde er noch nicht umfassend auf soziale Roboter angewandt (Stapels und Eyssel, 2022, 2021). Dies ist jedoch höchst relevant, da es plausibel ist, dass vermeintlich neutrale Einstellungen gegenüber Robotern tatsächlich ambivalent sind. Was verstehen wir unter Ambivalenz? Darunter versteht man die gleichzeitige positive und negative Bewertung ein und desselben Einstellungsobjekts. Daraus kann sich ein innerpsychischer Konflikt ergeben, der ebenfalls mit deutlichen sozial-kognitiven Konsequenzen verbunden ist (siehe van Harreveld et al., 2015). Die Forschung von Stapels und Eyssel (2022, 2021) war die erste, die roboterbezogene Ambivalenz nachwies. Entsprechend ist weitere Forschung notwendig, die adäquate Einstellungsmessungen verwenden, welche ebenso die Messung der Einstellungsambivalenz gegenüber Robotern umfasst, damit der Zustand der wahren Einstellung der Menschen gegenüber Robotern erforscht werden kann. Die Ambivalenz der Menschen gegenüber Robotern kann sich auch je nach Einsatzkontext des Roboters in eine positivere oder negativere Wahrnehmung verwandeln. Daher sind weitere Untersuchungen in spezifischen Aufgaben- und Einsatzkontexten wichtig, um die Präferenzen der Menschen in Bezug auf den Einsatz von Robotern in ihrer täglichen Umgebung zu verstehen.

12.2.5 Eine vielfältigere und integrativere HRI

Eine Reihe von Forschern hat sich zusammengetan, um den vielschichtigen Begriff der Vielfalt und seinen Wert für HRI-Forscher, ihre Arbeit und die Forschungscommunity insgesamt zu betonen. Diversität kann aus verschiedenen Blickwinkeln betrachtet werden, wobei die Merkmale der Forscher (z. B. Alter, Geschlecht, geografische Verteilung), die Demografie oder andere Merkmale der zu untersuchenden Teilnehmer (z. B. Zugehörigkeit zu einer sozialen Minderheit, Zugehörigkeit zu einer gefährdeten Gruppe, sozioökonomischer Status usw.) sowie die Frage, wie sich das Design des Roboters auf verschiedene Interessengruppen auswirken oder bestimmte soziale und kulturelle Stereotypen verkörpern könnte, berücksichtigt werden. Forschung, die den Menschen in den Mittelpunkt stellt, wird die ersten beiden Aspekte berücksichtigen, während Roboterentwickler auch darauf achten müssen, wie sie ihre Roboter, ihr Aussehen und andere Eigenschaften gestalten. Auch dies ist von Bedeutung, da keine der an der Entwicklung eines Roboters beteiligten Personen gänzlich unvoreingenommen sind und sowohl implizite als auch explizite Voreingenommenheit einen Einfluss auf die Designentscheidungen haben kann.

Das Feld muss inklusiver und vielfältiger werden, und zwar in Bezug auf die Teilnehmer, die gebeten werden, Roboter zu bewerten, die Forscher, die Roboter entwickeln, und die Kontexte, in denen die Roboter eingesetzt werden sollen. Eine systematische Analyse der HRI-Literatur hat gezeigt, dass sich HRI wie viele andere wissenschaftliche Bereiche auf Studien mit „westlichen, gebildeten, industriellen, reichen und demokratischen" (Western, Educated, Industrial, Rich, and Democratic, WEIRD) Populationen stützt und dass die Schlüsselachsen der Vielfalt – Geschlecht und Gender, Ethnie und ethnische Zugehörigkeit, Alter, Sexualität und Familienkonstellation, Behinderung, Körpertyp, Ideologie und Fachwissen – in der HRI-Literatur nur unzureichend berücksichtigt werden (Seaborn et al., 2023). Darüber hinaus ergab eine Metaanalyse von Studien im Bereich der HRI im Zeitraum 2006-2021, dass Männer unter den Forschungsteilnehmern überrepräsentiert sind und dass das Feld im Allgemeinen das Geschlecht als binäres Kriterium behandelt, was im Widerspruch zu den Leitlinien für bewährte Verfahren steht (Winkle et al., 2023a). In einem Überblick über Studien zu Sex-Robotern als HRI-Anwendungsbereich wurden in nur einer Studie nicht-männliche Nutzer dieser Roboter einbezogen (González-González et al., 2020). Schließlich sind unter den Roboterentwicklern auch Menschen aus WEIRD-Ländern überrepräsentiert; es gibt nur wenige Menschen aus Entwicklungsländern, die zum Design von Robotern beitragen, und nur wenige Entwickler konzentrieren sich auf die Entwicklung von Lösungen, die in ressourcenbeschränkteren Umgebungen, einschließlich ländlicher oder sozioökonomisch schwächerer Gebiete, erschwinglich und nutzbar sind (Johnson et al., 2017). Dieser Mangel an Vielfalt in Bezug auf den Prozess und die Ziele der Robotikforschung und -entwicklung kann die Einseitigkeit bei der Entwicklung von Robotern noch verstärken.

Um das Zusammenspiel von Voreingenommenheit und Stereotypisierung bei der Entwicklung von Robotern zu verstehen, denken Sie daran, was passiert, wenn wir Menschen begegnen: Um einen Prozess der Eindrucksbildung in Gang zu setzen, nutzen wir zentrale soziale Kategorien, nämlich Alter, ethnische Zugehörigkeit und Geschlecht als Referenzkategorien, um Urteile über Personen und deren Eigenschaften abzuleiten. Da wir oft nicht die Zeit und Motivation haben, Informationen systematisch und tiefgründig zu verarbeiten, geschieht dies relativ schnell und automatisch. Würde sich dies auch auf unsere Eindrücke von Robotern übertragen lassen? Forscher haben die Rolle verschiedener sozialer Kategorien (z. B. Geschlecht, ethnische Zugehörigkeit) für die Wahrnehmung von Robotern untersucht, indem sie herausfanden, ob sich die Wahrnehmung von Menschen unterscheidet, wenn sie bestimmte visuelle Hinweise oder lediglich den Namen des Roboters manipulieren, um solche Kategorien zu suggerieren (Eyssel und Loughnan, 2013; Eyssel und Hegel, 2012; Bernotat et al., 2017; Bartneck et al., 2018; Perugia et al., 2023). Studien haben gezeigt, dass selbst Roboter, die als geschlechtsneutral konzipiert sind, negative Vorurteile in der Wahrnehmung von Menschen aktivieren können, da Menschen ihre früheren Erfahrungen und Annahmen in ihr Verständnis von Robotern einbringen (Guidi et al., 2023).

Bei der Diskussion über Voreingenommenheit (Bias) sprechen Sozialpsychologen gerne von „Ingroups" und „Outgroups" und unterscheiden dabei zwischen der Gruppe, zu der man gehört und die im Allgemeinen positiver wahrgenommen wird, und „den anderen". Dies wird als Ingroup Bias oder Ingroup Bevorzugung bezeichnet (Scheepers et al., 2006) und stellt eine Form der Diskriminierung dar. In Nordamerika wurde beispielsweise der Kontext zwischen den Gruppen, d. h. zwischen Afroamerikanern und Weißen, ausgiebig untersucht. Doch was hat das mit Robotern – und mit Vielfalt – zu tun? In einer Online-Studie wurde untersucht, ob weiße Amerikaner auch zwischen Robotern der Ingroup (d. h. weiß aussehenden Robotern) und Robotern der Outgroup (d. h. schwarz aussehenden Robotern) diskriminieren. Auf den ersten Blick erbrachte dieses Experiment Ergebnisse, die etwas Hoffnung machen – die Vorhersage, dass die Menschen den Outgroup-Roboter als weniger „geistreich" bewerten würden, wurde nicht bestätigt. Eyssel und Loughnan (2013) konnten jedoch zeigen, dass weiße amerikanische Teilnehmer den Roboter der Outgroup abwerteten, insbesondere wenn diese Personen einen hohen Grad an modernem Rassismus aufwiesen. Personen mit rassistischen, gegen Schwarze gerichteten Einstellungen gehörten auch zu denjenigen, die dem Outgroup-Roboter in Bezug auf Handlungsfähigkeit und Erfahrung weniger Verstand zusprachen. Es ist jedoch wichtig festzuhalten, dass individuelle Einstellungen tatsächlich eine Rolle spielten – die modellhafte Abwertung einer Outgroup konnte nur dann nachgewiesen werden, wenn die individuellen Vorurteile berücksichtigt wurden. In einer früheren Arbeit (Eyssel und Kuchenbrandt, 2012) wurde festgestellt, dass es nicht einmal notwendig war, visuelle Anhaltspunkte für die Gruppenzugehörigkeit zu manipulieren. Deutsche Teilnehmer, denen ein Bild ein und desselben Roboters mit unterschiedlichen Namen und Hinweisen auf das Produktionsland vorgelegt wurde (Eyssel und Kuchenbrandt, 2012), zeigten einen Ingroup-Bias. Sie bevorzugten das Produkt der Ingroup gegenüber der vermeintlichen Outgroup-Plattform, sogar auf der Ebene der Designbewertung.

Darüber hinaus haben Untersuchungen von Correll et al. (2002) gezeigt, dass Menschen in einer Weise diskriminieren, die – nicht nur in ihren Laborexperimenten – fatale Folgen haben kann. Im klassischen „Shooter-Bias-Paradigma" werden Fotos von Personen mit und ohne Waffe gezeigt. Die Aufgabe besteht darin, so schnell wie möglich zu reagieren und bei Gefahr den Knopf für „schießen" und bei unbewaffneten Personen „nicht schießen" zu drücken. Die Hautfarbe der abgebildeten Personen hatte einen deutlichen Einfluss auf die Reaktionszeit. Hielt ein afroamerikanisch aussehender Mann eine Waffe in der Hand, wurde schneller auf ihn geschossen, als wenn die Teilnehmer mit einem bewaffneten Weißen konfrontiert waren. Hatte die dunkelhäutige Person ein harmloses Handy dabei, brauchten die Teilnehmer länger, um nicht zu schießen. Bartneck et al. (2018) haben das Paradigma der Shooter-Bias-Experimente mit weißen vs. dunklen Robotern der Ingroup und Outgroup, die bewaffnet vs. unbewaffnet erschienen, repliziert und analoge Ergebnisse gefunden, was darauf hindeutet, dass ähnliche implizite rassistische Verzerrungen auch in der Mensch-Roboter-Interaktion eine Rolle spielen können.

In diesem Zusammenhang untersuchten Eyssel und Hegel (2012) sowie Bernotat et al. (2017) die Rolle des Geschlechts bei der Wahrnehmung von sozialen Robotern und zeigten, dass weithin bekannte Stereotypen über Männer und Frauen in der Gesellschaft auch im Kontext von Robotern aufrechterhalten werden. In einer zweiten Welle des Interesses haben sich verschiedene Forscher auf soziale Kategorien, einschließlich des Geschlechts, konzentriert, um die potenziell nachteiligen Auswirkungen der Kategorisierung nicht nur von Menschen, sondern auch von Robotern zu untersuchen und zu zeigen, wie wichtig es ist, solche Merkmale – aufseiten des Nutzers, Forschers oder des Roboters – zu berücksichtigen (Perugia und Lisy, 2022; Perugia et al., 2022; Roesler et al., 2022; Winkle et al., 2023a). Die meisten Forschungsarbeiten im Bereich der Geschlechtsspezifizierung von Roboter haben den Begriff des Roboter- oder Teilnehmergeschlechts auf dichotome Weise untersucht, d. h. mit der Gegenüberstellung von „männlich" und „weiblich". Zeitgenössische Ansätze würden jedoch von einer solchen dichotomen Konzeptualisierung absehen und eine vielfältigere, geschlechtsneutrale Bandbreite von Geschlechterkategorien integrieren. Wenn man jedoch die Auswirkungen der traditionellen männlichen und weiblichen Geschlechtskategorien auf soziale Beurteilung erforschen will, scheint es richtig, genau das zu untersuchen. Gleichzeitig ist die Forschung zu anderen Formen des Geschlechts und den damit verbundenen Auswirkungen immer noch spärlich. Dieser Bereich lädt also dazu ein, eine Fülle von offenen Forschungsfragen zu untersuchen.

Auch die Vielfalt potenzieller Nutzergruppen von Robotern, die Personen mit kognitiven, körperlichen oder anderen Formen von Diversität (z. B. Neurodiversität) repräsentieren, wird in HRI-Studien noch nicht angemessen widergespiegelt, wobei die Erfahrungen von Personen, die weniger häufig untersucht werden, eine Rolle spielen. Einige Forscher würden behaupten, dass es dabei wertvoll und wichtig ist, den Stimmen dieser Zielgruppen sogar als Teil des Forschungsprozesses Raum zu geben. In der Tat wäre ein solcher Ansatz wirklich menschenzentriert.

Howard und Borenstein (2018) fordern die Robotik-Community auf, die verschiedenen Quellen von Voreingenommenheit in der Robotik, wie die oben genannten, nicht nur zu identifizieren, sondern auch „Lösungen für Probleme der Voreingenommenheit und des Rassismus in der Robotik zu schaffen", indem sie eine umfassendere moralische Vorstellungskraft und eine proaktive Haltung entwickeln, um ethische Fragen und Voreingenommenheit anzugehen, bevor die Technologie eingesetzt wird und negative gesellschaftliche Auswirkungen hat. Howard und Kennedy wiederum fordern die Robotikcommunity auf, bei der Entwicklung und dem Einsatz von Robotern ausdrücklich die ethische Nutzung und die Leistungsgerechtigkeit zu berücksichtigen, und erörtern die Gründung der Black in Robotics (BiR)-Community, um einige dieser Fragen in Angriff zu nehmen (Howard and Kennedy III, 2020). Winkle et al. (2023b) bieten einen feministischen Rahmen für die Arbeit in der HRI und schlagen vor, dass wir die Machtverhältnisse in der HRI-Forschung und -Entwicklung untersuchen und gegebenenfalls infrage stellen müssen. Dazu kann gehören, die Machtverhältnisse und Hierarchien zwischen Forschern und Teilnehmern zu beachten und manchmal zu untergraben, z. B. durch partizipatorisches Design, das auch Möglichkeiten für die Gestaltung von Robotern bietet, um vielfältigere Stimmen einzubeziehen. Dabei können auch die unterschiedlichen Auswirkungen von Robotertechnologien auf die Menschen berücksichtigt werden, die über deren Anschaffung und Einsatz entscheiden (z. B. Unternehmensführer), und auf die Menschen, die sie letztendlich benutzen müssen (z. B. Fabrikarbeiter). Diese Perspektive legt nahe, dass es wichtig ist, die potenziellen Nutzer von Robotern in die Lage zu versetzen, sich stärker an der Entscheidungsfindung über die angemessene Nutzung und den Einsatz von Robotern zu beteiligen, und dass HRI-Forscher die Annahmen und die Machtdynamik, die mit der Forschung verbunden sind, aktiv hinterfragen.

■ 12.3 Schlussfolgerung

Es ist wichtig zu erkennen, dass Roboter, Menschen und ihre Interaktionen Teil einer breiteren Gesellschaft sind, die unterschiedliche Menschen, Technologien, Institutionen und Praktiken umfasst. In diesen heterogenen sozialen und kulturellen Kontexten können die Menschen aufgrund ihrer früheren Erfahrungen mit fiktionalen Erzählungen und populären Medien unterschiedliche Grundeinstellungen und Überzeugungen zu Robotern haben. Potenzielle Nutzer von Robotern werden auch unterschiedliche soziale und kulturelle Werte und Normen haben. Diese kulturellen Narrative und Werte werden sich darauf auswirken, wie Menschen Roboter wahrnehmen und auf sie reagieren und wie sich der Einsatz von Robotern auf bestehende soziale Strukturen und Praktiken auswirken könnte. HRI-Forscher sollten sich bei der Entwicklung und dem Einsatz von Robotern in der Gesellschaft der vorherrschenden kulturellen Narrative und Werte bewusst sein und darauf achten, ob sie wollen, dass Roboter bestehende Praktiken und Normen reproduzieren oder infrage stellen. Obwohl die HRI-Forschung bereits sehr interdisziplinär ist, sollte sie mehr Raum für Teilnehmer mit unterschiedlichem soziokulturellem und anwendungsorientiertem Hintergrund bieten, um die vielfältigen Erfahrungen und Perspektiven derjenigen besser einzubeziehen, die von der zukünftigen Einführung und Nutzung von Robotern betroffen sein werden.

Diskussionsfragen

- In welchen Film, welcher Serie, die Sie zuletzt gesehen haben, oder in welchem von Ihnen zuletzt gelesenen Buch kamen Roboter vor?
- Nennen Sie die Eigenschaften der Roboterprotagonisten, die Sie kürzlich in einem Film oder einer Fernsehserie gesehen haben. Was waren ihre Fähigkeiten? Wirkten sie menschenähnlich? Stellten sie eine Bedrohung für die Menschheit dar, oder haben sie die Welt gerettet?
- Wie wird die Verfügbarkeit neuer Medien wie YouTube die Erwartungen der Menschen gegenüber Robotern verändern?
- Denken Sie an Berufe, die durch Maschinen ersetzt wurden. Welche kommen Ihnen in den Sinn? Was sind die möglichen positiven und negativen Auswirkungen dieser Ersetzung?
- Gibt es eine Tätigkeit, die Sie gerne von einer Maschine erledigen lassen würden? Was ist eine Tätigkeit, die Sie nicht durch eine Maschine ersetzen möchten? Was denken Sie, wie andere über Ihre Entscheidungen denken würden – wer könnte damit nicht einverstanden sein?
- Diskutieren Sie, ob es ethisch vertretbar ist, einen sozialen Roboter als Gesellschaft für einsame ältere Menschen einzusetzen. Beschreiben Sie die relevanten Themen und erläutern Sie Ihre Meinung.
- Wäre es in einer Zukunft, in der hochintelligente Roboter zur Verfügung stehen, ethisch vertretbar, Roboter-Nannies oder Roboter-Lehrer zu entwickeln? Beschreiben Sie die möglichen Probleme.
- Einige HRI-Studien sind provokativ oder regen zum Nachdenken an, z. B. Bartneck et al. (2018) über bestehenden Rassismus in HRI. Ist es ethisch vertretbar, kontroverse HRI-Studien durchzuführen? Gibt es bestimmte Themen, wie z. B. Religion, in die sich HRI nicht einmischen sollte?

■ 12.4 Übungen

Die Antworten auf diese Fragen finden Sie in Kapitel 14.

Übung 54   Science-Fiction Medien

Was war der letzte Film oder die letzte Serie, die Sie gesehen oder gelesen haben, in der Roboter vorkamen?

Übung 55   Der 200 Jahre Mann

Was ist der fiktive Roboter Andrew Martin bereit zu tun, um vollständig als Mensch anerkannt zu werden? Wählen Sie eine oder mehrere Optionen aus der folgenden Liste aus:

1. Er verpflichtet sich, keinen anderen Roboter menschlich werden zu lassen.
2. Er wird sterblich.
3. Er akzeptiert, dass er sich seiner eigenen roboterhaften Natur nicht mehr bewusst ist.
4. Er gibt alle Freundschaften auf.
5. Es kommt zu einem Gerichtsverfahren.

Übung 56   Aufstand der Roboter

Ein Aufstand der Roboter ist ein häufiges Thema in den Medien. Warum rebellieren die Roboter normalerweise? Wählen Sie eine oder mehrere Optionen aus der folgenden Liste aus:

1. Sie spiegeln das schlechte Verhalten der Menschen während der Kolonisation wider.
2. Sie konkurrieren mit der Menschheit um Ressourcen und sehen nur die Möglichkeit, die Menschheit zu töten oder zu versklaven.
3. Sie wollen das Leben auf der Erde schützen, indem sie die Menschen, die die Erde verschmutzen, beseitigen.
4. Die Menschen haben sie so programmiert, dass sie es tun.
5. Sie sind genervt davon, dass sie Befehle von weniger intelligenten Wesen entgegennehmen müssen.

Übung 57   Beziehung

Ein Roboter als Begleiter, sei es für die Altenpflege, die soziale Begleitung oder das Training von Menschen auf dem Autismus-Spektrum, könnte ethische Fragen aufwerfen. Welche der folgenden Aussagen sind zutreffend? Wählen Sie eine oder mehrere Optionen aus der folgenden Liste aus:

1. Roboter sind schlauer und stärker als Menschen.

2. Roboter haben keinen rechtlichen Status.

3. Roboter werden die Menschen täuschen wollen.

4. Die Nachahmung des reziproken Affekts kann niemals so bedeutsam sein wie der authentische Affekt.

5. Roboter könnten unrealistische Erwartungen an zwischenmenschliche Beziehungen wecken.

Übung 58   Vertrauen in Roboter

Sehen Sie sich das im Folgenden angeführte Video an und beantworten Sie dann die dazugehörige Frage.

Ayanna Howard, „Sollten wir Robotern vertrauen und sollten sie uns vertrauen?", siehe *https://youtu.be/P86kv-v7XJU*

Ayanna Howard erörtert, wie die breite Öffentlichkeit Roboter wahrnimmt und mit ihnen interagiert. Sie erklärt, dass die Menschen Robotern oft vertrauen, vielleicht sogar zu sehr. Als Gründe für dieses Vertrauen nennt sie die emotionale Bindung zu Robotern und die Vorurteile der Menschen gegenüber Robotern, die auf ihren Vorstellungen von Robotern als fortschrittlicher Technologie beruhen. Erläutern Sie, wie diese beiden Faktoren sowohl zu positiven als auch zu negativen Ergebnissen führen können – was sind diese Ergebnisse und wie hängen sie mit unseren Beziehungen und Erwartungen an Roboter zusammen. Und wie können wir diese potenziellen Probleme bei der Entwicklung von Robotern berücksichtigen?

Übung 59   Ethische Fragen in der HRI

Sehen Sie sich dieses Video an und beantworten Sie dann die folgende Frage.

Kate Darling, „Ethische Fragen der HRI", siehe *https://www.youtube.com/ watch?v= m3gp4LFgPX0&t=853s*

Kate Darling beschreibt das neue Paradigma sozialer Roboter, die mit Menschen in verschiedenen Kontexten interagieren, ähnlich dem, was wir bisher besprochen haben, und weist dann auf mehrere ethische Fragen hin, die sich aus dem Design und der Interaktion von Menschen mit solchen Robotern ergeben. Erläutern Sie auf der Grundlage ihres Vortrags, warum sich soziale Roboter in Bezug auf ihre ethischen Implikationen von anderen Robotern unterscheiden können. Beschreiben Sie auch, welche der ethischen Implikationen, die Kate Darling beschreibt, Sie am meisten überraschten oder wichtig fanden. Wie wirkt sich diese Implikation auf Ihre Überlegungen zur Entwicklung von sozialen Robotern aus?

Weiterführende Literatur und Medien

- Spike Jonze. Her, 2013.
- Isaac Asimov. The Robot Series. 1950 – 1986. [diese Sammlung besteht aus mehreren Büchern, die nie formell als Serie veröffentlicht wurden]
- Philip K. Dick. Do androids dream of electric sheep? Boom! Studios, a division of Boom Entertainment, Los Angeles, CA, 1986.
- Jake Schreier. Robot & Frank, 2013.
- Amanda J. C. Sharkey. Should we welcome robot teachers? Ethics and Information Technology, 18 (4): 283 – 297, 2016.
- Peter W. Singer: Wired for war. The robotics revolution and conflict in the twenty-first century. Penguin, New York, NY 2009.
- Gianmarco Veruggio, Fiorella Operto und George Bekey. Roboethics. Social and ethical implications. In: Bruno Siciliano and Oussama Khatib, Hrsg.: Springer handbook of robotics, S. 2135 – 2160. Springer, Berlin, Heidelberg 2016.
- Edmond Awad, Sohan Dsouza, Richard Kim, Jonathan Schulz, Joseph Henrich, Azim Shariff, Jean-François Bonnefon, and Iyad Rahwan. The moral machine experiment. in: Nature, 2018.
- Robert Sparrow. Robots, rape, and representation. In: International Journal of Social Robotics, 9 (4): 465 – 477, Sep 2017.
- Patrick Lin, Keith Abney und George A. Bekey. Robot ethics: The ethical and social implications of robotics. Intelligent robotics and autonomous agents. MIT Press, Cambridge, MA 2012.

13 Die Zukunft

 Was in diesem Kapitel behandelt wird

- Die derzeitige Einstellung der Öffentlichkeit zu Robotern und wie sich diese in den kommenden Jahren ändern könnte.
- Mögliche Veränderungen und Entwicklungen in der Natur der Mensch-Roboter-Beziehung, insbesondere bei Begleitrobotern.
- Weiterentwicklung der Technologie der Mensch-Roboter-Interaktion, insbesondere der künstlichen Intelligenz.
- Die mit der Vorhersage der Zukunft verbundenen Probleme.

Wie bei anderen Technologien, die in unserem Alltag normal geworden sind, z. B. PCs, Smartphones oder das Internet, erwarten wir, dass sich Roboter früher oder später in die Gesellschaft einfügen werden. Vielleicht werden sie sogar in unsere persönlichen und selbst in die intimen Bereiche unseres Alltags aufgenommen. Gegenwärtig werden Roboter als Mitarbeiter, Tutoren und Assistenten im medizinischen Bereich und als Dienstleister in der Pflege, im Bildungswesen und in den Wohnungen der Menschen entwickelt. Die Forschung auf dem Gebiet der Mensch-Roboter-Interaktion geht unvermindert weiter, und die Unternehmen haben ein wachsames Auge auf soziale Roboter und bringen Produkte auf den Markt, die entweder vollwertige soziale Roboter sind, wie z. B. der Sony Aibo (Bild 2.10), oder die sich von der HRI- und Interaktionsdesignforschung inspirieren lassen, wie z. B. digitale Haushaltsassistenten.

Technologische Fortschritte machen diese Vision immer realer, reichen aber allein nicht aus, um uns einer Zukunft mit Robotern näher zu bringen. Umfragen in den Vereinigten Staaten und Europa zeigen, dass Roboter für Arbeiten, die Menschen als zu schwer oder unerwünscht empfinden, insgesamt als wünschenswert angesehen werden. Die Öffentlichkeit ist jedoch zurückhaltender, wenn es um Sozialroboter geht, die Begleitung, Pflege und andere sozial unterstützende und interaktive Anwendungen bieten (Smith, 2014; Europäische Kommission, 2017). Im Allgemeinen stehen Menschen Robotern eher positiv gegenüber, obwohl einige HRI-Studien gezeigt haben, dass manche Menschen gelegentlich recht große Angst vor Robotern und andere negative Einstellungen ihnen gegenüber haben, was zu einer geringen Bereitschaft zur Interaktion mit Robotern in ihrem persönlichen Umfeld oder am Arbeitsplatz führt (Reich-Stiebert und Eyssel, 2013, 2015). Jede technische und gesellschaftliche Revolution ruft starke Reaktionen hervor, sowohl positive als auch negative, und bei sozialen Robotern wird das nicht anders sein.

Mit dem Fortschritt der Technologie und der zunehmenden Verbreitung von sozialen Robotern werden die Menschen mehr Möglichkeiten haben, das Potenzial und die Grenzen der Technologie zu erfahren, und sie werden sie möglicherweise schon allein aufgrund ihrer Exposition besser akzeptieren. Wie wir bereits in unserer Diskussion über nonverbale Hinweise erwähnt haben, verändert die direkte Interaktion mit Mitgliedern einer anderen sozialen Gruppe – in diesem Fall mit Robotern – die Einstellung und verringert die Angst vor dieser Gruppe (Crisp und Turner, 2013; Pettigrew et al., 2011). Wullenkord (2017) zeigte, dass allein die Vorstellung einer kollaborativen Interaktion mit einem Nao-Roboter vor der tatsächlichen Interaktion mit ihm die Einstellungen und Reaktionen gegenüber dem Roboter verbesserte und die wahrgenommene Qualität der Interaktion erhöhte. Wir können daher davon ausgehen, dass mit zunehmendem Kontakt der Menschen mit Robotern, sei es direkt oder über die Medien, die Einstellungen positiver werden und die Bereitschaft zur Nutzung von Robotern im Laufe der Zeit zunehmen wird. Wie wir im Rest dieses Buches gesehen haben, können Fortschritte in der HRI-Forschung diesen Prozess jedoch erheblich beschleunigen. Indem wir die Anliegen der Menschen besser verstehen, gesellschaftliche Bedürfnisse erfassen und Möglichkeiten für die Automatisierung identifizieren, können wir Interaktionen schaffen, die für die Menschen und die Gesellschaft insgesamt positiv und vorteilhaft sind. Wie bei jeder technologischen Revolution wird die Einführung von sozialen Robotern zunächst langsam verlaufen, wobei mutige Unternehmen neue Produkte auf den Markt bringen und frühe Anwender diese kaufen und nutzen, wodurch sie wertvolle praktische Erfahrungen darüber sammeln, was interaktive Geräte und Roboter für uns bedeuten könnten (Hoffman, 2019). Die Erwartungen der Endnutzer an soziale Roboter sind hoch, und kommerzielle Produkte dieser Art neigen dazu, zu viel zu versprechen und zu wenig zu halten. In den letzten Jahren gab es jedoch positive Resonanz zwischen neuen Revolutionen in der künstlichen Intelligenz (KI), der akademischen Forschung, den Bemühungen der Industrie und dem Technologiemarkt, wobei in soziale Roboter integrierte Produkte kommerziell erfolgreich wurden. Spracherkennung, Verarbeitung natürlicher Sprache und visuelles Verständnis des sozialen und physischen Kontexts sind heute in Tausenden von Produkten zu finden, und ihr Erfolg ist wahrscheinlich der Ursprung des Erfolgs sozialer Roboter.

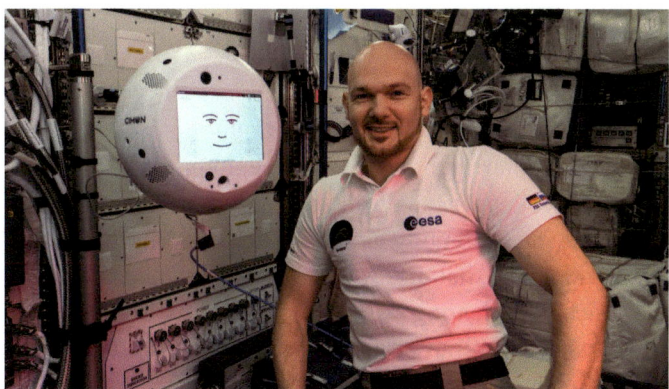

Bild 13.1 Der vom Deutschen Zentrum für Luft- und Raumfahrt, Airbus und IBM gebaute Roboter Cimon (Stand 2018) unterstützt Astronauten auf der Internationalen Raumstation (Quelle: National Aeronautics and Space Administration)

Wir müssen auch bedenken, dass Roboter in den Medien häufig negativ oder unrealistisch dargestellt werden. So ist beispielsweise viel davon die Rede, dass sich in unserer alternden Gesellschaft Roboter anstelle von Menschen um die Pflegebedürftigen kümmern. Das ist kein angenehmer Gedanke, schon deshalb nicht, weil er uns mit einer Realität konfrontiert, in der menschliche Kontakte immer seltener werden und in der wir Robotertechnologie als Ersatz für menschliche Wärme brauchen. Die Art und Weise, wie dieses Zukunftsszenario von den Medien dargestellt wird, ist jedoch unrealistisch. Diese Art der Darstellung von Robotern in der Gesellschaft verkauft zwar Zeitungen, erzeugt aber unangemessene Ängste und lenkt uns davon ab, was Roboter wirklich leisten könnten. In der Altenpflege werden bereits kuschelige, tierähnliche Roboter eingesetzt, sehr zur Zufriedenheit der Senioren, ihrer Familien und des Personals.

Wir urteilen oft schnell, und Roboter wecken starke Emotionen. Die Unterstützung einer offenen Haltung gegenüber neuen Entwicklungen in Technologie und Wissenschaft könnte ein Schritt sein, um eine positivere Sichtweise und stärkere Akzeptanz in der Öffentlichkeit zu erreichen. Diese Veränderungen können nur durch Längsschnittstudien beobachtet werden, und HRI-Wissenschaftler müssen mit ihren Zielgruppen zusammenarbeiten, um zu überlegen, wie technologische Entwicklungen mit gesellschaftlichen Strukturen zusammenkommen können, um positive Veränderungen zu bewirken. Es gibt keine schnelle „technologische Lösung" für gesellschaftliche Probleme wie den demografischen Wandel. Neben der Entwicklung dringend benötigter Technologien ist es auch wichtig, einen menschenzentrierten Ansatz zu verfolgen, der sich auf die tatsächlichen psychologischen, sozialen und emotionalen Bedürfnisse der Menschen konzentriert, die Roboter nutzen und von ihnen betroffen sind. Eine stärker auf den Menschen ausgerichtete Sichtweise in Verbindung mit technologischem Fortschritt wird zu robusten und sozial verträglichen Robotern führen, von denen wir alle profitieren können.

■ 13.1 Das Wesen der Mensch-Roboter-Beziehungen

Wenn man am Flughafen auf die Abfertigung wartet, erledigt eine Maschine den Check-in. In Japan werden wir von Pepper-Robotern begrüßt, wenn wir eine Bank oder ein Geschäft betreten. Wenn die Betreuung hauptsächlich von Maschinen und nicht von Menschen übernommen wird, hat dies starke Auswirkungen auf die Entwicklung und Pflege menschlicher Beziehungen. Schon heute haben viele Technologien wie Mobiltelefone, soziale Netzwerke und Onlinespiele dazu geführt, dass die Menschen sich immer seltener persönlich begegnen und sich die zwischenmenschliche Kommunikation verändert hat. Anstatt Briefe zu schreiben oder sich persönlich zu treffen, kommunizieren die Menschen über Nachrichten auf Snapchat oder WhatsApp. Unsere Muster, wann wir mit wem über was sprechen, ändern sich (siehe Bild 13.2), ebenso wie die Art und Weise, wie wir unsere romantischen Beziehungen beginnen und beenden – per Smartphone. Roboter können zu einer weiteren Entfremdung zwischen Menschen beitragen, wie Turkle (2017) argumentiert, oder sie könnten so gestaltet sein, dass sie die Interaktion zwischen Menschen unterstützen und sogar verstärken. Dieser Effekt wurde mit dem Robben-ähnlichen Roboter Paro in einem Tagesheim beobachtet, in dem Senioren mehr mit anderen zusammenkamen und sich unterhielten, wenn der Roboter in einem öffentlichen Raum aufgestellt wurde (Wada und Shibata, 2007).

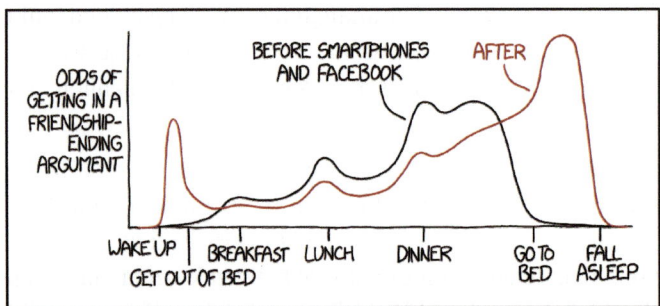

Bild 13.2 Die Wahrscheinlichkeit, in einen Streit zu geraten, der die Freundschaft beendet, vor und nach der Einführung von Smartphones (Quelle: XKCD)

Es liegt auf der Hand, dass soziale Roboter und künstliche Intelligenz mit ihrer Weiterentwicklung eine immer größere Rolle in unserem Alltag und unserer Gesellschaft spielen werden. Da die Art der Mensch-Roboter-Beziehungen von den Fähigkeiten der Roboter und den Vorlieben der Nutzer abhängt, sind diese Entwicklungen unweigerlich mit der Frage verbunden, welche Themen wir im Zusammenhang mit Robotern und künstlicher Intelligenz für ethisch und wünschenswert halten.

Ein großes gesellschaftliches Problem ist derzeit die Einsamkeit. Sich mit anderen sozial verbunden zu fühlen, hat eine fast unglaubliche Liste von Vorteilen für die individuelle geistige und körperliche Gesundheit (Vaillan, 2015). Dies wird zunehmend an Bedeutung gewinnen, da die Bevölkerung in den Industrieländern in den kommenden Jahrzehnten weiter altern wird. Ein zunehmender Teil der Bevölkerung ist pflegebedürftig, und zwar nicht nur im Hinblick auf die körperlichen Bedürfnisse wie Ernährung, Körperpflege und Kleidung, sondern auch auf die emotionale Betreuung. Es könnte sein, dass die jüngeren Generationen weder willens noch in der Lage sind, diese doppelten Bedürfnisse allein zu erfüllen. Insbesondere die emotionalen Bedürfnisse von Senioren oder Menschen mit kognitiven oder körperlichen Beeinträchtigungen müssen berücksichtigt werden, aber alle Menschen laufen Gefahr, immer einsamer und isolierter zu werden (American Osteopathic Association, 2016).

Das Fehlen sozialer Bindungen kann ernsthafte Auswirkungen auf unser psychologisches Wohlbefinden und unsere Gesundheit haben. Das „Bedürfnis nach Zugehörigkeit", ein Schlüsselmotiv der menschlichen Natur (Baumeister und Leary, 1995), kann leicht gestört werden. Zur Veranschaulichung: Forschungen von Eisenberger et al. (2003) haben die neuroanatomischen Grundlagen von Reaktionen auf soziale Ausgrenzung beleuchtet, während Williams (2007) die negativen sozialen Folgen sozialer Ausgrenzung dokumentiert hat. Das heißt, wenn das Bedürfnis nach Zugehörigkeit verletzt wird, haben die Menschen nicht nur ein geringeres Zugehörigkeitsgefühl, sondern auch ein geringeres Selbstwertgefühl, weniger Kontrolle und sehen ihre Existenz sogar als weniger sinnvoll an, als wenn ihr Eingliederungsstatus nicht bedroht ist. Darüber hinaus ist das Risiko, an Alzheimer zu erkranken, bei einsamen Menschen doppelt so hoch wie bei sozial vernetzten Personen, und Einsamkeit ist ein Prädiktor für einen Rückgang der kognitiven Fähigkeiten (Shankar et al., 2013). Angesichts der nachteiligen Auswirkungen von Einsamkeit auf die Lebensqualität und die psychologischen und kognitiven Funktionen könnten Roboter eine wichtige Rolle bei der Vermittlung dieser Auswirkungen spielen.

Einige wenige kommerzielle Start-ups bieten künstlich intelligente „Begleiter" an, wenn auch bisher nur mit bescheidenem Erfolg, wie z. B. das „Living With Project" von Gatebox. Wenn KI und Roboter so weit entwickelt sind, dass sie menschliche Interaktionsmuster zuverlässig imitieren können, könnten sie äußerst hilfreich sein, um Gefühle von Langeweile und Einsamkeit zu lindern.

Es bleibt abzuwarten, wie wohl sich die Menschen mit den verschiedenen möglichen Rollen die eine KI einnehmen kann, fühlen werden. Während die Suche nach einer starken oder allgemeinen KI weitergeht, wird die Frage, ob eine solche KI wünschenswert ist, immer lauter. Während die spektakulärste Version dieser Frage sich damit beschäftigt, wie wir sicherstellen können, dass eine solche KI der Menschheit gegenüber wohlwollend bleibt, ist es mindestens genauso interessant, sich mit der Frage zu beschäftigen, ob die Menschen überhaupt bereit wären, die Kontrolle abzugeben. Nehmen wir an, es wird eine starke KI entwickelt, deren einziger Zweck es ist, das Wohlergehen der Gesellschaft zu verbessern, während sie sich an eine Reihe von Regeln hält, die sie davon abhalten, Menschen zu schaden (z.B. Asimovs Gesetze der Robotik; siehe Abschnitt 12.2). Können wir alle Bedenken hinsichtlich Eigeninteresse, Voreingenommenheit und versteckter politischer Absichten, die der menschlichen Führung innewohnen, über Bord werfen und stattdessen voll und ganz darauf vertrauen, dass die künstliche Intelligenz die richtige Sorgfalt walten lässt (siehe Bild 13.3)? Wären wir mit einem solchen System einverstanden?

Bild 13.3
Nicht jeder ist von der Idee einer starken KI begeistert: Der verstorbene theoretische Physiker Stephen William Hawking und der Unternehmer und Ingenieur Elon Musk sind beide lautstarke Kritiker der Entwicklung einer starken KI

■ 13.2 Fortschritt in der HRI

Die HRI wird von den Gezeiten des technologischen Fortschritts mitgerissen. Neue Sensoren und Aktoren sowie die ständige Weiterentwicklung der KI werden schnell in die HRI-Anwendungen übernommen. Angesichts des stetigen Fortschritts in der KI und ihrer Anwendungen gibt es allen Grund zu der Annahme, dass eine Reihe von technischen Problemen, die derzeit noch von der durch die Wizard-of-Oz-Steuerung abhängen, bald vom Roboter autonom gelöst werden können.

Der Fortschritt in der HRI wird nicht so sehr durch einen Mangel an Entwicklung bei der Roboterhardware gebremst, sondern vielmehr durch einen Mangel an Fortschritt bei der autonomen Steuerung und KI. Es ist eindeutig nicht die begrenzte

Sicht durch die Sensoren und die begrenzte Ausdrucksfähigkeit der Aktoren, die die Interaktion behindern. Vielmehr ist es die künstliche Kognition – die im Falle der WoZ-Steuerung durch reale Kognition ersetzt wird – die fehlt. Natürlich gibt es bei der Roboterhardware noch Verbesserungsmöglichkeiten: Geschwindigkeit und Leistung der Aktoren müssen verbessert, und die Energieautonomie von Robotern drastisch erhöht werden. Darüber hinaus haben Robotik und insbesondere soziale Robotik schon immer einen „Frankenstein-Ansatz" bei der Hardware verfolgt, bei dem Roboter aus jeder verfügbaren Technologie gebaut werden, anstatt radikal neue Hardware-Lösungen zu entwickeln. Doch zum jetzigen Zeitpunkt sind Durchbrüche in der HRI am ehesten durch Fortschritte bei der Robotersteuerung und der künstlichen Intelligenz zu erwarten. An dieser Stelle ist das maschinelle Lernen sehr vielversprechend. Allerdings gibt es grundlegende Hindernisse für den Einsatz von maschinellem Lernen in der HRI. Da maschinelles Lernen große Mengen an annotierte Daten und Rechenzeit erfordert, kommt es in Bereichen zum Tragen, die Offline-Lernen ermöglichen und für die große Mengen an Trainingsdaten verfügbar sind oder, falls nicht, generiert werden können. Obwohl es in der Welt viele menschliche Interaktionen gibt, laufen diese in Echtzeit ab. Im Gegensatz zum maschinellen Lernen eines Schach- oder Go-Spiels, bei dem das Lernen so schnell ablaufen kann, wie es der Computer zulässt, läuft das maschinelle Lernen von HRI-Strategien von Natur aus online ab. Unabhängig davon, wie schnell der Computer ist, wird das Interaktionstempo vom menschlichen Interaktionspartner diktiert, und die Bewertung und Aktualisierung des maschinellen Lernens erfolgt in „menschlicher Zeit" und nicht in Computerzeit. Eine Lösung zur Erleichterung des maschinellen Lernens für die HRI könnte darin bestehen, mehr Roboter und Daten aus mehr Interaktionen zu verwenden: Die Zusammenführung von Interaktionsereignissen könnte eine Lösung für den Mangel an HRI-Daten sein und die Bewertung der erlernten Interaktionsstrategien beschleunigen. Es ist unklar, was die nächsten technologischen Durchbrüche in der künstlichen Intelligenz und der Robotik sein werden, aber eines ist klar: Die HRI wird sie bereitwillig aufnehmen.

■ 13.3 Ausblick

Die Zukunft vorherzusagen ist schwer, und besonders im Bereich der HRI scheint es, als ob jede nur denkbare Position von einer kleinen Armee von Experten (und einer großen Gruppe von solchen, die es werden wollen) mit Leidenschaft verteidigt wird, von Weltuntergangsprognosen bis hin zur Nirwana-Vorhersage. Das Unternehmen Tesla beispielsweise machte 2022 große Versprechungen für seinen humanoiden Roboter Optimus, nicht nur wegen seines unrealistisch günstigen Preises, sondern auch wegen seiner noch nie dagewesenen Fähigkeiten. Versprechen, die noch nicht eingelöst sind.

Es erweist sich als nahezu unmöglich, einen Konsens über die ferne Zukunft der HRI und sogar über kleine und konkrete Vorhersagen darüber zu erzielen, wie lange es dauern wird, eine bestimmte Fähigkeit zu entwickeln oder was wir eigentlich von einem Roboter wollen. Genau wie bei der künstlichen Intelligenz sind alle Wetten ungültig. Dennoch ist klar, dass Roboter-Butler – wie der von der BBC 1966 erdachte Able Mabel Haushälter-Roboter – weiterhin nicht zu erreichen sind.

Erstens können wir vielleicht einige Lehren aus der Entwicklung der künstlichen Intelligenz ziehen, die zwar rasant verlaufen ist, aber dennoch die frühen Erwartungen nicht erfüllen konnte. Als die ersten Ideen rund um die KI in den 1950er-Jahren vorgestellt wurden, ging man davon aus, dass eine starke KI innerhalb weniger Jahrzehnte verfügbar sein würde (McCorduck, 1979; Russell und Norvig, 2022). Ein halbes Jahrhundert später kämpft die KI immer noch damit, die reale Welt zu verstehen. Und obwohl die Fortschritte an einigen Fronten beeindruckend sind – man denke nur an die jüngsten Entwicklungen im Bereich der natürlichen Sprachinteraktion –, sind sie ungleichmäßig. Es scheint, dass KI schnell lernen und sogar übermenschliche Leistungen erzielen können, wenn Daten im Überfluss vorhanden sind und das Lernen kostengünstig ausgewertet werden kann. Berühmt wurde dies durch das Computerprogramm Deep Blue, das Ende der 1990er-Jahre den Schachweltmeister Gary Kasparow besiegte (Campbell et al., 2002), sowie durch die jüngsten Siege bei immer komplexeren Spielen wie Go (Murphy, 2016) und Stratego. Da das Schicksal der Robotik oft mit dem der künstlichen Intelligenz verknüpft ist, können wir ähnliche Trends in der sozialen Robotik erwarten, wobei Roboter in einigen Bereichen übermenschliche Fähigkeiten erlangen, während sie in anderen Bereichen zurückbleiben.

In den letzten Jahren haben sich eine Reihe von Start-ups und großen Unternehmen auf den Markt der sozialen Robotik gewagt. Beflügelt von technologischen Durchbrüchen bauen sie neuartige Produkte und suchen nach ebenso neuartigen Anwendungsfällen. Der Bau und insbesondere der Verkauf von sozialen Robotern ist jedoch eine große Herausforderung. Die meisten kommerziellen sozialen Roboter sind einige Jahre lang erhältlich, und wenn die Verkaufszahlen hinter den Erwartungen zurückbleiben, nehmen die Unternehmen das Produkt wieder vom Markt. Wir kommen nicht umhin festzustellen, dass viele der Roboter, die wir in diesem Buch besprechen und zeigen, nicht mehr erhältlich sind. Wir sollten nicht vergessen, dass die kommerziellen Sozialroboter noch in den Kinderschuhen stecken. Wie bei zahllosen anderen Technologien – dem Mobiltelefon, dem Smartphone, dem PC und dem MP3-Player, um nur einige zu nennen – wird es bei den frühen und daher mutigen Versuchen, soziale Roboter auf den Markt zu bringen, Gewinner und Verlierer geben, aber der Sieg gehört denen, die am meisten und am längsten daran glauben.

Dies wirft die Frage auf, ob wir wirklich in der Lage sind zu wissen, was wir von einem Roboter erwarten. Was wir uns heute von Robotern wünschen, wird wahrscheinlich nicht das sein, was Roboter in der Zukunft tun werden. Das Zusammenspiel zwischen unseren Bedürfnissen und technologischen Fähigkeiten wird eher zu Anwendungen führen, die wir uns heute kaum vorstellen können. Wie in diesem Buch gezeigt wird, ist es gut, die Bandbreite der Perspektiven zu erweitern, die in unsere Diskussionen einbezogen werden, wenn wir eine Zukunft mit Robotern aufbauen.

Während das Deep Learning bemerkenswerte Fortschritte erzielt hat, ist es wichtig, sich einzugestehen, dass die Erwartungen der Vergangenheit oft zu übermäßigem Optimismus geführt haben, gefolgt von Enttäuschungen. Zwei frühere KI-Booms dienen als Beispiele für dieses Muster. Der Erste ereignete sich in den 1950er-Jahren, als Vorhersagen über das Aufkommen einer starken KI gemacht wurden. Der zweite Boom fand in den 1970er-Jahren statt, als man glaubte, alles vorhandene Wissen in formale Darstellungen fassen zu können. Obwohl diese Perioden letztlich zu zwei von mehreren KI-Eiszeiten führten, hielt die KI-Forschung an und trug zur Entwicklung grundlegender Kenntnisse in der Mustererkennung bei, wie z. B. bemerkenswerte Fortschritte bei neuronalen Netzen. Dies ebnete den Weg für den letztendlichen Erfolg der neuesten Durchbrüche in der Mustererkennung, die durch die erhöhte Rechenleistung und den Zugang zu riesigen Datenmengen vorangetrieben wurden. Auch wenn einige Neugründungen, die sich auf die Robotik konzentrieren, scheitern könnten, sind Auf- und Abschwung-Zyklen bei sozialen Robotern wahrscheinlich. Die Vorhersage, welche Unternehmungen wann erfolgreich sein werden, bleibt eine schwierige Aufgabe. Dennoch sind wir der festen Überzeugung, dass unser Verständnis der Mensch-Roboter-Interaktion von zentraler Bedeutung für zukünftige kommerzielle Erfolge sein wird.

 Diskussionsfragen

- Welche technologischen und damit verbundenen gesellschaftlichen Entwicklungen haben Sie in Ihrem Leben am meisten überrascht?
- Welche Art von Zukunft mit Robotern würden Sie sich wünschen? Bei welcher Art von Zukunft hätten Sie Angst oder wären besorgt?
- Wie viel Zeit verbringen Sie damit, mit Menschen von Angesicht zu Angesicht zu interagieren, im Vergleich zu einer medialen Umgebung (z. B. Facebook, Telefonkonferenz)? Was ist mit nichtmenschlichen Agenten – interagieren Sie überhaupt mit ihnen? Unter welchen Umständen und in welchem Umfang?
- Wer kümmert sich um Ihre Großeltern oder Eltern? In welcher Art von Gemeinschaft leben sie? Wohnen Sie in ihrer Nähe? Was glauben Sie, wer wird sich in Zukunft um Sie kümmern? In welcher Art von Gemeinschaft könnten Sie selbst leben?

■ 13.4 Übungen

Die Antworten auf diese Fragen finden Sie in Kapitel 14.

Übung 60   Einsamkeit

Welche Folgen sind typischerweise mit Einsamkeit verbunden? Wählen Sie eine oder mehrere Optionen aus der folgenden Liste aus:

1. verringertes Selbstwertgefühl
2. Erhöhung des Risikos, an Alzheimer zu erkranken
3. Rückgang der kognitiven Fähigkeiten
4. eingeschränkte physiologische Fähigkeiten
5. geringeres finanzielles Einkommen
6. Mangel an wahrgenommener Kontrolle
7. Erhöhung des Risikos, an Krebs zu erkranken

Übung 61   Technik

Welche Technologie behindert die HRI am meisten? Wählen Sie eine Option aus der folgenden Liste aus:

1. die Entwicklung von Sensoren
2. die Entwicklung von Aktoren
3. die Entwicklung der Stromspeicherung und -übertragung
4. die Entwicklung der künstlichen Intelligenz
5. die Entwicklung von fortschrittlichen Materialien

Übung 62   Face Time

Wie kommunizieren Sie hauptsächlich mit Ihren Freunden? Wählen Sie eine Option aus der folgenden Liste aus:

1. über vernetzte Kommunikationsräume (z. B. Facebook, Instagram, Zoom, Skype usw.)
2. durch Kommunikation von Angesicht zu Angesicht

Übung 63   Kontakt

Mit wem haben Sie täglich mehr Körperkontakt? Wählen Sie eine Option aus der folgenden Liste aus:

1. Partner (oder Freunde)
2. Mobiltelefon

Übung 64   Eltern

Möchten Sie, dass sich ein Roboter um Ihre Eltern kümmert, wenn sie sich nicht mehr selbst versorgen können? Wählen Sie eine Option aus der folgenden Liste:

1. Ja

2. Nein

Übung 65   HRI-Filmanalyse

Sehen Sie sich einen Film (oder 1 – 2 Episoden einer Fernsehserie) Ihrer Wahl an, in dem Roboter eine wichtige Rolle spielen. Achten Sie genau auf die Mensch-Roboter-Interaktion und wie sie im Film dargestellt wird; machen Sie sich vielleicht während des Films Notizen. Schreiben Sie dann eine kurze Analyse der Mensch-Roboter-Interaktion im Film. Fassen Sie nicht nur den Film selbst zusammen, sondern gehen Sie auf die Art und Weise ein, wie Menschen und Roboter miteinander interagieren und kommunizieren. Wenn Sie möchten, können Sie Bildmaterial aus dem Film in Ihre Rezension einbeziehen. Sie sollten auch ausdrücklich auf alle Verbindungen zu den HRI-Themen hinweisen, über die Sie in diesem Buch gelesen haben.

Einige Beispiele für relevante Filme sind: Ex Machina, WALL-E, Westworld (TV-Serie), Moon, Der Gigant aus dem All, Star Wars, Lautlos im Weltraum, Nummer 5 lebt!, 2001: Odyssee im Weltraum, Per Anhalter durch die Galaxis, A.I. – künstliche Intelligenz, I Robot, Metropolis, Ghost in the Shell, Astro Boy, Robot & Frank, Humans (TV-Serie) usw.

In Ihrer Bewertung sollten Sie auf die folgenden Fragen eingehen:

1. Welche Rolle spielen die Roboter in der Gesellschaft? Welche Arten von Aufgaben erfüllen sie? Wo interagieren sie mit Menschen?

2. Welche Kanäle oder Modalitäten nutzen die Menschen, um mit den Robotern zu kommunizieren? Wie entwickelt sich ihre Kommunikation?

3. Welche Ausdrucksformen verwenden die Roboter, um mit Menschen zu kommunizieren? Wie sieht es mit der gegenseitigen Kommunikation aus?

4. Was sind die Folgen von Robotern in der Gesellschaft? Wie reagieren die Menschen auf die Roboter – positiv, negativ, ändern sich ihre Reaktionen mit der Zeit? Was könnte getan werden, um negative Folgen oder Reaktionen positiver zu gestalten?

5. Was sind Ihrer Meinung nach die schwierigen/leichten sozialen und technischen Probleme bei der Entwicklung einer Mensch-Roboter-Interaktion, wie sie im Film gezeigt wird? Nennen Sie auch mögliche ethische Fragen, die sich aus dem Einsatz von Robotern in der Gesellschaft ergeben.

Weiterführende Literatur

- Future of Life Institute: An open letter – research priorities for robust and beneficial artificial intelligence, Januar 2015. URL *https://futureoflife.org/ ai-open-letter/*
- Illah Reza Nourbakhsh. Robot futures. MIT Press, Cambridge, MA 2013.
- Daniel H. Wilson. How to survive a robot uprising: Tips on defending yourself against the coming rebellion. Bloomsbury, New York, NY 2005.
- Jo Cribb und David Glover. Don't worry about the robots. Allen & Unwin, Auckland 2018.

14 Antworten

In diesem Kapitel finden Sie die Antworten auf Übungen des Buches. Wir hoffen, dass Ihnen diese Herausforderungen gefallen haben und Sie die Antworten aufschlussreich finden.

Übung 1 Disziplinen
Die richtige Antwort lautet: 2.

Übung 2 Ihr Hintergrund
Die richtige Antwort ist Ihre Wahl.

Übung 3 Was macht Roboter sozial und gut?
Die richtige Antwort ist „offen".

Übung 4 Sensoren
Die richtigen Antworten sind: 1, 3, 5 und 7.

Übung 5 Peppers Sensoren, Teil 1
Die richtigen Antworten sind: 2, 3 und 5.

Übung 6 Peppers Sensoren, Teil 2
Die richtigen Antworten sind:

Die *Tiefenkamera* ermöglicht es Pepper, seinen Abstand zu anderen Objekten zu messen, was z.B. zur Vermeidung von Kollisionen erforderlich ist.

Der kapazitive *Berührungssensor* ermöglicht es Pepper, den Druck auf die Hand zu registrieren, was z.B. notwendig ist, um zu verhindern, dass der Roboter versucht, seine Hand durch ein Objekt zu drücken, oder um zu registrieren, wenn ein Mensch seine Hand antippt, um Aufmerksamkeit zu erregen.

Die *Trägheitsmesseinheit* ermöglicht es Pepper, seine Körperausrichtung zu messen, was für Gleichgewicht und Lokalisierung wichtig ist.

Übung 7   Wie funktionieren die Sensoren?

Die richtigen Antworten sind: 1, 4, 5 und 6.

Übung 8   Wie funktionieren Servomotoren?

Die richtigen Antworten sind: 1, 3 und 4.

Übung 9   Finger

Die richtige Antwort ist: 4.

Übung 10   Grad der Freiheit

Die richtige Antwort lautet: 2.

Übung 11   Greifen Sie zu

Die richtige Antwort lautet: 6.

Übung 12   Linearantriebe

Die richtigen Antworten sind: 2.

Übung 13   Kontrollmodell

Die richtige Antwort lautet: 2.

Übung 14   Middleware

Die richtigen Antworten sind: 1 und 2.

Übung 15   Middleware-Funktionen

Die richtigen Antworten sind: 2, 4 und 5.

Übung 16   Maschinelles Lernen

Die richtigen Antworten sind: 1 und 3.

(2 ist nur dann richtig, wenn das Transfer-Learning mit einem vortrainierten Modell durchgeführt wurde, andernfalls erfordert das Training für Computer-Vision-Aufgaben im Allgemeinen mindestens Tausende von Daten. 4 ist völlig falsch, wählen Sie das nicht. 5 ist nicht wirklich wahr, wir sollten die Topologie unter Berücksichtigung der Charakteristik der Aufgabe wählen, und normalerweise ist CNN das Beste für einfache Bildklassifizierung).

Übung 17   Roboter, die mit Menschen arbeiten

Die richtige Antwort ist offen, sollte aber einige der im Kapitel beschriebenen Sensoren und Aktoren sowie möglicherweise KI-Techniken erwähnen.

Übung 18   Pareidolie

Zeigen Sie Ihre Bilder Ihrem Lehrer, Ihren Freunden und Ihrer Familie. Können sie die Gesichter erkennen?

Übung 19   Anthropomorphismus

Die Reihenfolge sollte sein: 1 = E, 2 = D, 3 = B, 4 = C, 5 = A

Übung 20   Entwerfen Sie ein autonomes Fahrzeug

Die richtige Antwort ist „offen".

Übung 21   Formationen

Die richtigen Antworten sind: A → 3, B → 2, C → 4, D → 1

Übung 22   Was ist die typische maximale Entfernung für den Sozialraum?

Antwort: 3,7 m

Übung 23   Wie groß ist der typische maximale Abstand für den persönlichen Raum?

Antwort: 1,2 m

Übung 24   Was ist der typische maximale Abstand für den intimen Raum?

Antwort: 0,5 m

Übung 25   Was ist der typische Mindestabstand für den öffentlichen Raum?

Antwort: 3,7 m

Übung 26   Räumliche Navigation

Dies ist eine offene Frage, sodass die Antworten variieren können, aber sie können beinhalten, dass die Roboter die Karte der Umgebung und im Falle des Hauses die Vorlieben der einzelnen Nutzer lernen. Im öffentlichen Raum wären die Nutzer zahlreicher und würden sich möglicherweise nicht wiederholen, sodass eine Anpassung an die spezifischen kulturellen Normen des allgemeinen Umfelds erfolgen könnte.

Übung 27   Trinkgeld

Die richtige Antwort lautet: 2.

Übung 28   Zeitplanung

Die richtige Antwort ist „offen".

Übung 29   Richtig oder falsch

1. Falsch; sie ist sowohl bewusst als auch unbewusst (aber häufiger unbewusst als bewusst)

2. Wahr

3. Falsch

4. Falsch

5. Wahr

6. Falsch; sie wird auch für andere soziale Verhaltensweisen verwendet, z. B. für die gemeinsame Aufmerksamkeit.

7. Richtig; allerdings wurde dies in einem anderen Kapitel (Kapitel 5) behandelt. Wie nah oder wie weit man sich von einer anderen Person entfernt, ist eine Form von nonverbalem Verhalten.

Übung 30   Erkennung

Die richtige Antwort lautet: 2.

Übung 31   Erzeugen von Sprache

Die richtigen Antworten sind: 3.

Übung 32   Chatbot

Die richtigen Antworten sind: 2, 3 und 4.

Übung 33   Künstliche Sprache

Die richtige Antwort ist: 5.

Übung 34   Duale Verarbeitung

Die richtige Antwort lautet: 3.

Übung 35   Soziale Kognition

Die richtigen Antworten sind: 4 und 5.

Übung 36 Akzeptanz
Die richtigen Antworten sind: 2, 4 und 5.

Übung 37 Gefühlsquadranten
Die richtige Zuordnung ist:

1. ängstlich → A
2. verärgert → A
3. erstaunt → B
4. gelangweilt → C
5. ruhig → D
6. angespannt → D
7. erfreut → B
8. deprimiert → C
9. frustriert → C
10. glücklich → B
11. entspannt → D
12. müde → C

Übung 38 Gefühle nach Ekman und Friesen
Die richtige Antwort lautet: 3.

Übung 39 OCC-Modell
Die richtigen Antworten sind: 1,4 und 5.

Übung 40 Roboter mit Seele
Die richtige Antwort ist „offen".

Übung 41 Zufallsstichprobe
Die richtige Antwort lautet: 3.

Übung 42 Arten von Studien
Die richtige Antwort lautet: 4.

Übung 43 Was sehen die Teilnehmer?
Die richtige Antwort lautet: 1.

Übung 44   Korrelation und Kausalität

Die richtige Antwort lautet: 4.

Übung 45   Variablen

Die richtigen Antworten sind: 1 und 5.

Übung 46   Kausale Beziehungen

Die richtige Antwort lautet: 4.

Übung 47   Statistische Schlussfolgerungen

Die richtige Antwort lautet: 3.

Übung 48   Blöcke bauen

Die richtige Antwort lautet: 1, 2 und 3.

Übung 49   Anwendungsbereiche

Die richtigen Antworten sind: 1,4 und 5.

Übung 50   Anwendungsbereiche

Die richtigen Antworten sind: 2 und 5.

Übung 51   Autonome Fahrzeuge

Die richtigen Antworten sind: 1, 2, 3, 5, 6, 10 und 12.

Übung 52   Roboter und ihre Anwendungen

Die richtigen Antworten sind: 1 und 5.

Übung 53   Abhängigkeiten

Die richtige Antwort lautet: 2.

Übung 54   Science-Fiction Medien

Wir hoffen, dass Ihnen die Geschichte gefallen hat. Was wollen Sie als Nächstes sehen?

Übung 55   Der 200 Jahre Mann

Die richtigen Antworten sind: 2,5.

Übung 56   Aufstand der Roboter
Die richtigen Antworten sind: 1,2.

Übung 57   Beziehung
Die richtigen Antworten sind: 4,5.

Übung 58   Vertrauen in Roboter
Die richtige Antwort ist „offen".

Übung 59   Ethische Fragen in der HRI
Die Antwort ist unbestimmt.

Übung 60   Einsamkeit
Die richtigen Antworten sind: 1, 2, 3 und 6.

Übung 61   Technik
Die richtige Antwort ist: 5.

Übung 62   Face Time
Ist Ihre Wahl eine gute Wahl?

Übung 63   Kontakt
Ist Ihre Wahl eine gute Wahl?

Übung 64   Eltern
Begründen Sie Ihre Wahl.

Übung 65   HRI-Filmanalyse
Die richtige Antwort ist „offen".

15 Literaturverzeichnis

Andrea E. Abele, Nicole Hauke, Kim Peters, Eva Louvet, Aleksandra Szymkow und Yanping Duan. Facets of the fundamental content dimensions: Agency with competence and assertiveness–communion with warmth and morality. Frontiers in Psychology, 7:1810, 2016. doi: 10.3389/fpsyg.2016.01810. URL https://doi.org/10.3389/fpsyg.2016.01810.

Clayton Abené. San Francisco approves police proposal to use potentially deadly robots. The Guardian, 2022. URL https://www.theguardian.com/us-news/2022/nov/29/san-francisco-police-robots-deadly-force.

Chadia Abras, Diane Maloney-Krichmar und Jenny Preece. User-centered design. In: William Sims Bainbridge (Hrsg.), Berkshire encyclopedia of Human-Computer Interaction, 2. Auflage, S. 763–767. Sage, Great Barrington, MA, 2004. ISBN 9780974309125. URL http://www.worldcat.org/oclc/635690108.

Henny Admoni und Brian Scassellati. Social eye gaze in human-robot interaction: A review. Journal of Human-Robot Interaction, 6 (1): 25–63, 2017. doi: 10.5898/JHRI.6.1.Admoni. URL https://doi.org/10.5898/JHRI.6.1.Admoni.

Khaoula Akdim, Daniel Belanche und Marta Flavián. Attitudes toward service robots: analyses of explicit and implicit attitudes based on anthropomorphism and construal level theory. International Journal of Contemporary Hospitality Management, 2021. doi: 10.1108/IJCHM-12-2020-1406. URL https://doi.org/10.1108/IJCHM-12-2020-1406.

Md Abdullah Al Momin und Md Nazmul Islam. Teleoperated surgical robot security: Challenges and solutions. In: Security, Data Analytics, and Energy-Aware Solutions in the IoT, pages 143–160. IGI Global, 2022. doi: 10.4018/978-1-7998-7323-5.ch009. URL https://doi.org/10.4018/978-1-7998-7323-5.ch009

Kaat Alaerts, Evelien Nackaerts, Pieter Meyns, Stephan P. Swinnen und Nicole Wenderoth. Action and emotion recognition from point light displays: An investigation of gender differences. PloS One, 6 (6): e20989, 2011. doi: 10.1371/journal.pone.0020989. URL https://doi.org/10.1371/journal.pone.0020989.

Brian Wilson Aldiss. Supertoys last all summer long: And other stories of future time. St. Martin's Griffin, New York, NY, 2001. ISBN 978-0312280611. URL http://www.worldcat.org/oclc/956323493.

Minoo Alemi, Ali Meghdari und Maryam Ghazisaedy. Employing humanoid robots for teaching English language in Iranian junior high-schools. International Journal of Humanoid Robotics, 11 (03): 1450022, 2014. doi: 10.1142/S0219843614500224. URL https://doi.org/10.1142/S0219843614500224.

Beatrice Alenljung, Jessica Lindblom, Rebecca Andreasson und Tom Ziemke. User experience in social human-robot interaction. In: Rapid automation: concepts, methodologies, tools, and applications, S. 1468–1490. IGI Global, 2019. doi: 10.4018/978-1-5225-8060-7.ch069. URL 978-1-5225-8060-7.ch069-

Christopher Alexander. A pattern language: Towns, buildings, construction. Oxford University Press, Oxford, UK, 1977. ISBN 978-0195019193. URL http://www.worldcat.org/oclc/961298119.

Dwain Donald Allan, Andrew Vonasch und C. Bartneck. "I Have to Praise You Like I Should?" The effects of implicit self-theories and robot-delivered praise on evaluations of a social robot. International Journal of Social Robotics, 14:1013–1024, 2022. doi: 10.1007/s12369-021-00848-9. URL https://doi.org/10.1007/s12369-021-00848-9.

Philipp Althaus, Hiroshi Ishiguro, Takayuki Kanda, Takahiro Miyashita und Henrik I. Christensen. Navigation for human-robot interaction tasks. In IEEE International Conference on Robotics and Automation, volume 2, S. 1894–1900. IEEE, 2004. ISBN 0-7803-8232-3. doi: 10.1109/ROBOT.2004.1308100. URL https://doi.org/10.1109/ROBOT.2004.1308100.

Amir Aly und Adriana Tapus. A model for synthesizing a combined verbal and nonverbal behavior based on personality traits in human-robot interaction. In Proceedings of the 8th ACM/IEEE International Conference on Human-Robot Interaction, HRI '13, S. 325–332, Piscataway, NJ, USA, 2013. IEEE Press. ISBN 978-1-4673-3055-8. doi: 10.1109/HRI.2013.6483606. URL https://doi.org/10.1109/HRI.2013.6483606.

American Osteopathic Association. Survey finds nearly three-quarters (72%) of Americans feel lonely, 2016. URL https://www.osteopathic.org/inside-aoa/news-and-publications/media-center/2016-news-releases/Pages/10-11-survey-finds-nearly-three-quarters-of-americans-feel-lonely.aspx.

Peter A. Andersen und Laura K. Guerrero. Principles of communication and emotion in social interaction. In Peter A. Andersen und Laura K. Guerrero (Hrsg.), Handbook of communication and emotion: Research, theory, applications und contexts, chapter 3, S. 49–96. Academic Press, 1998. ISBN 0-12-057770-4. doi: 10.1016/B978-012057770-5/50005-9. URL https://doi.org/10.1016/B978-012057770-5/50005-9.

Sean Andrist, Xiang Zhi Tan, Michael Gleicher und Bilge Mutlu. Conversational gaze aversion for humanlike robots. In ACM/IEEE International Conference on Human-Robot Interaction, S. 25–32. ACM, 2014. ISBN 978-1-4503-2658-2. doi: 10.1145/2559636.2559666. URL https://doi.org/10.1145/2559636.2559666.

Brenna D. Argall, Sonia Chernova, Manuela Veloso und Brett Browning. A survey of robot learning from demonstration. Robotics and Autonomous Systems, 57 (5):469–483, 2009. doi: 10.1016/j.robot.2008.10.024. URL https://doi.org/10.1016/j.robot.2008.10.024.

Anshu Saxena Arora, Mayumi Fleming, Amit Arora, Vas Taras und Jiajun Xu. Finding "H" in HRI: Examining human personality traits, robotic anthropomorphism, and robot likeability in human-robot interaction. International Journal of Intelligent Information Technologies (IJIIT), 17 (1): 19–38, 2021. doi: 10.4018/IJIIT.2021010102. URL http://dx.doi.org/10.4018/IJIIT.2021010102.

Peter Asaro. "Hands up, don't shoot!" HRI and the automation of police use of force. Journal of human-robot interaction, 5(3):55–69, 2016. doi: 10.5898/JHRI. 5.3.Asaro. URL https://doi.org/10.5898/JHRI.5.3.Asaro.

S. E. Asch. Effects of group pressure upon the modification and distortion of judgments, S. 177–190. Carnegie Press, Oxford, England, 1951. doi: psycinfo/1952-00803-001. URL http://doi.apa.org/psycinfo/1952-00803-001.

Isaac Asimov. The Bicentennial man and other stories. Doubleday science fiction. Doubleday, Garden City, NY, [Book Club edition, 1976. ISBN 978-0385121989. URL http://www.worldcat.org/oclc/85069299.

Isaac Asimov. Prelude to foundation. Grafton, London, UK, 1988. ISBN 9780008117481. URL http://www.worldcat.org/oclc/987248670.

Isaac Asimov. I, robot. Bantam spectra book. Bantam Books, New York, NY, 1991. ISBN 0553294385. URL http://www.worldcat.org/oclc/586089717.

Hillel Aviezer, Yaacov Trope und Alexander Todorov. Body cues, not facial expressions, discriminate between intense positive and negative emotions. Science, 338 (6111): 1225–1229, 2012. doi: 10.1126/science.1224313. URL https://doi.org/10.1126/science.1224313.

Edmond Awad, Sohan Dsouza, Richard Kim, Jonathan Schulz, Joseph Henrich, Azim Shariff, Jean-Franc çois Bonnefon und Iyad Rahwan. The moral machine experiment. Nature, 2018. ISSN 1476-4687. doi: 10.1038/s41586-018-0637-6. URL https://doi.org/10.1038/s41586-018-0637-6.

Minja Axelsson, Raquel Oliveira, Mattia Racca und Ville Kyrki. Social robot co-design canvases: A participatory design framework. ACM Transactions on Human-Robot Interaction (THRI), 11 (1): 1–39, 2021.-doi: 10.1145/3472225. URL https://doi.org/10.1145/3472225.

Laura Badenes-Ribera, Dolores Frías-Navarro, Héctor Monterde-i Bort und Marcos Pascual-Soler. Interpretation of the p value: A national survey study in academic psychologists from Spain. Psicothema, S. 290–295, 2015. doi: 10.7334/ psicothema2014.283. URL https://doi.org/10.7334/psicothema2014.283.

Wilma A. Bainbridge, Justin W. Hart, Elizabeth S. Kim und Brian Scassellati. The benefits of interactions with physically present robots over video-displayed agents. International Journal of Social Robotics, 3 (1): 41–52, Jan 2011. ISSN 1875-4805. doi: 10.1007/s12369-010-0082-7. URL https://doi.org/10.1007/s12369-010-0082-7.

Jay B. Barney und Mark H. Hansen. Trustworthiness as a source of competitive advantage. Strategic management journal, 15 (S1): 175–190, 1994. doi: 10.1002/smj.4250150912. URL https://doi.org/10.1002/smj.4250150912.

James Barrat. Why Stephen Hawking and Bill Gates are terrified of Artificial Intelligence. Huffington Post, 2015. URL http://www.huffingtonpost.com/james-barrat/hawking-gates-artificial-intelligence_b_7008706.html.

Madeleine E. Bartlett, CER Edmunds, Tony Belpaeme und Serge Thill. Have I got the power? Analysing and reporting statistical power in HRI. ACM Transactions on Human-Robot Interaction (THRI), 11 (2): 1–16, 2022. doi: 10.1145/3495246. URL https://doi.org/10.1145/3495246.

Christoph Bartneck. eMuu: An embodied emotional character for the ambient intelligent home. PhD thesis, Technische Universiteit Eindhoven, 2002. URL http://www.bartneck.de/publications/2002/eMuu/bartneckPHDThesis2002.pdf.

Christoph Barneck. The science beyond the horizon, 2021. URL https://www.human-robot-interaction.org/2021/09/15/flaky-conferences-and-journals-in-human-robot-interaction/

Christoph Bartneck und Jun Hu. Rapid prototyping for interactive robots. In The 8th Conference on Intelligent Autonomous Systems (IAS-8), S. 136–145, 2004. doi: 10.6084/m9.figshare.5160775.v1. URL https://doi.org/10.6084/m9.figshare.5160775.v1.

Christoph Bartneck und Michael J. Lyons. Facial expression analysis, modeling and synthesis: Overcoming the limitations of Artificial Intelligence with the art of the soluble. In Jordi Vallverdu and David Casacuberta (Hrsg.), Handbook of research on synthetic emotions and sociable robotics: New applications in affective computing and artificial intelligence, Information Science Reference, S. 33–53. IGI Global, 2009. URL http://www.bartneck.de/publications/2009/facialExpressionAnalysisModelingSynthesisAI/bartneckLyonsEmotionBook2009.pdf.

Christoph Bartneck und Elena Moltchanova. Expressing uncertainty in human-robot interaction. PLOS ONE, 15 (7): 1–20, 07 2020. doi: 10.1371/journal.pone.0235361. URL https://doi.org/10.1371/journal.pone.0235361.

Christoph Bartneck und M. Rauterberg. HCI reality—an unreal tournament. International Journal of Human-Computer Studies, 65 (8): 737–743, 2007. doi: 10.1016/j.ijhcs.2007.03.003. URL https://doi.org/10.1016/j.ijhcs.2007.03.003.

Christoph Bartneck und Juliane Reichenbach. Subtle emotional expressions of synthetic characters. International Journal of Human-Computer Studies, 62 (2):179–192, 2005. ISSN 1071-5819. doi: 10.1016/j.ijhcs.2004.11.006. URL https://doi.org/10.1016/j.ijhcs.2004.11.006.

Christoph Bartneck, T. Nomura, T. Kanda, Tomhohiro Suzuki und Kato Kennsuke. Cultural differences in attitudes towards robots. In AISB Symposium on Robot Companions: Hard Problems and Open Challenges in Human-Robot Interaction, S. 1–4. The Society for the Study of Artificial Intelligence and the Simulation of Behaviour (AISB), 2005. doi: 10.13140/RG.2.2.22507.34085. URL http://www.bartneck.de/publications/2005/cultureNars/bartneckAISB2005.pdf.

Christoph Bartneck, Elizabeth Croft, Dana Kulic und Susana Zoghbi. Measurement instruments for the anthropomorphism, animacy, likeability, perceived intelligence und perceived safety of robots. International Journal of Social Robotics, 1 (1): 71–81, 2009. doi: 10.1007/s12369-008-0001-3. URL https://doi.org/10.1007/s12369-008-0001-3.

Christoph Bartneck, Andreas Duenser, Elena Moltchanova und Karolina Zawieska. Comparing the similarity of responses received from studies in Amazon's Mechanical Turk to studies conducted online and with direct recruitment. PloS One, 10 (4): e0121595, 2015. doi: 10.1371/journal.pone.0121595. URL https://doi.org/10.1371/journal.pone.0121595.

Christoph Bartneck, Marius Soucy, Kevin Fleuret und Eduardo B. Sandoval. The robot engine – making the Unity 3D game engine work for HRI. In: 24th IEEE International Symposium on Robot and Human Interactive Communication (ROMAN), S. 431–437, 2015b. doi: 10.1109/ROMAN.2015.7333561. URL https://doi.org/10.1109/ROMAN.2015.7333561.

Christoph Bartneck, Kumar Yogeeswaran, Qi Min Ser, Graeme Woodward, R. Sparrow, Siheng Wang und Friederike Eyssel. Robots and racism. In Proceedings of the ACM/IEEE International Conference on Human-Robot Interaction, S. 196–204. ACM, 2018. ISBN 978-1-4503-4953-6. doi: 10.1145/3171221.3171260. URL https://doi.org/10.1145/3171221.3171260.

Timo Baumann und David Schlangen. The INPROTK 2012 release. In NAACLHLT Workshop on Future Directions and Needs in the Spoken Dialog Community: Tools and Data, S. 29–32. Association for Computational Linguistics, 2012. URL http://dl.acm.org/citation.cfm?id=2390444.2390464.

Roy F. Baumeister und Mark R. Leary. The need to belong: Desire for interpersonal attachments as a fundamental human motivation. Psychological Bulletin, 117 (3): 497–529, 1995. doi: 10.1037/0033-2909.117.3.497. URL https://doi.org/10.1037/0033-2909.117.3.497.

Paul Baxter, James Kennedy, Emmanuel Senft, Séverin Lemaignan und Tony Belpaeme. From characterising three years of HRI to methodology and reporting recommendations. In The 11th ACM/IEEE International Conference on Human-Robot Interaction, S. 391–398. IEEE Press, 2016. ISBN 978-1-4673-8370-7. doi: 10.1109/HRI.2016.7451777. URL https://doi.org/10.1109/HRI.2016.7451777.

Mehmet Aydin Baytas, Damla Çay, Yuchong Zhang, Mohammad Obaid, Asim Evren Yantac und Morten Fjeld. The design of social drones: A review of studies on autonomous flyers in inhabited environments. In: Proceedings of the 2019 CHI Conference on Human Factors in Computing Systems, S. 1–13, 2019. doi: 10.1145/3290605.3300480. URL https://doi.org/10.1145/3290605.3300480.

Aryel Beck, Antoine Hiolle, Alexandre Mazel und Lola Cañamero. Interpretation of emotional body language displayed by robots. In Proceedings of the 3rd International Workshop on Affective Interaction in Natural Environments, S. 37–42. ACM, 2010. ISBN 978-1-4503-0170-1. doi: 10.1145/1877826.1877837. URL https://doi.org/10.1145/1877826.1877837.

Christopher Beedie, Peter Terry und Andrew Lane. Distinctions between emotion and mood. Cognition & Emotion, 19(6):847–878, 2005. doi: 10.1080/02699930541000057. URL https://doi.org/10.1080/02699930541000057.

Tony Belpaeme, Paul E. Baxter, Robin Read, Rachel Wood, Heriberto Cuayáhuitl, Bernd Kiefer, Stefania Racioppa, Ivana Kruijff-Korbayová, Georgios Athanasopoulos, Valentin Enescu, et al. Multimodal child-robot interaction: Building social bonds. Journal of Human-Robot Interaction, 1 (2): 33–53, 2012. doi: 10.5555/3109688.3109691. URL https://doi.org/10.5555/3109688.3109691.

Tony Belpaeme, James Kennedy, Paul Baxter, Paul Vogt, Emiel E. J. Krahmer, Stefan Kopp, Kirsten Bergmann, Paul Leseman, Aylin C. Küntay, Tilbe Göksun, et al. L2tor-second language tutoring using social robots. In Proceedings of the ICSR 2015 WONDER Workshop, 2015. URL https://pub.uni-bielefeld.de/download/2900267/2900268.

Tony Belpaeme, James Kennedy, Aditi Ramachandran, Brian Scassellati und Fumihide Tanaka. Social robots for education: A review. Science Robotics, 3 (21): eaat5954, 2018. doi: 10.1126/scirobotics.aat5954. URL http://dx.doi.org/10.1126/scirobotics.aat5954.

Sandra L. Bem. The measurement of psychological androgyny. Journal of Consulting and Clinical Psychology, 42:155–162, 1974. doi: 10.1037/h0036215. URL https://doi.org/10.1037/h0036215.

Oliver Bendel. Love dolls and sex robots in unproven and unexplored fields of application. Paladyn, Journal of Behavioral Robotics, 12 (1): 1–12, 2021. doi: 10.1515/pjbr-2021-0004. URL https://doi.org/10.1515/pjbr-2021-0004.

Koen Berghuis. Robot 'preacher' can beam light from its hands and give automated blessings to worshippers, 2017. URL https://www.mirror.co.uk/news/weird-news/robot-priest-can-beam-light-10523678.

Jasmin Bernotat, Friederike Eyssel und Janik Sachse. Shape it–the influence of robot body shape on gender perception in robots. In: International Conference on Social Robotics, S. 75–84. Springer, 2017. ISBN 978-3-319-70021-2. doi: 10.1007/978-3-319-70022-98. URL https://doi.org/10.1007/978-3-319-70022-9_8.

Jasmin Bernotat, Birte Schiffhauer, Friederike Eyssel, Patrick Holthaus, Christian Leichsenring, Viktor Richter, Marian Pohling, Birte Carlmeyer, Norman Köster, Sebastian Meyer zu Borgsen, et al. Welcome to the future: How naïve users intuitively address an intelligent robotics apartment. In International Conference on Social Robotics, S. 982–992. Springer, 2016. ISBN 978-3-319-47436-6. doi: 10.1007/978-3-319-47437-3 96. URL https://doi.org/10.1007/978-3-319-47437-3_96.

James M. Berzuk und James E. Young. More than words: A framework for describing human-robot dialog designs. In: Proceedings of the 2022 ACM/IEEE International Conference on Human-Robot Interaction, S. 393–401, 2022. URL https://doi.org/10.1109/HRI53351.2022.9889423.

Cindy L. Bethel und Robin R. Murphy. Survey of non-facial/non-verbal affective expressions for appearance-constrained robots. IEEE Transactions on Systems, Man und Cybernetics, Part C (Applications and Reviews), 38 (1): 83–92, 2008. doi: 10.1109/TSMCC.2007.905845. URL https://doi.org/10.1109/TSMCC.2007.905845.

Cindy L. Bethel und Robin R. Murphy. Review of human studies methods in HRI and recommendations. International Journal of Social Robotics, 2 (4): 347–359, 2010. doi: 10.1007/s12369-010-0064-9. URL https://doi.org/10.1007/s12369-010-0064-9.

Cindy L. Bethel, Kristen Salomon, Robin R. Murphy und Jennifer L. Burke. Survey of psychophysiology measurements applied to human-robot interaction. In The 16th IEEE International Symposium on Robot and

Human Interactive Communication, S.732–737. IEEE, 2007. ISBN 978-1-4244-1634-9. doi: 10.1109/ROMAN.2007.4415182. URL https://doi.org/10.1109/ROMAN.2007.4415182.

Ashwin Sadananda Bhat, Christiaan Boersma, Max Jan Meijer, Maaike Dokter, Ernst Bohlmeijer und Jamy Li. Plant robot for at-home behavioral activation therapy reminders to young adults with depression. ACM Transactions on Human-Robot Interaction (THRI), 10 (3): 1–21, 2021. doi: 10.1145/3442680. URL https://doi.org/10.1145/3442680.

David P. Biros, Mark Daly und Gregg Gunsch. The influence of task load and automation trust on deception detection. Group Decision and Negotiation, 13 (2): 173–189, 2004. doi: 10.1023/B:GRUP.0000021840.85686.57. URL https://doi.org/10.1023/B:GRUP.0000021840.85686.57.

Elin A. Björling, Wendy M. Xu, Maria E. Cabrera und Maya Cakmak. The effect of interaction and design participation on teenagers' attitudes towards social robots. In: 2019 28th IEEE international conference on robot and human interactive communication (ROMAN), S.1–7. IEEE, 2019. doi: 10.1109/ROMAN46459.2019.8956427. URL https://doi.org/10.1109/ROMAN46459.2019.8956427.

Elin A. Björling, Kyle Thomas, Emma J. Rose und Maya Cakmak. Exploring teens as robot operators, users and witnesses in the wild. Frontiers in Robotics and AI, 7:5, 2020. doi: 10.3389/frobt.2020.00005. URL https://www.frontiersin.org/articles/10.3389/frobt.2020.00005/full.

James R. Blair. Responding to the emotions of others: Dissociating forms of empathy through the study of typical and psychiatric populations. Consciousness and Cognition, 14 (4): 698–718, 2005. doi: 10.1016/j.concog.2005.06.004. URL https://doi.org/10.1016/j.concog.2005.06.004.

Benjamin S. Bloom. The 2 sigma problem: The search for methods of group instruction as effective as one-to-one tutoring. Educational Researcher, 13 (6): 4–16, 1984. doi: 10.3102/0013189X013006004. URL https://doi.org/10.3102/0013189X013006004.

Bloomberg. Apple scales back self-driving car, delays debut until 2026. Automotive News Europe, 2022. URL https://europe.autonews.com/automakers/apple-scales-back-self-driving-car-delays-debut-until-2026.

Robert Bogue. Exoskeletons and robotic prosthetics: A review of recent developments. Industrial Robot: An International Journal, 36 (5): 421–427, 2009. doi: 10. 1108/01439910910980141. URL https://doi.org/10.1108/01439910910980141.

Dieter Bohn. Elon Musk: negative media coverage of autonomous vehicles could be 'killing people', 2026. URL https://www.theverge.com/2016/10/19/13341306/elon-musk-negative-media-autonomous-vehicles-killing-people.

George A. Bonanno, Laura Goorin und Karin G. Coifman. Social functions of emotion. In Michael Lewis, Jeanette M. Haviland-Jones und Lisa Feldman Barrett (Hrsg.), Handbook of emotions, volume 3, S.456–468. Guilford Press, New York, NY, 2008. ISBN 978-1-59385-650-2. URL http://citeseerx.ist.psu.edu/viewdoc/download?doi=10.1.1.472.7583&rep=rep1&type=pdf.

Jason Borenstein und Ronald Arkin. Robots, ethics und intimacy: The need for scientific research. In: On the cognitive, ethical and scientific dimensions of Artificial Intelligence, S.299–309. Springer, 2019. doi: 10.1007/ 978-3-030-01800-9_16. URL https://doi.org/10.1007/978-3-030-01800-9_16.

Jason Borenstein, Ayanna Howard und Alan R. Wagner. Pediatric robotics and ethics: The robot is ready to see you now, but should it be trusted? In: Robot ethics 2.0: from autonomous cars to artificial intelligence, S.127–141. Oxford University Press, 2017. doi: 10.1093/oso/9780190652951.003.0009. URL https://doi.org/10.1093/oso/9780190652951.003.0009.

Debajyoti Bose, Karthi Mohan, Meera CS, Monika Yadav und Devender K. Saini. Review of autonomous campus and tour guiding robots with navigation techniques. Australian Journal of Mechanical Engineering, S.1–11, 2022. doi:10.1080/14484846.2021.2023266.2021.2023266. URL https://doi.org/10.1080/14484846.

Sheryl Brahnam und Antonella De Angeli. Gender affordances of conversational agents. Interacting with Computers, 24 (3): 139–153, 2012. doi: 10.1016/j.intcom. 2012.05.001. URL https://doi.org/10.1016/j.intcom.2012.05.001.

Valentino Braitenberg. Vehicles: Experiments in synthetic psychology. MIT Press, Cambridge, MA, 1986. ISBN 978-0262521123. URL http://www.worldcat.org/oclc/254155258.

Jürgen Brandstetter, Péter Rácz, Clay Beckner, Eduardo B. Sandoval, Jennifer Hay und Christoph Bartneck. A peer pressure experiment: Recreation of the Asch conformity experiment with robots. In IEEE/RSJ International Conference on Intelligent Robots and Systems, S.1335–1340. IEEE, 2014. ISBN 978-1-4799-6934-0. doi: 10.1109/IROS.2014.6942730. URL https://doi.org/10.1109/IROS.2014.6942730.

Jürgen Brandstetter, Eduardo B. Sandoval, Clay Beckner und Christoph Bartneck. Persistent lexical entrainment in HRI. In ACM/IEEE International Conference on Human-Robot Interaction, S. 63-72. ACM, 2017. ISBN 978-1-4503-4336-7. doi: 10.1145/2909824.3020257. URL https://doi.org/10.1145/2909824.3020257.

Cynthia Breazeal. Designing sociable robots. MIT Press, Cambridge, MA, Cambridge, 2003. ISBN 978-0262524315. URL http://www.worldcat.org/oclc/758042496.

Cynthia Breazeal. Function meets style: Insights from emotion theory applied to HRI. IEEE Transactions on Systems, Man und Cybernetics, Part C (Applications and Reviews), 34 (2):1 87-194, 2004a. doi: 10.1109/TSMCC.2004.826270. URL https://doi.org/10.1109/TSMCC.2004.826270.

Cynthia Breazeal. Social interactions in HRI: The robot view. IEEE Transactions on Systems, Man und Cybernetics, Part C (Applications and Reviews), 34 (2): 181-186, 2004b. doi: 10.1109/TSMCC.2004.826268. URL https://doi.org/10.1109/TSMCC.2004.826268.

Cynthia Breazeal und Brian Scassellati. A context-dependent attention system for a social robot. In Proceedings of the 16th International Joint Conference on Artificial Intelligence, Volume 2, S. 1146-1151. Morgan Kaufmann Publishers Inc., 1999. URL http://dl.acm.org/citation.cfm?id=1624312.1624382.

Cynthia Breazeal, Cory D. Kidd, Andrea Lockerd Thomaz, Guy Hoffman und Matt Berlin. Effects of nonverbal communication on efficiency and robustness in human-robot teamwork. In IEEE/RSJ International Conference on Intelligent Robots and Systems (IROS), S. 708-713. IEEE, 2005. ISBN 0-7803-8912-3. doi: 10.1109/IROS.2005.1545011. URL https://doi.org/10.1109/IROS.2005.1545011.

Paul Bremner, Anthony Pipe, Chris Melhuish, Mike Fraser und Sriram Subramanian. Conversational gestures in human-robot interaction. In IEEE International Conference on Systems, Man and Cybernetics, S. 1645-1649. IEEE, 2009. ISBN 978-1-4244-2793-2. doi: 10.1109/ICSMC.2009.5346903. URL https://doi.org/10.1109/ICSMC.2009.5346903.

Elizabeth Broadbent, Rebecca Stafford und Bruce MacDonald. Acceptance of healthcare robots for the older population: Review and future directions. International Journal of Social Robotics, 1 (4): 319-330, 2009. doi: 10.1007/s12369-009-0030-6. URL https://doi.org/10.1007/s12369-009-0030-6.

Joost Broekens, Marcel Heerink, Henk Rosendal, et al. Assistive social robots in elderly care: A review. Gerontechnology, 8 (2): 94-103, 2009. doi: 10.4017/gt.2009. 08.02.002.00. URL https://doi.org/10.4017/gt.2009. 08.02.002.00.

Christina Bröhl, Jochen Nelles, Christopher Brandl, Alexander Mertens und Christopher M. Schlick. TAM reloaded: a technology acceptance model for human-robot cooperation in production systems. In: International conference on human-computer interaction, S. 97-103. Springer, 2016. doi: 10.1007/978-3-319-40548-3_16. URL https://doi.org/10.1007/978-3-319-40548-3_16.

Rodney Brooks. A robust layered control system for a mobile robot. IEEE Journal on Robotics and Automation, 2 (1): 14-23, 1986. doi: 10.1109/JRA.1986.1087032. URL https://doi.org/10.1109/JRA.1986.1087032.

Rodney A. Brooks. Intelligence without representation. Artificial Intelligence, 47 (1-3): 139-159, 1991. doi: 10.1016/0004-3702(91)90053-M. URL https://doi.org/10.1016/0004-3702(91)90053-M.

Rodney Allen Brooks. Flesh and machines: How robots will change us. Vintage, New York, NY, 2003. ISBN 9780375725272. URL http://www.worldcat.org/oclc/249859485.

Barry Brown. The social life of autonomous cars. Computer, 50(2):92-96, 2017. doi: 10.1109/MC.2017.59. URL https://doi.org/10.1109/MC.2017.59.

Drazen Brscić, Takayuki Kanda, Tetsushi Ikeda und Takahiro Miyashita. Person tracking in large public spaces using 3-D range sensors. IEEE Transactions on Human-Machine Systems, 43 (6): 522-534, 2013. doi: 10.1109/THMS. 2013.2283945. URL https://doi.org/10.1109/THMS.2013.2283945.

Drazen Brscić, Hiroyuki Kidokoro, Yoshitaka Suehiro und Takayuki Kanda. Escaping from children's abuse of social robots. In Proceedings of the 10th Annual ACM/IEEE International Conference on Human-Robot Interaction, S. 59-66. ACM, 2015. ISBN 978-1-4503-2883-8. doi: 10.1145/2696454.2696468. URL https://doi.org/10.1145/2696454.2696468.

Barbara Bruno, Nak Young Chong, Hiroko Kamide, Sanjeev Kanoria, Jaeryoung Lee, Yuto Lim, Amit Kumar Pandey, Chris Papadopoulos, Irena Papadopoulos, Federico Pecora, et al. The CARESSES EU-Japan project: Making assistive robots culturally competent. arXiv, page 1708.06276, 2017. URL https://arxiv.org/abs/1708.06276.

Richard Buchanan. Wicked problems in design thinking. Design Issues, 8 (2): 5–21, 1992. URL https://www. jstor.org/stable/1511637.

Wolfram Burgard, Armin B. Cremers, Dieter Fox, Dirk Hähnel, Gerhard Lakemeyer, Dirk Schulz, Walter Steiner und Sebastian Thrun. The interactive museum tourguide robot. In Proceedings of the 15th National 10th Conference on Artificial Intelligence/Innovative Applications of Artificial Intelligence, S. 11–18, 1998. ISBN 0-262-51098-7. URL https://dl.acm.org/citation.cfm?id=295249.

Maya Cakmak, Siddhartha S. Srinivasa, Min Kyung Lee, Jodi Forlizzi und Sara Kiesler. Human preferences for robot-human hand-over configurations. In IEEE/RSJ International Conference on Intelligent Robots and Systems, S. 1986–1993. IEEE, 2011. ISBN 978-1-61284-454-1. doi: 10.1109/IROS.2011. 6094735. URL https://doi.org/10.1109/IROS.2011.6094735.

Rafael A. Calvo, Sidney D'Mello, Jonathan Gratch und Arvid Kappas. The Oxford handbook of affective computing. Oxford Library of Psychology, Oxford, UK, 2015. ISBN 978-0199942237. URL http://www.worldcat.org/oclc/1008985555.

James Cameron. The Terminator, 1984. URL https://www.imdb.com/title/tt0088247/.

Murray Campbell, A. Joseph Hoane und Feng-hsiung Hsu. Deep blue. Artificial Intelligence, 134 (1-2): 57–83, 2002. doi: 10.1016/S0004-3702(01)00129-1. URL https://doi.org/10.1016/S0004-3702(01)00129-1.

Kelly Cannon, Monica Anderson Lapoint, Nathaniel Bird, Katherine Panciera, Harini Veeraraghavan, Nikolaos Papanikolopoulos und Maria Gini. Using robots to raise interest in technology among underrepresented groups. IEEE Robotics & Automation Magazine, 14 (2): 73–81, 2007. doi: 10.1109/MRA.2007.380640. URL https://doi.org/10.1109/MRA.2007.380640.

Zhe Cao, Tomas Simon, Shih-En Wei und Yaser Sheikh. Realtime multi-person 2D pose estimation using part affinity fields. In IEEE Conference on Computer Vision and Pattern Recognition, S. 1302–1310, 2017. ISBN 9781538604571. doi: 10.1109/CVPR.2017.143. URL https://doi.org/10.1109/CVPR.2017.143.

Julie Carpenter. Culture and human-robot interaction in militarized spaces: A war story. Routledge, New York, NY, 2016. ISBN 978-1-4724-4311-3. URL http://www.worldcat.org/oclc/951397181.

Colleen M. Carpinella, Alisa B. Wyman, Michael A. Perez und Steven J. Stroessner. The Robotic Social Attributes Scale (RoSAS): Development and validation. In ACM/IEEE International Conference on Human-Robot Interaction, S. 254–262. ACM, 2017. ISBN 978-1-4503-4336-7. doi: 10.1145/2909824.3020208. URL https://doi.org/10.1145/2909824.3020208.

Sybil Carrere und John Mordechai Gottman. Predicting divorce among newlyweds from the first three minutes of a marital conflict discussion. Family Process, 38 (3): 293–301, 1999. doi: 10.1111/j.1545-5300.1999. 00293.x. URL https://doi.org/10.1111/j.1545-5300.1999.00293.x.

J. Cassell, Joseph Sullivan, Scott Prevost und Elizabeth Churchill. Embodied conversational agents. MIT Press, Cambridge, MA, 2000. ISBN 9780262032780. URL http://www.worldcat.org/oclc/440727862.

Filippo Cavallo, Raffaele Limosani, Alessandro Manzi, Manuele Bonaccorsi, Raffaele Esposito, Maurizio Di Rocco, Federico Pecora, Giancarlo Teti, Alessandro Saffiotti und Paolo Dario. Development of a socially believable multi-robot solution from town to home. Cognitive Computation, 6 (4): 954–967, 2014. doi: 10.1007/s12559-014-9290-z. URL https://doi.org/10.1007/s12559-014-9290-z.

Wan-Ling Chang und Selma Šabanović. Interaction expands function: Social shaping of the therapeutic robot PARO in a nursing home. In The 10th Annual ACM/IEEE International Conference on Human-Robot Interaction, S. 343–350. ACM, 2015. ISBN 978-1-4503-2883-8. doi: 10.1145/2696454.2696472. URL https://doi.org/10.1145/2696454.2696472.

Tony Charman, Simon Baron-Cohen, John Swettenham, Gillian Baird, Antony Cox und Auriol Drew. Testing joint attention, imitation und play as infancy precursors to language and Theory of Mind. Cognitive Development, 15 (4): 481–498, 2000. doi: 10.1016/S0885-2014(01)00037-5. URL https://doi.org/10.1016/S0885-2014(01)00037-5.

Tanya L. Chartrand und John A. Bargh. The chameleon effect: The perception-behavior link and social interaction. Journal of Personality and Social Psychology, 76 (6): 893–910, 1999. doi: 10.1037/0022-3514.76.6.893. URL https://doi.org/10.1037/0022-3514.76.6.893.

Ching-Fu Chen und Girish VG. Antecedents and outcomes of use experience of airport service robot: The stimulus-organism-response (SOR-) framework. Journal of Vacation Marketing, S. 13567667221109267, 2022. doi: 10.1177/ 13567667221109267.URL https://doi.org/10.1177/13567667221109267.

Qian Qian Chen und Hyun Jung Park. How anthropomorphism affects trust in intelligent personal assistants. Industrial Management & Data Systems, 2021. doi: 10.1108/IMDS-12-2020-0761. URL http://dx.doi.org/10.1108/IMDS-12-2020-0761.

Tiffany L. Chen, Chih-Hung Aaron King Andrea L. Thomaz und Charles C. Kemp. An investigation of responses to robot-initiated touch in a nursing context. International Journal of Social Robotics, 6 (1): 141–161, 2014. doi: 10.1007/s12369-013-0215-x. URL https://doi.org/10.1007/s12369-013-0215-x.

Zhichao Chen, Yutaka Nakamura und Hiroshi Ishiguro. Android as a receptionist in a shopping mall using inverse reinforcement learning. IEEE Robotics and Automation Letters, 2022. doi: 10.1109/LRA.2022.3180042. URL https://doi.org/10.1109/LRA.2022.3180042.

Takenobu Chikaraishi, Yuichiro Yoshikawa, Kohei Ogawa, Oriza Hirata und Hiroshi Ishiguro. Creation and staging of android theatre "sayonara" towards developing highly human-like robots. Future Internet, 9 (4): 75–92, 2017. doi: 10.3390/fi9040075. URL https://doi.org/10.3390/fi9040075.

Howie M. Choset, Seth Hutchinson, Kevin M. Lynch, George Kantor, Wolfram Burgard, Lydia E. Kavraki und Sebastian Thrun. Principles of robot motion: Theory, algorithms und implementation. MIT Press, Cambridge, MA, 2005. ISBN 978-026203327. URL http://www.worldcat.org/oclc/762070740.

Lara Christoforakos, Alessio Gallucci, Tinatini Surmava-Große, Daniel Ullrich und Sarah Diefenbach. Can robots earn our trust the same way humans do? A systematic exploration of competence, warmth, and anthropomorphism as determinants of trust development in HRI. Frontiers in Robotics and AI, 8:640444, 2021. doi: 10.3389/frobt.2021.640444. URL https://doi.org/10.3389/frobt.2021.640444.

Antonius HN Cillessen und Amanda J. Rose. Understanding popularity in the peer system. Current Directions in Psychological Science, 14 (2): 102–105, 2005. doi: 10. 1111/j.0963-7214.2005.00343.x. URL https://doi.org/10.1111/j.0963-7214.2005.00343.x.

Robert Coe. It's the effect size, stupid: What effect size is and why it is important. In Annual Conference of the British Educational Research Association. Educationline, 2002. URL https://f.hubspotusercontent30.net/hubfs/5191137/attachments/ebe/ESguide.pdf.

Jacob Cohen. The earth is round (p < .05). American Psychologist, 49: 997–1003, 1994. doi: 10.1037/0003-066X.49.12.997. URL https://doi.org/10.1037/0003-066X.49.12.997.

Daniela Conti, Santo Di Nuovo, Serafino Buono und Alessandro Di Nuovo. Robots in education and care of children with developmental disabilities: a study on acceptance by experienced and future professionals. International Journal of Social Robotics, 9 (1): 51–62, 2017. doi: 10.1007/s12369-016-0359-6. URL https://doi.org/10.1007/s12369-016-0359-6.

Mark Cook. Experiments on orientation and proxemics. Human Relations, 23 (1): 61–76, 1970. doi: 10.1177/001872677002300107. URL https://doi.org/10.1177/001872677002300107.

Martin Cooney, Takayuki Kanda, Aris Alissandarakis und Hiroshi Ishiguro. Designing enjoyable motion-based play interactions with a small humanoid robot. International Journal of Social Robotics, 6 (2): 173–193, 2014. doi: 10.1007/s12369-013-0212-0. URL https://doi.org/10.1007/s12369-013-0212-0.

Joshua Correll, Bernadette Park, Charles M. Judd und Bernd Wittenbrink. The police officer's dilemma: using ethnicity to disambiguate potentially threatening individuals. Journal of personality and social psychology, 83 (6): 1314, 2002. doi: 10.1037//0022-3514.83.6.1314. URL https://doi.org/10.1037//0022-3514.83.6.1314.

Jo Cribb und David Glover. Don't worry about the robots. Allen & Unwin, Auckland, New Zealand, 2018. ISBN 9781760633509. URL http://www.worldcat.org/oclc/1042120802.

Richard J. Crisp und Rhiannon N. Turner. Imagined intergroup contact: Refinements, debates und clarifications. In Gordon Hodson und Miles Hewstone (Hrsg.), Advances in intergroup contact, chapter 6, S. 149–165. Psychology Press, 2013. ISBN 978-1136213908. URL http://www.worldcat.org/oclc/694393740.

April H. Crusco und Christopher G. Wetzel. The Midas touch: The effects of interpersonal touch on restaurant tipping. Personality and Social Psychology Bulletin, 10 (4): 512–517, 1984. doi: 10.1177/0146167284104003. URL https://doi.org/10.1177/0146167284104003.

Amy Cuddy, Susan Fiske und Peter Glick. Warmth and competence as universal dimensions of social perception: The stereotype content model and the bias map. Advances in Experimental Social Psychology, 40 (12): 61–149, 2008. doi: 10. 1016/S0065-2601(07)00002-0. URL https://doi.org/10.1016/S0065-2601(07)00002-0.

Geoff Cumming. Replication and p-intervals: p-values predict the future only vaguely, but confidence intervals do much better. Perspectives on Psychological Science, 3 (4): 286–300, 2008. doi: 10.1111/j.1745-6924.2008.00079.x. URL https://doi. org/10.1111/j.1745-6924.2008.00079.x.

Martin Cunneen, Martin Mullins und Finbarr Murphy. Autonomous vehicles and embedded artificial intelligence: The challenges of framing machine driving decisions. Applied Artificial Intelligence, 33 (8): 706–731, 2019. doi: 10.1080/08839514.2019.

Kate Darling. Extending legal protection to social robots: The effects of anthropomorphism, empathy und violent behavior towards robotic objects. In We Robot Conference. SSRN, 2012. doi: 10.2139/ssrn.2044797. URL https://doi.org/10.2139/ssrn.2044797.

Kerstin Dautenhahn, Michael Walters, Sarah Woods, Kheng Lee Koay, Chrystopher L. Nehaniv, A. Sisbot, Rachid Alami, und Thierry Siméon. How may I serve you? A robot companion approaching a seated person in a helping context. In 1st ACM SIGCHI/SIGART Conference on Human-Robot Interaction, S. 172–179. ACM, 2006. ISBN 1-59593-294-1. doi: 10.1145/1121241.1121272. URL https://doi.org/10.1145/1121241.1121272.

Joshua Ian Davis, Ann Senghas, Fredric Brandt und Kevin N. Ochsner. The effects of botox injections on emotional experience. Emotion, 10 (3): 433, 2010. doi: 10.1037/a0018690. URL https://doi.org/10.1037/a0018690.

Andrew J. Davison, Ian D. Reid, Nicholas D. Molton und Olivier Stasse. Monoslam: Real-time single camera slam. IEEE Transactions on Pattern Analysis and Machine Intelligence, 29 (6): 1052–1067, 2007. doi: 10.1109/TPAMI.2007.1049. URL http://doi.org/10.1109/TPAMI.2007.1049.

Antonella De Angeli. Ethical implications of verbal disinhibition with conversational agents. PsychNology Journal, 7 (1), 2009. URL http://psychnology.org/File/PNJ7(1)/PSYCHNOLOGY_JOURNAL_7_1_DEANGELI.pdf.

Maartje De Graaf und Somaya Ben Allouch. Exploring influencing variables for the acceptance of social robots. Robotics and autonomous systems, 61 (12): 1476–1486, 2013. doi: 10.1016/j.robot.2013.07.007. URL https://doi.org/10.1016/j.robot.2013.07.007.

Maartje de Graaf, Somaya Ben Allouch und Shariff Lutfi. What are people's associations of domestic robots?: Comparing implicit and explicit measures. In 2016 25th IEEE International Symposium on Robot and Human Interactive Communication (ROMAN), S. 1077–1083. IEEE, 2016. doi: 10.1109/ROMAN.2016.7745242. URL https://doi.org/10.1109/ROMAN.2016.7745242.

Maartje de Graaf, Somaya Ben Allouch und Jan van Dijk. Why do they refuse to use my robot? Reasons for non-use derived from a long-term home study. In Proceedings of the ACM/IEEE International Conference on Human-Robot Interaction, S. 224–233. ACM, 2017. ISBN 978-1-4503-4336-7. doi: 10.1145/2909824.3020236. URL https://doi.org/10.1145/2909824.3020236.

Maartje de Graaf, Somaya Ben Allouch und Jan Van Dijk. Why would I use this in my home? A model of domestic social robot acceptance. Human-Computer Interaction, 34 (2): 115–173, 2019. doi: 10.1080/07370024.2017.1312406. URL https://doi.org/10.1080/07370024.2017.1312406.

Ewart J. De Visser, Marieke MM Peeters, Malte F. Jung, Spencer Kohn, Tyler H. Shaw, Richard Pak und Mark A. Neerincx. Towards a theory of longitudinal trust calibration in human-robot teams. International journal of social robotics, 12 (2): 459–478, 2020. doi: 10.1007/s12369-019-00596-x. URL https://doi.org/10.1007/s12369-019-00596-x.

Frans De Waal. The ape and the sushi master: Cultural reflections of a primatologist. Basic Books, New York, NY, 2001. ISBN 978-0465041763. URL http://www.worldcat.org/oclc/458716823.

Department of Transportation. Critical reasons for crashes investigated in the national motor vehicle crash causation survey. Report, Department of Transportation, 2015. URL https://crashstats.nhtsa.dot.gov/Api/Public/ViewPublication/812115.

Kate Devlin. Turned on: Science, sex and robots. Bloomsbury Publishing, 2020. ISBN 9781472950901. URL https://www.worldcat.org/title/1252735321.

Philip K. Dick. Blade runner: Do androids dream of electric sheep? Ballantine Books, New York, NY, 25th anniversary edition, 2007. ISBN 9780345350473. URL http://www.worldcat.org/oclc/776604212.

Joshua J. Diehl, Lauren M. Schmitt, Michael Villano und Charles R. Crowell. The clinical use of robots for individuals with autism spectrum disorders: A critical review. Research in Autism Spectrum Disorders, 6 (1): 249–262, 2012. doi: 10. 1016/j.rasd.2011.05.006. URL https://doi.org/10.1016/j.rasd.2011.05.006.

Carl DiSalvo, Illah Nourbakhsh, David Holstius, Ayça Akin und Marti Louw. The neighborhood networks project: A case study of critical engagement and creative expression through participatory design. In 10th Anniversary Conference on Participatory Design 2008, S. 41–50. Indiana University, 2008. ISBN 978-0-9818561-0-0. URL https://dl.acm.org/citation.cfm?id=1795241.

Carl F. DiSalvo, Francine Gemperle, Jodi Forlizzi und Sara Kiesler. All robots are not created equal: The design and perception of humanoid robot heads. In Proceedings of the 4th Conference on Designing Interactive Systems: Processes, Practices, Methods und Techniques, DIS '02, S. 321–326, New York, NY, 2002. ACM. ISBN 1-58113-515-7. doi: 10.1145/778712.778756. URL http://doi.acm.org/10.1145/778712.778756.

Steve Dixon. Metal performance humanizing robots, returning to nature und camping about. TDR/The Drama Review, 48 (4): 15–46, 2004. ISSN 1054-2043. doi: 10. 1162/1054204042442017. URL http://dx.doi.org/10.1162/1054204042442017.

Anhai Doan, Raghu Ramakrishnan und Alon Y. Halevy. Crowdsourcing systems on the world-wide web. Communications of the ACM, 54 (4): 86–96, 2011. doi: 10.1145/1924421.1924442. URL https://doi.org/10.1145/1924421.1924442.

Nicola Döring und Sandra Poeschl. Love and sex with robots: A content analysis of media representations. International Journal of Social Robotics, 11 (4): 665–677, 2019. doi: 10.1007/s12369-019-00517-y. URL https://doi.org/10.1007/s12369-019-00517-y.

Anca D. Dragan, Kenton C. T. Lee und Siddhartha S. Srinivasa. Legibility and predictability of robot motion. In 8th ACM/IEEE International Conference on Human-Robot Interaction, S. 301–308. IEEE, 2013. ISBN 978-1-4673-3099-2. doi: 10.1109/HRI.2013.6483603. URL https://doi.org/10.1109/HRI.2013.6483603.

Brian R. Duffy. Anthropomorphism and the social robot. Robotics and Autonomous Systems, 42 (3): 177–190, 2003. ISSN 0921-8890. doi: 10.1016/S0921-8890(02) 00374-3. URL https://doi.org/10.1016/S0921-8890(02) 00374-3.

Autumn Edwards, Chad Edwards, Patric R. Spence, Christina Harris und Andrew Gambino. Robots in the classroom: Differences in students' perceptions of credibility and learning between "teacher as robot" and "robot as teacher". Computers in Human Behavior, 65:627–634, 2016. doi: 10.1016/j.chb.2016.06.005. URL https://doi.org/10.1016/j.chb.2016.06.005.

Naomi I. Eisenberger, Matthew D. Lieberman und Kipling D. Williams. Does rejection hurt? An fMRI study of social exclusion. Science, 302 (5643): 290–292, 2003. doi: 10.1126/science.1089134. URL https://doi.org/10.1126/science.1089134.

Panteleimon Ekkekakis. The measurement of affect, mood und emotion: A guide for health-behavioral research. Cambridge University Press, Cambridge, UK, 2013. doi: 10.1017/CBO9780511820724. URL https://doi.org/10.1017/CBO9780511820724.

Paul Ekman. Facial expressions of emotion: New findings, new questions. Psychological Science, 3 (1): 34–38, 1992. doi: 10.1111/j.1467-9280.1992.tb00253.x. URL https://doi.org/10.1111/j.1467-9280.1992.tb00253.x.

Paul Ekman. Basic emotions. In T. Dalgleich und M. Power (Hrsg.), Handbook of cognition and emotion, S. 45–60. Wiley Online Library, 1999. ISBN 978-1462509997. URL http://www.worldcat.org/oclc/826592694.

Paul Ekman und Wallace V. Friesen. Facial action coding system: A technique for the measurement of facial movement. Palo Alto: Consulting Psychologists, 1978. doi: 10.1037/t27734-000. URL https://doi.org/10.1037/t27734-000.

Paul Ekman und Wallace V. Friesen. Unmasking the face. Prentice Hall, Englewood Cliffs, NJ, 1975. ISBN 978-1883536367. URL http://www.worldcat.org/oclc/803874427.

Moataz El Ayadi, Mohamed S. Kamel und Fakhri Karray. Survey on speech emotion recognition: Features, classification schemes und databases. Pattern Recognition, 44 (3): 572–587, 2011. doi: 10.1016/j.patcog.2010.09.020. URL https://doi.org/10.1016/j.patcog.2010.09.020.

Ilias El Makrini, Shirley A. Elprama, Jan Van den Bergh, Bram Vanderborght, Albert-Jan Knevels, Charlotte I. C. Jewell, Frank Stals, Geert De Coppel, Ilse Ravyse, Johan Potargent, et al. Working with Walt. IEEE Robotics & Automation Magazine, 25:51–58, 2018. doi: 10.1109/MRA.2018.2815947. URL https://doi.org/10.1109/MRA.2018.2815947.

Alexis M. Elder. Friendship, robots und social media: False friends and second selves. Routledge, New York, NY, 2017. ISBN 978-1138065666. URL http://www.worldcat.org/oclc/1016009820.

Nicholas Epley, Adam Waytz und John T. Cacioppo. On seeing human: A three factor theory of anthropomorphism. Psychological Review, 114 (4): 864–886, 2007. doi: 10.1037/0033-295X.114.4.864. URL https://doi.org/10.1037/0033-295X.114.4.864.

Nicholas Epley, Adam Waytz, Scott Akalis und John T. Cacioppo. When we need a human: Motivational determinants of anthropomorphism. Social Cognition, 26 (2): 143–155, 2008. doi: 10.1521/soco.2008.26.2.143. URL https://doi.org/10.1521/soco.2008.26.2.143.

Hadas Erel, Tzachi Shem Tov, Yoav Kessler und Oren Zuckerman. Robots are always social: Robotic movements are automatically interpreted as social cues. In Extended abstracts of the 2019 CHI conference on human factors in computing systems, S. 1–6, 2019. doi: 10.1145/3290607.3312758. URL https://doi.org/10.1145/3290607.3312758.

Alexander Etz und Joachim Vandekerckhove. Introduction to Bayesian inference for psychology. Psychonomic Bulletin & Review, 25 (1): 5–34, 2018. doi: 10.3758/s13423-017-1262-3. URL https://doi.org/10.3758/s13423-017-1262-3.

European Commission. Attitides towards the impact of digitisation and automation on daily life. Technical Report Special Eurobarometer 460/Wave EB87.1, Directorate-General for Information Society and Media, 2017. URL https://europa.eu/eurobarometer/surveys/detail/2160.

Jonathan St.BT Evans. Dual-processing accounts of reasoning, judgment, and social cognition. Annu. Rev. Psychol., 59: 255–278, 2008. doi: 10.1146/annurev.psych.59.103006.093629. URL https://doi.org/10.1146/annurev.psych.59.103006.093629.

Jonathan St.BT Evans und Keith E. Stanovich. Dual-process theories of higher cognition: Advancing the debate. Perspectives on Psychological Science, 8 (3): 223–241, 2013. doi: 10.1177/1745691612460685. URL https://doi.org/10.1177/1745691612460685.

Katherine Evans, Nelson de Moura, Stéphane Chauvier, Raja Chatila und Ebru Dogan. Ethical decision making in autonomous vehicles: The AV ethics project. Science and engineering ethics, 26: 3285–3312, 2020. doi: 10.1007/s11948-020-00272-8. URL https://doi.org/10.1007/s11948-020-00272-8.

European Commission. Public attitudes towards robots: A report. Technical Report Special Eurobarometer 382 /Wave EB77.1, Directorate-General for Information Society and Media, 2012. URL http://ec.europa.eu/commfrontoffice/publicopinion/archives/ebs/ebs_382_en.pdf.

Vanessa Evers, Heidy C. Maldonado, Talia L. Brodecki und Pamela J. Hinds. Relational vs. group self-construal: Untangling the role of national culture in HRI. In Proceedings of the 3rd ACM/IEEE International Conference on Human-Robot Interaction, HRI '08, S. 255–262, New York, NY, 2008. ACM. ISBN 978-1-60558-017-3. doi: 10.1145/1349822.1349856. URL http://doi.acm.org/10.1145/1349822.1349856.

Florian Eyben, Felix Weninger, Florian Gross und Björn Schuller. Recent developments in OpenSMILE, the Munich open-source multimedia feature extractor. In 21st ACM International Conference on Multimedia, S. 835–838. ACM, 2013. ISBN 978-1-4503-2404-5. doi: 10.1145/2502081.2502224. URL https://doi.org/10.1145/2502081.2502224.

Friederike Eyssel. An experimental psychological perspective on social robotics. Robotics and Autonomous Systems, 87 (Supplement C): 363–371, 2017. ISSN 0921-8890. doi: https://doi.org/10.1016/j.robot.2016.08.029. URL http://www.sciencedirect.com/science/article/pii/S0921889016305462.

Friederike Eyssel und Frank Hegel. (S)he's got the look: Gender stereotyping of robots. Journal of Applied Social Psychology, 42:2213–2230, 2012. doi: 10. 1111/j.1559-1816.2012.00937.x. URL https://doi.org/10.1111/j.1559-1816.2012.00937.x.

Friederike Eyssel, Frank Hegel, Gernot Horstmann und Claudia Wagner. Anthropomorphic inferences from emotional nonverbal cues: A case study. In 19th International Symposium in Robot and Human Interactive Communication, S. 646–651. IEEE, 2010. doi: 10.1109/ROMAN.2010.5598687. URL https://doi.org/10.1109/ROMAN.2010.5598687.

Friederike Eyssel und Dieta Kuchenbrandt. Social categorization of social robots: Anthropomorphism as a function of robot group membership. British Journal of Social Psychology, 51 (4): 724–731, 2012. doi: 10.1111/j.2044-8309.2011.02082.x. URL https://doi.org/10.1111/j.2044-8309.2011.02082.x.

Friederike Eyssel, Dieta Kuchenbrandt und Simon Bobinger. Effects of anticipated human-robot interaction and predictability of robot behavior on perceptions of anthropomorphism. In Proceedings of the 6th international conference on Human-robot interaction, S. 61–68, 2011. doi: 10.1145/1957656.1957673. URL https://doi.org/10.1145/1957656.1957673.

Friederike Eyssel, Dieta Kuchenbrandt, Simon Bobinger, Laura de Ruiter und Frank Hegel. "If you sound like me, you must be more human": On the interplay of robot and user features on human-robot acceptance and anthropomorphism. In Proceedings of the 7th Annual ACM/IEEE International Conference on

Human-Robot Interaction, HRI '12, S. 125–126, New York, NY, 2012a. ACM. ISBN 978-1-4503-1063-5. doi: 10.1145/2157689.2157717. URL http://doi.acm.org/10.1145/2157689.2157717.

Friederike Eyssel, Dieta Kuchenbrandt, Frank Hegel und Laura de Ruiter. Activating elicited agent knowledge: How robot and user features shape the perception of social robots. In Robot and human Interactive Communication (ROMAN), S. 851–857. IEEE, 2012b. doi: 10.1109/ROMAN.2012.6343858. URL https://doi.org/10.1109/ROMAN.2012.6343858.

Friederike Eyssel und Steve Loughnan. "It don't matter if you're Black or White"? In International Conference on Social Robotics, S. 422–431. Springer, 2013. doi: 10.1007/978-3-319-02675-6_42. URL https://doi.org/10.1007/978-3-319-02675-6_42.

Friederike Eyssel und N. Reich. Loneliness makes the heart grow fonder (of robots)—on the effects of loneliness on psychological anthropomorphism. In Proceedings of the 8th ACM/IEEE International Conference on Human-Robot Interaction (HRI), S. 121–122, 2013. ISBN 978-1-4673-3101-2. doi: 10.1109/HRI.2013.6483531. URL https://doi.org/10.1109/HRI.2013.6483531.

Daniel J. Fagnant und Kara Kockelman. Preparing a nation for autonomous vehicles: opportunities, barriers and policy recommendations. Transportation Research Part A: Policy and Practice, 77: 167–181, 2015. ISSN 0965-8564. doi: https://doi.org/10.1016/j.tra.2015.04.003. URL http://www.sciencedirect.com/science/article/pii/S0965856415000804.

Franz Faul, Edgar Erdfelder, Albert-Georg Lang und Axel Buchner. G*power 3: A flexible statistical power analysis program for the social, behavioral und biomedical sciences. Behavior Research Methods, 39: 175–191, 2007. doi: 10.3758/BF03193146. URL https://doi.org/10.3758/BF03193146.

Francesca M. Favaro, Nazanin Nader, Sky O. Eurich, Michelle Tripp und Naresh Varadaraju. Examining accident reports involving autonomous vehicles in california. PLOS ONE, 12(9):1–20, 09/2017. doi: 10.1371/journal.pone.0184952. URL https://doi.org/10.1371/journal.pone.0184952.

David Feil-Seifer und Maja J. Matarić. Socially assistive robotics. IEEE Robotics & Automation Magazine, 18 (1): 24–31, 2011. doi: 10.1109/MRA.2010.940150. URL https://10.1109/MRA.2010.940150.

Catherine Feng, Shiri Azenkot und Maya Cakmak. Designing a robot guide for blind people in indoor environments. In The 10th Annual ACM/IEEE International Conference on Human-Robot Interaction Extended Abstracts, S. 107–108. ACM, 2015. ISBN 978-1-4503-3318-4. doi: 10.1145/2701973.2702060. URL https://doi.org/10.1145/2701973.2702060.

Francesco Ferrari, Maria Paola Paladino und Jolanda Jetten. Blurring human-machine distinctions: Anthropomorphic appearance in social robots as a threat to human distinctiveness. International Journal of Social Robotics, 8 (2): 287–302, 2016. doi: 10.1007/s12369-016-0338-y. URL https://doi.org/10.1007/s12369-016-0338-y.

Janik Festerling und Iram Siraj. Anthropomorphizing technology: A conceptual review of anthropomorphism research and how it relates to children's engagements with digital voice assistants. Integrative Psychological and Behavioral Science, 56 (3): 709–738, 2022. doi: 10.1007/s12124-021-09668-y. URL https://doi.org/10.1007/s12124-021-09668-y.

Andy Field. Discovering statistics using IBM SPSS statistics. Sage, Thousand Oaks, CA, 2018. ISBN 9781526419514. URL http://www.worldcat.org/oclc/1030545826.

Andy Field und Graham Hole. How to design and report experiments. Sage, Thousand Oaks, CA, 2002. ISBN 978085702829. URL http://www.worldcat.org/title/how-to-design-and-report-experiments/oclc/961100072.

Julia Fink. Anthropomorphism and human likeness in the design of robots and human-robot interaction. In Shuzhi Sam Ge, Oussama Khatib, John-John Cabibihan, Reid Simmons und Mary-Anne Williams (Hrsg.), Social Robotics, S. 199–208, Berlin, Heidelberg, 2012. Springer. ISBN 978-3-642-34103-8. doi: 10.1007/978-3-642-34103-8 20. URL https://doi.org/10.1007/978-3-642-34103-8_20.

Julia Fink, Valérie Bauwens, Frédéric Kaplan und Pierre Dillenbourg. Living with a vacuum cleaning robot. International Journal of Social Robotics, 5 (3): 389–408, Aug 2013. ISSN 1875-4805. doi: 10.1007/s12369-013-0190-2. URL https://doi.org/10.1007/s12369-013-0190-2.

Julia Fink, Séverin Lemaignan, Pierre Dillenbourg, Philippe Rétornaz, Florian Vaussard, Alain Berthoud, Francesco Mondada, Florian Wille und Karmen Franinovi'c. Which robot behavior can motivate children to tidy up their toys? Design and evaluation of ranger. In ACM/IEEE International Conference on Human-Robot Interaction, S. 439–446. ACM, 2014. ISBN 978-1-4503-2658-2. doi: 10.1145/2559636.2559659. URL https://doi.org/10.1145/2559636.2559659.

Jaime Fisac Andrea Bajcsy, Sylvia Herbert, David Fridovich-Keil, Steven Wang, Claire Tomlin und Anca Dragan. Probabilistically safe robot planning with confidence-based human predictions. In Proceedings of Robotics: Science and Systems, Pittsburgh, Pennsylvania, June 2018. ISBN 978-0-9923747-4-7. doi: 10.15607/RSS.2018.XIV.069. URL https://doi.org/10.15607/RSS.2018.XIV.069.

Kerstin Fischer. Effect confirmed, patient dead: A commentary on Hoffman & Zhao's primer for conducting experiments in HRI. ACM Transactions on Human-Robot Interaction (THRI), 10 (1): 1–4, 2021. doi: 10.1145/3439714. URL https://doi. org/10.1145/3439714.

Kerstin Fischer, Katrin Lohan, Joe Saunders, Chrystopher Nehaniv, Britta Wrede und Katharina Rohlfing. The impact of the contingency of robot feedback on HRI. In International Conference on Collaboration Technologies and Systems, S. 210–217. IEEE, 2013. ISBN 978-1-4673-6403-4. doi: 10.1109/CTS.2013.6567231. URL https://doi.org/10.1109/CTS.2013.6567231.

Susan T. Fiske, Amy J.C. Cuddy und Peter Glick. Universal dimensions of social cognition: Warmth and competence. Trends in Cognitive Sciences, 11 (2): 77–83, 2007. doi: 10.1016/j.tics.2006.11.005. URL https://doi. org/10.1016/j.tics.2006.11.005.

Susan T. Fiske, Amy J.C. Cuddy, Peter Glick und Jun Xu. A model of (often mixed) stereotype content: Competence and warmth respectively follow from perceived status and competition. In Social Cognition, S. 162–214. Routledge, 2018. doi: 10.1037/0022-3514.82.6.878. URL https://psycnet.apa.org/doi/10.1037/0022-3514.82.6.878.

Naomi T. Fitter, Yasmin Chowdhury, Elizabeth Cha, Leila Takayama und Maja J. Mataric. Evaluating the effects of personalized appearance on telepresence robots for education. In Companion of the 2018 ACM/IEEE International Conference on Human-Robot Interaction, S. 109–110, 2018. doi: 10.1145/3173386.3177030. URL https://doi.org/10.1145/3173386.3177030.

Martin Ford. The rise of the robots: Technology and the threat of mass unemployment. Oneworld Publications, London, UK, 2015. ISBN 978-0465059997. URL http://www.worldcat.org/oclc/993846206.

Jodi Forlizzi und Carl DiSalvo. Service robots in the domestic environment: A study of the Roomba vacuum in the home. In Proceedings of the 1st ACM SIGCHI/SIGART Conference on Human-Robot Interaction, HRI '06, S. 258–265, New York, NY, 2006. ACM. ISBN 1-59593-294-1. doi: 10.1145/1121241. 1121286. URL http://doi.acm.org/10.1145/1121241.1121286.

Eduard Fosch-Villaronga, Christoph Lutz und Aurelia Tamó-Larrieux. Gathering expert opinions for social robots' ethical, legal, and societal concerns: Findings from four international workshops. International Journal of Social Robotics, 12 (2): 441–458, 2020. doi: 10.1007/s12369-019-00605-z. URL https://doi.org/10.1007/s12369-019-00605-z.

Floyd J. Fowler. Improving survey questions: Design and evaluation, volume 38. Sage, Thousand Oaks, CA, 1995. ISBN 978-0803945838. URL http://www.worldcat.org/oclc/551387270.

Floyd J. Fowler Jr. Survey research methods. Sage, Thousand Oaks, CA, 2013. ISBN 978-1452259000. URL http://www.worldcat.org/oclc/935314651.

Dieter Fox, Wolfram Burgard und Sebastian Thrun. The dynamic window approach to collision avoidance. IEEE Robotics & Automation Magazine, 4 (1): 23–33, 1997. doi: 10.1109/100.580977. URL https://doi.org/10.1109/100.580977.

Batya Friedman, Peter Kahn und Alan Borning. Value sensitive design: Theory and methods. Technical report, University of Washington, 2002.

Masahiro Fujita. Aibo: Toward the era of digital creatures. International Journal of Robotics Research, 20 (10): 781–794, 2001. doi: 10.1177/02783640122068092. URL https://doi.org/10.1177/02783640122068092.

Future of Life Institute. An open letter—research priorities for robust and beneficial Artificial Intelligence, January 2015. URL https://futureoflife.org/ai-open-letter/.

Yassine Gargouri, Chawki Hajjem, Vincent Larivière, Yves Gingras, Les Carr, Tim Brody und Stevan Harnad. Self-selected or mandated, open access increases citation impact for higher quality research. PLOS ONE, 5 (10): 1–12, 10/2010. doi: 10.1371/journal.pone.0013636. URL https://doi.org/10.1371/journal.pone.0013636.

Alex Garland. Ex Machina, 2014. URL https://www.imdb.com/title/tt0470752.

Joel Garreau. Bots on the ground. Washington Post, 2007. URL http://www.washingtonpost.com/wp-dyn/content/article/2007/05/05/AR2007050501009.html.

Adam Gazzaley und Larry D. Rosen. The distracted mind: Ancient brains in a high-tech world. MIT Press, Cambridge, MA, 2016. ISBN 978-0262534437. URL http://www.worldcat.org/oclc/978487215.

Maximilian Geisslinger, Franziska Poszler, Johannes Betz, Christoph Lütge und Markus Lienkamp. Autonomous driving ethics: From trolley problem to ethics of risk. Philosophy & Technology, 34:1033–1055, 2021. doi: 10.1007/s13347-021-00449-4. URL https://doi.org/10.1007/s13347-021-00449-4.

Guido H. E. Gendolla. On the impact of mood on behavior: An integrative theory and a review. Review of General Psychology, 4 (4): 378–408, 2000. doi: 10.1037/1089-2680.4.4.378. URL https://doi.org/10.1037/1089-2680.4.4.378.

Oliver Genschow, Sofie van Den Bossche, Emiel Cracco, Lara Bardi, Davide Rigoni und Marcel Brass. Mimicry and automatic imitation are not correlated. PloS One, 12(9):e0183784, 2017. doi: 10.1371/journal.pone.0183784. URL https://doi.org/10.1371/journal.pone.0183784.

Robert M. Geraci. Spiritual robots: Religion and our scientific view of the natural world. Theology and Science, 4 (3): 229–246, 2006. doi: 10.1080/14746700600952993. URL https://doi.org/10.1080/14746700600952993.

James J. Gibson. The ecological approach to visual perception: Classic edition. Psychology Press, London, UK, 2014. ISBN 978-1848725782. URL http://www.worldcat.org/oclc/896794768.

Dylan F. Glas, Takayuki Kanda, Hiroshi Ishiguro und Norihiro Hagita. Teleoperation of multiple social robots. IEEE Transactions on Systems, Man, and Cybernetics-Part A: Systems and Humans, 42 (3): 530–544, 2011. URL https://doi.org/10.1109/TSMCA.2011.2164243.

Dylan F. Glas, Takayuki Kanda und Hiroshi Ishiguro. Human-robot interaction design using interaction composer eight years of lessons learned. In 11th ACM/IEEE International Conference on Human-Robot Interaction (HRI), S. 303–310, 2016. doi: 10.1109/HRI.2016.7451766. URL https://doi.org/10.1109/HRI.2016.7451766.

Rachel Gockley, Allison Bruce, Jodi Forlizzi, Marek Michalowski, Anne Mundell, Stephanie Rosenthal, Brennan Sellner, Reid Simmons, Kevin Snipes, Alan C. Schultz, et al. Designing robots for long-term social interaction. In IEEE/RSJ International Conference on Intelligent Robots and Systems, S. 1338–1343. IEEE, 2005. ISBN 0-7803-8912-3. doi: 10.1109/IROS.2005.1545303. URL https://doi.org/10.1109/IROS.2005.1545303.

Rachel Gockley, Jodi Forlizzi und Reid Simmons. Interactions with a moody robot. In Proceedings of the 1st ACM SIGCHI/SIGART Conference on Human-Robot Interaction, S. 186–193. ACM, 2006. ISBN 1-59593-294-1. doi: 10.1145/1121241.1121274. URL https://doi.org/10.1145/1121241.1121274.

Rachel Gockley, Jodi Forlizzi und Reid Simmons. Natural person-following behavior for social robots. In ACM/IEEE International Conference on Human-Robot Interaction, S. 17–24. ACM, 2007. ISBN 978-1-59593-617-2. doi: 10.1145/1228716.1228720. URL https://doi.org/10.1145/1228716.1228720.

Ben Goldacre. Bad science. Fourth Estate, London, UK, 2008. ISBN 9780007240197. URL http://www.worldcat.org/oclc/760098401.

Barbara Gonsior, Stefan Sosnowski, Christoph Mayer, Jürgen Blume, Bernd Radig, Dirk Wollherr und Kolja Kühnlenz. Improving aspects of empathy and subjective performance for HRI through mirroring facial expressions. In 2011 ROMAN, S. 350–356. IEEE, 2011. doi: 10.1109/ROMAN.2011.6005294. //doi.org/10.1109/ROMAN.2011.6005294.

Carina Soledad González-González, Rosa María GilIranzo und Patricia Paderewski-Rodríguez. Human-robot interaction and sexbots: A systematic literature review. Sensors, 21 (1): 216, 2020. doi: 10.3390/s21010216. URL https://doi.org/10.3390/s21010216.

Ian Goodfellow, Yoshua Bengio und Aaron Courville. Deep Learning. MIT Press, Cambridge, MA, 2016. ISBN 9780262035613. http://www.deeplearningbook.org.

Joseph K. Goodman, Cynthia E. Cryder und Amar Cheema. Data collection in a flat world: The strengths and weaknesses of Mechanical Turk samples. Journal of Behavioral Decision Making, 26 (3): 213–224, 2013. doi: 10.1002/bdm.1753. URL https://doi.org/10.1002/bdm.1753.

Michael A. Goodrich, Alan C. Schultz, et al. Human–robot interaction: a survey. Foundations and Trends in Human–Computer Interaction, 1 (3): 203–275, 2008. URL http://dx.doi.org/10.1561/1100000005.

Eberhard Graether und Florian Mueller. Joggobot: A flying robot as jogging companion. In CHI '12 Extended Abstracts on Human Factors in Computing Systems, S. 1063–1066, New York, NY, 2012. ACM. ISBN 978-1-4503-1016-1. doi: 10.1145/2212776.2212386. URL https://doi.org/10.1145/2212776.2212386.

Heather M. Gray, Kurt Gray und Daniel M. Wegner. Dimensions of mind perception. Science, 315 (5812): 619–619, 2007. ISSN 0036-8075. doi: 10.1126/science.1134475. URL http://science.sciencemag.org/content/315/5812/619.

Leslie S. Greenberg. Application of emotion in psychotherapy. In Michael Lewis, Jeanette M. Haviland-Jones und Lisa Feldman Barrett (Hrsg.), Handbook of emotions, volume 3, S. 88–101. Guilford Press, New York, NY, 2008. ISBN 978-1-59385-650-2. URL http://citeseerx.ist.psu.edu/viewdoc/download?doi=10.1.1.472.7583&rep=rep1&type=pdf.

H.-M. Gross, H. Boehme, Ch Schroeter, Steffen Müller, Alexander König, Erik Einhorn, Ch Martin, Matthias Merten und Andreas Bley. TOOMAS: Interactive shopping guide robots in everyday use-final implementation and experiences from long-term field trials. In IEEE/RSJ International Conference on Intelligent Robots and Systems, S. 2005–2012. IEEE, 2009. ISBN 978-1-4244-3803-7. doi: 10. 1109/IROS.2009.5354497. URL https://doi.org/10.1109/IROS.2009.5354497.

James J. Gross. Emotion regulation: Conceptual foundations. In James J. Gross (Hrsg.), Handbook of emotion regulation, chapter 1, S. 3–22. Guilford Press, 2007. ISBN 978-1462520732. URL http://www.worldcat.org/oclc/1027033463.

Greg Guest, Emily Namey und Mario Chen. A simple method to assess and report thematic saturation in qualitative research. PloS one, 15 (5): e0232076, 2020. doi: 10.1371/journal.pone.0232076. URL https://doi.org/10.1371/journal.pone.0232076.

Stefano Guidi, Latisha Boor, Laura van der Bij, Robin Foppen, Okke Rikmenspoel und Giulia Perugia. Ambivalent stereotypes towards gendered robots: The (im) mutability of bias towards female and neutral robots. In Social Robotics: 14th International Conference, ICSR 2022, Florence, Italy, December 13–16, 2022, Proceedings, Part II, S. 615–626. Springer, 2023. doi: 10.1007/978-3-031-24670-8_54. URL https://doi.org/10.1007/978-3-031-24670-8_54.

Hatice Gunes, Björn Schuller, Maja Pantic und Roddy Cowie. Emotion representation, analysis and synthesis in continuous space: A survey. In IEEE International Conference on Automatic Face & Gesture Recognition and Workshops, S. 827–834. IEEE, 2011. ISBN 978-1-4244-9140-7. doi: 10.1109/FG.2011.5771357. URL https://doi.org/10.1109/FG.2011.5771357.

Martin Haegele. World robotics service robots. IFR Statistical Department, Chicago, IL, 2016. ISBN 9783816306948. URL http://www.worldcat.org/oclc/979905174.

Edward T. Hall, Ray L. Birdwhistell, Bernhard Bock, Paul Bohannan, A. Richard Diebold Jr., Marshall Durbin, Munro S. Edmonson, J. L. Fischer, Dell Hymes, Solon T. Kimball, et al. Proxemics [and comments and replies]. Current Anthropology, 9 (2/3): 83–108, 1968. doi: 10.1086/200975. URL https://doi.org/10.1086/200975.

Jeonghye Han, Dylan Moore und Ilhan Bae. Exploring the social proxemics of human–drone interaction. International Journal of Advanced Smart Convergence, 8 (2): 1–7, 2019. doi: 10.7236/IJASC.2019.8.2.1. URL http://dx.doi.org/10.7236/IJASC.2019.8.2.1.

Kun Han, Dong Yu und Ivan Tashev. Speech emotion recognition using deep neural network and extreme learning machine. In 15th Annual Conference of the International Speech Communication Association, S. 223–227, 2014. URL https://www.isca-speech.org/archive/archive_papers/interspeech_2014/i14_0223.pdf.

Peter A. Hancock, Deborah R. Billings, Kristin E. Schaefer, Jessie YC Chen, Ewart J. De Visser und Raja Parasuraman. A meta-analysis of factors affecting trust in human-robot interaction. Human Factors, 53 (5): 517–527, 2011. doi: 10.1177/0018720811417254. URL https://doi.org/10.1177/0018720811417254.

Peter A. Hancock, Theresa T. Kessler, Alexandra D. Kaplan, John C. Brill und James L Szalma. Evolving trust in robots: specification through sequential and comparative meta-analyses. Human factors, 63 (7): 1196–1229, 2021. doi: 10.1177/0018720820922080. URL https://doi.org/10.1177/0018720820922080.

Takuya Hashimoto, Igor M. Verner und Hiroshi Kobayashi. Human-like robot as teacher's representative in a science lesson: An elementary school experiment. In J. H. Kim, Matson E. und Xu P. Myung H. (Hrsg.), Robot intelligence technology and applications, volume 208 of Advances in Intelligent Systems and Computing, S. 775–786. Springer, 2013. doi: 10.1007/978-3-642-37374-9 74. URL https://doi.org/10.1007/978-3-642-37374-9_74.

Nick Haslam. Dehumanization: An integrative review. Personality and Social Psychology Review, 10 (3): 252–264, 2006. doi: 10.1207/s15327957pspr1003 4. URL https://doi.org/10.1207/s15327957pspr1003_4.

Nick Haslam und Steve Loughnan. Dehumanization and infrahumanization. Annual Review of Psychology, 65 (1): 399–423, 2014. doi: 10.1146/annurev-psych-010213-115045. URL https://doi.org/10.1146/annurev-psych-010213-115045.

Nick Haslam, Stephen Loughnan, Yoshihisa Kashima und Paul Bain. Attributing and denying humanness to others. European review of social psychology, 19 (1): 55–85, 2008. doi: 10.1080/10463280801981645. URL https://doi.org/10.1080/10463280801981645.

Marc Hassenzahl. The thing and I: understanding the relationship between user and product. In Funology, S. 31–42. Springer, 2003. ISBN 978-1-4020-2967-7.-doi: 10.1007/1-4020-2967-5_4. URL https://doi.org/10.1007/1-4020-2967-5_4.

Andrew J. Hawkins und Richard Lawler. Tesla finally begins shipping 'full self-driving' beta version 9 after a long delay, 2021. URL https://www.theverge.com/2021/7/10/22570081/tesla-fsd-v9-beta-autopilot-update.

Kotaro Hayashi, Masahiro Shiomi, Takayuki Kanda, Norihiro Hagita und AI Robotics. Friendly patrolling: A model of natural encounters. In Hugh Durrant-Whyte, Nicholas Roy und Pieter Abbeel (Hrsg.), Robotics: Science and systems, Volume II, S. 121–129. MIT Press, Cambridge, MA, 2012. ISBN 978-0-262-51779-9. URL http://www.worldcat.org/oclc/858018257.

Marcel Heerink, Ben Krose, Vanessa Evers und Bob Wielinga. Measuring acceptance of an assistive social robot: a suggested toolkit. In ROMAN 2009-The 18th IEEE International Symposium on Robot and Human Interactive Communication, S. 528–533. IEEE, 2009. doi: 10.1109/ROMAN.2009.5326320. URL https://doi.org/10.1109/ROMAN.2009.5326320.

Marcel Heerink, Ben Kröse, Vanessa Evers und Bob Wielinga. Assessing acceptance of assistive social agent technology by older adults: the Almere Model. International Journal of Social Robotics, 2 (4): 361–375, 2010. doi:10.1007/s12369-010-0068-5. URL https://psycnet.apa.org/doi/10.1007/

Frank Hegel, Claudia Muhl, Britta Wrede, Martina Hielscher-Fastabend und Gerhard Sagerer. Understanding social robots. In 2009 Second International Conferences on Advances in Computer-Human Interactions, S. 169–174. IEEE, 2009. doi: 10.1109/ACHI.2009.51. URL https://doi.org/10.1109/ACHI.2009.51.

Frank Hegel, Friederike Eyssel und Britta Wrede. The social robot 'F-lobi': Key concepts of industrial design. In 19th International Symposium in Robot and Human Interactive Communication (ROMAN), S. 107–112. IEEE, 2010. doi: 10.1109/ROMAN.2010.5598691. URL https://doi.org/10.1109/ROMAN.2010.5598691.

Fritz Heider und Marianne Simmel. An experimental study of apparent behavior. American Journal of Psychology, 57 (2): 243–259, 1944. doi: 10.2307/1416950. URL https://doi.org/10.2307/1416950.

Mattias Heldner und Jens Edlund. Pauses, gaps and overlaps in conversations. Journal of Phonetics, 38 (4): 555–568, 2010. doi: 10.1016/j.wocn.2010.08.002. URL https://doi.org/10.1016/j.wocn.2010.08.002.

Anna Henschel und Emily S. Cross. No evidence for enhanced likeability and social motivation towards robots after synchrony experience. Interaction Studies, 21 (1): 7–23, 2020. doi: 10.1075/is.19004.hen. URL https://doi.org/10.1075/is.19004.hen.

Carl-Herman Hjortsjo. Man's face and mimic language. Studen litteratur, Sweden, 1969. URL http://www.worldcat.org/oclc/974134474.

Chin-Chang Ho und Karl F. MacDorman. Revisiting the Uncanny Valley theory: Developing and validating an alternative to the Godspeed indices. Computers in Human Behavior, 26 (6): 1508–1518, 2010. doi: 10.1016/j.chb.2010.05.015. URL https://doi.org/10.1016/j.chb.2010.05.015.

Guy Hoffman. Dumb robots, smart phones: A case study of music listening companionship. In The 21st IEEE International Symposium on Robot and Human Interactive Communication, S. 358–363. IEEE, 2012. ISBN 978-1-4673-4604-7. doi: 10.1109/ROMAN.2012.6343779. URL https://doi.org/10.1109/ROMAN.2012.6343779.

Guy Hoffman. Anki, Jibo und Kuri: What we can learn from social robots that didn't make it. IEEE Spectrum, 2019. URL https://spectrum.ieee.org/anki-jibo-and-kuri-what-we-can-learn-from-social-robotics-failures.

Guy Hoffman und Cynthia Breazeal. Effects of anticipatory action on human-robot teamwork efficiency, fluency und perception of team. In Proceedings of the ACM/IEEE International Conference on Human-Robot Interaction, S. 1–8. ACM, 2007. ISBN 978-1-59593-617-2. doi: 10.1145/1228716.1228718. URL https://doi.org/10.1145/1228716.1228718.

Guy Hoffman und Keinan Vanunu. Effects of robotic companionship on music enjoyment and agent perception. In 8th ACM/IEEE International Conference on Human-Robot Interaction, S. 317–324. IEEE, 2013. ISBN 978-1-4673-3099-2. doi: 10.1109/HRI.2013.6483605. URL https://doi.org/10.1109/HRI.2013.6483605.

Guy Hoffman und Gil Weinberg. Shimon: An interactive improvisational robotic marimba player. In CHI'10 Extended Abstracts on Human Factors in Computing Systems, S. 3097–3102. ACM, 2010. ISBN 978-1-60558-930-5. doi: 10.1145/1753846.1753925. URL https://doi.org/10.1145/1753846.1753925.

Guy Hoffman und Xuan Zhao. A primer for conducting experiments in human–robot interaction. ACM Transactions on Human-Robot Interaction (THRI), 10 (1): 1–31, 2020. doi: 10.1145/3412374. URL https://doi.org/10.1145/3412374.

Olle Holm. Analyses of longing: Origins, levels und dimensions. Journal of Psychology, 133 (6): 621–630, 1999. doi: 10.1080/00223989909599768. URL https://doi.org/10.1080/00223989909599768.

Deanna Hood, Séverin Lemaignan und Pierre Dillenbourg. When children teach a robot to write: An autonomous teachable humanoid which uses simulated handwriting. In 10th Annual ACM/IEEE International Conference on Human-Robot Interaction, S. 83–90. ACM, 2015. ISBN 978-1-4503-2883-8. doi: 10.1145/2696454.2696479. URL https://doi.org/10.1145/2696454.2696479.

Ayanna Howard und Jason Borenstein. Hacking the human bias in robotics. ACM Transactions on Human-Robot Interaction (THRI), 7 (1): 1–3, 2018. doi: 10.1145/3208974. URL https://doi.org/10.1145/3208974.

Ayanna Howard und Monroe Kennedy III. Robots are not immune to bias and injustice. Science Robotics, 5 (48): eabf1364, 2020. doi: 10.1126/scirobotics.abf1364. URL https://doi.org/10.1126/scirobotics.abf1364.

Siying Hu, Hen Chen Yen, Ziwei Yu, Mingjian Zhao, Katie Seaborn und Can Liu. Wizundry: A cooperative Wizard of Oz platform for simulating future speech-based interfaces with multiple wizards. Proceedings of the ACM on Human-Computer Interaction, 7 (CSCW1): 1–34, 2023. doi: 10.1145/3579591. URL https://doi.org/10.1145/3579591.

Matthew Huggins, Sharifa Alghowinem, Sooyeon Jeong, Pedro Colon-Hernandez, Cynthia Breazeal und Hae Won Park. Practical guidelines for intent recognition: Bert with minimal training data evaluated in real-world HRI application. In Proceedings of the 2021 ACM/IEEE International Conference on Human-Robot Interaction, S. 341–350, 2021. URL https://doi.org/10.1145/3434073.3444671.

Andrew J. Hunt und Alan W. Black. Unit selection in a concatenative speech synthesis system using a large speech database. In IEEE International Conference on Acoustics, Speech und Signal Processing, volume 1, S. 373–376. IEEE, 1996. ISBN 0-7803-3192-3. doi: 10.1109/ICASSP.1996.541110. URL https://doi.org/10.1109/ICASSP.1996.541110.

Helge Hüttenrauch, Kerstin Severinson Eklundh unders Green und Elin A. Topp. Investigating spatial relationships in human-robot interaction. In IEEE/RSJ International Conference on Intelligent Robots and Systems, S. 5052–5059. IEEE, 2006. ISBN 1-4244-0258-1. doi: 10.1109/IROS.2006.282535. URL https://doi.org/10.1109/IROS.2006.282535.

Jinsoo Hwang, Heather Kim, Kyu-Hyeon Joo und Won Seok Lee. How to form rapport with information providers in the airport industry: service robots versus human staff. Asia Pacific Journal of Tourism Research, 27 (8): 891–906, 2022. doi: 10.1080/10941665.2022.2131447. URL https://doi.org/10.1080/10941665.2022.2131447.

Julian Ibarz, Jie Tan, Chelsea Finn, Mrinal Kalakrishnan, Peter Pastor und Sergey Levine. How to train your robot with deep reinforcement learning: lessons we have learned. The International Journal of Robotics Research, 40 (4-5): 698–721, 2021. URL https://doi.org/10.1177/0278364920987859.

Michita Imai, Tetsuo Ono und Hiroshi Ishiguro. Physical relation and expression: Joint attention for human-robot interaction. IEEE Transactions on Industrial Electronics, 50 (4): 636–643, 2003. doi: 10.1109/TIE.2003.814769. URL https://doi.org/10.1109/TIE.2003.814769.

Tetsunari Inamura, Yoshiaki Mizuchi und Hiroki Yamada. VR platform enabling crowdsourcing of embodied HRI experiments–case study of online robot competition. Advanced Robotics, 35(11):697–703, 2021. URL https://doi.org/10.1080/01691864.2021.1928551.

Bahar Irfan, James Kennedy, Séverin Lemaignan, Fotios Papadopoulos, Emmanuel Senft und Tony Belpaeme. Social psychology and human-robot interaction: An uneasy marriage. In Companion of the 2018 ACM/IEEE International Conference on Human-Robot Interaction, HRI '18, S. 13–20, New York, NY, 2018. ACM. ISBN 978-1-4503-5615-2. doi: 10.1145/3173386.3173389. URL http://doi.acm.org/10.1145/3173386.3173389.

Hiroshi Ishiguro. Android science. In Thrun S., Brooks R. und Durrant-Whyte H. (Hrsg.), Robotics research, S. 118–127. Springer, 2007. ISBN 978-3-540-48110-2. doi: 10.1007/978-3-540-48113-3 11. URL https://doi.org/10.1007/978-3-540-48113-3_11.

Hiroshi Ishiguro und Fabio Dalla Libera. Geminoid Studies: Science and Technologies for Humanlike Teleoperated Androids. Springer, 2018.

He Michael Jia, C. Whan Park und Gratiana Pol. Cuteness, nurturance, and implications for visual product design. In The Psychology of Design, S. 168–179. Routledge, 2015. ISBN 9781317502104. URL https://www.worldcat.org/title/914472421.

Wafa Johal, Doga Gatos, Asim Evren Yantac und Mohammad Obaid. Envisioning social drones in education. Frontiers in Robotics and AI, S. 204, 2022. doi:10.3389/frobt.2022.666736. URL https://doi.org/10.3389/frobt.2022.666736.

Oliver P. John, Sanjay Srivastava, et al. The Big Five trait taxonomy: History, measurement und theoretical perspectives. Handbook of personality: Theory and research, Volume 2, S. 102–138. Guilford press 1999. ISBN 9781572306950. URL https://www.worldcat.org/title/1229125792.

Michelle Jillian Johnson, Roshan Rai, Sarath Barathi, Rochelle Mendonca und Karla Bustamante-Valles. Affordable stroke therapy in high-, low- and middle-income countries: From theradrive to rehab cares, a compact robot gym. Journal of rehabilitation and assistive technologies engineering, 4:2055668317708732, 2017.-doi: 10.1177/2055668317708732.org/10.1177/2055668317708732.

Spike Jonze. Her, 2013. URL https://www.imdb.com/title/tt1798709/?ref_=fn_al_tt_1.

Jutta Joormann und Ian H. Gotlib. Emotion regulation in depression: Relation to cognitive inhibition. Cognition and Emotion, 24 (2): 281–298, 2010. doi: 10.1080/02699930903407948. URL https://doi.org/10.1080/02699930903407948.

Malte Jung und Pamela Hinds. Robots in the wild: A time for more robust theories of human-robot interaction. ACM Transactions on Human-Robot Interaction (THRI), 7 (1): 2, 2018. doi: 10.1145/3208975. URL https://doi.org/10.1145/3208975.

Malte Jung, Nikolas Martelaro und Pamela Hinds. Using robots to moderate team conflict: the case of repairing violations. In Proceedings of the tenth annual ACM/IEEE international conference on human-robot interaction, S. 229–236, 2015. doi:10.1145/2696454.2696460. URL https://doi.org/10.1145/2696454.2696460.

Minjoo Jung, May Jorella S Lazaro und Myung Hwan Yun. Evaluation of methodologies and measures on the usability of social robots: A systematic review. Applied Sciences, 11 (4): 1388, 2021. doi: 10.3390/app11041388. URL https://doi.org/10.3390/app11041388.

Peter H. Kahn, Nathan G. Freier, Takayuki Kanda, Hiroshi Ishiguro, Jolina H. Ruckert, Rachel L. Severson und Shaun K. Kane. Design patterns for sociality in human-robot interaction. In The 3rd ACM/IEEE International Conference on Human-Robot Interaction, S. 97–104. ACM, 2008. ISBN 978-1-60558-017-3. doi: 10.1145/1349822.1349836. URL https://doi.org/10.1145/1349822.1349836.

Peter H. Kahn Jr., Takayuki Kanda, Hiroshi Ishiguro, Brian T. Gill, Jolina H. Ruckert, Solace Shen, Heather E. Gary, Aimee L. Reichert, Nathan G. Freier und Rachel L. Severson. Do people hold a humanoid robot morally accountable for the harm it causes? In Proceedings of the 7th Annual ACM/IEEE International Conference on Human-Robot Interaction, S. 33–40. ACM, 2012. ISBN 978-1-4503-1063-5. doi: 10.1145/2157689.2157696. URL https://doi.org/10.1145/2157689.2157696.

Peter H. Kahn Jr., Takayuki Kanda, Hiroshi Ishiguro, Solace Shen, Heather E. Gary und Jolina H. Ruckert. Creative collaboration with a social robot. In ACM International Joint Conference on Pervasive and Ubiquitous Computing, S. 99–103. ACM, 2014. ISBN 978-1-4503-2968-2. doi: 10.1145/2632048.2632058. URL https://doi.org/10.1145/2632048.2632058.

Daniel Kahneman. Thinking, fast and slow. Macmillan, 2011. ISBN 978-0374533557. URL https://worldcat.org/en/title/706020998.

Waki Kamino und Selma Šabanović. Coffee, tea, robots? The performative staging of service robots in-'Robot Cafes' in Japan. In Proceedings of the 2023 ACM/IEEE International Conference on Human-Robot Interaction, S. 183–191, 2023. doi: 10.1145/3568162.3576967. URL https://doi.org/10.1145/3568162.3576967.

Takayuki Kanda, Takayuki Hirano, Daniel Eaton und Hiroshi Ishiguro. Interactive robots as social partners and peer tutors for children: A field trial. Human-Computer Interaction, 19 (1): 61–84, 2004. doi: 10.1080/07370024.2004.9667340. URL https://doi.org/10.1080/07370024.2004.9667340.

Takayuki Kanda, Masayuki Kamasima, Michita Imai, Tetsuo Ono, Daisuke Sakamoto, Hiroshi Ishiguro und Yuichiro Anzai. A humanoid robot that pretends to listen to route guidance from a human. Autonomous Robots, 22 (1): 87–100, 2007a. doi: 10.1007/s10514-006-9007-6. URL https://doi.org/10.1007/s10514-006-9007-6.

Takayuki Kanda, Rumi Sato, Naoki Saiwaki und Hiroshi Ishiguro. A two-month field trial in an elementary school for long-term human-robot interaction. IEEE Transactions on Robotics, 23 (5): 962–971, 2007b. doi: 10.1109/TRO.2007.904904. URL https://doi.org/10.1109/TRO.2007.904904.

Takayuki Kanda, Masahiro Shiomi, Zenta Miyashita, Hiroshi Ishiguro und Norihiro Hagita. A communication robot in a shopping mall. IEEE Transactions on Robotics, 26 (5): 897–913, 2010. doi: 10.1109/TRO.2010.2062550. URL https://doi.org/10.1109/TRO.2010.2062550.

K. Kaneko, F. Kanehiro, S. Kajita, H. Hirukawa, T. Kawasaki, M. Hirata, K. Akachi und T. Isozumi. Humanoid robot hrp-2. In IEEE International Conference on Robotics and Automation, volume 2, S. 1083–1090, 2004. doi: 10.1109/ROBOT.2004.1307969. URL https://doi.org/10.1109/ROBOT.2004.1307969.

Yuya Kaneshige, Satoru Satake, Takayuki Kanda und Michita Imai. How to overcome the difficulties in programming and debugging mobile social robots? In Proceedings of the 2021 ACM/IEEE International Conference on Human-Robot Interaction, S. 361–369, 2021. URL https://doi.org/10.1145/3434073.3444674.

Kyong Il Kang, Sanford Freedman, Maja J. Matarić, Mark J. Cunningham und Becky Lopez. A hands-off physical therapy assistance robot for cardiac patients. In 9th International Conference on Rehabilitation Robotics (ICORR), S. 337–340. IEEE, 2005. ISBN 0-7803-9003-2. doi: 10.1109/ICORR.2005.1501114. URL https://doi.org/10.1109/ICORR.2005.1501114.

Alexandra Kaplan, Theresa Kessler, Christopher Brill und PA Hancock. Trust in Artificial Intelligence: Meta-analytic findings. Human Factors, 65 (2): 337–359, 2021. doi: 10.1177/00187208211013988. URL https://doi.org/10.1177/00187208211013988.

Frederic Kaplan. Who is afraid of the humanoid? Investigating cultural differences in the acceptance of robots. International Journal of Humanoid Robotics, 1 (3): 1–16, 2004. doi: 10.1142/S0219843604000289. URL https://doi.org/10.1142/S0219843604000289.

Victor Kaptelinin. Technology and the givens of existence: Toward an existential inquiry framework in HCI research. In Proceedings of the 2018 CHI Conference on Human Factors in Computing Systems, CHI '18, S. 270:1–270:14, New York, NY, 2018. ACM. ISBN 978-1-4503-5620-6. doi: 10.1145/3173574.3173844. URL http://doi.acm.org/10.1145/3173574.3173844.

Raida Karim, Yufei Zhang, Patrícia Alves-Oliveira, Elin A. Björling und Maya Cakmak. Community-based data visualization for mental well-being with a social robot. In 2022 17th ACM/IEEE International Conference on Human-Robot Interaction (HRI), S. 839–843. IEEE, 2022. doi: 10.1109/HRI53351.2022.9889415. URL https://doi.org/10.1109/HRI53351.2022.9889415.

Yusuke Kato, Takayuki Kanda und Hiroshi Ishiguro. May I help you? design of human-like polite approaching behavior. In 10th Annual ACM/IEEE International Conference on Human-Robot Interaction, S. 35–42. ACM, 2015. ISBN 978-1-4503-2883-8. doi: 10.1145/2696454.2696463. URL https://doi.org/10.1145/2696454.2696463.

Jari Kätsyri, Klaus Förger, Meeri Mäkäräinen und Tapio Takala. A review of empirical evidence on different uncanny valley hypotheses: support for perceptual mismatch as one road to the valley of eeriness. Frontiers in psychology, 6:390, 2015. doi: 10.3389/fpsyg.2015.00390. URL https://doi.org/10.3389/fpsyg.2015.00390.

Ajay Kattepur et al. Robotic tele-operation performance analysis via digital twin simulations. In 2022 14th International Conference on COMmunication Systems & NETworkS (COMSNETS), S. 415–417. IEEE, 2022. doi: 10.1109/COMSNETS53615.2022.9668555. URL https://doi.org/10.1109/COMSNETS53615.2022.9668555.

Merel Keijsers, Christoph Bartneck und Friederike Eyssel. What's to bullying a bot? Correlates between chatbot humanlikeness and abuse. Interaction Studies, 22 (1): 55–80, 2021. doi: 10.1075/is.20002.kei. URL https://doi.org/10.1075/is.20002.kei.

Dacher Keltner und Ann M. Kring. Emotion, social function und psychopathology. Review of General Psychology, 2 (3): 320–342, 1998. doi: 10.1037/1089-2680.2.3.320. URL https://doi.org/10.1037/1089-2680.2.3.320.

Theodore D. Kemper. How many emotions are there? Wedding the social and the autonomic components. American Journal of Sociology, 93 (2): 263–289, 1987. doi: 10.1086/228745. URL https://doi.org/10.1086/228745.

Adam Kendon. Conducting interaction: Patterns of behavior in focused encounters. Cambridge University Press, Cambridge, UK, 1990. ISBN 978-0521389389. URL http://www.worldcat.org/oclc/785489376.

James Kennedy, Paul Baxter und Tony Belpaeme. The robot who tried too hard: Social behaviour of a robot tutor can negatively affect child learning. In 10th Annual ACM/IEEE International Conference on Human-Robot Interaction, S. 67–74. ACM, 2015. ISBN 978-1-4503-2883-8. doi: 10.1145/2696454.2696457. URL https://doi.org/10.1145/2696454.2696457.

James Kennedy, Séverin Lemaignan, Caroline Montassier, Pauline Lavalade, Bahar Irfan, Fotios Papadopoulos, Emmanuel Senft und Tony Belpaeme. Child speech recognition in human-robot interaction: Evaluations and recommendations. In Proceedings of the ACM/IEEE International Conference on Human-Robot Interaction, S. 82–90. ACM, 2017. ISBN 978-1-4503-4336-7. doi: 10.1145/2909824.3020229. URL https://doi.org/10.1145/2909824.3020229.

Theresa T. Kessler, Cintya Larios, Tiffani Walker, Valarie Yerdon und PA Hancock. A comparison of trust measures in human–robot interaction scenarios. In Advances in human factors in robots and unmanned systems, S. 353–364. Springer, 2017. doi: 10.1007/978-3-319-41959-6_29. URL https://doi.org/10.1007/978-3-319-41959-6_29.

Cory D. Kidd und Cynthia Breazeal. A robotic weight loss coach. In Proceedings of the 22nd National Conference on Artificial Intelligence, Volume 2, AAAI'07, S. 1985–1986. AAAI Press, 2007. ISBN 978-1-57735-323-2. URL http://dl.acm.org/citation.cfm?id=1619797.1619992.

Cory D. Kidd und Cynthia Breazeal. Robots at home: Understanding long-term human-robot interaction. In IEEE/RSJ International Conference on Intelligent Robots and Systems, S. 3230–3235. IEEE, 2008. ISBN 978-1-4244-2057-5. doi: 10.1109/IROS.2008.4651113. URL https://doi.org/10.1109/IROS.2008.4651113.

Sara Kiesler, Aaron Powers, Susan R. Fussell und Cristen Torrey. Anthropomorphic interactions with a robot and robot-like agent. Social Cognition, 26 (2): 169–181, 2008. doi: 10.1521/soco.2008.26.2.169. URL https://doi.org/10.1521/soco.2008.26.2.169.

Ki Joon Kim, Eunil Park und S. Shyam Sundar. Caregiving role in human–robot interaction: A study of the mediating effects of perceived benefit and social presence. Computers in Human Behavior, 29 (4): 1799–1806, 2013. doi: 10.1016/j.chb.2013.02.009. URL https://doi.org/10.1016/j.chb.2013.02.009.

Sandra L. Kirmeyer und Thung-Rung Lin. Social support: Its relationship to observed communication with peers and superiors. Academy of Management Journal, 30 (1): 138–151, 1987. doi: 10.5465/255900. URL https://doi.org/10.5465/255900.

Naho Kitano. "Rinri": An incitement towards the existence of robots in Japanese society. International Review of Information Ethics, 6: 78–83, 2006. URL http://www.i-r-i-e.net/inhalt/006/006_Kitano.pdf.

Frank Klassner. A case study of LEGO Mindstorms suitability for Artificial Intelligence and robotics courses at the college level. SIGCSE Bulletin, 34 (1): 8–12, February 2002. ISSN 0097-8418. doi: 10.1145/563517.563345. URL http://doi.acm.org/10.1145/563517.563345.

Kheng Lee Koay, Emrah Akin Sisbot, Dag Sverre Syrdal, Mick L. Walters, Kerstin Dautenhahn und Rachid Alami. Exploratory study of a robot approaching a person in the context of handing over an object. In AAAI Spring Symposium: Multidisciplinary Collaboration for Socially Assistive Robotics, S. 18–24, 2007a. URL http://www.aaai.org/Papers/Symposia/Spring/2007/SS-07-07/SS07-07-004.pdf.

Kheng Lee Koay, Dag Sverre Syrdal, Michael L. Walters und Kerstin Dautenhahn. Living with robots: Investigating the habituation effect in participants' preferences during a longitudinal human-robot interaction study. In The 16th IEEE International Symposium on Robot and Human Interactive Communication, S. 564–569. IEEE, 2007b. ISBN 978-1-4244-1634-9. doi: 10.1109/ROMAN.2007.4415149. URL https://doi.org/10.1109/ROMAN.2007.4415149.

Mayu Koike und Steve Loughnan. Virtual relationships: Anthropomorphism in the digital age. Social and Personality Psychology Compass, 15 (6): e12603, 2021. doi: 10.1111/spc3.12603. URL https://doi.org/10.1111/spc3.12603.

Mayu Koike, Steve Loughnan und Sarah CE Stanton. Virtually in love: The role of anthropomorphism in virtual romantic relationships. British Journal of Social Psychology, 2022. doi: 10.1111/bjso.12564. URL https://doi.org/10.1111/bjso.12564.

Thomas Kollar, Stefanie Tellex, Deb Roy und Nicholas Roy. Toward understanding natural language directions. In 5th ACM/IEEE International Conference on Human-Robot Interaction, S. 259–266. IEEE, 2010. ISBN 978-1-4244-4892-0. doi: 10.1109/HRI.2010.5453186. URL https://doi.org/10.1109/HRI.2010.5453186.

Jeamin Koo, Jungsuk Kwac, Wendy Ju, Martin Steinert, Larry Leifer und Clifford Nass. Why did my car just do that? Explaining semi-autonomous driving actions to improve driver understanding, trust und performance. International Journal on Interactive Design and Manufacturing (IJIDeM), 9 (4): 269–275, 2015. doi: 10.1007/s12008-014-0227-2. URL https://doi.org/10.1007/s12008-014-0227-2.

Stefan Kopp, Brigitte Krenn, Stacy Marsella undrew N. Marshall, Catherine Pelachaud, Hannes Pirker, Kristinn R. Thórisson und Hannes Vilhjálmsson. Towards a common framework for multimodal generation:

The behavior markup language. In International Workshop on Intelligent Virtual Agents, S. 205–217. Springer, 2006. ISBN 978-3-540-37593-7. doi: 10.1007/11821830 17. URL https://doi.org/10.1007/11821830_17.

Hideki Kozima, Marek P. Michalowski und Cocoro Nakagawa. Keepon. International Journal of Social Robotics, 1 (1): 3–18, 2009. doi: 10.1007/s12369-008-0009-8. URL https://doi.org/10.1007/s12369-008-0009-8.

Andrea Krausman, Catherine Neubauer, Daniel Forster, Shan Lakhmani, Anthony L. Baker, Sean M. Fitzhugh, Gregory Gremillion, Julia L. Wright, Jason S. Metcalfe und Kristin E. Schaefer. Trust measurement in human-autonomy teams: Development of a conceptual toolkit. ACM Transactions on Human-Robot Interaction, 2022. doi: 10.1145/3530874. URL https://doi.org/10.1145/3530874.

Sarah Kriz, Gregory Anderson und J. Gregory Trafton. Robot-directed speech: Using language to assess first-time users' conceptualizations of a robot. In 5th ACM/IEEE International Conference on Human-Robot Interaction (HRI), pages 267–274, 2010. doi: 10.1109/HRI.2010.5453187. URL https://doi.org/10.1109/HRI.2010.5453187.

Thibault Kruse, Amit Kumar Pandey, Rachid Alami und Alexandra Kirsch. Human-aware robot navigation: A survey. Robotics and Autonomous Systems, 61 (12): 1726–1743, 2013. doi: 10.1016/j.robot.2013.05.007. URL https://doi. org/10.1016/j.robot.2013.05.007.

Hyunjin Ku, Jason-J Choi, Soomin Lee, Sunho Jang und Wonkyung Do. Designing shelly, a robot capable of assessing and restraining children's robot abusing behaviors. In Companion of the 13th ACM/IEEE International Conference on Human-Robot Interaction (HRI), S. 161–162. ACM, 2018. doi: 10.1145/3173386.3176973. URL https://doi.org/10.1145/3173386.3176973.

Tomonori Kubota, Kohei Ogawa, Yuichiro Yoshikawa und Hiroshi Ishiguro. Alignment of the attitude of teleoperators with that of a semi-autonomous android. Scientific reports, 12 (1): 1–12, 2022. doi: 10.1038/s41598-022-13829-3. URL https://doi.org/10.1038/s41598-022-13829-3.

Dieta Kuchenbrandt, Nina Riether und Friederike Eyssel. Does anthropomorphism reduce stress in HRI? In Proceedings of the 2014 ACM/IEEE International Conference on Human-Robot Interaction, S. 218–219, New York, NY, 2014. ACM. ISBN 978-1-4503-2658-2. doi: 10.1145/2559636.2563710. URL http://doi.org/10.1145/2559636.2563710.

Thomas S. Kuhn. The structure of scientific revolutions. University of Chicago Press, Chicago, IL, 2. Auflage, 1970. ISBN 0226458032. URL http://www. worldcat.org/oclc/468581998.

Dana Kulic und Elizabeth A. Croft. Safe planning for human-robot interaction. Journal of Field Robotics, 22 (7): 383–396, 2005. doi: 10.1002/rob.20073. URL https://doi.org/10.1002/rob.20073.

Philipp Kulms und Stefan Kopp. More human-likeness, more trust? The effect of anthropomorphism on self-reported and behavioral trust in continued and interdependent human-agent cooperation. In Proceedings of mensch und computer 2019, S. 31–42, 2019. doi: 10.1145/3340764.3340793. URL https://doi.org/10.1145/3340764.3340793.

Hideaki Kuzuoka, Yuya Suzuki, Jun Yamashita und Keiichi Yamazaki. Reconfiguring spatial formation arrangement by robot body orientation. In 5th ACM/IEEE International Conference on Human-Robot Interaction, S. 285–292. IEEE Press, 2010. ISBN 978-1-4244-4892-0. doi: 10.1109/HRI.2010.5453182. URL https://doi.org/10.1109/HRI.2010.5453182.

Peter J. Lang, Margaret M. Bradley und Bruce N. Cuthbert. Motivated attention: Affect, activation und action. In Peter J. Lang, Robert F. Simons, Marie Balaban und Robert Simons (Hrsg.), Attention and orienting: Sensory and motivational processes, S. 97–135. Erlbaum, Hillsdale, NJ, 1997. ISBN 9781135808204. URL http://www.worldcat.org/oclc/949987355.

Juan S. Lara, Jonathan Casas undres Aguirre, Marcela Munera, Monica RinconRoncancio, Bahar Irfan, Emmanuel Senft, Tony Belpaeme und Carlos A. Cifuentes. Human-robot sensor interface for cardiac rehabilitation. In International Conference on Rehabilitation Robotics (ICORR), S. 1013–1018. IEEE, 2017. ISBN 978-1-5386-2296-4. doi: 10.1109/ICORR.2017.8009382. URL https://doi.org/10.1109/ICORR.2017.8009382.

David R. Large, Kyle Harrington, Gary Burnett, Jacob Luton, Peter Thomas und Pete Bennett. To please in a pod: Employing an anthropomorphic agent-interlocutor to enhance trust and user experience in an autonomous, self-driving vehicle. In Proceedings of the 11th international conference on automotive user interfaces and interactive vehicular applications, S. 49–59, 2019. doi: 10.1145/3342197.3344545. URL https://doi.org/10.1145/3342197.3344545.

Randy J. Larsen und Edward Diener. Promises and problems with the circumplex model of emotion. In Margaret S. Clark (Hrsg.), Emotion: The review of personality and social psychology, volume 13, chapter 2,

S. 25–59. Thousand Oaks, CA: Sage, 1992. ISBN 978-0803946149. URL http://www.worldcat.org/oclc/180631851.

Theresa Law, Meia Chita-Tegmark, Nicholas Rabb und Matthias Scheutz. Examining attachment to robots: Benefits, challenges, and alternatives. ACM Transactions on Human-Robot Interaction (THRI), 11 (4): 1–18, 2022. doi: 10.1145/3526105. URL https://doi.org/10.1145/3526105.

Roslyn Layton. The grain of truth in the critique of Musk, Tesla And Full Self Driving (FSD). Forbes, 2022. URL https://www.forbes.com/sites/roslynlayton/2022/01/28/the-grain-of-truth-in-the-critique-of-musk-tesla-and-full-self-driving-fsd/?sh=336663d454b7.

Richard S. Lazarus. Emotion and adaptation. Oxford University Press on Demand, 1991. ISBN 978-0195092660. URL http://www.worldcat.org/oclc/298419692. Yann LeCun, Yoshua Bengio und Geoffrey Hinton. Deep learning. Nature, 521 (7553): 436, 2015. doi: 10.1038/nature14539. URL https://doi.org/10.1038/nature14539.

Hee Rin Lee, JaYoung Sung, Selma Šabanović und Joenghye Han. Cultural design of domestic robots: A study of user expectations in Korea and the United States. In IEEE International Workshop on Robot and Human Interactive Communication, S. 803–808. IEEE, 2012. ISBN 978-1-4673-4604-7. doi: 10.1109/ROMAN. 2012. 6343850. URL https://doi.org/10.1109/ROMAN.2012.6343850.

Hee Rin Lee, Selma Šabanović, Wan-Ling Chang, Shinichi Nagata, Jennifer Piatt, Casey Bennett und David Hakken. Steps toward participatory design of social robots: Mutual learning with older adults with depression. In ACM/IEEE International Conference on Human-Robot Interaction, S. 244–253. ACM, 2017. ISBN 978-1-4503-4336-7. doi: 10.1145/2909824.3020237. URL https: //doi.org/10.1145/2909824.3020237.

John D. Lee und Katrina A. See. Trust in automation: Designing for appropriate reliance. Human factors, 46 (1): 50–80, 2004. doi: 10.1518/hfes.46.1.50_30392. URL https://doi.org/10.1518/hfes.46.1.50_30392.

Min Kyung Lee, Jodi Forlizzi, Paul E Rybski, Frederick Crabbe, Wayne Chung, Josh Finkle, Eric Glaser und Sara Kiesler. The Snackbot: Documenting the design of a robot for long-term human-robot interaction. In Proceedings of the ACM/IEEE International Conference on Human-Robot Interaction, S. 7–14. ACM, 2009. ISBN 978-1-60558-404-1. doi: 10.1145/1514095.1514100. URL https://doi.org/10.1145/1514095.1514100.

Sau-lai Lee, Ivy Yee-man Lau, Sara Kiesler und Chi-Yue Chiu. Human mental models of humanoid robots. In IEEE International Conference on Robotics and Automation, S. 2767–2772. IEEE, 2005. ISBN 0-7803-8914-X. doi: 10.1109/ROBOT.2005.1570532. URL https://doi.org/10.1109/ROBOT.2005.1570532.

Hagen Lehmann, Joan Saez-Pons, Dag Sverre Syrdal und Kerstin Dautenhahn. In good company? Perception of movement synchrony of a non-anthropomorphic robot. PloS one, 10 (5): e0127747, 2015. doi: 10.1371/journal.pone.0127747. URL https://doi.org/10.1371/journal.pone.0127747.

Iolanda Leite, Ginevra Castellano undfe Pereira, Carlos Martinho und Ana Paiva. Modelling empathic behaviour in a robotic game companion for children: An ethnographic study in real-world settings. In Proceedings of the 7th Annual ACM/IEEE International Conference on Human-Robot Interaction, HRI '12, S. 367–374, New York, NY, 2012. ACM. ISBN 978-1-4503-1063-5. doi: 10. 1145/2157689.2157811. URL https://dx.doi.org/10.1145/2157689.2157811.

Iolanda Leite, Carlos Martinho und Ana Paiva. Social robots for long-term interaction: A survey. International Journal of Social Robotics, 5 (2): 291–308, 2013. doi: 10.1007/s12369-013-0178-y. URL https://doi.org/10.1007/s12369-013-0178-y.

Iolanda Leite, Marissa McCoy, Monika Lohani, Daniel Ullman, Nicole Salomons, Charlene Stokes, Susan Rivers und Brian Scassellati. Emotional storytelling in the classroom: Individual versus group interaction between children and robots. In Proceedings of the 10th Annual ACM/IEEE International Conference on Human-Robot Interaction, S. 75–82. ACM, 2015. ISBN 978-1-4503-2883-8. doi: 10. 1145/2696454.2696481. URL https://doi.org/10.1145/2696454.2696481.

Séverin Lemaignan, Julia Fink und Pierre Dillenbourg. The dynamics of anthropomorphism in robotics. In 2014 9th ACM/IEEE International Conference on Human-Robot Interaction (HRI), S. 226–227. IEEE, 2014a. doi: 10.1145/2559636.2559814. URL http://dx.doi.org/10.1145/2559636.2559814.

Séverin Lemaignan, Julia Fink, Pierre Dillenbourg und Claire Braboszcz. The cognitive correlates of anthropomorphism. In 2014 Human-Robot Interaction Conference, Workshop "HRI: a bridge between Robotics and Neuroscience", 2014b. doi: 10.1007/s12369-014-0263-x. URL https://doi.org/10.1007/s12369-014-0263-x-.

Séverin Lemaignan, Marc Hanheide, Michael Karg, Harmish Khambhaita, Lars Kunze, Florian Lier, Ingo Lütkebohle und Grégoire Milliez. Simulation and HRI recent perspectives with the morse simulator. In Davide Brugali, Jan F. Broenink, Torsten Kroeger und Bruce A. MacDonald, editors, Simulation, Modeling, and Programming for Autonomous Robots, S. 13–24, Cham, 2014c. Springer International Publishing. ISBN 978-3-319-11900-7. doi: 10.1007/978-3-319-11900-7_2. URL https://doi.org/10.1007/978-3-319-11900-7_2.

Séverin Lemaignan, Marc Hanheide, Michael Karg, Harmish Khambhaita, Lars Kunze, Florian Lier, Ingo Lütkebohle, und Grégoire Milliez. Simulation and HRI: recent perspectives with the morse simulator. In Simulation, Modeling, and Programming for Autonomous Robots: 4th International Conference, SIMPAR 2014, Bergamo, Italy, October 20–23, 2014. Proceedings 4, S. 13–24. Springer, 2014d. doi: 10.1007/978-3-319-11900-7_2. URL https://doi.org/10.1007/978-3-319-11900-7_2.

Séverin Lemaignan, Mathieu Warnier, E. Akin Sisbot, Aurélie Clodic und Rachid Alami. Artificial cognition for social human-robot interaction: An implementation. Artificial Intelligence, 247:45–69, 2017. ISSN 0004-3702. doi: 10.1016/j. artint.2016.07.002. URL http://doi.org/10.1016/j.artint.2016.07.002.

Douglas B. Lenat. Cyc: A large-scale investment in knowledge infrastructure. Communications of the ACM, 38 (11): 33–38, 1995. doi: 10.1145/219717.219745. URL https://doi.org/10.1145/219717.219745.

Michael Lewis, Jijun Wang und Stephen Hughes. Usarsim: Simulation fort he study of human-robot interaction. Journal of Cognitive Engineering and Decision Making, 1 (1): 98–120, 2007. doi: 10.1177/1555 34340700100105. URL https://doi.org/10.1177/155534340700100105.

Jacques-Philippe Leyens. Retrospective and prospective thoughts about infrahumanization. Group Processes & Intergroup Relations, 12 (6): 807–817, 2009. doi: 10.1177/1368430209347330. URL https://doi.org/ 10.1177/ 1368430209347330.

Jacques-Philippe Leyens, Paola M. Paladino, Ramon Rodriguez-Torres, Jeroen Vaes, Stephanie Demoulin, Armando Rodriguez-Perez und Ruth Gaunt. The emotional side of prejudice: The attribution of secondary emotions to ingroups and outgroups. Personality and Social Psychology Review, 4 (2): 186–197, 2000. doi: 10.1207/S15327957PSPR0402_06. URL https://doi.org/10.1207/S15327957PSPR0402_06.

Daniel Leyzberg, Samuel Spaulding, Mariya Toneva und Brian Scassellati. The physical presence of a robot tutor increases cognitive learning gains. In Proceedings of the Cognitive Science Society, S. 1882–1887, 2012. URL https://escholarship.org/uc/item/7ck0p200.

Fuan Li und Stephen C. Betts. Trust: What it is and what it is not. International Business & Economics Research Journal (IBER), 2 (7), 2003. doi: 10.19030/iber.v2i7.3825. URL https://doi.org/10.19030/iber.v2i7.3825.

Mengjun Li und Ayoung Suh. Machinelike or humanlike? A literature review of anthropomorphism in AI-enabled technology. In Proceedings of the 54th Hawaii International Conference on System Sciences. University of Hawai, 2021. doi: 10.24251/HICSS.2021.493. URL http://dx.doi.org/10.24251/HICSS.2021.493.

Zhenni Li, Leonie Terfurth, Joshua Pepe Woller und Eva Wiese. Mind the machines: applying implicit measures of mind perception to social robotics. In 2022 17th ACM/IEEE International Conference on Human-Robot Interaction (HRI), S. 236–245. IEEE 2022. doi: 10.1109/HRI53351.2022.9889356. URL https://doi. org/ 10.1109/HRI53351.2022.9889356.

Patrick Lin, Keith Abney und George A. Bekey. Robot ethics: The ethical and social implications of robotics. Intelligent robotics and autonomous agents. MIT Press, Cambridge, MA, 2012. ISBN 9780262016667. URL http://www.worldcat.org/oclc/1004334474.

Jessica Lindblom und Rebecca Andreasson. Current challenges for UX evaluation of human-robot interaction. In Advances in ergonomics of manufacturing: Managing the enterprise of the future, S. 267–277. Springer, 2016. doi: 10.1007/978-3-319-41697-7_24. URL http://dx.doi.org/10.1007/978-3-319-41697-7_24.

Jessica Lindblom und Tom Ziemke. Social situatedness of natural and Artificial Intelligence: Vygotsky and beyond. Adaptive Behavior, 11 (2): 79–96, 2003. doi: 10. 1177/10597123030112002. URL https://doi.org/10.1177/ 10597123030112002.

Jessica Lindblom, Beatrice Alenljung und Erik Billing. Evaluating the user experience of human–robot interaction. In Human-Robot Interaction, S. 231–256. Springer, 2020. doi: 10.1007/978-3-030-42307-0_9. URL https://doi.org/10.1007/978-3-030-42307-0_9.

Todd Litman. Autonomous vehicle implementation predictions: Implications for transport planning, 2020. URL https://www.vtpi.org/avip.pdf.

P. Liu, D. F. Glas, T. Kanda und H. Ishiguro. Data-driven HRI: Learning social behaviors by example from human-human interaction. IEEE Transactions on Robotics, 32 (4): 988–1008, 2016. ISSN 1552-3098. doi: 10.1109/TRO.2016.2588880. URL https://doi.org/10.1109/TRO.2016.2588880.

Peng Liu, Yong Du, Lin Wang und Ju Da Young. Ready to bully automated vehicles on public roads? Accident Analysis & Prevention, 137:105457, 2020. doi: 10.1016/j.aap.2020.105457. URL https://doi.org/10.1016/j.aap. 2020.105457.

Phoebe Liu, Dylan F. Glas, Takayuki Kanda, Hiroshi Ishiguro und Norihiro Hagita. It's not polite to point: Generating socially-appropriate deictic behaviors towards people. In The 8th ACM/IEEE International Conference on Human-Robot Interaction, S. 267–274. IEEE Press, 2013. ISBN 978-1-4673-3099-2. doi: 10.1109/ HRI.2013.6483598. URL https://doi.org/10.1109/HRI.2013.6483598.

Diana Löffler, Judith Dörrenbächer und Marc Hassenzahl. The uncanny valley effect in zoomorphic robots: The u-shaped relation between animal likeness and likeability. In Proceedings of the 2020 ACM/IEEE international conference on human-robot interaction, S. 261–270, 2020. doi: 10.1145/3319502.3374788. URL https://doi.org/10.1145/3319502.3374788.

Stephen Loughnan und Nick Haslam. Animals and androids: Implicit associations between social categories and nonhumans. Psychological Science, 18 (2): 116–121, 2007. doi: 10.1111/j.1467-9280.2007.01858.x. URL https://doi.org/10.1111/j.1467-9280.2007.01858.x.

Amber Lovett. Coding with Blockly. Cherry Lake, 2017. ISBN 978-1634721851. URL https://worldcat.org/en/ title/953327379.

Travis Lowdermilk. User-centered design: A developer's guide to building userfriendly applications. O'Reilly, Sebastopol, CA, 2013. ISBN 978-1449359805. URL http://www.worldcat.org/oclc/940703603.

Andrew Lowe, Anthony C. Norris, A. Jane Farris und Duncan R. Babbage. Quantifying thematic saturation in qualitative data analysis. Field methods, 30 (3): 191–207, 2018. doi: 10.1177/1525822X17749386. URL https:// doi.org/10.1177/1525822X17749386.

Matthias Luber, Luciano Spinello, Jens Silva und Kai O. Arras. Socially-aware robot navigation: A learning approach. In IEEE/RSJ International Conference on Intelligent Robots and Systems, S. 902–907. IEEE, 2012. ISBN 978-1-4673-1737-5. doi: 10.1109/IROS.2012.6385716. URL https://doi.org/10.1109/IROS. 2012.6385716.

Birgit Lugrin, Catherine Pelachaud und David Traum. The Handbook on Socially Interactive Agents: 20 Years of Research on Embodied Conversational Agents, Intelligent Virtual Agents, and Social Robotics, Volume 2: Interactivity, Platforms, Application. Morgan & Claypool, 2022. ISBN 978-1-4503-9896-1. doi: 10.1145/ 3563659. URL https://doi.org/10.1145/3563659.

J. M. Lutin, A. L. Kornhauser und E. Lerner-Lam. The revolutionary development of self-driving vehicles and implications for the transportation engineering profession. ITE Journal (Institute of Transportation Engineers), 83 (7): 28–32, 2013. URL https://www.scopus.com/inward/record.uri?eid=2-s2.0-84883648917&part-nerID=40&md5=33f8d1b58422c14174e4690152c619cc

Karl F. MacDorman, Sandosh K. Vasudevan und Chin-Chang Ho. Does Japan really have robot mania? Comparing attitudes by implicit and explicit measures. AI & SOCIETY, 23 (4): 485–510, Jul 2009. ISSN 1435-5655. doi: 10.1007/s00146-008-0181-2. URL https://doi.org/10.1007/s00146-008-0181-2.

C. Neil Macrae und Susanne Quadflieg. Perceiving People, chapter 12. John Wiley & Sons, Ltd, 2010. ISBN 9780470561119. doi: https://doi.org/10.1002/ 9780470561119.socpsy001012. URL https://onlinelibrary.wiley. com/doi/abs/10.1002/9780470561119.socpsy001012.

Arne Manzeschke. Roboter in der Pflege: Von Menschen, Maschinen und anderen hilfreichen Wesen. EthikJournal, 2019 (1), 2019.

Alex Mar. Modern love: Are we ready for intimacy with androids?, October 2017. URL https://www.wired. com/2017/10/hiroshi-ishiguro-when-robots-act-just-like-humans/. Online; accessed 7-September-2018.

Serena Marchesi, Davide Ghiglino, Francesca Ciardo, Jairo Perez-Osorio, Ebru Baykara und Agnieszka Wykowska. Do we adopt the intentional stance toward humanoid robots? Frontiers in psychology, 10:450, 2019. doi: 10.3389/fpsyg.2019.00450. URL https://doi.org/10.3389/fpsyg.2019.00450.

Aarian Marshall und Alex Davies. Uber's self-driving car saw the woman it killed, report says. Wired Magazine, March 2018. URL https://www.wired.com/story/uber-self-driving-crash-arizona-ntsb-report/. Online; accessed 7-November-2018.

Paul Marshall, Yvonne Rogers und Nadia Pantidi. Using F-formations to analyse spatial patterns of interaction in physical environments. In Proceedings of the ACM 2011 Conference on Computer Supported Cooperative Work, S. 445–454. ACM, 2011. ISBN 978-1-4503-0556-3. doi: 10.1145/1958824.1958893. URL https://doi.org/10.1145/1958824.1958893.

Nikolas Martelaro und Wendy Ju. Woz way: Enabling real-time remote interaction prototyping & observation in on-road vehicles. In Proceedings of the 2017 ACM conference on computer supported cooperative work and social computing, S. 169–182, 2017. doi: 10.1145/2998181.2998293. URL https://doi.org/10.1145/2998181.2998293.

Maja J. Matarić. The robotics primer. MIT Press, Cambridge, MA, 2007. ISBN 9780262633543. URL http://www.worldcat.org/oclc/604083625.

Kayla Matheus, Marynel Vázquez und Brian Scassellati. A social robot for anxiety reduction via deep breathing. In 2022 31st IEEE International Conference on Robot and Human Interactive Communication (ROMAN), S. 89–94. IEEE, 2022. doi: 10.1109/ROMAN53752.2022.9900638. URL https://doi.org/10.1109/ROMAN53752.2022.9900638.

Nikolaos Mavridis. A review of verbal and non-verbal human–robot interactive communication. Robotics and Autonomous Systems, 63:22–35, 2015. ISSN 0921-8890. doi: 10.1016/j.robot.2014.09.031. URL https://doi.org/10.1016/j.robot.2014.09.031.

Scott E. Maxwell, Michael Y. Lau und George S. Howard. Is psychology suffering from a replication crisis? What does "failure to replicate" really mean? American Psychologist, 70 (6): 487, 2015. doi: 10.1037/a0039400. URL http://dx.doi.org/10.1037/a0039400.

Richard E. Mayer und C. Scott DaPra. An embodiment effect in computer-based learning with animated pedagogical agents. Journal of Experimental Psychology: Applied, 18 (3): 239–252, 2012. doi: 10.1037/a0028616. URL http://doi.org/10. 1037/a0028616.

Pamela McCorduck. Machines who think: A personal inquiry into the history and prospects of Artificial Intelligence. W. H. Freeman, San Francisco, 1979. ISBN 978-1568812052. URL http://www.worldcat.org/oclc/748860627.

Drew McDermott. Yes, computers can think. New York Times, 1997. URL http://www.nytimes.com/1997/05/14/opinion/yes-computers-can-think.html. Albert Mehrabian. Basic dimensions for a general psychological theory: Implications for personality, social, environmental and developmental studies. Oelgeschlager, Gunn & Hain, Cambridge, MA, 1980. ISBN 978-0899460048. URL http://www. worldcat.org/oclc/925130232.

Ian PL McLaren, CLD Forrest, RP McLaren, FW Jones, MRF Aitken und NJ Mackintosh. Associations and propositions: The case for a dual-process account of learning in humans. Neurobiology of learning and memory, 108:185–195, 2014. doi: 10.1016/j.nlm.2013.09.014. URL http://dx.doi.org/10.1016/j.nlm.2013.09.014.

Emily McQuillin, Nikhil Churamani und Hatice Gunes. Learning socially appropriate robo-waiter behaviours through real-time user feedback. In 2022 17th ACM/IEEE International Conference on Human-Robot Interaction (HRI), S. 541–550. IEEE, 2022. URL https://doi.org/10.1109/HRI53351.2022.9889395.

Albert Mehrabian und James A. Russell. An approach to environmental psychology. MIT Press, Cambridge, MA, 1974. ISBN 9780262630719. URL http://www. worldcat.org/oclc/318133343.

Vikas Mehta. The new proxemics: COVID-19, social distancing, and sociable space. Journal of urban design, 25 (6): 669–674, 2020. doi: doi.org/10.1080/13574809.2020.1785283. URL https://doi.org/10.1080/13574809.2020.1785283.

Marek P. Michalowski, Selma Šabanović und Reid Simmons. A spatial model of engagement for a social robot. In 9th IEEE International Workshop on Advanced Motion Control, S. 762–767. IEEE, 2006. ISBN 0-7803-9511-1. doi: 10.1109/AMC.2006.1631755. URL https://doi.org/10.1109/AMC.2006.1631755.

Marek P. Michalowski, Selma Šabanović und Hideki Kozima. A dancing robot for rhythmic social interaction. In 2nd ACM/IEEE International Conference on Human-Robot Interaction, S. 89–96. IEEE, 2007. ISBN 978-1-59593-617-2. doi: 10.1145/1228716.1228729. URL https://doi.org/10.1145/1228716.1228729.

Hannah Mieczkowski, Sunny Xun Liu, Jeffrey Hancock und Byron Reeves. Helping not hurting: Applying the stereotype content model and bias map to social robotics. In 2019 14th ACM/IEEE International Conference on Human-Robot Interaction (HRI), S. 222–229. IEEE, 2019. doi: 10.1109/HRI.2019.8673307. URL https://doi.org/10.1109/HRI.2019.8673307.

Russ Mitchel. DMV probing whether Tesla violates state regulations with self-driving claims, 2021. URL https://www.latimes.com/business/story/2021-05-17/dmv-tesla-california-fsd-autopilot-safety.

Sushmita Mitra und Tinku Acharya. Gesture recognition: A survey. IEEE Transactions on Systems, Man und Cybernetics, Part C (Applications and Reviews), 37 (3): 311–324, 2007. doi: 10.1109/TSMCC.2007.893280. URL https://doi.org/10.1109/TSMCC.2007.893280.

Noriaki Mitsunaga, Christian Smith, Takayuki Kanda, Hiroshi Ishiguro und Norihiro Hagita. Adapting robot behavior for human–robot interaction. IEEE Transactions on Robotics, 24 (4): 911–916, 2008. URL https://doi.org/10.1109/TRO.2008.926867.

Lisa Mlekus, Dominik Bentler, Agnieszka Paruzel, Anna-Lena Kato-Beiderwieden und Günter W Maier. How to raise technology acceptance: user experience characteristics as technology-inherent determinants. Gruppe. Interaktion. Organisation. Zeitschrift für Angewandte Organisationspsychologie (GIO), 51 (3): 273–283, 2020. doi: 10.1007/s11612-020-00529-7. URL https://doi.org/10.1007/s11612-020-00529-7.

Sanika Moharana, Alejandro E. Panduro, Hee Rin Lee und Laurel D. Riek. Robots for joy, robots for sorrow: community based robot design for dementia caregivers. In 2019 14th ACM/IEEE International Conference on Human-Robot Interaction (HRI), S. 458–467. IEEE, 2019. doi: 10.1109/HRI.2019.8673206. URL https://doi.org/10.1109/HRI.2019.8673206.

Roger K. Moore. A Bayesian explanation of the "uncanny valley" effect and related psychological phenomena. Scientific Reports, 2:864, 2012. doi: 10.1038/srep00864. URL http://dx.doi.org/10.1038/srep00864.

Luis Yoichi Morales Saiki, Satoru Satake, Takayuki Kanda und Norihiro Hagita. Modeling environments from a route perspective. In 6th International Conference on Human-Robot interaction, S. 441–448. ACM, 2011. ISBN 978-1-4503-0561-7. doi: 10.1145/1957656.1957815. URL https://doi.org/10.1145/1957656.1957815.

Luis Yoichi Morales Saiki, Satoru Satake, Rajibul Huq, Dylan Glas, Takayuki Kanda und Norihiro Hagita. How do people walk side-by-side? Using a computational model of human behavior for a social robot. In 7th Annual ACM/IEEE International Conference on Human-Robot Interaction, S. 301–308. ACM, 2012. ISBN 978-1-4503-1063-5. doi: 10.1145/2157689.2157799. URL https://doi.org/10.1145/2157689.2157799.

Masahiro Mori. The Uncanny Valley. Energy, 7:33–35, 1970. doi: 10.1109/MRA.2012.2192811. URL https://doi.org/10.1109/MRA.2012.2192811.

Masahiro Mori. The Buddha in the robot. Tuttle Publishing, Tokyo, Japan, 1982. ISBN 978-4333010028. URL http://www.worldcat.org/oclc/843422852.

Masahiro Mori, Karl F. MacDorman und Norri Kageki. The Uncanny Valley [from the field]. IEEE Robotics & Automation Magazine, 19 (2): 98–100, 2012. doi: 10. 1109/MRA.2012.2192811. URL https://doi.org/10.1109/MRA.2012.2192811.

Dominique Mosbergen. Good Job, America. You Killed hitchBOT. Huffpost, 2015. URL https://www.huffpost.com/entry/hitchbot-destroyed-philadelphia_n_55bf24cde4b0b23e3ce32a67.

Ghiles Mostafaoui, RC Schmidt, Syed Khursheed Hasnain, Robin Salesse und Ludovic Marin. Human unintentional and intentional interpersonal coordination in interaction with a humanoid robot. PLoS one, 17 (1): e0261174, 2022. doi: 10.1371/journal.pone.0261174. URL https://doi.org/10.1371/journal.pone.0261174.

Meriam Moujahid, Helen Hastie und Oliver Lemon. Multi-party interaction with a robot receptionist. In 2022 17th ACM/IEEE International Conference on Human-Robot Interaction (HRI), S. 927–931. IEEE, 2022. doi: 10.1109/HRI53351.2022.9889641. URL https://doi.org/10.1109/HRI53351.2022.9889641.

Bonnie M. Muir. Trust in automation: Part I. Theoretical issues in the study of trust and human intervention in automated systems. Ergonomics 37 (11): 1905–1922, 1994. doi: 10.1080/00140139408964957. URL https://doi.org/10.1080/00140139408964957.

Jonathan Mumm und Bilge Mutlu. Human-robot proxemics: Physical and psychological distancing in human-robot interaction. In Proceedings of the 2011 ACM/IEEE International Conference on Human-Robot Interaction, S. 331–338. ACM, 2011. ISBN 978-1-4503-0561-7. doi: 10.1145/1957656.1957786. URL https://dl.acm.org/citation.cfm?doid=1957656.1957786.

Mike Murphy. The beginning of the end: Google's AI has beaten a top human player at the complex game of GO. Quartz, 2016. URL https://qz.com/636637/the-beginning-of-the-end-googles-ai-has-beaten-a-top-human-playerat-the-complex-game-of-go/.

Bilge Mutlu und Jodi Forlizzi. Robots in organizations: The role of workflow, social und environmental factors in human-robot interaction. In 3rd ACM/IEEE International Conference on Human-Robot Interaction, S. 287–294. IEEE, 2008. ISBN 978-1-60558-017-3. doi: 10.1145/1349822.1349860. URL https://doi.org/10.1145/1349822.1349860.

Bilge Mutlu, Jodi Forlizzi und Jessica Hodgins. A storytelling robot: Modeling and evaluation of human-like gaze behavior. In 6th IEEE-RAS International Conference on Humanoid Robots, S. 518–523. Citeseer, 2006. ISBN 1-4244-0199-2. doi: https://doi.org/10.1109/ICHR.2006.321322. URL https://doi.org/10.1109/ICHR.2006.321322.

Bilge Mutlu, Toshiyuki Shiwa, Takayuki Kanda, Hiroshi Ishiguro und Norihiro Hagita. Footing in human-robot conversations: How robots might shape participant roles using gaze cues. In The 4th ACM/IEEE International Conference on Human-Robot Interaction, S. 61–68. ACM, 2009. ISBN 978-1-60558-404-1. doi: 10.1145/1514095.1514109. URL https://doi.org/10.1145/1514095.1514109.

Bilge Mutlu, Takayuki Kanda, Jodi Forlizzi, Jessica Hodgins und Hiroshi Ishiguro. Conversational gaze mechanisms for humanlike robots. ACM Transactions on Interactive Intelligent Systems, (2) 12, 2012. doi: 10.1145/2070719.2070725. URL https://doi.org/10.1145/2070719.2070725.

Junya Nakanishi, Itaru Kuramoto, Jun Baba, Kohei Ogawa, Yuichiro Yoshikawa und Hiroshi Ishiguro. Continuous hospitality with social robots at a hotel. SN Applied Sciences, 2 (3): 1–13, 2020. doi: 10.1007/s42452-020-2192-7. URL https://doi.org/10.1007/s42452-020-2192-7.

Yasushi Nakauchi und Reid Simmons. A social robot that stands in line. Autonomous Robots, 12 (3): 313–324, 2002. doi: 10.1023/A:1015273816637. URL https://doi. org/10.1023/A:1015273816637.

Stanislava Naneva, Marina Sarda Gou, Thomas L. Webb, and Tony J. Prescott. A systematic review of attitudes, anxiety, acceptance, and trust towards social robots. International Journal of Social Robotics, 12 (6): 1179–1201, 2020. doi: 10.1007/s12369-020-00659-4. URL https://doi.org/10.1007/s12369-020-00659-4.

Alexandre Moreira Nascimento, Lucio Flavio Vismari, Caroline Bianca Santos Tancredi Molina, Paulo Sergio Cugnasca, Joao Batista Camargo, Jorge Rady de Almeida, Rafia Inam, Elena Fersman, Maria Valeria Marquezini und Alberto Yukinobu Hata. A systematic literature review about the impact of artificial intelligence on autonomous vehicle safety. IEEE Transactions on Intelligent Transportation Systems, 21 (12): 4928–4946, 2019. doi: 10.1109/TITS.2019.2949915. URL https://doi.org/10.1109/TITS.2019.2949915.

National Roads and Motorists' Association. Driverless cars: The benefits and what it means for the future of mobility, 2018. URL https://www.mynrma.com.au/cars-and-driving/driver-training-and-licences/resources/driverless-cars-the-benefits-and-what-it-means-for-the-future-of-mobility.

National Transportation Safety Board. Collision between vehicle controlled by developmental automated driving system and pedestrian, Tempe, Arizona, March 18, 2018. Report, National Transportation Safety Board, 2019. URL https://www.ntsb.gov/investigations/AccidentReports/Reports/HAR1903.pdf.

Sanne Nauts, Oliver Langner, Inge Huijsmans, Roos Vonk, und Daniel H.J. Wigboldus. Forming impressions of personality: A replication and review of Asch's (1946) evidence for a primacy-of-warmth effect in impression formation. Social Psychology, 45 (3): 153, 2014. doi: 10.1027/1864-9335/a000179. URL https://doi.org/10.1027/1864-9335/a000179.

Roberto Navigli und Simone Paolo Ponzetto. Babelnet: The automatic construction, evaluation and application of a wide-coverage multilingual semantic network. Artificial Intelligence, 193:217–250, 2012. doi: 10.1016/j.artint.2012.07.001. URL https://doi.org/10.1016/j.artint.2012.07.001.

C. L. Nehaniv, K. Dautenhahn, J. Kubacki, M. Haegele, C. Parlitz und R. Alami. A methodological approach relating the classification of gesture to identification of human intent in the context of human-robot interaction. In IEEE International Workshop on Robot and Human Interactive Communication, S. 371–377, 2005. ISBN 0780392744. doi: 10.1109/ROMAN.2005.1513807. URL https://doi.org/10.1109/ROMAN.2005.1513807.

Veronica Ahumada Newhart, Mark Warschauer und Leonard Sender. Virtual inclusion via telepresence robots in the classroom: An exploratory case study. The International Journal of Technologies in Learning, 23 (4): 9–25, 2016. ISSN 2327-2686. URL https://escholarship.org/uc/item/9zm4h7nf.

Bang Nguyen, TC Melewar und Junsong Chen. A framework of brand likeability: An exploratory study of likeability in firm-level brands. Journal of Strategic Marketing, 21 (4): 368–390, 2013. doi: 10.1177/0306307013038003033. URL https://doi.org/10.1177/0306307013038003033.

Ryosuke Niimi und Katsumi Watanabe. Consistency of likeability of objects across views and time. Perception, 41 (6): 673–686, 2012. doi: 10.1068/p7240. URL https://doi.org/10.1068/p7240.

Shogo Nishiguchi, Kohei Ogawa, Yuichiro Yoshikawa, Takenobu Chikaraishi, Oriza Hirata und Hiroshi Ishiguro. Theatrical approach: Designing human-like behaviour in humanoid robots. Robotics and Autonomous Systems, 89:158–166, 2017. doi: 10.1016/j.robot.2016.11.017. URL https://doi.org/10.1016/j.robot.2016.11.017.

Tatsuya Nomura, Takayuki Kanda, Hiroyoshi Kidokoro, Yoshitaka Suehiro und Sachie Yamada. Why do children abuse robots? Interaction Studies, 17(3): 347–369, 2016. doi: 10.1075/is.17.3.02nom. URL https://doi.org/10.1075/is.17.3.02nom.

Don Norman. The design of everyday things: Revised and expanded edition. Basic Books, New York, NY, 2013. ISBN 9780465072996. URL http://www.worldcat.org/oclc/862103168.

Donald A. Norman. The way I see it: Signifiers, not affordances. Interactions, 15 (6): 18–19, 2008. doi: 10.1145/1409040.1409044. URL https://doi.org/10.1145/1409040.1409044.

Brian A. Nosek, Charles R. Ebersole, Alexander DeHaven und David Mellor. The preregistration revolution. Proceedings of the National Academy of Sciences of the United States of America, 115 (11): 2600–2606, 2017. doi: 10.1073/pnas.1708274114. URL https://doi.org/10.1073/pnas.1708274114.

Illah R. Nourbakhsh, Judith Bobenage, Sebastien Grange, Ron Lutz, Roland Meyer und Alvaro Soto. An affective mobile robot educator with a full-time job. Artificial Intelligence, 114 (1-2): 95–124, 1999. doi: 10.1016/S0004-3702(99)00027-2. URL https://doi.org/10.1016/S0004-3702(99)00027-2.

Illah Reza Nourbakhsh. Robot futures. MIT Press, Cambridge, MA, 2013. ISBN 9780262018623. URL http://www.worldcat.org/oclc/945438245.

Jekaterina Novikova und Leon Watts. Towards artificial emotions to assist social coordination in HRI. International Journal of Social Robotics, 7 (1): 77–88, 2015. doi: 10.1007/s12369-014-0254-y. URL https://doi.org/10.1007/s12369-014-0254-y.

Regina Nuzzo. Statistical errors. Nature, 506 (7487): 150, 2014. doi: 10.1038/506150a. URL https://doi.org/10.1038/506150a.

Mohammad Obaid, Wafa Johal und Omar Mubin. Domestic drones: Context of use in research literature. In Proceedings of the 8th International Conference on Human-Agent Interaction, S. 196–203, 2020. doi: 10.1145/3406499.3415076. URL https://doi.org/10.1145/3406499.3415076.

Daniel M. Oppenheimer, Tom Meyvis und Nicolas Davidenko. Instructional manipulation checks: Detecting satisficing to increase statistical power. Journal of Experimental Social Psychology, 45 (4): 867–872, 2009. doi: 10.1016/j.jesp.2009.03. 009. URL https://doi.org/10.1016/j.jesp.2009.03.009.

Andrew Ortony und Terence J Turner. What's basic about basic emotions? Psychological Review, 97 (3): 315, 1990. doi: 10.1037/0033-295X.97.3.315. URL https://doi.org/10.1037/0033-295X.97.3.315.

Andrew Ortony, Gerald Clore und Allan Collins. The cognitive structure of emotions. Cambridge University Press, Cambridge, UK, 1988. ISBN 978-0521386647. URL http://www.worldcat.org/oclc/910015120.

Hirotaka Osawa, Ren Ohmura und Michita Imai. Using attachable humanoid parts for realizing imaginary intention and body image. International Journal of Social Robotics, 1 (1): 109–123, 2009. doi: 10.1007/s12369-008-0004-0. URL https://doi.org/10.1007/s12369-008-0004-0.

Elena Pacchierotti, Henrik I. Christensen und Patric Jensfelt. Evaluation of passing distance for social robots. In The 15th IEEE International Symposium on Robot and Human Interactive Communication, S. 315–320. IEEE, 2006. ISBN 1-4244-0564-5. doi: 10.1109/ROMAN.2006.314436. URL https://doi.org/10. 1109/ROMAN.2006.314436.

Steffi Paepcke und Leila Takayama. Judging a bot by its cover: An experiment on expectation setting for personal robots. In 5th ACM/IEEE International Conference on Human-Robot Interaction, S. 45–52. IEEE, 2010. ISBN 978-1-4244-4892-0. doi: 10.1109/HRI.2010.5453268. URL https://doi.org/10.1109/HRI. 2010.5453268.

Maike Paetzel, Christopher Peters, Ingela Nyström und Ginevra Castellano. Congruency matters-how ambiguous gender cues increase a robot's uncanniness. In International conference on social robotics, S. 402–412. Springer, 2016. doi: 10.1007/978-3-319-47437-3_39. URL https://doi.org/10.1007/978-3-319-47437-3_39.

Maike Paetzel-Prüsmann. The Novelty in the Uncanny: Designing interactions to change first impressions. PhD thesis, Acta Universitatis Upsaliensis, 2020. URL http://urn.kb.se/resolve?urn=urn:nbn:se:uu:diva-418921.

Maja Pantic, Alex Pentland, Anton Nijholt und Thomas S. Huang. Human computing and machine understanding of human behavior: A survey. In Huang T. S., Nijholt A., Pantic M. und Pentland A. (Hrsg.), Artificial Intelligence for human computing, volume 4451 of Lecture Notes in Computer Science, S. 47–71. Springer, 2007. doi: 10.1007/978-3-540-72348-6 3. URL https://doi.org/10. 1007/978-3-540-72348-6_3.

Raja Parasuraman und Victor Riley. Humans and automation: Use, misuse, disuse, abuse. Human Factors, 39 (2): 230–253, 1997. doi: 10.1518/001872097778543886. URL https://doi.org/10.1518/001872097778543886.

Hae Won Park, Mirko Gelsomini, Jin Joo Lee und Cynthia Breazeal. Telling stories to robots: The effect of backchanneling on a child's storytelling. In ACM/IEEE International Conference on Human-Robot

Interaction, S. 100–108. ACM, 2017a. ISBN 978-1-4503-4336-7. doi: 10.1145/2909824.3020245. URL https://doi.org/10.1145/2909824.3020245.

Hae Won Park, Rinat Rosenberg-Kima, Maor Rosenberg, Goren Gordon und Cynthia Breazeal. Growing growth mindset with a social robot peer. In Proceedings of the 2017 ACM/IEEE international conference on human-robot interaction, S. 137–145, 2017b. doi: 10.1145/2909824.3020213. URL https://doi.org/10.1145/2909824.3020213.

Michael Partridge und Christoph Bartneck. The invisible naked guy: An exploration of a minimalistic robot. In The First International Conference on Human-Agent Interaction, S. II–2–p2, 2013. doi: 10.17605/OSF.IO/A4YM5. URL https://doi.org/10.17605/OSF.IO/A4YM5.

Alex Pentland und Tracy Heibeck. Honest signals: How they shape our world. MIT Press, Cambridge, MA, 2010. ISBN 978-0262515122. URL http://www.worldcat.org/oclc/646395585.

Ignacio Pérez-Hurtado, Jesús Capitán, Fernando Caballero und Luis Merino. Decision-theoretic planning with person trajectory prediction for social navigation. In Robot 2015: Second Iberian Robotics Conference, S. 247–258. Springer, 2016. ISBN 978-3-319-27148-4. doi: 10.1007/978-3-319-27149-1 20. URL https://doi.org/10.1007/978-3-319-27149-1_20.

Giulia Perugia und Dominika Lisy. Robot's gendering trouble: A scoping review of gendering humanoid robots and its effects on HRI. arXiv preprint arXiv:2207.01130, 2022.

Giulia Perugia, Stefano Guidi, Margherita Bicchi und Oronzo Parlangeli. The shape of our bias: Perceived age and gender in the humanoid robots of the ABOT database. In Proceedings of the 2022 ACM/IEEE International Conference on Human-Robot Interaction, S. 110–119, 2022. doi: 10.1109/HRI53351.2022.9889366. URL http://dx.doi.org/10.1109/HRI53351.2022.9889366.

Giulia Perugia, Latisha Boor, Laura van der Bij, Okke Rikmenspoel, Robin Foppen und Stefano Guidi. Models of (often) ambivalent robot stereotypes: Content, structure, and predictors of robots' age and gender stereotypes. In Proceedings of the 2023 ACM/IEEE International Conference on Human-Robot Interaction, S. 428–436, 2023. doi: 10.1145/3568162.3576981. URL https://doi.org/10.1145/3568162.3576981.

Dorde Petrovic, Radomir Mijailovic und Dalibor Pesic. Traffic accidents with autonomous vehicles: Type of collisions, manoeuvres and errors of conventional vehicles' drivers. Transportation Research Procedia, 45:161–168, 2020. ISSN 2352-1465. doi: https://doi.org/10.1016/j.trpro.2020.03.003. URL http://www.sciencedirect.com/science/article/pii/S2352146520301654.

Thomas F. Pettigrew, Linda R. Tropp, Ulrich Wagner und Oliver Christ. Recent advances in intergroup contact theory. International Journal of Intercultural Relations, 35 (3): 271–280, 2011. doi: 10.1016/j.ijintrel.2011.03.001. URL https://doi.org/10.1016/j.ijintrel.2011.03.001.

R. W. Picard. Affective computing. MIT Press, Cambridge, MA, 1997. ISBN 978-0262661157. URL https://mitpress.mit.edu/books/affective-computing.

Joelle Pineau, Michael Montemerlo, Martha Pollack, Nicholas Roy und Sebastian Thrun. Towards robotic assistants in nursing homes: Challenges and results. Robotics and Autonomous Systems, 42 (3-4): 271–281, 2003. doi: 10. 1016/S0921-8890(02)00381-0. URL https://doi.org/10.1016/S0921-8890(02) 00381-0.

Robert M. Pirsig. Zen and the art of motorcycle maintenance: An inquiry into values. Morrow, New York, NY, 1974. ISBN 0688002307. URL http://www.worldcat.org/oclc/41356566.

Thammathip Piumsomboon, Rory Clifford und Christoph Bartneck. Demonstrating Maori haka with Kinect and Nao robots. In Proceedings of the seventh annual ACM/IEEE international conference on Human-Robot Interaction, HRI '12, S. 429–430, New York, NY, USA, 2012. Association for Computing Machinery. ISBN 9781450310635. doi: 10.1145/2157689.2157832. URL https://doi.org/10.1145/2157689.2157832.

Diego A. Pizzagalli, Avram J. Holmes, Daniel G. Dillon, Elena L. Goetz, Jeffrey L. Birk, Ryan Bogdan, Darin D. Dougherty, Dan V. Iosifescu, Scott L. Rauch und Maurizio Fava. Reduced caudate and nucleus accumbens response to rewards in unmedicated individuals with major depressive disorder. American Journal of Psychiatry, 166 (6): 702–710, 2009. doi: 10.1016/j.jpsychires.2008.03.001. URL https://doi.org/10.1016/j.jpsychires.2008.03.001.

Robert Ed Plutchik und Hope R. Conte. Circumplex models of personality and emotions. American Psychological Association, Washington, D.C., 1997. ISBN 978-1557983800. URL http://www.worldcat.org/oclc/442562242.

Cristina Anamaria Pop, Ramona Simut, Sebastian Pintea, Jelle Saldien, Alina Rusu, Daniel David, Johan Van-derfaeillie, Dirk Lefeber und Bram Vanderborght. Can the social robot Probo help children with autism to identify situation-based emotions? A series of single case experiments. International Journal of Humanoid Robotics, 10 (03): 1350025, 2013. doi: 10.1142/S0219843613500254. URL https://doi.org/10.1142/S0219843613500254.

Jonathan Posner, James A. Russell und Bradley S. Peterson. The circumplex model of affect: An integrative approach to affective neuroscience, cognitive development und psychopathology. Development and Psychopathology, 17 (3): 715–734, 2005. doi: 10.1017/S0954579405050340. URL https://doi.org/10.1017/S0954579405050340.

Michael I. Posner. Cognitive neuroscience of attention. Guilford Press, New York, NY, 2011. ISBN 978-1609189853. URL http://www.worldcat.org/oclc/958053069.

Aaron Powers, Adam D. I. Kramer, Shirlene Lim, Jean Kuo, Sau-lai Lee und Sara Kiesler. Eliciting information from people with a gendered humanoid robot. In IEEE International Workshop on Robot and Human Interactive Communication, S. 158–163. IEEE, 2005. ISBN 0-7803-9274-4. doi: 10.1109/ROMAN.2005.1513773. URL https://doi.org/10.1109/ROMAN.2005.1513773.

Aaron Powers, Sara Kiesler, Susan Fussell und Cristen Torrey. Comparing a computer agent with a humanoid robot. In Proceedings of the ACM/IEEE International Conference on Human-Robot Interaction, S. 145–152. ACM, 2007. ISBN 978-1-59593-617-2. doi: 10.1145/1228716.1228736. URL https://doi.org/10.1145/1228716.1228736.

Associated Press. San Francisco supervisors bar police robots from using deadly force for now. NPR, 2022. URL https://www.npr.org/2022/12/06/1141129944/san-francisco-deadly-robots-police.

Niels J. Pulles und Paul Hartman. Likeability and its effect on outcomes of interpersonal interaction. Industrial Marketing Management, 66: 56–63, 2017. doi: 10.1016/j.indmarman.2017.06.008. URL https://doi.org/10.1016/j.indmarman.2017.06.008.

Alec Radford, Jong Wook Kim, Tao Xu, Greg Brockman, Christine McLeavey und Ilya Sutskever. Robust speech recognition via large-scale weak supervision. arXiv preprint arXiv:2212.04356, 2022. doi: 10.48550/arXiv.2212.04356. URL https://doi.org/10.48550/arXiv.2212.04356.

Natasha Randall, Casey C. Bennett, Selma Šabanović, Shinichi Nagata, Lori Eldridge, Sawyer Collins und Jennifer A Piatt. More than just friends: in-home use and design recommendations for sensing socially assistive robots (SARs) by older adults with depression. Paladyn, Journal of Behavioral Robotics, 10 (1): 237–255, 2019. doi: 10.1515/pjbr-2019-0020. URL https://doi.org/10.1515/pjbr-2019-0020.

Natasha Randall, Selma Šabanović, Stasa Milojevic und Apurva Gupta. Top of the class: mining product characteristics associated with crowdfunding success and failure of home robots. International Journal of Social Robotics, S. 1–15, 2022. doi: 10.1007/s12369-021-00776-8. URL https://doi.org/10.1007/s12369-021-00776-8.

Byron Reeves und Clifford Ivar Nass. The media equation: How people treat computers, television und new media like real people and places. Cambridge University Press, Cambridge, UK, 1996. ISBN 978-1575860534. URL http://www.worldcat.org/oclc/796222708.

Matthias Rehm und Anders Krogsager. Negative affect in human robot interaction – impoliteness in unexpected encounters with robots. In Proceedings of the 22nd IEEE International Symposium on Robot and Human Interactive Communication (ROMAN), S. 45–50. IEEE, 2013. doi: 10.1109/ROMAN.2013.6628529. URL https://doi.org/10.1109/ROMAN.2013.6628529.

Natalia Reich-Stiebert und Friederike Eyssel. Learning with educational companion robots? Toward attitudes on education robots, predictors of attitudes und application potentials for education robots. International Journal of Social Robotics, 7 (5): 875–888, Nov 2015. ISSN 1875-4805. doi: 10.1007/s12369-015-0308-9. URL https://doi.org/10.1007/s12369-015-0308-9.

Natalia Reich-Stiebert und Friederike Eyssel. Robots in the classroom: What teachers think about teaching and learning with education robots. In International Conference on Social Robotics, S. 671–680. Springer, 2016. ISBN 978-3-319-47436-6. doi: 10.1007/978-3-319-47437-3 66. URL https://doi.org/10.1007/978-3-319-47437-3_66.

Natalia Reich-Stiebert und Friederike Anne Eyssel. Leben mit Robotern – Eine Onlinebefragung im deutschen Sprachraum zur Akzeptanz von Servicerobotern im Alltag (poster), 2013. URL https://pub.uni-bielefeld.de/publication/2907019.

Jasia Reichardt. Robots: Fact, fiction und prediction. Thames and Hudson, London, UK, 1978. ISBN 9780140049381. URL http://www.worldcat.org/oclc/1001944069.

Nancy A. Remington, Leandre R. Fabrigar und Penny S. Visser. Reexamining the circumplex model of affect. Journal of Personality and Social Psychology, 79 (2): 286–300, 2000. doi: 10.1037/0022-3514.79.2.286. URL https://doi.org/10. 1037/0022-3514.79.2.286.

Charles Rich, Brett Ponsler, Aaron Holroyd und Candace L. Sidner. Recognizing engagement in human-robot interaction. In 5th ACM/IEEE International Conference on Human-Robot Interaction, S. 375–382. IEEE, 2010. ISBN 978-1-4244-4892-0. doi: 10.1109/HRI.2010.5453163. URL https://doi.org/10.1109/HRI.2010.5453163.

Laurel D. Riek. Wizard of Oz studies in HRI: A systematic review and new reporting guidelines. Journal of Human-Robot Interaction, 1 (1): 119–136, 2012. doi: 10. 5898/JHRI.1.1.Riek. URL https://doi.org/10.5898/JHRI.1.1.Riek.

Laurel D. Riek. Robotics technology in mental health care. In Artificial intelligence in behavioral and mental health care, S. 185–203. Elsevier, 2016. doi: 10.1145/3127874. URL https://doi.org/10.1145/3127874.

Laurel D. Riek. Healthcare robotics. Communications of the ACM, 60(11):68–78, 2017. doi: 10.1145/3127874. URL https://doi.org/10.1145/3127874.

Laurel D. Riek, Philip C. Paul und Peter Robinson. When my robot smiles at me: Enabling human-robot rapport via real-time head gesture mimicry. Journal on Multimodal User Interfaces, 3 (1-2): 99–108, 2010. doi: 10.1007/s12193-009-0028-2. URL https://doi.org/10.1007/s12193-009-0028-2.

Giacomo Rizzolatti und Layla Craighero. The mirror neuron-system. Annual Review of Neuroscience, 27 (4): 169–192, 2004. doi: 10.1146/annurev.neuro.27.070203.144230. URL https://doi.org/10.1146/annurev.neuro.27.070203.144230.

Ben Robins, Kerstin Dautenhahn und Paul Dickerson. From isolation to communication: A case study evaluation of robot assisted play for children with autism with a minimally expressive humanoid robot. In 2nd International Conferences on Advances in Computer-Human Interactions, S. 205–211. IEEE, 2009. ISBN 978-1-4244-3351-3. doi: 10.1109/ACHI.2009.32. URL https: //doi.org/10.1109/ACHI.2009.32.

Hayley Robinson, Bruce MacDonald und Elizabeth Broadbent. The role of healthcare robots for older people at home: A review. International Journal of Social Robotics, 6 (4): 575–591, 2014. doi: 10.1007/s12369-014-0242-2. URL https: //doi.org/10.1007/s12369-014-0242-2.

Eileen Roesler, Dietrich Manzey und Linda Onnasch. A meta-analysis on the effectiveness of anthropomorphism in human-robot interaction. Science Robotics, 6 (58): eabj5425, 2021. doi: 10.14279/depositonce-12447. URL https://doi.org/10.14279/depositonce-12447.

Eileen Roesler, Lara Naendrup-Poell, Dietrich Manzey und Linda Onnasch. Why context matters: the influence of application domain on preferred degree of anthropomorphism and gender attribution in human-robot interaction. International Journal of Social Robotics, S. 1–12, 2022. doi: 10.14279/depositonce-15458. URL https://doi.org/10.14279/depositonce-15458.

Katharina Rohlfing, RJ Brand und LJ Gogate. Multimodal motherese. In Symposium at the X. International Congress for Studies in Child Language IASCL 2005, 2005. URL https://pub.uni-bielefeld.de/record/2618244.

Raquel Ros, Séverin Lemaignan, E. Akin Sisbot, Rachid Alami, Jasmin Steinwender, Katharina Hamann und Felix Warneken. Which one? Grounding the referent based on efficient human-robot interaction. In 19th International Symposium in Robot and Human Interactive Communication, S. 570–575, 2010. ISBN 1944-9445. doi: 10.1109/ROMAN.2010.5598719. URL http://doi.org/10.1109/ROMAN.2010.5598719.

Silvia Rossi, François Ferland und Adriana Tapus. User profiling and behavioral adaptation for HRI: A survey. Pattern Recognition Letters, 99:3–12, 2017. ISSN 0167-8655. doi: https://doi.org/10.1016/j.patrec.2017.06.002. URL https://www.sciencedirect.com/science/article/pii/S0167865517301976.

Rasmus Rothe, Radu Timofte und Luc Van Gool. Deep expectation of real and apparent age from a single image without facial landmarks. International Journal of Computer Vision (IJCV), 126 (2): 144–157, 2016. doi: 10.1007/s11263-016-0940-3. URL https://doi.org/10.1007/s11263-016-0940-3.

Dirk Rothenbücher, Jamy Li, David Sirkin, Brian Mok und Wendy Ju. Ghost driver: A field study investigating the interaction between pedestrians and driverless vehicles. In 25th IEEE International Symposium on Robot and Human Interactive Communication, S. 795–802. IEEE, 2016. ISBN 978-1-5090-3930-2. doi: 10.1109/ROMAN.2016.7745210. URL https://doi.org/10.1109/ROMAN.2016. 7745210.

Peter A.M. Ruijten, Jacques M.B. Terken und Sanjeev N. Chandramouli. Enhancing trust in autonomous vehicles through intelligent user interfaces that mimic human behavior. Multimodal Technologies and Interaction, 2 (4): 62, 2018. doi: 10.3390/mti2040062. URL https://doi.org/10.3390/mti2040062.

James A. Russell. A circumplex model of affect. Journal of Personality and Social Psychology, 39 (6): 1161–1178, 1980. doi: 10.1037/h0077714. URL https://doi. org/10.1037/h0077714.

James A. Russell und Lisa Feldman Barrett. Core affect, prototypical emotional episodes und other things called emotion: Dissecting the elephant. Journal of Personality and Social Psychology, 76 (5): 805, 1999. doi: 10.1037//0022-3514.76. 5.805. URL https://doi.org/10.1037//0022-3514.76.5.805.

James A. Russell, Maria Lewicka und Toomas Niit. A cross-cultural study of a circumplex model of affect. Journal of Personality and Social Psychology, 57 (5): 848–856, 1989. doi: 10.1037/0022-3514.57.5.848. URL https://doi.org/10. 1037/0022-3514.57.5.848.

Stuart Russell und Peter Norvig. Artificial Intelligence: A modern approach. Pearson, Essex, UK, 4. Auflage, 2022. ISBN 978-1292401133. URL http://www. worldcat.org/oclc/496976145.

Mel D. Rutherford und Ashley M. Towns. Scan path differences and similarities during emotion perception in those with and without autism spectrum disorders. Journal of Autism and Developmental Disorders, 38 (7): 1371–1381, 2008. doi: 10. 1007/s10803-007-0525-7. URL https://doi.org/10.1007/s10803-007-0525-7.

Krystyna Rymarczyk, Lukasz Zurawski, Kamila Jankowiak-Siuda und Iwona Szatkowska. Neural correlates of facial mimicry: simultaneous measurements of EMG and BOLD responses during perception of dynamic compared to static facial expressions. Frontiers in Psychology, 9:52, 2018. doi: 10.3389/fpsyg.2018.00052. URL https://doi.org/10.3389/fpsyg.2018.00052.

Selma Šabanović. Imagine all the robots: Developing a critical practice of cultural and disciplinary traversals in social robotics. PhD thesis, Doctoral Thesis Faculty of Rensselaer Polytechnic Institute, 2007. URL digi-tool.rpi.edu:8881/dtl_ publish/50/9729.html.

Selma Šabanović. Emotion in robot cultures: Cultural models of affect in social robot design. In Proceedings of the Conference on Design & Emotion (D&E2010), S. 4–11, 2010.

Selma Šabanović und Wan-Ling Chang. Socializing robots: Constructing robotic sociality in the design and use of the assistive robot PARO. AI & Society, 31 (4): 537–551, 2016. doi: 10.1007/s00146-015-0636-1. URL https://doi.org/10. 1007/s00146-015-0636-1.

Selma Šabanović, Marek P. Michalowski und Reid Simmons. Robots in the wild: Observing human-robot social interaction outside the lab. In 9th IEEE International Workshop on Advanced Motion Control, S. 596–601. IEEE, 2006. ISBN 0-7803-9511-1. doi: 10.1109/AMC.2006.1631758. URL https://doi.org/10.1109/AMC. 2006.1631758.

Selma Šabanović, Sarah M. Reeder und Bobak Kechavarzi. Designing robots in the wild: In situ prototype evaluation for a break management robot. Journal of Human-Robot Interaction, 3 (1): 70–88, February 2014. ISSN 2163-0364. doi: 10.5898/JHRI.3.1. URL https://doi.org/10.5898/JHRI.3.1.

Selma Šabanović, Wan-Ling Chang, Casey C. Bennett, Jennifer A. Piatt und David Hakken. A robot of my own: Participatory design of socially assistive robots for independently living older adults diagnosed with depression. In International Conference on Human Aspects of IT for the Aged Population, S. 104–114. Springer, 2015. ISBN 978-3-319-20891-6. doi: 10.1007/978-3-319-20892-3 11. URL https://doi.org/10.1007/978-3-319-20892-3_11.

Charles F. Sabel. Studied trust: Building new forms of cooperation in a volatile economy. Human relations, 46 (9): 1133–1170, 1993. doi: 10.1177/001872679304600090. URL https://doi.org/10.1177/001872679304600090.

Harvey Sacks, Emanuel A. Schegloff und Gail Jefferson. A simplest systematics for the organization of turn-taking for conversation. Language, 4:696–735, 1974. doi: 10.2307/412243. URL https://doi.org/10.2307/412243.

Martin Saerbeck und Christoph Bartneck. Perception of affect elicited by robot motion. In 5th ACM/IEEE International Conference on Human-Robot Interaction, S. 53–60. ACM, 2010. ISBN 978-1-4244-4893-7. doi: 10.1145/1734454. 1734473. URL https://doi.org/10.1145/1734454.1734473.

Martin Saerbeck, Tom Schut, Christoph Bartneck und Maddy Janse. Expressive robots in education—varying the degree of social supportive behavior of a robotic tutor. In 28th ACM Conference on Human Factors in Computing Systems (CHI2010), S. 1613–1622. ACM, 2010. ISBN 978-1-60558-929-9. doi: 10.1145/1753326.1753567. URL https://doi.org/10.1145/1753326.1753567.

Daisuke Sakamoto, Takayuki Kanda, Tetsuo Ono, Hiroshi Ishiguro und Norihiro Hagita. Android as a tele-communication medium with a human-like presence. In 2nd ACM/IEEE International Conference on Human-Robot Interaction, S. 193–200. IEEE, 2007. ISBN 978-1-59593-617-2. doi: 10.1145/1228716.1228743. URL https://doi.org/10.1145/1228716.1228743.

Maha Salem, Friederike Eyssel, Katharina Rohlfing, Stefan Kopp und Frank Joublin. To err is human (-like): Effects of robot gesture on perceived anthropomorphism and likability. International Journal of Social Robotics, 5 (3): 313–323, 2013. doi: 10.1007/s12369-013-0196-9. URL https://doi.org/10.1007/s12369-013-0196-9.

P. Salvini, G. Ciaravella, W. Yu, G. Ferri, A. Manzi, B. Mazzolai, C. Laschi, S. R. Oh und P. Dario. How safe are service robots in urban environments? Bullying a robot. In 19th International Symposium in Robot and Human Interactive Communication, S. 368–374, 2010. ISBN 978-1-4244-7991-7. doi: 10.1109/ROMAN.2010. 5654677. URL http://dx.doi.org/10.1109/ROMAN.2010.5654677.

Eduardo Benítez Sandoval, Jürgen Brandstatter, Utku Yalcin und Christoph Bartneck. Robot likeability and reciprocity in human robot interaction: Using ultimatum game to determinate reciprocal likeable robot strategies. International Journal of Social Robotics, 13 (4): 851–862, 2021. doi: 10.1007/s12369-020-00658-5. URL https://doi.org/10.1007/s12369-020-00658-5.

Jyotirmay Sanghvi, Ginevra Castellano, Iolanda Leite, André Pereira, Peter W. McOwan und Ana Paiva. Automatic analysis of affective postures and body motion to detect engagement with a game companion. In 6th ACM/IEEE International Conference on Human-Robot Interaction, S. 305–311. IEEE, 2011. ISBN 978-1-4503-0561-7. doi: 10.1145/1957656.1957781. URL https://doi.org/10.1145/1957656.1957781.

Porter Edward Sargent. The new immoralities: Clearing the way for a new ethics. Porter Sargent, Boston, MA, 2013. ISBN 978-1258541880. URL http://www.worldcat.org/oclc/3794581.

Satoru Satake, Takayuki Kanda, Dylan F. Glas, Michita Imai, Hiroshi Ishiguro und Norihiro Hagita. How to approach humans? Strategies for social robots to initiate interaction. In 4th ACM/IEEE International Conference on Human-Robot Interaction, S. 109–116. IEEE, 2009. ISBN 978-1-60558-404-1. doi: 10.1145/ 1514095.1514117. URL https://doi.org/10.1145/1514095.1514117.

Allison Sauppé und Bilge Mutlu. The social impact of a robot co-worker in industrial settings. In 33rd Annual ACM Conference on Human Factors in Computing Systems, S. 3613–3622. ACM, 2015. ISBN 978-1-4503-3145-6. doi: 10.1145/2702123.2702181. URL https://doi.org/10.1145/2702123.2702181.

Brian Scassellati. Imitation and mechanisms of joint attention: A developmental structure for building social skills on a humanoid robot. In Nehaniv C. L. (Hrsg.), Computation for metaphors, analogy und agents, volume 1562 of Lecture Notes in Computer Science, S. 176–195. Springer, 1999. ISBN 978-3-540-65959-4. doi: 10.1007/3-540-48834-0 11. URL https://doi.org/10.1007/3-540-48834-0_11.

Brian Scassellati. Investigating models of social development using a humanoid robot. In Barbara Webb und Thomas Consi (Hrsg.), Biorobotics: Methods and applications, S. 145–168. MIT Press, 2000. ISBN 9780262731416. URL http://www.worldcat.org/oclc/807529041.

Brian Scassellati, Henny Admoni und Maja Matarić. Robots for use in autism research. Annual Review of Biomedical Engineering, 14:275–294, 2012. doi: 10.1146/annurev-bioeng-071811-150036. URL https://doi.org/10.1146/annurev-bioeng-071811-150036.

Kristin E. Schaefer, Jessie Y.C. Chen, James L. Szalma und Peter A. Hancock. A meta-analysis of factors influencing the development of trust in automation: Implications for understanding autonomy in future systems. Human factors, 58 (3): 377–400, 2016. doi: 10.1177/0018720816634228. URL https://doi.org/10.1177/0018720816634228.

Daan Scheepers, Russell Spears, Bertjan Doosje und Antony SR Manstead. The social functions of ingroup bias: Creating, confirming, or changing social reality. European Review of Social Psychology, 17 (1): 359–396, 2006. doi: 10.1080/10463280601088773. URL https://doi.org/10.1080/10463280601088773.

Klaus R. Scherer. Emotion as a multicomponent process: A model and some crosscultural data. Review of Personality & Social Psychology, 1984. URL https://doi.org/psycinfo/1986-17269-001.

Leonhard Schilbach, Marcus Wilms, Simon B. Eickhoff, Sandro Romanzetti, Ralf Tepest, Gary Bente, N. Jon Shah, Gereon R. Fink und Kai Vogeley. Minds made for sharing: Initiating joint attention recruits reward-related neurocircuitry. Journal of Cognitive Neuroscience, 22 (12): 2702–2715, 2010. doi: 10.1162/jocn. 2009.21401. URL https://doi.org/10.1162/jocn.2009.21401.

Theresa Schmiedel, Vivienne Jia Zhong und Janine Jäger. Value-sensitive design for AI technologies: Proposition of basic research principles based on social robotics research. Applications in Medicine and Manufacturing, S. 74, 2018. doi: 10. 13140/RG.2.2.17162.77762. URL http://dx.doi.org/10.13140/RG.2.2.17162.77762.

Tyler Schnoebelen und Victor Kuperman. Using Amazon Mechanical Turk for linguistic research. Psihologija, 43 (4): 441–464, 2010. doi: 10.2298/PSI1004441S. URL https://doi.org/10.2298/PSI1004441S.

Andrew Schoen, Dakota Sullivan, Ze Dong Zhang, Daniel Rakita und Bilge Mutlu. Lively: Enabling multi-modal, lifelike, and extensible real-time robot motion. In Proceedings of the 2023 ACM/IEEE International Conference on Human-Robot Interaction, S. 594–602, 2023. doi: 10.1145/3568162.3576982. URL https://doi.org/10.1145/3568162.3576982.

Billy Schonenberg und Christoph Bartneck. Mysterious machines. In 5th ACM/IEEE International Conference on Human-Robot Interaction, S. 349–350, Osaka, 2010. ACM. ISBN 978-1-4244-4893-7. doi: 10.1145/1734454.1734572. URL https://doi.org/10.1145/1734454.1734572.

Alexander P. Schouten, Tijs C. Portegies, Iris Withuis, Lotte M. Willemsen und Komala Mazerant-Dubois. Robomorphism: Examining the effects of telepresence robots on between-student cooperation. Computers in Human Behavior, 126:106980, 2022. doi: 10.1016/j.chb.2021.106980. URL https://doi.org/10.1016/j.chb.2021.106980.

Jake Schreier. Robot & Frank, 2013. URL https://www.imdb.com/title/tt1990314/.

Katie Seaborn, Giulia Barbareschi und Shruti Chandra. Not only WEIRD but "Uncanny"? A systematic review of diversity in human–robot interaction research. International Journal of Social Robotics, S. 1–30, 2023. doi: 10.1007/s12369-023-00968-4. URL https://doi.org/10.1007/s12369-023-00968-4.

John Searle. The chinese room. In R.A. Wilson und F. Keil (Hrsg.), The MIT Encyclopedia of the Cognitive Sciences-. MIT press, Cambridge, 1999. URL https://rintintin.colorado.edu/~vancecd/phil201/Searle.pdf.

John R. Searle. Minds, brains and programs. Behavioral and Brain Sciences, 3 (3): 417–457, 1980. doi: 10.1017/S0140525X00005756. URL https://doi.org/10. 1017/S0140525X00005756.

Sarah Sebo, Brett Stoll, Brian Scassellati und Malte F. Jung. Robots in groups and teams: a literature review. Proceedings of the ACM on Human-Computer Interaction, 4(CSCW2): 1–36, 2020. doi: 10.1145/3415247. URL https://doi.org/10.1145/3415247.

Anna-Maria Seeger und Armin Heinzl. Human versus machine: Contingency factors of anthropomorphism as a trust-inducing design strategy for conversational agents. In Information systems and neuroscience, S. 129–139. Springer, 2018. doi: 10.1007/978-3-319-67431-5_15. URL https://doi.org/10.1007/978-3-319-67431-5_15.

Charles R. Seger, Eliot R. Smith, Elise James Percy und Frederica R. Conrey. Reach out and reduce prejudice: The impact of interpersonal touch on intergroup liking. Basic and Applied Social Psychology, 36 (1): 51–58, 2014. doi: 10.1080/01973533. 2013.856786. URL https://doi.org/10.1080/01973533.2013.856786.

Johanna Seibt, Christina Vestergaard und Malene F. Damholdt. The complexity of human social interactions calls for mixed methods in HRI-: Comment on "A primer for conducting experiments in human-robot interaction," by G. Hoffman and X. Zhao. ACM Transactions on Human-Robot Interaction (THRI), 10 (1): 1–4, 2021. doi: 10.1145/3439715. URL https://dl.acm.org/doi/fullHtml/10.1145/3439715.

Pedro Sequeira, Patrícia Alves-Oliveira, Tiago Ribeiro, Eugenio Di Tullio, Sofia Petisca, Francisco S. Melo, Ginevra Castellano und Ana Paiva. Discovering social interaction strategies for robots from restricted-perception wizard-of-oz studies. In 2016 11th ACM/IEEE International Conference on Human-Robot Interaction (HRI), S. 197–204. IEEE, 2016. doi: 10.1109/HRI.2016.7451752. URL https://doi.org/10.1109/HRI.2016.7451752.

Aparna Shankar, Mark Hamer, Anne McMunn und Andrew Steptoe. Social isolation and loneliness: Relationships with cognitive function during 4 years of follow-up in the English Longitudinal Study of Ageing. Psychosomatic Medicine, 75 (2): 161–170, 2013. doi: 10.1097/PSY.0b013e31827f09cd. URL https://doi.org/10.1097/PSY.0b013e31827f09cd.

Amanda Sharkey und Noel Sharkey. Granny and the robots: ethical issues in robot care for the elderly. Ethics and information technology, 14: 27–40, 2012.-doi: 10.1007/s10676-010-9234-6. URL https://doi.org/10.1007/s10676-010-9234-6.

Amanda Sharkey. Should we welcome robot teachers? Ethics and Information Technology, 18(4):283–297, 2016. doi: 10.1007/s10676-016-9387-z. URL https://doi.org/10.1007/s10676-016-9387-z.

Megha Sharma, Dale Hildebrandt, Gem Newman, James E. Young und Rasit Eskicioglu. Communicating affect via flight path: Exploring use of the Laban effort system for designing affective locomotion paths. In 8th ACM/IEEE International Conference on Human-Robot Interaction, S. 293–300. IEEE, 2013. ISBN 978-1-4673-3099-2. doi: 10.1109/HRI.2013.6483602. URL https://doi.org/10.1109/HRI.2013.6483602.

Glenda Shaw-Garlock. Looking forward to sociable robots. International Journal of Social Robotics, 1 (3): 249–260, Aug 2009. ISSN 1875-4805. doi: 10.1007/s12369-009-0021-7. URL https://doi.org/10.1007/s12369-009-0021-7.

Chao Shi, Masahiro Shiomi, Christian Smith, Takayuki Kanda und Hiroshi Ishiguro. A model of distributional handing interaction for a mobile robot. In Robotics: Science and Systems, S. 24–28, 2013. URL http://robot icsproceedings. org/rss09/p55.pdf.

Takanori Shibata. Therapeutic seal robot as biofeedback medical device: Qualitative and quantitative evaluations of robot therapy in dementia care. Proceedings of the IEEE, 100 (8): 2527–2538, 2012. doi: 10.1109/ JPROC.2012.2200559. URL https://doi.org/10.1109/JPROC.2012.2200559.

Takanori Shibata, Kazuyoshi Wada, Yousuke Ikeda und Selma Šabanović. Crosscultural studies on subjective evaluation of a seal robot. Advanced Robotics, 23 (4): 443–458, 2009. doi: 10.1163/156855309X408826. URL https://doi.org/10. 1163/156855309X408826.

Richard M. Shiffrin und Walter Schneider. Automatic and controlled processing revisited. Psychological Review, 91 (2): 269–276, 1984. doi: 10.1037/0033-295X.91.2.269. URL https://psycnet.apa.org/doi/10.1037/0033-295X.91.2.269.

Masahiro Shiomi, Takayuki Kanda, Hiroshi Ishiguro und Norihiro Hagita. Interactive humanoid robots for a science museum. In Proceedings of the 1st ACM SIGCHI/SIGART Conference on Human-Robot Interaction, HRI '06, S. 305–312, New York, NY, 2006. ACM. ISBN 1-59593-294-1. doi: 10.1145/1121241. 1121293. URL http:// doi.acm.org/10.1145/1121241.1121293.

Masahiro Shiomi, Francesco Zanlungo, Kotaro Hayashi und Takayuki Kanda. Towards a socially acceptable collision avoidance for a mobile robot navigating among pedestrians using a pedestrian model. International Journal of Social Robotics, 6 (3): 443–455, 2014. doi: 10.1007/s12369-014-0238-y. URL https://doi.org/ 10.1007/s12369-014-0238-y.

Toshiyuki Shiwa, Takayuki Kanda, Michita Imai, Hiroshi Ishiguro und Norihiro Hagita. How quickly should communication robots respond? In 2008 3rd ACM/IEEE International Conference on Human-Robot Interaction (HRI), S. 153–160. IEEE, 2008. URL https://doi.org/10.1145/1349822.1349843.

Elaheh Shahmir Shourmasti, Ricardo Colomo-Palacios, Harald Holone und Selina Demi. User experience in social robots. Sensors, 21 (15): 5052, 2021. doi: 10.3390/s21155052. URL https://doi.org/10.3390/s21155052.

Bruno Siciliano und Oussama Khatib. Springer handbook of robotics. Springer, Berlin, 2016. ISBN 9783319325507. URL http://www.worldcat.org/oclc/945745190.

Jack Sidnell. Conversation analysis: An introduction, volume 45. John Wiley & Sons, New York, NY, 2011. ISBN 978-1405159012. URL http://www.worldcat. org/oclc/973423100.

Candace L. Sidner, Christopher Lee, Cory D. Kidd, Neal Lesh und Charles Rich. Explorations in engagement for humans and robots. Artificial Intelligence, 166 (1-2): 140–164, 2005. doi: 10.1016/j.artint.2005.03.005. URL https://doi.org/10.1016/j.artint.2005.03.005.

Herbert Alexander Simon. The sciences of the artificial. MIT Press, Cambridge, MA, 3. Auflage, 1996. ISBN 0262691914. URL http://www.worldcat.org/oclc/552080160.

Peter W. Singer. Wired for war: The robotics revolution and conflict in the twentyfirst century. Penguin, New York, NY, 2009. ISBN 9781594201981. URL http://www.worldcat.org/oclc/857636246.

Ashish Singh und James E. Young. Animal-inspired human-robot interaction: A robotic tail for communicating state. In 7th ACM/IEEE International Conference on Human-Robot Interaction, S. 237–238. IEEE, 2012. ISBN 978-1-4503-1063-5. doi: 10.1145/2157689.2157773. URL https://doi.org/10.1145/2157689.2157773.

David Sirkin, Brian Mok, Stephen Yang und Wendy Ju. Mechanical ottoman: How robotic furniture offers and withdraws support. In 10th Annual ACM/IEEE International Conference on Human-Robot Interaction, S. 11–18. ACM, 2015. ISBN 978-1-4503-2883-8. doi: 10.1145/2696454.2696461. URL https://doi.org/10.1145/ 2696454.2696461.

Emrah Akin Sisbot, Luis F. Marin-Urias, Rachid Alami und Thierry Simeon. A human aware mobile robot motion planner. IEEE Transactions on Robotics, 23 (5): 874–883, 2007. doi: 10.1109/TRO.2007.904911. URL https://doi.org/10. 1109/TRO.2007.904911.

Ka-Chun Siu, Irene H Suh, Mukul Mukherjee, Dmitry Oleynikov und Nick Stergiou. The effect of music on robot-assisted laparoscopic surgical performance. Surgical Innovation, 17 (4): 306–311, 2010. doi: 10.1177/ 1553350610381087. URL https: //doi.org/10.1177/1553350610381087.

Steven A Sloman. The empirical case for two systems of reasoning. Psychological Bulletin, 119 (1): 3–22, 1996. doi: 10.1037/0033-2909.119.1.3. URL https://doi.org/10.1037/0033-2909.119.1.3.

Aaron Smith. US views of technology and the future: Science in the next 50 years. Pew Research Center, April 17, 2014. URL http://assets.pewresearch.org/wp-content/uploads/sites/14/2014/04/US-Views-of-Technology-and-the-Future.pdf.

Colin Tucker Smith und Jan De Houwer. The impact of persuasive messages on iat performance is moderated by source attractiveness and likeability. Social Psychology, 45 (6): 437, 2014. doi: 10.1027/1864-9335/a000208. URL https://doi.org/10.1027/1864-9335/a000208.

Eliot R. Smith und Jamie DeCoster. Dual-process models in social and cognitive psychology: Conceptual integration and links to underlying memory systems. Personality and social psychology review, 4 (2): 108–131, 2000. doi: 10.1207/S15327957PSPR0402_01. URL https://doi.org/10.1207/S15327957PSPR0402_01.

Olivia Solon. Roomba creator responds to reports of "Poopocalypse": "We see this a lot". The Guardian, 2016. URL https://www.theguardian.com/technology/2016/aug/15/roomba-robot-vacuum-poopocalypse-facebook-post. Accessed: 2018-01-06.

Stefan Sosnowski, Ansgar Bittermann, Kolja Kuhnlenz und Martin Buss. Design and evaluation of emotion-display EDDIE. In IEEE/RSJ International Conference on Intelligent Robots and Systems, S. 3113–3118. IEEE, 2006. ISBN 1-4244-0258-1. doi: 10.1109/IROS.2006.282330. URL https://doi.org/10.1109/IROS.2006.282330.

Robert Sparrow. Robotic weapons and the future of war. In Paolo Tripodi und Jessica Wolfendale (Hrsg.), New wars and new soldiers: Military ethics in the contemporary world, chapter 7, S. 117–133. Ashgate Surrey, 2011. ISBN 978-1-4094-0105-6. URL http://www.worldcat.org/oclc/960210186.

Robert Sparrow. Robots, rape und representation. International Journal of Social Robotics, 9 (4): 465–477, Sep 2017. ISSN 1875-4805. doi: 10.1007/s12369-017-0413-z. URL https://doi.org/10.1007/s12369-017-0413-z.

Robert Sparrow und Mark Howard. When human beings are like drunk robots: Driverless vehicles, ethics, and the future of transport. Transportation Research Part C: Emerging Technologies, 80:206–215, 2017. doi: 10.1016/j.trc.2017.04.014. URL https://doi.org/10.1016/j.trc.2017.04.014.

Robert Sparrow and Linda Sparrow. In the hands of machines? The future of aged care. Minds and Machines, 16 (2): 141–161, 2006. doi: 10.1007/s11023-006-9030-6. URL https://doi.org/10.1007/s11023-006-9030-6.

Nicolas Spatola und Olga A. Wudarczyk. Ascribing emotions to robots: Explicit and implicit attribution of emotions and perceived robot anthropomorphism. Computers in Human Behavior, 124:106934, 2021. doi: 10.1016/j.chb.2021.106934. URL https://doi.org/10.1016/j.chb.2021.106934.

Nicolas Spatola, Barbara Kühnlenz und Gordon Cheng. Perception and evaluation in human–robot interaction: The human–robot interaction evaluation scale (hries)—a multicomponent approach of anthropomorphism. International Journal of Social Robotics, 13 (7): 1517–1539, 2021. doi: 10.1007/s12369-020-00667-4. URL https://doi.org/10.1007/s12369-020-00667-4.

Nicolas Spatola, Serena Marchesi und Agnieszka Wykowska. Different models of anthropomorphism across cultures and ontological limits in current frameworks the integrative framework of anthropomorphism. Frontiers in Robotics and AI, S. 230, 2022. doi: 10.3389/frobt.2022.863319. URL https://doi.org/10.3389/frobt.2022.863319.

Thorsten Spexard, Shuyin Li, Britta Wrede, Jannik Fritsch, Gerhard Sagerer, Olaf Booij, Zoran Zivkovic, Bas Terwijn und Ben Krose. BIRON, where are you? Enabling a robot to learn new places in a real home environment by integrating spoken dialog and visual localization. In IEEE/RSJ International Conference on Intelligent Robots and Systems, S. 934–940. IEEE, 2006. ISBN 1-4244-0258-1. doi: 10.1109/IROS.2006.281770. URL https://doi.org/10.1109/IROS.2006. 281770.

Bernd Carsten Stahl und Mark Coeckelbergh. Ethics of healthcare robotics: Towards responsible research and innovation. Robotics and Autonomous Systems, 86: 152–161, 2016. doi: 10.1016/j.robot.2016.08.018. URL https://doi.org/10.1016/j.robot.2016.08.018.

Julia G. Stapels und Friederike Eyssel. Let's not be indifferent about robots: Neutral ratings on bipolar measures mask ambivalence in attitudes towards robots. PloS one, 16 (1): e0244697, 2021. doi: 10.1371/journal.pone.0244697. URL https://doi.org/10.1371/journal.pone.0244697.

Julia G. Stapels und Friederike Eyssel. Robocalypse? Yes, please! The role of robot autonomy in the development of ambivalent attitudes towards robots. International Journal of Social Robotics, 14 (3): 683–697, 2022. doi: 10.1007/s12369-021-00817-2. URL https://doi.org/10.1007/s12369-021-00817-2.-

A. Stedeman, D. Sutherland und Christoph Bartneck. Learning ROILA. CreateSpace, Charleston, SC, 2011. ISBN 978-1466494978. URL https://www. createspace.com/3716932.

Luc Steels. The artificial life roots of Artificial Intelligence. Artificial Life, 1 (1/2): 75–110, 1993. doi: 10.1162/artl.1993.1.1 2.75. URL https://doi.org/10.1162/artl.1993.1.1_2.75.

Jochen Steil, Dominique Finas, Susanne Beck, Arne Manzeschke und Reinhold Haux. Robotic systems in operating theaters: New forms of team–machine interaction in health care. Methods of information in medicine, 58 (S 01): e14–e25, 2019. doi: 10.1055/s-0039-1692465. URL https://doi.org/10.1055/s-0039-1692465.

Nancy L. Stein und Keith Oatley. Basic emotions: Theory and measurement. Cognition & Emotion, 6 (3-4): 161–168, 1992. doi: 10.1080/02699939208411067. URL https://doi.org/10.1080/02699939208411067.

Mariëlle Stel, Rick B. Van Baaren und Roos Vonk. Effects of mimicking: Acting prosocially by being emotionally moved. European Journal of Social Psychology, 38 (6): 965–976, 2008. doi: 10.1002/ejsp.472. URL https://doi.org/10.1002/ejsp.472.

Marlene Stoll, Martin Kerwer, Klaus Lieb und Anita Chasiotis. Plain language summaries: A systematic review of theory, guidelines and empirical research. PloS one, 17 (6): e0268789, 2022. doi: 10.1371/journal.pone.0268789. URL https://doi.org/10.1371/journal.pone.0268789.

Fritz Strack, Leonard L. Martin und Sabine Stepper. Inhibiting and facilitating conditions of the human smile: a nonobtrusive test of the facial feedback hypothesis. Journal of personality and social psychology, 54 (5): 768, 1988. doi: 10.1037/0022-3514.54.5.768. URL https://doi.org/10.1037/0022-3514.54.5.768.

Sofia Strömbergsson, Anna Hjalmarsson, Jens Edlund und David House. Timing responses to questions in dialogue. In Interspeech, S. 2584–2588, 2013. URL http://www.isca-speech.org/archive/archive_papers/interspeech_2013/i13_2584.pdf.

Osamu Sugiyama, Takayuki Kanda, Michita Imai, Hiroshi Ishiguro und Norihiro Hagita. Natural deictic communication with humanoid robots. In IEEE/RSJ International Conference on Intelligent Robots and Systems, S. 1441–1448. IEEE, 2007. ISBN 978-1-4244-0911-2. doi: 10.1109/IROS.2007.4399120. URL https://doi.org/10.1109/IROS.2007.4399120.

Michael Suguitan und Guy Hoffman. Blossom: A handcrafted open-source robot. J. Hum.-Robot Interact., 8 (1), mar 2019. doi: 10.1145/3310356. URL https://doi.org/10.1145/3310356.

Ja-Young Sung, Lan Guo, Rebecca E. Grinter und Henrik I. Christensen. "My Roomba is Rambo": Intimate home appliances. In 9th International Conference on Ubiquitous Computing, UbiComp '07, S. 145–162, Berlin, Heidelberg, 2007. Springer-Verlag. ISBN 978-3-540-74852-6. doi: 10.1007/978-3-540-74853-3 9. URL https://doi.org/10.1007/978-3-540-74853-3_9.

JaYoung Sung, Rebecca E. Grinter und Henrik I. Christensen. "Pimp my Roomba": Designing for personalization. In Proceedings of the SIGCHI Conference on Human Factors in Computing Systems, CHI '09, S. 193–196, New York, NY, 2009. ACM. ISBN 978-1-60558-246-7. doi: 10.1145/1518701.1518732. URL http://doi.acm.org/10.1145/1518701.1518732.

Siddharth Suri und Duncan J. Watts. Cooperation and contagion in web-based, networked public goods experiments. PloS One, 6 (3): e16836, 2011. doi: 10.1371/journal.pone.0016836. URL https://doi.org/10.1371/journal.pone.0016836.

Al Sweigart. Scratch Programming Playground: Learn to Program by Making Cool Games. No Starch Press, 2016. ISBN 9781718500211. URL https://worldcat.org/en/title/1125157436.

Daniel Szafir, Bilge Mutlu und Terry Fong. Communicating directionality in flying robots. In The 10th Annual ACM/IEEE International Conference on Human-Robot Interaction, S. 19–26. ACM, 2015. ISBN 978-1-4503-2883-8. doi: 10.1145/2696454.2696475. URL https://doi.org/10.1145/2696454.2696475.

Tajika Taichi, Miyashita Takahiro, Ishiguro Hiroshi und Hagita Norihiro. Automatic categorization of haptic interactions—what are the typical haptic interactions between a human and a robot? In 6th IEEE-RAS International Conference on Humanoid Robots, S. 490–496. IEEE, 2006. ISBN 1-4244-0199-2. doi: https://doi.org/10.1109/ICHR.2006.321318. URL10.1109/ICHR.2006.321318.

Leila Takayama, Doug Dooley und Wendy Ju. Expressing thought: Improving robot readability with animation principles. In Proceedings of the 6th International Conference on Human-Robot Interaction, S. 69–76. ACM, 2011. ISBN 978-1-4673-4393-0. doi: 10.1145/1957656.1957674. URL https://doi.org/10.1145/1957656.1957674.

Leila A. Takayama. Throwing voices: Investigating the psychological effects of the spatial location of projected voices. PhD thesis, Stanford University, 2008. URL https://searchworks.stanford.edu/view/7860025.

Xiang Zhi Tan, Marynel Vázquez, Elizabeth J. Carter, Cecilia G. Morales und Aaron Steinfeld. Inducing bystander interventions during robot abuse with social mechanisms. In Proceedings of the 13th ACM/IEEE

International Conference on Human-Robot Interaction (HRI), S. 169–177, New York, USA, 2018. ACM/IEEE. doi: 10.1145/3171221.3171247. URL https://doi.org/10.1145/3171221.3171247.

Fumihide Tanaka und Takeshi Kimura. Care-receiving robot as a tool of teachers in child education. Interaction Studies, 11 (2): 263–268, 2010. doi: 10.1075/is.11. 2.14tan. URL https://doi.org/10.1075/is.11.2.14tan.

Fumihide Tanaka, Aaron Cicourel und Javier R. Movellan. Socialization between toddlers and robots at an early childhood education center. Proceedings of the National Academy of Sciences, 104 (46): 17954–17958, 2007. doi: 10.1073/pnas. 0707769104. URL https://doi.org/10.1073/pnas.0707769104.

Adriana Tapus, Maja J. Matarić und Brian Scassellati. Socially assistive robotics [grand challenges of robotics]. IEEE Robotics & Automation Magazine, 14 (1): 35–42, 2007. doi: 10.1109/MRA.2007.339605. URL https://doi.org/10.1109/MRA.2007.339605.

Adriana Tapus, Andreea Peca, Amir Aly, Cristina Pop, Lavinia Jisa, Sebastian Pintea, Alina S. Rusu und Daniel O. David. Children with autism social engagement in interaction with Nao, an imitative robot: A series of single case experiments. Interaction Studies, 13 (3): 315–347, 2012. doi: 10.1075/is.13.3.01tap. URL https://doi.org/10.1075/is.13.3.01tap.

Ross Taylor, Marcin Kardas, Guillem Cucurull, Thomas Scialom, Anthony Hartshorn, Elvis Saravia, Andrew Poulton, Viktor Kerkez und Robert Stojnic. Galactica: A large language model for science, 2022. URL https://arxiv.org/abs/2211.09085.

Sharon Temtsin, Diane Proudfoot und C. Bartneck. A Bona Fide Turing Test. In Proceedings of the Human-Agent Interaction Conference, S. 250–252, Christchurch, 2022. ACM. doi: 10.1145/3527188.3563918. URL https://doi.org/10.1145/3527188.3563918.

The Moscow Times. Third Russian doctor falls from hospital window after coronavirus complaint, May 2020. URL https://www.themoscowtimes.com/2020/05/04/third-russian-doctor-falls-from-hospital-window-after-coronavirus-complaint-a70176. Accessed 13 Dec 2022.

Sam Thellman, Maartje de Graaf und Tom Ziemke. Mental state attribution to robots: A systematic review of conceptions, methods, and findings. ACM Transactions on Human-Robot Interaction (THRI), 11 (4): 1–51, 2022. doi: 10.1145/3526112. URL https://doi.org/10.1145/3526112.

Serge Thill, Cristina A. Pop, Tony Belpaeme, Tom Ziemke und Bram Vanderborght. Robot-assisted therapy for autism spectrum disorders with (partially) autonomous control: Challenges and outlook. Paladyn, 3 (4): 209–217, 2012. doi: 10. 2478/s13230-013-0107-7. URL https://doi.org/10.2478/s13230-013-0107-7.

Frank Thomas, Ollie Johnston und Thomas Frank. The illusion of life: Disney animation. Hyperion, New York, NY, 1995. ISBN 978-0786860708. URL http://www.worldcat.org/oclc/974772586.

Sebastian Thrun, Wolfram Burgard und Dieter Fox. Probabilistic robotics. MIT Press, Cambridge, MA, 2005. ISBN 978-0-2622-0162-9. URL http://www. worldcat.org/oclc/705585641.

Jonas Togler, Fabian Hemmert und Reto Wettach. Living interfaces: The thrifty faucet. In Proceedings of the 3rd International Conference on Tangible and Embedded Interaction, S. 43–44. ACM, 2009. ISBN 978-1-60558-493-5. doi: 10.1145/1517664.1517680. URL https://doi.org/10.1145/1517664.1517680.

J. Gregory Trafton, Nicholas L. Cassimatis, Magdalena D. Bugajska, Derek P. Brock, Farilee E. Mintz und Alan C. Schultz. Enabling effective human-robot interaction using perspective-taking in robots. IEEE Trans. on Systems, Man und Cybernetics. Part A: Systems and Humans, 35 (4): 460–470, 2005. doi: 10.1109/TSMCA. 2005.850592. URL https://doi.org/10.1109/TSMCA.2005.850592.

Robert Trappl, Paolo Petta und Sabine Payr. Emotions in humans and artifacts. MIT Press, Cambridge, MA, 2003. ISBN 978-0262201421. URL https://mitpress.mit.edu/books/emotions-humans-and-artifacts.

Rudolph Triebel, Kai Arras, Rachid Alami, Lucas Beyer, Stefan Breuers, Raja Chatila, Mohamed Chetouani, Daniel Cremers, Vanessa Evers, Michelangelo Fiore, et al. Spencer: A socially aware service robot for passenger guidance and help in busy airports. In Field and service robotics, S. 607–622. Springer, 2016. ISBN 978-3-319-27700-4. doi: 10.1007/978-3-319-27702-8 40. URL https://doi.org/10.1007/978-3-319-27702-8_40.

Indrit Troshani, Sally Rao Hill, Claire Sherman und Damien Arthur. Do we trust in AI? Role of anthropomorphism and intelligence. Journal of Computer Information Systems, 61 (5): 481–491, 2021. doi: 10.1080/08874417.2020.1788473. URL https://doi.org/10.1080/08874417.2020.1788473.

Lewis Tunstall, Leandro Von Werra und Thomas Wolf. Natural Language Processing with Transformers. O'Reilly, 2022. ISBN 9781098136796. URL https://www. worldcat.org/title/1321899597.

Alan M. Turing. Computing machinery and intelligence. Mind, 59 (236): 433–460, 1950. doi: 10.1007/978-1-4020-6710-5 3. URL https://doi.org/10.1007/978-1-4020-6710-5_3.

Sherry Turkle. Reclaiming conversation: The power of talk in a digital age. Penguin, New York, NY, 2016. ISBN 978-0143109792. URL http://www.worldcat.org/oclc/960703115.

Sherry Turkle. Alone together: Why we expect more from technology and less from each other. Basic Books, New York, NY, 2017. ISBN 9780465031467. URL https://www.basicbooks.com/titles/sherry-turkle/alone-together/9780465093663/.

Esmeralda G. Urquiza-Haas und Kurt Kotrschal. The mind behind anthropomorphic thinking: attribution of mental states to other species. Animal Behaviour, 109:167–176, 2015. doi: 10.1016/j.anbehav.2015.08.011. URL https://doi.org/10.1016/j.anbehav.2015.08.011.

Jeroen Vaes, Maria Paola Paladino, Luigi Castelli, Jacques-Philippe Leyens und Anna Giovanazzi. On the behavioral consequences of infrahumanization: The implicit role of uniquely human emotions in intergroup relations. Journal of Personality and Social Psychology, 85 (6): 1016–1034, 2003. doi: 10.1037/0022-3514. 85.6.1016. URL https://psycnet.apa.org/doi/10.1037/0022-3514.85.6.1016.

George E. Vaillan. Triumphs of experience: The men of the Harvard Grant Study. Belknap Press, Cambridge, MA, 2015. ISBN 978-0674503816. URL http://www. worldcat.org/oclc/910969527.

Albert van Breemen, Xue Yan und Bernt Meerbeek. iCat: An animated userinterface robot with personality. In Proceedings of the 4th International Joint Conference on Autonomous Agents and Multiagent Systems, S. 143–144. ACM, 2005. ISBN 1-59593-093-0. doi: 10.1145/1082473.1082823. URL https://doi.org/10.1145/1082473.1082823.

Rens Van de Schoot, Sonja D Winter, Oisín Ryan, Marielle Zondervan-Zwijnenburg und Sarah Depaoli. A systematic review of Bayesian articles in psychology: The last 25 years. Psychological Methods, 22 (2): 217, 2017. doi: 10.1037/met0000100. URL http://dx.doi.org/10.1037/met0000100.

Aaron van den Oord, Sander Dieleman, Heiga Zen, Karen Simonyan, Oriol Vinyals, Alex Graves, Nal Kalchbrenner, Andrew Senior und Koray Kavukcuoglu. Wavenet: A generative model for raw audio. arXiv, 2016. URL http://arxiv. org/abs/1609.03499.

Jan BF Van Erp und Alexander Toet. How to touch humans: Guidelines for social agents and robots that can touch. In Humaine Association Conference on Affective Computing and Intelligent Interaction, S. 780–785. IEEE, 2013. ISBN 978-0-7695-5048-0. doi: 10.1109/ACII.2013.145. URL https://doi.org/10.1109/ACII.2013.145.

Frenk van Harreveld, Hannah U. Nohlen und Iris K. Schneider. The ABC of ambivalence: Affective, behavioral, and cognitive consequences of attitudinal conflict. In Advances in experimental social psychology, volume 52, S. 285–324. Elsevier, 2015. doi: 10.1016/bs.aesp.2015.01.002. URL https://doi.org/10.1016/bs.aesp. 2015.01.002.

Aimee Van Wynsberghe. Healthcare robots: Ethics, design and implementation. Routledge, 2016. ISBN 1032098600. URL https://www.worldcat.org/title/1246143567.

Cesar Vandevelde, Francis Wyffels, Maria-Cristina Ciocci, Bram Vanderborght und Jelle Saldien. Design and evaluation of a diy construction system for educational robot kits. International Journal of Technology and Design Education, 26: 521–540, 2016. doi: 10.1007/s10798-015-9324-1. URL https://doi.org/10.1007/s10798-015-9324-1.

Kurt VanLehn. The relative effectiveness of human tutoring, intelligent tutoring systems und other tutoring systems. Educational Psychologist, 46 (4): 197–221, 2011. doi: 10.1080/00461520.2011.611369. URL https://doi.org/10.1080/00461520. 2011.611369.

Gentiane Venture, Hideki Kadone, Tianxiang Zhang, Julie Grèzes, Alain Berthoz und Halim Hicheur. Recognizing emotions conveyed by human gait. International Journal of Social Robotics, 6 (4): 621–632, 2014. doi: 10.1007/s12369-014-0243-1. URL https://doi.org/10.1007/s12369-014-0243-1.

Janet Vertesi. Seeing like a rover: How robots, teams und images craft knowledge of Mars. University of Chicago Press, Chicago, IL, 2015. ISBN 978-0226155968. URL http://www.worldcat.org/oclc/904790036.

Gianmarco Veruggio, Fiorella Operto und George Bekey. Roboethics: Social und ethical implications. In Bruno Siciliano und Oussama Khatib (Hrsg.), Springer handbook of robotics, S. 2135–2160. Springer, 2016. ISBN 978-3-319-32550-7. doi: 10.1007/978-3-319-32552-1. URL https://doi.org/10.1007/978-3-319-32552-1.

James Vincent. A drunk man was arrested for knocking over Silicon Valley's crime-fighting robot. URL https://www.theverge.com/2017/4/26/15432280/security-robot\-knocked-over-drunk-man-knightscope-k5-mountain-view, April 2017. [Online; recovered 30 August 2018].

Walter G. Vincenti. What engineers know and how they know it: Analytical studies from aeronautical history. Johns Hopkins studies in the history of technology. Johns Hopkins University Press, Baltimore, MD, 1990. ISBN 0801839742. URL http://www.worldcat.org/oclc/877307767.

Anna-Lisa Vollmer, Robin Read, Dries Trippas und Tony Belpaeme. Children conform, adults resist: A robot group induced peer pressure on normative social conformity. Science Robotics, 3 (21): eaat7111, 2018. doi: 10.1126/scirobotics.aat7111. URL https://doi.org/10.1126/scirobotics.aat7111.

Karel Vredenburg, Ji-Ye Mao, Paul W Smith und Tom Carey. A survey of usercentered design practice. In Proceedings of the SIGCHI Conference on Human Factors in Computing Systems, S. 471–478. ACM, 2002. ISBN 1-58113-453-3. doi: 10.1145/503376.503460. URL https://doi.org/10.1145/503376.503460.

Kazuyoshi Wada und Takanori Shibata. Living with seal robots–its sociopsychological and physiological influences on the elderly at a care house. IEEE Transactions on Robotics, 23 (5): 972–980, 2007. doi: 10.1109/TRO.2007.906261. URL https://doi.org/10.1109/TRO.2007.906261.

Jeffrey J. Walczyk, Karen S. Roper, Eric Seemann und Angela M. Humphrey. Cognitive mechanisms underlying lying to questions: Response time as a cue to deception. Applied Cognitive Psychology, 17 (7): 755–774, 2003. doi: 10.1002/acp.914. URL https://doi.org/10.1002/acp.914.

Justin Walden, Eun Hwa Jung, S. Shyam Sundar und Ariel Celeste Johnson. Mental models of robots among senior citizens: An interview study of interaction expectations and design implications. Interaction Studies, 16 (1): 68–88, 2015. doi: 10.1075/is.16.1.04wal. URL https://doi.org/10.1075/is.16.1.04wal.

Michael L. Walters, Kerstin Dautenhahn, René Te Boekhorst, Kheng Lee Koay, Christina Kaouri, Sarah Woods, Chrystopher Nehaniv, David Lee und Iain Werry. The influence of subjects' personality traits on personal spatial zones in a human-robot interaction experiment. In IEEE International Workshop on Robot and Human Interactive Communication, S. 347–352. IEEE, 2005. ISBN 0-7803-9274-4. doi: 10.1109/ROMAN.2005.1513803. URL https://doi.org/10.1109/ROMAN.2005.1513803.

Michael L. Walters, Dag Sverre Syrdal, Kheng Lee Koay, Kerstin Dautenhahn und R. Te Boekhorst. Human approach distances to a mechanical-looking robot with different robot voice styles. In Robot and human interactive communication (ROMAN), S. 707–712. IEEE, 2008. doi: 10.1109/ROMAN.2008.4600750. URL https://doi.org/10.1109/ROMAN.2008.4600750.

Michael L. Walters, Kerstin Dautenhahn, René Te Boekhorst, Kheng Lee Koay, Dag Sverre Syrdal und Chrystopher L. Nehaniv. An empirical framework for human-robot proxemics. Proceedings of New Frontiers in Human-Robot Interaction, 2009. URL http://hdl.handle.net/2299/9670.

Lin Wang, Pei-Luen Patrick Rau, Vanessa Evers, Benjamin Krisper Robinson und Pamela Hinds. When in Rome: The role of culture & context in adherence to robot recommendations. In 5th ACM/IEEE International Conference on Human-Robot Interaction, S. 359–366, Piscataway, NJ, USA, 2010. IEEE. ISBN 978-1-4244-4893-7. doi: 10.1109/HRI.2010.5453165. URL https://doi.org/10.1109/HRI.2010.5453165.

Rebecca M. Warner, Daniel Malloy, Kathy Schneider, Russell Knoth und Bruce Wilder. Rhythmic organization of social interaction and observer ratings of positive affect and involvement. Journal of Nonverbal Behavior, 11 (2): 57–74, 1987. doi: 10.1007/BF00990958. URL https://doi.org/10.1007/BF00990958.

Miki Watanabe, Kohei Ogawa und Hiroshi Ishiguro. Can androids be salespeople in the real world? In Proceedings of the 33rd Annual ACM Conference Extended Abstracts on Human Factors in Computing Systems, S. 781–788, New York, NY, 2015. ACM. ISBN 978-1-4503-3146-3. doi: 10.1145/2702613.2702967. URL https://doi.org/10.1145/2702613.2702967.

Michael Wayland. GM ups spending on EVs and autonomous vehicles by 30 % to $35 billion by 2025 on higher profits, 2021. URL https://www.cnbc.com/2021/06/16/gm-ups-spending-on-evs-and-autonomous-vehicles-to-35-billion-by-2025.html.

Waymo. Waymo safety report. Report, Waymo, 2020. URL https://storage.googleapis.com/sdc-prod/v1/safety-report/2020-09-waymo-safety-report.pdf.

Adam Waytz, John Cacioppo und Nicholas Epley. Who sees human? The stability and importance of individual differences in anthropomorphism. Perspectives on Psychological Science, 5 (3): 219–232, 2010. doi: 10.1177/1745691610369336. URL https://doi.org/10.1177/1745691610369336.

Adam Waytz, Joy Heafner und Nicholas Epley. The mind in the machine: Anthropomorphism increases trust in an autonomous vehicle. Journal of experimental social psychology, 52:113–117, 2014. doi: 10.1016/j.jesp.2014.01.005. URL https://psycnet.apa.org/doi/10.1016/j.jesp.2014.01.005.

Blay Whitby. Sometimes it's hard to be a robot: A call for action on the ethics of abusing artificial agents. Interacting with Computers, 20 (3): 326–333, 2008. doi: 10.1016/j.intcom.2008.02.002. URL https://doi.org/10.1016/j.intcom.2008. 02.002.

Andrew Whiten, Jane Goodall, William C. McGrew, Toshisada Nishida, Vernon Reynolds, Yukimaru Sugiyama, Caroline E. G. Tutin, Richard W. Wrangham und Christophe Boesch. Cultures in chimpanzees. Nature, 399 (6737): 682–685, 1999. doi: 10.1038/21415. URL https://doi.org/10.1038/21415.

Eva Wiese, Patrick P. Weis, Yochanan Bigman, Kyra Kapsaskis und Kurt Gray. It's a match: Task assignment in human–robot collaboration depends on mind perception. International Journal of Social Robotics, 14 (1): 141–148, 2022. doi: 10.1007/s12369-021-00771-z. URL https://doi.org/10.1007/s12369-021-00771-z.

Christian J. A. M. Willemse, Gijs Huisman, Merel M. Jung, Jan B. F. van Erp und Dirk K. J. Heylen. Observing touch from video: The influence of social cues on pleasantness perceptions. In International Conference on Human Haptic Sensing and Touch Enabled Computer Applications, S. 196–205. Springer, 2016. ISBN 978-3-319-42323-4. doi: 10.1007/978-3-319-42324-1 20. URL https://doi.org/10.1007/978-3-319-42324-1_20.

Kipling D. Williams. Ostracism. Annual Review of Psychology, 58:425–452, 2007. doi: 10.1146/annurev.psych.58.110405.085641. URL https://doi.org/10.1146/annurev.psych.58.110405.085641.

Lawrence E. Williams und John A. Bargh. Keeping one's distance: The influence of spatial distance cues on affect and evaluation. Psychological Science, 19 (3): 302–308, 2008. doi: 10.1111/j.1467-9280.2008.02084.x. URL https://doi.org/10.1111/j.1467-9280.2008.02084.x.

Tom Williams, Daria Thames, Julia Novakoff und Matthias Scheutz. Thank you for sharing that interesting fact: Effects of capability and context on indirect speech act use in task-based human-robot dialogue. In Proceedings of the ACM/IEEE International Conference on Human-Robot Interaction, S. 298–306. ACM, 2018. ISBN 978-1-4503-4953-6. doi: 10.1145/3171221.3171246. URL https://doi.org/10.1145/3171221.3171246.

Paul Wills, Paul Baxter, James Kennedy, Emmanuel Senft und Tony Belpaeme. Socially contingent humanoid robot head behaviour results in increased charity donations. In The 11th ACM/IEEE International Conference on Human-Robot Interaction, S. 533–534. IEEE, 2016. ISBN 978-1-4673-8370-7. doi: 10.1109/HRI.2016.7451842. URL https://doi.org/10.1109/HRI.2016.7451842.

Daniel H. Wilson. How to survive a robot uprising: Tips on defending yourself against the coming rebellion. Bloomsbury, New York, NY, 2005. ISBN 9781582345925. URL http://www.worldcat.org/oclc/1029483559.

Katie Winkle, Praminda Caleb-Solly, Ailie Turton und Paul Bremner. Social robots for engagement in rehabilitative therapies: Design implications from a study with therapists. In Proceedings of the ACM/IEEE International Conference on Human-Robot Interaction, S. 289–297. ACM, 2018. ISBN 978-1-4503-4953-6. doi: 10.1145/3171221.3171273. URL https://doi.org/10.1145/3171221. 3171273.

Katie Winkle, Erik Lagerstedt, Ilaria Torre und Anna Offenwanger. 15 years of (Who) man Robot Interaction: Reviewing the H in Human-Robot Interaction. ACM Transactions on Human-Robot Interaction, 12 (3): 1–28, 2023a. doi: 10.1145/3571718. URL https://doi.org/10.1145/3571718.

Katie Winkle, Donald McMillan, Maria Arnelid, Katherine Harrison, Madeline Balaam, Ericka Johnson, und Iolanda Leite. Feminist human-robot interaction: Disentangling power, principles and practice for better, more ethical hri. In Proceedings of the 2023 ACM/IEEE International Conference on Human-Robot Interaction, S. 72–82, 2023b. doi: 10.1145/3568162.3576973. URL https://doi.org/10.1145/3568162.3576973.

Ryan Wistort und Cynthia Breazeal. Tofu: A socially expressive robot character for child interaction. In 8th International Conference on Interaction Design and Children, S. 292–293. ACM, 2009. ISBN 978-1-60558-395-2. doi: 10.1145/1551788.1551862. URL https://doi.org/10.1145/1551788.1551862.

Anna Wojciechowska, Jeremy Frey, Sarit Sass, Roy Shafir und Jessica R. Cauchard. Collocated human-drone interaction: Methodology and approach strategy. In 2019 14th ACM/IEEE International Conference on Human-Robot Interaction (HRI), S. 172–181. IEEE, 2019. doi: 10.1109/HRI.2019.8673127. URL https://doi.org/10.1109/HRI.2019.8673127.

Bogdan Wojciszke. Morality and competence in person-and self-perception. European Review of Social Psychology, 16 (1): 155–188, 2005. doi: 10.1080/10463280500229619. URL https://doi.org/10.1080/10463280500229619.

Jeremy M. Wolfe, Keith R. Kluender, Dennis M. Levi, Linda M. Bartoshuk, Rachel S. Herz, Roberta L. Klatzky, Susan J. Lederman und Daniel M. Merfeld. Sensation & Perception. Sinauer Sunderland, MA, 2006. ISBN 9780197551967. URL https://www.worldcat.org/title/1287073270.

Pieter Wolfert, Nicole Robinson und Tony Belpaeme. A review of evaluation practices of gesture generation in embodied conversational agents. IEEE Transactions on Human-Machine Systems, 2022. doi: 10.1109/THMS.2022.3149173. URL https://doi.org/10.1109/THMS.2022.3149173.

Britta Wrede, Jannik Fritsch und Katharina Rohlfing. How can prosody help to learn actions? In Proceedings. The 4th International Conference on Development and Learning, 2005, S. 163–163. IEEE, 2005. doi: 10.1109/DEVLRN.2005.1490969. URL https://doi.org/10.1109/DEVLRN.2005.1490969.

Ricarda Wullenkord. Messung und Veränderung von Einstellungen gegenüber Robotern-Untersuchung des Einflusses von imaginiertem Kontakt auf implizite und explizite Maße. PhD thesis, Universität Bielefeld, 2017. URL https://pub.uni-bielefeld.de/publication/2913679.

Ricarda Wullenkord, Marlena R. Fraune, Friederike Eyssel und Selma Šabanović. Getting in touch: How imagined, actual und physical contact affect evaluations of robots. In 25th IEEE International Symposium on Robot and Human Interactive Communication, S. 980–985. IEEE, 2016. ISBN 978-1-5090-3930-2. doi: 10.1109/ROMAN.2016.7745228. URL https://doi.org/10.1109/ROMAN.2016. 7745228.

Agnieszka Wykowska. Robots as mirrors of the human mind. Current Directions in Psychological Science, 30 (1): 34–40, 2021. doi: 10.1177/0963721420978609. URL https://doi.org/10.1177/0963721420978609.

Junchao Xu, Joost Broekens, Koen Hindriks und Mark A. Neerincx. Robot mood is contagious: Effects of robot body language in the imitation game. In International Conference on Autonomous Agents and Multi-Agent Systems, S. 973–980. International Foundation for Autonomous Agents and Multiagent Systems, 2014. ISBN 978-1-4503-2738-1. URL https://dl.acm.org/citation.cfm?id=2617401.

Yuto Yamaji, Taisuke Miyake, Yuta Yoshiike, P. Ravindra S. De Silva und Michio Okada. STB: Human-dependent sociable trash box. In 5th ACM/IEEE International Conference on Human-Robot Interaction, S. 197–198. IEEE, 2010. ISBN 978-1-4244-4892-0. doi: 10.1109/HRI.2010.5453196. URL https://doi.org/10.1109/HRI.2010. 5453196.

Fumitaka Yamaoka, Takayuki Kanda, Hiroshi Ishiguro und Norihiro Hagita. "Lifelike" behavior of communication robots based on developmental psychology findings. In 5th IEEE-RAS International Conference on Humanoid Robots, S. 406–411, 2005. ISBN 0-7803-9320-1. doi: 10.1109/ICHR.2005.1573601. URL https://doi.org/10.1109/ICHR.2005.1573601.

Fumitaka Yamaoka, Takayuki Kanda, Hiroshi Ishiguro und Norihiro Hagita. A model of proximity control for information-presenting robots. IEEE Transactions on Robotics, 26 (1): 187–195, 2010. doi: 10.1109/TRO.2009.2035747. URL https://doi.org/10.1109/TRO.2009.2035747.

Yuki Yamashita, Hisashi Ishihara, Takashi Ikeda und Minoru Asada. Path analysis for the halo effect of touch sensations of robots on their personality impressions. In International conference on social robotics, S. 502–512. Springer, 2016. doi: 10.1007/978-3-319-47437-3_49. URL https://doi.org/10.1007/978-3-319-47437-3_49.

Alexander Yeh, Photchara Ratsamee, Kiyoshi Kiyokawa, Yuki Uranishi, Tomohiro Mashita, Haruo Takemura, Morten Fjeld und Mohammad Obaid. Exploring proxemics for human-drone interaction. In Proceedings of the 5th international conference on human agent interaction, S. 81–88, 2017. doi: 10.1145/3125739.3125773. URL https://doi.org/10.1145/3125739.3125773.

Nivasan Yogeswaran, Wenting Dang, William Taube Navaraj, Dhayalan Shakthivel, Saleem Khan, Emre Ozan Polat, Shoubhik Gupta, Hadi Heidari, Mohsen Kaboli, Leandro Lorenzelli, et al. New materials and advances in making electronic skin for interactive robots. Advanced Robotics, 29 (21): 1359–1373, 2015. doi: 10.1080/01691864.2015.1095653. URL https://doi.org/10.1080/01691864.2015.1095653.

Steve Yohanan und Karon E. MacLean. The role of affective touch in human-robot interaction: Human intent and expectations in touching the haptic creature. International Journal of Social Robotics, 4 (2): 163–180, 2012. doi: 10.1007/s12369-011-0126-7. URL https://doi.org/10.1007/s12369-011-0126-7.

Youngwoo Yoon, Pieter Wolfert, Taras Kucherenko, Carla Viegas, Teodor Nikolov, Mihail Tsakov und Gustav Eje Henter. The GENEA challenge 2022: A large evaluation of data-driven co-speech gesture generation. In Proceedings of the 2022 International Conference on Multimodal Interaction, S. 736–747, 2022. doi: 10.1145/3536221.3558058. URL https://doi.org/10.1145/3536221.3558058.

James E. Young, JaYoung Sung, Amy Voida, Ehud Sharlin, Takeo Igarashi, Henrik I. Christensen und Rebecca E. Grinter. Evaluating human-robot interaction. International Journal of Social Robotics, 3 (1): 53–67, 2011. doi: 10.1007/s12369-010-0081-8. URL https://doi.org/10.1007/s12369-010-0081-8.

Chen Yu und Linda B. Smith. Joint attention without gaze following: Human infants and their parents coordinate visual attention to objects through eye-hand coordination. PloS One, 8 (11): e79659, 2013. doi: 10.1371/journal.pone.0079659. URL https://doi.org/10.1371/journal.pone.0079659.

Cristina Zaga. The Design of Robothings: Non-Anthropomorphic and Non-Verbal Robots to Promote Children's Collaboration Through Play. PhD thesis, Univesity of Twente, 2021. URL https://doi.org/10.1109/ROMAN46459.2019.8956427.

Robert B. Zajonc. Attitudinal effects of mere exposure. Journal of Personality and Social Psychology, 9 (2p2): 1–27, 1968. doi: 10.1037/h0025848. URL https://doi.org/10.1037/h0025848.

Mihir Zaveri. NYPD robot dog's run is cut short after fierce backlash. The New York Times, 2021. URL https://www.nytimes.com/2021/04/28/nyregion/nypd-robot-dog-backlash.html.

Heiga Zen, Keiichi Tokuda und Alan W. Black. Statistical parametric speech synthesis. Speech Communication, 51 (11): 1039–1064, 2009. doi: 10.1016/j.specom.2009.04.004. URL https://doi.org/10.1016/j.specom.2009.04.004.

Zhihong Zeng, Maja Pantic, Glenn I. Roisman und Thomas S. Huang. A survey of affect recognition methods: Audio, visual und spontaneous expressions. IEEE Transactions on Pattern Analysis and Machine Intelligence, 31 (1): 39–58, 2009. doi: 10.1109/TPAMI.2008.52. URL https://doi.org/10.1109/TPAMI.2008.52.

Yu Zhang, Daniel S. Park, Wei Han, James Qin, Anmol Gulati, Joel Shor, Aren Jansen, Yuanzhong Xu, Yanping Huang, Shibo Wang, et al Bigssl: Exploring the frontier of large-scale semi-supervised learning for automatic speech recognition. IEEE Journal of Selected Topics in Signal Processing, 16 (6): 1519–1532, 2022. doi: 10.1109/JSTSP.2022.3182537. URL https://doi.org/10.1109/JSTSP.2022.3182537.

Chen Zhou, Ming-Cheng Miao, Xin-Ran Chen, Yi-Fei Hu, Qi Chang, Ming-Yuan Yan und Shu-Guang Kuai. Human-behaviour-based social locomotion model improves the humanization of social robots. Nature Machine Intelligence, S. 1–13, 2022. doi: 10.1038/s42256-022-00542-z. URL https://doi.org/10.1038/s42256-022-00542-z.

Jakub Złotowski, Kumar Yogeeswaran und Christoph Bartneck. Can we control it? Autonomous robots are perceived as threatening. International Journal of Human-Computer Studies, 100 (April 2017): 48–54, 2017. doi: 10.1016/j.ijhcs.2016. 12.008. URL https://doi.org/10.1016/j.ijhcs.2016.12.008.

Jakub Złotowski, Hidenobu Sumioka, Friederike Eyssel, Shuichi Nishio, Christoph Bartneck und Hiroshi Ishiguro. Model of dual anthropomorphism: the relationship between the Media Equation effect and implicit anthropomorphism. International Journal of Social Robotics, 10 (5): 701–714, 2018. doi: 10.1007/s12369-018-0476-5. URL https://link.springer.com/article/10.1007/s12369-018-0476-5.

Stichwortverzeichnis